U0243987

经以济世
建德尚实

贺教授印
重大攻关项目

心手至微

李铎书

教育部哲学社會科学研究重大課題攻関項目

"十三五"国家重点出版物出版规划项目

当代技术哲学的发展趋势研究

RESEARCH ON THE DEVELOPMENT OF CONTEMPORARY PHILOSOPHY OF TECHNOLOGY

吴国林 等著

中国财经出版传媒集团

经济科学出版社
Economic Science Press

图书在版编目（CIP）数据

当代技术哲学的发展趋势研究/吴国林等著.
—北京：经济科学出版社，2018.12
教育部哲学社会科学研究重大课题攻关项目
ISBN 978 - 7 - 5218 - 0139 - 2

Ⅰ.①当… Ⅱ.①吴… Ⅲ.①技术哲学 – 研究 – 中国
Ⅳ.①N02

中国版本图书馆 CIP 数据核字（2019）第 011844 号

责任编辑：孙丽丽　赵　岩
责任校对：杨晓莹
责任印制：李　鹏

当代技术哲学的发展趋势研究

吴国林　等著

经济科学出版社出版、发行　新华书店经销
社址：北京市海淀区阜成路甲 28 号　邮编：100142
总编部电话：010 - 88191217　发行部电话：010 - 88191522
网址：www. esp. com. cn
电子邮件：esp@ esp. com. cn
天猫网店：经济科学出版社旗舰店
网址：http://jjkxcbs. tmall. com
北京季蜂印刷有限公司印装
787×1092　16 开　31.5 印张　620000 字
2019 年 4 月第 1 版　2019 年 4 月第 1 次印刷
ISBN 978 - 7 - 5218 - 0139 - 2　定价：110.00 元
（图书出现印装问题，本社负责调换。电话：010 - 88191510）
（版权所有　侵权必究　打击盗版　举报热线：010 - 88191661
QQ：2242791300　营销中心电话：010 - 88191537
电子邮箱：dbts@ esp. com. cn）

课题组主要成员

首席专家　吴国林
主要成员（按姓氏笔画排序）

叶路扬　　朱春艳　　刘　振　　闫坤如　　李三虎
李君亮　　肖　峰　　吴宁宁　　吴国盛　　沈　健
张志林　　陈　凡　　陈　福　　林润燕　　周　燕
胡　绵　　程　文　　曾丹凤

编审委员会成员

主 任 吕 萍
委 员 李洪波 柳 敏 陈迈利 刘来喜
        樊曙华 孙怡虹 孙丽丽

总　序

哲学社会科学是人们认识世界、改造世界的重要工具，是推动历史发展和社会进步的重要力量，其发展水平反映了一个民族的思维能力、精神品格、文明素质，体现了一个国家的综合国力和国际竞争力。一个国家的发展水平，既取决于自然科学发展水平，也取决于哲学社会科学发展水平。

党和国家高度重视哲学社会科学。党的十八大提出要建设哲学社会科学创新体系，推进马克思主义中国化、时代化、大众化，坚持不懈用中国特色社会主义理论体系武装全党、教育人民。2016 年 5 月 17 日，习近平总书记亲自主持召开哲学社会科学工作座谈会并发表重要讲话。讲话从坚持和发展中国特色社会主义事业全局的高度，深刻阐释了哲学社会科学的战略地位，全面分析了哲学社会科学面临的新形势，明确了加快构建中国特色哲学社会科学的新目标，对哲学社会科学工作者提出了新期待，体现了我们党对哲学社会科学发展规律的认识达到了一个新高度，是一篇新形势下繁荣发展我国哲学社会科学事业的纲领性文献，为哲学社会科学事业提供了强大精神动力，指明了前进方向。

高校是我国哲学社会科学事业的主力军。贯彻落实习近平总书记哲学社会科学座谈会重要讲话精神，加快构建中国特色哲学社会科学，高校应发挥重要作用：要坚持和巩固马克思主义的指导地位，用中国化的马克思主义指导哲学社会科学；要实施以育人育才为中心的哲学社会科学整体发展战略，构筑学生、学术、学科一体的综合发展体系；要以人为本，从人抓起，积极实施人才工程，构建种类齐全、梯队衔接的高校哲学社会科学人才体系；要深化科研管理体制改革，发挥高校人才、智力和学科优势，提升学术原创能力，激发创新创造活力，建设中国特色新型高校智库；要加强组织领导、做好统筹规划、营造良好学术生态，形成统筹推进高校哲学社会科学发展新格局。

哲学社会科学研究重大课题攻关项目计划是教育部贯彻落实党中央决策部署的一项重大举措，是实施"高校哲学社会科学繁荣计划"的重要内容。重大攻关项目采取招投标的组织方式，按照"公平竞争，择优立项，严格管理，铸造精品"的要求进行，每年评审立项约 40 个项目。项目研究实行首席专家负责制，鼓励跨学科、跨学校、跨地区的联合研究，协同创新。重大攻关项目以解决国家现代化建设过程中重大理论和实际问题为主攻方向，以提升为党和政府咨询决策服务能力和推动哲学社会科学发展为战略目标，集合优秀研究团队和顶尖人才联合攻关。自 2003 年以来，项目开展取得了丰硕成果，形成了特色品牌。一大批标志性成果纷纷涌现，一大批科研名家脱颖而出，高校哲学社会科学整体实力和社会影响力快速提升。国务院副总理刘延东同志做出重要批示，指出重大攻关项目有效调动各方面的积极性，产生了一批重要成果，影响广泛，成效显著；要总结经验，再接再厉，紧密服务国家需求，更好地优化资源，突出重点，多出精品，多出人才，为经济社会发展做出新的贡献。

作为教育部社科研究项目中的拳头产品，我们始终秉持以管理创新服务学术创新的理念，坚持科学管理、民主管理、依法管理，切实增强服务意识，不断创新管理模式，健全管理制度，加强对重大攻关项目的选题遴选、评审立项、组织开题、中期检查到最终成果鉴定的全过程管理，逐渐探索并形成一套成熟有效、符合学术研究规律的管理办法，努力将重大攻关项目打造成学术精品工程。我们将项目最终成果汇编成"教育部哲学社会科学研究重大课题攻关项目成果文库"统一组织出版。经济科学出版社倾全社之力，精心组织编辑力量，努力铸造出版精品。国学大师季羡林先生为本文库题词："经时济世 继往开来——贺教育部重大攻关项目成果出版"；欧阳中石先生题写了"教育部哲学社会科学研究重大课题攻关项目"的书名，充分体现了他们对繁荣发展高校哲学社会科学的深切勉励和由衷期望。

　　伟大的时代呼唤伟大的理论，伟大的理论推动伟大的实践。高校哲学社会科学将不忘初心，继续前进。深入贯彻落实习近平总书记系列重要讲话精神，坚持道路自信、理论自信、制度自信、文化自信，立足中国、借鉴国外，挖掘历史、把握当代，关怀人类、面向未来，立时代之潮头、发思想之先声，为加快构建中国特色哲学社会科学，实现中华民族伟大复兴的中国梦做出新的更大贡献！

教育部社会科学司

序

　　进入 21 世纪以来，新一轮科技革命和产业变革正在重构全球创新版图、重塑全球经济结构。正如习近平总书记在中国科学院第十九次院士大会、中国工程院第十四次院士大会上的讲话时所说："信息、生命、制造、能源、空间、海洋等的原创突破为前沿技术、颠覆性技术提供了更多创新源泉，学科之间、科学和技术之间、技术之间、自然科学和人文社会科学之间日益呈现交叉融合趋势，科学技术从来没有像今天这样深刻影响着国家前途命运，从来没有像今天这样深刻影响着人民生活福祉。"

　　科学引领未来，工程造福人类。在看到新时代科学技术迅猛发展的同时，我们也迫切需要有足够的思想储备与理论基础，来对科技发展作出前瞻性研判。正因为此，作为对技术进行批判性反思的新兴学科，技术哲学越来越引起学界的关注。

　　自 1877 年德国卡普（E. Kapp）出版《技术哲学纲要》一书以来，技术哲学已经过了近一个半世纪的发展。然而正如拉普在《分析技术哲学》英文版序言中所说："尽管技术哲学已有长足的进步，但是不用说公认的范式，就连严密的技术哲学理论也还不过是一种要求，并未成为现实。"我们必须打开技术"黑箱"，理解和认识技术是什么和为什么，技术的内部是如何的，科学与技术的关系，技术人工物的要素、结构与功能是如何构成和运行的，技术陈述如何表达，技术知识与技术理论的结构如何，技术又是如何推理的等一系列问题。

　　以吴国林教授为首席专家的研究团队，正是基于这个研究内容，联合华南理工大学、清华大学、复旦大学、东北大学、广州行政学院

_1_

等 10 多个大学，近 20 位教授、副教授和研究生，组成集体攻关团队，依托教育部哲学社会科学研究重大课题攻关项目《当代技术哲学的发展趋势研究》，经过课题组近 6 年的潜心研究，形成了本书——这一前沿的技术哲学研究成果。本专著较为全面地揭示了当代技术哲学的发展趋势；构建了分析技术哲学的系统性研究纲领，这是对分析技术哲学的重要推进。本著作的研究内容是从事技术研究、技术哲学研究和科技管理的相关人员必须了解的，也是理工科大学生、研究生所应当了解和深入思考的。同时本著作也是系统阐述当代技术哲学的重要力作，既具有学术价值，又具有实践价值，甚为推荐！

此外，通过该项目的实施，培养了一支具有一定学术影响力的研究团队，我校成为国内技术哲学研究的"南方重镇"。希望以该项目的结项为新起点，开启我校哲学学科以及人文社会科学的新局面，拓展出一条哲学社会科学发展的中国道路。

王迎军

（中国工程院院士、华南理工大学校长）

2018 年 5 月 28 日

前　言

笔者作为首席专家于 2011 年 10 月获得了 2011 年教育部哲学社会科学研究重大课题攻关项目《当代技术哲学的发展趋势研究》（项目批准号：11JZD007），课题组经过近 6 年的专心、刻苦认真的研究，基本上达到了预定的学术目标。2017 年 10 月 23 日顺利通过了教育部组织专业的通讯评审，专家鉴定的总体评价是：

"（1）该项目较好地完成了约定的研究任务。

（2）该项目成果是在充分借鉴、整合相关高水平研究成果基础上的一项对技术哲学发展趋势的系统性研究力作。以国内外技术哲学研究状况为基础，以分析技术哲学的系统研究纲领构建为核心，辅以前沿技术的哲学研究，较为全面地展示了当代技术哲学的发展趋势。研究勾勒了国外技术哲学的总体框架，也提供了国内技术哲学探索的基本图谱，就其全面性和丰富性而言，在国际国内还属首次，对中国技术哲学在国际上的地位也是一种展示和评断，具有现实意义。研究还对分支的技术哲学作了简要描述，主要涉及五个方面，包括信息的、生物的、纳米的、认知的、量子的技术哲学等。这些都是技术哲学发展比较强劲、成果比较丰硕的领域，此项工作对其他领域的梳理也具有一定启发意义。"

鉴定是中肯的，也是对课题组 6 年攻关的公允评价：一是建立分析技术哲学的系统研究纲领；二是"国际国内首次"对技术哲学进行"全面性和丰富性"的研究。分析技术哲学的系统性研究纲领是对国际上原有的二重性研究纲领的新突破，更为合理。本著作也是国内外第一部系统研究技术哲学发展趋势，并以分析技术哲学为核心的重要专著。事实上，我最为看重的是构建了分析技术哲学的系统性研究纲领，这是中国学者在国际技术哲学领域做出了新的学术推进。

分析技术哲学研究获得了国际上的积极评价。国际上最著名的技术哲学家 C. 米切姆（C. Mitcham）2016 年 6 月 28 日~7 月 3 日在华南理工大学进行系列学术讲座时对吴国林领导的分析技术哲学研究做出的评价为："吴国林教授正在领导中国技术哲学的分析进路（Professor Wu is leading the analytic approach to philosophy of technology in China）"。

在最终成果出版之际，有必要将项目的相关情况给予说明。

（1）2011 年 10 月获得本重大课题攻关项目以来，一直受到了华南理工大学、社会科学处、马克思主义学院等单位的高度重视。时任华南理工大学党委书记、现为中国工程院院士、华南理工大学校长王迎军教授于 2011 年 11 月给课题组吴国林教授发来了热情洋溢的祝贺，并提出了更高的学术要求——带动华南理工大学"人文社会科学的进一步发展"。

2018 年 5 月，正值中国科学院第十九次院士大会、中国工程院第十四次院士大会期间，王迎军教授欣然为本专著《当代技术哲学的发展趋势研究》做序，对研究项目、培养人才和团队建设作出了充分肯定——形成了技术哲学研究的"南方重镇"，并且提出了新的要求。她说：

"通过该项目的实施，为学校培养了一支有一定学术影响力的研究团队，使我校成为国内技术哲学研究的'南方重镇'。希望以该项目的结项为新起点，开启我校哲学学科以及人文社会科学的新局面，拓展出一条哲学社会科学发展的中国道路。"

（2）按时召开开题论证会。2012 年 1 月 7 日在华南理工大学举行了当代技术哲学的发展趋势研究开题论证会，在教育部社会科学司领导和国内有关技术哲学的重要专家指导下，来自中国人民大学、北京大学、清华大学、中国科学院大学、浙江大学等专家和课题组成员参加了会议。根据专家组的意见，对本课题的原有计划进行了调整，使重大课题的执行更加合理。

课题组认真听取专家意见、适当调整原订研究计划和组织实施。2011 年最初申报的课题计划为 9 个子课题。2011 年 11 月的《研究计划合同书》建议：①将原有的 9 个子课题凝练成 4 个子课题；②增加两个子课题。2012 年 1 月举行了开题论证会议。基于上述意见，课题最终确定为 6 个子课题，于 2012 年 2 月将重新调整的《投标评审书》上报教育部社科司，确立各子课题的分工，见表 1。将任务重新分配为 6 个子课题，与相关的子课题负责人签订了合同书，明确了相关的权利、责任和任务，按合同书及时划拨研究经费。

表 1 **重新确立各子课题的分工**

子课题名称	主持人	完成任务
量子技术哲学研究	吴国林	量子技术哲学研究报告，前言、统稿、定稿、总协调
总报告的其他部分（包括特邀作者），包括统稿	吴国林	总报告其他部分
召开研讨会	吴国林	开题、中期、结项、其他学术研讨会、出版
信息技术哲学研究	肖 峰	信息技术哲学研究报告
现象学技术哲学研究	吴国盛	现象学技术哲学研究报告
分析的技术哲学研究	张志林	分析的技术哲学研究报告（吴国林具体、全力进行相关研究）
国外技术哲学的历史与现状研究	陈 凡	国外技术哲学的历史与现状研究报告
中国技术哲学的历史与现状研究	李三虎	中国技术哲学的历史与现状研究报告

（3）2013 年 8 月上报《中期检验报告书》，经专家评定：通过中期检查。专家组的《中期检查意见》明确提出："加强课题设计的总体目标推进，'建立分析的技术哲学研究纲领'。"课题组于 2013 年 3 月上报了《中期检查整改报告》，以建立分析技术哲学的研究纲领为研究重点。

（4）阶段性论文的出版，产生较大学术影响。经过课题组的艰苦努力，最终完成了相关学术论文 48 篇，其中 CSSCI 期刊论文 35 篇：《中国社会科学》1 篇；《哲学研究》3 篇；《哲学动态》2 篇；《自然辩证法研究》5 篇；《自然辩证法通讯》3 篇；《新华文摘》转摘 1 篇；《新华文摘》数字版全文转载 1 篇；中国人民报刊复印资料《科学技术哲学》全文转载 11 篇。出版著作 4 部，其中译著 1 部。

最终成果的绝大部分章节，特别是第二篇分析技术哲学的系统性研究纲领，都是在发表论文的基础上，经过再修改纳入到最终著作之中。其标志性成果"分析技术哲学的系统性研究纲领"以《论分析技术哲学的可能进路》发表在《中国社会科学》，中国人民大学《科学技术哲学》全文转载；《新华文摘》2017年第5期摘编；《新华文摘》数字版2017年第8期全文转载；并被《广东社会科学年鉴》（2016年）收录。论文《分析技术哲学的探索与展望》被载入《中国哲学年鉴》（2016）。可见，分析技术哲学的系统性研究纲领已取得了一定程度的成功，具有重要的学术价值。

与此相关的核心是，构建技术人工物的结构与功能之间的推理关系，并实现形式化。最早在申报和获得此重大攻关项目时，并不知道能够构建起技术人工物的系统模型，而是在不断的探索和研究中才发现了解决之道。直到2015年才形成了要素、结构、功能和意向构成技术人工物的四因素系统模型，该系统处于环境之中。

（5）出版专著和主编学术丛书。受华南理工大学出版社邀请，吴国林教授主编《当代技术哲学前沿研究丛书》[《量子技术哲学》（吴国林）、《信息技术哲学》（肖峰）、《技术哲学研究》（吴国林等）]。《量子技术哲学》是国内外第一部关于量子技术的哲学著作，具有开拓性和系统性，居于国际研究前沿，其中第十四章第二节"量子信息与不确定性的关系"中的量子信息理论中新的海森堡不确定原理及其哲学阐释，受到了中国社会科学院副院长、《中国社会科学》总编辑张江教授的高度赞扬，他说，他的文学阐释理论正需要相关量子理论前沿的哲学研究成果。

（6）多次主办全国性、国际性学术研讨会与学术工作坊。其中主办全国性学术研讨会5次：全国"科学技术前沿的哲学问题"学术研讨会（2011）、第五届全国物理学哲学前沿研讨会（2012）、第六届全国现象学科技哲学学术研讨会（2012）、全国物理学哲学专业委员会成立大会暨首届全国物理学哲学学术研讨会（2015）、华南理工大学哲学与科技高等研究所成立大会暨首届哲学与科技高层学术论坛（2017）；主办国际分析技术哲学小型研讨会（教育部国际合作与交流司批准，2016）；还多次举办了南方技术哲学论坛等小型研讨会。并多次邀请国内外学者到我校讲学，其中包括米切姆、克劳斯等技术哲学家到我校讲学和做学术报告。

多个会议的综述发表在国内重要期刊上。《第五届全国物理学哲学前沿研讨会纪要》发表在《自然辩证法研究》（2012 年第 7 期）；《物理学哲学的奠基盛会——记中国自然辩证法研究会物理学哲学专业委员会成立大会暨首届全国物理学哲学学术研讨会》发表在《自然辩证法研究》（2016 年第 4 期）；《探寻分析技术哲学的未来研究进路》发表在《国际学术动态》（2016 年第 3 期）。

（7）应邀到国内外多个大学作学术报告。吴国林教授应邀到荷兰代尔夫特理工大学哲学系、中国人民大学哲学院、南京大学哲学系、华中科技大学哲学系、东南大学哲学系、华南师范大学、广州大学、广东财经大学等做学术报告，受到了国内外学者的好评。分析技术哲学的系统性研究纲领也在多个国内外学术会议上做大会报告。国际著名技术哲学家米切姆、克劳斯（Kroes）给予技术人工物的系统性研究纲领积极评价。

（8）成立相关的高层次学术机构。第一，2015 年被批准成立了自然辩证法研究会物理学哲学专业委员会，吴国林教授担任首任理事长（主任），该物理学哲学专业委员会挂靠华南理工大学马克思主义学院/科学技术哲学研究中心。第二，2015 年被批准成立校级"华南理工大学科学技术哲学研究中心"，吴国林教授为主任。第三，2017 年 4 月 14 日，华南理工大学正式批准成立"华南理工大学哲学与科技高等研究所"成为校级研究机构，聘任吴国林教授为高等研究所所长，中国社会科学院副院长张江教授为学术委员会主席。原有的校级"华南理工大学科学技术哲学研究中心"为高等研究所的下级单位。2017 年 5 月 4 日，"华南理工大学哲学与科技高等研究所"被广东省社会科学界联合会批准为"广东省社会科学研究基地"，该基地从事纯粹的基础理论研究，是首个广东省社会科学研究基地。

（9）开设相关研究课程。吴国林教授作为首席专家，在华南理工大学科学技术哲学硕士专业亲自开设了两门课程：《分析的技术哲学研究》和《逻辑哲学导论》，前者直接为分析技术哲学的研究服务，而逻辑哲学同时服务分析技术哲学的核心任务，即如何构建技术人工物从结构到功能的推理，构建什么样的逻辑推理方式，并最终找到了技术推理的三值逻辑形式。

（10）形成了有影响的研究团队，开创了分析技术人工物的系统性研究纲领。技术哲学研究的"南方重镇"（学派）正在形成之中，在广东，形成了包括6名正教授、6名副教授的分析技术哲学研究团队，还有若干博士、硕士等研究生加入。有关研究成果受到了国内外学界的高度关注。目前，近年来，华南理工大学团队已获得2项国家级哲学社会科学重大项目，1项国家社科重点项目，8项国家社科基金，在《中国社会科学》《哲学研究》学术期刊发表论文6篇等。其中有5篇博士论文、3篇硕士论文与分析技术哲学的研究主题相关。

客观地讲，本重大攻关项目的创新性在于：提出了分析技术哲学的系统性研究纲领，是对原有的二重性研究纲领的重大突破。具体表现在：

①提出了技术人工物的系统模型，构建了分析技术哲学的系统性研究纲领。

②提出技术原子，建立从结构到功能之间的逻辑推理，并用三值逻辑给予表达。

③提出技术人工物的全同性原理。

④提出技术陈述的意义（实践意义）与意谓（有效值）统一于有效性。

⑤提出技术知识的分类与具体技术的结构图。

⑥研讨了技术解释和技术推理的几种情形，一是多值逻辑表达，另一种是贝叶斯概率展开联结。

⑦提出分析技术哲学研究的"综合的分析哲学方法"。

通过本项目的研究，我们也深刻认识到何为学术，学术一定有难度！没有难度的东西，就一定不是学术。想用通俗的语言，来表达严谨的学术，是不大可能的。就如对量子纠缠的理解，只能从数学语言才能理解，而任何其他的经典语言与日常语言的比喻，都会出毛病。同样，真正关键的核心技术是不可能大众化的。比如，优异的飞机发动机是大多数国家都无法制造的，中国目前还在突破之中。同样，核心的学术需要经过艰苦的正规训练，人文社会科学是认识人和人类社会的重要方法和工具，同样具有客观性，不因为意识形态而发生变化。没有国际视野，没有掌握必要的外语，如英文、德文，甚至古希腊语，没有必要的人文社会科学的基础知识和训练，没有基础的自然科学和数学知识，比如牛顿力学、微积分、分子生物学等，没有必要的逻辑学训练，那么，就不可能进行深入的、前沿的人文社会科学的学术研究。心灵鸡汤并不是学术。没有经过逻辑论证的东西，它可能有思想或观点，但它也不能成为学术。

难度是成为学术的核心因素，但是，还有一个生命力因素，即学术应当有生命力，它成为不断推进的研究序列，这也是研究纲领的题中应有之义。该学术不能成为考古式的研究，而应当是该学术与当代科学技术的发展发生直接或间接的关系，即随着当代科学技术的革命性变化，该学术也将发生理论范式的革命。比如，西方哲学随着当代科学技术的变革，西方哲学在不断发生变革，不断有新的哲学理论和方法的诞生。不能随着科学技术的革命而不断革命的学术，它只能成为遗产、或最终被历史所淘汰。生命力因素实质是表明学术研究应当形成一个生生不息的序列。

令人欣慰的是，通过本项目的实施，我们不仅开拓了国际学术视野，而且培养了研究人才，拥有了集体攻关的重要经验，产生了广泛的学术影响，提出了分析技术哲学的系统性研究纲领，为分析技术哲学的发展开辟了新的空间。我们也突出了技术哲学研究的学派意识，学术交流频繁，技术哲学研究实际上成为我国的南方研究"重镇"，进入到技术哲学的国际学术前沿，能够与国际技术哲学家进行平等的学术对话。

2018 年 6 月 8 日

摘　要

本著作首先具体研究德国、美国、英国、荷兰、俄罗斯和日本等国家的技术哲学研究的历史和现状，这六个国家在技术哲学领域人才辈出，研究成果各有特点，在技术哲学史上有着重要的地位。专门研究了现象学技术哲学的历史、现状与趋势。中国技术哲学的研究主要开始于中华人民共和国成立时，特别是改革开放以来，研究的方式从跟进、评价转向独立研究，逐步形成中国自己独特的哲学传统、学科领域、哲学纲领和时代特色，中国技术哲学的话语的国际影响力正在形成。

其次，用综合的分析哲学方法，构建分析技术哲学的系统性研究纲领。认识技术，就是认识技术人工物自身。技术人工物的二重性研究纲领认为技术人工物具有物理的和意向的两种性质。但是，二重性研究纲领又存在着技术人工物的结构与功能之间的关系——"难问题（hard problem）"，为此，需要从二重性转向系统性，即技术人工物具有系统性。分析技术哲学的系统性研究纲领，这是对原有技术人工物的二重性研究纲领的重要推进。其核心是引入要素与环境，从而形成了意向、要素、结构与功能的系统，系统又处于环境之中，这就是技术人工物的系统模型。要素是构成技术人工物的物质基础，物质就是材料，当代材料科学技术正在飞速发展，材料成为关键因素，如超材料、材料基因组计划就在于通过材料的设计和优化，创造出新的材料。除了非充分决定标准和实现限制标准之外，技术人工物的本体论标准还须增加要素限制标准和环境限制标准，以便使结构与功能之间有更大的确定性。

技术不同于科学，技术也并不是完全后天的，对技术需要进行划界和先验分析。不同于自然物，技术人工物总是凝结了人的意向性。技术人工物的本体论研究有自身的特点，包括技术人工物的人工类、自然类与实在性问题。从特修斯船出发，我们提出了技术人工物的同一性原理。核心要素、核心结构和专有功能构成了技术人工物的内在性质。当技术人工物的内在性质相同，它就具有全同性。技术人工物的同一性原理是技术人工物的个体性存在的理论前提，同时也为技术人工物从结构到功能推理的三值逻辑提供了依据。

世界是可以用语言描述的，人工世界同样是可以用语言描述的。探讨技术语言与技术陈述、寻求技术推理的规则是分析技术哲学的基本路向。技术命题不是一个真假问题，而是一个有效、无效以及在两者之间的多值问题。技术知识在于追求有效性。得到辩护的有效信念构成技术知识。技术知识具有双三角形结构。技术事实、技术规则、技术规律和技术原理构造了技术理论的结构。技术具有自主性。

技术推理是一种实践推理，它仍然是一般逻辑表达形式，以便更好地理解技术陈述是如何从原因到结果的。技术推理还可以采取更为复杂的贝叶斯推理形式。技术是客观世界被创造出来的存在之物。技术解释是对技术的运行或故障的产生给出原因，给出理由。一个技术解释不仅要给出技术的正向解释，也要给出负向解释。技术进步也相应地成为当代社会的一个重要概念。但是，技术进步是内在的，还是外在的，以及是否需要什么条件，这并不是一个显而易见的问题。

最后，从一般技术的视角来揭示技术哲学的发展趋势，这反映了当代技术哲学发展的一般趋势，但是，技术除了普遍性之外，还有特殊性，这就是当代分支技术哲学的兴起。

本著作确定当代重要的分支技术是纳米技术、生物技术、信息技术、认知科学和量子技术，将人工智能技术纳入到认知技术之中，这五种技术构成当代技术群，形成为一个整体，展示了技术的会聚性，体现出不同于过去技术革命的新特点。以这五种技术为代表的高新技术的哲学研究对原有技术哲学的研究带来了新的挑战。

Abstract

This book firstly studies the history and current status of philosophy of technology in some countries such as Germany, the United States, the United Kingdom, the Netherlands, Russia and Japan. These six countries have a large number of talents in the field of philosophy of technology, and their research results have their own characteristics. They have an important position in the history of philosophy of technology. The history, current status, and trends of phenomenological philosophy of technology have been specifically studied in the book. The research of Chinese philosophy of technology mainly started with the founding of the People's Republic of China, especially since the reform and opening up. The way of research has changed from follow-up to evaluation to independent research, and gradually formed its own unique philosophical tradition, subject field, philosophy program and the characteristics of the times. The international influence of the Chinese philosophy of technology is being formed.

Secondly, using the method of synthetic-analytic philosophy, we construct a systematic research program for analytic philosophy of technology. To recognize technology is to recognize the technical artifact itself. The duality research program of technical artifacts considers that technical artifacts have both physical and intentional properties. However, the duality research program has a "hard problem" of the relations between structure and function. For this reason, one needs to move from the dual nature of such artifacts toward systems. That is, technical artifacts are systematic. The systematic research program of analytic philosophy of technology is an important advancement to the duality research program of the technical artifacts. The core is the introduction of constituent and environment, thus forms the system of intention, constituent, structure and function, and the system is in the environment. This is a systematic model of technical artifacts. The constituents are the material basis of the technical artifacts. Matter is material. Contemporary materials science and technology are developing

1

rapidly. Materials become key factors, such as meta-materials and material genome projects, which are designed to create new materials through the design and optimization of materials. Apart from the criteria of under-determination and realization constraints, the criteria of constituent constraints and environmental constraints must also be added to the ontological criterion of technical artifacts, to give greater certainty between structure and function.

Technology is different from science and technology is not entirely posteriori acquired. Technology needs to be demarcated and a Transcendental analysis. Technical artifacts always condense people's intentionality, which is different from natural objects. Ontological research of technical artifacts has its own characteristics, including the issues of kinds of artifacts, the natural kinds and reality of technical artifacts. Starting from the ship of Theseus, we proposed the principle of identity of technical artifacts. Constituents, structures, functions and intentions constitute the innate qualities of technical artifacts. When these innate qualities are the same, the technical artifacts are identical. The principle of identity of the technical artifacts is the theoretical premise of the individual existence of the technical artifacts, and it also provides the basis for the three-valued logic of the technical artifacts from the structure to the functional inference.

The world can be described in language. The artificial world can also be described in terms of language. The discussions of technological language and technological statements and the search for technological inference's rules are the basic directions for analyzing the philosophy of technology. The technological propositions are not a question of true and false, but an effective, uneffective and multi-valued problem between them. The technological knowledge lies in the pursuit of effectiveness. The justified effective belief constitutes technological knowledge. Technological knowledge has a double triangular structure. Technological facts, technological rules, technological laws, and technological principles constitute the structure of technological theory. The technology is autonomous.

Technological inference is a kind of practical inference. It still has a general logical expression to better understand how technological statements go from cause to effect. Technological reasoning can also take more complex forms of Bayesian inference. Technology is the existence which has been created in objective world. The technological explanation is to give reasons for the operation of the technology or the occurrence of failures. Technological explanation should not only gives positive explanation of technology, but also give negative explanation. Technological progress has accordingly become an important concept in contemporary society. However, it is not an obvious problem that technological progress is internal or external, and what conditions are needed.

Thirdly, the book reveals the development trend of philosophy of technology from the perspective of general technology, which reflects the general trend of the development of contemporary philosophy of technology. However, apart from universality, technology also has particularities of technology. This is the rise of contemporary branches of philosophy of technology.

This book identifies the important branch of contemporary technology, namely, nanotechnology, biotechnology, information technology, cognitive science and quantum technology. Artificial intelligence technology is incorporated into cognitive technology. These five technologies constitute a contemporary technology group, form a whole, demonstrate the convergence of technology and embody new features of the technological revolution different from the past. The philosophical researches of high and new technology represented by these five technologies brings new challenges to the research of past philosophy of technology.

目　录

Contents

第三篇

Contents

走向分析技术哲学

科学哲学和技术哲学的诞生可以追溯到 19 世纪，[①] 20 世纪科学哲学已经发展得相当成熟了，建立了一系列的研究纲领，然而，技术哲学直到 1978 年第 16 届世界哲学大会才确认为一门新的哲学分支学科。拉普也在《分析技术哲学》英文版序言中写道："尽管技术哲学已有长足的进步，但是不用说公认的范式，就连严密的技术哲学理论也还不过是一种要求，并未成为现实。"[②] 其原因在于，已有的技术哲学研究主要是对技术的外部研究，没有揭示出技术有可能开创出新的哲学研究传统。为突破原有技术哲学研究的不足，一个重要的进路就是采用分析哲学的方法对技术展开研究，形成分析的技术哲学。[③]

在绪论中，笔者将简要勾勒技术哲学的内在逻辑，技术哲学研究存在的问题和可能的出路——分析技术哲学，在此基础上，我们讨论已有的分析技术哲学的研究现状，以发现其研究中的不足，进而为分析技术哲学的新进路—分析技术哲学的系统研究纲领开辟道路。最后，介绍分析技术哲学的系统研究纲领的主要内容和本部著作的写作思路。

---

① 科学哲学的诞生可从惠威尔（W. Whewell）的《归纳科学的哲学》（1840 年）算起，它的繁荣和成熟则形成于 20 世纪 20 年代的维也纳学派。技术哲学的诞生则可从卡普（E. Kapp）出版《技术哲学纲要》（1877 年）算起。

② ［德］F. 拉普著，刘武等译：《技术哲学导论》，辽宁科技出版社 1986 年版，第 2 页。

③ 分析的技术哲学（analytic philosophy of technology），本著作用"分析技术哲学"这一简洁表达，事实上英文的 analytic philosophy 也用"分析哲学"翻译。

第一节　技术哲学的内在逻辑分析

技术哲学之所以没有像科学哲学那样声势浩大，其根本问题在于技术哲学自身的研究还有一定的问题。为此，我们需要对技术哲学发展的历史逻辑和技术哲学的问题逻辑进行考察，对技术哲学基本研究对象和研究方法进行历史回溯，在此基础上发现技术哲学的基本问题序列，寻找技术哲学研究的独特方法，为技术哲学发展奠基，回归哲学的发展趋势。

一、对技术哲学研究传统的考察

卡尔·米切姆（Carl Mitcham）在《通过技术思考——工程学和哲学之间的道路》一书中将技术哲学的发展划分为工程派技术哲学和人文派技术哲学两种传统。在米切姆看来，工程派技术哲学（engineering philosophy of technology）的哲学（philosophy）是属于技术的（of technology），即技术是主体和作用者，of technology（属于技术的）是主语的所有格；而人文派技术哲学（humanities philosophy of technology）将 of technology（有关技术的）看作宾语的所有格，因而技术就成了被论及的客体或对象，技术被当作专门反思的主题。工程派技术哲学肯定技术并对技术进行辩护，人文派技术哲学倾向于对技术进行反思和批判。① 弗里德里希·拉普（Friedrich Rapp）则将技术哲学的发展划分为工程科学、文化哲学、社会批判主义和系统论四种观点。② 从其观点来看，工程科学倾向于对技术进行辩护，实即为工程派技术哲学；文化哲学、社会批判主义和系统论则对哲学进行反思与批判，实则属人文派技术哲学。吴国盛认为技术哲学有工程—分析传统、社会—政治批判传统、哲学—现象学批判传统及人类学—文化批判传统，前一种传统是作为分支学科的技术哲学，后三者属于作为哲学纲领的技术哲学。③ 实际上也承认技术哲学分为工程派技术哲学和人文派技术哲学两种传统。下面我们就对技术哲学的这两种传统进行扼要考察。

1. 对工程派技术哲学的考察

技术哲学的开山鼻祖 E. 卡普（E. Kapp）有着与工具和机器打交道的丰富经验，

---

① C. Mitcham, *Thinking Through Technology*. Chicago：The University of Chicago Press，1994，P. 17.
② ［德］F. 拉普著，刘武等译：《技术哲学导论》，辽宁科技出版社 1986 年版，第 3 页。
③ 吴国盛：《技术哲学经典读本》，上海交通大学出版社 2008 年版，编者前言，第 5 页。

他对技术工具进行细致的分析后提出"器官投影说"，也思考了工具的文化内涵，为技术哲学研究开启了三个基本论域：技术本体论、技术方法论以及技术与文化。

首先，拉普认为，技术哲学研究的基本对象是工具和器物，是"刀、矛、桨、铲、耙、犁和铁锹"等技术人工物。这为技术哲学研究奠定了技术本体的基调，即技术人工物作为技术哲学基本研究对象。技术哲学是在这一基调上进展到20世纪的"大合奏"的，如海德格尔（Heidegger）的锤子、银盘、桥；伯格曼（Borgmann）的火炉；克劳斯（Kroes）的纽可门蒸汽机等等。

其次，从方法上看，卡普对技术人工物的研究是在经验分析的基础上从具体上升到抽象。卡普关于技术哲学的自觉研究经验是朴素的，这种经验朴素性就在于他根据自己与工具器物的长期接触认识到：表现为工具器物的技术直觉地作为人的器官投射在诸如弯曲的手指的钩子、凹陷的手的腕之上。照这样看，卡普正是从"刀、矛、桨、铲、耙、犁和铁锹"与"臂、手和手指的各种各样的姿势"相似这一经验事实出发进行归纳分析并提出技术的"器官投影说"，这种从经验分析上升到理论抽象的方法也可以看作一种类比推理的方法。

最后，卡普注意到技术对文化形成的重要影响，指出斧头是整个北美大陆文化开始的象征。技术人工物表征的技术即依靠技术对自然、社会的改造与控制成为文化文明的象征，这是人类技术活动的重要文化意义。

进入20世纪，以工程师为主体的哲学爱好者力图将技术哲学建构成一个真正的部门哲学，并展开了对技术哲学的广泛思考研究。彼得·K. 恩格梅尔（Peter K. Engelmeier）在一定程度上继承了卡普技术实体的研究传统，但也明显表露出了技术认识论的研究旨趣，其《技术的一般问题》表现出了对技术哲学研究中具有普遍性的一般问题的关注与分析，并组织团体对技术的一般问题展开研究。[①]真正在研究方法上有所创新的是德国化学工程师 E. 基默尔（E. Zschimmer），他通过先验分析提出技术是"物质自由"的新黑格尔主义解释，并把技术的本质归结为人类精神的创造活动，认为技术的目的就是人类通过驾驭物质，摆脱自然限制而获得自由。[②] 德国工程师兼企业家弗里德里希·德韶尔（Friedrich Dessauer）则将康德式的先验分析方法应用在技术哲学研究中，阐述技术发明创造的方法及社会建制化倾向。他认识到技术知识的力量通过现代工程学已经成为人类在世界中生存的一种新方法。在考察康德的科学知识、道德实践、审美感受基础之上，德韶尔分析出作为"第四王国"的技术联结着现象界与自在之物。[③] 因此，从德

---

① ［美］卡尔·米切姆著，陈凡、朱春艳译：《通过技术思考》，辽宁人民出版社2008年版，第35～37页。

② ［美］卡尔·米切姆著，陈凡、朱春艳译：《通过技术思考》，辽宁人民出版社2008年版，第38页。

③ F. Dessauer, *Streit um die Technik.* Frankfurt: Verlag Josef Knecht, 1956, P. 56.

韶尔开始，技术哲学研究论域已经由技术本体论拓展到技术方法与技术创新，在方法上先验的分析色彩异常浓厚，"第四王国"即是这种先验分析的结果。

2. 对人文派技术哲学的考察

实际上比卡普更早，马克思（Marx）已经较为系统地对机器（实即技术人工物）进行分析了。马克思一开始即深入到技术结构的内部分析之中，将机器从结构上分解为发动机、传动机构、工具机或工作机三个部分组成①，但是，马克思对机器的分析仅停留在了机器整体的结构组成，而且，在他看来，机器是生产剩余价值的工具②。因此，从严格意义上说，与其说马克思的技术范畴是经济学的，毋宁说是政治经济学的。正如汉斯·波塞尔（Hans Poser）所说："马克思对技术的考察是其整体哲学思考特别是政治经济学中的一个部分。直到卡普才有了专门的、真正以技术为考察对象的哲学性思维。"③ 但吴国盛教授并不赞同波塞尔的观点，在他看来，马克思是一位人文派技术哲学的奠基人。

20 世纪后，先验分析的研究方法在人文派技术哲学研究上得到了较为充分的体现，尤其在海德格尔对技术的分析和研究中可窥一斑。从存在主义的现象学基本立场出发，海德格尔对本质作为"座架"（ge-stell）的技术进行了先验的分析与论证。④ 在海德格尔看来，技术的本质就是解蔽，但是技术解蔽自然的方式有两种，一种是产出式解蔽，一种是促逼式解蔽。"座架"实际上是技术解蔽的本质在现代技术中的集聚。⑤ 这样，通过先验分析海德格尔看到作为促逼与限制的现代技术使人在世界中操劳着对当下进行筹划，技术的本质作为"座架"在把世界作为持存物的同时也把人变成了持存物。另外，技术就是存在本身，因为技术就是解蔽，是使在场者在场，使存在者存在，因此，人类不可能因技术把人变成持存物而抛弃技术：因为抛弃技术即是抛弃存在自身。这样，海德格尔已经将对技术的研究论域延伸至技术评价及技术与文化、社会。

对技术与文化、社会关系的评价，对技术伦理价值的关注，这是人文派技术哲学的主战场。如刘易斯芒福德（Lewis Mumford）认为，现代技术是单一的技术，其本质是"巨技术"，其目的是权力与控制，而非生活的人性化和人性的彰

---

① 马克思：《资本论》，人民出版社 2004 年版，第 429 页。

② 马克思：《资本论》，人民出版社 2004 年版，第 427 页。

③ 李文潮、刘则渊：《德国技术哲学发展历史的中德对话》，载于《哲学动态》2005 年第 6 期，第 49 页。

④ M. Heidegger, *Question Concerning Technology and other Essays.* New York：Harper & Row，1977，P. 19.

⑤ ［德］海德格尔：《演讲与论文集》，生活·读书·新知三联书店 2005 年版，第 10～13 页。

显。① 雅斯贝尔斯（Jaspers）则认为："技术文明的强大权威已使个人有意义的存在转变成单调的、发挥社会作用的平庸生活。"② 雅克·埃吕尔（Jacques Ellul）则干脆认为现代技术是人类为了有益目的进行认识、控制或活动的能力所作的赌博，他认为现代技术获得了自主性，技术以自己的内在逻辑和规律影响着人的思想观念，控制着人的社会生活。③ 阿尔伯特·伯格曼（Albert Borgmann）以火炉等为研究对象提出焦点物（focal things）的概念和技术"装置范式"（device paradigm）论。④ 与海德格尔对技术的先验研究不同，伯格曼将技术哲学的研究重新立足于经验事实，从具体的技术人工物出发研究技术，取代把技术本质抽象地看作"座架"的观点，经验论证现代技术的"装置范式"本质。

二、技术哲学研究的技术解释进路

20世纪40年代，汉斯·赖欣巴哈（Hans Reichenbach）首先将三值逻辑引入量子力学的研究。⑤ 60年代，科学哲学家马里奥·邦格（Mario Bunge）引进三值逻辑，用逻辑分析和经验论证的方法对技术规则进行研究与解释，认为技术规则非真假二值，而是有效、无效和不确定三值。在1967年出版的《科学研究》中，邦格提出了技术认识论的三个重大问题：行动的效力或真理与行动的区别问题；规则与规律的关系问题；技术预测对人类行为的影响问题。⑥ 在严格区分了科学与技术、科学规律与技术规则、科学预言与技术预测的基础上，邦格开启了技术解释的新进路，从技术逻辑推理的全新视角阐述了科学规律的逻辑真值与技术规则的逻辑有效值之间的联系与区别，为技术解释与技术逻辑推理奠定了基础。自其后，逻辑分析与经验论证方法逐渐成为技术哲学研究的重要方法，技术规则、技术解释、技术预测也成为技术哲学研究的重要问题域。

邦格的不足之处是把技术简单地看作应用科学，从而忽视了对技术自身内容、意义和重要性的分析。美国职业工程师 W. G. 文森蒂（W. G. Vincenti）在《工程师知道一些什么，以及他们是怎样知道的》一书中弥补了邦格过分强调

① L. Mumford, *The Myth of Machine*：*Technics and Human Development.* Harcourt Brace Jovanovich, Publishers. 1070，pp. 188 – 189.

② ［德］F. 拉普著，刘武等译：《技术哲学导论》，辽宁科技出版社1986年版，第8页。

③ J. Ellul, *The Technological System*，Trans，Jcouchim Neugroschel. New York：Continuun，1980，P. 125.

④ A. Borgmann, *Technology and the Character of Contemporary Life.* The University of Chicago Press，1984，pp. 196 – 197.

⑤ H. 赖欣巴哈著，侯德彭译：《量子力学的哲学基础》，商务印书馆1965年版，第197～210页。

⑥ 张华夏、张志林：《技术解释研究》，北京：科学出版社2005年版，第99页。

技术是科学的应用，相对地忽视不依赖于科学知识的内容、意义和重要性分析的缺点。在长期研究和知识积累中，文森蒂形成了一个由运行原理和常规型构两部分组成的技术常规设计的传统。作为美国资深的职业工程师，文森蒂有着丰富的技术设计和实践经验，在此基础上提出的技术哲学理论对于技术创新或技术革新有着重要的实践意义。美国弗吉尼亚理工学院的 J. C. 皮特（J. C. Pitt）在《工程师知道什么》一文中进一步发挥了文森蒂的观点，并特别从实用主义观点出发，分析了技术知识比科学知识更加可靠的观点。[①] 德国勃兰登堡技术大学哲学家及信息论专家 K. 康瓦哈斯（K. Kornwachs）教授在改进邦格技术解释体系的基础上提出了一套技术形式理论，[②] 他认为运用只有在逻辑上可以表达的负形式的实用推理（pragmatic syllogism）可以克服技术解释中结构与功能的逻辑鸿沟问题。

20 世纪 90 年代，以彼得·克劳斯（Peter Kroes）为代表的技术哲学研究的荷兰学派全面开启了技术哲学研究的经验转向，[③] 对技术人工物（如一部电视机或一把螺丝起子）进行研究，认为技术人工物具有结构属性和功能属性的二重性。技术结构采用描述性陈述即"是"陈述，技术功能则运用规范性陈述即"应"陈述。如何从技术结构的"是"陈述推出技术功能的"应"陈述？这是休谟问题在技术结构—功能关系中的新表现。克劳斯等人认为，将结构与功能分别描述为解释者与被解释者，科学规律的因果关系在转变为技术规则的实用准则后，就可以桥接结构与功能之间的逻辑鸿沟。由于缺少对应原则，实际上结构与功能之间的逻辑鸿沟并未弥合。

张华夏、张志林等在克劳斯等人的基础之上，将技术解释的研究进一步推进，在对技术规则—行动陈述、技术人工物的结构—功能陈述进行严格的逻辑分析基础上，提出了 $C_x \leftrightarrow A_x$、$F_x \leftrightarrow P_x$ 对应原则，[④] 然后把结构作为解释者、功能作为被解释者，使结构过渡到功能成为可能。这样，进入 21 世纪后，对技术人工物进行逻辑分析和经验论证逐渐成为技术哲学研究的主流。

应当指出的是，对技术哲学展开技术解释研究的不仅有工程师，也有职业哲学家。他们的一个共同特点是深入到技术人工物内部的功能—结构关系中，运用逻辑分析和经验论证的方法，力图开启技术人工物的结构—功能黑箱，揭示技术实现和技术创新何以可能，从而为技术发展和技术演化作辩护。

---

① 张华夏、张志林：《技术解释研究》，科学出版社 2005 年版，第 119 页。

② K. Kornwachs, *A Formal Theory of Technology*. http：//scholar. lib. vt. edu/ejournals/SPT/v4n1/KORN-WAC. html, Techné, 1998（1），pp. 47 – 64.

③ P. Kroes and A. Meijers, *The Dual Nature of Technical Artifacts-presentation of a new research programme*, *Techné*, 2002, Winter, 6（2），pp. 4 – 8. http：//scholar. lib. vt. edu/ejournals/SPT/v6n2/kroes. html.

④ 张华夏、张志林：《技术解释研究》，科学出版社 2005 年版，第 73 页。

三、技术哲学发展的内在趋势

通过对技术哲学 100 年来的发展历史考察发现，技术哲学研究在问题域上经历了从技术本体论、技术本质论、技术实在论拓展到技术认识论、技术方法论、技术价值论、技术规则、技术解释、技术预测、技术创新、技术进化等的广阔视野，从而构建起了技术哲学学科的基本问题序列。在技术哲学基本问题序列确立的过程中，技术哲学研究对象与研究方法也在演进，当代技术哲学正朝着逻辑经验主义转向。

1. 技术哲学的基本研究对象

技术哲学研究的对象是技术，是对技术的辩护、批判或解释。而技术的核心体现是技术人工物，即技术人工物是技术哲学的基本研究对象。

第一，从技术哲学发展的内在逻辑可以看到，自技术哲学成为一门独立的学科，无论是工程派技术哲学、人文派技术哲学还是技术解释的新进路，以技术人工物为基本研究对象是一条不变的中心线索。卡普从刀、矛、桨、铲、耙、犁和铁锹等技术人工物入手，从外部表象直观技术提出"器官投影说"；海德格尔从锤子、桥、银器等技术人工物对技术展开先验分析提出技术的"座架"本质论；伯格曼以火炉为对象对技术进行经验论证提出技术的"装置范式"论；而克劳斯和张华夏等则以纽可门蒸汽机为对象从技术人工物的内部对技术结构—功能进行技术解释研究。波塞尔提出了关于德国技术哲学界的三种观点：拉普的分析性解释、罗波尔（Ropohl）的系统理论解释、海德格尔之后的基础本体解释。[①] 这三种观点都与机器，即技术人工物有关。因此，技术哲学就是围绕着技术（实指技术人工物）这一关键词而展开，从而形成技术本体论、技术方法论、技术认识论、技术价值论、技术工具论、技术社会论、技术过程论、技术文化论、技术进化论等技术哲学的基本论域。

第二，从科学与技术的划界来看技术哲学的基本研究对象也是技术人工物。张华夏教授提出，科学的研究对象与技术的研究对象并不相同，技术研究的对象是被人类加工过的、为人类的目的而制造出来的人工物理系统、人工化学系统和人工生物系统以及社会组织系统等，用一个词概括就是人工自然系统。[②] 既然技术研究的对象是技术人工物，技术哲学作为对技术的思想追溯，其基本研究对象

---

① 李文潮、刘则渊：《德国技术哲学研究》，辽宁人民出版社 2005 年版，第 130 页。
② 张华夏、张志林：《从科学与技术的划界看技术哲学的研究纲领》，载于《自然辩证法研究》2001年第 2 期，第 31～36 页。

自然是技术人工物。

第三，虽然技术哲学研究的基本对象——技术人工物自卡普确立技术哲学学科以来并未被动摇过，不过技术实体却在发生改变。落入卡普视野的技术人工物是刀、矛、桨、铲、耙、犁、铁锹等工具，而进入 20 世纪技术哲学家论域的已是机器。因此，技术人工物已由简单的工具向复杂的机器转变，技术也就由经验型技术向知识型技术转变。① 同时，从对技术人工物的研究层次看，技术哲学的研究已经从外部（如卡普的刀、矛、桨、铲、耙、犁和铁锹）深入到技术人工物的内在功能—结构关系之中。发生这种转变的原因很复杂，有一点或许值得我们注意，即 20 世纪以前的技术发展和创新主要由发明家个人兴趣主导。而进入 20世纪，尤其是第二次世界大战以来，如果说科学已经由"小科学"进入到"大科学"，那么技术就已经由"小技术"发展到"大技术"时代。"大技术"时代的技术发明或技术创新已非一人之力所能完成，而是需要完善的社会建制协调配合。如美国的曼哈顿工程、探月工程，我国"两弹一星"的研制，都必须动用国家机器调动全社会的人力、物力、财力等资源。

正是由于技术研究对象由工具到机器的转变，技术创新由个人兴趣到社会建制的发展，技术哲学在研究方法上发生了逻辑经验主义的转向。当技术创新由个人兴趣向社会主题转变，打开技术功能—结构"黑箱"，揭示技术人工物的功能—结构关系，对于实现技术创新就有了非同寻常的意义。这样，逻辑分析、实践推理等也就理所当然成了技术哲学研究的独特方法。

2. 当代技术哲学的逻辑经验转向

在技术哲学发展的过程中，其研究方法也在发生变化。卡普面向朴素的经验事实，采用归纳分析的方法以白描式的手法研究技术。德韶尔则通过先验分析的方法展开对"第四王国"的研究。海德格尔采用现象学的先验分析的方法对技术进行存在主义的研究。邦格则引入三值逻辑对技术哲学进行逻辑实证主义的研究。荷兰学派则完全开启了技术哲学研究逻辑经验转向的大门。一方面，从现实技术人工物（如纽可门蒸汽机）的结构—功能关系出发，对技术进行经验分析；另一方面，非演绎逻辑尤其是实践推理等引入到对技术的研究之中，试图解决技术结构—功能的逻辑解释鸿沟（如克劳斯、康瓦哈斯、张华夏等所作的研究）。

可以看到，在研究方法上，技术哲学研究经过了从描述性的经验论证到先验分析，再到逻辑分析与经验论证相结合。从这一趋势看，技术哲学正朝着逻辑方法与经验方法的结合——逻辑经验分析方向向前发展。技术哲学的逻辑经验转向

---

① 吴国林：《论技术本身的要素、复杂性与本质》，载于《河北师范大学学报》（社科版）2005 年第4 期，第 91 ~ 96 页。

从本质上看是技术哲学研究方法的转向，但这种转向使技术哲学对于技术的研究从外围深入到了技术人工物的内部功能——结构关系之中。在这种逻辑经验转向之前，技术哲学的研究倾向于对技术的伦理、社会与文化的研究，这些研究看似很"热火"，研究人员多，容易研究，但从根本上讲，这些研究还处于表面、处于表层，没有深入技术本身，因此，研究的结论难以让人信服。这也使得人们在某种程度上难以刻画技术哲学与技术伦理学、技术社会学、技术文化学的清晰界限，因此也无法使技术哲学真正"哲学"起来。只有通过技术哲学的逻辑经验转向，深入分析技术人工物本身，才能真正理解技术，使技术哲学对于技术的研究从外围深入到技术人工物的内部功能—结构关系之中，让技术本身展示出来。21世纪，技术哲学研究的逻辑经验转向的重要意义在于：

首先，在中国当下核心技术匮乏、建设自主创新型国家的语境中，技术哲学研究有必要摆脱技术"善恶"之争。对于发展中国家来说，首要的问题同样是发展，在此基础上能够进行自主技术创新，否则，发展中国家就无法摆脱对发达国家的依赖。只有借助实践推理，对技术行为—规则、技术人工物的结构—功能关系进行逻辑分析，用逻辑的解剖刀分析技术事实与技术命题，揭示技术知识的构成与演化，技术哲学学科才能走向成熟，我国技术创新工作才能打开新局面。如克劳斯以纽可门蒸汽机为案例，打开技术人工物的结构"黑箱"，对技术人工物进行逻辑分析，揭示结构—功能的逻辑关系。张华夏也以此为例，指出克劳斯技术解释中存在对应规则的缺失问题，并提出相应的对应规则进一步推进纽可门蒸汽机的结构—功能解释。① 这种研究方法使技术哲学的发展沿着同样的逻辑路径向前迈进，从而实现技术哲学的系统化、学科化，也通过揭示技术人工物的结构—功能"黑箱"助推技术创新。

其次，科学在于求知，科学需要形成逻辑自洽的理论。而技术在于求用，技术在于能够创造出更先进的技术人工物，由此改变、创造与控制人和自然，协调人与自然的关系，这就要求技术哲学的研究需要以技术实体或技术实践作为案例，对技术人工物的设计和制作过程进行经验论证，深入技术功能的结构"黑箱"，论证技术功能何以可能，实现技术改变、创造与控制的目标。

再次，任何技术最终总是表现为技术人工物。通过对技术实践和技术人工物的逻辑经验分析，可以使技术哲学与科学哲学真正区别开来。如文森蒂以自己丰富的技术实践经验对航空历史展开分析研究后，将技术知识与科学知识进行正确划分，使技术哲学研究意蕴得以凸显。② 德国勃兰登堡技术大学教授康瓦哈斯则

---

① 张华夏、张志林：《技术解释研究》，科学出版社 2005 年版，第 139～150 页。

② W. G. Vincenti, *What Engineers Know and How They Know it: Analytical Studies from Aeronautical History.* Baltimore: Johns Hopkins University Press. 1990.

用道义逻辑对邦格的三值逻辑体系进行改进，并提出了技术形式理论对技术哲学的基本问题展开分析。科学规律可以用演绎逻辑来解释，技术规则的解释却不能以演绎逻辑为基础，而必须用一种特殊的推理即实践推理来分析。[①] 对技术人工物的逻辑分析，并没有一个现成的方法可用，需要我们创造出适合分析技术人工物的逻辑方法。

最后，技术哲学的逻辑经验转向，是一个十分重要的基础工作，犹如科学哲学的逻辑经验主义的影响一样。技术哲学的逻辑经验转向，并不是否定原有的技术伦理学、技术文化学、STS 等学科所做出的种种努力，而是通过对技术的逻辑经验分析，我们才能够更好地认清技术，清算一些不适当的所谓技术哲学命题，让技术哲学走在更加健康的发展轨道上。

技术哲学要成为哲学传统主流中独立而成熟的学科，则必须运用逻辑经验分析的方法，以技术人工物为基本研究对象，深入到技术人工物的内部，打开技术人工物的功能—结构关系"黑箱"。技术哲学研究的基本问题序列已然形成，基本研究对象已然确立，技术哲学研究的独特方法也已显现，技术哲学研究正转向逻辑经验主义，技术哲学则将在 21 世纪成为一门成熟的哲学学科。

第二节　技术哲学的问题与出路

一、技术哲学存在的问题

无疑，技术哲学的研究取得了一定的成果，也涌现出一批技术哲学家，但是，并没有形成技术哲学特有的研究范式。在某些哲学家看来，技术哲学并没有成为哲学传统的一员，游离于主流哲学之外，甚至并不被认为是"哲学"的。之所以会出现这一现象，说明技术哲学的研究本身存在着问题，主要表现为以下方面：第一，技术哲学的主题众多、论题分散，技术哲学的问题缺乏会聚性，技术哲学本身缺乏统一的纲领。后期哲学家基本上没有在前期技术哲学家的基础上展开更深入的研究。而不像科学哲学的有关范式得到科学哲学家和科学家的公认。第二，对技术的批判远多于对技术的辩护，强调伦理性问题而忽视认识论与本体论的问题。众所周知，技术对推动社会的发展起到巨大作用，但是，不少的技术

---

① 张华夏、张志林：《技术解释研究》，科学出版社 2005 年版，第 165～175 页。

哲学学者把技术看作一个恶魔，他们仅仅以抱怨技术的态度研究技术，成为一群技术的抨击者，于是，技术哲学家对技术的正面研究和辩护严重不足。第三，缺乏对技术本身的研究。技术本身通常保留为一个"黑箱"，被当作一个不变的整体。对技术的结构与功能、技术的本质、技术与科学的区别与联系、技术推理、技术规则、技术设计、技术方法等缺乏深入而有逻辑的研究。第四，工程派技术哲学与人文派技术哲学的分裂。在技术哲学的各种派别的争论中，渗透着不同的哲学假设与观念前提，这些假设或前提是否适当，没有经过严格的分析。

我国技术哲学初创于 20 世纪 50 年代，20 世纪 80 年代初开始较大规模的研究，但研究较为单一，多为低水平重复。大多技术哲学的工作者是半路出家，既缺乏严格的哲学训练，又缺乏工程与技术实践经验。总体上看，我国技术哲学的研究落后于发达国家。

之所以国内外技术哲学存在上述问题，笔者认为有三个根本原因：

其一，技术自身表现的复杂性。技术研究出现的空白，正如拉普说："原因之一就是这个问题本身的复杂性。因为人们在对技术进行分析时，不能像分析科学那样轻易地撇开技术的社会根源和它的实际功能问题。"[①] 技术本身有经验形态技术、实体形态技术和知识形态技术，这些技术都是具体的，它们或多或少总是与实践联系在一起的。从现代实体技术（如技术人工物）来看，技术的要素、层次越来越多，技术要素之间（包括跨层次）相互作用增多，技术还与环境发生多种交互作用。技术的复杂性是导致技术哲学研究困难的重要原因。事实上，技术概念本身难以定义，也说明了技术的复杂性。比如，技术的本质是在技术本身之中，还是在技术与科学、社会等因素的作用中显示出来的？

其二，缺乏真正的技术哲学大师级人物，为技术哲学的前行奠定一个坚实的哲学基础平台。技术哲学的研究需要相当多和相当高水平的知识准备，一是自然科学知识，二是技术与工程科学知识，三是良好的哲学素养。然而，拥有这样的知识水平的学者不多，特别是量子技术哲学的研究要求更高，它还需要量子力学与量子信息理论的有关知识。

其三，从根本上讲，这是哲学方法论上的原因。技术哲学所做的研究本应按哲学的进路来做，但是，有的学者强调技术哲学的实践传统；有的强调理论传统；有的从技术经验入手等。可见，技术哲学缺乏公认的哲学研究进路，因此，过去所得到的技术哲学的研究成果大多是破碎的，没有一致性，有关的研究成果难以成为技术哲学界的共识和难以得到哲学界的承认。

---

① ［德］F. 拉普著，刘武等译：《技术哲学的思维结构》，吉林人民出版社 1988 年版，序言第 2 页。

二、为何需要分析技术哲学

分析技术哲学的兴起就是为了克服原有技术哲学存在的问题，它提供了这样的可能性。研究和发展分析技术哲学从根本上讲，是技术哲学理论构建的内在需求。

一个不争的事实是，国际上有不少的哲学工作者在从事技术哲学的研究，做得很热闹，然而技术哲学研究还游离于主流哲学之外，技术哲学还没有成为哲学传统意义上的哲学。显然这是一个重大的根本性问题，这个问题不解决，技术哲学就谈不上哲学。因此，首要的问题是使技术哲学成为哲学。正如拉普指出："技术的哲学解释必须被加以利用并努力整合到哲学传统中去。隐喻地说，这是哲学解释必须借以成长的土壤。"①

那么哲学是什么呢？我们先看一下两个典型的哲学定义。一个是我国典型的哲学定义，见于《中国大百科全书》（哲学卷）：哲学是世界观的理论形式，是关于自然界、社会和人类思维及其发展的最一般规律的学问。这里强调的是"最一般规律"，它不同于一般自然科学的规律等，这一说法较为笼统。西方的《牛津哲学词典》将哲学定义为：研究世界和我们用以思维的范畴，如心灵、物质、原因、证据、真理等的最一般和抽象特征。这一定义比前一个定义更为详细一些，点出了哲学研究的重要范畴。

虽然不能给哲学下一个完整的定义，但是，一种研究是否属于哲学，还是属于科学，哲学家一看便知。哲学家赖尔指出："科学谈论世界，而哲学则谈论关于世界的谈论。"② 在维特根斯坦看来，"哲学不同于各门自然科学，与它们没有共同的方法。它既不能肯定，也不能否定科学研究。"③ 哲学所要做的，是科学家所不能做的，也是做不了的。这正是哲学不同于科学的独特的研究方法。

技术哲学要真正成为哲学传统意义上的哲学，笔者赞同张志林所提出的哲学的三个基本特征：问题的基础性、学科的自觉性和方法的独特性。

（1）问题的基础性。虽然技术哲学还没有成为一种范式，但是仍有一些在本学科大致可以接受的原理、规则、方法、模型、范例等前提，在这些前提下所探究的问题属于常规问题，但是，另一类是基础问题，它是针对这些被接受的原理、规则、方法、模型、范例等本身所提出的问题。基础问题的特点体现在三个方面，如埃利奥特·索伯（Elliott Sober）所说，哲学意在探究原因（reason），

---

① F. Rapp, *Philosophy of Technology after Twenty Years: A German Perspective. Techné*, 1995, 1 (1-2): P. 3.

②③ 尼古拉斯·布宁、余纪元编著：《西方哲学英汉对照辞典》，人民出版社 2001 年版，第 752 页。

关乎辩护的基础问题（the fundamental questions of justification）；哲学关心的基础问题具有超乎寻常的普适性（great generality）；哲学对基础问题的探究集中于澄清概念（the clarification of concepts）。

（2）学科的自觉性：正如"形而上学"（metaphysics）在于对物理学（"physics"其原初含义为自然科学）中出现的概念进行研究。显然，形而上学不是物理学的一部分，但是，对哲学进行"元"（mata-）研究属于哲学。技术哲学的自觉性应体现在：对技术（学）之后的概念进行研究，探究构成技术之事的概念之间的关系，这些概念为何如此等。

（3）方法的独特性。按照张志林的说法，反思平衡、概念分析和先验论证是哲学研究的基本方法。这种方法，在我看来，也可用于技术哲学的研究，以形成技术哲学特有的研究方法。

反思平衡（reflective equilibrium）这一哲学方法也表现了一种哲学的自觉性。对于反思平衡，琼恩·罗尔斯（John Rawls）说："它之所以是一种平衡，乃是因为至少我们的原理和判断是彼此协调的；它之所以是反思，乃是因为我们知道我们的判断符合什么样的原理，而且也知道导出这些判断的前提条件是什么。"①这就是说，哲学研究要关注原理—判断之间的协调性和推理前提的合理性。

概念分析（conceptual analysis）在于阐明那些描述技术的表达式（如技术命题）的结构、含义、指称及其相互关系，包括技术得以可能的先在条件。

先验论证（transcendental argument）必须满足：证据的可靠性和推理的合理性。按照罗伯特·斯特恩（Robert Stern）的说法，先验论证有三点要求：第一，先验论证的基本主张是：命题 q 是命题 p 得以可能的一个解释性的必要条件。因此，若无 q，则无 p。第二，先验论证必须得到形而上学的和先在的（a priori）支持，而不只是得到自然的（natural）和后天的（a posteriori）支持。若无 q，则无 p 不能成立，不是因为经验使然，而是因为经反思建立起来的形而上学条件使然。第三，这种形而上学的先在依赖性乃是先验论证的关键所在，它清楚地显示了哲学的特质。

上述所涉及的方法主要是分析哲学的方法。分析哲学不仅是一种哲学流派，而且是一种重要的哲学方法。借助于分析哲学方法，一是澄清传统技术哲学的某些问题，努力使技术哲学研究更加严格精确；二是通过哲学论证和先验反思，将技术命题与逻辑后件、逻辑真理、必然真理以及先天真理联结起来。分析技术哲学是对技术进行辩护，并在对技术的反思中进行辩护，这有利于更清楚地认识技术的本质。分析技术哲学将为沟通形而上的技术哲学与形而下的技术哲学的应用建立有效、合理的桥梁。

---

① J. Rawls, *A Theory of Justice*, *revised edition*. Cambridge, MA: Harvard University Press, 1999, P. 18.

20 世纪诞生了分析哲学和现象学的重要哲学方法。著名现象学家海德格尔已经把技术问题同哲学的终结问题相关联，海德格尔以实践取向取代理论取向。正如海德格尔在其著作《存在与时间》中非常详细地描述了人与世界的关系，他认为，人与世界的关系首先是一种操作的关系，其次才是认识关系。技术并不是器具所代表的东西本身，而是真理的开显方式，这就是说，技术与真理结合在一起了。正如海德格尔所说，"技术这个名称本质上应被理解成'完成了的形而上学'，"① 第一次从形而上学的高度把技术提升到哲学的核心位置。

第三节　分析技术哲学的研究现状

既然要从分析技术哲学入手来重新审视技术哲学，因此有必要考察一下历史上分析技术哲学的发展状况与存在的问题。国外分析技术哲学的代表人物主要有：拉普、邦格、H. 斯柯列莫斯基（H. Skolimowski）、皮特、克劳斯、文森蒂等。这里将这些代表人物的观点以主要问题为中心进行简要的梳理，通过这些分析清楚地知道目前研究已达到的水平，并启示下一步的研究进路。

一、关于技术人工物的本体论问题

技术人工物的本体论问题受到了荷兰学派有关学者的重视，如 A. 梅耶斯提出了关系实体论，即技术人工物是关系实体（relational entities）。② 他所主张的本体论是指人工物的结构性质与功能性质，以及两者之间的关系。功能性质是一种关系性质，既与人的活动有关，又涉及人工物的运行以及用户与工程师的实践活动。梅耶斯认为，功能的关系性质不能还原为非关系的性质，如结构。③ 但维马斯认为，技术人工物的结构属性可以部分解释功能属性。④

W. 霍克斯（W. Houkes）和 A. 梅耶斯（A. Meijers）从高阶对象（higher objects）和它们的物质基础的关系的视角，讨论了技术人工物的适当本体论问题。

---

① M. Heidegger, *Overcoming Metaphysics. Richard Wollin. The Heidegger Controversy, a cirtical reader*, tran. By Joan Stambaugh. The MIT Press, 1993, P. 75.

②③ A. Meijers, *The relational ontology of technical artifacts*, in *The Empirical Turn in the Philosophy of Technology*, by P. Kroes and A. Meijers, Editors. Amsterdam: JPI Press, Elservier Science Ltd. 2000, pp. 81 – 96.

④ P. E. Vermaas, *The physical connection: Engineering function ascription to technical artifacts and their components. Studies in History and Philosophy of Science: Part A. 2006, 37（1）: pp. 62 – 75.*

其研究的起点是人工物的两重性，即有物体和功能性对象。他们提出了人工物的适度（adequate）本体论的两个判据：一个是非充分决定性（underdetermination，UD），另一个是实现限制（realization constraints，RC）。简言之，技术人工物的结构与功能之间并不是完全确定性的。他们具体考察了金在权（Jaegwon Kim）的随附性理论与贝克（L. Baker）的构成理论（constitution view）是否满足 UD 与 RC 两个标准。经过考察发现，随附性理论与构成理论并不完全能满足 UD 和 UC 两个标准，还有许多限制。于是，在技术人工物的本体论中，结构与功能的关系成为形而上学的"难问题"（hard problem）。①

一般看来，在科学哲学中，功能是不属于本体论的范畴。但是，在技术哲学中，功能属于本体论的范畴，结构与功能之间并没有一个逻辑必然的联系，因此，技术人工物的本体论还需要有新的视角。

二、关于技术何以可能的问题

在《技术哲学导论》中，拉普并没有从海德格尔的现象学视角来展开，而是按照与科学哲学相类似的进路来进行，正如拉普说："说到技术的哲学问题，有一种情况似乎与其他哲学研究领域（如科学哲学、历史哲学）相似，这就是现代科学技术以及它们造成的世界面貌是如此复杂，单凭演绎而不看经验事实根本无法充分地说明它们。只有在分析了与哲学有关的历史发展特征和由经验提供的技术的总体特点之后，才有可能确立一种有坚实基础的形而上学解释。"② 拉普强调了工程科学和分析方法，他说："进行哲学分析就必须对个人信仰加以限制并通过客观化的科学范畴来表达思想。以直觉判断来解决关于现代技术的'本质'和治理人类未来所需要的伦理规范的哲学争论，就等于放弃理论理解和合理论证。我们需要的是精细的分析现实状况。"③ 他将技术哲学划分为四种研究方式，即工程科学、文化哲学、社会批判主义和系统论。

在拉普看来，近代技术的效率归功于工程科学的兴起，从方法论的观点，工程科学的兴起则归于三个因素，一是广义的科学方法；二是抛开其他对象，独立地探讨技术问题；三是技术知识和能力与精确的科学方法相结合。④ 之所以要独

---

① W. Houkes，A. Meijers，*The Ontology of Artefacts：the Hard Problem*，*Studies In History Philosophy of Science.* 2006，37（1），pp. 118，130.

② ［德］F. 拉普著，刘武等译：《技术哲学导论》，辽宁科技出版社 1986 年版，英文版序言，第 1～2 页。

③ ［德］同上，英文版序言，第 3 页。

④ ［德］同上，第 76 页。

立地研究技术问题，就在于人们将全部的注意力集中在技术程序的结构方面。

按照拉普的分析，无论技术发展的最终原因是什么，总可以确定具体技术活动的一定的社会前提、经济前提和必要的技术基础，即技术知识和技术能力。他说，这些前提"只能限制技术潜力的范围，而不会自动产生特定的技术。"① "为了正确理解那些最终导致近代技术的过程，除了考虑社会经济和技术本身的条件外，还应注意到智力条件。""技术发展和智力背景总是纠缠在一起的。"② 他详细考察了与近代技术兴起有关的八个智力前提，它们是：对劳动的积极评价，有效的管理体制，对技术创造力的刺激，理性思想与启蒙运动，自然界的对象化，机械论自然观，数学模型，系统的实验研究。③

"何以可能"问题是哲学的一个基本问题，但是许多技术哲学学者并不重视。拉普的研究在于说明技术兴起的经验条件，还不是经过反思建立起来的形而上学的条件，由此说明技术的先在依赖性。

三、关于技术知识

分析技术哲学必须要研究技术知识的构成。文森蒂是一名工程师和工程理论的研究者，曾任美国航空顾问委员会航空研究工程师和科学家。1990 年他出版了有很大影响的《工程师知道一些什么，以及他们是怎样知道的》④ 一书。书中分析了五个航空技术史案例及其问题，并将工程设计知识分为六种类型：基本设计概念（运行原理与常规型构）；设计的标准与详细说明（criteria and specifications）；理论工具（数学、推理和自然定律）；定量数据（quantitative data），如飞机推进器运作的经验参量资料数据；实践考虑（practical considerations），如驾驶飞机需要的空气动力学的稳定性的范围；设计手段（design instrumentalities）（程序知识）。⑤ 文森蒂探讨的工程设计知识是技术知识的子集。

德国哲学家 G. 罗波尔（G. Ropohl）早在文森蒂写《工程师知道一些什么》之前就有一个技术知识的分类（1979）。在文森蒂的这一部著作发表之后，罗波尔发表《技术知识的类型》（1997）一文，基于自然科学、工程科学和工程实践的区别，他指出文森蒂技术说明书上的标准和定量资料不属于技术知识的范围，

---

① ［德］F. 拉普著，刘武等译：《技术哲学导论》，辽宁科技出版社 1986 年版，第 80 页。

② ［德］同上，第 81 页。

③ ［德］同上，第 82～93 页。

④ W. G. Vincenti, *What Engineers Know and How They Know it：Analytical studies from Aeronautical History*. Baltimore：Johns Hopkins University Press，1990.

⑤ W. G. Vincenti, *What Engineers know and How They Know it：Analytical studies from Aeronautical History*. Baltimore：Johns Hopkins University Press，1990. pp. 209 – 224.

而其他技术知识的内容可以归结为五类技术知识：①技术规律，它并非由科学定律导出，而是经验归纳的结果，以成功为准则。②功能规则，工程技术研究往往将技术定律和经验概括转换为功能规则，它表明在一定的环境下，如果要得到某种结果，我们应该如何做。③结构规则，它说明将人工物的各组成部分构成为整体的规则。④技术诀窍（know-how），知道如何做，但又是隐含的知识。⑤社会 – 技术知识（socio-technical understanding），它是关于技术客体、自然环境和社会实践的系统知识。①

在文森蒂的知识分类的基础上，分析哲学学者马克·J. 德维斯（Marc J. de Vries）从晶体管与集成电路的硅膜片的局部氧化工艺技术（LOCOS）这一案例出发，将技术知识划分为四类：①物理性质的知识，关于人工物的结构的知识。②功能性质的知识，关于人工客体的意向性知识。③手段 – 目的的知识，它关于人工物的意向性。④行动知识，关于在功能化与制作方面的知识。② 并且他认为："技术不能适当描述为应用科学。不同类型的技术知识是相互区别的。'得到辩护的真信念的知识'定义并不太适合于技术知识，它不能为各种类型的技术知识做出辩护。"③ 这就产生了一个重新定义技术知识的问题。

上述三种观点是关于技术知识分类的主要观点，各有所长，都反映了技术知识的某一方面，但又有局限，应当超越这三种分类，形成更完备的技术知识的分类。

四、关于技术客体的结构与功能

克劳斯于 1998 年在美国《哲学与技术》杂志春季刊发表了《技术解释：技术客体的结构与功能之间的关系》一文，最早提出了技术客体的二重性。④ 2001年 7 月在苏格兰阿伯丁大学召开的国际技术与哲学学会的年会上，克劳斯与梅耶斯共同提出了技术哲学的新研究纲领（new research programme）—技术人工客体

① G. Ropohl, *Knowledge types in technology*, *International Journal of Technology and Design Education*, 1997, 7（1 – 2）, pp. 65 – 72.

② Marc J. de Vries, *The Nature of Technological Knowledge*：*Extending Empirically Informed Studies into What Engineers Know. Techné*, 6：3 Spring 2003. pp. 15 – 17.

③ Marc J. de Vries, *The Nature of Technological Knowledge*：*Extending Empirically Informed Studies into What Engineers Know. Techné*, 6：3, Spring 2003. P. 1.

④ P. Kroes. *Technological explanations*：*The relation between structure and function of technological objects. Society for Philosophy and Technology*, 1998, 3（3）：pp. 18 – 34. http：//scholar. lib. vt. edu/ejournals/SPT/v3n3/kroes. html.

的二重性，在 2002 年 *Techné* 杂志的第 6 期正式发表该论文。① 同时，这一期杂志上，还发表了一些重要技术哲学家赞成和反对的论文。这一期的客座主编、英国皇家哲学学会 S. O. 汉森（S. O. Hansson）教授指出，技术人工客体二重性的研究纲领的提出及其讨论是对技术哲学有着深远影响的事件。②

技术人工客体的二重性纲领是一种"技术认识论"的研究纲领。该纲领的基本要点包括：①技术人工客体具有结构与功能二重性质。技术客体是一个物理客体，具有一定的结构；技术客体的功能与设计过程的意向性相关；结构与功能揭示了技术客体最根本的东西。②技术客体的结构描述与功能描述之间具有重要的认识论和逻辑问题。技术客体的二重性反映在两种不同的描述模式上，结构描述与功能描述之间不能够相互推出。

克劳斯所在的荷兰代尔夫特大学哲学系，联合美国布法罗大学哲学系、美国麻省理工学院、美国弗吉尼亚技术学院等，共同组织了 2002～2004 年关于技术人工客体二重性的国际研究纲领（the international research program of the dual nature of technical artifacts），以构建现代技术的哲学基础。该国际研究纲领的《宣言》（*The manifesto of the dual nature program*）认为："对于技术人工客体，这两种概念化都是不可缺少的：如果一个技术人工客体只用物理概念来描述，它具有什么样的功能一般的便是不清楚的，而如果一个人工客体只是功能地进行描述，则它具有什么样的物理性质也一般的是不清楚的。因此一个技术人工客体的描述是运用两种概念来进行描述的。在这个意义上技术人工客体具有（物理的和意向的）二重性。"这个研究纲领的研究领域包括："（1）技术人工客体的结构与功能之间的特别的相互关系。这个领域也包含研究技术人工客体的设计问题：设计者怎样桥接结构与功能的鸿沟。（2）技术功能的意向性以及它们的非标准认识论（non-standard epistemology）这个领域也包括技术人工客体的应用以及功能的社会方面。"③

这个国际研究纲领所组成的技术小组（technè group）的研究范围包括：技术功能，功能与技术人工物的使用，技术功能的知识，人工物的本体论等。的确技术客体的结构—功能的二重性研究纲领取得了许多进展，参加者较多，但是，技术哲学研究纲领的大师级人物还未出现，其关键在于结构与功能之间的逻辑鸿沟问题并没有得到解决。

---

① P. Kroes and A. Meijers, *The Dual Nature of Technical Artifacts-presentation of a new research programme*, *Techné*, 2002, Winter, 6（2），pp. 4 – 8. http：//scholar. lib. vt. edu/ejournals/SPT/v6n2/kroes. html.

② S. O. Hansson, *Understanding Technological Function*：*Introduction to the special issue on the Dual Nature programme*, *Techné*, 2002, Winter, 6（2）. pp. 1 – 3. http：//scholar. lib. vt. edu/ejournals/SPT/v6n2/hansson. html.

③ http：//www. dualnature. tudelft. nl/#1.

五、关于技术解释

在科学解释的 DN 模型、IS 模型中，都是正向解释，即通过解释者来推出被解释者。但是在技术解释中，既有正向解释，又有反向解释即解释不成功的技术。

在技术解释中，克劳斯通过分析纽可门蒸汽机案例，提出了技术解释的图式（见图 1）。

解释者	物理现象的描述 人工物的结构（设计）的描述 一系列行动的描述
被解释者	人工物的功能的描述

图 1　技术解释

虽然人工物的结构与功能之间不能相互推出，但是，工程师在技术人工物之间建立强的联系，即一种实用意义上的因果链。在克劳斯看来，用于技术人工物的实践推理的重要特点是：手段—目的的推导方式与因果关系联系在一起，而且要求因果关系能够被经验地确立。正如他所说："按照这个思想路线，因果关系就转变成实用准则（pragmatic maxims，这个转换并不具有逻辑演绎的形式），这个转换在技术的设计中桥接了结构与功能之间的鸿沟。因此，技术解释并不是演绎解释，它在因果关系以及基于因果关系的实用准则的基础上联结了结构与功能。"[①]

在分析技术哲学中，皮特的实用主义分析技术哲学颇有特点。皮特是美国弗吉尼亚理工大学教授，2000 年他出版了《技术思考——技术哲学的基础》，在美国技术哲学界引起了很大反响。Techné 在 2000 年专门刊出了一期针对皮特《技术思考》进行的评论。

皮特对技术的讨论限定在人类技术上，涉及两个因素，一个是人类活动，另一个是对工具的有目的的应用。据此，他将技术定义为："技术是人性在运作（humanity at work）。"[②] 他区分了工具与工具的应用，工具自身并非技术，而技术是人为了某种目的而进行的对工具的应用。

---

① P. Kroes. *Technological explanations：The relation between structure and function of technological objects. Society for Philosophy and Technology*，1998，3（3）：P. 34.

② J. C. Pitt，*Thinking about Technology.* New York：Seven Bridge Press，2000，P. 11.

在皮特看来，科学解释的 DN 模型的核心涉及科学法则的作用，那么技术解释应当涉及技术法则的概念。他说："如果认同技术是'人性在运作'这个界定是正确的话，那么技术法则（technological laws）就是关于人以及他们之间的关系。"①

皮特区分了技术解释与技能解释，因为技术解释与某一特定的技术人工物有关。他认为，"除了在技术解释中应用社会法则这一方法之外，还有其他方法可以切入技术解释论题：这种方法就是通过对解释的说明来发展一种技术中的 DN 对应概念，而这种对解释的说明并不会利用 DN 法则。"② 他以哈勃望远镜制造的失败为例来说明，精确的科学方法论无法避免具体技术实践的失败，也就是说，以普遍的科学解释法则无法解释具体的技术实践。

皮特接受科学解释的 DN 模型，但对于技能解释（technical explanation）要更多地求助于细节。他说："不像科学解释，由目标将各种特殊事件关联向一套更为一般总体的普通的真理，技能解释则寻求按照具体细节的特殊事件的理解。'是什么'和'为什么'的描述可能求助于科学确立的普通原则，但是在技术解释中的基本要求是关注细节。"③ 在皮特看来，对于技术解释来说，人们应当关心人工物的因果关系的细节，避免求助于普遍的关系，这一因果关系通过合理性的常识主义原则（Commonsense Principle of Rationality，CPR）来获得。如桥塌了，不能从万有引力来解释，而应当对桥本身进行分析。"无论是技术的成功、失败，抑或是技术不可预测的后果，都无法用通用的术语去说明它的原因。"④ 塔克马大桥（Tocoma Bridge）的灾难，并不是某一个单纯的原因，可能的变数还包括气象、地质、材料应力、糟糕的设计、低劣的材料质量、不符合设计规范等。

可见，皮特的技能解释（如桥的问题）实际上涉及工程解释问题。由于皮特将技术界定为人性在运作，于是，"技术解释应该是一种基于'决策因果关系之上的'解释，在这里，决策扮演至关重要的作用。"⑤

六、关于技术推理

邦格从具体的经验规律来建立规律陈述（nomological statement）与实用规律陈述（nomopragmatic statement）之间的关系。"如果一个磁化物体被加热到居里温度之上，则它的磁性消失了。"这是一个实用规律陈述，这里实用谓词是"被

① J. C. Pitt, *Thinking about Technology*. New York：Seven Bridge Press，2000，P. 43.
②③ J. C. Pitt, *Thinking about Technology*. New York：Seven Bridge Press，2000，P. 45.
④ J. C. Pitt, *Thinking about Technology*. New York：Seven Bridge Press，2000，P. 46.
⑤ J. C. Pitt, *Thinking about Technology*. New York：Seven Bridge Press，2000，P. 65.

加热"。① 规律陈述成为实用规律陈述的基础。这里的实用规律陈述，又为下述两个规则提供基础：规则 1（R_1）："为了将一个物体的磁性去掉，就需将它加热到居里温度点之上。"规则 2（R_2）："为了防止一个物体失去磁性，不要将它加热至居里点。"这两个规则是等价的。上述情况，可以用预设关系⊣来描述：

$$规律陈述 ⊣ 实用规律陈述 ⊣ \{R_1, R_2\}。$$

规律陈述与实用规律陈述的结构都是"$A \rightarrow B$"。对于规律陈述来说，前件 A 指的是一个客观的事实；而在实用规律陈述中，前件 A 指的是人们的操作。R_1 符号化为"B per A"，表示"通过（运用手段）A 得到或达到 B"，R_2（表示为："$\sim B$ per $\sim A$"，表示"为了预防 B 出现，不去做 A"。可以将上述的结果表达为下述形式：

$$"A \rightarrow B" \text{ fund }("B \text{ per } A" \text{ vel } "\sim B \text{ per } \sim A")$$
$$"B \text{ per } A" \text{ aeq } "\sim B \text{ per } \sim A"$$

这些规则的连结词的意思是："fund"表示"是其基础"，"vel"表示"或"，"aeq"表示"等价于"。

在"$A \rightarrow B$"的真值表中，只有前件为真与后件为假，这条件语句才是假的；其余情形皆为真。而在"B per A"的有效表中，只有当手段已经运用，而且目标又达到了，规则才是有效的；只有当规定的手段已经运用，而目标没有达到时，规则才是无效的；其余情况皆为不确定（用"?"表示）。规则"B per A"要有效当且仅当 A 与 B 均有效。

经过分析，邦格得出结论："规律式的真不能保证基于它的规则的有效性。""如果我们不能从相应的规律式的真推出规则的有效性，那么相反的推导过程又如何？这是更加没有保证的。"②

在邦格的体系提出了一套技术形式理论基础上，德国哲学家康瓦哈斯提出了实践推理的形式系统。他认为，技术的核心必须包括目标、目的和愿望这样的规范表达。他将 $A \rightarrow B$ 这一描述规律的陈述实用诠释（pragmatic interpretation）为：

$$\text{Prag. Int. }(A \rightarrow B) = A \text{ produces } B. \tag{0.1}$$

其含义是，如果我们想要达到 B 的，而 A 产生 B，则试验经由 A 达到 B 或经由 $\neg A$ 达到 $\neg B$。这个推理意味着，如果 B 是不想要的，以及 A 产生 B，则尝试经由 $\neg A$ 达到 $\neg B$。即是说，人们只能通过预防和负面作用来控制世界，而不是直接干事情，这一结论具有技术批判主义的特点。

可见，分析技术哲学的技术推理的研究还是较为薄弱的。

---

① 邦格：《行动》，载张华夏、张志林：《技术解释研究》，科学出版社 2005 年，第 111 页。
② 张华夏、张志林：《技术解释研究》，科学出版社 2005 年版，第 111 页。

七、国内分析技术哲学研究现状

国内分析技术哲学研究，需要说到张华夏与张志林（简称"二张"）两位教授，他们原来从事的是分析哲学，于 2005 年从分析哲学角度出版了《技术解释研究》，在国内产生了很大的学术影响。他们对技术的定义是："技术也是一种特殊的知识体系"，不过技术这种知识体系指的是设计、制造、调整、运作和监控各种人工事物与人工过程的知识、方法与技能的体系。[①] 他们将"功能"区分为四个方面：物理因果性功能、生命目的性功能、人工客体的技术功能、社会组织功能。克劳斯运用技术结构来解释人工客体的技术功能，而"二张"则建立层次解释模型，这样就对结构解释和功能解释进行模型化和形式化。在技术客体的解释上，除了结构解释与功能解释之外，"二张"还拓展到人工客体的结构功能的进化论解释和控制论解释。他们还讨论了技术行为与技术规则的解释。"二张"主张分析技术哲学，他们说："技术哲学的核心问题，当然也是技术认识论和技术推理逻辑问题。不过这个问题目前研究得不多，正是学科的前沿问题。而不以这一点为核心的技术哲学将会与 STS 的研究融合在一起而失掉技术哲学的特殊性。"并发出呼吁："技术哲学要转向技术知识论和技术逻辑的研究。"[②] 潘恩荣的《工程设计哲学》也属于分析技术哲学这一派别，该著作着力探讨技术人工物的结构与功能的关系，对荷兰学者对结构与功能的研究进行了较为详尽的评价。[③]

前文我们对从事分析技术哲学研究的国内外代表人物的主要观点进行了简要描述，[④] 概括起来，目前分析技术哲学所取得的成果主要表现在：（1）学者们已认识到传统的技术哲学研究有诸多不足，特别需要借鉴分析哲学的方法来对技术哲学展开研究。初步确立了分析技术哲学的基本研究方法与研究框架。（2）分析技术哲学取得的成就集中表现为：技术人工物的研究，技术人工物的结构与功能的关系的研究，技术知识的研究、技术规则的研究、科学与技术的关系的研究、技术思维方法的研究、技术设计的研究、技术推理的研究等。

目前，分析技术哲学已见端倪，参与研究的学者不少，但是存在的问题也不少。虽然拉普最早关注到分析技术哲学，但是他并没有深入下去。著名技术哲学

---

① 张华夏、张志林：《从科学与技术的划界来看技术哲学的研究纲领》，载于《自然辩证法研究》2001 年第 2 期，第 31 页。

② 同上，第 36 页。

③ 潘恩荣：《工程设计哲学》，中国社会科学出版社 2011 年版。

④ 需要指出的是，对国内分析技术哲学研究现状的评述，仅仅定位在 2011 年之前的研究状况，因为 2011 年之后，吴国林为核心的分析技术哲学研究团队展示了一系列的研究成果，也体现在本专著的第二篇之中。

家米切姆也有所关注分析技术哲学，没有进行研究。荷兰学派的克劳斯等人提出了分析技术哲学的结构—功能研究纲领，也有不少学者加入团队，但是，克劳斯本人的影响力并不大，他没有完整地展现分析技术哲学，也没有形成技术哲学的新范畴与新理论等。简言之，还没有产生出著名科学哲学家那样的技术哲学家，进而影响技术本身的研究。

虽然分析技术哲学涉及众多领域，但是最根本的难点问题没有得到突破。比如，技术的实在与实体的关系，技术的结构与功能的关系，技术理论的一般结构、技术命题与技术事实，技术逻辑与技术推理，技术预见，技术设计与技术方法等。

第四节　本书的写作思路与基本框架

一、综合的分析哲学方法

20世纪初以来，以语言分析为标志的哲学运动，被人们称之为"分析哲学"。简言之，对语言进行分析是分析哲学的基本进路。正如达米特（Dummett）说，分析哲学与其他哲学的主要区别在于，其一，分析哲学相信通过对语言的逻辑分析可以达到对思维活动的哲学解释；其二，只有以这种方式而不是其他方式才能达到一种广泛的哲学解释。[①] 但分析哲学不仅仅是一种具体学科的哲学，更是一种方法。正如戴维（David）指出："语言哲学和分析哲学不应该被混淆。语言哲学是一个哲学领域，与其他哲学领域，诸如艺术哲学、宗教哲学、心之哲学并列，它们各有自己的主题，但并不分离。而分析哲学是一种从事哲学研究的方法，这种方法包括一定的语言学概念，人们用概念来分析并希望可以解决来自这些领域的许多问题。"[②] 分析哲学不仅仅是对语言进行分析，语言分析只是分析哲学的基础与重要内容。斯特劳森指出："语言哲学是分析哲学的中心内容。"[③]塞尔（Searle）认为："在20世纪分析哲学的传播中，语言哲学在整个哲学领域中占据了一个核心的（有人会说占据了那个核心的）位置。"[④] 分析哲学与语言

---

① 王路：《走进分析哲学》，中国人民大学出版社2009年版，第4页。
② S. David, *Philosophy of Language*, The Bobbs - Merrill Company, Inc. 1976, P. 2.
③ 江怡：《哲学的用处使人有自知之明—访斯特劳森教授》，载于《哲学动态》1996年第10期。
④ J. S. Searle, *Philosophy of Language*, Oxford Universtiy Press, 1971, P. 1.

哲学是有区别的，分析哲学突出和强调的是"分析"，这是一种方法；而语言哲学强调的是"语言"，语言是一种对象，是哲学分析的对象。当然，任何分析都要借助于一定的"技术手段"，语言也可以成为"技术手段"，事实上，语言本身就是一种技术。从这一意义讲，分析哲学与语言哲学又有很大的联系，甚至有时把两者看作没有多大区别，也是有道理的。

经过上述讨论，我们可能确立分析哲学是一种哲学方法，就像辩证法、现象学也是一种哲学方法一样。即本文采用狭义的"分析"，就是指分析哲学的方法。分析哲学作为一种方法，超越了具体的哲学，语言哲学是分析哲学的一种典型的分析对象或例示。

分析哲学自 20 世纪诞生以来，大致经历了五个时期。其一是摩尔（Moor）和罗素（Russell）的语言转向，强调语言的"命题"和"意义"，采用常识意义的实在论。其二是罗素和早期维特根斯坦的逻辑原子主义，他们都建立了一套数学与语言的数理逻辑，强调对命题进行人工语言的和数理逻辑的分析。其三是维也纳学派的逻辑经验主义，建立了科学哲学的标准学派的理论和分析观点。其四是后期维特根斯坦（Wittgenstein）的哲学，即日常语言学派，强调"生活形式"和非本质主义。其五是后语言分析哲学，形而上学以及价值哲学、美学都有自己存在的理由和本体论的承诺。

总之，一般来说，学界较为公认的分析哲学是这样一种哲学方法或进路，强调严格、清晰和透彻的概念分析、语言分析和逻辑分析；特别是运用这些工具来厘清"问题""命题""理论"的"意义"，有什么根据，是经验上的根据，还是先验的根据？要澄清哲学假设与观念前提，分析这些前提哪些是合理的，哪些是不合理的？什么样的结论是可以接受的等。

既然分析哲学是一种方法或进路，那么，将之应用于技术哲学研究就是可能和合理的。我们主张的"分析"可以稍微宽一些，也可以是日常语言的分析。正如彼得·斯特劳森（Peter Strwson）认为，形而上学的任务在于揭示人们认识活动中已存的概念图式，而分析的方法澄清混杂的命题形式。描述的形而上学的任务就是，用描述的方法把已有的概念图式展示出来。

分析哲学的分析对象是科学，是知识，是文本，然而，技术不同于科学这样的知识形态，因此，分析哲学用于技术进行哲学分析，就必须在方法论进行改造。技术世界是可说的或可以认识的。我们认识的技术世界是可以用语言表达的。语言表达也是符合或创造逻辑的。这正是分析哲学能够对技术世界进行语言分析和逻辑分析的基础。

毕竟技术不同于科学，因而采用分析哲学方法来研究技术，必然要对方法本身进行研究。笔者认为，用于分析技术哲学的研究方法，应当以分析哲学方法为核心，同时要借鉴历史分析、形而上学分析、先验分析、整体分析等，笔者称为综合的分析哲学方法（method of synthetic-analytic philosophy），具体包括：

第一，概念分析。技术是可以用知识进行表达的，它就具有知识的一些共同特点。用分析哲学的方法澄清有关技术的概念、前提与陈述，可展开逻辑的、语义的和意义的等研究。技术发展带来了技术的各种争论，这些争论渗透了不同的哲学假设与观念前提。分析哲学方法有助于澄清这些哲学假设与观念前提。

第二，论证分析。对技术哲学中的有关论证进行分析。考察论证是不是合理的，有多大的可靠性？其前提有多大的可接受性？

第三，历史分析。对一个概念、方法等进行历史分析，看其如何演变？这体现了逻辑与历史相一致的原则。

第四，形而上学分析。对技术的存在、如何存在进行分析，这属于本体论。这里的形而上学分析是分析哲学式的。

第五，先验分析。哲学分析的重要特点就是源自经验并超出经验。例如，对技术何以可能以及技术知识何以可能的分析。

第六，综合分析。在对技术进行分析（分解）研究的基础上的综合研究，即将分析方法与综合方法结合起来。分析哲学的分析，并非与综合方法完全对立，因为分析处理的问题是需要归纳综合的经验内容。

第七，整体分析。在对技术自身的要素、结构与功能的分析基础上的整体研究，例如，整体技术的演化与逻辑、技术进步等研究。基于此，笔者将分析技术哲学界定为：用综合的分析哲学方法对技术本身的哲学研究。①

二、应从何处开始分析技术哲学研究？

要回答分析技术哲学从何处着手？首先需要回答技术哲学的根本问题是什么？这一问题带有全局性，该问题的突破对技术哲学的研究是至关重要的。这个问题当然属于"技术是什么"这一问题。正如斯柯列莫斯基所说："由于技术哲学还很不成熟，因此探讨技术哲学必须从技术究竟是什么这个问题入手。"② 分析技术哲学将"技术究竟是什么"作为研究的逻辑起点。他还对技术哲学进行严格区分，狭义的技术哲学属于认识论研究的领域，它试图把技术纳入人类认识的范围内来考虑；广义的技术哲学，属于社会哲学，主要探讨人

---

① 吴国林：《论分析技术哲学的可能进路》，载于《中国社会科学》2016 年第 10 期，第 32~33 页。
② ［美］斯柯列莫斯基：《技术中的思维结构》，载于［德］拉普著，刘武等译：《技术哲学的思维结构》，吉林人民出版社 1988 年版，第 91 页。

类社会的未来。① 虽然广义的技术哲学可能是意义重大的，但是，它"无法代替狭义的技术哲学，即研究技术的本质和结构、分析技术的认识内容并作为一门学问的技术哲学"。②

在此基础上，我们要打开技术这一黑箱，分析技术的要素与内部结构。当代技术哲学的研究有两大派别，一是人文派的技术哲学，另一个是工程派的技术哲学。卡尔·米切姆在《技术哲学概论》中指出："技术哲学是像一对孪生子那样孕育的，……技术哲学（philosophy of technology）可以意味着两种不同的东西。""工程派的技术哲学——或者说从内部对技术进行分析，而从根本上说，是把人在人世间的技术活动方式看作了解其他各种人类思想与行为的范式……而人文派的技术哲学的这一分支，……用非技术的或超技术的观点解释技术意义的一种尝试"③。可见，工程派的技术哲学是对技术的内部结构进行具体分析，这是一种分析方法。目前，人文派技术哲学的研究者甚多，是否表明它就是正统呢？实际上，没有工程派的技术哲学，人文派技术哲学难以达至技术哲学的根本，更无法理解现代技术。拉普指出："离开工程方法及由它引出的研究开发过程就很难说明现代技术的动态过程。这并不是说文化、社会和经济因素就毫不相干，不过这些因素的具体影响总是取决于工程科学的发展状况。"④

拉普关注技术的理论结构与方法论、认识论分析，他说："对现实具体的技术功能进行抽象，就能为集中探讨其中包含的一般概念结构开辟道路。如果采用这种方法，有关技术知识和应用程序就会清晰地展示出它们自身的逻辑。从这种观点出发，人们可以对现代技术特有的理论结构和具体工艺方法进行方法论的乃至认识论的分析。这种研究，可以说属于分析技术哲学。"⑤ 分析技术哲学"是从总体上研究与设计和制造技术对象有关的理论和行动模式。"⑥ 分析技术哲学的中心任务之一就是"详尽地揭示这两个领域的相互依赖关系，它们的共同点和差异，从而使它们各自的特点更加突出。"⑦ 无疑，现代技术的典型是技术人工物，因为技术人工物体现了现代技术特有的理论结构和工艺方法。

此外还要考察一下马克思的技术哲学对机器的研究，他所采用的方法也是一

---

① ［美］斯柯列莫斯基：《技术中的思维结构》，载于［德］拉普著，刘武等译：《技术哲学的思维结构》，吉林人民出版社 1988 年版，第 91 页。

② 同上，第 92 页。

③ ［美］卡尔·米切姆著，殷登祥、曹南燕等译：《技术哲学概论》，天津科学技术出版社 1999 年版，第 1～17 页。

④ ［德］拉普著，刘武等译：《技术哲学的思维结构》，吉林人民出版社 1988 年版，序言，第 3 页。

⑤ 同上，第 1 页。

⑥ 同上，第 3 页。

⑦ 同上，第 4 页。

种分析技术哲学研究方式，机器就是其逻辑起点。马克思在《资本论》中对机器进行分解，在分解的基础上分析它们之间的联系。他说："所有发达机器都由三个本质上不同的部分组成：发动机、传动机构，工具机或工作机。"① 对于这三个部分及其它们之间的关联，他认为发动机是整个机构的动力。传动机由飞轮、转轴、齿轮、蜗轮、杆、绳索、皮带、连接装置以及各种各样的附件组成，它调节运动，把运动分配传送到工具机上。工具机或真正的工作机，大体上是手工业者和工场手工业工人所使用的那些器具和工具，它在取得适当的运动后，用自己的工具来完成过去工人用类似的工具所完成的那些操作。马克思将机器作为工业革命的起点，他说："作为工业革命起点的机器，是用一个机器代替只使用一个工具的工人"，并"把机器的一部分——工具机，作为 18 世纪工业革命的起点。"② 大工业特有的劳动资料就是机器，这在于机器（含工具机）直接作用于劳动对象，并直接引起了生产力的变革。机器不仅是工业革命的起点，而且推动了社会的巨大变革。"手推磨产生的是封建主的社会，蒸汽磨产生的是工业资本家的社会。"③ 可见，机器与时代紧密联系在一起了，而且机器在当代社会的作用更为明显。

当代分析技术哲学研究，更重要地在于搞清楚技术自身的要素及其构成的结构，从而为技术哲学的研究奠定一个坚实的基础。从这一意义来看，笔者认为，技术哲学研究的逻辑起点就是"技术是什么"这一问题，包括探讨技术的要素与结构、技术的本质等。虽然有多种关于技术的定义，技术可以分为经验型技术、实体型技术与知识型技术，但是，结合中国（包括发达国家）当下对核心技术（包括高科技）的急切需求，这种核心技术并不仅仅是理论层次的技术知识，而且必须是实体化之后（即实体型技术）的技术人工物才具有更强大的力量，因此，笔者认为，应当将技术人工物作为分析技术哲学的研究起点。④ 将技术人工物作为逻辑起点，这也是对马克思将机器确立为工业革命的起点的积极回应。

技术人工物体现了与知识型技术的结合，体现了现代技术的理论结构和工艺方法，将现代技术特有的实践传统与科学的理论传统整合起来了。科学作为理论形态，但是当代技术最终要表现为实体形式，表现为机器、设备、工具等。即使是因特网，从物理载体来看，还是表现为计算机之间的相互联结。从这一角度来看，当代技术本身是实践与知识的结合，于是与科学的区别就是显然的。这样，

---

① 马克思：《资本论》，第 1 卷，人民出版社 1975 年版，第 410 页。
② 同上，第 413，410 页。
③ 《马克思恩格斯文集》，第 1 卷，人民出版社 2009 年版，第 602 页。
④ 显然，这里我所需的技术人工物不是科学革命之前的技术人工物，而是在现代科学推动下的技术人工物，即现代技术人工物，本文简称"技术人工物"，这也是当代技术哲学研究纲领所必需。

就可以既把技术作为一种特殊的知识体系,^① 又考虑技术的实践传统,^② 因为技术问题,特别是核心技术,即使他人告诉你核心技术的知识,你仍然无法掌握核心技术,技术必须有实践和制造等过程。

三、技术人工物的系统性研究纲领

技术人工物是在一定物质材料或物质要素的基础上制造出来的人工物,它不是自然界本身就有的,也不是自然界能够自主地生长出来的。技术人工物强调的是技术实体,其中有意向和技术的渗透。现代技术人工物并不是一把简单的石斧,而是有近代以来的科学规律或技术规律作指导。没有科学规律或技术规律,就不可能有现代技术人工物,^③ 比如计算机、飞机等。技术人工物也不同于技术经验和技术知识,任何技术经验总是关于技术人工物的经验,技术知识也是与技术人工物相关的知识。技术人工物是技术的核心标志,也是人类时代进步的重要标准。

技术哲学荷兰学派的克劳斯与梅耶斯提出了技术人工物的二重性理论,他们认为,技术人工物具有物理的和意向的二重性(dual nature),进而归结到结构与功能的二重性,他们将要素纳入到结构之中,仅用结构来表达。荷兰学派对于结构与功能概念的界定是不清楚的,其分析并不彻底,而且技术人工物的二重性方案存在着不能解决结构与功能之间的推理问题。

为克服这一难题,笔者认为,可以将技术人工物从结构与功能的二重性假设转变为系统性假设,即:技术人工物是一个系统,它是一个人工系统,而不是一个自然系统。技术人工物是由要素、结构、意向与功能组成的,并处在一定的环境之中。技术人工物总是在人的意向的作用下产生的。没有人的意向,就没有技术人工物。同样,没有要素,也没有技术人工物。要素是形成技术人工物系统的基本单元。没有要素形成的稳定的结构,也没有技术人工物。结构反映了技术人工物具有客观实在的几何性质在意向、要素与结构的作用下,不能形成功能,也没有形成技术人工物。功能是技术人工物要达到的真正目的。从系统论来看,技术人工物除了结构与功能描述之外,还必须有要素与环境描述。技术人工物总是处于一定的环境之中,各个要素的相互作用形成技术人工物的结构和功能。

---

① 张华夏、张志林:《从科学与技术的划界来看技术哲学的研究纲领》,载于《自然辩证法研究》2001 年第 2 期,第 31 页。

② 陈昌曙、远德玉:《也谈技术哲学的研究纲领——兼与张华夏、张志林教授商谈》,载于《自然辩证法研究》2001 年第 7 期,第 40 页。

③ 本著作研究的是现代技术人工物,没有特别揭示,为方便,简称"技术人工物"。

技术人工物总要受到了人的意向的影响。在技术人工物的设计过程中，即使当功能确定之后，仍然有多种结构和要素需要人进行选择。有不同的要素和结构可以实现功能。当技术人工物的结构确定之后，也可以选择不同的要素，实现不同的功能。比如，小汽车的结构一样，当选择用不同的发动机，其汽车的动力性质就有很大的区别，而且环保性能也不一样。即使在技术人工物（如汽车）的制造过程中，选择不同的制造设备和工具，如机械加工或手工制造，或是高性能的机床制造，或低性能的机床制造等，其技术人工物的功能也有很大的区别。

意向、要素、结构与功能相互作用形成了技术人工物。技术人工物的要素、结构、意向与功能形成了四面体关系，构成了系统模型。一旦技术人工物被制造出来，意向就隐退了，它凝结在要素、结构与功能之中，更主要凝结在技术人工物的功能之中。

按照荷兰学派的观点，技术人工物具有结构与功能的二重性，在这一模式中，结构与功能之间就具有两个基本本体论性质，一是结构与功能之间的双向的非充分决定性（underdetermination），称为非充分决定标准（UD）；二是在现实的技术人工物中，结构与功能之间的关系受到了一定的建制，但仍然具有非充分决定性，称为实现限制标准（RC）。为此，结构与功能的关系成为技术人工物的本体论中形而上学的"难问题"。①

上述两个本体论标准，并不能在结构陈述与功能陈述之间建立一个逻辑的推理关系。然而，分析技术哲学就在于寻求结构与功能之间的推理关系，以获得更大的规律性。

为此，一个可行进路就是将要素独立出来，成为一个独立的限制因素，即增加要素限制（CC）标准，并增加环境限制（EC）标准，从而增大了结构与功能之间的确定性，限制其宽泛性，这有利于我们在结构描述与功能描述之间建立推理关系。

通过进一步引入技术原子，即技术的原子结构等值于原子功能，从而为从结构陈述推出功能陈述建立了最基本的逻辑联结关系。

对于技术人工物来说，笔者引入了技术人工物的全同性原理。如果技术人工物的核心要素、核心结构与专有功能等内在性质是相同的，那么，技术人工物就具有全同性。基于技术人工物的全同性原理，这为技术人工物的个体实在性提供了依据。技术人工物的个体实在体现为核心要素、核心结构与专有功能相统一的实在。在技术人工物个体实在的基础上，将呈现技术人工物的类的实在性。

---

① W. Houkes, A. Meijers, *The Ontology of Artefacts: the Hard Problem*, *Studies In History Philosophy of Science.* 2006, 37（1），pp. 118 – 131.

正是在打开技术人工物这一"黑箱"的基础上，我们才能更清楚地认识技术自身，认识技术的自主性，认识技术的本质，认识技术陈述和技术推理。

一般来说，对于技术陈述来说，我们不关心这个技术陈述是不是真的，而是关注它是否具有实践意义，或者它对于自然或人工自然是否有效，这主要是一个有效值问题。[①] 考虑到技术人工物的全同性原理，技术陈述应当是一个三值逻辑问题，由此，笔者提出了技术人工物的三值逻辑的解决方案，还可以用贝叶斯推理来研究技术推理的逻辑规律。

技术知识是认识技术人工物的重要方面。技术知识可以分为三大类：基本设计知识（D）、理论工具（T）和行动知识（A），每一类可以细分为更小的技术知识子类。D、T、A 在技术实践的作用下生成技术人工物，从而形成了具体技术的结构图，即双三角形模型。

四、基本解决方案与研究结构

本著作共三篇十七章。第一篇是技术哲学的研究基础，在于对历史和现状有一个清晰的认识。第二篇是著作的核心，呈现出分析技术哲学的系统性研究纲领，具有原创性，这是对原有分析技术哲学存在的问题给出的一种解决方案。第三篇仍然用分析方法对当代增长强劲的前沿技术进行哲学审视。

第一篇是国内外技术哲学的历史与现状，这一篇分三章来阐述。对研究历史和现状的把握，是学术发展和突破的前提。对当代技术哲学发展趋势的研究有必要对技术哲学研究的历史和现状进行梳理与反思，以便为本研究的突破寻求空间和奠定理论基础。第一章是国外技术哲学研究的历史与现状，主要考察和阐述德国、美国、英国、荷兰、俄罗斯和日本技术哲学研究的历史、现状和特点。第二章是对现象学技术哲学近几十年的研究成果进行反思与整理，把握其发展趋势与研究现状，展示海德格尔之后现象学技术哲学所呈现的不同理论进路，从学理上把握领域研究现状，并尝试说明现象学技术哲学进路的前景。第三章是中国技术哲学的历史与思想状况。中国技术哲学已经有一段历史，对其发展历程和思想状况作出总体的梳理或概观，力图勾勒一幅中国技术哲学的"思想地图"，不求完美，但求能够给出一种思想发展理路，以便把握其发展趋势。

第二篇是分析技术哲学的系统性研究纲领，这是本书的核心部分，这篇分九章（从第四章到第十二章）来阐述。由于技术是一个复杂的现象，对技术自身展开研究是分析技术哲学研究技术的基本出发点，因而第四章是技术的含义与技术

---

① 当然，技术陈述也会在一定的程度上与"真"发生关系，这又是一个更加复杂的问题。

划界问题，讨论技术的含义，从系统和过程的角度研究技术的构成，并研究技术的二象性和本质，技术与科学的划界问题。

技术的先验分析最早可以追溯到柏拉图（Plato）的理念论，经由康德（Kant）的先验哲学，在德韶尔的技术思想中达到了新的高度。但他们对技术的先验分析都存在一定的局限性。第五章是技术的先验分析，主要考察柏拉图、康德和德绍尔对技术的先验（transcendental）分析，并对其进行批评性审视；另外对技术的"物自体"与"理念"以及技术现实生成与存在进行再认识，阐明对技术的现实生成与存在而言，先验因素与后天的经验因素是互为前提和基础的。

研究技术人工物，十分必要从其本体论问题展开讨论，而且技术人工物是否是自然类，并没有达到共识。第六章展开技术人工物的本体论问题，主要从特修斯之船出发，讨论技术人工物的同一性问题；并引入要素与环境，提出技术人工物的系统研究纲领，在此基础上，进一步提出技术人工物的同一性原理、技术人工物的自然类与实在性标准。

研究技术推理就是要寻求技术推理的规则。由于推理是在命题之间进行的，因此在研究技术推理之前，必须要研究技术命题。科学命题是一个真假的二值逻辑问题，然而，技术命题不是一个真假问题，而是一个有效、无效以及在两者之间的多值问题，可见，技术命题不同于科学命题，既然技术命题不是真假问题，我们一般把技术命题称之为技术陈述。技术陈述在技术认识论中居于重要地位。技术陈述在分析技术哲学中占有重要地位，它是研究技术推理的基础。因而，第七章研究技术语言与技术陈述，主要讨论技术语言的特点，研究技术陈述的性质，具体包括技术人工物的结构陈述与功能陈述、行动规则陈述、技术行动的目标陈述、技术行为陈述以及技术运行原理陈述等，为技术推理的研究奠定基础。

由于技术知识是技术认识论的重要内容，第八章研究技术知识及其逻辑结构，首先，讨论知识的含义、技术知识的定义、技术知识的特征、技术知识的分类与结构；其次，柏拉图提出了信念、真和辩护三要素的知识定义，本章还从有效性出发，将技术知识界定为得到辩护的有效信念；最后，探讨"葛梯尔问题"，并将技术知识可以分为基本设计知识、理论工具和行动知识三类，进而形成技术知识的双三角形模型。

技术是客观世界被创造出来的存在之物，并不自然而然地存在于世界之中。但是，技术具有实在性，成为实在的人工类。技术最终将表达为技术人工物，技术人工物作为一种客观实在的东西，在一定的技术理论或技术语言中表现为技术事实。第九章研究技术理论的结构，讨论与技术人工物相关的技术规则、技术规律、技术理论与技术真理等问题。

技术解释就是对技术的运行或故障的产生给出原因，给出理由。一个技术解释不仅要给出技术的正向解释，也要给出负向解释。第十章探讨技术解释的基本模式，首先讨论和评述了克劳斯的技术解释和张华夏等提出的技术解释，其次从结构与功能相协调的分解提出了技术原子，从而建立从结构到功能的解释，最后提出的技术解释是三值的，其推理也是三值推理。

技术推理属于实践推理的形式，它不同于像科学推理那样的理论推理；技术推理的必然性虽没科学推理那么强，但有的技术推理仍有一般表达形式，为了更好地理解技术是如何从原因到结果的，第十一章是技术推理研究，研究实践推理的一般形式和实质，其次对哈勃空间望远镜发生的故障作技术推理的分析，最后讨论了技术的贝叶斯推理，并简要提出了技术人工物的贝叶斯网络推理模型。

技术自产生以来所取得的进步已成为一种共识，技术进步也相应地成为当代社会的一个重要概念。第十二章研究技术进步问题，从哲学视角梳理技术进步的概念，围绕技术自身，从相对而言的外部和内部两个方面对技术进步展开哲学分析。

第三篇是分支技术哲学研究，这篇不仅是对当代的前沿技术进行的哲学研究，也在一定程度上反映了这些分支技术哲学的发展趋势，这篇分五章（第十三到十七章）来阐述。本篇的第十三章是对信息技术的哲学研究，主要探讨信息技术哲学的兴起、主要论域和若干前沿。

20世纪后半叶，伴随分子生物学等领域所取得的一系列突破性成果，生物技术在人类整个技术体系中的地位获得了显著性提升，与之相呼应，其所涉及的哲学问题也引发了广泛的讨论，不同领域的专家学者参与其中，使生物技术的诠释和分析呈现复杂性和多元性特点。第十四章是生物技术的哲学研究，探讨生物技术的概念、基本哲学问题以及当代生物技术中实践推理与理论推理的一体性。

对纳米技术的哲学思考，目前还无法确定它是从何时开始的。可以确定的是，从哲学上思考纳米技术首先是从伦理学开始的，然后才逐步进入现象学考察。由于纳米技术从根本上说属于制造、筑造和生产范畴，所以技术哲学自然成为人们思考纳米技术问题的首要进路。第十五章是纳米技术哲学，首先对纳米技术的定义和特点给予适当概括，然后展示目前纳米技术伦理学、纳米技术现象学和纳米技术本体论研究情况，最后展望纳米技术哲学发展趋势。

人类早就开始了对心智（mind）的探索，20世纪后半叶认知科学的创立，标志着心智研究进入到一个新阶段。认知科学不仅仅涉及自然科学，而且涉及技术，特别是认知技术。认知技术给我们提出了新的哲学问题。第十六章是认知技术哲学，主要探讨认知技术的基本含义及其引起的若干哲学问题。

自20世纪诞生量子力学以来，特别是20世纪后半期量子计算、量子密钥分配算法和量子纠错编码等3种基本量子信息技术的出现，标志着以量子力学为基础的量子信息理论的基本形成，促进了当代量子技术的发展。第十七章是量子技术哲学，讨论量子技术的基本含义，比较量子技术与经典技术的异同，并对量子技术的若干哲学问题展开讨论。

分析技术哲学在于为技术哲学进行形而上学的奠基，但是，技术哲学的确还表现为许多特定的研究领域，这些领域也表现为技术哲学的特定的发展趋向。技术人工物的二重性研究纲领属于技术哲学的经验转向。克劳斯于 2016 年提出了价值论转向，而且是描述的价值论转向。还有其他研究者提出了技术哲学的多种转向，比如，实践转向、政策转向、工程转向、负责任创新等。①

但是，在笔者看来，技术哲学的经验转向仍没有完成，仍然有新的发展空间。关键是如何理解应用于技术哲学研究的分析哲学方法。根本来说，技术哲学的核心是要把技术自身从哲学的角度搞清楚，因此，分析技术哲学、现象学技术哲学将继续繁荣；新兴的分支技术哲学或交叉的技术哲学，如信息技术哲学、生物技术哲学、纳米技术哲学、认知技术哲学、量子技术哲学等异军突起。

五、有待解决的问题

限于研究时间，分析技术哲学的系统性纲领的建立是初步的。在此基础上，笔者发现了一系列新的问题。

还有许多有意义的研究工作有待展开。其一，影响技术人工物的本体论的因素，如何使技术人工物的结构与功能成为确定性的关系？技术人工物的人工类及其与自然类的关系，要素的内在性质与外在性质研究。其二，技术的分类，技术陈述的性质研究，隐含性技术如何表达？技术知识的先验性问题。决定核心技术的因素是什么？技术实践的构成因素与结构。技术的可靠性问题。其三，技术设计及其方法论，技术方法及其与科学方法、系统方法、信息方法的关系。其四，技术人工物的内在逻辑与外在逻辑问题，技术实践的逻辑、技术知识的逻辑等问题。特别是不确定逻辑和实践推理的研究。其五，基于综合的分析哲学方法的技术（含工程技术）价值论研究。基于技术陈述研究实践技术、技术人工物和知识技术的内在价值与外在价值及其关系，研究负责任创新等问题。

---

① M. Franssen，P. E. Vermaas，P. Kroes. *Philosophy of Technology after the Empirical Turn*. Switzerland：Springer International Publishing，2016.

33

第一篇

国内外技术哲学的历史与现状

对研究历史和现状的把握，是学术研究和突破的前提。对当代技术哲学发展趋势的研究有必要对国内外技术哲学研究的历史和现状进行梳理与反思，以便为本课题研究的突破寻求空间和奠定理论基础。

世界第一个科学革命发生在英国，英国重视科学研究，其科学哲学的影响很大，但技术哲学的影响较小，而且英国的哲学传统对欧洲大陆哲学持有一定程度的排斥或轻视的态度。

对技术进行专门的哲学研究起源于欧洲，尤其是德国，它在这方面的方向与成果一直占据重要的、甚至是主导性的地位。技术哲学在美国的兴起略晚，到 20 世纪 80 年代末美国的技术哲学才趋于成熟。在当代技术哲学界，荷兰的技术哲学的经验逐渐显露头角。俄罗斯诞生了最早的技术哲学家恩格迈尔（Engelmeier），俄罗斯技术哲学又是世界技术哲学宝库的重要组成部分，还形成了最有特色的技术哲学学派——马克思列宁主义的技术哲学。日本的技术哲学表现为技术论研究，其研究的扩大与迅速发展始于日本近代自身的救亡运动，并在不同的时期关注不同的技术问题。中国技术哲学是中国学者反思现代技术的集中反映。本篇对中国技术哲学发展历程和思想状况作出了总体的梳理或概观，厘清其思想发展的理路。

技术哲学是现象学渗透的重要领域。现象学技术哲学是当代重要的技术哲学研究进路，它依托现象学资源，考察技术与社会、人类生存等一般人文论题的关联。现象学技术哲学方兴未艾，但尚未形成明确统一的进路，呈现出较强的多元性和发散性。

第一章

国外技术哲学的历史与现状

近代科学发生在西方，近代技术革命也发生在西方。对技术的哲学的深入思考，也发生在西方。近代以来德国哲学有其独特的思想深度。德国学者也率先对技术展开了哲学研究。本章考察国外技术哲学的发展进程，特别探讨了德国、英国、美国、荷兰、俄罗斯和日本等国的技术哲学家或学者在近代、现代和当代的技术哲学研究中所展示出的思想观点。

第一节　德国技术哲学的历史与现状

对技术进行专门的哲学研究主要在德国，它在这方面的方向与成果一直占据重要的甚至是主导性的地位。德国技术哲学的研究方向主要有自然主义技术哲学、理性主义技术哲学、文化悲观主义的技术哲学、技术文化哲学以及技术伦理学。

一、德国技术哲学研究的历史

技术哲学在德国的发展最初是与工程紧密联系起来的，其重点讨论技术实践的内在结构和技术的社会意义，这些讨论为后来技术哲学的大量核心议题提供了最初的表述。卡普被认为是技术哲学的创始人，他在 1877 年发表的《技术哲学

37

纲要》一书中不仅第一次创用了"技术哲学"这个术语,并且专门对其进行了讨论,提出了"器官投影说",表述了自己的技术哲学思想。

德绍尔发展出了更具思辨性的工程技术哲学,建立了一种以人类技术活动为研究对象的哲学。他一开始就提出了"技术是如何可能的"的问题,并把它视为技术哲学的根本问题。进而根据康德的三种批判,增加了第四种批判——对技术创造的批判,即所谓的"第四王国"理论。① 此外,德绍尔还建立了一种伦理学和政治学理论。

海德格尔是 20 世纪存在主义哲学的创始人和主要代表之一,他以发掘、反思技术形而上学本质为研究路径,提出了自己独树一帜的技术哲学思想。他主要通过技术现象学的考察发掘技术根本问题,在他看来,现代技术中起支配作用的解蔽是一种"促逼",此种促逼向自然提出蛮横要求,这种促逼着的要求,海德格尔称之为"座架"——一种现实事物作为持存物而自行解蔽的方式,现代技术的本质显示于"座架"中,② 其技术哲学的核心是试图把技术的确定性置于哲学批判、质疑的范围内。

从 20 世纪 50 年代后期开始,德国技术哲学研究主要由工科大学和德国工程师协会所推动,产生了拉普所说的"分析技术哲学"。在英语世界,拉普的《分析技术哲学》不仅被尊为"技术的批判性权威著作",而且被看成"为动荡不安的世界"写下的"关于技术的哲学理解的报告",是经验主义技术哲学思想的集中体现。他被德国学术界誉为"20 世纪 50 年代末德国技术哲学转向现实的主要带头人之一"。

第二次世界大战后德国分裂为西德与东德,技术哲学在"两德"的发展迥异。与西德学派林立、论点各异的情形相比,东德对技术所进行的哲学的和社会的研究是在"现代科学技术革命"和技术史的名义下进行的。自 1957 年以来,东德学术界对技术本质、技术与社会的关系展开了一系列大讨论,取得了许多可喜的研究成果。哈贝马斯(Habermas)是最具代表性的人物之一,代表作为《作为意识形态的技术和科学》(1968),他的知识旨趣说、技术统治论和沟通行动论等学说,作为综合的社会批判理论,产生了深远的影响。

第二次世界大战后,技术哲学的研究在西德有了新发展,其研究范围除继续探讨技术的本质外,还对技术发展过程中所涉及的人文的和理论的评价问题、确定目标和赋予意义问题、道德责任及与新社会总形势相适应的价值的含义等问题进行了研究。

---

①② 黄欣荣:《发明、发现与"第四王国"》,载于《科学技术与辩证法》1990 年第 4 期,第 54~58 页。

二、德国技术哲学研究的现状

20 世纪 70 年代中叶以来，欧美哲学界存在着明显的技术哲学的伦理转向。谈到技术哲学的伦理转向，人们首先想到的是汉斯·尤纳斯（Hans Jonas）。他在 1979 年出版的《责任原理：技术文明的伦理研究》一书中，提出了一种与传统和现代的各种伦理学截然不同的技术时代的责任伦理学，力图"给科技时代的伦理一个本体论的解释"，这一本体论的解释使尤纳斯在 20 世纪哲学史上占有重要的一席之地。如果说尤纳斯最早论证了技术时代的责任原理的重大意义，那么，汉斯·伦克的贡献则在于和罗波尔（Ropohl）一起对责任概念以及它的类型、性质和形式等进行了系统分析。

伦克（Hans Lenk）被称为科技伦理的"集大成者""引起德国技术哲学的伦理转向"以及"最早注意到技术的责任和伦理问题"的哲学家。他的技术伦理思想的主要贡献在于对"责任"的分类，回答了"对谁负责""对什么负责""谁来负责"三个传统但又受到新时代挑战的问题，形成了自己的责任伦理体系。

在当代德国哲学和伦理学界，克里斯多夫·胡比希（Christoph Hubig）的权宜、开放甚至带有明显的实用主义痕迹的技术伦理—制度伦理思想也已经引起了广泛注意。他在 1993 年出版的《技术伦理与科学伦理导论》一书中指出，传统伦理观在面对高新技术时无所适从，"其主要问题在于，人们一直试图将技术伦理与科学伦理建立在个体行为理论框架的基础之上"。他通过对现代技术的透视性的分析，提出了对古典个体伦理学进行改造的任务。为此，他提出了"遗产价值"和"选择价值"两个基本概念作为技术伦理的基本原则。

20 世纪 90 年代以来的德国技术伦理研究，一方面在理论上深化了关于技术伦理的基础、范畴、功能和体系的探讨，另一方面日益注重对诸如干细胞研究、基因介入诊断治疗、转基因食品的种植、市场智能化信息化以及纳米技术等高新技术的伦理辩护、风险预测和安全评估；既保持了德国哲学的思辨传统，同时也体现出明显的应用性和面向未来的开放性，并在实践上建立了从政府到工程师和公众，关注、参与技术伦理问题讨论的商谈机制和技术评估机制。[①] 而现今德国技术哲学的研究重点在于：①对技术的理解，技术与其他领域的分界与联系；②技术行为研究；③寻问技术化的（前提）条件；④研究技术化带来的结果；⑤对技术的整体评价。

---

① 王国豫：《德国技术哲学的伦理转向》，载于《哲学研究》2005 年第 5 期，第 94～100 页。

三、德国技术哲学研究的特点

德国的技术哲学大致有四种倾向：工程科学的（德绍尔），存在主义的（海德格尔），社会人类学的（盖伦）和法兰克福学派的批判理论（马尔库塞、哈贝马斯）。罗波尔把那些将技术置于中心地位的论著称为"主题性技术哲学"，并认为主题性技术哲学始于卡普的《技术哲学纲要》。

关注现实问题是德国哲学（无论是一般哲学还是技术哲学）的传统，规范性应该是德国当代发展技术哲学时突出强调的一点。同技术社会学的描述倾向相比，德国技术哲学更加倾向于从现实的工程技术场域分析入手，建构更具可行性的工程技术伦理规范。第 17 届德国哲学大会的主题是"知识与价值的动力"，1999 年第 18 届德国哲学大会的主题是"知识的未来"，2002 年第 19 届德国哲学大会的主题是"界限与跨越界限"。莱比锡大会之后，德国哲学与科学技术的对话越来越频繁，越来越深入，也越来越紧随现实社会热点问题。这也是世界哲学发展的趋势。离开和科学技术的对话，研究创造性主题也无从着手。创造性作为我们时代的主题，已经成为现代科技、经济和文化中一个不可或缺的重要范畴。2005 年以"创造性"为主题的第 20 届德国哲学大会在柏林工业大学隆重举行。

纵观德国技术哲学伦理转向的思想渊源及其发展历程，可以发现，德国的技术伦理研究经历了一个从对技术的工具理性批判、对技术本质的反思、责任的分析，到寻求技术伦理问题的解决原则和战略选择的过程。总的来说，不论是在 20 世纪率先开启的技术哲学研究，还是在时间上与其他欧美国家基本同步的技术伦理转向研究，都在研究方法上明显传承了德国思辨哲学的精神，从而与传统意义上的哲学特别是其中的形而上学与认识论联系得比较紧密，而与技术社会学、技术史等学科的分界线比较明显。这种倾向有利于理论构建，特别是有利于把现实"问题化"。而且德国技术哲学研究紧扣工程技术现实状况，重视创新、责任、伦理机制的研究，目前正处于一个非常有希望的蓄势待发的状态。

第二节　美国技术哲学的历史与现状

技术哲学在美国的兴起是略晚的事情。在 20 世纪 70～80 年代，可以说是美国技术哲学研究仍然处于初创期或少年期——尽管这时已有较多的技术哲学性质的论著问世。80 年代末至今，美国的技术哲学已步入到成熟期或趋于成熟。在 20 世纪 60 年代到 90 年代的 30 年中，美国的技术哲学有了突飞猛进的发展，有很多经验值得我国技术哲学界学习和借鉴。

一、美国技术哲学研究的历史

美国技术哲学研究至少可以追溯到威廉·F. 奥格本（William F. Ogburn）的社会学研究。在《自然与文化的社会变迁》中，奥格本提出了这样一种观点：在技术发展与社会发展之间存在着一种"文化上的滞后"。[①] 在此后的几十年里，出现了一系列从社会学和历史角度对技术进行分析的文章，这些文章从一个或几个方面对这种思想进行了论证。

产生最持久影响的却是刘易斯·芒福德（Lewis Mumford）。芒福德是人文主义的技术史学家与技术哲学家，他始终把技术的问题与人的问题结合在一起进行思考。芒福德的人论是美国世俗唯心主义传统的一部分，从爱默生（Emerson）到古德曼（Goodman），该传统一直绵延不绝。这种世俗的传统始终强调对美国的环境生态的关心，它主张物质世界并非是有机活动的基础，人的活动的基础是精神，是人创造性的自我实现。

伊德（Inde）从认识论上对技术在人与世界的认识关系中的作用和地位作了细致的分析。他对技术的现象学分析是以海德格尔的思想为出发点的，同时借助了梅洛—庞蒂的知觉现象学，发展了一种评价性较少而描述性较多的技术现象学，该研究的重点不在于技术对人类经验的影响，而在于技术是如何以不同的方式调节人和其环境的。

埃里希·弗洛姆（Erich Fromm）在秉承法兰克福学派独特的社会批判理论的基础上，开创了自己的人道主义哲学并成为新弗洛伊德主义（neo – Freudian-ism）的创始人，他推动了人文技术哲学从"哲学"转向"技术"。他在 1968 年出版的《希望的革命：走向一种人道化的技术》一书中提出了技术的人道化问题，这是从人文主义角度对技术进行的批判。

约翰·杜威（John Dewey）以实用主义理论为依托，剖析技术现象、解析技术问题，发展了一种基于实用主义的技术哲学思想。杜威堪称是一位百科全书式的伟大学者。在技术伦理问题上，杜威的鲜为人知的重要贡献是较早地提出了"负责任的技术"的说法。

安德鲁·刘易斯·芬伯格（Andrew Lewis Feenberg）是当代西方有代表性的

---

① 吴国盛：《技术哲学经典读本》，上海交通大学出版社 2008 年版，第 13 页。

技术批判理论家，哈贝马斯和马尔库塞的论争既是他技术批判理论的来源，又是重要的理论背景。芬伯格把理性带入哈贝马斯对一个民主的共同体的思想之中，以到达他所建议的"民主的合理性"。他并不赞同海德格尔的技术哲学思想，海德格尔甚至是他批判的对象。他认为自己的技术本质观的优点就在于结合了本体论的本质论和历史指向的建构论的技术研究之所长。

20 世纪下半叶以来，技治主义所主张的政治实践科学化已经成为全球范围内政治活动的显著趋势，其理论奠基人是凡勃伦（Veblen），其著作《工程师与价格体系》是技治主义最早的系统性阐述。他提出的"技术人员的苏维埃"理论涉及了技治主义的主要问题，集中表达了技治主义的基本主张和主要特征，之后的技治主义理论家包括罗斯托（Rostow）、加尔布雷斯（Galbraith）、布热津斯基（Brzezinski）、布尔斯廷（Boorstin）、贝尔（Bell）、奈斯比特（Naisbitt）和托夫勒（Toffler）等人基本上是在其框架下讨论问题，[①] 形成了绵延不绝的美国技治主义传统。

在技术哲学发展史上，卡尔·米切姆（Carl Mitcham）以工程派技术哲学和人文派技术哲学的划分而著称，但他的技术哲学也涉及了技术的伦理转向。米切姆从认识论出发把技术的特点系统地概括为作为客体、作为知识、作为活动、作为意志的技术。在他看来，在客体、活动、知识和意志的汇合处——纯技术中，技术的本质表现得最为清楚。在区分了技术与科学的特性之后，米切姆开始了对技术走向"伦理"之"善"的向度的论述。

兰登·温纳（Langdon Winner）是美国"技术政治学的学术带头人"，他主要致力于技术哲学、技术变迁的社会及政治影响研究，其代表作是《自主的技术：技术失控作为政治思想的一个主题》。温纳不仅提出了技术自主，还提出了技术漂移（technological drift），在强调技术的政治性的基础上，又指出了技术的民主控制的可能性。他推崇北欧的两种技术评估方式：一是"协商会议"；二是"剧情讨论会"。[②]

阿尔伯特·伯格曼（Albert Borgmann）是继海德格尔、哈贝马斯之后本质主义技术哲学的主要代表，他的著作被誉为"英语世界中最具综合性的技术哲学"。在经验转向的技术哲学背景下，伯格曼运用现象学的方法，形成了"装置范式"的技术哲学思想。

---

① Andrew Feeberg, *Questioning Technology*, London and New York, 1999, P. 105.

② 徐越如：《技术魔力的揭秘者：温纳的技术政治哲学研究》，载于《科学技术与辩证法》2007 年第 3 期，第 74～78 页。

二、美国技术哲学研究的现状

概括说来，从 20 世纪 20~80 年代，在美国技术哲学研究中占据主导地位的是被描述为经典技术哲学的路径，80 年代以后，正向更具美国文化特征的经验技术哲学转向，可以划分为两个的不同阶段。第一阶段是 80~90 年代，由安德鲁·芬伯格（Andrew Feenberg）、唐·伊德（Don Ihde）、休伯特·德雷福斯（Hubert Dreyfus）等推动。此时，经典传统中越来越多的哲学家的工作冲破了经典传统的假说和方法的藩篱，新海德格尔主义者、新批判理论家和后现象学家开始聚焦于具体的技术和问题，试图发展情境化的、少决定论的技术理论或者开始借用 STS 的研究，开始对现代技术采取不那么乌托邦的、更实际的、更平和的态度。第二阶段面向工程的经验转向，发生在 20 世纪 90 年代和 21 世纪初，其主要目标是理解和评估工程实践和工程产品，而非任何发生在社会之外的事情，代表人物有约瑟夫·皮特（Joseph Pitt）。

哲学在过去的 25 年左右已经进入了一个新时代。这个时代伴随着与以往技术哲学不同的新问题和新路径而到来。以美国技术哲学界为主力军而开辟的这些新的路径都主张技术哲学应是更富经验的，更关注具体实践、具体技术和具体的技术人工物；应在评价之前先进行描述，应是更少决定论、更多建构论或情境化的技术概念。这两种路径都提到需要打开"技术黑箱"，并揭示构成技术的各种实践、过程和技术人工物。这两种路径以完全不同的方法体现了共同的假定，形成了技术哲学的新正统，这种新正统被归为技术哲学领域的经验转向。

三、美国技术哲学研究的特点

首先，美国技术哲学具有明显的后发型性质。美国建国的历史不长，它的哲学不可能拥有欧洲哲学那样深厚的历史底蕴，较难产生具有完整理论体系的原创性理论。但也正因为如此，它的资本主义发展较少受到沉重的历史包袱的拖累，在哲学上也较少受到封闭、僵固的理论体系的桎梏。尽管在美国流行的哲学流派大都发源于英、德、法等欧洲国家，但当它们被移植到美国后，往往能在不同程度上摆脱在这些国家较难摆脱的封闭、僵固和绝对化的理论框架，并为了适应美国这个较为开放的社会而进行某些改造。在美国开展的技术哲学研究也确实在一定程度上做到了对欧洲的技术哲学思想的扬弃，逐渐形成了具有美国特色的研究范式和发展进路。

正是这种后发型性质使美国技术哲学既可吸取欧洲各国先进的经验，又可从欧洲各国的各种挫折以及矛盾和冲突中吸取教训，做到更有适应性和进步性，因而其发展往往能更为快速。美国近代哲学大都是从欧洲输入的，但又适应美国的特殊条件作了改造。它们更加关注特定的现实生活和实践问题的解决，而不是建构严密完整的理论体系。[①] 如果说美国近代哲学在理论深度上稍逊于欧洲哲学，那么在促进现实生活的发展上又胜于欧洲哲学。然而，尽管实用主义产生于美国本土，有时也被解释成一种技术哲学，但是在美国，技术哲学还没有像在德国那样与工程密切联系起来。起步时，美国技术哲学更多地源自对技术的社会学和历史方面的探讨。直到最近，才逐渐从人文主义技术哲学研究转向了工程（伦理）主义的技术哲学研究。另外，美国的技术哲学由于受奥特加（Ortega）和海德格尔思想的影响，其研究呈现出强调克服工具理性的束缚和走向"生活世界"的特征。[②]

其次，对技术哲学的神学兴趣[③]，也是美国技术哲学研究的一大特色。20世纪60年代，在美国的天主教大学召开了两次讨论会。第一次是"技术与基督教文化"会议，对欧洲的天主教观点进行了反思；第二次是"技术文化中的哲学"会议，讨论的主题更为广泛，从科学哲学中的技术到技术所产生的伦理问题都有涉及，深入程度也各有不同。此外，哈罗德·E.哈特（Harold E. Hatt）的专著《控制论与人的形象》借鉴了布伦纳（Brenner）的著作，试图从新教立场评价人工智能的哲学性。

最后，美国的技术哲学研究还具有研究视角多重性的特点。主要有政治的、社会制度的和文化的等不同视角，从技术外部进行的研究和对技术的结构、功能、技术指示等从技术本身进行的研究。[④]研究视角的多重性使美国技术哲学领域中的学术争论颇多，如皮特（Pit）和费雷（Ferre）等就技术哲学的研究对象即认识论在整个技术哲学中的地位问题的争执、芬伯格和其他学者就技术本质论批判引发的争论等。争鸣表现出思想的碰撞和交流，也推动了相关问题的研究。在"技术哲学"这门科学兴起的同时，美国也对生物伦理学或与生物医学技术有关的道德问题产生了强烈的兴趣，这种兴趣很大程度上应该来源于美国在生物医学领域的先驱地位。该领域的著名哲学家汉斯·尤纳斯认为，从根本上说，生物伦理学是一般技术伦理学的重要组成部分。从某种意义上说，生物伦理学正在逐渐演变成一个没有明确的边界，却有着极强现实伦理意义的领域。在这方面的建

---

① 刘放桐：《美国哲学发展的特殊性及其近代变更》，载于《北京大学学报》（哲学社会科学版）2008年第1期。

②④ 陈凡、朱春艳、李权时：《试论欧美技术哲学的特点及经验转向》，载于《自然辩证法通讯》2004年第5期。

③ 卡尔·米切姆，陈凡等译：《通过技术思考》，辽宁人民出版社2008年版，第12页。

树，使得美国技术哲学研究囊括了污染、生态、能源、科学家的社会责任、技术评价、替代技术等社会前沿议题，充分体现了美国技术哲学研究的前瞻性。

第三节　英国技术哲学的历史与现状

科学哲学研究一直是英国哲学家的强项，从 20 世纪中叶起就在英国哲学中占据着重要的地位。英国的技术哲学研究影响力较小，但是，它始终强调与具体实验科学的结合。

一、英国技术哲学研究的历史

在 14～16 世纪，欧洲资本主义关系逐渐形成，封建制度逐渐瓦解，这是欧洲从封建主义向资本主义的过渡时期。这个时期，英国的社会经济状况发生了巨大的变化，与之相适应，英国产生了以机械世界观为基础的功利的技术乐观主义思想，代表人物有培根（Bacon）、霍布斯（Hobbs）和洛克（Locke）。

弗兰西斯·培根（Francis Bacon）是英国唯物主义和现代实验科学的真正始祖，其技术哲学思想是一种基于实验科学的技术乐观主义，内容主要包括如下三点：第一，人类改造自然的技术活动是上帝的启示，人类在神学的名义下提倡改造自然的活动。第二，指出了技术具有的生存、国家和科学三重责任。第三，强调归纳法是基于对形而上学式的自然目的论的一种拒绝，他从经验论出发，拒斥目的论，认为归纳法是真正科学的方法，也应具有普遍性。他的归纳法为人类的技术活动奠定理性的依据。培根指出，在占有了一定个人工匠的经验材料形成判断和科学原理时，就会有所发明创造，"一旦把一切方术的一切实验都集合起来，加以编列，并尽数塞入同一个人的知识和判断之中，那么，借着我上面所称作'能文会写'的经验，只须把一种方术的经验搬到另一些方术上去，就会发现出许多大有助于人类生活和情况的新事物"[①]，有限的工匠技艺及其经验，对于发明创造是有意义的。但工匠的技艺有其局限性，这一技艺经验需要上升为一门知识，按照归纳法进行理性的提升，成为一门规则的技艺。

霍布斯深受培根的唯物主义思想影响，他利用当时最新的自然科学的成果，把机械力学原理引入哲学，建立了一个与神学相对立的机械唯物主义自然观，并

---

① ［英］培根：《新工具》，商务印书馆 1984 年版，第 80 页。

在一元论的基础上建立起近代第一个机械唯物主义体系。他的技术哲学思想可以说是一种机械唯物主义的技术乐观主义，内容主要有如下三点：第一，机械力学是技术活动的依据；第二，哲学的目标是改造自然。第三，技术是人的本性。霍布斯从根本上强调了技艺对于人类本性的意义，它是人的天然本性，人作为一种生产性的存在，从事技术活动可以说是与生俱来的。这从人类学的视角给技术以本体证明，并赋予其合法的地位。

洛克的唯物主义经验论体系是从批判天赋观念开始的，他以个体经验为基础反对天赋观念论，论述了人类知识的起源问题，阐明了技术的观念来自后天的经验。他的技术哲学思想可以说是一种唯物主义经验论的技术乐观主义，其内容主要包括如下三点：第一，技术的观念只能来自经验。第二，人工自然与天然自然具有同等的客观性质。第三，大自然创造的原因和人工制品制作的原因是一样的。洛克认为大自然的构造和秩序如此惊人地和谐、精巧，这和人工制造的物品很相似，大自然进行创造的原因和人工制品被制作的原因是一样的，都有一种智慧，这实际上是赋予人工自然和天然自然一样的理性地位。

二、英国技术哲学研究的现状

当今英国仍然有大批的学者从事技术哲学的研究，其中有不少名家，还有一些权威性的杂志。在技术哲学的发展上面，英国哲学家很好地处理了继承传统与发展创新的关系，对传统文献的学习和掌握成为他们发展创新的首要前提，而强有力的分析方法又使他们能够不断推陈出新；严格的学术规范和学术传统是他们取得成就的重要保障，强调哲学概念的清晰和逻辑论证的严密一直是英国哲学家（以及整个英语世界的哲学界）用于衡量学术成就的主要标准；对重大现实问题的关注不是就事论事地讨论，而是寻找某种理论框架或概念系统从更为普遍的意义上对这些现实问题给出解释，对实践理性的研究总是建立在道德哲学的基础之上。

三、英国技术哲学研究的特点

今日英国技术哲学的范围更广泛，门类、分支、学科更加多样化。哲学家不再囿于纯而又纯的技术哲学，而是使技术哲学的视野更为开阔，并且在这个学科当中又有各种不同的流派，不同的学说。这种多样性在每一个具体的技术哲学家身上也体现出来，很少再有人只研究一个问题。一般说来，每个技术哲学家既有学术专攻，又有较广泛的兴趣，涉及面比较广。

英国技术哲学并不是独立发展的，它是和整个英语世界的哲学，如美国、加拿大、澳大利亚的哲学紧密地联系在一起的，形成了一个哲学共同体。它们有着共同的思想传统、共同的哲学兴趣、讨论着共同的哲学问题，哲学家们彼此交往、对话十分频繁。因而，英国哲学的现状和特点，在一定程度上也反映了整个英语世界哲学的现状和特点。

英国技术哲学也有一个明显的局限性，那就是对于欧洲大陆哲学持有一定程度的排斥或轻视的态度。例如，现今在欧洲流行的哲学学说——诠释学、批判理论和后现代主义等，在牛津大学的课堂上几乎没有人讲授。每当我们同一些英国的学者们谈起福柯（Foucault）、德里达（Derrida）时，他们都显示出程度不同的不屑一顾或不以为然的表情。当然，在英国也有一些学校对欧洲大陆哲学也有专门研究，例如华威大学和埃塞斯大学对于大陆哲学的研究成为他们哲学系的特色。

第四节　荷兰技术哲学的历史与现状

荷兰技术哲学曾经并不被人注意，但在当代技术哲学界，荷兰的技术哲学研究却逐渐显露头角。从 1998 年至今，荷兰学派坚持经验转向这个研究范式，探究技术体系展现出的技术哲学研究路向。就理论路径而言，荷兰学派的形成是以"技术哲学的经验转向"的提出为基点，以技术人工物的二重性理论为逻辑起点，以技术人工物哲学为理论向现实转换的工具，以"会聚技术"及其带来或将要带来的社会效应为研究对象，走进以"技术—伦理实践"为核心的研究课题。整个荷兰学派的技术哲学都是以此核心为共同的价值指向来展开的，如同梵高（Van Gogh）的画卷一样质朴而多彩。

一、荷兰技术哲学研究的历史

在当代技术哲学的研究舞台上，荷兰占据着越来越重要的地位，这从其举办的一次次国际哲学会议及影响力中可以窥见一斑。1997 年 9 月，在德国杜塞尔多夫大学召开的第 10 届 SPT 国际学术会议上，将近一半的论文是由荷兰技术哲学家提交的，[①] 这是荷兰技术哲学研究者第一次以集体的身份亮相，自此之后，荷兰技术哲学研究团队频频高调亮相于国际技术哲学界；1998 年 4 月，在荷兰代尔

---

① P. Durbin, *Philosophy of Technology*: *In Search of Discourse Synthesis. Techné*, 2006, 10 (2), pp. 177 – 190.

夫特理工大学举办了"技术哲学研究的经验转向"研讨会,"技术哲学经验转向"这个论题的提出在国际技术哲学界掀起了巨大的波澜,开启了实际技术研究中的经验转向,而且这也是荷兰技术哲学研究者在接下来十余年中的研究范式。

荷兰技术哲学研究团队具有如下三个特质:第一,有主要的代表人物彼得·克劳斯、安东尼·梅耶斯、菲利普·布瑞等,并且以这几个代表人物为核心形成了相对稳定的学术团队;第二,有共同的研究范式:基于技术哲学的经验转向研究范式之上;第三,它有共通的研究对象——工程(技术)敏感性设计、会聚技术(信息技术、生物技术、纳米技术、认知技术);第四,有共同的价值指向——"技术—伦理实践"。

二、荷兰技术哲学研究的现状

2004 年底,克劳斯和梅耶斯在技术人工物二重性理论的基础上,进一步将问题扩展到技术人工物哲学,并制定出相应的研究纲领,在 2005 ~ 2010 年这份研究计划中,克劳斯提出三个主要的设计伦理的研究域,而每个研究域下面又划分出了三个子问题域。具体说来,第一,设计、风险和道德价值(design, risks and moral values):工程设计中的道德问题,价值冲突和设计以及价值的性质。[①]第二,社会—技术系统的模型化和设计(the modelling and design of socio-technical systems):社会—技术系统的特性,社会—技术系统关注的道德问题以及问题的浮现与控制。[②] 第三,机构(主体)和人工物(agency and artefacts):人工物的特性(the nature of artefacts),作用者、行动和人工物(agents, actions and artefacts),人工物作为主体(artefacts as agents)[③]。透过这份计划书,可以清晰地看到,其研究的价值指向已经漂移到"技术—伦理实践"层面上来,技术伦理问题被置于首要地位。

从 1998 年初提出"技术哲学的经验转向""技术人工物二重性理论"到"技术人工物哲学",再走到"技术—伦理实践"这样一个研究主题。在这个过程中,经验转向是研究范式,技术人工物哲学是"价值敏感性设计"的逻辑进展,"技术—伦理实践"是整个荷兰学派技术哲学研究的出发点和落脚点,即价值导向。当前整个荷兰学派研究的技术实际上就是"会聚技术"——汇聚了信息通信技术、生物技术、纳米技术以及认知科学四大技术,譬如,梅耶斯的认知科学,布瑞的 ICT(信息通信技术)和负责任创新,克劳斯提出了技术哲学的描述性价值转向等。

---

①②③　P. Kroes & A. Meijers, *Philosophy of technical artifacts.* Delft: TUD and TU/e, 2005, pp. 5 – 15.

三、荷兰技术哲学研究的特点

就荷兰技术哲学研究展现出的理论路径而言，荷兰学派的形成是以"技术哲学的经验转向"的提出为基点，并以此为研究范式，以技术人工物的两重性理论为逻辑起点，以技术人工物哲学为理论向现实转换的工具，以"会聚技术"及其带来、或将要带来的社会效应为研究对象，进而走进以"'技术—伦理'实践"为核心的研究课题。这个过程，荷兰技术研究者，前后花费十几年，而且目前这个进程仍旧在进行中。

2007 年 10 月，菲利普·伯雷（Philip Byrne）接替汉斯·阿特胡斯（Hans Achterhuis）担任特文特大学哲学系主任。2008 年 10 月，菲利普·伯雷在其教授就职演讲对荷兰技术哲学研究进行了总结性回顾，提出荷兰技术哲学研究的"特文特模式"[①]（twente model）。菲利普·伯雷认为 21 世纪现代社会所面临的五大问题：环境问题、资源短缺、公共安全、社会凝聚和整合、卫生保健。技术哲学应该关注社会凝聚力，促进社会共同价值观。他认为，这些环境与社会的问题的解决除了依靠新技术以外，还需要发展技术哲学。因而，特文特大学技术哲学紧密围绕解决这些社会问题开展。伯雷强调哲学应更多地关注技术本身的研究而不是评估其产生的社会结果，技术哲学的研究更甚于技术与社会的关系的研究。可以这样理解，如果将技术看成点或源，将技术的社会效果看成面或溢出，那么，分析、研究技术在当今社会造成种种问题，就应该从引起这些问题的技术本身、从点或源上进行分析和反思。卡尔·米切姆也认为技术哲学应该注意技术的合理描述的发展以及技术的内部机制而不是外部结果[②]。

荷兰学派当下研究的三大主题：（1）工程设计、研发过程中的道德问题（moral issues in engineering design and R&D）；（2）技术使用和管制中的道德问题（moral issues in the use and regulation of technology）；（3）工程与社会中的价值（values in engineering and society）。三大研究主题其价值导向都是技术操作中展现出的伦理道德问题，而这些主题探讨的伦理道德又是基于技术实践之上的。这个技术实践可能是工程（技术）设计、技术人工物（技术制品）的使用、技术变迁带来的社会价值转换等。

---

① P. Brey, *Technology and Everything of Value.* in Inaugural Speech Delivered on the of the Acceptance of the Position of Full Professor of Philosophy of Technology. Faculty of Behavioral Sciences of the University of Twente. 2008，P. 28.

② C. Mitcham, *Thinking Through Technology*. The Path between Engineering and Philosophy. University of Chicago Press，1994.

荷兰学派关注的角度虽然呈现发散状态，但却都集中在生活世界里的技术实践，这正如他们自己所宣称并一直坚持的："关于技术的哲学反思必须基于充分的、可靠的关于技术的经验研究，以反映现代技术的丰富性和复杂性"①。技术作为现时代的主旋律，它的声韵只能在生活世界里的使用实践中欢然奏响，它的生命因此才能绚烂绽放。荷兰学派正是因为认识到了这一点，并紧紧聚焦于技术的经验领域即技术设计和技术使用，才能在国际技术哲学界里凸显出并发挥着越来越大的作用，以至于引领了国际技术哲学研究的前沿。

第五节　俄罗斯技术哲学的历史与现状

俄罗斯是技术哲学的故乡，在这里诞生了最早的技术哲学家——P. 恩格迈尔（P. Engelmeier）。俄罗斯技术哲学又是世界技术哲学宝库的重要组成部分，在这里形成了最有特色的技术哲学学派——马克思列宁主义的技术哲学。俄国的近代科学技术缘起于政治和军事的需要，开端于18世纪初彼得一世大帝的铁腕改革，成长于叶卡捷琳娜二世女皇的"开明专制"，在19世纪结出了累累硕果。在现当代，俄罗斯技术哲学在保持自己传统优势的前提下，正在引进西方技术哲学特别是工程伦理学和技术社会学的合理成分，努力形成自己的特色。

一、俄罗斯技术哲学研究的历史

彼得·克里门契耶维奇·恩格迈尔是俄罗斯第一个技术哲学家，同时也是著名的机械工程师和创造心理学家。他是世界上最早使用"技术哲学"这个词的少数几个人之一，是工程派技术哲学奠基人之一。他对技术进行哲学思考始于1887年，他在其处女作——《现代技术的经济意义》② 一文中试图抛弃那种把技术仅仅看成某种实践或实用活动对象的传统观点，赋予技术以深刻的社会经济意义。

---

① P. Kroes, A. Meijers, *Introduction*: *A discipline in search of its identity*, seen in *The Empirical Turn in the Philosophy of Technology*, P. Kroes, A. Meijers, Edited. Elsevier Science Ltd. Amsterdam: JAI Press, 2001, P. xix.

② Энгельмейер П. К. Экономическое значение современной техники. – М.: Русскаятипо – литография. – 1887. – 51 c.

1898 年，他在《19 世纪技术总结》①一书中第一次从哲学的高度对"技术"概念重新定义。1899 年，他又在《技术的一般问题》一文中强调要从总体上考察技术，并进一步弄清技术所涉及的范围。1912～1913 年，四卷本的《技术哲学》陆续出版，一般认为这是恩格迈尔技术哲学之集大成，也是他的思想日臻成熟的里程碑。恩格迈尔还是第一个揭示了工程活动的本质和社会意义的人，1927 年，他还组织成立了一个研究技术一般问题的团体，出版了"专家治国思想"的核心期刊《工程师通报》。

尼古拉·亚历山大罗维奇·别尔嘉耶夫的技术哲学思想既有从西方文明中接受的文化成分，也有传统的俄罗斯思想和东正教文化的基因；既有与当代西方后现代主义相呼应的存在主义和非理性主义，即对技术和"工具理性"的批判反思，也有向俄国传统文化复归的倾向；他的思想包含了对西方技术文明的失望与对俄国光荣地位的怀念以及对后现代文化向往的融合，主要有技术手段与目的的悖反、技术末世论和基督教人类学三个方面。

马克思列宁主义技术哲学在俄国经历了曲折发展、最初探索、繁荣发展三个阶段。在苏维埃政权建立初期，政府对别尔嘉耶夫等思想家还是相当友善的，但这种宽容是有限度的。从 1922 年开始，红色政权对于仍然"坚持反动立场"的知识分子采取严厉措施，1932 年第 1 期的《技术报》刊登了卡普斯京的文章《关于社会主义的技术理论》，它所引起有关"技术科学是否具有阶级性"的大讨论把"专家治国论"的思想彻底逐出苏联技术哲学界，新兴的马克思主义技术哲学也取代了恩格迈尔的技术哲学。

20 世纪二三十年代在苏联产生了第一批站在马克思主义立场上阐述历史观的哲学家，杰出代表就是尼古拉·伊凡诺维奇·布哈林。布哈林在对生产方式的解释中，阐述了自己马克思主义立场的技术观，他强调了生产力的决定作用，认为生产力是自然界和社会相互关系的标志，是社会学分析的出发点，并以此为基础，认为生产关系也是由技术决定的。这种绝对的技术决定论在今日看来是有失偏颇的，但在当时却是一种学术萌芽和进步。然而，1938 年，苏联哲学的发展完全被纳入到斯大林《论辩证唯物主义和历史唯物主义》的模式当中，马克思技术哲学思想研究的萌芽随之夭折了。

1956 年，在苏共二十大上斯大林本人及斯大林模式遭到严厉批判。苏联的哲学研究掀起了一个新的高潮，仅从 1956～1960 年出版的哲学书籍和小册子相当于前 40 年的总和。1964 年，勃列日涅夫上台后，提出了"发达（成熟）社会主义"理论。此后的一段时期，苏联的哲学工作者在马克思列宁主义技术哲学领

---

① Энгельмейер П. К. Технический итог XIX-го века. М. : Тип. К. А. Казначеева. – 1898. – 107 с.

域进行了广泛的探索，尤其是技术手段论以及机械和机器理论。

二、俄罗斯技术哲学研究的现状

当代俄罗斯技术哲学关于技术价值论和工程伦理学的研究在广泛深入地进行。俄罗斯技术哲学的研究中心设在俄罗斯科学院哲学研究所科学技术哲学研究部技术哲学研究室。在著名哲学家、哲学博士瓦季姆·马尔凯维奇·罗任教授的带领下，已经研究的课题主要有：作为科学对象和研究领域的技术哲学；传统工艺和现代工艺的哲学—方法论分析；"针对俄罗斯工程师的工程伦理学"俄—美联合方案等。①

尽管发生了国家制度和意识形态的巨大变化，从俄罗斯技术哲学发展的现状和趋势来看，俄罗斯学者并未离开自己长期耕耘的学术土壤到处流浪。相反，俄罗斯技术哲学的研究保持了相当大的稳定性和延续性。所以，认为在后马克思主义时代俄罗斯技术哲学已经和西方技术哲学趋同演化的观点是站不住脚的②。但是，俄罗斯技术哲学并不排斥西方技术哲学。事实上，进入20世纪80年代以后，苏联技术哲学界对待欧美技术哲学的态度就已经从不加分析地全盘否定转到客观公正地加以评介。首先是出版了一些介绍西方技术哲学的著作，如《西方新的技术统治论的浪潮》（1986）、《联邦德国的技术哲学》（1989）等；其次是涌现出一批颇有见地的技术哲学家，如 B. M. 罗任、B. Γ. 高罗霍夫、Φ. H. 布留赫尔、B. H. 波鲁斯等。从工程派技术哲学的传统转向研究和分析欧美人文派技术哲学，这是转折时期俄罗斯技术哲学的重大变化之一。

三、俄罗斯技术哲学研究的特点

俄罗斯技术哲学的研究特点在苏联技术哲学传统中得到了充分展现，集中体现在技术史、技术的哲学问题、技术科学史和技术科学方法论以及设计和工程活动的历史及其方法这四个技术哲学领域。

技术史领域，主要研究技术的历史重构的原理和对技术史（机器史、技术发明史、部门技术知识史）进行梳理。苏联时期技术史方面的研究成果具有明显的

---

① 万长松、陈凡：《走向多元化的俄罗斯技术哲学》，载于《东北大学学报》（社会科学版）2005 年第 7 期，第 252～256 页。
② 陈凡：《技术认识论》，《国外技术哲学研究的新动向，多维视野中的技术》，载于《中国技术哲学第九届年会论文集》，东北大学出版社 2003 年版，第 469～479 页。

经验性的特点，它使技术史的研究缺乏理论性和科学性。

技术的哲学问题领域。这个方面主要是研究技术的性质和本质，但是这一研究统统被置于马克思主义范式和工程学的立场之下，技术首先被看作技术发明或者技术设施（工具和机器）。这样一来，对技术的理解就陷入到一个狭隘的范围。其次，苏联官方非常鼓励对意识形态色彩的资产阶级技术哲学加以批判。这种对技术的哲学思考显然是难以信服的，其结果就是资产阶级技术哲学的成就被贬低，对技术作用的研究只是在抽象的层面上进行（即没有关注现代文明的问题和危机）。最后，苏联时期对技术的哲学思考仅仅是派生的和论证性的，即为通常所说的科学技术进步方案（譬如原子能发电站等）进行辩护。因此，从学科地位和研究方向来说苏联时期的技术哲学是从属于政治和军事需要的。

技术科学史和技术科学方法论领域。尽管这些学科应属于科学学和哲学方法论，但今天已把它们归于技术哲学的研究领域。苏联时期这个领域的研究成果比较丰富（例如技术科学和自然科学的划界，寻找技术科学的源头，对技术科学和技术理论的结构、功能的描述等），但是这些研究还仅仅限于一般性的解释，精确的研究尚未展开。

设计和工程活动的历史及其方法领域。苏联时期这个方向上的研究成果也是很多的（例如对工程和设计起源的研究，对不同形式工程活动性质和特点的分析，工程和设计关系的研究等），但是上述问题的研究和关于技术的一般理论又是相互脱节的。

苏联解体以后，俄罗斯技术哲学的发展尽管在指导思想上实现了多元化，并力求与西方技术哲学的论题和导向接轨，但在很大程度上仍然保持了自己的独特传统。苏联技术哲学研究的一个鲜明的特点是确定了这一研究的认识论和历史哲学导向，并且有统一的哲学理论基础。西方学者卡尔·米切姆针对苏联的技术哲学公正地评价说：这是"内部最一致的一个学派，而且是唯一可以说持有一种主义的学派，这种主义以卡尔·马克思（Karl Marx）的思想及他把生产过程作为基本人类活动，作为社会历史基础所进行的分析为依据"，这就是辩证唯物主义反映论和唯物史观。同时，苏联学者对技术哲学的理解是广义的，包括技术哲学、技术史、技术科学方法论和技术科学史、技术社会学、技术设计和技术工程方法论等。再者，苏联技术哲学研究重视制度设计，强调社会主义制度的优越性。而且，鉴于苏联历史的惨痛教训，在苏联的最后阶段人道主义问题成为哲学转向的总纲，而技术哲学研究也围绕"人学"展开，成为与人性相关的生物与社会、感性与理性、伦理与美学、个人与群体等诸多视角的整合。

而从工程学技术哲学的传统转向研究和分析欧美人文主义的技术哲学，是经历过转折时期的俄罗斯技术哲学的又一显著特征。与反映出人文科学和价值哲学

53

的特点的西方技术哲学相比，俄罗斯技术哲学在 20 世纪 80 年代重新思考西方技术哲学的基础上，逐渐认识到技术的本质与性质与人类文明、文化发展的重大关系，并对其他一些与一般哲学问题相伴随的问题，譬如对技术方案的评价与鉴定、对技术发展的预测以及对工程师的教育等，进行了广泛深入的思考。在对诸如海德格尔、雅斯贝尔斯、芒福德等国外哲学家技术思想的思考与批判后，也认识到了文化与文明危机和现代技术（准确地说是广义的技术）的关联。因而在未来的技术哲学研究路径上，呈现出多元化的研究趋势。

总的来说，技术本体论研究仍然是俄罗斯研究的研究重心，但在经过了与西方人文主义技术哲学的磨合之后，呈现出多视角、多元化的发展特征。

第六节　日本技术哲学的历史与现状

日本的技术哲学表现为技术论研究，其研究的扩大与迅速发展始于日本近代自身的救亡运动，并在不同的时期关注不同的技术问题。

一、日本技术哲学研究的历史

日本江户时代，中国、西方、日本多种思想文化思潮的互相碰撞使得日本各个流派、各种学说对传统的农本主义技术和新兴的手工业、工业技术采取了不同的态度，在对待技术的问题上，呈现出不同的技术观。

江户时期儒学学派中的朱子学被德川幕府奉为"官学"。日本朱子学的技术观，在技术本体论上认为技术是理在物中的体现；在技术与社会关系上，认为技术之理（物理）和道德之理是合一的。随着"兰学"的传入，日本人开始见到了一种不同于农业技术的新的技术体系—工业技术体系，而新的技术体系的导入，带来的一种新的技术观。尽管这一时期的兰学家并没有将近代技术概括为一体来讨论，而只是探讨了具体而多元的技术的本体特征，但他们强调"洋才"的重要性，认识到了"洋才"先进于"汉才"。"和魂洋才"技术观是洋学在日本传播下的一种新的技术观。洋学传播的时代，日本人深刻地认识到了引进西方的纯科学和一般技术、发展军事技术的重要性，由对具体的技术反思转变为对纯科学和一般技术的统筹认识。例如，洋学家佐久间象山提出"东洋道德，西洋艺术（技术）"，经佐久间象山的"东洋道德，西洋艺术（技术）"技术观，试图将东方的人伦之理和西方的自然之理融为一体。吉田松阴发展了佐久间象山的"东方道德"，强调东方道德之中的日本固有的人伦道德—"和魂"。横井小楠在技术与社会关系上，进一步发展了佐久间象山的"西洋艺术"思想。横井小楠等人在这一思想的自然属性上，赋予了技术的社会属性，最终形成了"洋才"技术观。

"脱亚入欧"说，始见于福泽谕吉发表在 1885 年 3 月 16 日《时事新报》上的《脱亚论》一文。文中提出：我国不可犹豫于期待邻国之开明而共同兴盛亚细亚，宁可脱其伍而与西方之文明国家共进退。之后，其"脱亚入欧"的理念广泛成为日本明治时期力求发展的主要思想。如果没有福泽谕吉对技术本质上的理性主义和实证主义的解析，近代日本就不可能引进大量的西方科学和一般技术。

福泽谕吉认为，和算、历学、本草、中医学那样的传统技术想要脱胎换骨，就必须重新解释学问的本质。技术的第一个要义是理性，他认为要发展"实学"①，也就是西方的技术，而不是穷理，并认为儒学"是造成社会停滞不前的一种因素。"②③ 技术本质的第二个要义就是实证性，这一观点受到法国实证主义哲学家孔德的影响。深受这一学说的影响，福泽认为，研究事物则必须去其枝节，追本溯源以求其基本标准。而要达到这样的标准，则一定要借助于实验方法。

福泽谕吉的技术伦理观表现在两个方面。一是功利主义合理化趋势。进入19 世纪，西方的"各私其私"功利主义价值观和商品经济环境下的工业技术体系结合在一起将整个世界纳入到资本主义的生产方式中，福泽谕吉指出："争利就是争理"，"如果政府善于保护人民，人民善于经商，政府善于作战，使人民获得利益，这就叫国富民强。"④ 1872～1876 年间写出的《劝学篇》以英国经验学派的功利主义为基础，提倡个人独立自尊和社会的实际利益，主张打破旧习，反对"天下为公"的东方道德。这本书至 1897 年，已销售了大约 340 万册，真正起到了文明开化的作用。二是在技术伦理上的怀疑论倾向。如果说，没有休谟（Hume）的怀疑主义，就不会有英国的近代科学，不会有英国的技术革命，那么没有福泽谕吉的"怀疑可致真理"，也就不会有日本的真正的近代科学和技术。福泽谕吉在《劝学篇》中指出："轻信易受欺骗，怀疑可致真理"。又指出："古人以疑心为人的一条恶德。然今日之文明，皆因允许怀疑天地间一切事物而达

---

① 福泽谕吉：《劝学篇》，商务印书馆 1984 年版，第 3 页。

② 福泽谕吉：《文明论之概略》，商务印书馆 1982 年版，第 148 页。

③ 本书著者注：儒家文化或儒学究竟对中国社会或日本社会的发展起什么作用，要历史唯物主义地看。相对于前封建社会，儒家思想是较为先进的；但相对于资本主义、社会主义社会，儒家思想就显示出不足。当然，在资本主义或社会主义条件下，儒家文化或儒学中的积极因素仍然可以吸取，达到古为今用，推进儒家文化的创造性转化与创新性发展。

④ 王守华、卞崇道：《日本哲学史教程》，山东大学出版社 1989 年版，第 219 页。

成。因此，绝不可把疑心视为人之恶德，若非把它称为恶德，则今日文明实乃恶德之结果。"①

如果没有福泽谕吉对技术本质上的理性主义和实证主义的解析，近代日本就不可能引进大量的西方科学和一般技术。身处于德川幕府封建体制日趋瓦解、资本主义生产方式在日本社会内部迅速成长时期，福泽谕吉认识到技术存在于制度、教育、文化和社会等因素共同构成的多维空间中，具有多维性。在随使节团出访欧美之际，福泽谕吉亲身体会到欧美与日本的不同，意识到儒、神、佛的"东洋道德"已不适合近代的日本社会，欧美的文明才能开化日本社会，只有"文明开化"的社会才能容得下西方的纯科学和一般技术。

明治维新以后，马克思主义的科学社会主义思潮开始在日本出现。1929 年爆发的世界经济危机给日本思想界形成了巨大的冲击，在探讨其原因的过程中，研究自然辩证法和历史唯物主义的马克思主义学者和受马克思主义影响较深的学术界人士于 1932 年成立了一个宣传马克思主义世界观的组织—唯物论研究会。唯研会的一项重要活动就是开展关于技术论的研究，他们从马克思主义关于生产力和科学技术的基本观点出发，探讨了什么是技术。在唯研会内部的争论过程中，他们主要批判了当时日本物理学家大河内正敏的"科学主义工业"和土木学家宫本武之辅的"生产工学"，并最终形成了"劳动手段体系说"。而同一时期，哲学家三木清试图将上述两派观点整合为一体，提出了"行为形态说"。第二次世界大战结束后，物理学家武谷三男对唯研会的"劳动手段体系说"进行了反驳，提出了著名的"客观规律适用说"。

二、日本技术哲学研究的现状

20 世纪 50 年代，日本政府开始积极鼓励技术引进，日本进入技术创新时期。技术创新使社会技术结构、产业结构、劳动结构都发生了重大的变化。仅仅知道什么是技术已经远远不够，还需要回答的是技术发展的过程。针对此，日本技术史家星野芳郎进一步发展了武谷三男的"客观规律适用说"。

20 世纪 70 年代以后，一方面，日本研究马克思的资料和文献已经非常丰富，马克思主义学者鸟居广在整合"劳动手段体系说"和"客观规律应用说"的基础上，试图对技术重新下一个定义。另一方面，随着科学技术的迅猛发展，科学技术的负面作用日益显现，科学技术向何处去的问题成为举世瞩目的焦点，技术是否具有可控性、如何控制技术成为技术论讨论的焦点，科学技术与社会

---

① 王守华、卞崇道：《日本哲学史教程》，山东大学出版社 1989 年版，第 219 页。

（STS）研究作为国际上一门新兴的交叉学科也在日本普遍展开，出现了一系列
STS 研究的组织和相关成果。最有代表性的 STS 组织机构是"日本 STS 协作网"
（STS Network Japan）和"日本 STS 关西研究会"。在此基础上，日本于 2001 年
成立了规模更大的"科学技术社会论学会"，每年召开一次年会，还定期出版学
术期刊，全面展开 STS 方面的传播与研究。

三、日本技术哲学研究的特点

在研究风格上，运用历史与逻辑统一的分析方法可得，技术论研究于日本而
言是一种面对技术，运用于具体技术发展之上的理论，具有关注具体技术、实用
性目标等特点。从历史来看，技术论在日本的不同时期具有不同的特点，但总与
日本的国家命运密切相关，并受到国家发展需要的决定性影响，因此形成了独具
日本风格的实证与理论相统一的技术论研究风格。总的来说以实用目的为主，研
究对象由具体技术上升到一般技术，目前看来又将回归到这种具体技术的研究
中，但这种回归并不是单纯地返回到日本的传统技术观，而是顺应了当代技术哲
学经验转向的要求。从日本近代技术哲学研究的历史进程中，可以看到其对近代
技术的理性主义和实证主义本质特点认识的逻辑进程，亦可以看到近代日本对近
代技术的现代功利主义认识的逻辑进程。

在研究对象上，日本学者一般把技术哲学的概念放到科学哲学或技术论当中
去研究。自三木清先生提出"技术哲学"这一概念后，日本后来的学者很少有人
跟随三木清先生继续使用"技术哲学"这一概念，反而很多学者投入到技术论论
争上面。如果将研究科学技术哲学的日本学者划分为研究科学范畴的哲学学者和
研究技术范畴的哲学学者，那么，研究技术范畴的哲学学者又大致可以分为研究
技术史、技术伦理、技术论等范畴的学者。其中，研究技术史和技术伦理的研究
团体和个人力量较为强大，而研究技术论的学者呈萎缩的态势。而技术哲学的相
关概念，如"技术""技术论""技术哲学""工学"等，在日本文化语境中具
有特别的内涵。

在研究历史上，受外来技术思想的影响，日本技术哲学研究保持了对待外来
技术的谦虚态度与对本国技术文化的高度接受。美国人类文化学家鲁思·本尼迪
克特在《菊花与刀》一书中从日本文化的角度，分析了日本人的性格，书中日本
文化被形容为"洋葱文化"，一片片剥下来没有核，一片是中国的唐文化，一片
是中国传过去的佛教文化，一片是荷兰文化，一片是美国文化，一片是日本的神
文化。日本文化兼收并蓄甚至照搬，但没有自己的核心，具有开放性。从日本国
家发展的历史来看，日本在 2000 多年的异国技术文化熏陶过程中形成了谦虚对

57

待本国技术文化和积极吸收异国技术文化的传统。1868 年成立了明治维新政府后，政府发布了《五条誓文》。其内容一是广兴会议，万机决于公论；二是上下一心，盛行经纶；三是官武一途以至庶民，各遂其志，务使人心不倦；四是破旧来之陋习，基于天地之公道；五是求知识于世界，振兴皇国。从中可看出明治政府想要学习近代技术文化的态度。

第二章

现象学技术哲学发展的现状与趋势

海德格尔之后现象学技术哲学呈现为不同的理论进路，有必要从学理上把握研究现状。首先，我们将分析现象学技术哲学的源起，理解现象学何以能够作为技术哲学的理论资源。其次，我们将修正学界对现象学技术哲学发展趋势的一般理解，改进"经验转向"的叙述框架，区分新海德格尔主义者、后现象学、法国进路三种研究，并阐述每一种进路的基本内容。最后，我们将尝试说明现象学技术哲学的前景。

第一节　从现象学到现象学技术哲学

在正统现象学研究者那里，现象学是探索主体性与意识本质的"纯哲学"理论，与技术并无明显关联。那么我们究竟在什么意义上谈论一种"现象学技术哲学"？就其诞生而言，现象学与技术哲学的关联包含论题和旨趣两个维度。

第一，在哲学论题的合法性方面，现象学为技术哲学开拓出新的理论空间。现象学反对自然科学真理的基础地位，要求返回更加基础的人类生存和生活世界，而技术正是生活世界的重要方面。现象学主张"回到事情本身"，让被科学和常识遮蔽的现象得以显露它们对人与世界的意义。于是技术不再是中性的，它与人的生存方式、知觉、行动密切相关。正是在这个意义上，胡塞尔、海德格尔、梅洛—庞蒂等经典现象学家关于意向性、此在生存、用具、身体的洞见能够成为技术哲学的重要理论资源。

第二，在研究旨趣方面，现象学先驱者提供了"批判现代技术"的现代性反思。如果说哲学是一种时代精神，那么现象学正是对现代科学技术统领人类精神与物质生活这一时代危机的哲学回应，是对理性传统的彻底反思，"现象学不可能在理性传统的所有其他努力之前及科学的建构之前建立起来。它衡量着我们的经验与这一科学之间的差距"①。经典现象学家对现代科技的批判产生了广泛影响，海德格尔的现代技术"座架"论更成为技术哲学早期重要的思想动因。

现象学技术哲学的理论形态大体呈现出两个特征。就理论边界而言，它是对立于分析哲学式工程技术哲学的一种技术哲学研究取向。就理论内涵而言，现象学技术哲学的分析起点是主体经验（不论是知觉经验、先验意识或在世存在），由此阐发技术如何从人类生活中产生、如何被我们接受、如何影响了我们的经验与行动。现象学在具身性、时间性、历史性等主体性复杂结构中不断揭示出主体与世界的相互内在关系。现象学并非要强调某种封闭的意识领域，而是去发现世界的可能性条件。在这个意义上，现象学技术哲学就是对技术世界的哲学探索。

现象学技术哲学不断分化整合，在技术发展和理论思潮的带动下呈现出新的特征和趋势。一方面，现代技术对人类自身与世界进行深度开发，技术与人的关系在更加微观的维度上凸显，以海德格尔为代表的经典技术哲学似乎已经不能应对新的技术现实；另一方面，结构主义、后现代理论、科学元勘、文化研究、后人类主义等人文研究思潮层出不穷，技术哲学也受到相关理论动向的影响。普遍认为，技术哲学"经验转向"②也体现在现象学技术哲学中。

然而"经验转向"这一历史叙述只是一个针对海德格尔的否定性宣言，太过简单和机械，缺乏正面的哲学论题内涵。在"经验转向"的叙述模式下，经典技术哲学家的总体面貌是悲天悯人的技术批判者，他们倾向于强调技术对自然、社会、人性的负面影响，将技术视为某种脱离人类掌控的自主力量，对技术的本质进行宏大叙事。海德格尔技术哲学受到了比较彻底的批评和拒斥。经验转向之后的技术哲学宣称考察当代技术现象的不同面相，描述技术的内在结构或技术与社会的交织结构，重视技术的细节和多元性，重视对技术的经验描述③。

"经验转向"纲领夸大了当代研究与海德格尔之间的差异，遮蔽了当代研究彼此的异质性，对当代现象学技术哲学研究状况缺乏解释力。为了更加准确地把

①　[法] 梅洛—庞蒂，王东亮译：《知觉的首要地位及其哲学结论》，三联书店 2002 年版，第 40 页。
②　"经验转向"作为一个明确的纲领或口号在 2000 年左右由工程派技术哲学（分析技术哲学）与人文派技术哲学分别提出。2010 年，美国技术哲学权威期刊 *Techné* 为纪念美国哲学与技术学会（SPT）成立 35 周年、*Techné* 成立 15 周年而发表了一组特刊，其中有三篇关于经验转向的文章。
③　布瑞：《经验转向之后的技术哲学》，载于《洛阳师范学院学报》2013 年第 4 期，第 9～17 页。

握当代现象学技术哲学的发展趋势，有必要对"经验转向"叙述进行修正。我们认为，当代现象学技术哲学可以区分为三种主要研究进路：一是德雷福斯（Dreyfus）和鲍尔格曼（Borgmann）的新海德格尔主义①，二是由伊德创立、近年来逐渐兴盛的后现象学研究，三是以斯蒂格勒为代表的法国进路。

第二节　新海德格尔者的技术批判

德雷福斯与鲍尔格曼的技术哲学与海德格尔哲学关系密切，在旨趣和论题层面都直接继承了海德格尔现象学，是新海德格尔主义的典型代表。

鲍尔格曼（Borgmann）继承了海德格尔对现代技术的批判，发展出应对现代技术的具体策略，强调通过实践建立技术物与人的亲密关系。鲍尔格曼的现象学技术哲学表现为一种基于技术使用行为的德性伦理学。他区分了两种技术，一种是作为设备范式的现代技术，另一种是作为焦点物的前现代技术。现代技术设备（如暖气、电视机）的特点是在日常生活中尽可能隐蔽自身，对人的技能和行为没有或很少要求，在这个意义上现代技术与人类生活是分离的。而前现代技术则要求人的参与和投入，例如在烤火、听音乐、园艺、烹饪、跑步等活动中，人的实践行动与物交织在一起，创造了生活的意义与价值。设备范式理论在逻辑上类似于海德格尔技术座架论，是对现代技术的总体批判："技术的危险不在于它这样或那样的表现形式，而在于其模式的普及性和连贯性。"② 人们常常批评海德格尔是悲观主义者，因为他似乎并没有提出应对现代技术的解决办法，只留下"哪里有危险，哪里就有拯救""泰然处之"等晦涩警句。而鲍尔格曼将技术批判与德性实践结合在一起，呼吁人们主动采取行动去抵抗技术的负面后果，在日常生活中重新找到体验世界、创造意义的焦点实践。但这一解决方法在某种意义上加剧了海德格尔技术批判可能包含的浪漫主义，因为如果对现代技术的批判最终落脚于对个体生活方式的规范，那么现代技术的结构性问题就再次被忽视。这毋宁说是一种犬儒主义妥协。

德雷福斯（Hubert Dreyfus）是享有盛誉的当代现象学家、北美海德格尔研究泰斗，他的技能习得理论和人工智能分析受到科技哲学界的高度评价，相当长一段时期内被视为现象学技术哲学的标杆。德雷福斯强调沉浸应对（absorbing）

---

① 布瑞：《经验转向之后的技术哲学》，载于《洛阳师范学院学报》2013年第4期，第9~17页。
② 吴国盛：《技术哲学经典读本》，上海交通大学出版社2008年版，第425页。

61

在人与世界关系中的基础地位，发展出原创性的技能习得理论，将学习划分为新手、进阶初学者、胜任、熟练、专家、大师、实践智慧诸阶段。德雷福斯基于海德格尔与梅洛—庞蒂现象学，对人工智能和互联网这两种当代技术分别进行了细致分析与批判。德雷福斯的人工智能批判尤为知名，甚至直接影响了人工智能技术的发展方向[①]。有研究者认为德雷福斯的技术分析也体现了技术哲学"经验转向"[②]，但这一论断流于表面。德雷福斯从未自觉地发展一种技术哲学，他的技术哲学研究并非"经验转向"所要求的描述性分析，而是附属于对经典现象学的阐释，在特定的现象学框架下拷问技术现象。

鲍尔格曼和德雷福斯曾被当作现象学技术哲学的重要代表，但他们的技术哲学目前已不具备纲领性影响。这种新海德格尔主义研究非批判性地移用现象学理论，片面地阐释技术现象，缺乏广阔深入的理论阐发力。

第三节　后现象学技术哲学：经验化的现象学分析

一、后现象学概况

后现象学（postphenomenology）是现象学技术哲学在英语世界的发展成果，也是目前最有影响力的技术哲学研究纲领之一。后现象学研究者主要来自伊德创立与主持的"技科学讨论小组"和维贝克（Verbeek）引领的荷兰技术哲学。后现象学与科技与社会研究（STS）、科学元勘、文化研究等研究方向有家族相似性，注重案例研究，强调具体、多元的经验式风格，具有跨学科的特质。它不是现象学文本阐释或概念辨析，而是一种"做现象学"的经验化研究。伊德将它描述为现象学、实用主义与技术哲学三者的混合。[③] 后现象学明确拒斥经典现象学家对现代技术的总体批判态度，有选择地继承了现象学的某些要素和方法，以呈现技术物的多重效应。

后现象学研究者将现象学与后现象学的关系重构为从"人—世界"到"人—技术—世界"的理论变迁。现象学的核心是"人—世界"关系理论，强调人与

---

①　Val. Dusek, *Philosophy of Technology: An Introduction.* Malden Mass: Blackwell. 2006, P. 77.

②　H. Achterhuis, （ed.）*American Philosophy of Technology: The Empirical Turn.* Trans. by Robert P. Crease. Bloomington: Indiana University Press, 2001.

③　[英] 伊德著，韩连庆译：《让事物"说话"》，北京大学出版社 2008 年版，第 30 页。

世界之间的共生，而后现象学在两方面拓展了这一纲领。首先，强调人与世界的关系总是被技术所中介的，应该增加新的关系项，改为"人—技术—世界"；其次，强调关系项（人、世界）本身也由特定的技术所塑造。伊德指出，后现象学分析的核心是变更理论，这一来自胡塞尔的分析方法使后现象学摆脱了技术本质主义，描述技术自身的多重可能性。在本体论上，后现象学秉持一种关系本体论，拒绝基础主义，强调在动态关系中理解人和世界。

后现象学研究呈现出具体、多元、充满活力的研究风貌，论题涉及火星探测仪的认识论功能、技术在教育中的地位、驾驶时使用手机的影响、超声波检测技术在堕胎中的道德意蕴等。[①] 后现象学代表人物包括伊德、维贝克（Peter – Paul Verbeek）、罗伯特·罗森伯格（Robert Rosenberger）等。

二、人—技术关系

伊德是北美技术哲学的重要人物，也是现象学技术哲学的代表人物，他最有影响力的成果是《技术与生活世界》中的"人—技术关系"理论。这一研究"遵循严格的现象学方法，强调人的技术经验"[②]，揭示出"人—技术—世界"的四种关系模式，即具身关系、解释学关系、它异关系、背景关系。"人—技术关系"理论对后现象学极其重要。相比于经典现象学理论的复杂晦涩，这一理论清晰、简洁、结构化，是案例分析的有效理论工具。

伊德重视技术具身性研究，强调身体经验与技术物质性之间的亲缘关系。就整体研究脉络而言，伊德从三个方面考察了技术在认识论层面的中介效应：①不同技术能够引发人与世界的不同关系；②现代科学也通过技术具身；③技术物质性自反地指向人的具身能力本身。

伊德的人—技术关系理论受到了广泛关注和批评。德普里斯特（DePreist）基于当代哲学语境（现象学自然化、前反思自身觉知），指出伊德技术哲学研究与现象学之间存在含混关系，伊德遮蔽了现象学理论本身的复杂性和当代现象学的发展[③]。

后现象学研究者维贝克和罗森伯格分别从广度和深度上改进了伊德的"人—技术关系"理论。维贝克试图进一步揭示新兴技术对人自身和世界样貌的塑造，

---

① Robert Rosenberger and Peter – Paul Verbeek，（eds.）*Postphenomenological Investigations*：*Essays on Human – Technology Relations*. Lexington Books，2015，P. 9.

② ［英］伊德著，韩连庆译：《技术与生活世界》，北京大学出版社 2012 年版，第 131 页。

③ De Preester，H.，Postphenomenology，Embodiment and Technics. *Human Studies*，2010，33（2）：339 – 345.

63

把技术对人的影响区分为三种"意向性"：赛博意向性（cyborg intentionality），即伊德所刻画的技术中介，技术参与了人对世界的知觉，如使用助听器、望远镜等；混合意向性（hybrid intentionality），即技术在生理意义上融入人类身体，比如抗抑郁药物或者心脏起搏器；复合意向性（composite intentionality），即技术创造了新的世界表征（如温度计）或创造出超越日常经验的东西，技术物自身的意向性与人的意向性复合在一起，例如谷歌眼镜为视觉体验增加了新内容。

罗森伯格批评伊德对技术使用者主体经验的刻画，认为伊德过分强调了技术物质性对主体的自反作用。伊德在"人—技术—世界"关系中用"透明性"和"准透明性"来说明使用者的主体经验，罗森伯格认为这是不够的，应该关注主体的整体知觉场域①。他提出"场域塑造"（field composition）和"沉淀"（sedimentation）两个因素，说明技术能够改变使用者知觉场域的整体结构，能在使用者身上建立重复发生的行为习惯。

三、物的伦理学

维贝克是伊德之后最有影响力的后现象学研究者，他阐发了一种技术物伦理学，推动了技术哲学的伦理转向。维贝克将技术先验维度与具体技术相结合，评估技术对人类生活规范性维度的影响。维贝克的后现象学研究既关注技术物的微观细节，也重视技术物对人类道德行为的塑造。②

对主流伦理学来说，技术物是中性的工具，不具备道德能动性。而后现象学指出技术物在人类知觉、认知、行动中的中介地位，由此出发能够进一步发现技术物的道德效应。维贝克认为，技术物锻造了人们道德行为的选择空间，研究者应该去揭示技术对体验与行为的影响；同时人们也应该在技术物的设计和制造阶段融入伦理考量，使技术伦理学落实到实践层面。

在伊德、维贝克、罗森伯格等人的后现象学研究中，现象学被经验化地改造为关于人类技术经验和行动的具体分析方法。后现象学从描述性和规范性两个维度探究现代技术所创造的感知世界与行为空间。我们在第一节曾指出现象学与技术哲学关联的论题维度与旨趣维度，此处我们看到，后现象学完全拒斥现代性反思的旨趣维度，而对论题维度进行了卓有成效的探索。

---

① Robert Rosenberger, *Embodied Technology and the Dangers of Using the Phone while Driving. Phenomenology and the Cognitive Sciences*, 2012, 11：pp. 79 – 94.

② P. P. Verbeek, *What Things Do：Philosophical Reflections on Technology, Agency, and Design.* Penn State Press, 2010, P. 9.

第四节　法国进路：人类命运与原初的技术性

　　现象学技术哲学的法国进路在论题维度和旨趣维度同时推进，兼具建构性和批判性，形成了一条独特的现象学技术哲学进路。代表人物有西蒙栋（Gilbert Simendon）、维利里奥（Virilio）和斯蒂格勒。

　　西蒙栋曾是梅洛—庞蒂的学生。技术哲学研究者通常仅关注西蒙栋一篇名为"技术物体的存在方式"的长文，不过近年来西蒙栋哲学整体上呈现复兴之势，其技术哲学内涵也值得进一步挖掘。面对现代科学理论和技术状况，西蒙栋原创地阐发了一种复数存在论——"存在不是一"①，这与梅洛—庞蒂后期的肉身存在论有异曲同工之妙。斯蒂格勒认为西蒙栋提供了一种"超现象学"的技术哲学，即超出现象学第一人称视角，在存在论意义上思考技术、个体、集体的动态转化。

　　维利里奥也曾跟随梅洛—庞蒂学习现象学。他从身体知觉出发批判现代技术，提出了视觉机器、速度学、知觉后勤学、强度时间等概念，持续刻画现代技术与知觉的关系，揭示知觉技术化的政治和文化后果。② 受胡塞尔、梅洛—庞蒂的影响，维利里奥将空间与时间理解为身体关于周围世界和过去记忆的本己经验，强调身体经验自身的丰富性和多元性，批判技术对身体经验的侵蚀。例如，照相、录影、监控等技术被深度运用在司法、军队和医疗系统中，施加于身体之上，控制个体的空间和时间经验。

　　斯蒂格勒是现象学技术哲学法国进路最重要的代表人物。斯蒂格勒借助现象学资源和法国独特的技术学研究传统，将技术哲学阐发为第一哲学，在人类进化、个体生存、群体生活等多个层面论证技术的核心作用，并对当代技术的工业化趋势进行了猛烈批判。

　　斯蒂格勒的代表作是《技术与时间》三部曲。在第一部《技术与时间：艾比米修斯的过失》中，他在人类学层面强调技术使人类从种系进化过渡到"后种系生成"，在哲学层面强调人内在就具有一种技术性。在第二部《技术与时间：2. 迷失方向》中，斯蒂格勒强调拼音文字这一记忆术使人们通达过去、理解他人，形成历史与群体意义空间，而当代直播技术和数字技术正以工业化手段消弭意义空间。在第三部《技术与时间：3. 电影的时间与存在之痛的问题》中，他

---

　　① G. Deleuze, *Desert Islands and Other Texts*：1953 – 1974. Trans. by Michael Taomina. Ed. by David Lapoujade. MIT Press. 2004，P. 89.

　　② ［法］维利里奥著，张新木等译：《视觉机器》，南京大学出版社 2014 年版。

更加直接地对当代技术展开批判，分析第三滞留在时间意识理论中的作用，引入康德提出的"综合"问题，强调现代技术破坏了人的个体化与群体化，技术已经发展为一种具有危及人类生存的危险力量。① 近年来，斯蒂格勒致力于反思数字技术，发展了药学等新理论工具，探索应对技术危机的措施。

综上所述，20 世纪 80 年代以来现象学技术哲学在英语世界呈现出"经验转向"的趋势，其中新海德格尔主义研究不再具有纲领性的影响力，而后现象学研究通过嫁接实用主义和现象学方法，建立了稳定的分析框架和理论旨趣。后现象学将继续开展案例研究、描述人—技术关系、分析新技术的伦理意蕴。以斯蒂格勒为代表的现象学技术哲学法国进路则与"经验转向"相悖，致力于构造技术与人、技术与人类命运之间更加基础的哲学关联。法国进路的理论热点包括阐发西蒙栋技术哲学、分析当代技术对知觉和意识的本质影响、揭示当代数字技术与资本的合谋等。

在数字信息技术不断开发人类感知的时代状况下，不论后现象学还是法国进路都将持续重视知觉和身体维度。现象学技术哲学研究的共同诉求是理解当代技术对人类生存的影响、探索人类应该如何积极地应对技术状况。②

---

① ［法］斯蒂格勒著，方尔平译：《技术与时间：3. 电影的时间与存在之痛的问题》，译林出版社2012 年版。

② 需要说明的是，本章并没有涵盖东亚地区的现象学技术哲学，如日本学者村田纯一的研究、中国学者以"现象学科技哲学学术会议"为标志的持续探索。

第三章

中国技术哲学的历史与思想状况

中国技术哲学界已从两个方面给予关注：一是着眼于学科未来发展探索，即以历史回顾展望未来发展。二是当前学科地位探索，即以"技术哲学元研究"为线索，采取统计学的定量方法考察相关期刊论文的增长、主题和作者情况，凸显当代中国技术哲学的"学科"属性以及研究队伍的"学派"属性。① 虽然这两类学科性考察着眼点有所不同，但也只是着眼于技术哲学所处的中国背景和有关争论及其思想的发展历程。鉴于这种情况，本章力图勾勒一幅中国技术哲学的"思想地图"，不求完美，但求能够给出一种思想发展理路，以便把握其发展趋势。

第一节 从技术辩证法到技术哲学学科

目前中国技术哲学发展历程有两种历史起点设定：一是 1949 年中华人民共和国成立之后，具体划分有"早期工作—学科萌芽—深化研究"② 或"前 30 年—

---

① 王续琨、常东旭、冯茹：《中国技术哲学元研究 30 年》，载于《哲学分析》2010 年第 4 期，第 171 ~ 175 页；王续琨、常东旭、冯茹：《技术哲学元研究在中国的展开径迹——基于中国期刊全文数据库的统计描述》，载于《西安交通大学学报》（社会科学版）2012 年第 1 期，第 82 ~ 86 页，100 页。

② 杨德荣：《中国技术哲学研究》，载于《科学技术与辩证法》1991 年第 2 期，第 21 ~ 26 页。

后 30 年"；① 二是 1978 年之后，具体划分有"酝酿兴起—发展壮大—稳定发展"② 或"缓慢起步—蓄势待发—加速发展"。以下仅着眼于 1949 年之后的中国意识形态变化和学科调整背景，考察当代中国技术哲学的逐步确立过程。

一、技术辩证法传统

中国现代技术并非自发，中国近代技术史基本上是一部引入、吸收、再引入的工程造物史。技术哲学也只能沿着"科学—技术"路线，附着于"科学哲学"中给予思考。1949 之后，技术哲学的这种"附着状态"又为马克思主义的自然辩证法所承接。自然辩证法作为一门学科的建制化发展，则是在中华人民共和国成立之后。而且，与西方人在学术上将技术与哲学结合起来产生的"技术哲学"不完全相同，中国首先把技术与作为社会主义意识形态的马克思主义结合起来，形成工程或工业传统的"技术辩证法"。

中华人民共和国成立后，一批兼具马克思主义和工程技术背景的中国学者由于对技术辩证法的研究和探索开始于关注技术方法论问题。1955 年，工程控制论创始人、科学家钱学森做了《论技术科学》的报告，1957 年，他发表了《技术科学的方法问题》；同年，东北工学院陈昌曙发表《要注意技术中的方法论问题》，强调技术方法论对发挥辩证唯物主义功能具有重要意义，由此"开创了当代中国技术哲学研究的理论先河"。③

从 1958 年开始，中国开展"双革（技术革新与技术革命）四化（机械化、半机械化、自动化、半自动化）"与"学习毛主席著作的群众运动"两大运动。于光远与哈工大校长李昌提出把唯物辩证法运用到生产实践和科学实验中作为自然辩证法的一个重要方向，并于 1960 年秋，在哈尔滨召开了全国自然辩证法座谈会。以关士续为代表的哈工大哲学团队，向这次会议提交了《从"积木式机床"看机床内部的矛盾运动规律》一文。正是该文关于面向工程技术实践的辩证法问题研究，促成了 1962 年自然辩证法研究的工业技术辩证法研究计划形成，当然也成为技术辩证法传统的重要开端。此后，技术辩证法研究不仅涉及新机器、新材料、技术革新或革命等问题，而且对技术发展战略、技术发展主体、技

---

① 陈凡、陈佳：《中国当代技术哲学的回顾与展望》，载于《自然辩证法研究》2009 年第 10 期，第 60 页。

② 李俊、张培富：《中国技术哲学发展特点及展望》，载于《山西医科大学学报》（基础医学教育版）2005 年第 1 期，第 106～108 页。

③ 陈凡、陈佳：《中国当代技术哲学的回顾与展望》，载于《自然辩证法研究》2009 年第 10 期，第 56 页。

术发展规律、农业等产业技术发展的一般问题给予关注。

二、技术论导向阶段

伴随着改革开放需要，与科学哲学研究的逐步繁荣相应，中国技术哲学较之以往也更为明显地强调技术的一般哲学问题，因此出现了"技术论""论技术""技术学"这类字眼。1980 年，中国技术哲学的重要奠基人陈昌曙等提出，应加强从整体上研究技术和技术发展规律。从这一年开始，"技术论""论技术"等字眼不断出现在中国各种报刊杂志上。① 1985 年，与技术论或论技术相关的综合性专著有《科学技术论》（杨沛霆等）、《科学技术学》（孟宪俊等）等。

在这种快速发展形势下，1985 年 11 月，"全国第 1 届技术论学术研讨会"在成都科技大学召开，同时成立了中国自然辩证法研究会技术论专业组（筹）。此后，又出版了相关专著，如《论技术》（远德玉、陈昌曙，1986）、《技术论》（陈念文等，1987）、《技术学导论》（邓树增等，1987）等。20 世纪 70 年代末期之后，中国技术哲学仍然是在自然辩证法学科之下成长，其建制化特点是"技术论"逐步获得广泛认同。可以说 1980 年中国技术哲学的技术论或论技术的学科情形是"对于中国技术哲学建制化进程具有基础性的意义"。②

三、技术哲学学科确立

1987 年国务院学位委员会将自然辩证法专业变更为科学技术哲学专业后，技术哲学学科日益呈现出建制化的发展态势，可从以下三个方面加以考察。

第一，技术哲学学术活动组织常规化。一般认为，中国技术哲学作为一个新兴的学术领域，是从早期陈昌曙等的技术论衍生而来，这一点可从技术哲学学术活动组织变化可看出。1988 年 5 月，全国第二届技术论学术讨论会召开，会议决定将隶属于自然辩证法研究会的技术论专业组更名为技术哲学专业委员会，表明了从技术论到技术哲学的体制过渡。

---

① 1980 年 6 月，《自然辩证法通讯》发表了技术史、技术论译文专辑，首次介绍德国和美国技术哲学进展以及日本技术论研究。1981 年，东北工学院自然辩证法研究室、辽宁省科学与未来学研究会编辑《科学技术结构研究资料（技术史与技术论专辑）》，1982 年《科学史译丛》第 1 期发表日本学者野中昌夫的《苏联的技术论动向》，1983 年《科学与哲学》第 4 期发表日本学者丸山益辉的《技术论研究》。

② 谢咏梅：《中国技术哲学的实践传统及经验转向的中国语境》，载于《自然辩证法研究》2010 年第 11 期，第 63 ~ 64 页。

第二，技术哲学学者群体化。科技哲学教育制度化孕育了大批的技术哲学学者。1978 年，于光远等首次在中国科技大学研究生院招收自然辩证法硕士研究生。1986 年批准了中国人民大学设立科学技术哲学博士学位授权点。东北大学（1994）、清华大学（2000）、大连理工大学（2006）先后拥有科技哲学博士学位授予权，它们连同有科技哲学硕士点的哈尔滨工业大学、华南理工大学等高等工科院校，利用自身的工科优势，加大了技术哲学研究方向的博士和硕士研究生的培养力度，为技术哲学研究积蓄了一批难能可贵的新生力量，日益形成实力较强的技术哲学学者群体。

第三，技术哲学研究主题化。这种主题化在建制意义上至少表现为以下两个方面：一是全国技术哲学学术会议每届议题各有侧重，其议题确定取决于当时中国技术哲学研究关注问题和会议承办者论题旨趣。在此基础上，东北大学承办了"以技术与创新"为主题的第 19 届国际技术哲学会议（2016），华南理工大学首次主办了的国际分析技术哲学研讨会（2016）等，把中国技术哲学逐步推到了国际平台上。二是科技哲学核心期刊有关技术哲学的栏目风格不尽相同，《自然辩证法通讯》侧重于技术及技术思想史研究，《自然辩证法研究》侧重于技术与伦理研究，《科学技术哲学研究》（原《科学技术与辩证法》）侧重于技术本体论研究，但其宏观指向是由最初仅关注单一的技术与社会主题研究扩展至多元的技术与伦理、技术与价值、技术与工程等主题研究。[1] 此外，近年来分析技术哲学论文逐渐增多。

第二节　作为一种部门哲学的技术哲学

中国技术哲学从其学科发展历史来看，它首先是作为三级学科附着于科学技术哲学（或自然辩证法）二级学科获得发展的，即作为部门哲学、哲学的分支学科、哲学关注的特殊领域加以研究的。这里技术哲学立足改革开放、意识形态、问题争议等语境，以技术的经济命令为起点，力图对中国作为部门哲学的技术哲学综合性地梳理出一条从技术的经济哲学、社会哲学到伦理哲学的思想历史线索。

---

[1]　任巧华、罗玲玲：《从三大杂志看中国技术哲学之研究轨迹》，载于《东北大学学报》（社会科学版）2009 年第 6 期，第 477～483 页。

一、技术的经济哲学

20 世纪 70 年代末的真理标准大讨论，对技术哲学有重要的意义，通过破除"两个凡是"的思想束缚，张扬了实践标准，实际上包含了对技术的实践取向的哲学维护。从实践取向看，强调科学是精神劳动或精神生产因此也是生产力，无疑表明技术只是科学的应用。只有在实践取向特别是经济价值上论证技术的相对独立性，才能确保技术哲学成为一个相对独立的知识领域。

技术作为生产力的本质呈现，无疑促使人们从马克思主义唯物史观进一步厘清技术涉及的各种社会关系，以便推动技术在中国的快速进步。沿着生产力—生产关系的经典马克思主义命题，执政党提出了"改革生产关系中不适应生产力的部分"的发展要求。这里所谓生产关系虽然在传统政治经济学中指产权关系，但在实践中还包括技术作为生产力决定的人与人之间的必然联系。李刚正是从后一方面，提出了"技术生产关系"概念，即"技术决定意义上的狭义的分工、协作和管理"。[①] 这种探讨对改革开放的意识形态意义在于：一是在技术生产关系方面，必须要大胆学习外国经验，满足社会主义解放和发展生产力的本质要求；二是调整或改革社会经济关系适应技术生产关系，诱发劳动积极性和提高生产效率，满足社会主义快速发展的公平要求。如果撇去意识形态问题，仅仅就技术涉及的分工、协作和管理等问题看，中国技术哲学可以进入到纯粹的技术的经济哲学议题，如技术过程论、技术创新哲学、产业技术哲学等。

二、技术的社会哲学

技术的经济哲学已经判明技术是生产力这一本质，人们按照对马克思主义唯物史观推断出技术对社会的绝对影响。中国技术哲学界虽然很少有人持以"唯技术论"或"技术至上主义"[②] 这种技术决定论的称谓，但还是有许多学者按照这种逻辑线索，转向以"技术社会学"之名讨论技术的社会相容或规范问题。

20 世纪 90 年代中期以来，随着欧美社会建构主义在中国的广泛传播并得到广泛认同，中国技术哲学界一方面热衷于讨论马克思或马克思主义是技术决定论还是社会建构论，另一方面对技术决定论与社会建构论进行辩证的比较分析。为

---

① 李刚：《试论技术生产关系》，载于《科学学研究》1991 年第 4 期，第 16 页。

② 陈昌曙：《简论技术哲学的研究》，载于《东北工学院学报》（社会科学版）1983 年第 1 期，第 46 页。

了解决技术决定社会还是社会决定技术的问题，肖峰力图使技术的社会哲学范式成为"技术的哲学研究与社会学研究的兼容范式"。① 从理论上看，技术的社会哲学的合法性源自它两个独特的研究域：一是承认技术具有内在逻辑即自主性从而导致技术决定论，二是承认技术是社会建构的产物。

此外，还需指出的，技术的社会哲学论述，在宏观上也涉及技术的三维功能—物理功能、社会功能（特别是经济功能）和人文功能的整合。这种整合的关键问题是，技术的三维发生冲突时该如何取舍？回答是"原则上无疑应该'以人为本'，中国在经济水平较低的情况下对效益的追求常常成为压倒一切的中心，技术如果不能给人带来更高的效益也就失去了为人的目的"。② 中国已经或正在经历着经济中心时代，但 10 年来也在对环境污染、食品安全、气候变暖等的技术恐慌中经验着前面提到的技术决定论的第二种语境。对这种语境的展开，代表着中国技术哲学的伦理哲学研究旨趣。

三、技术的伦理哲学

关于技术决定论的第二种语境，中国技术哲学界要么是在现实意义上讨论技术的负面效应或后果，要么是在哲学意义上对技术悲观主义给予评价。但直到进入 21 世纪，这种技术社会批判才以有关各种具体技术发展和应用的道德价值评价以及就技术展开的事实判断与价值判断之争，演变成为中国技术哲学界的技术伦理问题热点研究起搏。这种演变直接与 20 世纪 90 年代末以来的现实的技术发展情形密切相关。这种发展情况，需要从技术哲学思想方面做以下三点解释或说明。

第一，由于对具体技术（特别是生物或基因技术）的伦理思考牵涉到科学与伦理、技术与伦理的复杂关系，所以必然在哲学上给予总体思考。鉴于技术负面效应的实际存在，21 世纪初期主流意识形态已经意识到科技的负面效应，注意到科技伦理的问题。中国学者依照从科学、技术到生产或社会的习惯性思维方式，超越技术本身形成了"科技伦理学"的叙事，直接追问的问题是科技究竟是否存在伦理问题，并且还存在各种争论。

第二，一旦在道德价值判断意义上将科技伦理学还原为技术伦理学，便会指向技术伦理责任主体关系的复杂性。技术伦理责任主体存在各种层面，如科学家、工程师、企业法人和政治决策者。围绕技术伦理问题，中国学术界存在各种

① 肖峰：《略论技术的社会哲学》，载于《哲学动态》2003 年第 3 期，第 27 页。
② 同上，第 31 页。

争议。但是这种争议并不能否定技术伦理学的成立，它表明技术伦理学具有明显的政治特征，技术伦理问题涉及不同社会阶层的利益关系，简单地用"追究责任"的办法解决相应的社会冲突只能使技术伦理学变成没有受众的单纯责任号召。无论如何，技术伦理之争还在进行当中，它将不断地深化人们对技术伦理责任问题的哲学理解。

第三，技术伦理问题涉及的是技术对社会的负面影响，接受这一负面影响的是社会公众，进入信息技术、生物技术和纳米技术直接面对公众态度已经成为技术的伦理哲学的重要向度。新兴技术应用和推广激发了媒体乃至公众对技术伦理问题的特别关注，也吸引了中国技术哲学学者对诸如信息技术、生物技术、纳米技术等伦理问题的深入研究，使技术伦理学进一步在"公众理解科技""公众参与科技""工程伦理"等叙事中获得具化和实化。这种具化和实化还需要从技术的社会哲学延伸出技术的政治哲学加以深化，最起码也可以确立起"技术政治学"的相关实证主题进行研究，以引导中国技术哲学的经验发展方向。

第三节　作为一种哲学纲领的技术哲学

尽管作为部门哲学的技术哲学发展越来越突出技术的独立地位以及技术哲学的学科特点，但只要技术哲学"作为一种新的哲学传统、哲学视角、哲学眼光"[1] 尚未获得重视，便很难从其所属学科中获得伸展。而强调作为哲学纲领的技术哲学，是因为作为部门哲学的技术哲学除了呈现相当的分散性或复杂性之外至少还存在两种困境：一是中国自然辩证法长期以来主要强调数学与自然科学的理论或方法论取向，不可能赋予技术哲学独特意义；二是在自然辩证法框架下，技术往往被认为是"应用科学"或"科学应用"，因而向来没有进入哲学思考的核心。如果不是求诸技术哲学的经验转向，而是诉诸哲学中的"技术转向"，那就会展示一种作为哲学纲领的技术哲学。回到中国技术哲学中来，十年来中国作为一种哲学纲领的技术哲学，在全球对话中以一种"与国际接轨"的学术方式，至少表现出现象学技术哲学、分析技术哲学、解释学技术哲学和实用主义技术哲学四种进路或倾向。

---

[1]　吴国盛：《技术哲学，一个有着伟大未来的学科》，载于《中华读书报》1999 年 11 月 17 日。

一、现象学技术哲学

对技术意义的认知，中国技术哲学界逐步转向一种现象学视角。关于这种视角，国内一种比较有影响的说法是"现象学技术哲学"，它是指现象学面向技术经验的哲学思考方向。鉴于目前国内有关现象学技术哲学的研究文献大多是对欧美有关思想和观点给予评介和阐释，因此本书不打算对此给予太多关注，只是想借助国内有关的思想和观点就现象学技术哲学作为一种哲学纲领给予适当说明。

第一，现象学技术哲学之所以是一种哲学纲领，在于它把技术看作科学的本质来加以对待，展示了一种与以往不同的技术—科学关系，从而赋予技术哲学独特的哲学地位。技术哲学作为部门哲学，人们为了追求学科建制，要么寄生于分析的科学哲学之中，要么是没有明确的哲学立场只具调和性倾向。面对这种学术情形，吴国盛认为技术哲学作为一种具有独到解释力的哲学纲领代表了真正的哲学趣味，它是从德国哲学家海德格尔开始的，也是海德格尔真正在哲学上将技术确立为核心主题。

第二，现象学技术哲学作为一种哲学纲领，不仅表现出对其他理论的融通，而且也逐步从本体论向经验论转换。中国技术哲学学者不仅通过考察胡塞尔和海德格尔思想表明现象学技术哲学的理论来源，而且也试图推动现象学技术哲学研究纲领对其他技术研究或其他技术哲学流派的理论融通。[①] 不过更多的文献主要是从胡塞尔的"面向实事本身"考察，通过伯格曼的"器具范式"、德雷福斯的"人工智能向度"、伊德的"人—技术—世界关系"等，从海德格尔的形而上条件关注转向形而下（如日常生活问题、技术伦理影响等）考察，即"从本体走向经验"[②]。对中国技术哲学来说，这与其说是展示现象学技术哲学的发展趋势，毋宁说是对技术哲学的"经验转向"的一种呼吁。

在这方面，中国技术哲学界零星地对赛博空间、纳米图像、声响技术进行了

---

① 有些学者将"现象学技术哲学"与"技术现象学"进行区分，认为技术现象学"只局限于技术哲学的现象学的应用"，现象学技术哲学则不仅如此，而且还包括"现象学在技术哲学外部的技术理论研究中的运用"，如现象学通过对社会学的影响实现了对技术的社会建构论的影响，而这恰恰表明现象学之于技术哲学的"强大的生命力"［葛勇义：《现象学对技术的社会建构论的影响》，载于《自然辩证法研究》2008 年第 7 期，第 42 页］。还有学者表明，荷兰技术哲学的"特文特模式""发展原有古典现象学概念以人—技术—世界关系为空间轴向，定位了技术哲学的社会关联性的实践价值与意义，将形而上的哲学抽象论述转为了关注人类生活福祉的效用理论"［林慧岳、夏凡：《经验转向后的荷兰技术哲学：特文特模式及其后现象学纲领》，载于《自然辩证法研究》2011 年第 10 期，第 20 页］。

② 陈凡、博畅梅：《现象学技术哲学：从本体走向经验》，载于《哲学研究》2008 年第 11 期，第 102～108 页；舒红跃：《现象学技术哲学及其发展趋势》，载于《自然辩证法研究》2008 年第 1 期，第 46～50 页。

现象学研究，例如北京大学的徐祥运等在海德格尔的视域下分析了 3D 打印技术的哲学意蕴，似乎显示出中国技术哲学转向经验研究的"后现象学"症候。需要提及的是，吴国林教授将现象学、诠释学拓展到量子科学技术领域，初步探讨量子现象学和量子诠释学。[①]

二、分析技术哲学

分析哲学与现象学，被公认为是 20 世纪以来西方最有影响的两大哲学流派。目前国内科技哲学界一般倾向于认为：现象学支持技术哲学，分析哲学支持科学哲学。但 21 世纪初期以来，随着中国技术哲学作为部门哲学的繁荣和发展，有些科学哲学学者也开始介入技术哲学，力图以分析哲学为基础建构技术哲学的研究纲领，似乎打破了这种哲学边界，并激发一场技术哲学的研究纲领之争，[②] 凸显出分析技术哲学作为哲学纲领的端倪。

这场争论的焦点在于，技术哲学的核心问题或根本问题究竟为何？张华夏、张志林提出"技术哲学的核心问题，当然也是技术认识论和技术推理逻辑问题"，呼吁"技术哲学要转向技术知识论和技术逻辑的研究"。[③] 他们作为科学哲学学者，出于科学与技术的划界，力图使技术哲学作为部门哲学从科学哲学中分离出来，以避免技术哲学"与 STS 的研究融合在一起而失掉技术哲学的特殊性"。[④]

但问题在于既然技术有不同于科学的特殊性，技术哲学有不同于科学哲学的学科特点，技术哲学研究的中心问题与科学哲学研究的核心内容便会有重要的区别，技术哲学的核心问题便不应是技术认识论和技术推理逻辑问题。因此陈昌曙、远德玉作为中国早期技术哲学学者，主张"把技术价值论作为技术哲学的核心问题"，认为"我国要实现科教兴国和可持续发展战略，也要求把科技价值特别是技术价值论的研究和宣传放在首位"。[⑤] 如果说张华夏、张志林把技术价值论作为核心会产生与 STS 相融合而失去技术哲学特殊性的话，那么陈昌曙、远德

---

① 吴国林：《量子现象学初探》，武汉大学哲学学院、武汉大学中西比较哲学研究中心编，载于《哲学评论》（第 8 辑），武汉大学出版社 2010 年版；吴国林：《基于量子力学对现象学基本概念的反思》，载于《东北大学学报》（社会科学版），2010 年第 4 期，第 283～288 页；吴国林：《波函数的现象学审视》，载于《华南师范大学学报》（社会科学版），2013 年第 2 期，第 19～24 页；吴国林、叶汉钧：《量子诠释学论纲》，载于《学术研究》2018 年第 3 期，第 9～19 页。

②③ 张华夏、张志林：《从科学与技术的划界来看技术哲学的研究纲领》，载于《自然辩证法研究》2001 年第 2 期，第 35～36 页。

④ 同上，第 36 页。

⑤ 陈昌曙、远德玉：《也谈技术哲学的研究纲领——兼与张华夏、张志林教授商谈》，载于《自然辩证法研究》2001 年第 7 期，第 42 页。

玉则把技术认识论和技术推理逻辑作为核心会产生使技术哲学成为科学哲学的部门哲学之嫌。

就技术哲学的核心问题是技术认识论还是技术价值论这一问题，争论双方遵从的逻辑均为"只认为 A 对系统是必要的、不可缺少的，并不能论证 A 是主要的"。① 按照这种逻辑，似乎可以说技术认识论和技术价值论对技术哲学都是必需的，但都不能成为技术哲学的核心问题，任何关于核心问题的绝对陈述都是不太谨慎的。尽管如此，这场争论还是将技术哲学讨论引向了深入，② 这场争论的最初发起者，其前提是要将分析技术哲学确立为技术哲学的一个研究纲领。技术的社会哲学、伦理哲学甚至现象学技术哲学更多地偏于价值论范畴进行研究，作为回到技术本身的认识论或分析哲学研究亟待加强。

高亮华在讨论当代技术哲学的"经验转向"时指出，分析技术哲学作为一种研究纲领，在研究目的、分析方法和主题上都有明显缺陷。这些缺陷因它自身的限定而起，即其基本方法与原则有它自己的适应范围。③ 对此，潘恩荣具体指出传统分析哲学无法解决技术人工物的结构—功能逻辑鸿沟问题——"结构描述与功能描述不能互推"。即使是荷兰学派采取了解释融贯推理、类比融贯推理、演绎融贯推理和实践性推理，也没有给出满意的哲学答案。潘恩荣认为"需要一种

① 陈红兵、陈昌曙：《关于"技术是什么"的对话》，载于《自然辩证法研究》2001 年第 4 期，第 18 页。

② 陈红兵、陈昌曙纠结于技术的决定要素究竟是技术工具（如人的知识、技能和经验等）还是技术实体（如工具、机器、设备等），其回答是"只是在特定情况或从矛盾的特殊性看，在都有必要的因素中才可能有一个是相对主要的方面"［陈红兵、陈昌曙：《关于"技术是什么"的对话》，载于《自然辩证法研究》2001 年第 4 期，第 18 页］。张华夏、张志林就此进一步表明，技术认识论与技术价值论的分歧反映出了国际技术哲学界技术工具论与技术实体论的分歧或争论。在他们看来，陈昌曙等人的技术定义——以马克思的劳动学说描述技术的实践（行为或行动）、目的或过程、实体或结构特征，强调的是技术的物或器具因素的使用层面，直接地与技术实体论接轨。这无异乎将技术等同于劳动过程或生产力，不但不能把技术与科学（科学也是劳动）区别开来，而且"所谓技术是劳动过程的决定因素或技术是第一生产力等说法便失去了意义"［张华夏、张志林：《关于技术和技术哲学的对话——也与陈昌曙、远德玉教授商谈》，载于《自然辩证法研究》2002 年第 1 期，第 51 页］。与强调技术的实体因素或"硬件"相比，他们更加强调技术的知识、"软件"方面，在技术工具论意义上将技术界定为"达到实用目的的智能手段"［张华夏、张志林：《关于技术和技术哲学的对话——也与陈昌曙、远德玉教授商谈》，载于《自然辩证法研究》2002 年第 1 期，第 52 页］。按照这种界定，他们以技术哲学的研究纲领之名列出了一系列分析哲学问题，如技术工作者知道什么、怎样知道和如何运用特定知识和技能提出技术问题，进而设计、试验、评价、选择、发明各种人工产品，并对它们进行技术革新等问题。为了突出技术哲学不同于科学哲学的智能分析对象，张华夏还以"SARS"（即传染性非典型肺炎）为例，说明"Know how without know why"这一独特的技术哲学命题，也即"在关键的科学问题没有解决的情况下，技术也可以依靠自己的经验积累，常规地向前发展，解决自己的问题"［张华夏：《SARS 疫苗的开发与技术哲学》，载于《自然辩证法研究》2003 年第 8 期，第 72 页］。

③ 高亮华：《论当代技术哲学的经验转向——兼论分析技术哲学的兴起》，载于《哲学研究》2009 年第 2 期，第 114 ~ 115 页。

基于实践性推理的技术（人工物）本体论"。①

吴国林在 2012 年全国第 14 届技术哲学学术年会上，以《试论技术哲学研究纲领——兼评"张文"与"陈文"之争》一文重提这场争论，坚称"技术哲学的核心是技术认识论问题"，强调"最基本的方法是分析法"，在内容上除涉及技术的本体论和方法论、技术逻辑和推理、技术设计和解释、技术预见与创新等外，特别将"技术价值论"（如伦理推理）纳入分析范畴。② 在教育部哲学社会科学研究重大课题攻关项目"当代技术哲学的发展趋势研究"的推动下，2016 年，他较完整地提出分析技术哲学的系统研究纲领，实现了对原有的二重性研究纲领的突破，解决了技术人工物二重性方案所不能克服的问题，展示了新的可能性。③ 分析技术哲学研究中也不断涌现出新的学术新生力量，技术哲学研究的南方重镇（学派）正在形成之中，在广东形成了分析技术哲学研究团队，有关研究成果受到了国内外学界的高度关注。实事求是地讲，技术人工物的系统模型是对二重性模型的重大推进，将要素独立出来，这也是与当代对材料（物质）重视的积极回应。

但愿中国技术哲学界在"经验转向"中，能够通过进一步的深刻研究，为分析技术哲学研究贡献自身的智慧和力量。

三、解释学技术哲学

从技术哲学的研究纲领之争来看，中国技术哲学始终把技术的本质作为核心问题加以追问。对于这种技术本质主义，必须要借助维特根斯坦的"家族相似"概念来界定描述技术。这种去本质主义的技术界定方法，无疑使技术具有了可解释的弹性，并借此将技术开放给了解释学的哲学传统。目前中国技术哲学界这方面为数不多的研究成果，一般会冠以"技术解释学"的名讳。必须要指出，"技术解释学"是把技术作为文本加以解释。这不仅是因为它对技术进行合解释学哲学传统的研究或考察，也是因为它由此强调技术的解释弹性或技术的可选择性。在这种意义上，赵乐静的《技术解释学》（2009）一书，其实是要尝试把解释学技术哲学确立为一种哲学纲领，尽管仍然沿用了"技术解释学"称谓。按照该书，他的技术解释学或作为一种哲学纲领的解释学技术哲学至少涉及"现象学技

① 潘恩荣：《当代分析的技术哲学之"难问题"研究》，载于《哲学研究》2010 年第 1 期，第 111 ~ 112 页。

② 吴国林：《论技术哲学的研究纲领——兼评"张文"与"陈文"之争》，载于《自然辩证法研究》2013 年第 6 期，第 38 ~ 43 页。

③ 吴国林：《论分析技术哲学的可能进路》，载于《中国社会科学》2016 年第 10 期，第 29 ~ 51 页。

术哲学作为哲学纲领在理论上如何可能""技术作为文本的解释如何可能"和
"可选择性的技术如何可能"三个问题。

四、实用主义技术哲学

"实用主义"一词源于希腊语"pragma",意为行动、行为,强调注重实践
和行动。实用主义哲学作为美国本土哲学和美国的民族精神或文化核心,强调把
取得效果当作生活的最高目标,即"有用即为真理"。这一观点由于在哲学上强
调有效性和合实践性标准,而对技术哲学有着特别的意义,也意味着实用主义技
术哲学作为哲学纲领的可能性。中国技术哲学界开始真正关注实用主义技术哲
学,是从 21 世纪初期开始的。

曹观法较早通过希克曼指出了技术发展对杜威实用主义哲学形成和发展的深
刻影响,评价杜威实用主义技术哲学是改造大众文化的重要手段[①]。继 2003 年在
日本召开的以 21 世纪的实用主义与技术哲学为主题的国际会议之后,中国技术
哲学界对实用主义技术哲学给予了更多关注。盛国荣通过杜威的实用主义技术哲
学,强调"对技术做功能主义的理解而非本质主义的分析"[②],夏保华则借助杜
威的实用主义技术哲学突出知行统一的技术探究模式和"科学实际上就是技术"
这一观点[③]。庞丹更是将杜威的实用主义技术哲学作为研究纲领,即实用主义的
"工具主义"为"核",它的技术规定、技术探究理论、技术价值论、技术伦理
论等为"保护带"[④]。陈文化曾鉴于国际技术哲学界对皮特的技术认识论的各种
争论,结合中国技术研究的"哲学转向"和哲学研究的"技术转向"形势,较
早对皮特的技术定义给予介绍和评价,使皮特的技术哲学受到国内学者重视[⑤]。
与这种一般评价不同,马会端在其《实用主义分析技术哲学》一书中,将皮特的
技术行动理论展示为"实用主义分析技术哲学",标示出杜威以外的实用主义技
术哲学语境。实用主义哲学对中国来说并不陌生,实用主义技术哲学的中国情结
有待进一步挖掘。

---

① 曹观法:《杜威的生产性实用主义技术哲学》,载于《北京理工大学学报》(社会科学版)2002 年
第 2 期,第 28 ~ 31 页。

② 盛国荣:《杜威实用主义技术思想之要义》,载于《哈尔滨工业大学学报》(哲学社会科学版)
2009 年第 2 期,第 26 ~ 31 页。

③ 夏宝华:《杜威关于技术的思想》,载于《自然辩证法研究》2009 年第 5 期,第 42 ~ 48 页。

④ 庞丹:《杜威的实用主义技术哲学研究纲领》,载于《东北大学学报》(哲学社会科学版)2006 年
第 5 期,第 319 ~ 322 页。

⑤ 陈文化:《关于技术哲学研究的再思考——从美国哲学界围绕技术问题的一场争论谈起》,载于
《哲学研究》2001 年第 8 期,第 60 ~ 66 页。

第四节　思想来源、传统文化与时代特色

通过以上考察可见，中国技术哲学正在从部门哲学向哲学纲领构建发展。技术哲学作为哲学纲领的出现源自部门哲学发展，部门哲学孕育了哲学纲领，同时部门哲学讨论的问题又可以包含在哲学纲领的相关维度中加以研究和探索。而仅是通过部门哲学和哲学纲领这两条线索来梳理中国技术哲学思想状况仍然有挂一漏万之嫌，以下将进一步通过思想来源考察、传统文化关联和时代特色呈现等方面尽量给予弥补，也希望从中把握中国技术哲学的某些发展趋势。

一、思想来源考察

中国技术哲学发展至少有两个思想来源，即意识形态要求和全球对话或学术交流。中国作为部门哲学的技术哲学，特别是技术的经济哲学和社会哲学很大程度上源于中国主流意识形态要求，确切地说是马克思主义自然辩证法（尽管现在在名称上越来越为"科学技术哲学"或"科技哲学"替代，但在学科体制特别是高等教育课程设置和教学内容仍然包含着自然辩证法的意识形态影响）。在这种学科体制之下，由于科学哲学优先获得发展，因此中国技术哲学受到科学哲学浸润较深。在较长时期内，人们往往以 STS 包容技术哲学，甚至把技术作为应用科学或科学应用来排斥技术哲学的独立性。只是随着真理标准的意识形态张扬，中国技术哲学才作为部门哲学获得发展。在这一发展过程中，人们极大地发挥了马克思主义的唯物史观，特别是生产力理论、劳动学说等的理论作用，才逐步把技术问题在学科意义上纳入哲学范畴。这种做法的一种强烈的学科效应是，把马克思（和恩格斯）的技术论述作为中国技术哲学的重要来源。考虑到经典马克思主义是被国内外学术界广泛认同的技术哲学思想重要来源，也考虑到马克思主义曾经对中国技术哲学研究的强烈思想影响，中国技术哲学界可以考虑将马克思主义技术哲学确立为一种哲学纲领加以研究。

当然，对马克思主义技术哲学的研究并不是孤立于国外技术哲学思想进行研究的，而应该是在全球对话中加以展开的。前面讨论的作为部门哲学的技术的社会哲学和伦理哲学以及作为哲学纲领的现象学技术哲学、分析技术哲学、解释学技术哲学和实用主义技术哲学，并不是源于本土思想和意识形态要求，而是源于在全球对话中对欧美技术哲学的理解和把握。然而，在关于技术哲学的全球对话

中，中国学者基本上还停留在引介和评价方面，至于分析技术哲学、解释学技术哲学、实用主义技术哲学更是刚有了一个良好的开端而已。但无论如何，中国已经通过全球对话，吸引了一大批技术哲学新锐，吸纳了各种技术哲学资源，使中国技术哲学能够容纳欧美各种哲学流派思想，逐步从仅仅涉及科学哲学、知识理论、实践行动理论和伦理学发展到对形而上学、美学、政治哲学和宗教哲学的学术开放，成为今天越来越受关注的专业领域。

二、传统文化关联

现代技术既然不是从中华民族本身孕育而来，那么在西方现代性意义上考虑古代中国哲学时，便常常在技术哲学中将其排斥在外，甚至将它列入反技术范畴。当代技术哲学在历史向度上，不仅以立足现在的批判关注未来，而且也因未来的定位解释传统或历史；在空间向度上，也不仅眼观作为现代性发源地的西方世界，而且以后也眼观现代包括中国在内的非西方世界。

目前国内有不少文献以海德格尔"天地人神"的"四方域"概念容纳道家的技术人工物论述，也有不少学者在海德格尔思想之外，赋予儒家和道家思想以"技术（异化）批判"甚至"天道酬技"和"以道驭术"乃至"技术自然主义"等象征性意义。不过，中国最近有现象学学者以现象学关照儒家心学时，倒是为技术哲学与古代中国哲学的文化关联开启了可能的方向。例如，倪梁康通过儒家经典和宋明儒学中提炼出了"未发"与"已发"两个概念①。

与此同时，实用主义不仅将物理设备看作工具，而且将概念与方法也看作工具，倡导使手段与目的、事实与价值、思想与行动成为连续一体的整体性工具论。如果将这种整体性工具论开放给中国以"体""用""一""中"等为整体论特征的传统文化解释，同样也能使古代中国哲学绽放出技术的社会哲学和伦理哲学意义。

不容置疑，随着中国经济与科技的增强，中国传统文化将发挥其价值。诉诸当代哲学主题和方法，通过传统文化对技术哲学进行重释或重构，有可能在历史传统的语言浸润中为中国技术哲学寻找自身的传统语境和根系话语，生长出新的技术哲学研究纲领，进而也会在国际范围内形成有中国特色的技术产品。

---

① 倪梁康：《客体化行为与非客体化行为的奠基关系再论——从儒家心学与现象学的角度看"未发"与"已发"的关系》，载于《哲学研究》2012 年第 8 期，第 29 页。

三、当代特色呈现

中国技术哲学在马克思主义意识形态和传统文化关联方面，已经触及所谓"中国特色"一类的学术诉求。不过，中国化的技术哲学研究要求不能脱离技术哲学的"哲学性"而进入"中国语境"和体现"中国特色"。这种"哲学性"早在 2001 年人们讨论"技术转向"时就已经提出，它的含义不单是指一种哲学对技术的关注，而是要具有中国化的技术哲学问题意识。中国技术哲学发展与其要求"中国特色的技术哲学研究"，毋宁以呈现"当代特色"来体现中国技术哲学对中国人经验技术的更深刻理解和把握。由此来把握目前中国技术哲学发展趋势，不难看出有以下三种迹象：

第一，前沿领域寻走向。技术作为技术哲学研究的对象和基础，目前已经发展到纳米—生物—信息—认知的汇聚（NBIC）高度。中国作为发展中大国在技术发展前沿领域，正在扮演着越来越重要的角色。中国技术哲学无论如何也不能再缺场，因为"如果技术哲学工作者对 NBIC 四大汇聚技术知之甚少，其结果则必然导致对于此类技术的研究仅限于伦理思考的范畴之内，而对其发展历史、研究进展所知不多，最终难以形成有效的方法对相应的技术知识和技术理解展开探讨，并最终或成为技术的批评者，或仅仅限于伦理学的考察"①。技术前沿领域包含着未来的人类经验，当然也就成为技术哲学前沿。技术前沿领域包含了中国人的技术经验，中国技术哲学自然也应从前沿领域寻找新的方向。

第二，多元化中求个性。中国技术哲学思想发展并没有限定于马克思主义思想为一尊，整体上表现为多元化发展。目前欧美技术哲学正在出现一种新的发展倾向：技术的社会哲学以及现象学技术哲学和分析技术哲学，正在通过解释学技术哲学或实用主义技术哲学联系起来。中国技术哲学发展不但要从国外技术哲学阐释中寻求中国发展的技术经验，而且也要通过迫使伦理学和政治哲学与认识论和科学哲学的学术整合，诉诸分析哲学与现象学哲学的相互借用，以解释学和实用主义的经验和规范包容中国技术文化的传统和当代经验，使技术哲学在哲学的主题与方法的融通中充满中国的个性和时代特点。

第三，哲学史中找深度。马克思主义传统仍然是技术哲学的伸展方向，中国古代哲学更是在当下技术批判语境下涉及伦理哲学、社会哲学、现象学、实用主义、生态主义等议题的重要技术哲学资源。中国技术哲学只有与传统文化关联起

---

① 陈凡、陈佳：《中国当代技术哲学的回顾与展望》，载于《自然辩证法研究》2009 年第 10 期，第 61 页。

来才有生命力，也才能通过吸纳国外技术哲学资源体现自身特色。为此我们应该在历史与现实、国内与国外的思想历史相互比较和互相阐释中，寻找技术哲学的"中国话语"，使部门哲学生长出哲学纲领，并让中国元素嵌入其中。这不仅是中国话语的寻根，更是当代哲学中的技术批判向度赋予中国传统文化延续以选择性的时代要求。

本 篇 小 结

本篇主要是对国内外技术哲学研究的历史和现状进行评述，而且将现象学技术哲学作为一个专项展示出来。从哲学研究方法来看，分析哲学、现象学与辩证法是三种非常有影响力的研究方法，本专著的着力点在于提出：用分析哲学方法研究技术——笔者构建了分析技术哲学的系统性研究纲领，分析技术哲学的研究现状的相关内容放在本著作"前言"之中。现象学方法研究技术，即现象学技术哲学的历史、现状与趋势就只好放在第二章，并给予必要的介绍。辩证法同样是一个重要的哲学方法，也是国内学者熟知的研究方法，国内的研究较多，因此在本著作并不给予专门展开，只是在讨论中国技术哲学的适当地方给予表达。

到目前为止，西方发达国家的科学技术最为发达，它们创造了许多的先进技术，对技术的哲学理解也更为深入。本篇主要讨论德国、美国、英国、荷兰、苏联（俄罗斯）和日本等国家的技术哲学研究的历史和现状。这六个国家在技术哲学领域人才辈出，研究成果各有特点，各有侧重，在技术哲学史上有着重要的地位。

德国诞生了技术哲学的创始人卡普，还有技术哲学的重要人物德绍尔和海德格尔，几乎起着奠基的作用。从德国技术哲学的发展，我们也能够理解为何德国的技术制造不同于其他发达国家的技术特点。不能不说，德国工业品质与德国哲学和技术哲学的关系。请注意近代以来，德国产生了一大批著名的科学家、哲学家和思想家，比如，马克思、爱因斯坦、康德、黑格尔、海德格尔、尼采等。可以说，德国的哲学家与思想家，偏重于理性，偏向于思想的逻辑论证，使我们能够看到德国的工业制品具有理性的光芒，而其技术发展思路是以技术开拓市场。

美国是当代世界最重要的国家，有许多世界著名的一流大学和著名科学家，掌握和创造了一大批的关键核心技术。虽然美国技术哲学的兴起较晚，但仍然诞生了一批有重要影响的技术哲学家。比如，芒福德、伊德、芬伯格、温纳、伯格曼、米切姆等，他们在一定程度上做到了对欧洲的技术哲学思想的扬弃，推动了经典技术哲学向更具美国文化特征的经验技术哲学转向。

英国近代产生了许多著名的哲学家。在科学哲学方面有许多代表性人物，他们给当代技术哲学的研究提供了丰富的思想资源，近代英国呈现的是技术乐观主义。但是，当代英国的科技实力正在走下坡路，有影响的技术哲学家并不多。

荷兰是一个小国，它也是过去世界强国，拥有著名的跨国公司，工业制品有其特点。20世纪末以来，荷兰技术哲学在当代技术哲学崭露头角之后，已发展为具有国际影响力的分析技术哲学学派，也包括负责任的技术创新研究，引领着国际技术哲学研究的前沿。

苏联与俄罗斯在20世纪初诞生了工程技术哲学的奠基人恩格迈尔，还有马克思列宁主义技术哲学学派。后来随着苏联的解体，技术哲学的研究呈现多元化趋势，但有国际学术影响力的学者还不多。

日本有较强的科学技术实力，但是，它缺乏影响世界的伟大哲学家和思想家。与日本的科技发展不相一致，日本的哲学与技术哲学研究都没有产生较大的影响力，这可能与东方的集权制有关系，使得个人的自由表达受到极大影响。而西方近代以来，科学技术的中心都是在西方，语言是英文，日文、中文等都受此影响。日本哲学从原先儒学转向西方哲学，日本技术哲学从中国传统儒学转向"兰学""洋学"和马克思主义技术哲学、科学技术与社会（STS）等方向，演绎着多元技术哲学思想文化的碰撞。

中华人民共和国成立之前，几乎没有技术哲学的研究，因为那时中国救亡是最为核心的任务。中华人民共和国成立之后，技术哲学的研究才开始萌芽。直到改革开放，中国技术哲学才展开了全面研究。逐步形成中国自己独特的哲学传统、学科领域、哲学纲领和时代特色，但总的研究水平与西方发达国家相比，还是有差距，但在分析技术哲学的系统性研究纲领等方面形成了自己的学术特色。随着中国综合国力的增强，中国技术哲学的话语的国际影响力正在形成，将会在某些方面取得更多突破。

现象学成为一个国际哲学研究的重大潮流。在本篇突出了现象学技术哲学这一重要进路，有别于辩证法与分析哲学的技术哲学新进路。除了德国、美国之外，法国是一个仅次于德国的现象学研究大国。法国的现象学技术哲学也非常有特色，而分析技术哲学的进展将在第二篇展开。

一般来说，当代世界的技术强国，其技术哲学的发展较为充分。中国要成为一个负责任的大国和强国，必然在世界的科学技术前沿占有重要位置，而且必须在原始的科学发现和技术发明上有重大突破，中国技术产品具有中国现代文化的特质，当然，在技术哲学的研究上，对世界要有独特的贡献，呈现出技术哲学发展的中国道路。

第二篇

分析技术哲学的系统性研究纲领

社会的发展离不开科学技术。技术是直接现实的生产力。无疑，没有技术的发展，人类社会不可能发展到当代的水平，人也不能达到当代的自由和幸福程度。虽然技术给人类和社会带来了一定的负面影响，但是，总地说来，技术主要是积极的和正面的。因此，首先认清"技术本身到底是什么"，这是一个非常关键的问题。即使技术出了毛病，我们也能清楚地知道技术的毛病会出在何处，人们如何才能避免这些问题。打开技术"黑箱"，我们一定能发现技术内部不是空、不是无，而是有丰富的内部结构，这些结构又是由要素构成的，当然技术也离不开人的意向，正是在人的意向、要素与结构的共同的作用下，才产生技术的功能。这是本章分析的基本思路，所采用的方法就是综合的分析哲学方法。

第四章

技术的含义与技术划界问题

技术是一个复杂的现象，有许多学者对技术展开了多种角度的研究。本章主要是对技术自身展开研究，而不研究技术与社会等外部因素的关系，这是分析技术哲学研究技术的基本出发点。首先我们需要讨论技术的含义，从系统和过程的角度研究技术的构成。在此基础上，研究技术的二象性和本质，技术与科学的划界问题。

第一节 技术的演变

在希腊文中，技术一词最早用"téchnē"表示，它来自古希腊文 τέχνη，最初是指技能、技巧。古希腊哲学家亚里士多德（Aristotle）最早把科学与技术区分开来。他认为，科学是知识，而技术与人的实际活动相联系。亚里士多德把技术界定为人类在生产活动中的技能（skill）。他的这一技术定义满足了从古希腊至 17～18 世纪的社会经济发展现状。

亚里士多德明确区分了自然物与制作物。自然物是由自己的种子、靠着自己的力量而生长出来的；而制作物不是靠着自己的力量生长出自己来。树是可以自身生长起来的，其根在树的内部。使刀成为刀的那个东西，不在刀的自身内部，而在刀的外部。比如一块石头也可以成为一把刀，关键在人的认定。可见，自然物体现的是"内在性原则"，而作为制作物体现的是"外在性原则"。

87

16 世纪诞生了第一次科学革命，推动了第一次技术革命和产业革命。17 ~ 18 世纪以来，机器的工业应用占据统治地位，技能逐渐演变为制造和利用机器的过程，以致人们认为技术的定义就是工具、机器和设备。法国著名哲学家狄德罗（Denis Diderot）认为，技术是为某一目的共同协作组成的各种方法、工具和规则的体系。德国著名技术哲学家 E. 卡普（E. Kapp）更明确地提出所谓的器官投影说。他认为，从简单工具到复杂机器，人类所发明的一切技术活动手段都是人体器官向外界投影而形成的结构。

正是机器的工业应用，改变了人们对技能、技艺的看法。到 17 世纪，技术（téchnē）一词在法文中变成 "technique"。18 世纪，技术（téchnē）在德文中变成 "technik"，所表达的是各种生产技能相联系的过程和活动领域。这一时期的"技术"，已经从原来的"技能"转向到技术方式、技术方法或技术体系。比如，在具体的生产实践过程中，需要一组方法来完成某个生产任务，这样的方法就可以用 technique 来指称。在生产劳动过程中，往往需要更复杂的机器设备，技术装备或技术设备，可以用 technik 来指称。

可见，古希腊的技术概念与当时的生产实践相联系，技术是人类生产实践中的技能。17 ~ 18 世纪以来，工业中引入工具、机器等，掌握与运用工具、机器和设备等形成一种扩展的专门能力，此时，技术的含义就应当是原有技能意义合逻辑的拓展，而且这些机器设备不能仅仅靠经验就能够生产出来，还需要一定的科学理论知识或技术知识。比如，在 18 世纪初已有了纽可门大气式蒸汽机，但是，其工业应用主要用于矿山排水，然而，瓦特（Watt）正是积极利用了有关的科学知识和技术知识，发明的瓦特蒸汽机具有更高的热机效率，才具有更大的工业应用的价值。

因此，将亚里士多德关于"技术是技能"的技术含义展现为两个层次：一是人的生产活动方式本身的技能，二是代替人类活动的工具、机器和设备等，这些工具、机器和设备仍然是人的技能的极大扩展。

在这里，我们也可以把工具、机器等看作人的器官的延长。操作机器就是技能的一部分。我们就能够理解卡普所提出的关于技术的器官投影说了。

正处于机器大工业蓬勃发展时代的马克思则把技术作为劳动过程的要素，认为技术是人和自然的中介，因而，把它们归结为工具、机器和容器这些机械性的劳动资料。马克思还提到技术中有理性因素。

无疑，操作机器，除了实践性操作知识之外，还要求有机器的相关知识。机器越复杂，操作机器要求的知识水平越高。1777 年，德国哥廷根大学的经济学家 J. 贝克曼（J. Beckmann）最早将技术定义为"指导物质生产过程的科学或工艺知识"。他的这一理论概括对 19 世纪甚至现在都产生了巨大影响。现代西方技术哲学家一般接受贝克曼的思想，如著名技术哲学家 F. 拉普（F. Lap）、C. 米切姆（C. Mitcham）等都坚持此观点。拉普认为，技术就是技能、工程科学、生产过程和手段。米切姆提出作为客体的技术、作为知识的技术、作为活动的技术和作为意志的技术。加拿大哲学家 M. 邦格（M. Bunge）认为，技术就是科学的应用，是知识体系。

日本的武谷三男批判了日本技术哲学研究中以劳动资料体系说为中心的倾向，提出了技术的"应用说"。他认为："技术是在人类的实践（生产实践）中对客观规律性的有意识的应用"。[①] 武谷主张把技术与技能截然区分开来，否定技术等于技能的观点。在他看来，技术属于客观的、有组织的、社会的东西，而技能则是主观的、心理的、个人的东西。技能常被发展的技术所取代。新的技术要求新的技能，而新技能又会由于技术的再发展再次被取代。

20 世纪 40 年代以来，随着计算机的出现，有了硬件与软件。软件是计算机运行的重要组成部分。通常软件被看作一种程序和文档。设计程序的全过程称为程序设计。软件通过计算机系统来控制设备的运动。软件与计算机这一技术人工物相结合成为一种新的人工系统，成为一种工具或设备，成为技术的一个组成部分。显然，软件这一人工物，是由计算机科学理论与软件工程理论形成的。即形成软件的技术组成要素更多的是科学理论知识、相关的程序规则、技术和方法，如计算机的遗传算法就是对生物的遗传进化机制的模拟。软件将技术概念扩展到非物质的生产领域，其中知识性技术要素具有重要作用。

因此，从古希腊到现代，技术概念从原来的生产实践过程中的技能含义，扩展到工具、机器、设备和技术知识。20 世纪中叶以来，核心技术在当代社会的作用更加凸显。一个国家或民族不是掌握或创造了多少技术，关键是掌握和创造了多少核心技术，只有这样，该国家或民族才可能受到其他国家或民族的尊重。

一般人理解的核心技术就是配方、工艺次序或参数的秘密。通俗地讲，核心技术是花钱买不来或山寨仿不出来的技术。对于一个产业来说，真正的核心技术，一定是能够形成竞争优势产业的技术，而且不容易被别人所模仿。我们先看两个核心技术的案例：[②]

案例 1：某年前，协助查某"完全自主知识产权"机车故障，原因最终查到一很小的控制电路模块，却查不下去了，问，曰："西门子原装的，从来没有打开过。"

案例 2：之前有一法国设备，经努力，这个设备的几个常见故障也弄明白

---

① 徐玉华：《武谷三男哲学思想转变的启迪》，《大连海运学院学报》，1990 年增刊，第 118 页。

② 李晓园：《新大跃进时代之"核心技术"》，载于《科学时报》，2011 年 8 月 2 日 A3 版。http://news.sciencenet.cn/sbhtmlnews/2011/8/247193.html？id=247193.

了，便自认为掌握了它的核心技术。但后来还是有些故障谁都不明白是怎么回事，只好请人家厂商过来，经对方一讲，才明白对现代大系统来说，核心技术可不是一两点，原来这一设备基本是半个欧洲的"混血"。

可见，现代技术的核心技术一般来说，不是一点两点，而往往是一个系统或过程，即在这个系统或过程中，由多个核心技术形成了一个核心技术的集合。因此，在作者看来，所谓核心技术，是指在一个技术体系中，该技术决定技术体系或技术产品的质量，具有控制整体技术体系的作用。[①] 从技术的组成来看，现代核心技术主要表现为实体型核心技术（表现为技术产品等）与知识型核心技术（表现为技术原理、技术规律、技术规则等）。由于核心技术可以出现在传统产业技术中，可以出现在现代产业技术中。质言之，核心技术就是人们运用（特殊的）工具、材料、符号，创造技术人工物（生活资料和生产资料）的最关键的、最主要的技能和方法，以及在这个过程中积累形成的（独特的）技术知识和技术传统。从产业发展角度讲，核心技术是主导产业发展，能够产生经济社会效益的技术。掌握了核心技术就意味着能够形成稳定、优质的产品，获得超额利润。

在发动机、飞机、汽车等现代技术产品中，处处都有核心技术。比如，就以汽车来说，除发动机之外，还有许多零部件具有核心技术。比如，好的轿车轮胎应当是满足一些性能要求：如行驶安全性、负荷能力、使用寿命、舒适性、操纵性等。就舒适性来说，好轮胎应当具有良好的弹性和阻尼特性，以缓和乃至吸收来自路面的震动，汽车的行驶过程中的噪声要小。

能够影响一个时期或某一产业技术发展主流与趋势的核心技术，我们称之为主导核心技术。历史上的蒸汽机技术、电力技术与电子计算机技术都是三个主导核心技术，并形成了相应的主导核心技术群。计算机芯片技术也是主导核心技术，因为计算机芯片一升级，许多产品都要升级。核心技术可以分为单项的核心技术、整体的核心技术、过程的核心技术等。

那么，技术是什么呢？

英文的"技术"是 technology，它与 - logy 有关。从词源来看，- logy 来自中世纪英语 - logie，可追溯到来自拉丁文 - logia，来自希腊文 logos。

简言之，- logy 来自 logos（λóγος），音译为"逻各斯"。逻各斯有多种不同的含义。

《希英词典》对 λóγος 的基本解释是：文字或内在思想表达出来的东西；内在思想自身。具体解释为：①被说的或被讲的；文字、语言；陈述；解决；条件；命令等；讲话，谈话；叙述，故事；讲话、讲演的力量；命题，位置，原理

---

① 吴国林等：《产业哲学导论》，人民出版社 2014 年版，第 198～204 页。

等。②比例，思想，理性；观点，期望；理性，说明，根据，诉求；考虑，估计；适当的关系、比例、类比等。①

按格里斯（Gris）的《希腊哲学史》的考证，逻各斯在公元前五世纪及其之前的哲学、文学、历史著作中，归纳为十种用法：②

（1）任何讲的以及写的东西，包括虚假的或真的历史；

（2）所提到的和价值有关的东西，如评价、名誉；

（3）进行思考，它是与感觉对立的思想或推理；

（4）从所讲或所写的发展为原因、理性或论证；

（5）与"空话""借口"相反，真正的逻各斯指的是事物的真理；

（6）尺度、完全的或正当的尺寸；

（7）对应关系、比例。在柏拉图与亚里士多德那里，逻各斯经常指的是严格的数学上的比例；

（8）一般的原则或规律；

（9）理性的力量。格里斯认为，逻各斯的这一用法到公元前四世纪的作家中已成为通常的用法；

（10）定义或公式。亚里士多德经常使用的就是逻各斯的这一含义，这表明了事物的本质。③

逻各斯的独特性，英语与汉语都无法找到一个对应的词来表达。

柏拉图在《泰阿泰德篇》中讨论了知识是什么。知觉就是知识，真意见就是知识，这两种答案他都给予了否定。于是，他给出了第三种答案：真意见加逻各斯就是知识。但是，对于这个逻各斯（logos）如何进行翻译呢？乔伊特（Jowett）和《洛布古典丛书》的译文都译为"理性"（reason）和"合理的解释"（rational explanation），康福德译为"说明"（account）或"解释"（explanation），严群译为"带有理由的"和"有理可解的"。汪子嵩等学者认为，对于柏拉图的知识论，这里的逻各斯本应该有"理由""理性"的意思，但从后面所作的实际解说看，又并举有强调"理"的意义，也许康福德因此将它只译为"说明"或"解释"，较新的如麦克道尔（J. McDowell）的译文也是依康福德的。④

technolgy 来自希腊文的 technologia。1859 年才使用这个词。technology 是techne 与 logia 或 – logy 的结合。techne 表示艺术、技巧、技艺、技能。logia 来自

---

① ［美］亨利·乔治·利德尔，罗伯特·斯科特编：《希英词典》（中型本），北京大学出版社 2015 年版，第 476～477 页。

② 汪子嵩等：《希腊哲学史》（第 1 卷），人民出版社 1997 年版，第 456～458 页。

③ 同上，第 424～426 页。

④ 汪子嵩等：《希腊哲学史》（2），人民出版社 1993 年版，第 949 页。

希腊文 logos。technology，就是 technē 与 logos 的结合。由于 technology 这个词是 19 世纪才产生的，因此，将 logos 理解为"理由""理性""说明""解释""尺度"是合理的。

与此同时，technē 的演化，将技艺、技巧、艺术等带到了新的层次，即除了技艺、技巧等经验性技术之外，还包括机器、设备和工具等实体性技术，以及技术规则、技术规律等知识性技术。在现实生产生活中，经验性技术、实体性技术和知识性技术，都属于技术，都被称之为技术。技艺、技巧、机器、设备、工具、技术规则、技术规律等都是技术的具体表现。

在德文中，与英文 technology（技术）相近的是 technologie，而 technologie 是指工艺学。Technologe 是指技术专家、工艺学家。

为方便，我们将经验性技术、实体性技术和知识性技术统称为"具体技术"或"技术因素"。

从 Webster 词典来看，Technique 的含义是：技术方法，如好的钢琴方法（good piano technique）；一组技术方法（如科学研究中的一组技术方法 technical methods）；完成一个意愿目的的方法。Technique 多指可直接用于实际应用的技巧和方法，换言之，Technique 是指具体的技术方法，而不是理论或抽象的技术方法。可译为"技术方法"或"技法"。

从 Webster 词典来看，technics 是指技术方法，在特定范围（如工程）中知识的实践应用。可以译为"工艺""技能"。

在法语、德语和荷兰语中，技术方法（technique）、工艺（technics）和技术（technology）在传统上有一个区分。这种区分被一以贯之地使用着。在英语中，technics 与硬件相对应，technique 与方法、技巧、程序以及具体的仪器相联系；technology 则具有两种截然不同的意义——一是关于 technique 和 technics 的学问。二是以科学为基础的 technique 和 technics 的高级的组织系统。[①] 从技术的社会历史来看，比杰克（Bijker）认为，技术至少有三层含义：物理人造物（如堤坝），人类的活动（如建造堤坝）和知识（比如关于如何建造堤坝的知识以及实验室在建构堤坝模型时使用的流体力学）。[②]

可见，技术（technology）意味着是"技术""理由""理性""说明""解释""尺度"等的相互作用，涌现出新的意义，这个"技术"应称之为"技术一般"。这个"技术一般"在于从更一般的意义上阐明技术的本性、理性与理由，对"技术一般"进行解释和说明，技术如何成为尺度以及如何协调与已有尺度的

---

① 贾撒诺夫等：《科学技术论手册》，北京理工大学出版社 2004 年版，第 176 页。

② ［荷］维贝·E. 比杰克：《技术的社会历史研究》，载贾撒诺夫等主编：《科学技术论手册》，北京理工大学出版社 2004 年版，第 176 页。

当代技术哲学的发展趋势研究

关系。

目前，我们已将"technology"用"技术"来翻译，也只有用"技术"来表达"技术一般"了，结合上下文来理解我们所指的就是"技术一般"。当然，"技术一般"总是与"具体技术"相互勾连的，没有离开"具体技术"的"技术一般"，也没有离开"技术一般"的"具体技术"。"技术一般"大致有以下的意义：

（1）对具体技术的理性/系统分析。因为理性不是杂乱无章，而是有序、有条理、系统的。这意味着在近代科学革命以来，技术表现为两个显著特点：一是技术具有系统性，技术成为技术系统。二是技术具有理性，它是渗透了科学理性的工具理性。

（2）对具体技术的理由、原因、根据、始基进行分析，即技艺、机器、技术规律等为何如此？这就是对技术进行形而上的分析，即技术的存在论（本体论）研究和认识论研究，包括技术之存在（是）、技术的实在性、技术何以可能、技术的本质/本性/本身、技术进化的动力、技术如何进化等问题。

（3）对具体技术进行说明和解释。这里包括技术的因果关系研究，包括技术推理（技术逻辑）、技术解释与技术预见等。

（4）对具体技术的尺度进行分析。这意味着在现代社会中，技术何以成为正当的尺度，这种"尺度"是如何生成的，以及技术与社会"尺度"的相互关系等。

简言之，technology强调的是理性、原因与解释，但technology并不是要离开实践，而是给予系统的分析，或者可以说，它重在将理论与实践结合起来，形成一个系统的说明，为技术解释和技术预见提供理论手段。而technique强调具体的技术，技术方式、技术方法，重在实践和应用层次。

但无论如何，technology是理论与实践的统一，但最终目的是走向实践层次，形成技术人工物，进而改造自然、社会和人。因此，评价技术的是有效、有用。能否将有效与有用，简称为用。

既然中文用"技术"来翻译technology。那么，"技术"又是什么的含义呢？

技术是由技与术构成的。我们分别予以考察。

"技"，形声字。《说文》："技，巧也。从手，支声。""技"的基本含义：才艺，技能，技巧；工匠，有才艺的人。《书·秦誓》有："人之有技，若己有之。"[1]可见，"技"既指技能、技艺，又指具有技能的人（如工匠、女艺人等），而且还意味着人与技术是统一的，即技术总是人的技术。"技"表达的是从事具

---

[1] 《汉语大字典》（第二版）第4卷，成都：四川出版集团等，2010年，第1939页。

体实践活动。

"术"，形声字。《说文》："术，邑中道也。从行，术声。""术"的基本含义有：都邑中的道路；也泛指街道、道路；沟渠；技艺，技术；法，法律，法令；办法，策略；学习，实践；学说，主张等。①

可见，从都邑中的道路来看，必然需要对人、车等行进的规范，即"术"具有规范之意。事实上，法律、法令就是一种强调的规范。

"术"既有技术、技艺的含义，也有道路、实践、办法、规范的含义，还有学说的含义。可以合理地讲，"术"是技术、实践、规范与学说的统一，简言之，是实践与理论的统一，其中包含了规范。

中文的"技术"二字，"技"可以看作"术"的部分内容，"技"是对"术"中的技术、技艺等含义的强调。于是，中文的"技术"的基本含义就是，技术是技艺等实践活动与学说、规范的统一，技术的实践活动要受到规范。

第二节　技术的构成要素

回到技术本身，才能认清技术的要素与技术的本质。已有国内外学者研究了技术的组成要素，陈昌曙认为，技术由实体要素、智能要素与工艺要素组成。实体要素包括工具、机器、设备等；智能要素包括知识、经验、技能等；工艺要素表征实体要素与智能要素的结合方式和运作状态。② 后来，他又适当做了调整，技术是实体性要素（工具、机器、设备等）、智能性要素（知识、经验、技能等）和协调性要素（工艺、流程等）组成的体系。这是技术的结构性特征，或技术的内部特征。③ 陈凡将技术要素分为：经验形态的技术要素，主要是经验、技能这些主观性的技术要素；实体形态的技术要素，主要以生产工具为主要标志的客观性技术要素；知识形态的技术要素，主要是以技术知识为象征的主体化技术要素。④

国外著名技术哲学家 C. 米切姆（C. Mitcham）从功能角度提出了技术的四

---

① 《汉语大字典》（第二版）第 2 卷，成都：四川出版集团 2010 年版，第 888 页。
② 陈昌曙：《技术哲学引论》，科学出版社 1999 年版，第 96～101 页。
③ 陈红兵、陈昌曙：《关于"技术是什么"的对话》，载于《自然辩证法研究》2001 年第 4 期，第 19 页。
④ 黄顺基、黄天授、刘大椿主编：《科学技术哲学引论》，中国人民大学出版社 1991 年版，第 261～263 页。

种方式，即有四类技术：① ①作为客体（object）的技术，它是人类制造出来的物质人工物。比如，衣物、器具、装置、工具、设备、公共设施、结构物（如房屋）机器、自动机等；②作为知识（knowledge）的技术，它是技术的显现。自然知识与自然物体有关，技术知识与人工物有关。技术知识由建筑学（和结构打交道）、机械学（和机器打交道）、民用工程学、化学工程学、电子工程学以及其他种类的工程学。技术物体的信息或数据也属于技术知识。③作为活动（activity）的技术：包括精巧的制作、设计、劳动、维修、发明、制造和操作等。④作为意志（volition）的技术，包括意愿、动力、动机、渴望、意图和抉择。

邦格在《技术的哲学输入和哲学输出》（1979）一文中，将技术分为四个方面：②

①物质性技术。如物理的、化学工程的、生物化学的、生物学的技术。

②社会性技术。如心理学的、社会心理学的、社会学的、经济学的、战争的技术。

③概念性技术。如计算机技术。

④普遍性技术。如自动化理论、信息论、线性系统论、控制论、最优化理论等技术。

罗波尔从系统论的原则出发，他将技术区分为三个方面：一是自然方面，科学、工程学、生态学。二是人与人类方面。人类学、生理学、心理学和美学。三是社会方面。经济学、社会学、政治学和历史学。

显然，邦格与罗波尔对技术的分类涉及的范围超出了技术本身，包括了与技术相互作用的环境。研究技术本身的要素，就是把技术看作一个系统，为此，横向要阐明技术本身的基本结构，纵向要阐明技术本身的历史演化。我们基本赞同陈凡对技术要素的看法，稍有区别，我们这里强调的是"技术本身"，而不是处于社会大系统中的技术。即技术本身的要素主要是由经验性要素、实体性要素与知识性要素组成。

经验性要素主要是经验、技能等这些主观性的技术要素，主要强调技术具有实践性。实体性要素主要以生产工具、设备为主要标志，主要强调技术具有直接变革物质世界的现实能力，它能够变革天然自然、人工自然或技术人工物。知识性要素主要是以技术知识为标志，主要强调现代技术受技术理论和科学的技术应用的直接影响。

技术的经验性要素、实体性要素与知识性要素，我们也可称之为经验性技

---

① C. Mitcham, *Thinking Through Technology*. Chicago：The university of Chicago Press，1994，pp. 161 – 266.

② M. Bunge, Philosophical inputs and outputs of Technology. The History and Philosophy of Technology. Edited by George Bugliarello and Dean B. Doner, University of Illinois Press. 1979，pp. 262 – 281.

术、实体性技术与知识性技术。这就是说，技术不仅表现为技能、技术人工物，还表现为知识。技术装置属于技术人工物范畴。汤德尔认为有三种理想的技术装置：①工具。人借助于工具作用于劳动对象，并按自己的目标改变它。②机器。在经典意义上，机器就是由畜力、水力、风力等人以外的动力驱动的装置。经典意义的机器是由动力源、转动机构和特殊的工作机组成，仍然要由人来控制，人是信息源。③自动装置。应用了控制调节的控制论原理，基本上不需要由人控制。自动机的控制和决策仍然受到程序的制约，最终还是离不开人，因为程序是人设计的，生产任务的下达，质量的控制等也需要人。①

有的学者认为，技术应包含有目的性要素。我们认为，如果技术包含了目的性要素，实质上是把技术泛化了，而不是技术本身。研究技术本身在于研究技术的基本结构。诚然，人工物的产生要先有人的目的即有意识的要求，为实现这一目的，就要求设计、制造或发明相应的结构。但是，并不必须把目的性纳入技术的要素之中，技术的目的性可以通过技术系统的各要素形成的结构或各要素相互作用的内在机制得到解释。另外，目的性涉及演化过程，而技术系统的基本结构主要是从横向（或相对静止）来考虑的。因此，将目的性要素纳入技术系统中混淆了技术本身的要素与技术系统演化的关系。

有的学者认为技术应包括过程性要素。我们认为，设计、制作、发明、制造等过程性要素反映的是实体性要素对技术对象的作用，这是一个过程。从系统论来看，一般不把过程性因素作为系统的基本因素，系统的过程性可以通过系统中各系统的相互作用生成的演化得到说明。

陈昌曙认为技术应包括协调性因素。我们认为，这里涉及如何界定协调性因素。如果协调因素是指工艺、程序等因素，那么，程序因素可以包括在知识性因素之中。如果把工艺看作一个过程，那么，工艺就可以看作技术系统的演化。工艺因素包括在经验性要素、知识性要素与实体性要素的相互作用之中，从一定意义讲，工艺反映的是整体性东西。

"工艺"的含义也是有差异的。我国的《辞海》把"工艺"定义为利用一定物质手段将某种原料或半成品加工成成品的方法。技术哲学家拉普认为狭义的技术就是工艺。也有人提出工艺是技术的组成部分。对于工艺，陈昌曙教授正确地指出："工艺要利用物质手段去进行加工处理，不能把工艺等同于知识、经验（尽管工艺中有知识、经验和技能）；同时又不能把工艺等同于实体，工艺没有重量也没有大小。可以说，工艺乃是把工具、机器、设备等客体与知识、经验、技

---

① ［捷］汤德尔：《论"技术"和"技术科学"的概念》，载拉普：《技术科学的思维结构》，吉林人民出版社 1988 年版，第 17～20 页。

能等主体要素相组合而形成的过程和方法，工艺乃是实体要素和智能要素在加工中的结合"。① 但我们不同意，陈教授把工艺性要素作为技术的结构性要素。按照他的逻辑，工艺性要素就是实体要素与智能要素相互作用的结果，是一个不断涌现的过程，是技术各要素相互作用的演化过程。实际上，工艺体现在技术的制造和生产过程之中。

我国技术创新过程中，之所以工艺水平较差，是因为我国的技术工作者（如工人）的经验、理论知识和技术装备较差，工艺是一个整体性的东西，而不是仅靠改变某一个因素就可以提高工艺水平。即使有好的设备，仅有丰富的经验，没有良好的技术理论或科学理论知识，也不可能有较高的工艺水平。比如，机械工艺中有铸造、锻造、成型、热处理、装配等工艺，这里有工艺水平的高低。

因此，在一定意义上讲，我们把工艺可以定义为技术的一种特定表现或特定的实践行为。

协调性要素也不能作为技术的要素。通常我们说原子是由原子核与核外电子组成的，而光子作为玻色子，它在两者之间传递电磁相互作用，而不把光子作为物质的基本组成成分。对于物质的基本层次，一般把夸克看成物质的基本组成粒子，而胶子在它们之间传递相互作用。按照这一逻辑，协调性要素（工艺、流程等）、组织因素、支撑网络等都可以看作类似于玻色子的作用，在基本的技术要素之间传递相互作用，因此，它们都不能作为技术的要素。至于前面讨论的目的性因素，就相当于基本粒子中的希格斯（Higgs）粒子。希格斯粒子是产生质量的根源，但它也没有作为物质世界的基本组成。

我们之所以将经验性要素与知识性要素相区别，其原因在于：经验是人们在长期实践中对生产方式和方法等的积累和体验。这些经验更多地需要实践者亲自体验和亲身经历，有的是隐含的。比如，开汽车的经验，需要自己开过汽车才能体验。对于打羽毛球来说，尽管有羽毛球的相关理论，但是，必须通过自己打羽毛球才能体验打羽毛球的关键之处，同样一个技术动作也需要多次练习和体会。对于不同质量的羽毛球拍，其技术要领也有所区别，只有当羽毛球拍与人处于最好的协调状态时，才能使人与球拍对对方形成最大的威胁。而知识性要素以技术性知识为主，它有相应的规则、准则与规律，可以明确地表达出来。技术性知识来自三个方面：一是人类在劳动过程中所掌握的技术规则、形成的技术特有的概念。二是科学的技术应用。三是技术自身发展形成层的技术理论。

从系统论来看，作为一个系统的技术，它可以分为经验性要素、实体性要素和知识性要素。技术必然是一种实践行为，要产生出对象或对对象产生作用。这就是

---

① 陈昌曙：《技术哲学引论》，科学出版社 1999 年版，第 101 页。

说，技术不仅是一个系统，而且也是一个过程。从过程来看，技术可以分为三类具体的技术：实践技术、实体技术和知识技术。实践技术由技能、技巧、制作、制造、维修和操作等组成，原有的"经验性技术"纳入到实践技术之中。实体技术由工具、机器、设备、自动装置等技术人工物组成。知识技术由技术规则、技术规律、基本设计知识、技术意志等技术知识组成，这里的技术知识又分为基本设计知识、理论工具和行为知识。技术知识、技术实践与技术人工物构成了技术的三个方面，它们三者之间有较为复杂的相互作用。技术知识在技术实践的作用下，生成技术人工物。技术实践是一种人们利用技术人工物和技术知识能动地探索和改造自然的物质性活动。技术的分类与技术知识的分类能够构成一个合理的结构，说明技术人工物是如何生成的。与米切姆的技术分类相比，作为意志的技术可以纳入到笔者的技术知识之中，即成为意志知识。本部分内容参见第八章内容。

第三节　技术本质的一个简要考察

技术是一个复杂的现象。不同角度对技术本质的认识，都在一定程度上提示了技术某一个方面的本质或本质的表现。

（1）将技术的本质看作人类为完成种目标而形成的方法、手段和规则的总和。这是一种主要的观点，它与人的实践过程、人工物或经验相联系。

早在 18 世纪，狄德罗在其主编的《百科全书》中，对技术下了一个理性的定义：所谓技术，就是为了完成某种特定目标而协调动作的方法、手段和规则的完整体系。

卡普（Kapp）认为，技术是人类同自然的一种联系，技术发明是创造力的物质具体化，技术活动是器官的投影。

获得熊彼特奖的经济学家、技术思想家 B. 阿瑟（B. Arthur）从技术进化的角度探讨技术的本质，他说："从本质上看，技术是被捕获并加以利用的现象的集合，或者说，技术是对现象有目的的编程（programming）。"[①] 在他看来，"技术就是被捕获并使用的现象。……它之所以是核心所在，是因为一个技术的基本概念，即使技术成为技术的东西，总是利用了某个或某些从现象中挖掘出来的核心效应。"[②]

乔治·巴萨拉（George Bas）也认为，"技术和技术发展的中心不是科学知

---

① ［美］布莱恩·阿瑟：《技术的本质》，浙江人民出版社 2014 年版，第 53 页。
② 同上，第 53～54 页。

识，也不是技术开发群体和社会经济因素，而是人造物本身"。① 在他看来，人造物不仅是理解技术的关键，而且也是技术的进化理论的关键。

（2）将技术的本质与理性、知识相联系。

拉普（Rapp）认为，技术一词都是指物质技术，它是以遵照工程科学的活动和科学知识为基础的，这个定义最接近人们的通常理解。②

埃吕尔（Ellul）将技术定义为："在一切人类活动的领域中通过理性得到的（就特定发展状况来说）、具有绝对有效性的各种方法的总和。"③

邦格（Bong）将技术与知识联系在一起。他认为，技术作为应用自然科学；技术作为知识体系。邦格也认为："技术可以看作关于人工事物的科学研究……技术可以被看作关于设计人工事物，以及在科学知识指导下计划对人工事物进行实施、操作、调整、维持和监控的知识领域。"④ 在他看来，"关于人工客体的研究，不仅涉及工具与机器，而且包括诸如设计、计划、从象棋与计算机到人工饲养的牲畜以及人工社会组织这样的知识导向的生产的各种概念工具。"⑤

英国著名技术史家辛格等（Singer et al.）在其主编的《技术史》第Ⅰ卷的前言中指出："在词源学上，'技术'指的是系统地处理事物或对象。在英语中，它指的是近代（17世纪）人工构成物，被发明出来用以表示对（有用的）技艺的系统讲述。直到19世纪，这一术语才获得了科学的内容，最终被确定为几乎与'应用科学'同义。"⑥

（3）技术的本质体现在技术创造之中，与先验世界有某种联系。

德韶尔认为，技术的本质既不是在工业生产（它只意味着发明的大规模生产）中表现出来，也不是在产品（它仅仅供消费者使用）中表现出来，只有在技术创造行为中表现出来。技术发明包含了"源自思想的真实存在"，即"源自本质的存在"的产生，是超验实在的物自体的体现。德韶尔在《关于技术的争论》把技术定义为："技术是通过有目的性导向以及自然的加工而出现的理念现实存在。"⑦

（4）将技术的本质与形而上学联系起来。

海德格尔认为流行的技术观点有两种，其一认为技术是达到某一目的的手

---

① ［美］乔治·巴萨拉：《技术发展简史》，周光发译，复旦大学出版社2001年版，第32页。

② ［德］F. 拉普：《技术哲学导论》，辽宁科学技术出版社1986年版，第30～31页。

③ J. Ellul, *The Technological Society*. New York：1964，P. 183.

④ M. Bunge：*Treatise on Basis Philosophy. Vol. 7. Philosophy of Science and Technology. Part* Ⅱ. D. Reidel Publishing Company. 1985，P. 231.

⑤ M. Bunge. *Philosophy of Science and Technology. Vol. 7 of the Treatise*. Dordrecht – Boston：Reidel. 1985，Part Ⅱ，P. 219.

⑥ ［英］辛格等：《技术史》（第Ⅰ卷），上海科技教育出版社出版2004年版，第20页。

⑦ F. Dessauer. *Streit um die Technik*. Verlag Josef Knecht Frankfurt，1956. P. 234.

段，其二认为技术是人的活动。可以称之为工具性的或人类学的技术定义。但是，海德格尔认为，这样的技术定义并没有揭示技术的本质。于是，他追问技术的本质：工具本身是什么？只要在目的被追求和手段被使用的地方，只要在有工具盛行的地方，就总有原因。于是，他转到了对原因或者更确切地说是传统的"四因说"的讨论，由此来揭示技术的本质。海德格尔认为，必须把技术建立在形而上学的历史中。他认为现代技术的本质根本不是什么技术的东西，而是一种展现方式，一种解蔽方式，海德格尔把它称作"座架""集置"。现代技术对自然进行"强求"和"索取"。"座架意味着那种解蔽方式，这种解蔽方式在现代技术的本质中起支配作用，而其本身不是什么技术因素。"①

（5）将技术的本质与意志或智慧相联系。

贝克（Beck）认为，技术是"通过智慧对自然的改造……人按照自己的目的，根据对自然规律的理解，改造和变革无机界、有机界和人本身的心理和智慧的特性（或相应的自然过程）"。②

艾斯（Eyth）提出，技术是赋予人的意志以物质形成的一切东西。③

美国乔治亚大学的哲学教授 F. 费雷（F. Ferré）关于技术的界定是有启发意义的，他认为技术是智能的实践展现（practical implementation of intelligence）④。

V. G. 柴尔德（V. G. Childe）认为："技术（technology）这一名称指的应该是那些为了满足人类要求而对物质世界产生改变的活动。……这一术语的含义扩展到包括这些活动的结果的范畴。"⑤

（6）我国学者对技术本质的探索。

陈昌曙、远德玉认为："技术就是设计、制造、调整、运作和监控人工过程或活动的本身，简单地说，技术问题不是认识问题，而是实践问题，实践当然离不开认识，但不能归结为认识。"⑥

张华夏、张志林认为："技术也是一种特殊的知识体系"，不过技术这种知识体系指的是设计、制造、调整、运作和监控各种人工事物与人工过程的知识、方

① M. Heidegger, *The Question Concerning Technology*, New York：Harper And Row, 1977, P. 16.

② ［德］拉普：《技术哲学导论》，辽宁科学技术出版社 1986 年版，第 29 页。H. Beck, *Philosophie der Technik – Perspektiven zu Technik – Menschheit – Zukunft*, Trier 1969.

③ ［德］拉普：《技术哲学导论》，辽宁科学技术出版社 1986 年版，第 29 页。M. Eyth, *Lebendige Kräfte – Sieben Vorträge aus dem Gebiet der Technik*, Berlin 1905.

④ Ferré, Philosophy of technology. Athens and London：The university of Georgia Press, 1995, P. 26.

⑤ ［英］V. 戈登·柴尔德：《社会的早期形态》，载辛格等主编，《技术史》（第 I 卷），上海科技教育出版社 2004 年版，第 26 页。

⑥ 陈昌曙、远德玉：《也谈技术哲学的研究纲领——兼与张华夏、张志林教授商谈》，载于《自然辩证法研究》2001 年第 7 期，第 40 页。

法与技能的体系。①

陈凡认为："技术的本质就是人类在利用自然，改造自然的劳动过程中所掌握的各种活动的方式、手段和方法的总和。""技术的本质在于它是各种活动方式的总和。"② 技术的这一定义，是一种"总和"定义法。

费雷关于技术的本质的定义中，并没有将技术的技能这一含义展示出来，因为技能与个人的体验、经验有关。考虑到技术本身这一复杂系统的涌现性，于是，吴国林作出了以下界定，技术是知识和技能的实践涌现（practical emergence of knowledge and skill）。③ 这里所指的"技术"就是指狭义的技术，即技术本身，或者说，是创造人工自然或技术人工物的技术，这样，我们更能认清技术的本质。

王伯鲁考察了广义技术的概念。他认为，"技术可以理解为：围绕'如何有效地实现目的'的现实课题，主体后天不断创造和应用的目的性活动序列或方式。"这里的"序列"是指目的性活动的诸动作、工具、环节等要素，按空间顺序组织在一起的行动或样式，以及按时间次序协调动作、依次展开的程度。"序列是技术的核心或灵魂，可理解为技术进化论视野中的'糜母'（memes）。"④ 这里的技术"糜母"就是生物基因（gene）的技术对应物，具有相对稳定性和强大的生命力。正像基因的遗传与复制一样，技术"糜母"也可以"遗传""变异"和"重组"，进而参与新技术形态的创建。

无疑，上述对于技术的本质的认识是有启发意义的，但还没有真正揭示出技术的本质。

第四节　技术的二象性与本质

我们探讨技术的本质，特别关注的是现代技术的本质。探讨现代技术的本质需要遵从几个原则或基点：

（1）技术不同于技术的本质。因为如果技术等于技术的本质，那么，就没有必要"技术的本质"这一概念了，现象也就与本质同一了。

（2）技术的本质不同于技术的要素。从系统论来看，技术的要素相当于系统

---

① 张华夏、张志林：《从科学与技术的划界来看技术哲学的研究纲领》，载于《自然辩证法研究》2001 年第 2 期，第 31 页。

② 黄顺基、黄天授、刘大椿主编：《科学技术哲学引论》，中国人民大学出版社 1991 年版，第 252 页。

③ 吴国林：《论技术的要素、本质与复杂性》，载于《河北师范大学学报》2005 年第 4 期，第 91 ~ 96 页。

④ 王伯鲁：《技术究竟是什么》，科学出版社 2006 年版，第 29 页。

的组成或要素，技术的要素构成了技术这一系统，当然，技术的要素不同于技术的本质。

（3）技术的存在（being）不同于技术的本质。从海德格尔的现象学来看，存在（是）与存在者（是者）有一个存在论的差异。我们这里探讨技术的本质，主要是从分析哲学的进路来展开，因此不同于从存在论角度来讨论技术的存在问题。分析哲学视野中技术的本质是从认识论角度来展开的，尽管认识论与存在论有一定的联系。

（4）现代技术的本质不同于前现代技术的本质。这在于现代技术必须依赖当代科学知识，即必须建立在理性的基础之上，而且现代技术形成系统的技术理论。前现代（含古代）技术主要依赖于经验或技能，所形成的技术的系统性不强，没有形成技术理论。

（5）现代技术的本质，必须回答或说明技术的两个重要特点：一是现代技术具有理性，二是现代技术仍然具有强烈的实践性。

众所周知，技术有悠久的实践传统，技术具有实践形式。技术构造了技术人工物，技术人工物的总体构成人工自然或技术世界。或者说，技术世界的基本单元是技术人工物。

从技术的构成要素来看，技术可以表现为经验性、实体性和知识性等三种要素。经验性的技术与实体性的技术，都可以分为知识和实践两个方面。经验性的技术可以分为两个方面，一是可以表达为知识。比如，一个人学习驾驶汽车的技术，许多要求可以通过知识明言地表达出来；二是实践形式的技能，具体的操作。当然，实践形式的技能，可以表达为一系列的操作，但有的技术操作是不可言说的，但可以"显示"。例如，有的汽车驾驶技术需要教练演示给学员看，难以用知识直接表达出来。实体性的技术也可以分为知识和实践两种形式。比如，一把电扇，它包括有关的电动机等电力知识、有关机械制造、塑料加工等知识，还包括机械制造、塑料加工等实践过程的不可明言的操作等。知识性的技术，主要表达为科学理论的应用、技术规律、技术规则等。但知识性的技术受到了技术实践的检验，因而知识性的技术是有效的。

虽然技术是由三种要素涌现出来的，但从根本讲，技术表现为两种形象：一是知识形象，二是实践形象，这两种形象正是对技术的知识体系和实践传统的一个回答。

技术表达为知识形象和实践形象。技术的两种形式，笔者称之为技术二象性（duality of technology）。这就如微观粒子具有波粒二象性。按照量子力学的通常说法，微观粒子不可能同时具有波动性和粒子性，要么具有波动性，要么具有粒子性。波动性或粒子性都是微观粒子在一定宏观条件下的显示，但波动性与粒子性是相互排斥的。

技术的知识形式与实践形式都是技术在不同条件下的显示。技术在人类的逻辑思维空间中，表现为一种特殊的知识。技术总是表现为一定的状态，技术状态的存在就是技术事实，技术事实表达为技术命题。在技术与现实世界的关系上，技术表现为实践形式，表现为具体的操作或行动等，实践形式的技术是探索和改变世界的直接现实力量。

虽然技术具有实践形式，但是，技术还表达为知识形式。正是技术的知识形象，从而技术可以表达为命题，即技术命题，于是分析哲学的方法就可以对技术命题展开剖析，就可以进行语言和逻辑分析。

技术的知识形式与实践形式，并不是两个互相排斥的东西，而是不是条件下，谁是显示的主要方面。在技术的践制（making）过程中，[1] 技术表现为实践形式，但在这一实践过程中也体现了知识渗透其中。比如，要制造高性能的汽车发动机，必须要有相应的汽车发动机的结构与功能知识，还必须有制作这些发动机的零部件的材料和制造能力。事实上，即使你获得制造发动机的技术图纸，但是，没有相应的技术的实践制造能力，也无法制造出高性能的发动机。

特别是在现代技术条件下，技术的知识形式与实践形式都非常重要。当代技术的制高点是高技术，它建立在高沿科学研究的基础之上。由于高技术与当代科学研究前沿的紧密结合，因此，高技术又称为高科技。高科技概念较之于高技术概念更形象更直观。高科技这一概念也得到公认。虽然，高科技是一个动态概念，即每一个时期都有相应的高科技，但是，当代的高科技的知识化程度是历史上任何时期的科学技术所无法比拟的。当代高科技具有高知识、高风险、高收益的特点。由于各国科技发展水平不一致，还没有一个统一的高科技的定义。联合国组织对高科技作了如下分类：信息科学技术、生命科学技术、空间科学技术、海洋科学技术、有益于环境的高新技术和管理科学（软科学）技术。[2] 高科技不是传统工业技术的简单创新。虽然一些传统技术中注入了高技术，但它仍是传统技术，除非高科技超过了 70%，传统技术才被创新为高科技。

一般以研究开发经费密度（研究开发经费占工业总销售收入水平的比值）和科技人员密度（科技人员占总就业人数的比值）作为综合指标来进行高技术产业的划分。美国 1989 年用以上两个指标分别高于制造业的平均值来划分美国的高技术产业。美国劳动统计局对以上两个指标作了进一步的分类：指标两倍于全国制造业平均值的，称为高技术产业；高于平均值低于两倍平均值的，称为高技术密集型产业。1990 年，加拿大用研究开发经费密度两倍于全国制造业研究开发

---

[1]　这里我造了一个词"践制"（making），表示实践与制造等综合含义，它反映的是在技术人工物制造过程中的特点。

[2]　吴季松：《知识经济》，北京科技出版社 1998 年版，第 13 页。

经费密度的平均值来划分高技术产业。也有美国学者用三分法划分产业，研究开发密度超过 2.8% 的称为高技术产业，1.1% ~ 2.8% 的称为中技术产业，而低于 1.1% 的称为低技术产业。①

现代技术，特别是高技术，更加显示了科学知识和技术知识的重要性，而理性是科学知识的重要基础之一，因此，现代技术事实上显示了理性的强大力量。反过来讲，如果没有理性的力量，人们无法认识微观世界（如原子、纳米世界等），也无法认识宇观世界（如探索太阳系、宇宙等），当然，也无法利用电磁波为人类服务。没有麦克斯韦（Maxwell）电磁理论的发现，就不可能发现电磁波，这都是先有理论预见，然后再根据相关性质做实验来确认电磁波的存在。现代技术不同于古代的经验技术，现代技术具有理论预见性。

20 世纪 50 年代分子生物学的建立，确定了 DNA 的双螺旋结构。基因是 DNA 分子的一个特定的片断，基因是一个单位（遗传的功能单位）或遗传单位，又是一个体系（基因内包含着突变和重组单位）。基因不全是静止的，也能够运动。基因之间有着复杂的相互关系。基因是 DNA 上有意义的碱基序列。DNA 双螺旋结构是生物学知识，而不是技术，但是，对 DNA 结构进行重组则属于技术。一般来说，分子生物学技术基于我们对生物大分子，特别是对 DNA 和 RNA 的认识。20 世纪 70 年代的限制性内切酶技术，能够在酶的特定位点切割 DNA，并将其断裂成可重复的不同大小的片段，进而发展出 DNA 克隆技术和 DNA 序列分析技术。分子生物学技术就是通过蛋白质、核酸在分子水平上的研究，利用有关的分子生物学知识，在分子结构水平上实现对生物的改造，获得人们所需要的产物。分子生物学技术，是以现代生物学为基础，以基因工程为核心的新兴技术。生物技术原理包括：基因工程操作原理、细胞工程操作原理、酶工程、发酵工程、蛋白质工程、分子杂交与遗传标记等。基因工程，也称为基因操作、重组 DNA 技术。基因工程的主要原理是：用人工的方法、把生物的遗传物质，通常是 DNA 分离出来，要体外进行基因切割、连接、重组、转移和表达的技术。显而易见，没有分子生物学，就没有分子生物学技术。在具体的科学研究过程中，分子生物学与分子生物学技术两者又是相互联系的。2007 年研制成功了分子马达，它由一组固定在极小芯片上的 DNA、一个带有磁性的珠子、一个提供动力的生物发动机（通过活的生物细胞 ATP 所经济组织的能量提供动力）组成。

技术二象性是技术本质的两种表现，都没有揭示技术的本质。为此，笔者将技术的本质定义为：技术是理性的实践能力（capacity）。

这样，技术可以显示为知识，也可以显示为实践能力。这就可以说明技术是

---

① 吴国林：《探索知识经济》，华南理工大学出版社 2001 年版，第 53 页。

一种特殊的知识体系，因为定义中的"理性"包括科学理性或理论理性、工具理性和价值理性，科学理性总是可以用知识表达的，知识是受到辩护的真信念。而"实践能力"则阐述了技术的实践传统，说明了技术具有实践性、操作性和控制性，技术在于"改变"。齐曼（Ziman）认为："某种程度上，技术不仅被看成是实践的，而且是认识的。"[①] 有学者认为："在将技术变化解释为相关的一系列创新时，将注意力从作为人工制品的转移到作为知识的技术是有益的。特别是，技术可以被视为能够用产生大量'追求可想象目标'的设计的知识，而不管设计原理是否在科学发现之前或在技术实践之前有其他的起源。"[②]

当没有对象时，技术的功能是潜在的，但它有这样的能力或潜在能力。当然，技术自身显示为实物，还可以是方法、手段、工具等。在日常生活中，我们往往将技术与技术的显示混为一谈。技术人工物、技术方法、技术手段、技术工具等都是技术的显示。技术是使技术的显示成为可能的那种能力，技术存在于技术的显示之中。技术的本质是理性的实践能力。当技术没有与对象发生相互作用，技术只能是一种能力，只有当其与对象发生相互作用，技术才发挥其实践的改造作用。当技术没有与对象发生相互作用，技术以能力这一本质形式存在。

技术是一种能力，技术的能力不是一种理论的能力，而是一种实践的能力，它的能力来自经验的（如技能），也来自理论知识，还来自实践过程形成的不可言传（tacit）的知识。技术包括技能、知识和实体等三种形式的具体技术，但具体技术的升华才是技术（technology）。

技术不仅是一种能力，其自身具有结构和功能，并以经验、知识或实体形式存在。技术有了这样一种能力，只要有输入，通过技术之后就有输出。技术既可作用于天然自然，又可作用于人工自然。

将技术的本质界定为理性的实践能力，就能够阐明现代技术的知识特点和实践特点，也能够克服技术作为一种知识和作为实践传统的争论。将技术作为一种特殊的知识，也能为分析哲学用于技术哲学的研究提供了合法性基础。因为分析哲学研究的是命题、命题的结构、命题与世界（存在）的关系等。

第五节　科学与技术的划界问题

我们要研究技术，首先在确立技术具有相对的独立性，如果老是强调技术与

---

① ［英］约翰·齐曼：《技术创新进化论》，上海科技教育出版社2002年版，第81页。
② 转引自［英］约翰·齐曼：《技术创新进化论》，上海科技教育出版社2002年版，第278页。

科学、社会等有相互作用，而不承认技术有自身的合理范围，那么，技术哲学就没有学术上存在的必要性了。

随着科学和技术的发展，两者的范围还在扩大，工程与产业同科学与技术的联系更加紧密。科学、技术、工程和产业的基本含义大致如下：科学是对自然过程、物质、生命的规律和本质的研究。科学既是一种理论研究，又是一种实践探索，它以发现为核心，追求真理。技术是以发明为主的人类活动。技术是改变世界的直接现实性物质力量，它可以改变人类的生存状态和生活方式，往往可以带来巨大的经济效益和人类生活的改变。工程借助科学、技术的手段，改造天然和人工自然，创造出新的人工自然。如黄河小浪底工程、网络工程、"神五"工程等。工程是经济、社会运行和发展的重要内容，是人类改造自然界、建设社会活动的实施，它是一种建造活动。工程一般是指某项具体任务的实施，如"鸟巢"工程、"211"工程等。而产业是某一行业的统称，往往有多个企业从事同种产品的生产，要求具有一定的规模并且可以持续发展。工程偏重于建造，产业偏重于生产。产业在于能够形成持续的能力和获得利润，产业一定与市场有关。一个产业必须得到社会的接受，即产业具有社会性。自然物经过技术的改变之后，得到的是技术人工物（technical artifact），它可以是一个单独的产品或不多的产品，还没有被社会所接受，因而其规模不大。而自然物经过产业的改变之后，就得到产业意义下的产品，即"产业人工物"（industrial artifact），它具有社会接受性和规模性。①

虽然科学、技术、工程、产业四者之间是相互作用的，但是，科学与技术是经济、社会和文化发展的核心，工程与产业都包括了科学与技术的相关知识和实践内容，因此，本部著作主要考察科学与技术的划界问题，在此基础上，才有可能更好地区分工程与产业等概念。正如斯科列莫夫斯基说："在二十世纪，特别是在今天，技术已使自己成为具有一定独立性的技术领域。科学和技术有许多联系，但不应该把这种相互关系误认为完全从属的关系。"② 但是，目前，科学与技术的划界问题，并没有受到重视，当然，这一问题的解决也受制于科学与技术的本质的研究。

在 19 世纪之前，科学与技术之间有松散的联系，于是，人们很容易区分科学与技术事件。19 世纪以来，特别是 20 世纪中叶以来，科学与技术的结合更加紧密，具体表现在：新的产业引起了基于科学的技术；新的产业普通建立了工业实验室或研究开发（R&D）实验室；世界上的大公司雇用了许多科学家为公司

---

① 吴国林主编：《产业哲学导论》，人民出版社 2014 年版，第 4~7 页。
② ［德］拉普，刘武等译：《技术哲学的思维结构》，吉林人民出版社 1988 年版，第 104 页。

的基础研究和技术研究服务，当然，这些公司的基础研究是服务公司的技术创新目标的；技术的发展为科学研究提出课题并提供必要的物质手段。科学与技术的结合形成了三种相关的后果：科学技术化，技术科学化，以及"科学技术连续体"，即从基础科学到技术实施之间构成了一个连续体。

经合组织（OECD）1970 年公布了《科学与技术的测量》文件，将这个"连续体"做了四元划分：①基础研究；②应用研究；③开发研究；④技术实施。[①] 该内容，后来被联合国教科文组织采用，并于 1978 年通过了关于科学技术统计资料的国际标准化建议。该建议规定：

（1）基础研究：主要为获得关于构成现象和可观测的事实之基础的新知识而进行的实验或理论工作，不特别或不专门着眼于应用或利用。

（2）应用研究：为了获得主要目的在于应用的新知识而进行的创造性研究。

（3）实验开发：基于来自研究的现存知识和/或实际经验，旨在生产新材料、新产品、新装置、设置新过程、新系统、新业务，从根本上改善过去已经生产或设置的那一套系统性工作。

对于技术，联合国教科文组织在科学研究者地位的建议（1974）中，作了如下规定："技术是指直接关系到生产或改善货物或劳动的那些知识。"

从操作层次来看，上述建议已成为一般科学技术研究者讨论科学与技术划界问题的基础。张华夏认为，考虑到联合国的四元划分是一个有关"研究"的划分。将"学科"或知识的大体划分为下列四类：①基础科学；②应用科学；③工程科学；④生产技术知识与技能。并且还主张将技术理论或工程科学中偏重于实践的那部分特别是"技术规则"（technological rules）和"运行原理"（operational principles）的集合，划入技术的领域，作出科学与技术的二元划分。[②]

正是因为科学与技术的关系如此密切，于是，一些科学哲学家和科学社会学家开始建立技术的线性模型。他们将技术看作科学的应用或应用科学。比如科学哲学家邦格就说："我将把'技术'和'应用科学'当作同义词来使用。"[③] 甚至在语言上经常将科学与技术放在一起，如中文将科学与技术，简称为"科技"，容易将两者混在一起。在英文中，science and technology，也是 ST 的简称。

科学与技术正在发生着更加紧密的联系，然而，两者具有明显的区别。它们的区别主要表现在：

---

① 联合国文件，《关于科学技术统计资料国际标准化之目的的规定》，1978 年，参见［英］约翰·迪金森，《现代社会的科学和科学研究者》，农村读物出版社 1989 年版。

② 张华夏、张志林：《技术解释研究》，科学出版社 2005 年版，第 22 页。

③ ［加］邦格，作为应用技术科学的技术，载［德］拉普著，刘武等译：《技术哲学的思维结构》，吉林人民出版社 1988 年版，第 28 页。

（1）从目的来看，科学是为了认识自然、解释自然，研究自然实体和类的普遍性质，回答自然现象"是什么""为什么"，寻找蕴含在可变的自然现象中的不变——规律；技术主要是利用、改造和控制自然，主要回答在上述的实践过程中"做什么""怎么做"。这一实践过程中，会形成技术规则、技术规律和技术原理，它们还可以来自科学的应用。科学，是为了自身的目的而存在（for its own sake）；而技术，其目的在自身之外。

科学与技术的目的应当有更高的追求。

如果我们将科学与技术的目的与人做进一步分析，可以说：科学是为了人的精神（心灵）解放，获得精神的自由，而技术的目的则是为了人的身体的解放，使人获得身体的自由。结合起来，科学与技术都是为了完整人的解放。

（2）从研究兴趣来看，两者也有区别。汤德尔认为，自然科学主要感兴趣的是下列问题：①

第一，它们的目标是揭示复杂特点的各种系统的"行为"规律。这些系统可以是：①自然界中现实存在的；②自然界尚未发现，但客观上可能存在的；③人造的；④前三类系统的抽象模型。

第二，"行为"这个概念一般具有倾向谓词（dispositional predicate）的特点。如，指出那些引起或不引起某种行为的条件，或用"如果……那么"的句式来表达因果关系。

第三，自然科学的重要任务是精确确定在给定或假设条件下，系统可能行为的限度。技术科学的主要兴趣主要集中在下列问题：其一，研究如何用给定要素，来模仿自然界或人类本身的行为，从而达到一定"行为"的综合。其二，探讨在给定要素综合特定"行为"的最佳方法和手段，探讨更加经济合理的综合。其三，技术科学要创造出"新的自然界"，也能对自然界原来没有的新"行为"进行综合。

（3）从产品的形式来看，科学基于认识自然的目的，它的成果是发现自然界已有的东西——自然物和自然规律，其产品形式是知识形态的精神产品，如科学定律、科学理论；技术在于发明，其成果是技术人工物等新的自然类，还包括新的技术经验、技术方法的发明等。技术发明创造新的物质产品，如新工具、新设备等技术人工物，同时也包括发明能够物化的知识。

（4）从价值与评价标准来看，科学的评价标准是真，可以具体表现为逻辑一致性、经验实证性、解释性与预见性以及原则上的可证伪性。

---

① ［捷］汤德尔：《论"技术"和"技术科学"的概念》，载 F. 拉普：《技术科学的思维结构》，吉林人民出版社 1988 年版，第 25～27 页。

技术的评价标准为"用"（usefulness），具体表现为：经济、效率，环境（文化、社会习惯、经济水平等）的影响（与生态价值之间的关系）和目的性（与一定的主体相联系）。技术要受到人文的限制，如受到善与美的制约。

科学往往具有认识的、文化的、哲学的价值。科学发现的价值只有一次，即当某人作出一项有价值的新发现后，其他人所作出的同样成就将不被认为是新发现。科学成果的直接应用率低。科学成果无保密性，无国界，其论文应抢先发表，因为科学答案在世界各国都一样，其标准相同。

技术发明的价值具有重复性。因此技术有保密性、有国界。国内外实行专利制度就是对技术发明的保护。技术价值主要在于改造世界，获得的是实践意义上的价值，这是一种使用价值。技术成果的评价标准具有灵活性和多样性，可以从其实用性、合理性和有效性等方面来评价。

（5）科学与技术的社会规范不同。科学坚持普遍主义、知识公有、无私利与有条理的怀疑主义这四项原则；而技术并不完全适用。科学无专利，保密是不道德的。而技术有专利，有知识产权。但是，技术共同体与科学共同体也有共同的规范，例如怀疑精神、竞争性的合作精神等。

（6）从与社会、经济的关系来看，科学有长远的、根本性的社会价值和经济价值。但并非所有的科学成果都具有现实的社会效益和经济效益，甚至有些科学发现长期不知其用途。技术具有直接的社会效益和经济效益。从技术研制到物质产品经历的时间短，经济效益和社会效益更快且更显著。"理性选择的技术是最好地完成预期任务，或者说，最好地解决实践问题（这类似于真理或最佳说明）。一个重要的区别是，理论被假设为是真的或假的，而技术则通常可能处于被普遍采纳或被完全忽视之间。"[1] 技术做出选择某一种设备，并不一定是最佳的选择。事实上，最佳选择往往与各种各样的制约有关。

下面我们将从科学的本意角度，来比较科学与技术。

科学是一种社会历史现象。科学概念是属于一个不断发展的历史范畴。在希腊文中，没有"科学"这个词，却有技艺 $\tau\epsilon\chi\nu\eta$、意见 $\delta o\xi\alpha$、知识 $\epsilon\pi\iota\sigma\tau\eta\mu\eta$ 等词，后来 $\epsilon\pi\iota\sigma\tau\eta\mu\eta$（知识）这一词获得"科学"的含义。[2] 拉丁语词 Scientia（Scire，学或问）就其最广泛的意义来说，是学问或知识的意思。但英语词"science"却是 natural science（自然科学）的简称。最接近的德语对应词 Wissenchaft 仍然是包括一切有系统的学问，不但包括我们所谓的 science（科学），而且包括历史，语言学及哲学。[3] 明治维新时期，日本著名科学启蒙大师、教育

① ［英］牛顿—史密斯主编：《科学哲学指南》，上海科技教育出版社2006年版，第584页。
② 汪子嵩等：《希腊哲学史》（第1卷），人民出版社1988年版，第85页。
③ ［英］W. C. 丹皮尔：《科学史及其和宗教的关系》（上册），商务印书馆1975年版，第9页。

家福泽瑜吉把英语中的"science"译成日文汉字"科学",意为"分科之学",在日本得到广泛使用。1893 年,康有为引进并使用了日文中的汉字"科学",严复在翻译《天演论》等科学著作时,也用了"科学"二字来表达 science,由此,"科学"二字在中国得到广泛传播。

近代科学革命以来,科学作为一种独立的力量在社会经济生活中发挥了越来越重要的作用。科学作为一种独特的知识体系,逐渐形成为对自然界的系统把握,即科学成为特指的自然科学。近年来,德文的 Wissenchaft 也逐渐区分出自然科学,因为自然科学毕竟不同于其他知识,包括社会科学。

一般来说,科学就是指自然科学。科学就是关于自然的系统化的知识。作为系统化的科学,还必须同时满足五个条件:

(1) 逻辑一致性。科学是有条理的知识,它必然没有逻辑矛盾。如果科学有逻辑矛盾,它就不能称之为科学。任何正确的知识,都不能有逻辑矛盾。逻辑一致性包括具体科学学科内在的逻辑一致性,如物理学应当是逻辑无矛盾的,如果有矛盾,就必须消除矛盾。如果一个科学理论有矛盾,那在该理论内部,就有某个科学命题存在着既真又假的情形,若此,那又如何判断该科学命题呢,那又如何追求科学的真理性呢?科学还包括具体学科的外在的逻辑一致性,即一门科学学科与另一门科学学科之间应当没有矛盾,即便有矛盾也必须消除。正确的知识之间应当具有逻辑一致性。

逻辑一致性实际上是要求有正确的推理:从科学理论的相同的前提出发,能够推出相同的结论。如果不能从相同的前提,推出相同的结论,那么,这只能说明该所谓的科学理论并不是科学理论,而是打着科学旗号的非科学或伪科学等知识或文化现象。

(2) 经验检验性。逻辑一致性要求,实质上形式上的要求,但并不能保证内容是真的。除接受逻辑检验之外,科学还必须接受经验的检验。经验检验使得科学理论与经验世界联接起来,从而可以检验科学理论在多大的程度上是正确的,有多大程度错误的。没有接受经验检验,无论科学假设是多么具有逻辑性,但并不能接受为科学。经验是检验科学是否成立的重要标准。科学的结论或推断不是有歧义的一般性陈述,而是确定的、具体的命题,它们在可控条件下可以进行重复检验。科学实验是科学最基本的实践活动,实验方法是科学最重要的科学方法。不具有可重复性的实验不能称之为科学实验。重复性实验可以排除任何人做假。

经验检验要求有精确性,即科学得到的结论通常都能用公式、数据或图形来表示,其误差限制在一定的范围之内。凡测量就有误差。没有误差,百分之百的准确,也不能称之为科学。因为现实的对象,总有误差,没有误差的东西只能存在于可能世界或理念世界。而且科学在追求精确的道路上,没有止境。科学不能用大概、差不多等词汇来描述，即使是统计科学，也必须用概率来描述。

经验检验性就是要求一切有意义的命题，真正的知识，必须首先在逻辑上确保构成命题成分（如主词、谓词等）的可观察性，反之，任何不可观察命题都是无意义的。按此原则，只有原则上可给予经验证实或分析的命题才是真实有意义的，其他一切命题都是空洞无意义的。譬如，"此山海拔二千米""这只鸽子的毛是黑色的"，这两个命题都可给予经验检验，因而是有意义的；而"善是道德的最高理念"和"上帝在天堂里"这类命题无法给予经验证实，因而在科学上是无意义的。

（3）解释性。科学作为一个理论体系，必须具有解释力。科学最终要回到经验世界，即科学必须说明已知的实验现象，这是科学最基本的要求。如果科学不能以一定的精度解释已有的实验现象，它就不能称之为科学。在一定的前提下，科学可以推出具体、个别的推论，这些推论应当能够解释已知的实验现象。通常把近代以来的自然科学叫作实验科学。实验方法的确立使自然科学最终与神学、与自然哲学分道扬镳。以实验事实为依据并由实验事实加以检验，从而成为现代意义上的真正的科学。

（4）预见性。科学更重要的是，它能够预见未知的实验现象。在解释和预见中，一般都是拿理论导出的数据与实验中测定的数据相比较，这就是所谓的实验检验。科学的解释性强调的是解释已知的实验现象，而科学的预见性强调的是解释未知的实验现象。尽管二者在逻辑结构上是一致的，但是，由于时间上的不对称性，科学的预见性比解释性有更大的说服力，这也是一个假说能否成为科学理论的最重要的标志。如果解释或预见失败，或者说没有经受得住实验检验，那么理论就需要修正或被别的更能满足检验的理论所取代。

在笔者看来，科学的预见性，是科学之所以为科学最为重要的判别标准。如果科学只能说明已知的现象，那么，科学就没有多大的改造世界的意义。构建科学，不仅在于认识世界，更重要的是改造世界，让人在世界中更加自由。例如，没有牛顿三大定律和万有引力定律，人们就不可能将人造卫星发射上天。正是这些理论的科学预见，人们才知道，要成功的发射人造卫星，必须达到一定的速度要求。绕地球半径的圆形轨道飞行的人造天体的速度为第一宇宙速度，约等于7.9公里/秒。人造天体脱离地球引力束缚的最小速度为第二宇宙速度，约等于11.2公里/秒。人造天体脱离太阳引力束缚所需要的最小速度为第三宇宙速度，约等于16.7公里/秒。①

---

① 见"宇宙速度"，载《百度百科》，https：//baike. baidu. com/item/%E5%AE%87%E5%AE%99%E9%80%9F%E5%BA%A6/375779? fr = aladdin.

对于第一宇宙速度 7.9 公里/秒，人们不可能通过任何经验的试验、爆竹、汽车或飞机的试验而得到，它只能来自科学理论的预见。虽然中国早就有了爆竹，但我们不可能偶然地将爆竹成功地发射到天空中，并绕地球运转，因为第一宇宙速度太高了，还必须制造相应的飞行工具，即需要在技术人工物的制造上有新的突破。从这一意义来讲，科学的预见性是与技术的发明相联系的。如原子力显微镜，需要根据量子世界微观粒子的特点来研究，而不可能在经典科学的基础上研制出来。

（5）可错性。科学总是对自然界的某一类对象或某一范围进行探索，因而，科学并不能保证对全宇宙都是正确的。科学具有可错性是指科学的真理性总是有条件的，有适应的范围。科学理论超出其适用的范围，就会转变为错误。几乎所有的科学理论是"全称陈述"，而全称陈述是不可能得到"证实"的。按照波普尔的观点，科学理论虽然不能被经验证实，却能被经验证伪，其逻辑根据是全称陈述和单称陈述之间的逻辑关系具有不对称性。科学的真理性在于它能够被证伪，不能证伪的理论是没有真理性的。一个理论或科学定律是可证伪的，是因为它对世界提出了明确的看法。证伪主义给我们的启示是，科学理论应当越精确就越具有真理性。

例如，牛顿理论比开普勒理论更具有可证伪的潜在可能。牛顿的理论是由运动定律加万有引力定律组成。牛顿理论的某些潜在证伪理论是关于在特定时间行星位置的若干组陈述，但是还有许多其他的陈述，包括涉及落体和钟摆的行为，潮汐与日月位置之间的相互关系等。对牛顿理论的证伪比对开普勒理论的证伪有着多得多的机会。因而，按照证伪主义观点，牛顿理论比之开普勒的更具真理性。

近代以来特别是物理学和生物学所取得的成就，为科学活动立下了一条极其严格的标准：理论必须能够经受得起检验。科学只能包含有限的经验，因而必然要为以后的经验所否定，这正是理论具有科学性的表现，这种"否定"并不把前驱科学理论全部推翻了，而是前驱科学理论作为后驱科学理论的极限或一个正确的部分。科学的可错性表明，科学内在具有被证伪的可能，科学不等于正确。我们不能把科学看作万能，科学需要有人文作为补充。

承认自己是可错的，这是一种大无畏的革命精神，这也是科学区别于其他知识体系的重要标志。科学承认自己是可错的，这也是科学进步的重要表现。科学承认自己是可错的，并不等于科学没有真理性，而是说以更高的逻辑和经验标准来看，科学的真理性是相对与绝对的统一。

前面我们讨论了技术的二象性，即技术既具有知识形式，又具有实践形式。从知识形式的技术来看，技术与科学是相通的，但科学与技术仍然有很大的区别。

（1）从知识的逻辑一致性来看，科学作为系统的理论体系，它具有逻辑一致性。而技术知识不一定具有逻辑一致性。比如，技术经验往往是经验的总结，这种技术经验的知识缺乏系统性，它是针对某种特殊人工物或实践活动的知识。如羽毛球的小球网前技巧，有专业运动员的打法，也有业余羽毛球爱好者的打法。由科学的应用所形成的技术知识，往往会具有逻辑一致性。关键是，技术知识在于追求有用性，不在于追求知识是否是真理。

科学知识基本上都能够明确地表达出来，科学知识属于明言知识（explicit knowledge）。但是，有的技术知识属于意会知识（tacit knowledge），它只能用熟练操作技巧表现出来。意会知识不同于用语言、文字等工具和手段加以明确表述的明言知识。意会知识是个体自身明白但暂时表达不出来的知识，往往同人的实践融为一体，难以清楚地表达出技能的所有细节，因此人们认为它们是无法言传的。

《庄子·天道第十三》有一个著名的《轮扁斫轮》的故事：

桓公读书于堂上，轮扁斫轮于堂下，释椎凿而上，问桓公曰："敢问公之所读者何言邪？"公曰："圣人之言也。"曰："圣人在乎？"公曰："已死矣。"曰："然则君之所读者，古人之糟粕已夫！"桓公曰："寡人读书，轮人安得议乎！有说则可，无说则死！"轮扁曰："臣也以臣之事观之。斫轮，徐则甘而不固，疾则苦而不入，不徐不疾，得之于手，而应于心，口不能言，有数存焉于其间。臣不能以喻臣之子，臣之子亦不能受之于臣。是以行年七十而老斫轮。古之人与其不可传也，死矣。然则君之所读者，古人之糟粕已夫！"

轮扁讲的是留存下来的书都是糟粕，他通过"斫轮"的过程来说明。车轮各部件制作安装要不松不紧，恰到好处，要与心中所想相应，但语言是无法表达的这种适宜的程度，正是"得之于手，而应于心，口不能言，有数存焉于其间"。在笔者看来，这段话是否还有这样的意味：古人留下的书，是文字可以表达的，是糟粕。语言最宝贵的东西是它的意思。而与技术相联系的那些难言的知识，需要亲自体验才会搞清楚。因此，不能只读书，必须要有实践，实践出真知。

庄子的《轮扁斫轮》故事，不同于孔子所讲的"君子有三畏：畏天命，畏大人，畏圣人言。"（《论语·季氏第十六》）孔子是说，君子有三种惧怕，一是怕天命，二是怕王公大人，三是圣人讲的话和圣人著的书。孔子又说："述而不作，信而好古。"（《论语·述而第七》）显见，孔子的"三畏"，是尊古怕官，不是向着未来，何来知识的创造？

（2）从经验检验来看，科学接受严格的经验检验，而技术知识来自经验总结，或者来自科学的应用，或者来自技术理论，可见，技术知识当然要接受经验

113

检验，但是，技术知识接受经验检验的精确程度往往低于科学的要求，技术知识的精确程度取决于实际的实验室技术、工程技术或产业技术或工程等实践活动的需要。

（3）从解释性和预见性来看，科学具有解释性和预见性，而作为知识的技术也具有解释性和预见性，但两者有所差别。科学的解释和预见，更加精确；而技术的解释和预见的精确性要差一些。比如，我们根据一把枪的知识，来预见该枪的射击精度和远近，然而，每一次的实际射击精度和远近，还与射击手的经验和心理状态等有关。这就是说，科学的解释和预见，原则上可以排除人的干扰，但是，技术的解释和预见，都与作为使用者的主体的人有一定的关系。

（4）从可错性来看，科学是可错的，这是从真理性角度对科学的评价，然而，技术知识不存在是否可错的问题，而是是否有用的问题。一台计算机，无论质量有多大的差异，它都可以完成一些基本的计算功能，只不过运算的速度和精确程度等不一样。

从技术的实践形式来看，科学与技术有更大的区别。科学虽然离不开科学实验（技术实践的一种形式）的检验，但是，科学本身关注的是构建理论体系；而技术关注的是实际实践活动，并不关心技术理论是否正确。

科学理论与技术理论的区别，可以通过望远镜的光学镜头来认识。

（1）望远镜头的核心技术概念、技术规律和技术原理来自科学的光学理论（包括几何光学、波动光学等），以及其在望远镜制造过程中所形成的特有的光学技术理论。

1608 年荷兰眼镜商里帕席（Lippershy）最早发明了望远镜。1609 年伽利略制造了第一架望远镜，物镜为凸透镜，目镜为凹透镜，放大率为 33 倍，并首先用光学望远镜观测月亮、太阳、恒星和银河系，发现了木星卫星。自此以来，性能越来越好的各种天文望远镜探测各种不同的天体。天文望远镜的发展始终与科学和技术的发展和进步密切联系。在望远镜的发展过程中，从单纯观测天体的光学成像，到观测天体的光谱，由此人们可以了解天体的化学成分、物理状态、视向速度等。对于大型望远镜的研制，除了望远镜本身之外，还要设计望远镜的机架，而且机架也是相当复杂的。在此仅研究一般光学望远镜的设计，并不考虑相关的机架问题。

光学望远镜必须以科学理论和技术理论为基础。光学望远镜的设计与制造，需要光学理论。

在光学理论中，波动光学是一个基础。在望远镜设计中，波动光学涉及的基本的光学概念和理论：光的最基础的理论是光的电磁理论。

几何光学是望远镜光学设计的基础，而且对光学仪器的镜筒设计具有重要的指导意义。在几何光学中，包括光的直线传播定律、光的独立传播定律、光的折射定律、光的反射定律等。还涉及近轴光路的成像规律的内容，如焦距、像面位置、放大率、光学系统组合（如透镜的组合）等。如，无论天文望远镜的光学系统分为折射系统、反射系统和折反射系统三类。常见的反射系统有牛顿望远镜、卡塞格林望远镜、格雷戈里望远镜。折反射系统有：施密特望远镜、马克苏托夫望远镜等。其中卡塞格林望远镜是最常见的望远镜光学系统，它具有焦距较长、底片比例尺较大、可以放置较大的接收器而且不挡光等特点。美国的哈勃太空望远镜也是卡塞格林望远镜系统。

几何光学属于"光的直线传播"原理，然而光的衍射是几何光学所不能解释的物理现象。现在的衍射理论建立在 17 世纪惠更斯（Huygens）提出的惠更斯原理之上，该原理是说：惠更斯定性地提出了次波假设来解释光的传播，来说明光的衍射现象。菲涅耳（Fresnel）根据惠更斯的"次波"假设，补充了波的位相和振幅特征，定量地给出了波的位相和振幅了的表达式，这就是惠更斯—菲涅耳原理，它能够解释光束通过各种形状的障碍物所产生的衍射现象。光振动更准确的公式是由菲涅耳—基尔霍夫公式给出。菲涅耳—基尔霍夫公式可以根据麦克斯韦电磁场方程，引入单色波等有关近似，可以严格推导出来。

（2）在望远镜光学成像过程中，仅有光的传播还不只以解决光的成像问题。这里还有一个衍射成像的理论。需要研究物面光振动在像面上产生的衍射效果。如果我们可以讨论单色光的"空光学系统"（仅有光瞳而没有物镜的系统）的成像规律，这是理想情况。但是，在空光学系统中，加入实际成像元件，就成为实际光学系统。实际光学系统，还需要引进光程差和波像差。对于波动光学的物像关系，距离较近的衍射要用菲涅耳近似，而距离较远要用夫朗禾费近似。

在现代大型望远镜的制造中，还必须包括大型镜面支撑技术，因为大型镜面太重，镜面将在重力的作用发生变形，从而影响光学的成像质量。大型镜面支撑技术包括机械浮动式支撑、杠杆重锤支撑等，这些技术又涉及先进的机械制造技术、高强度结构材料、高精度滚动轴承和静压油垫轴承等。

（3）消极保护望远镜光学理论硬核的"反面启示法"。在光学成像的计算中，包括对球面、抛物面、双曲面等理想化的透镜的成像的计算。还包括成像的光谱的分析、光的成像质量、放大率等分析。不同频率的光的成像质量等分析。这其中，不同中径的镜头的成像也有区别。在光学计算的基础上，实际的镜头的设计和镜面的镀膜技术都必须考虑已有的制造和使用经验。

第 五 章

技术的先验分析

考察技术的先验（transcendental）分析，最早可以追溯到柏拉图的理念论，经由康德的先验哲学，再到德韶尔的技术思想中达到了新的高度。但无论是柏拉图、康德还是德韶尔，他们对技术的先验分析都不可避免地遭到一些批评性审视。对技术的"物自体"与"理念"以及技术现实生成与存在进行再认识，事实上，对于技术的现实生成与存在而言，先验因素与后天的经验因素是互为前提和基础的。

第一节　技术先验问题的历史考察

"先验"意指"关于先天的"，是康德从形而上学角度引入的一个哲学术语，表示先于经验，且独立于经验，又对经验有效的可能条件，康德把专门研究人类思维之先天认识形式的理论称为"先验哲学"。[①] 康德的先验哲学，一是主张科学知识必须同时具有先天的和经验的两个因素，经验因素为科学知识提供内容，先天认识形式为科学知识提供形式，先天认识形式、尤其是其中的先验范畴是普遍必然的科学知识成为可能的必要条件；[②] 二是康德对"范畴"的"先验演绎"，

[①]　张志伟：《西方哲学史》，中国人民大学出版社 2002 年版，第 542 页。
[②]　同上，第 537～542 页。

其目的是从思维本身来论证知性的先验"范畴"这一思维的"主观性条件"具有"客观的有效性",与经验没有任何关系。① 简言之,康德的先验哲学旨在从形而上学角度阐明具有普遍必然性的科学知识需要先验范畴这一先在依赖性。从形而上学角度对技术进行哲学思考,技术的现实生成与存在也需要先在依赖性。

我们先简要考察一下技术先验问题。

首先,柏拉图在他的理念论中对技术的生成与存在进行了先验分析。在《理想国》中,柏拉图把世界分为两个真实程度不同的世界,即可知的"理念世界"和可感的"感觉世界"。在柏拉图看来,①理念是"一类事物的本质",即"类本质",它是事物的本体,是绝对的自身存在;②有别于可感的具体事物,与之绝对地相分离,且不可能转化为他物;③可知的理念是可感事物的根据和根源,可感的事物因"分有"了理念而具有某种程度的真实性和实在性;柏拉图以床为例进一步阐明他的理念论,认为"自然的床"是神造的,它是床的本质的形式或理念,工匠不能制造它,只能模仿它,而且工匠只有以它为模型才能制造出一张现实可感的床②。

其次,德韶尔在他的现代技术发明思想中对技术进行了先验分析。德韶尔吸收柏拉图关于作为类本质的"理念"是神造的思想,认为现代技术的本体和本质源于上帝创造的柏拉图式的现代技术"理念",现代技术所具有的独特力量既不是源自工业生产中的生产者或制造者,也不是源自日常生产生活中的使用者,而是与上帝的精神密切相关。③ 这一现代技术"理念"既是现代技术客体的本体存在,也是现代技术客体之本质的存在状态或根本,在现代技术发明活动中,它被人类思维着的精神获取,经人手的加工转变为经验世界中的现实存在。④ 可见,德韶尔通过引入和发展柏拉图式的"理念"来阐明隐藏在现代技术力量和作用中的本体与本质,揭示出现代技术的本体与本质源于现代技术"理念",并试图通过现代技术发明活动把人的思维与技术"理念"联系起来。

如前文所述,德韶尔认为现代技术具有目的性特征,或者说,现代技术客体因人类的目的而存在。一般而言,现代技术发明"始"于人类的头脑感觉到当前状况不能满足实际的需求或愿望,需要通过现代技术行动和手段来加以实现,进而将其转化为需要解决的现实技术问题和要达成的现实技术目的,"止"于内心需求或愿望的满足,即现代技术客体的现实生成。因此,多数情况下,为解决现代技术问题,人们会积极主动地采取现代技术行动,这一行动的"始端"一般是

---

① 张志伟:《西方哲学史》,中国人民大学出版社 2002 年版,第 547 页。
② [古希腊] 柏拉图,郭斌和、张竹明译:《理想国》,商务印书馆 2014 年版,第 391~393 页。
③ 王飞:《德韶尔的技术王国思想》,人民出版社 2007 年版,第 49 页。
④ 同上,第 79 页。

为寻找或发现解决现实问题的现代技术方案而进行的现代技术发明，德韶尔直截了当地把现代技术发明界定为"在精神中获取理念世界中业已存在的解决方案，进而借助人工手段使其得以实现"。①

由于德韶尔认为关于现实技术问题的"解决方案"并不是人类思维创造出来的，而是"业已"存在于上帝理念世界中，是上帝尚未完成的创造，因此，它如柏拉图式的"理念"，在人类的技术发明与制造活动之前就已经客观真实地存在着，等待人类的发现和继续完成。相对于经验世界中真实存在的现代技术客体，柏拉图式的现代技术"理念"是潜在的技术可能性形式或结构，人类以它为模板，借助人手，有目的地对对象性客体进行加工和制造，才能制造出客观实在的现代技术客体。如此，可以将现代技术发明理解为：人类将上帝创造的现代技术"理念"加以现实化，简言之，即"理念"的现实化。这就是说，在德韶尔看来，现代技术以潜在的可能性形式客观真实地存在着，现代技术发明活动能否实现、现实的技术问题能否成功解决，决定性的环节是人类在进行技术构思和设计时，思维着的精神能否发现或找到这一潜在的技术可能性，在这个意义上，"发明"又是一种"发现"，② 但不同于科学认识活动在现实可感的自然领域内"发现"现实存在的自然规律，现代技术发明活动是在上帝创造的现代技术可能性领域内"发现"潜在的现代技术本体，它是人手加工和制造的前提。③

为了进一步阐明现代技术发明具有的特殊地位，德韶尔运用康德的先验哲学范式对其进行了阐述，即在康德三大先验王国之后，德韶尔加上了"第四王国"——一个存在着现代技术客体之可能形式或结构的先验技术王国，④ 它是上帝创造的现代技术可能性领域，由"全部业已存在的解决方案的总和"构成。⑤ 同时，德韶尔融合柏拉图关于神造的"理念"是类本质的思想以及康德关于事物的"现象界"背后还存在着一个超验实在的"物自体"本体的思想，认为由现代技术"理念"之总和构成的先验技术王国中还存在着超验实在的本质存在——康德式"物自体"，现代技术客体的本质不是预先在自然物的"现象界"找到的东西，而是源自"第四王国"中超验实在的康德式"物自体"。⑥ 德韶尔以飞机为例，认为超验实在的康德式"物自体"隐藏在柏拉图式的现代技术"理念"中，当发明者思维着的精神以目的为导向在"第四王国"中寻找技术"理念"

---

① Friedrich Dessauer, *Streit um die Technik.* Frankfurt, Verlag Josef Knecht, 1956, P. 55.

② 同上，1956, P. 58.

③ 王飞：《德韶尔的技术王国思想》，人民出版社 2007 年版，第 57 页。

④ 乔瑞金主编：《技术哲学教程》，科学出版社 2006 年版，第 50 页。

⑤ Friedrich Dessauer, *Streit um die Technik.* Frankfurt：Verlag Josef Knecht, 1956, P. 154.

⑥ ［美］卡尔·米切姆，陈凡等译：《通过技术思考——工程与哲学之间的道路》，辽宁出版社 2008 年版，第 42～43 页。

时，康德式"物自体"也正通过发明者的精神前行着，发明者的认知形式能够无限地接近它，而且在经得自然知识的检验后，在机器运行、即在机器加工自然物和制造技术"现象"时，它发挥功能，完成物的本质，生成新的技术客体。① 这意味着，在现代技术发明活动中，当思维着的精神在寻找现代技术"理念"时，人类的认知形式可以遇上康德式"物自体"，而且在机器运行时，待它的功能得到发挥后，它又作为新的具有自身规律的本质存在出现在经验世界中。② 经过这一过程，现代技术由潜在的可能性状态转化为现实存在，人类也因此获得了对现代技术本质的深刻认识，即把握了物的本质。这样，原本在康德看来，通过科学认识活动无法被人类理智认识和把握的"物自体"，德韶尔认为，通过现代技术发明活动，不仅人类的认知形式可以接近它，而且能被人类的理智所认识和把握。同时，原本在康德看来，离开中介，科学认识、甚至道德实践和审美判断的经验活动均无法与之发生确切联系的"物自体"，德韶尔认为，通过现代技术发明活动，以人的思维着的精神为中介，现代技术"理念"可以与之发生必然的联系。③ 简言之，在德韶尔看来，现代技术发明具有通达形而上学本体的特殊地位。

同时，德韶尔的现代技术发明思想也得以明晰：①作为现实技术客体之潜在可能形式或结构的技术"理念"和作为现实技术客体之超验本质存在的康德式"物自体"都是"业已"存在于上帝的理念世界中，它们由上帝创造。在现代技术发明活动中，现代技术"理念"被人类思维着的精神所获取，"物自体"能被人类的理智所认识和把握，二者有着必然的联系。②隐藏着康德式"物自体"的现代技术"理念"之总和构成先验性质的"第四王国"，它给人类的现代技术发明与制造活动划定了可能性范围，经验世界中的现代技术发明要以这一现代技术"理念"为先验前提才能成为可能。③人类以"发现"的现代技术"理念"为先验前提，经知识的检验以及人手的加工和制造，转化为客观实在的现代技术客体。④现代技术发明的本质是上帝"理念"的现实化，作为现代技术发明活动之产物的现代技术客体是"第四王国"中超验实在的康德式"物自体"在经验世界中的物质体现。

---

① 乔瑞金主编：《技术哲学教程》，科学出版社 2006 年版，第 51 页。
② 同上，第 51～52 页。
③ ［美］卡尔·米切姆，陈凡等译：《通过技术思考——工程与哲学之间的道路》，辽宁出版社 2008 年版，第 41～43 页。

第二节　对历史上技术先验分析的审视

由于德韶尔的现代技术发明思想与柏拉图和康德的先验论有深刻的理论渊源，因而对历史上技术先验分析的批判性审视，可以以批评性地审视德韶尔现代技术发明思想对技术的先验分析作为突破口。德韶尔的现代技术发明思想将柏拉图形而上学的理念发展为现实的技术本体，并将康德以科学认识活动为基础的形而上学发展为以现代技术发明活动为基础的经验世界之上的形而上学，①　建构了技术本体论和认识论的技术哲学体系，奠定了技术的新哲学基础。但德韶尔关于现代技术发明活动的相关神学解释也无法幸免于批判性地审视，主要有如下三个方面。

第一，关于德韶尔现代技术发明概念中的宗教神学内涵。德韶尔指出现代技术的本体源于柏拉图式的现代技术"理念"，为了将人类的思维与隐藏着"物自体"本质的"理念"本体联系起来，德韶尔将思考的焦点引向现代技术行动的"始端"——现代技术发明活动，并对现代技术发明的概念进行了界定。从界定的内容看，①现代技术发明伊始，发明者进行技术构思和设计时在先验的"第四王国"中"发现"上帝创造的"解决方案"，它如柏拉图的"理念"，具有先在性和预成性，用康德的话说，就是具有先验性。因此，严格意义上讲，现代技术发明不是如人们所理解的，是人类设计并创造出从未存在的事物，而是人类"发现"上帝创造的潜在技术可能性，这是人类的现代技术发明得以实现的真正前提和基础。②发明者"发现"的现代技术"理念"经人手的加工而现实化为客观实在的现代技术客体，"第四王国"中超验实在的本质存在出现在经验世界中，现代技术发明得以实现。如此，现代技术发明活动本来是一项极为专业的系统工程，在德韶尔的神学技术发明思想中，简化为了上帝"理念"的现实化；本来蕴含着人类本质力量的现代技术发明活动，在德韶尔看来，是人类按照上帝的安排或计划继续着上帝"尚未完成的创造"，现代技术客体的现实生成、现代技术发明的实现成了"上帝通过人类，完成了自己的作品"。②　总之，人类的所有技术发明活动都是按照上帝的意志和计划进行的，人类是上帝创世活动的继承者和现代技术客体现实生成的"助产婆"。德韶尔这一忽视或轻视了人类本质力量的神

---

①　王飞：《德韶尔的技术王国思想》，人民出版社 2007 年版，第 80 页。

②　Friedrich Dessauer, *Streit um die Technik.* Frankfurt, Verlag Josef Knecht, 1956, P. 240.

学界定，是笔者要进行批判性审视的第一个要点。

"发明"一词来源于拉丁文："invenire"，意思是"突然产生""找到"或"发现"，如古代的简单发明所依赖的对既定事物中各要素间可能联系的偶然观察或发现；它还用来表示"一种展示相同经历和客观证实的能力"。① 同时，相对于"设计"这一有目的的计划，"发明"是一种偶然的设计，它更多的是一种凭直觉、甚至是通过偶然的方法进行的活动，"意外发现"的成分在其中发挥着强大的作用。② 也就是说，"发明"的原义的确包含着"发现"和"客观性的要素"，德韶尔预设一个先验领域来解释现代技术方案的客观性本来是无可指摘的，遗憾的是，他并没有深究人类何以能够"发现"客观存在的东西，也没有进一步考究古代偶然性技术发明到现代系统性技术发明的发展和演变。

17 世纪初期，培根首次对"发明"进行了明确论述，他使技术发明具有了现代意义。这时的技术发明是相对于缓慢成熟或逐渐递增的技术变化而言的，从起源看，它源于人类某种概念上的科学思想或想象上的构思；从过程看，它需要具有专业性技术技巧的发明者通过可操作性的测试或物质制造来对它（们）进行实验性和试探性的研究、检验和证明；从结果看，它是将一种思想或构想转变成现存世界中的新事物，即创造出现存世界中未曾存在过的人工物。③ 可以说，近代技术发明是一种被人类的实践性活动所证实的意识活动，具有现代观念，它既依赖于科学知识，也依赖于专业性的技术技巧，用培根的话说，就是一种基于科学的发明。尽管此时的技术发明包含了科学因素和社会经济因素，隐含了人类社会历史进程中技术成果的累积与整合，但一直到 19 世纪初期，技术发明仍然被认为是一种依靠个人直觉和创造性的产物。④

19 世纪下半叶以来，即约瑟·奥特加（Jose Ortega）所称的"现代技术"时期和芒福德所称的"技术专家和工程师的技术"时期，门罗实验室和贝尔实验室的建立标志着人类创造了"现代工程"这一新的发明方法，现代技术发明从此成为高度制度化和组织化目的的产品。⑤ 具体地说，19 世纪下半叶以来的现代技术发明已经成为现代工程建造意义上的系统性发明，它不仅依赖于以数学与受控实验相结合的自然和工程科学研究及其成果，还依赖于系统化的工程设计，依赖于来自不同专业领域的科学家、技术专家、工程师等组成的技术共同体在设计过程中的沟通与协商以及他们对具体技术人工物的制造或建造等。

---

① ［美］卡尔·米切姆，陈凡等译：《通过技术思考—工程与哲学之间的道路》，辽宁出版社 2008 年版，第 296 页。

② ［美］同上，第 296 页。

③ ［美］同上，第 294 页。

④⑤ ［美］同上，第 295 页。

尽管作为科学家和工程师的德韶尔在对现代技术发明进行哲学思考时把技术与工程"合二为一",他在区分"开创性发明"与"开发性发明"时认为前者是多种因素综合的结果,如人类目的的推动、自然物质基础的具备以及自然和技术规律的遵循等,后者以前者为基础,还需要社会条件和科研团队的周密计划,但他认为以上因素只是现代技术发明所需的必要条件而不是充分条件,他更强调现代技术"理念"的先验前提性和"发现"环节的决定性。实际上,现代技术发明活动远不止德韶尔所强调的现代技术"理念"以及人类对它的"发现",现代技术发明是一个专业化和系统化的复杂社会过程,它所需的科研、设计、沟通与协商以及制造或建造等环节都是环环相扣的,这些环节及其包含的要素不说更重要,至少它们的重要性也是相当的,而且其中的每一个环节都与人类的本质力量有着必然的联系。

第二,关于现代技术发明之先验前提归功于上帝创造力的观点。德韶尔运用康德的先验哲学范式阐释"业已"存在于上帝理念世界中的现代技术"理念"是经验世界中现代技术发明得以可能的先验前提。这意味着,德韶尔并未吸收康德先验哲学关于"先验"是人类思维认知事物所必需的先天因果关系范畴的思想,而将现代技术发明之"理念"前提的先验存在归功于上帝的创造力。德韶尔这一忽视人类思维之先验能力的神学阐释是要进行批判性审视的第二个要点。

"先验"意指"关于先天的",是康德从形而上学角度引入的一个哲学术语,表示先于经验,且独立于经验,又对经验有效的可能条件,康德把专门研究人类思维之先天认识形式的理论称为"先验哲学"。① 康德的先验哲学,一是主张科学知识必须同时具有先天的和经验的两个因素,经验因素为科学知识提供内容,先天认识形式为科学知识提供形式,先天认识形式、尤其是其中的先验范畴是普遍必然的科学知识成为可能的必要条件。② 二是康德对"范畴"的"先验演绎",其目的是从思维本身来论证知性的先验"范畴"这一思维的"主观性条件"具有"客观的有效性",与经验没有任何关系。③ 简言之,康德的先验哲学旨在从形而上学角度阐明和论证具有普遍必然性的科学知识需要先验范畴这一先在依赖性。德韶尔从形而上学角度对现代技术发明进行哲学思考,也认为现代技术发明活动需要先验的技术"理念"这一先在依赖性,但遗憾的是,德韶尔对这一先在依赖性的解释是神学性质的。

康德的先验哲学认为,人类思维之先天认识形式具有先天想象力、先天知识能力和先天推理能力,并通过"先验演绎"证明了它们能在追求真理的科学活动

① 张志伟:《西方哲学史》,中国人民大学出版社 2002 年版,第 542 页。
② 同上,第 537 ~ 542 页。
③ 同上,第 547 页。

中发挥作用，是普遍必然的科学知识成为可能的先验前提。① 德韶尔指出，人类进行技术构思设计时，柏拉图式的现代技术"理念"即关于现代技术问题的"解决方案"会伴随"内心图像"的出现呈现在人类的想象中，并在随后的思考中经"自然知识"的检验后被人类思维着的精神获取。② 这就意味着人类在技术构思设计时需要发挥自身具有的想象力、知识能力和推理能力才能获取现代技术"理念"，根据康德先验哲学的主张，这三种能力的有效发挥要以人类思维之先天认识形式所具有的三种先天能力为先决条件。换言之，人类思维具有的三种先天能力是人类在技术构思和设计时能够形成现代技术方案的先决条件，即是说，正是人类思维所具有的某些先天能力使人类能够在现代技术发明活动中"发现"现代技术方案。如此可见，现代技术方案并不是如德韶尔所言源自上帝的理念世界，归功于上帝的创造力，而是源自人类的大脑思维，归功于人类思维之先天认识形式具有的某些先天能力。

第三，关于现代技术发明之物的本质可知而不可造的观点。德韶尔融合柏拉图关于"理念"是神造的类本质的思想和康德关于超验实在的"物自体"本体的思想，认为现代技术客体的康德式"物自体"隐藏在先验的现代技术"理念"中，在人类进行现代技术发明活动时，伴随着自然知识的检验和机器对自然物加工和技术"现象"的制造，它作为具有自身规律的本质存在出现在经验世界，在这一过程中，人类的理智能够认识和把握它。这就意味着，尽管德韶尔另辟蹊径阐明了现代技术发明之物的本质是可知的，在一定程度上超越了康德的"物自体"不可知论，但他认为物的本质不是人类创造的，是由上帝创造，是预先存在的。简言之，在德韶尔看来，对人类而言，现代技术发明之物的本质是可知而不可造的。这样，德韶尔又陷入了唯心主义和宗教神学的泥潭，这是要进行批判性审视的第三个要点。

柏拉图在《理想国》的第十卷中指出，一类事物只有一个形式或理念，他以床为例进一步指出，"自然的床"是神造的，它是真正的床或床的本质的形式或理念，由于工匠不能制造事物的本质，因而他也不能制造真正的或本质的床，只能以作为类本质的床的理念为模板制造出一张具体而特殊的、像实在但又不是真正实在的、现实可感的床。③ 但亚里士多德对此作出了批判，认为柏拉图把事物的类本质视为绝对独立的存在，从而使它与具体事物相分离了。④ 亚里士多德在《物理学》中指出，①由于技术的东西或工艺制品和其他事物一样，"都是从载

① 张志伟：《西方哲学史》，中国人民大学出版社 2002 年版，第 545 ~ 551 页。
② Friedrich Dessauer, *Streit um die Technik*. Frankfurt: Verlag Josef Knecht, 1956, P. 142.
③ [古希腊] 柏拉图著，郭斌和、张竹明译：《理想国》，商务印书馆 2014 年版，第 391 ~ 393 页。
④ 张志伟：《西方哲学史》，中国人民大学出版社 2002 年版，第 89 页。

体和形式生成的"，从自然物和由之生成的人工物之间的关系层面，他又把载体称为"事物由之生成并继续留存与其中"的质料，如青铜对雕像、白银对酒杯等，即技术人工物的载体或质料由自然物提供。他又以床为例，认为如果仅仅只有床的质料而没有床的形式和形状，潜在地只是一张床而不是现实的床，因此技术人工物又是作为技术潜在的质料与作为现实的形式的复合体，同时，质料与形式作为事物的两个根本原因，它们在同一事物中是彼此对立而不能转化的。①②他以雕像为例，认为"要塑造的这座像的本质"就是雕像的形式，这一形式包含着两层含义，一层是作为雕像"是其所是"之原理的内在本质，它与柏拉图作为类本质的形式或理念同源，一层是作为雕像之结构或模型的外在形状，雕像的内在形式要通过外在形状来表现，而且雕像的内外两类形式除了在理性上外，不与具体事物相分离，即形式总是存在于具体的质料或事物中。③如果技术是模仿自然，那么在技术中，认识或通晓形式和质料是物理学这门科学的任务。他以使用舵的舵工和造舵的木工为例，认为舵工要知晓舵是什么性质的形式和规格特点，木工则要知晓造舵的质料以及它的制作活动过程。②从亚里士多德对柏拉图的批判来看，在技术活动中，现实技术客体从既对立又统一的质料和形式生成，同时又对立统一地存在于同一现实技术客体中，被人类知晓。也就是说，人类在通晓质料与形式的基础上，能够以某一自然物提供的质料为前提制造出具有内在本质和外在形状的现实技术客体。可见，德韶尔并没有像亚里士多德那样批判性地审视和深究柏拉图关于类本质神造的思想而是直接吸收了他们的思想，以致否定人类具有制造康德式"物自体"的这一创造性实践能力。

同时，康德把事物二分为可知的"现象界"和不可知的"物自体"，恩格斯批判康德"否认彻底认识世界的可能性"，并阐明人类不仅能够通过思维活动彻底认识包括康德式"物自体"在内的世界，还能通过实践活动生产和制造它。恩格斯以有机化学为例指出，由于自然科学和工业生产的进步，人类通过科学实验与现代大工业生产方式相结合的现代科学实践活动能够制造出植物或动物体内产生的某一化学物质，如茜草中的茜素，"按照它的条件把它生产出来，并使它为我们的目的服务"，这就不仅证明人类对它的理解和认识是正确的，还证明人类能将存在于自然物中的康德式"物自体"（也称为"自在之物"）转化为满足或服务于人类目的的"为我之物"。③可见，德韶尔关注到了现代技术发明活动中人类对技术"现象"的制造，但他否定人类对技术"物自体"的制造。

需要特别指出的是，在"现代技术"时期，人类在科学实验和工业大生产中

---

① 张志伟：《西方哲学史》，中国人民大学出版社 2002 年版，第 119 页。
② ［古希腊］亚里士多德，徐开来译：《物理学》，中国人民大学出版社 2003 年版，第 32～33 页。
③ 《马克思恩格斯选集》（第 4 卷），人民出版社 1995 年版，第 225～226 页。

只有以现代工具、机械装置和设备为技术基础且能有效地使用它们，才能成功地将"自在之物"转化为"为我之物"，而这一转化的成功实现不是像"偶然技术"时期通过不断试错而偶然获得的偶然性技艺来保证的，也不是像"工匠技术"时期通过师徒传艺和实践经验积累而获得的经验性专业技巧或规则来保证的，它是通过精密的自然和工程科学实验而获得的科学与技术知识为基础的理性技术规则来保证的。也就是说，在现代技术发明活动中，人类使用现代工具、机械装置和设备加工自然物时，需要理性技术规则来保证具体操作的有效性，现代技术发明活动中的"人手加工"可以说是"由科学和技术知识作指导"的"理性行动"，[①] 相对于科学认识活动强调思维具有的理性认识能力，这一理性行动强调人类肢体具有的理性实践能力。虽然德韶尔关注到了现代技术发明活动的"人手加工"环节，但他没有强调和突出它所蕴含的理性因素，没有将它与古代和近代技术发明活动的"人手加工"作出根本性的区别。

简言之，在现代技术发明这一创造性的实践活动过程中，人类通过自身思维具有的理性认识能力能够认识康德式"物自体"，以此为前提和基础，通过自身肢体具有的理性实践能力，人类在有目的地加工自然物、制造技术"现象"时，也在制造着技术的康德式"物自体"。

第三节　德绍尔物自体观中的悖论与再认识

在人类的理智能否把握物自体的问题上，德绍尔的物自体观存在一个悖论。康德不可知的超验物自体包括感性的物自体和理念的物自体，二者与经验性对象有不同的关系。德绍尔将自然物的物自体（TII_1）与技术人工物的物自体（TII_2）绝对地相分离，TII_1 是康德的感性物自体，TII_2 是康德的理念物自体，而且，TII_2 隐藏在柏拉图式的技术理念中，它随着技术理念的现实化而得到物化，这样，较之科学认识活动，人类在技术发明活动中能够经验的范围更宽广，TII_2 被人类的理智把握。基于经验事实，TII_2 是人类以自然物为基础建构的，它既包含着人类的目的或意向，又与 TII_1 具有某种程度的同一性。

一、德绍尔的物自体观中存在的悖论

康德的先验哲学认为，人类思维具有的因果关系范畴是人类认知事物的先验

---

① 张华夏、张志林：《技术解释研究》，科学出版社 2005 年版，第 101 页。

范畴。在《纯粹理性批判》中，他把事物二分为现象界和物自体，认为现象界是因果关系范畴发挥作用的领域，它是人类能够经验的对象。通过科学活动，现象界能被人类认识，它为认识提供质料，构成知识的客观内容。[1] 物自体是存在于现象界背后的对象自身，离开中介，先验范畴永远都不能与它发生联系，因而它属于人类经验所不能及的范围，是不被人类理智认识的超验实在。简言之，在康德看来，事物的现象界可知，物自体不可知。

针对康德的物自体不可知论，恩格斯在《路德维希·费尔巴哈和德国古典哲学的终结》中，批判康德否定人类具有彻底认识世界的能力，认为自然物的物自体不仅可知，而且可以转化为"为我之物"。恩格斯以茜草中的色素——茜素为例指出，"植物和动物身体中所产生的化学物质，在有机化学开始把它们制造出来之前"，它们一直是"自在之物"，即康德所称的"物自体"，一旦有机化学把它们制造出来，它们就成为为我们目的服务的"为我之物"了，"既然我们能够制造它，说明我们对它的理解和认知是正确的"。[2]

德国工程技术哲学家德绍尔在他的技术哲学思想中把康德的物自体规定为事物的本质，他一方面认同康德，认为人类的理智通过科学活动的确仅能够认识和把握自然物的现象，不能认识和把握作为自然物之本质的物自体（TII_1）。另一方面，他又批判和超越康德，认为在技术发明活动，关于技术问题的"解决方案"即柏拉图式的技术理念"必然要与超验的物自体发生联系"；人类借以理性思维和手工操作参与了技术理念现实化为技术人工物，即物自体物化的过程，人类的理智最终能够认识和把握发明之物即现实技术人工物的康德式物自体（TII_2）。简言之，在德绍尔看来，TII_1不可知，TII_2可知，可现实化，但却不可造。这样，德绍尔就建立了不同于康德和恩格斯的物自体观。

在《关于技术展开的论争》中，德绍尔阐述了他的物自体观。德绍尔指出，发明者在构思时获取的"解决方案"是"业已存在于理念世界"中的，它如同柏拉图的理念，是现实技术的可能形式或结构，它的总和构成康德所忽视的先验技术王国，即关于技术可能性领域的"第四王国"。[3] 同时，康德式物自体是发明之物的潜在本质，它隐藏在技术理念中，是"第四王国"中超验实在的本质存在，技术理念以"内心图像"的形式呈现在人们的想象中，经自然知识的检验后，被人类思维着的精神获取，是经验世界中技术发明成为可能的先验前提。[4]

---

① 张志伟：《西方哲学史》，中国人民大学出版社 2002 年版，第 537 页。

② 《马克思恩格斯选集》（第 4 卷），人民出版社 1995 年版，第 226 页。

③ Friedrich Dessauer, *Streit um die Technik*. Frankfurt：Verlag Josef Knecht. 1956，P. 154.

④ 同上，1956，P. 234.

德绍尔进一步指出，在人手有目的地加工自然物、现实地制造技术人工物的现象时，康德式物自体"发挥功能，完成任务，产生新质"，即现实地产生技术人工物，它作为新的具有自身规律的本质出现在经验世界，"外部世界通过一种新的、非现成的能力与力量变得更加丰富"。[①] 而且，在外部世界，康德式物自体像自然物一样"可以被感知，但它却不同于对自然物的感知，它是一种重见"。具体而言，康德式物自体伴随着人类思维着的精神前行，当思维着的精神在"第四王国"中寻找技术理念时，它被人类的认识形式无限地接近，人类第一次"遇见"它；[②] 当人手加工自然物、技术理念转化为现实技术人工物，它被人类的理智所认识和把握，人类第二次"遇见"它，即"重见"。[③]因此，在德绍尔看来，技术人工物的康德式物自体不是预先在自然物的"现象界"找到的东西，而是源自"第四王国"中的本质存在的产生，[④] 技术发明也不是人类创造现存世界从未存在过的新事物，而是人类"按照上帝的计划"，[⑤] 将存在于可能性领域的潜在技术人工物转变为现实。

可见，德绍尔在他的物自体观中将事物区分为自然物和发明之物或技术人工物，他把自然物的物自体（TII_1）和技术人工物的康德式物自体（TII_2）绝对地相分离，认为与自然物的现象界相对应的 TII_1 不可知，而 TII_2 是潜在的，可被现实物化，能被人类认知。这样，德绍尔的物自体观就存在一个悖论，即他既否定人类具有认识和把握物自体的能力，又肯定人类具有这一能力，这命题何以能够成立？是否能够被经验证实？

二、德绍尔的物自体观中悖论的化解

德绍尔的物自体观直接渊源于康德先验哲学中的物自体学说，化解德绍尔物自体观中的悖论，要从康德的物自体学说入手。

康德把事物二分为可知的现象界和不可知的超验物自体，但这两者不是相互孤立的单独世界，而是同一认识对象的两个方面，只是它们与人类心灵蕴含的先天认识形式有着不同的关系。在《纯粹理性批判》的"先验感性论"中，康德认为，在人类的心灵中，先天地蕴含着能够整理经验对象的某些关系，即先天认

①③　Friedrich Dessauer, *Streit um die Technik*. Frankfurt：Verlag Josef Knecht. 1956，P. 164.

②　Friedrich Dessauer, *Streit um die Technik*. Frankfurt：Verlag Josef Knecht. 1956，P. 165.

④　［德］康德、李秋零译：《康德著作全集》（第 3 卷），中国人民大学出版社 2003 年版，第 234 页。

⑤　同上，第 240 页。

识形式。① 其中，空间和时间是两种"作为先天知识原则的感性直观的纯形式"。② 在二者的关系上，康德认为，对象表象外在于我们的形状、大小和相互间的关系，全部都在空间中得到规定，或者是可规定的；时间是先天被给予的，它是一切可能性的现实条件，唯有以时间的表象为前提条件，人们才能表象。③ 康德指出，"在空间中被直观的任何东西都不是事物自身"，而是"我们称为外部对象的东西"，即"我们感性的纯然表象"，而"真正的相关物"，亦即"物自身"却"根本没有被认识，也不能被认识，在经验中也从来不被追问"。由此，处于人类先天认识形式关系中、能被人类直接经验的纯然表象，就是"现象"，④它的总和构成现象界；不受人类先天认识形式限制、处于人类先天认识形式关系之外的超验实在，就是"物自体"，它不构成世界的某种本原，只用来表示人类先天认识形式未能表现出来的某种存在，包括具体事物的本来面目和性质。⑤ 可见，康德是从认识论角度引入物自体的，他的物自体具有认识论意义，但也蕴含着本体论意义。德绍尔则是从本体论角度引入康德式物自体，建立"解决方案"先于技术问题而存在的技术本体论，它的本体论意义先于认识论的意义。

在康德看来，在感性认识层面，作为认识对象的事物存在着人类感性直观的"空间"无法表现的对象自身，⑥ 即感性的物自体。这是康德第一层意义上的狭义物自体，它与具体事物有关，但存在于人类的心灵之外，总是独立于人类的先天认识形式，无论人类的认识范围随着实践活动如何扩展，事物始终有不被人类认识和把握的本来面目和性质，它们作为事物的超验本体，是不可知的最终来源。⑦ 也就是说，在康德看来，人类的认识能力具有局限性，在事物的现象界与物自体的关系问题上，他坚持二元论，主张感性物自体是不可知的超验实在，不受人类活动的影响，是机械唯物主义的物自体观。恩格斯能转化为"为我之物"的物自体与自然物和人类活动有着既对立又统一的辩证关系，是辩证唯物主义和历史唯物主义的物自体观。德绍尔能被人类认识形式无限接近的康德式物自体隐藏在上帝创造的技术理念中，又与自然物的物自体绝对地相分离，是宗教神学的客观唯心主义物自体观。同时，德绍尔的康德式物自体也不同于康德第一层意义上的感性物自体，化解其中的悖论，还要进一步考察康德第二层意义上的理念物

---

① ［德］康德，李秋零译：《康德著作全集》（第 3 卷），中国人民大学出版社 2003 年版，第 234 页。第 45 页。

②④ 同上，第 47 页。

③ 同上，第 47～52 页。

⑤ 同上，第 52～56 页。

⑥ 同上，第 52 页。

⑦ 韩水法：《康德物自身学说研究》，商务印书馆 2007 年版，第 69 页。

自体。

康德在《纯粹理性批判》的"先验逻辑论"中指出，直观和概念是心灵产生知识的两个基本来源，它们"构成了我们一切知识的要素"。① 其中，感性直观具有接受表象的能力，时间和空间是它的先天认识形式，通过它们，对象被给予我们，从而为知识提供质料；纯概念是知性的先天认识形式，具有思维能力，能自发地对感性直观的对象进行思维，产生科学知识。可以说，"思想无内容则空，直观无概念则盲"，只有在感官和知性的相互结合中才能产生科学知识。② 在此基础上，康德进一步指出，理念是人类理性的先天认识形式，它是理性调整和规范知识的工具，具有推理的功能；而且理性不同于感性和知性，它不以经验性的直观或概念为对象进行思维，而以"既无经验性起源也无感性论起源的概念"为对象，它是"完全先天地思维对象"，是"纯粹思维的行动"，得到的也"仅仅是纯粹理性的纯粹的或真正产物或问题"，也不可能形成科学知识。③

康德认为，理性具有穷根究底的本性，它并不满足于有限的经验知识，致使人类超越经验界线、通过理念对知性范畴的超验使用来寻找经验背后的依据，即将知识规整为较为完满的知识体系，从而为经验知识作出最终的证明，这是对理念的规范使用，也是理念对经验认识的唯一作用。④ 但康德认为，理念的现实运用，抽掉了一切作为知识内容的质料，即抽掉了知识与客体的一切关系，仅仅在知识的相互关系中考察逻辑形式，得到的仅仅是就推理形式而言的知识，而且，事实上，它也会被误用，导致有关客观主张的假象。康德通过形式逻辑的三个推理形式确定了理性的三个理念，即直言推理确定的"灵魂"、假言推理确定的"世界"以及选言推理确定的"上帝"，这三个理念的现实应用，就相应地得到了先验的灵魂说、宇宙说和上帝知识，当它们被误用时，就陷入了灵魂不朽、上帝存在和意志自由的困境。⑤ 由于它们都是经过证明的学说，它们的一切内容都必须是完全先天地确定的，因而它们又是先天规定的知识或先天知识，康德把它们称为"先验假象"或"先验幻相"，对理性的理念之考察则称为"关于幻相的逻辑"，康德用这种逻辑来揭示以往形而上学的陷入困境的原因。

针对传统形而上学家关于上帝存在的本体论证明，康德批判性地指出，选择理性推理是一种纯然形式，以神学为对象的先验上帝知识通过这种纯然的推理形式必然导致关于一个一切"存在者的最高理性概念"，即存在着一个万能的上帝，

---

① ［德］康德：《康德著作全集》（第3卷），中国人民大学出版社2003年版，第69页。
② 同上，第69～70页。
③ 同上，第70～71页。
④ 同上，第136页。
⑤ 同上，第75页。

但这是"极为荒谬的思想"。① 换言之，在康德看来，理性的纯然推理形式确定的上帝纯然是一种超验存在的欺人假象，它是传统形而上学家依据判断中主词与宾词之间存在的必然联系，从上帝的概念上去思维，合乎逻辑地推论而得到的结果，它只是思想中的虚假存在，而不是事实上的真实存在，它是判断中的逻辑必然性，而不是事实中的现实必然性，它超出了人类可能经验的范围，为人类的认识能力所不能及，人类难以获得对它的科学认知。② 可以说，理性的选言推理形式确定的理念即上帝，也是不可知的超验物自体，它是人类理性思维确定的理念的物自体。这是康德第二层意义上的广义物自体，它可思而不可知，与具体的经验对象和人类的经验活动无关。③ 德绍尔批判和发展的正是这层意义上的物自体。

如前文所述，德绍尔认为，技术理念"业已存在于理念世界"中，是预先存在或先天确定的，它不仅是人类理性思维的对象，而且能被人类思维着的精神获取。因此，隐藏于其中的康德式物自体应该是康德第二层意义上的理念的物自体，同时，经人手的加工，技术理念现实化为技术人工物。这意味着，人类借助具有推理功能的理性和具有操作能力的手现实地参与了上帝的创造活动，理念世界由此成为人类能够经验的可能性领域，人类的认知范围得到拓展，隐藏在其中的康德式理念物自体也能够被人类的理智所把握，这是人类的技术发明活动可直接经验和证实的。而自然物的物自体是康德的感性物自体，它不在人类能够经验的可能性范围内，独立于人类的先天认识形式，不被人类认识和把握。可见，德绍尔物自体观中关于人类认识能力的论点是以人类的经验范围为界限的。

但很显然，德绍尔忽视了康德所重视的质料或对象性客体以及理性之理念的规范使用，忽视了康德对以往形而上学所作的批判，致使他将技术人工物的物自体与自然物的物自体绝对地相分离。他从上帝创造的技术理念中寻找具体事物的本质，以至于他的物自体观具有浓厚的唯心主义和宗教神学色彩，在某种程度上违背了现实技术发明活动的经验事实，技术人工物的物自体需要进行再认识。

三、技术人工物之物自体的再认识

19 世纪后半叶以来，即约瑟·奥特加（Jose Ortega）所称的"技术专家和工

---

① ［德］康德：《康德著作全集》（第 3 卷），中国人民大学出版社 2003 年版，第 253 页。

② 同上，第 129 页。

③ 韩水法：《康德物自身学说研究》，商务印书馆 2007 年版，第 127 页。

程师的技术"时期,①"现代工程"已经成为工程师和技术专家用来解决现代技术发明过程的方法,被称为"发明的发明",② 大多数技术人工物由此成为现代工程建造意义上的发明之物。具有科学家和工程师身份的技术哲学家德绍尔通过对技术发明的哲学思考建立了他的物自体观,只是他采用的是超验经验和自然限制的形而上学视角。当代技术哲学的经验转向强调,对技术的哲学分析要结合工程师的经验分析,即基于现实社会中的关于技术与工程活动的充分而可靠的经验来进行。③ 因此,基于现实社会中现代技术发明活动的经验事实,对德绍尔物自体观中的独特论点进行批判性审视,或许能形成关于技术人工物之物自体的新认识。

用来解决现代技术发明过程的"现代工程"是由不同专业领域的工程师组成的科研团队组织设计、生产和操作一种人工事物或人工过程的系统性实践活动,它的任务首先是设计能实现某一运行原理的常规型构,进而将它成功地转变为某种能达到人们预定目的的现实技术人工物。④ 也就是说,"现代工程"首先是设计能实现某一运行原理的理想型构,进而借助生产和操作这一现实建构环节将理想型构转化为现实技术人工物。德绍尔强调技术发明活动中人类"遇见"康德式物自体的两个环节,第一个是思维着的精神获取解决方案即技术理念的构思设计环节;第二个是将技术理念转化为现实的人手加工和制作环节。德绍尔强调的两个环节符合现代技术发明活动的经验事实,但在获取关于技术问题的解决方案上,则存在差异。

在现代工程建造意义上的现代技术发明活动中,获取解决方案一般也称为制作模型和设计方案或图案,是"工程设计"环节进行的事宜。⑤ 在功能给定的情况下,工程师在设计环节要解决的现实技术问题就是技术人工物的结构问题,其中,设计运行原理和常规型构被工程师们认为是两件理所当然要做的事。⑥ 在开始设计时,工程师要运用意向性的概念文字对客户的功能需求进行描述,必要时,还要对整体功能进行分解和细化,继而将功能需求转换成具体性能的参数和

---

① [美]卡尔·米切姆,陈凡等译:《通过技术思考—工程与哲学之间的道路》,辽宁出版社 2008 年版,第 62 页。

② 同上,第 295 页。

③ P. Kroes, A. Meijers. *The Empirical Turn in the Philosophy of Technology*. Amsterdam: JAI Press, 2000, pp. xvii – xxxxv.

④ 张华夏、张志林:《技术解释研究》,科学出版社 2005 年版,第 121 页。

⑤ [美]卡尔·米切姆,陈凡等译:《通过技术思考——工程与哲学之间的道路》,辽宁出版社 2008 年版,第 300～307 页。

⑥ 张华夏、张志林:《技术解释研究》,科学出版社 2005 年版,第 123 页。

指标，再用数学函数将它们转换成结构系统中的输入与输出关系。[①] 设计过程则要以具体的、量化的细节详细描述"这个装置是怎样工作的"以及用具体的图案或模型显示这个装置"看上去像什么"，前者是关于一个系统装置实现给定功能的运行原理，这里包含了如何按照各个组件的特定功能、将组件组装成系统装置、使其能够全面运行的详细描述；后者是关于能最好实现某一运行原理的系统装置的常规型构，包括形状和布局。[②] 设计的最后阶段，又要将分解和细化了的各个部分整合为完整结构的系统"装置"，再对其进行数学分析、实验检测以及作出评价，甚至是调整，使功能与结构较满意地联结在同一技术人工物中，从而将给定功能转变成要被生产的建构，[③] 方案确定。

可见，"解决方案"并不是如德绍尔所认为的，"业已存在于理念世界"，是上帝精神的产物，归因于上帝的创造力，上述经验事实表明，它应该是工程师通过思维活动建构的理想型构，是人类思维活动创造的精神产物。用康德的话来说，这思维活动是以人类思维之先天认识形式所固有的先天能力为前提的，技术史学家辛格认为这是完全进化的人类大脑皮层组织和结构赋予人类思维具有的独特功能。[④] 这些先天能力或独特功能在技术发明活动中具体表现为：①工程师在对功能和结构进行描述时所需的语言能力，正如辛格所言，如果没有语言或等价的符号的使用，"有效的思考、计划或发明即使不是不可能实现，也会非常困难"。[⑤] ②工程师在选择、分离和重组他们过去或当下经验、设计图案和制作模型时所需的想象力、认识能力和推理能力，这是"发明或计划的必要条件"。[⑥] ③工程师在设计运行原理和常规型构时所需的洞察行为和试验性的行动。[⑦] ④工程师们在整合和优化设计方案时所需的沟通和协商能力。[⑧] 简言之，完全进化的人类大脑在功能上已经具备了在技术发明活动中进行构思设计技术方案的能力，[②] 德绍尔所说的"解决方案"是工程师基于自身大脑在功能上具备的某些能力精心建构出来的。

同时，"解决方案"的确定只是意味着，工程师按照物理世界的规律性因果

① 潘恩荣：《工程设计哲学——技术人工物的结构与功能的关系》，中国社会科学出版社 2011 年版，第 22 页。

② 张华夏、张志林：《技术解释研究》，科学出版社 2005 年版，第 122~123 页。

③ 同上，第 142~143 页。

④⑨ ［英］查尔斯·辛格等主编，王前等译：《技术史》（第 1 卷），上海科技教育出版社 2004 年版，第 10 页。

⑤⑥ ［英］查尔斯·辛格等主编，王前等译：《技术史》（第 1 卷），上海科技教育出版社 2004 年版，第 11 页。

⑦ 张华夏、张志林：《技术解释研究》，科学出版社 2005 年版，第 123 页。

⑧ ［荷］路易斯·L.布西亚瑞利著，安维夏等译：《工程哲学》，辽宁人民出版社 2012 年版，第 28 页。

当代技术哲学的发展趋势研究

关系，成功地将能最好地实现某一运行原理的系统装置以图案或模型的形式呈现出来了，但它终究只是人类思维构想出来的关于现实技术人工物的虚拟型构，仅仅是现实建构时参考的模板，属于技术虚在，[①] 不可能隐藏着德绍尔所说的"物自体"本质。亚里士多德认为，"所是的那个东西和所为的那个东西是同一个东西"，[②] 可以说，技术人工物的"是其所是"与技术人工物的现实建构是同一的，而且"'何所为'和目的与达到目的的手段"也是同一的，[③] 因此，借助一定的手段进行生产和操作，或如德绍尔所言，借助人手对自然物进行加工，现实地建构技术人工物，也现实建构了技术人工物的物自体。

在现代，技术人工物的现实建构也称"建造"，是工程师以建构好的理想型构为模板，选择可行性的材料，有效地操作工具和设备，现实地建造具有给定功能的系统装置。这里需要特别指出的是，建造现代技术人工物采用的材料往往是自然界不具备的、具有特定性能的人工复合材料，如半导体材料、超导材料和人造化合物等，但这些人工复合材料是以自然物提供的质料为物质基础的，[④] 它们通常提供了实现某种给定功能所需的运行方式，[⑤] 如铜铝合金具有导电和随温度变化而变化性能，它提供了一种自动控制加热的运行方式，可以用来制造温控器。可以说，正是材料的合理使用使虚拟型构转变为现实成为了可能，以至于米切姆认为，材料的具体变化是发明的本质。[⑥]

同时，现代技术人工物通常是一个带有复杂物理结构的系统，它的整体功能由各个零部件、即组件的子功能有机组合而成，[⑦] 而零部件是由具有特定性能的材料制成的，而材料又是以自然物提供的质料为前提加工制造而成的。因此，技术人工物的现实建构，首先是工程师有效操作工具和设备，从自然物中提取质料来制作具有特定性能的人工复合材料；其次是将材料加工和制造成作为系统组件的零部件，进而按照虚拟型构，将各个组件组装成完整结构的系统装置，现实技术人工物得以生成。由此，在客观实在的"物"的层面，工程师（M_1）在建造活动中有效操作工具和设备（M_2）现实建构技术人工物经历了这样一个过程："自然物（M_3）⇒人工复合材料（M_4）⇒零部件（M_5）⇒系统装置"。可见，现实建构活动始于自然物，在经过物（器具）、能量（建造活动）和信息（语言）的

① 肖峰：《哲学视域中的技术》，人民出版社 2007 年版，第 37 页。
② ［古希腊］亚里士多德，徐开来译：《物理学》，中国人民大学出版社 2003 年版，第 46 页。
③ 同上，第 32 页。
④ ［美］芒福德，陈允明等译：《技术与文明》，中国建筑工业出版社 2009 年版，第 206~209 页。
⑤ ［美］卡尔·米切姆，陈凡等译：《通过技术思考——工程与哲学之间的道路》，辽宁出版社 2008 年版，第 290~293 页。
⑥ 同上，第 293 页。
⑦ 同上，第 69 页。

人工性互构后，技术人工物得以现实生成，也现实地建构了现实技术人工物的物自体。① 这里，相对于人类大脑具有的思维能力，工程师有效操作工具和设备现实建构技术人工物及其物自体的能力是人类肢体具有的实践操作能力。

由此，德绍尔物自体观明显存在不当之处，他错误地把人类思维构思的理想型构当作上帝创造的技术理念，并试图从中寻找具体事物的最终根据，忽视人类创造性的思维能力和实践能力在建构技术人工物时所起的根本性作用。事实上，现实技术人工物是工程师以理想型构为模板、以自然物提供的质料为基础建构的新的客观存在物，并作为独立物体，相对独立地存在于自然界和人类社会中，它的物自体与人类活动和活动中的客观存在物有本质性的必然联系，又有它自身的独特性。因此，在技术人工物的物自体问题上，应该主张：①它是技术人工物"是其所是"的内在本质属性，它既"分有"了与它发生必然联系的客观存在物的本质属性，又有它自身的本质属性。②它是人类经由思维活动和实践活动建构的，它可知、可造。③在技术发明活动中，它与自然物的物自体是一个既对立又统一的辩证发展过程，它包含了人类的目的或意向，又与自然物的物自体具有某种程度的同一性。这是被我们的直验经验所证实的。

第四节　先验因素与经验因素互为前提和基础

亚里士多德在《形而上学》中指出，事物的某种可能依赖于潜能，潜能是指"在他物中或作为自身中的他物的变化的本原"；说某个事物可能，是由于他物对它具有运动和变化的本原，或者说，某物运动变化的本原不在自身中，而在他物中，这样，他物就作为伴随条件或因素，成为某个事物可能的本原或原因，没有他物，某个事物既不能生成，也不能存在。② 基于此，"技术何以可能"是指具有哪些作为原因的伴随条件或因素，技术才能生成和存在。

一是目的因与理性因。不同历史阶段的哲学家从不同角度阐明了技术人工物生成与存在的目的因，即技术人工物因人类的需求和愿望而存在，正如巴萨拉所言，"绝大部分的人造物都是充满幻想、渴望和欲望的心灵（机灵人）的产物"。③ 只是，在现代技术时期，这一"机灵人"具体化为了工业化和市场化社

---

① 肖峰：《哲学视域中的技术》，人民出版社 2007 年版，第 15～16 页。
② ［古希腊］亚里士多德，苗力田译：《形而上学》，中国人民大学出版社 2003 年版，第 90，102～103 页。
③ ［美］巴萨拉，周光发译：《技术发展简史》，复旦大学出版社 2002 年版，第 16 页。

会中的用户或客户，工程师通常为满足用户或客户的需求和愿望而进行现代技术人工物的发明活动，设计和制造服务于用户或客户预定目的的现代技术人工物是工程师要实现的目标，这一目标影响着工程师的心灵和意志，从而影响着他的技术行为。波普尔把目的——行为的这一相互关系称为"抽象意义的世界"对"行为"的影响。

波普尔在《客观的知识》一书中，将人类的目的或目标、意图、价值等"非理性因素"称为"抽象意义的世界"，认为它们能通过影响人类的心灵状态来影响人类的行为，即"心灵能对身体系统起作用"，简称"意义"对"行为"的影响。① 也就是说，目的或目标通过影响工程师的心灵来影响他的技术行为，当目的不存在时，他的心灵产生意志、进而采取技术行为的可能性较小，即使有行为，无意识无计划的行为产生积极效果的可能性也不大；而当满足用户或客户的需求转化为工程师要实现的目标时，心灵对身体系统发挥积极作用，首先他心灵中的自我意识会受到刺激，作为反馈，他的潜能会受到激发，心灵会相应地产生有目的的意志，继而采取适应目的达成的手段有计划地作用于对象，直到目标实现。目标越明确，心灵对身体系统起的作用就越大。

具体而言，现代工程建造意义上的技术发明活动"始"于用户或客户的实际需求或愿望，它需要工程师采取技术行为或行动来加以实现而转化为工程师要解决的实际技术问题和要实现的目标。解决技术问题、实现既定目标的愿望反映在工程师的头脑中，被心灵所知觉而成为他的"思想、动机和意志"，成为"理想的意图和力量"，② 主导着现代技术人工物发明的整个过程，影响着理想方案或常规型构的构思设计以及材料和现实建构方式的选择。为解决问题、实现既定目标，工程师在有目的意志的主导下采取相应的技术行为，直到产生具有给定功能的现代技术人工物，满足用户或客户的需求或愿望。

然而，并不是工程师采取的任何技术行为都能实现既定目标，在现代，能实现工程师既定目标的有效技术行为是需要技术规则来规范的，这样，技术行为的有效性还受目的——手段机制的影响，技术规则作为保证技术行为有效性的手段影响着工程师既定目标的实现，它是目的因的伴随条件或因素。而且，用来规范现代技术行为的技术规则不是"偶然的技术"时期个人通过"不断试错而偶然"获得的尝试性与偶然性技艺，也不是"工匠的技术"时期工匠通过师徒授艺和日常生活积累所获得的经验性技艺或规则，而是工程师通过数学与受控实验相结合的精密科学方法获取的理性技术规则。换言之，只有遵循理性技术规则的技术行

---

① ［英］卡尔·波普尔，舒伟光等译：《客观的知识》，中国美术学院出版社 2003 年版，第 231～237 页。

② 《马克思恩格斯选集》（第 4 卷），人民出版社 1995 年版，第 232 页。

为才能产生出具有给定功能的现代技术人工物，现代技术人工物成为可能的目的因需要有现代理性技术规则相伴随。

同时，现代理性技术规则是基于对自然和人工事物之因果性和功能性的理解和认识、为达到某一目标而对自然和人工事物的操作或使用过程所作的规定，它既包含自然和工程科学知识，也包含行动客体（器具）的知识以及在具体环境中操作它时的理论或知识，是一个带有普遍性的关于人类行为的指令序。也就是说，现代理性技术规则既以科学实验获得的科学规律为基础，又以技术实验获得的技术规律为基础，它"既经过技术检验，又有科学根据"，因此，遵循理性技术规则的技术行为或行动也被称为"理性的行动"，邦格把"由科学与技术知识作指导"的技术行动称为"最大的理性行动"，[①] 也只有理性的现代技术行动才能保证既定目标的实现。

这里，我们把经受过实验检验的科学知识、技术理论或知识以及以它们为基础的现代理性技术规则都称为"理性因素"，它们作为渗透性因素，在现代技术人工物发明的各个环节发挥着作用，工程师的技术行为或行动要遵循它们，才能产生具有给定功能的现代技术人工物，它们共同构成现代技术人工物成为可能的理性因。这样，现代技术人工物因目的而存在，而现代技术人工物成为可能的目的因又必须要有理性因相伴随。

二是形式因与先验因。用户或客户的需求或愿望明确后，工程师在有目的的意志主导下采取的第一个理性行动就是通过理性思维活动构思设计解决技术问题的方案。在用户或客户给定功能的情况下，工程师要解决的技术问题就是现代技术人工物的结构问题。其中，设计运行原理和常规型构被认为是两件理所当然要做的事，[②] 即工程师要以自然和工程科学知识为基础、运用工程语言或符号，将能实现某一运行原理的常规型构以图案或模型的形式展现出来，这一常规型构通常规定了现实技术人工物的外观和布局，即亚里士多德所说的外在形式，它是可供现实建构时参考的模板或模型，我们将它视为现代技术人工物成为可能的形式因。但在康德的先验哲学层面，在经验世界中形成和运用科学知识、绘制理想图案或建构理想模型都要以先天蕴含于人类心灵中的先天认识形式所具有的先天想象力、认识能力和推理能力为先决条件的，也就是说，形式因需要有工程师的某些先天能力作为伴随条件或因素。

康德主张科学知识的构成必须同时具有先天的和经验的两个因素，他认为经验获取的对象为知识提供内容，而人类的心灵中先天地蕴含着能够整理经验对象

---

① 张华夏、张志林：《技术解释研究》，科学出版社 2005 年版，第 101 页。
② 同上，第 123 页。

的某些关系，即先天认识形式，包括感性直观的时间和空间、知性的纯概念或范畴以及理性的理念，它们使人类的心灵先天地具有想象力、认识能力和逻辑推理能力，是种种经验呈现的图像或形象成为可能的先天条件，[1] 也是科学知识成为可能及其具有完满性的先决条件，康德还通过关于范畴的先验演绎、形式逻辑的三种推理形式以及关于幻相的逻辑对它们进行了详细阐释。[2]

从哲学层面思考现代技术人工物，它的生成也需要工程师以给定功能为目标、运用心灵的先天认识形式所具有的先天能力来整理他经验获取的对象，使结构与功能在技术方案中较为理想地联结在同一现代技术人工物中，以至于结构与功能首先在思维的构想中达到"理想的统一性"，从而使现代技术人工物首先具有"思想的逻辑必然性"。[3] 换句话说，理想的解决方案，即能实现某一运行原理的常规型构需要工程师以先天能力为先验前提与后天经验相互作用才能成功获取。

例如，作为科学家和工程师的德韶尔认为，在工程师构思设计时，关于解决技术问题的方案即柏拉图式的技术理念会伴随"内心图像"的出现"呈现在人们的想象中"，并在随后的"思考"中经"自然知识"检验后被工程师的思维所获取。[4] 也就是说，德绍尔并不否认工程师要发挥他自身具有的想象力、知识能力和推理能力，才能获取技术理念、成功设计理想型构。只是德绍尔忽视了人类思维具有的某些先天能力在其中所起的根本性作用，导致他把技术理念视为上帝创造的、能被工程师获取的先验存在物，殊不知上帝本来也是人类思维构想出来的。

而且，根据技术史学家辛格从解剖学角度进行的人类学考察，完全进化的人体大脑具有其他动物所没有的皮层组织和结构，它们赋予人类大脑思维先天地具有某些独特功能和能力，以至于人类能够在技术发明活动中预先进行构思设计解决方案。[5] 这些独特的先天功能或能力在现代技术人工物的发明中具体表现为：①对各种形式的语言和符号的使用，我们称其为"语言能力"，它在工程师描述现代技术人工物的结构与功能、绘制关于常规型构的图案或模型以及为整合和优化方案而进行沟通与协商时发挥作用，辛格认为，倘若没有语言或符号的使用，

---

① ［德］康德，李秋零译：《康德著作全集》（第 3 卷）—《纯粹理性批判》，中国人民大学出版社 2003 年版，第 128～131 页。张志伟：《西方哲学史》，中国人民大学出版社 2002 年版，第 549 页。

② 张志伟：《西方哲学史》，中国人民大学出版社 2002 年版，第 547～552 页。

③ 同上，第 555～556 页。

④ Friedrich Dessauer, *Streit um die Technik.* Frankfurt, Verlag Josef Knecht. 1956, P. 142.

⑤ ［英］查尔斯·辛格等主编，王前等译：《技术史》（第 1 卷），上海科技教育出版社 2004 年版，第 6～12 页。

"有效的思考、计划或发明即使不是不可能实现，但也会非常困难"；① ② "分离和重组事物"的逻辑思维能力，它在工程师选择、分离和重组记忆、经验、知识和信息时提供想法时发挥作用，是发明或计划的必要条件。②

我们认为，康德强调的三种先天能力与辛格强调的两种先天功能或能力共同构成了现代技术人工物成为可能的先验因，它们在工程师构思设计解决方案的过程中发挥作用，以至于工程师能够充分利用以往或当下积累的经验和科学知识、创造性地设计能实现某一运行原理的理想型构，借用马克思的话说就是，技术活动结束时要得到的结果，在活动开始时就已经在工程师的想象中存在着。③ 这样，现代技术人工物成为可能的形式因又必须要有先验因相伴随。

然而，解决方案的确定即理想型构的成功设计只是意味着，工程师按照用户或客户的需求或愿望、依据自然和人工物理世界的规律性因果关系，成功地将能最好地实现某一运行原理的系统装置以图案或模型的形式呈现出来了，但它只是构想中的虚拟型构，是工程师思维活动创造的精神产物，它在形状或布局上是"有"，但在质料或实体上是"无"，它像"是"，但毕竟还不"是"，即它只是"形有而实无"的虚拟存在，④ 还不具有"事实的现实必然性"。⑤ 如此，它并不具有用户或客户所要求或期望的功能，还不能服务于他的目的。

三是物质因与动力因。贝克在他的技术人工物构成理论中指出，技术人工物作为一种基本种类，它包含物质构成的物理结构以及基于这种物理结构所能实现的专属功能，它是工程师以手工或机器操作的恰当方式、有目的地将适用的材料组合起来的事物集合，它应该和自然物一样，是真实的实体，功能则是它作为人工物的本质所在，⑥ 也就是说，能实现给定功能的现代技术人工物是以材料为物质基础现实建构的，它是具有物理结构的技术实体。因此，工程师要采取的第二个理性行动就是以理想型构为模板进行现实建构活动，即按照设计好的理想型构、有效地使用器具、将适用的材料组合为具有完整物理结构的系统装置，产生具有给定功能的现代技术人工物，达成用户或客户的目的。

这里需要特别指出的是，对器具的有效使用是指工程师以器具的操作为手段成功地建构现代技术人工物，达到预定目标，而且，这种能达到预定目标的器具操作，尽管需要直觉和经验性的技巧或技能，但它更是基于现代理性技术规则的

① ［英］查尔斯·辛格等主编，王前等译：《技术史》（第1卷），上海科技教育出版社2004年版，第10页。

② 同上，第11页。

③ 《马克思恩格斯选集》（第2卷），人民出版社1995年版，第178页。

④ 肖锋：《虚拟实在的本体论问题》，载于《中国社会科学》2003年第2期，第117～125页。

⑤ 张志伟：《西方哲学史》，中国人民大学出版社2002年版，第556页。

⑥ L. R. Baker, *The ontology of artifacts. Philosophical Exploaortions.* 2004，7（2），pp. 99–112.

一种"理性操作"。① 同时，相对于工程师构思设计虚拟的理想型构时大脑发挥的理性思维能力，工程师理性操作器具、以恰当方式将材料组合为现代技术人工物的能力则是肢体或器官发挥的理性实践能力，它依附于工程师与器具的"共同体"，② 是现代技术人工物实现动变的根源，即亚里士多德所说的"动力因"。由此，可以说，现代技术人工物所需材料（物质因）的恰当组合要有动力因相伴随。

而且，现代技术人工物通常是一个带有复杂物理结构的系统，它的整体功能由各个元件或组件的子功能以恰当的方式组合而成，③ 而元件或组件是由具有特定性能的人工复合材料制成的，如半导体材料、超导材料和人造化合物等，这些人工复合材料能提供实现某种给定功能的运行方式，④ 如铜铝合金具有导电和随温度变化而变化性能，它提供了一种自动控制加热的运行方式，可用来制造温控器。可以说，具有特殊性能的材料为给定功能的实现奠定了物质基础，也正是材料的合理选择和恰当方式的组合使理想的常规型构由"思想的逻辑必然性"走向"事实的现实必然性"成为了可能。然而，尽管这些材料具有自然物所不具备的性能，但归根究底，它们的质料都是自然物提供的。

因此，在客观实在的物质（material）层面，工程师（M_1）理性操作器具（M_2）将理想的虚拟型构转化为客观实在的现实型构经历了这样一个变化过程："自然物（M_3）⇒人工复合材料（M_4）⇒零部件（M_5）⇒系统装置"。可见，自然物经过了物质、能量和信息的人工性互构后，转化为能服务于用户或客户目的的现代技术人工物。这样，从源头看，现代技术人工物始于自然物，但是，如前文所述，在现代，自然物通常不能直接提供现代技术人工物之功能的运行方式，一般需要工程师通过现代工艺流程，将自然物加工制造成人工复合材料，才能满足实现给定功能的需要。因此，对现代技术人工物的现实建构而言，既需要自然物提供的原始质料，也需要人工物复合材料提供的性能或运行方式，基于此，我们强调以自然物为质料因的人工复合材料是现代技术人工物成为可能的物质因，同时，依赖于工程师和器具"共同体"的理性实践能力使以上物质与能量的转化成为可能，它是现代技术人工物成为可能的动力因，也是物质因的伴随条件或因素。

以上主要是从哲学人类学的人文视角来探讨现代技术发明的可能性。但当代技术哲学的经验转向强调，技术哲学家在对技术进行哲学分析时要与工程师一起

---

① ［美］卡尔·米切姆著，陈凡等译：《通过技术思考——工程与哲学之间的道路》，辽宁出版社2008年版，第323页。

② 肖峰：《哲学视域中的技术》，人民出版社2007年版，第56页。

③ 张华夏、张志林：《技术解释研究》，科学出版社2005年版，第69页。

④ ［美］卡尔·米切姆著，陈凡等译：《通过技术思考——工程与哲学之间的道路》，辽宁出版社2008年版，第290页。

讨论，而且任何关于技术的哲学研究需要技术哲学家在了解和学习工程语言的基础上，结合技术人工物与工程设计等工程语言中的基本概念，基于现实社会中关于技术与工程活动的充分的、可靠的经验研究来开展。① 同时，"现代工程"已经成为现代技术发明活动的新方法，它常被现代工程师用来解决现代发明过程，并将这一过程系统化，被称为"发明的发明"。② 这就是说，对现代技术发明之可能性的哲学研究和分析，还要以现代工程师的视角、按照现代工程进路作进一步的推进。

现代工程是由不同专业领域的工程师组成的科研团队组织设计、生产和操作一种人工事物或人工过程的实践，它的任务是将能实现某一运行原理的常规型构或物理结构成功地转变为某种能达到人们预定目的的现实技术客体。③ 工程活动中的生产和操作环节以设计环节绘制的设计图或建造的模型为前提和基础进行，工程师要在设计环节解决技术客体之结构与功能的关系问题。因此，设计成为工程的本质，而设计的目标是以技术的有效性和实用性为前提追求效率和效益，它利用微型建构的设计方法实现投入产出差异的最小化，具体地说，是通过视觉或图式、模仿以及对作为绘图或模仿的结果进行精确化的数学分析来进行，从而将生产过程的投入产出进行概念化的视觉或图式表征。④ 在现代技术发明活动中，工程师通常利用工程设计为寻求解决结构与功能关系的最优设计方案或模型而作出系统性的努力。

由于工程设计是一个由不同能力和专长、不同责任和任务以及不同兴趣和价值追求的工程师为实现某一目标而共同参与的系统化社会过程，每个或每组工程师负责不同部件或对象世界的设计，不同对象世界里的工程师使用他们各自专业领域的工程语言，⑤ 因此，工程师学习和掌握工程语言以及运用工程语言进行构思设计和沟通协商的能力，成为现代系统性技术发明活动需要的必要因素。如在开始设计时，工程师首先要运用意向性的概念文字对所要求的功能进行描述，以便将功能需求转换成具体性能的参数和指标，再用数学函数将它们转换成结构系

---

① 潘恩荣：《工程设计哲学——技术人工物的结构与功能的关系》，中国社会科学出版社 2011 年版，第 28 页。

② ［美］卡尔·米切姆著，陈凡等译：《通过技术思考——工程与哲学之间的道路》，辽宁出版社 2008 年版，第 298 页。

③ 张华夏、张志林：《技术解释研究》，科学出版社 2005 年版，第 121 页。

④ ［美］卡尔·米切姆著，陈凡等译：《通过技术思考——工程与哲学之间的道路》，辽宁出版社 2008 年版，第 298～312 页。

⑤ ［荷］路易斯·L·布西亚瑞利著，安维夏等译：《工程哲学》，辽宁人民出版社 2012 年版，第 25 页。

统中的输入与输出关系;① 工程设计过程则要以具体的、量化的细节详细描述"这个装置是怎样工作的"以及用具体的设计图或模型显示这个装置"看上去像什么",前者是关于一个装置实现给定功能的运行原理,后者是关于能较好实现某一装置运行原理的常规型构;② 设计的最后阶段,又要将分解了的各个部件整合为完整结构的复杂"装置",并对此进行检测、作出评价和调整,使功能与结构较满意地联结在同一现实技术客体中,从而将要被实现的功能转变成要被生产的微型建构。以上用来描述功能与结构的意向性概念文字、图示、数学函数和符号等都是工程师使用的工程语言。如此可见,基于实现给定功能之结构描述的完整工程设计,不仅要求工程师附加的洞察行为以及调整性和检测性的试验行动,还要求工程师学习和掌握工程语言以及运用它们为整合和优化设计方案进行有效的沟通和协商,这就正如技术史学家辛格所言,"没有语言或等价的符号的使用,有效的思考、计划或发明即使不是不可能实现,也会非常困难"。③ 简言之,语言能力(语言因)在人类构思设计技术方案发挥作用,它是现代技术发明活动需要的第七个因素。

综上,现代技术发明活动需要目的因、理性因、形式因、先验因、物质因、动力因以及语言因。由于某一事物的现实生成需要有必然作为伴随性条件才得以可能,而且"可能"又依据"潜能"。④ 可以说,以上与人类本质力量有着必然联系的"七因"不同程度地具有某种现代技术的潜能,但它们要必然作为伴随性条件同时存在于现代技术发明活动中,且能在其中发生相互作用、得到整合、形成合力,现实地解决技术客体之结构与功能的二重性问题,现代技术发明才能得以实现。也就是说,这"七因"的存在只是意味着某种现代技术发明具有实现的可能性,而不具有必然性,它们组合成一个条件集,是现代技术发明得以可能的必要条件,而非充分条件。

基于此,对于技术现实生成与存在而言,先验因素并不能离开后天的经验因素独立地发挥作用,后天的经验因素也不能离开先验因素发挥作用,它们二者互为前提和基础。

① 潘恩荣:《工程设计哲学——技术人工物的结构与功能的关系》,中国社会科学出版社 2011 年版,第 22 页。

② 张华夏、张志林:《技术解释研究》,科学出版社 2005 年版,第 122～123 页。

③ [英]查尔斯·辛格主编,王前等译:《技术史》(第 1 卷),上海科技教育出版社 2004 年版,第 11 页。

④ [古希腊]亚里士多德著,苗力田译:《形而上学》,中国人民大学出版社 2003 年版,第 90,103 页。

第六章

技术人工物的本体论问题

研究技术人工物，有必要从其本体论问题展开讨论。我们从特修斯船出发，讨论技术人工物的同一性问题。技术人工物是否是自然类，并没有达成共识。技术人工物的二重性是当代分析技术哲学研究的主要研究纲领，我们将引入要素与环境，提出技术人工物的系统研究纲领，在此基础上，进一步提出技术人工物的同一性原理、技术人工物的自然类与实在性标准。

第一节　特修斯之船问题

技术人工物之实在性地位的辩护首先要处理单个人工物的同一性问题。特修斯之船问题是考察该问题的经典案例，普鲁塔克（Plutarch）的叙事是原始版本，霍布斯（Hobbes）的重写是升级版本。无论是原始的还是升级的，笔者都会对其中的难题进行详细辩明，并将该难题区分为三个问题系列。然后考察 E. J. 劳（E. J. Lowe）提出的"连续历史"解释方案。然而劳的解释方案不能令人满意，"连续历史"并不能作为刻画特修斯之船同一性的充分条件。更重要的是，该方案中隐藏着劳也没有给予足够重视的难题和悖论：方案所依赖的人工物持存原则会招致悖谬，而副本论证也会威胁到特修斯之船的同一性。除了对劳的解释方案要进行重构和批判之外，笔者还将对其他解释策略进行批判性考察。

一、哲学史上的特修斯之船问题

"特修斯之船问题"（The ship – of – Theseus Puzzle，TP）自其诞生以来就与人工物的同一性问题密切关联在一起，可以说人工物的同一性问题的种种情况都可以看作是特修斯之船难题的变种与组合。该问题最早可追溯到公元 1 世纪中叶的古希腊哲学家普鲁塔克（Plutarch）。他讲述了这样一个故事：

> "特修斯和雅典青年安全返航所乘的是有三十支桨的大帆船，雅典人把这只船一直保存到德米特里·法勒琉斯（Demetrius，公元前 317 ~ 307 年，马其顿的卡桑德摄政）的时代。他们一次又一次地拆掉了朽烂的旧船板，换上坚实的新船板。从此以后，这只船就成为哲学家们就事物的发展问题展开争论时经常援引的实例，一派认为它还是原来的那只船，另一派争辩说它已不再是原来的船了。"①

此故事一出，后世哲学家对其进行不断重构②：一艘船可以在海上航行几百年，皆归功于船匠工人对其合理地使用和精心地维护。如果发现一块船板腐烂或者变形了，它就会被一块同样规格的新船板替换掉，以维护其可以继续发挥航行的功能。那么，当船上所有的船板和零部件，与其在被设计—制造完成时完全不同了，问题就出现了：更换了所有零部件的船只，是否还是原来的那艘特修斯之船？抑或二者之间具有同一关系吗？如果它不再是特修斯之船，那么它是在什么时候已经不是了？如果它还是特修斯之船，它们的零部件完全不同但是却具有同一关系这是如何可能的？这是"特修斯之船问题"的原始版本，详细区分将会在问题 0 系列和 1 系列中展示。

到了 17 世纪，英国哲学家托马斯·霍布斯（Thomas Hobbes）论及"同一与差异"（of identity and difference）时再次提起这个案例，并做了改造，他设想这样一种情况：

> "例如，如果将航行很久的特修斯之船的船板一块块地更换下来，在这个过程中，新的船板不断代替旧的船板来支撑特修斯之船的使用和运行，而替换下来的旧船板没有扔掉而是被保存起来。就这样随着时间推移，特修斯之船的每一个船板都被更换了下来。这时，我们使用更换下来的船板按照特修斯之船原来结构重新组装成一艘船。那么这时特修斯之船竟然同时出现两

---

① ［古希腊］普鲁塔克著，陆永庭、吴彭鹏等译：《希腊罗马名人传》，商务印书馆 1990 年版，第 23 页。此篇《忒修斯传》，贺哈定译，原文将"Theseus"译为"忒修斯"，此处为行文统一，径改为"特修斯"。

② 刘振：《论特修斯之船问题及其解决》，载于《自然辩证法研究》2015 年第 7 期，第 9 页。

个不同的（空间）位置时，显然是荒谬的。"① （Part second, on the first grounds of philosophy, Ch. XI）

普鲁塔克版本的问题是仅仅涉及更换船板，等待更换完成后考察原有船只与更新船只的同一性关系。霍布斯版本的问题不仅仅更换船板，还要将老船板重组，最后考察是哪一首船只同一于原有船只。霍布斯将特修斯之船的问题难度推向了一个新高度，既有对特修斯进行更换，也有对特修斯进行重组，更关键的是两种情况可能同时进行，那么这就将两个问题融合为一个问题了。详细地分析将会在问题 2 系列中展示。

基于以上观察，笔者将特修斯之船问题分解为问题 0 系列（TP0）、问题 1 系列（TP1）和问题 2 系列（TP2）。特修斯之船问题的 0 系列是基于常识即可以判断的认知平台，"问题 1 系列是进行单项任务情况下出现的问题，问题 2 系列是对问题 1 系列中单项任务进行了简单组合的情境中出现的问题。"②

特修斯之船问题 0 - 1（TP0 - 1）：如果特修斯之船 T 被拆卸之后，将所有船板扔在地上，永远不对其进行复原组装，任其腐烂，此刻也就意味着特修斯之船存在的终止。那么扔在地上的这堆船板完全可以与特修斯之船 T 无关联了，这就不存在同一性难题了。

特修斯之船问题 0 - 2（TP0 - 2）：如果特修斯之船 T 被拆卸之后，原有的木船板扔在地上，然后换一堆金属船板按照同样结构进行复原组装出一艘船 T - m，那么船 T - m 是不是就肯定不是原有的船 T 了呢？一般情况下，大家会选择认为船 T - m 是和船 T 完全不同的，这里似乎也无同一性难题。

特修斯之船问题 0 - 3（TP0 - 3）：如果特修斯之船 T 被拆卸之后，仍然使用原初的船板按照不同的结构和样式进行组装成为一艘船 T - s，依然能够实现在海上航行的任务，那么船 T - s 和船 T 是不是同一艘船呢？一般情况下，大家会选择认为船 T - s 是和船 T 完全不同的，这里似乎也无同一性难题。

特修斯之船问题 0 - 4（TP0 - 4）：如果特修斯之船 T 被拆卸之后，仍然使用原初卸下来的船板，将其按照房子的结构进行组装成为新人工物 T - h，那么这个新人工物 T - h 和船 T 是不是同一的呢？这个似乎基本无须任何复杂地考虑，所有人都会回答否。很明显，这种情况下也不存在同一性难题。

一般讨论至此，或许有人已经认为对特修斯之船问题 0 系列的区分显得多余了。事实上，这一点并不多余，之所以不厌其烦地区分这么多简单形式，目的在

---

① Thomas Hobbes, *The English works of Thomas Hobbes of Malmesbury Volume* 1 *of* 11, now first collected and edited by Sir William Molesworth, London: John Bohn, 2010, 1839 - 1845 (The Making of Modern Law, Reprinted), pp. 136 - 137.

② 刘振：《论特修斯之船问题及其解决》，载于《自然辩证法研究》2015 年第 7 期，第 9 ~ 10 页。

于申明特修斯之船难题的悖论形式出现之前，我们的常识判断是什么，免得等到了问题复杂之后我们都无法找到自己的直觉或者常识判断。罗德里克·米尔顿·齐硕姆（Roderick Milton Chisholm）认为：

"有一类哲学谜题是我们直觉引起的表面冲突。而作为哲学家，我们应该尽力说明这些冲突只是表面上的冲突，并非真正的冲突。如果我们失败了，我们必须承认直觉上的表面冲突事实上是表面直觉的冲突，并且我们必须决定冲突的表面直觉哪一个仅仅是表面上的直觉。如果我们成功了，那么这两种直觉都被保存了下来。由于存在表面上的冲突，这足以表明两个直觉中至少有一个的表达是不完美的。虽然它们的表达也许是内在于我们的语言，但是严格的和哲学的、一种不同的表达应该是更好的选择。"①

齐硕姆给出了我们处理"哲学冲突"或者"哲学悖难"的基本原则：表面上的冲突，至少有一个仅仅是表面上的直觉；或许对于两个直觉的表述出了问题，应该将两个直觉表达的更加清楚以解决冲突。但是不管怎么说，这里提示我们：对于事物的最直接的判断和常识不能被随意抛弃。问题 0 系列如此不厌其烦讨论这些日常直觉或者常识判断，目的正在于此。更重要的是，这些最直观的常识或直觉是我们进行哲学问题探究、批判与评价的基本平台。既然对于将要出现的悖论形式具有了免疫力，那么开始详细地分解与分析特修斯之船问题。

"特修斯之船问题 1-1（TP1-1）：特修斯之船 T 上的船板出现了问题，需要对其进行维护——更换新的船板，就这样我们将船 T 上的老船板不断地更换为新船板，更替掉的老船板扔在一边不管它。直至船 T 的所有船板都更换一遍后，出现了一艘船 T_1。船 T 和 T_1 都是木质材料制造的轮船，而且它们形式结构也完全一样，那么船 T_1 和船 T 是否是同一艘船？

特修斯之船问题 1-2（TP1-2）：特修斯之船 T 上的船板出现了一点小问题，需要对其维护——检查修理，船匠工人打算将特修斯之船 T 的船板一块一块地拆卸下来，在拆卸的过程中进行检查，没有问题就立刻将它们再装好。等到船 T 上所有的船板被拆卸并检查完成后，边拆卸边按照船 T 的形式结构组装出一艘船 T_1。船 T 和船 T_1 的所有零部件完全一样，而且它们的形式结构也一样，那么船 T_1 和船 T 是否是同一艘船？

特修斯之船问题 1-3（TP1-3）：特修斯之船 T 上的船板出现了一点小问题，需要对其维护——检查修理，船匠工人打算先将特修斯之船 T 的船板一块一块地拆卸下来堆放在地上。然后再把船 T 的船板一块一块地检查，检

---

① Roderick Milton Chisholm, Parts as Essential to Their Wholes, *The Review of Metaphysics*, 1973, 26（4），P. 581.

查发现所有的零部件都没有问题，这时再将堆放在地上的船板按照船 T 的形式结构组装出一艘船 T_1。船 T 和船 T_1 的所有零部件完全一样，而且它们的形式结构也一样，那么船 T_1 和船 T 是否是同一艘船？"[1]

TP1－1 是特修斯之船问题的原始版本，也就是普鲁塔克故事里的阐述情况的琐碎版本。TP1－2 和 TP1－3 看似是两件无聊的事情，但是有助于厘清问题的脉络。而且我们生活中检查钟表和座椅经常会有此类举动，这种将船板拆卸或组装也是很可能出现的一种情况。更重要的是，这样的两种状况都是可以看作是"霍布斯版本的特修斯之船问题"（TP－H）的另一半，后面将会详细阐明这一点。总之，问题 1 系列都是特修斯之船在完成单个任务下出现的问题，即在仅仅有一个事物出现的情境。

"特修斯之船问题 2－1（TP2－1）：特修斯之船 T 需要被维护——更换船板，船匠工人就将原初的船板取下来，并且换上一块新船板。而被更换下来的船 T 上的船板暂且放在一边，等到更换掉第二块船板时，船匠工人同时考虑按照船 T 的形式结构重新组装更换下来的船板。接下来，一边进行船板的更换，一边进行新船的组装，两项任务同时进行。当船 T 上所有的船板都被更换一遍后，出现了一艘船 T_1；同时从船 T 上取下来的老船板，也被重组成为一艘船 T_2。那么，在更换形成的新船 T_1 和重组老船板形成的船 T_2 之间，哪一艘船是真正的特修斯之船 T？

特修斯之船问题 2－2（TP2－2）：特修斯之船 T 需要被维护——更换船板，船匠工人就将原初的船板取下来，并且换上一块新船板。被不断地更换下来的特修斯之船 T 上的船板，先由工人将其堆放在一边。随着时间推移，当船 T 的所有船板更换完成一遍后出现了一艘船 T_1 时，工人再把从船 T 上取下来的老船板搬出来，按照船 T 的形式结构来重新组装出一艘船 T_2。那么在更换形成的船 T_1 和重组老船板形成的船 T_2 中，哪一艘船是真正的特修斯之船 T？"[2]

TP－H 的困难在于，问题 1 系列中的两项任务同时（或者略迟）进行，最后出现两个独立实体，但至多有一个与先前船只具有同一性关系。因为，

"如果 TP2－1 和 TP2－2 可以看作是对霍布斯版本的特修斯之船问题（TP－H）的一种重构，并且问题 2 系列是问题 1 系列的组合，那么 TP－H ＝ TP1－1 ＆ TP1－2 ＝ TP2－1，或 TP－H ＝ TP1－1 ＆ TP1－3 ＝ TP2－2。"[3]

故而引发的同一性识别问题才会如此强烈。如果单独面对 TP1－1、TP1－2 或 TP1－3 时，根据常识尚能给出明确判断，即使背后有持存物的同一性问题。

①②③　刘振：《论特修斯之船问题及其解决》，载于《自然辩证法研究》2015 年第 7 期，第 10 页。

但霍布斯逼迫我们，在更新或重组船只结束时通过一个识别标准。至此，引出了对 TP－H 问题处理的基本原则："对问题 2 系列的解答或解决需要同时处理两个问题，并且对两个问题处理的原则不能矛盾。"① 接下来笔者将仔细考察并重构 E. J. 劳对于"著名解答"的连续历史方案和其他解释方案。

二、劳的解释方案及其批判性考察

爱德华·乔纳森·劳（Edward Jonathan Lowe）发表了"论人工物的同一性"，他首先提供一个"连续历史"解释方案。

劳认为特修斯之船问题的困难是霍布斯挑起的——特修斯之船问题 2 系列，所以他主要试图来处理 TP2。霍布斯提出特修斯之船问题，其目的在于用它反对那些将"形式的统一"（unity of form）看作是人工物同一性之充分条件的哲学家。劳对 TP2 进行了简单地重构②：

在 t_0 时刻有一艘船 T。之后，其零部件被不断地更换为新部件。到了 t_1 时刻，出现更新零部件形成的船 T_1。同时，也出现一艘重新组装老部件形成的船 T_2。显然，船 T_1 和船 T_2 的物质质料是不同的，但是它们具有相同形式结构。那么，在船 T_1 和船 T_2 中，哪一艘船同一于原来的船 T？至少有三个选择答案：船 T 与船 T_1 相同（$T = T_1$）；船 T 与船 T_2 相同（$T = T_2$）；船 T 既不与船 T_1 相同也不与船 T_2 相同（$T \neq T_1 \wedge T \neq T_2$），这种情况就等于宣布船 T 终止了存在。

对此问题"最著名的解答"是③：船 T_1，而不是船 T_2 与船 T 相同（$T = T_1 \wedge T \neq T_2$），因为"船部分之同一性满足"和"船整体之同一性的满足"之间既不充分也不必要。亦即，"船部分之同一性满足"并不蕴含"船整体之同一性满足"，反之亦然，二者之间没有必然的关系。那么船 T_2 和船 T 有相同的部分对于船 T_2 和船 T 相同是不充分的。因为船 T_2 和原来的特修斯之船 T 具有完全相同的船板和结构，而且也同样具有在大海上航行的功能。反之，船 T_1 和船 T 没有相同的部分也并不意味着船 T_1 和船 T 就是不同的。更极端地说，即使船 T_1 在 t_1 时刻被一场大火烧毁了，也不能使得船 T_2 和船 T 相同。因为船 T_1 的毁坏就是船 T 的毁坏，船 T 已经不存在了，船 T_2 已经是一艘独立的船只了。

"最著名解答"虽然如此，但是背后隐藏着一个更复杂的问题，特修斯之船问题 1－3（TP1－3）的情况：船 T 在 t_0 时刻开始被维护检修，并非更换零部件，

---

① 刘振：《论特修斯之船问题及其解决》，载于《自然辩证法研究》2015 年第 7 期，第 13 页。
② Edward Jonathan Lowe，On the identity of artifacts，*The Journal of Philosophy*，1983，80（4），P. 221.
③ Ibid：221.

拆卸完所有零部件后将其堆放在地上，检查一遍后，再将这堆零部件按照原初的形式结构重组，在 t_1 时刻出现一艘船 T_2^*。那么，船 T_2^* 和船 T 具有同一关系吗？劳指出，此种（TP1-3）情境中的船 T_2^* 和船 T 必然是同一的，而且这是公认的解答。据此可知，在 TP1-2 情境中的两艘船 T 和 T_1 也应该具有同一性。因为 TP1-2 情境中的特修斯之船就是一直连续地更换自己的船板，从未出现空档的情况，如此组合的 TP-H = TP2-1 = TP1-1 & TP1-2，将会更加难以处理，后文详述。

我们继续看劳的论证，可以认为船 T_2^* 和船 T 具有同一关系，但是也可以说它们不相同。因为在 t_0 和 t_1 时刻，船上所有的零部件都被拆卸掉了，这段时间里并没有一艘真正的船存在，因此船的存在并不是连续的（TP1-3 的空档情境）。船 T_2^* 第一次成为真实的存在是在 t_1 时刻，正如洛克所说：

> "一个事物不能具有两个存在起点（beginning of existence），两个事物也不能共享一个起点，因为同类中的两个事物不可能同时存在于同一个地点，或者同一个事物也不可能同时存在于两个不同的地点。因此，具有相同起点则是相同的事物；起点在时间和地点上均不相同的，是不同的事物。"[1]（Bk. II，Ch. XXVII，sect. 1.）

一个事物不可能具有两次诞生的时间点。但是人工物却具有间歇性的或者中断性的存在（cease to exist）情况，可以来来去去好几次，这个是不是与洛克的原则矛盾了呢？例如，船被拆了装，然后装好了再拆再装好，这里并不需要承认哪一次是第一次存在。劳因此认为这种方式是目前避开对中断性存在问题（TP1-3）反驳的最好的一种。但是我要说，问题不是我们承认还是不承认哪一次是第一次存在。因为一个完整的实体是只能有一次诞生和一次死亡，我们要做的工作是解释实体具有这种"中断性的存在"的这种情况是怎么回事，关键即在于一个具体的实体或者具体个别在跨越不同时刻，经历了变化之后能够保持自我同一性是如何可能的。劳对这种情况的回答显得有些草率。

然后劳继续举例说，张三的手表被表匠拆散后并没有终止它的存在。比如李四进到修表铺子里，看到摊在桌子上的东西，一眼就认出了那是张三的手表。并且如果李四踩碎了手表的零部件，他的内心或许是愧疚的或许是开心的。因为这个手表再也无法被重组起来了，他知道他已经彻底毁坏了张三的手表。所以，手表即使被钟表匠拆卸后它也是的确存在着的。当然，这个例子没有任何问题，但是我们要问的是为什么拆卸组装后表还是张三的那块表。

---

① John Locke, *An Essay concerning Human Understanding*, edited with a forword by Peter H. Nidditch, Oxford/New York：Oxford University Press, 1975, （reprinted 2011）, P. 328.

当代技术哲学的发展趋势研究

劳此刻正式提出了自己的解释方案：因为船 T 和船 T_2^* 之间具有连续的历史（continuous history），所以它们具有同一性关系。亦即，如果前后的两艘船只具有连续的历史关联，那么它们是具有同一性关系的两艘船只。很快，劳认识到他的这个解释方案隐藏一个困难："船 T_1 和船 T 具有连续的更换历史，船 T_2 似乎也可以和船 T 之间具有连续的更换历史（尤其是 TP1 – 2 的情境）"[1]。而如何将这样两段更换历史区别开成为了论证的难点。面对此种诘难，劳指出："即使在 TP1 – 3 情境中船 T 和船 T_2^* 之间有一个连续的历史，在 TP2 情境中，船 T 和船 T_2 之间不具有'连续历史'关系"[2]。因此，是船 T_1，而不是船 T_2 与船 T 相同（$T = T_1 \wedge T \neq T_2$）。劳提出一个思想实验：

"在时间 t（从 t_0 时刻到 t_1 时刻）中，船 T 需要被维护，船匠工人将更换船的零部件。例如，原初船 T 上的桅杆已经被拆换了，而船舵还没有被拆换。现在，船 T_2 和船 T 具有相同的桅杆，但是在正式成为船 T_2 之前，它们之间有一个过渡船只，命名为船 D。在 t 时段中，船 D 仅仅具有原船 T 的桅杆。因为一艘完备的船至少包括一个桅杆和一个船舵，但是船 D 不具有船舵。T 时段里，船 T 和船 T_1 之间也有个过渡船只，命名为船 E。船 E 至少具有船 T 的船舵和一个新桅杆。在从 t_0 到 t_1 的这段时间里，船 E 一直是完整的更换零部件，并且具有能够满足水上航行的需求。"[3]

在 t 时段中，船 D 只具有船 T 的原初桅杆。因为"在任何时间中，两个完全不同的船都不能分享同一个零部件"[4]。此刻船 D 和船 E 不可能分享共同的船舵，二者最多有一个具有原初船 T 的船舵。事实上，船 E 具有了这个船舵，那么船 D 就没有船舵。所以在 t 时段里，与船 T 具有"连续历史"关系的只能是船 E，不可能是船 D。故此，船 D 现在不是一艘船。此即，劳论证船 T 和船 T_2 之间不具有"连续历史"关系的论据。

至此，已经介绍了劳对"最著名解答"的"连续历史"解释方案：船 T_1 和船 T 之间具有"连续历史"关系，所以船 T = 船 T_1；而船 T_2 和船 T 之间不具有"连续历史"关系，所以船 T ≠ 船 T_2。

劳将具有"连续历史"关系看作是前后船只具有同一性关系的充分条件，故而解答了霍布斯版本的特修斯之船问题（TP – H）。将论证此充分条件并不充分，并简单揭示 TP – H 中隐藏的更加深刻的困难和悖论。

首先，有必要再次重申解决 TP – H 问题的基本原则："对问题 2 系列的解答

① Edward Jonathan Lowe, *On the identity of artifacts*, *The Journal of Philosophy*, 1983, 80 (4), P. 223.
② Ibid, pp. 223 – 224.
③ Ibid：224.
④ Ibid.

或解决需要同时处理两个问题，并且对两个问题处理的原则不能矛盾。"[①]

> "因为 TP – H 可以被看作是 TP2 – 1 或 TP2 – 2 的两种形式，即 TP – H = TP2 – 1 = TP1 – 1 & TP1 – 2，或者 TP – H = TP2 – 2 = TP1 – 1 & TP1 – 3。"[②]

当两项任务同时进行时，如此引发出来的确认问题逼迫我们必须选择一个，而且做出选择的理由必须是使得遴选出对象保持同一性的充分条件。劳就认为具有"连续历史"关系是"船 T_1，而不是船 T_2 和船 T 相同一"（$T = T_1 \wedge T \neq T_2$）的充分条件。可惜这个充分条件并不充分。因为在船 T_1 和船 T 具有"连续历史"关系，而船 T_2 和船 T 也具有"连续历史"关系，它们都是开始于船 T，分别终止于船 T_1 和船 T_2。船 T_1 和船 T 之间的"连续历史"已经清楚明了，它们是零部件的逐渐更换以形成船 T_1。

> "循此思路，船 T_2 和船 T 也可以具有同样的'连续历史'关联，当从船 T 取下一个零部件的时候，先将其放在地上，这是船 T_2 的第一个零部件，也是引起船 T 变化开始的零部件。当从船 T 上更换下第二个零部件的时候，我们已经开始考虑这两个零部件在船 T_2 中处在哪一个结构和样式的设计位置上，并且担当着怎样的功能，也就是说，此刻船 T_2 也是在形成的过程之中了。依次类推，船 T 的零部件不断地更换下来，船 T_2 在零部件不断地进行组装的过程中逐渐形成，到了 t_1 时刻船 T_2 形成了。"[③]

此乃 TP1 – 2 所述情境。至此，已经不难发现，如果具有"连续历史"关系是判定前后船舶是否具有同一性的充分条件的话，并且如果船 T_1 和船 T 具有同一性关系，那么船 T_2 和船 T 一样具有同一性关系。因此劳给出的解释理由不充分。

其次，TP – H 可以看作是 TP2 – 2 = TP1 – 1 & TP1 – 3 的情况，而且劳为了处理难以区分"连续历史"，也提及 TP1 – 3 的情况，那么我们来考察 TP1 – 3 的问题。"人工类是实在类吗"和"论特修斯之船问题及其解决"的文章中曾清理过这个论证：

> "特修斯之船 T 在被拆卸后和重组中间是有时间间隔的：在 t_0 时刻对特修斯 T 进行拆卸过程；在 t_1 时刻特修斯 T 被拆卸为一堆零部件 $T^\wedge$，然后将这堆零部件 $T^\wedge$ 按照原来的结构和样式进行组装；在 t_2 时刻，新船 T^* 被组装完成。特修斯 T 依次经历了 t_0 到 t_1，t_1 到 t_2 两段时间，根据劳的理解，特修斯之船的连续历史情况，船 T 在这段时间里应该依然保持着自身的同一性，也就是：$T = T^\wedge = T^*$。然而令人窘迫与难以回答的问题是，特修斯 T 被拆卸

① 刘振：《论特修斯之船问题及其解决》，载于《自然辩证法研究》2015 年第 7 期，第 13 页。
② 同上，第 11 ~ 12 页。
③ 同上，第 11 页。

的这段时间里，尤其是到了 t_1 时刻，地面上的这堆码放整齐的木船板 T^能够被看作特修斯 T 吗？

回答只有两种：如果回答是，亦即，这堆码放整齐的木船板 T^仍然是特修斯 T，即 T＝T^，这与直观明显违背，此其一。其二，即使这堆木船板 T^可以被看作特修斯 T，但是它既不具有特修斯之船 T 所要求的结构和样式，更没有原来特修斯之船 T 所能发挥的航海功能了。故 T ≠ T^，这里不能回答是。如果回答否，亦即 T ≠ T^，获得了直观上的肯定。但是这样的回答直接否定了特修斯船之船的连续历史使其可以保持自身的同一性的前提。其次，这样的回答会招惹'秃顶问题'，特修斯 T 究竟是在被拆卸到何种程度时不再是特修斯之船 T 了。很显然，这里也不能回答否。"①

根据劳的理解，具有"连续历史"关系，是拆卸重组后的船与原来的特修斯船之船 T 具有同一关系的充分条件。而且劳也认同，对如此情境中产生的同一性问题给予肯定回答是一个"著名解答"。但是 TP1－3 情境中的空挡情况会招致悖难，至少可以表明劳的"连续历史"方案并不能令人满意地解释 TP1－3 的难题。

再次，无论是 TP－H＝TP1－1 ＆ TP1－3，还是 TP－H＝TP1－1 ＆ TP1－2，但是 TP1－1 是一个关键问题，那么根据副本论证的分析框架，来揭示 TP1－1 可能存在的问题。即设想，

特修斯之船 T 在时刻 t 之前是完好的，简称其为 "T－b"（Theseus-be-fore-t）。在 t 时刻，船 T 被拆卸掉了一根桅杆。那么在 t 时刻之后，船 T 变成了一艘缺少一根桅杆的特修斯之船 "T－a"（Theseus-after-t）。就在特修斯之船 T 发生变化的同一个时间段里，即在 t 之前也存在一艘特修斯之船副本 T－M，除了同样缺少一根桅杆之外，其余的零部件和特修斯之船 T 完全相同。并且特修斯之船副本 T－M 在从时间 t 之前 "T－M－b"（Theseus－Minus－before－t），到 t 之后在构成部分上没有发生任何变化 "T－M－a"（Theseus－Minus－after－t）。

无论是根据 E. J. 劳的"连续历史"解释方案②，还是我们生活世界的直觉，比如功能零部件的持存或功能持存原则（the principle of mereological continuity or functional continuity）③，都会认为缺少了一根桅杆的船 T 仍然是船 T，即

（1）t 之前的船 T（T－b）同一于 t 之后的船 T（T－a）；"T－b"＝"T－a"

同理，对于没有发生任何变化的特修斯之船副 T－M，在从 t 之前到 t 之后肯

① 刘振：《论特修斯之船问题及其解决》，载于《自然辩证法研究》2015 年第 7 期，第 12 页。

② 同上，第 10～11 页。

③ 刘振：《人工类是实在类吗？》，载于《哲学动态》2015 年第 1 期，第 98～99 页。

定是保持着自身的同一性了，即

（2）t 之前的船副 T－M(T－M－b) 同一于 t 之后的船副 T－M(T－M－a)；"T－M－b"＝"T－M－a"

又知，特修斯之船副 T－M 除了缺少桅杆以外，其他的零部件完全和特修斯之船 T 一样。现在到了 t 之后，两个不仅都缺少一根桅杆而且所有的零部件也一样，那么

（3）t 之后的船副 T－M(T－M－a) 同一于 t 之后的船 T(T－a)；"T－M－a"＝"T－a"

根据同一性的传递性原理，如果（1）（2）（3）都是正确的，那么

（4）t 之前的 T (T－b) 同一于 t 之前的船副 T－M(T－M－b)；"T－b"＝"T－M－b"

显然，在 t 之前一个是特修斯之船 T，一个是缺少桅杆的特修斯之船副 T－M，当将两艘船摆在面前时，不会有人认为它们是同一的，因为它们至少是在构成部分上有不同，即

（5）t 之前的 T(T－b) 不同一于 t 之前的船副 T－M(T－M－b)。"T－b"≠"T－M－b"

至此，笔者已揭示了特修斯之船在不同时间点上构成部分的变化所导致的同一性难题，它导致一对矛盾的命题，（4）和（5）两者互相否定。意欲解决或解释此难题，需要详细考察论题（1）（2）（3）和（4）中哪一个论题是不能坚持的。

"特修斯—副本论证"展示 TP1－1 之中的困难：特修斯之船在不同时间点上构成部分的变化所导致的同一性难题，因为它导致一对矛盾的命题，依靠"连续历史"也不再能够保持其同一性①。

最后，TP1－1 情境会招致"副本论证"的威胁，不易处理；TP1－3 会招致"空档论证"的诘难，无法满意解释②。因此，E.J. 劳未能对"TP－H＝TP2－2＝TP1－1 & TP1－3"的情况给出令人满意的解释。另外，当"TP－H＝TP2－1＝TP1－1 & TP1－2"时，"副本论证"对 TP1－1 的威胁，对于 TP1－2 同样奏效。因为只要是人工物存在物质质料变化的情况，一旦拆卸一根甲板，"副本论证"问题就会浮现。况且，在 TP1－2 中是连续地拆卸并组装船只，并未出现中断情况，如何辨识"船 T 与船 T_1"与"船 T 与船 T_2"之间的"连续历史"关系，只会是更加困难。因此，对于 E.J. 劳提出的"连续历史"解释方案而言，TP－H＝TP2－1 的情形更加难以处理。

---

①② 刘振：《论特修斯之船问题及其解决》，载于《自然辩证法研究》2015 年第 7 期，第 13 页。

三、对于其他解决方案的考察

现在，让我们来考察一下其他哲学家对特修斯之船难题的解释情况。布莱恩·斯马特（Brian Smart）在"如何再识别特修斯之船"的文章中讨论了 TP - H。斯马特重构了霍布斯版本的特修斯之船问题：

"有一艘千年老船 T，依然能够航行。某一天它被拖进船坞 A 里面进行更新修理，在时间 h_1 的时候，从 T 上取下一块船板放到船坞 B 里面去，同时给 T 换上一块新船板。如此，一直重复更新，一千小时以后，在船坞 A 里面有一艘船 T_1，在船坞 B 里面有一艘船 T_2（使用船 T 的老船板组装起来的船只）。问题：是船 T_1，还是船 T_2 与船 T 相同一？"[①]

为了展示此问题的现实性，斯马特编织了一个关于此问题无法得到满意回答而引起诉讼的故事[②]，由于这个故事对于解决这个问题意义不大，此处从略。斯马特的回答和劳一样：船 T_1 与船 T 具有同一性关系，而船 T_2 和船 T 之间不具有同一性关系，亦即船 T_1 = 船 T，船 $T_2 \neq$ 船 T。斯马特的理由是[③]：当一块船板被从船 T 上移走并且给船 T 换上一块新船板，新船板现在是船 T 的一部分。老船板曾经是船 T 的一部分，但是移开之后其再也不是。当然了，这块船板是船 T_2 的一部分，而且是从时间 h_1 开始，船 T 上的船板逐步地成为船 T_2 的一部分。当更换完全完成之后，船 T_2 不是由船 T 的部分组成，而是由曾经的船 T 的部分组成。在构成现在的船 T_2 部分的老船板的生涯中，"船 T 的部分之存在"仅仅是一个临时性的角色。这个论证思路是很清晰的，船 T 很简单地就改变了它的零部件的同一性，而且它的零部件和船 T_1 的零部件是同一的。因此船 T 和船 T_1 具有同一性关系，而船 T 和船 T_2 没有获得同一性了，因为他们没有相同的部分。

但是在劳看来，斯马特的解释方式是回避了一个问题：当一块船板被从船 T 上移走之后并且给船 T 换上一块新船板，新船板现在是成为了船 T 的一部分。但是问题恰恰就是新的船板成为了船 T 的一部分，还是船 T 上剩下的那些部分仍然是作为船 X 的部分[④]。既然斯马特认为，零部件的同一性使得船 T 与船 T_1 具有同一性。那么是什么使得这些零部件之间具有同一性呢？斯马特估计会回答说，是船 T 的改变使得它自己的零部件之同一性关系发生了变化。此处是一个循环解释。此外，我提及 TP1 - 1 问题所处情境会招致特修斯—副本论证的威胁，对于

① Brian Smart，How to Reidentify the Ship of Theseus，*Analysis*，1972，45（4），P. 145.

② Ibid：145 - 148.

③ Ibid：148.

④ Lawrence H. Davis，*Smart on Conditions of Identity*，*Analysis*，1973，33（3），pp. 109 - 110.

斯马特和接下来要讨论的其他方案都是一样有效的。

西多福·史考瑟斯（Theodore Scaltsas）认为[1]：特修斯之船问题就是一个无解的悖论。因为不存在一个关于人工物同一性之充分条件的清晰边界，所以在这样的判断冲突中我们不能够决定新客体是否同一于原初的客体。另外，一个最直观的理由就是在我们的日常生活中这样冲突情况很少发生，即使这样的情况发生了我们的直觉迟钝于对其做出决定。在劳看来，史考瑟斯这样的回答和解释方式避免了所有可能性，也许对于此问题不能回答并非事实的真相（从一个本体论和形而上学的观点看）。同一性难题虽然会对排中律或二值定理构成挑战，但是也比避免所有的可能性要好些。

在分解特修斯之船问题时，已经援引了齐硕姆的洞见。悖论形式的关键在于我们的理性构建和日常直觉发生了冲突，最一般的直觉或者受过基本教育的直觉，这个不能被轻易否定[2]。普遍直觉告诉我们，日常世界中的事物是一个实体。我们对于矛盾的事实要给出解释和处理。在特修斯之船问题中发生了判断上的冲突，那么我们就要检查我们的判断根据是不是出了问题，如何提供一套合理的解释方案消除这个矛盾，这是一个基本的方法论。理论判断与基本直觉冲突了，至少有一方是出了问题，而更应该先检查的是我们理论判断的根据。而史考瑟斯的回答只是一个懒汉思维的反应，生活中很少发生这样的事情，不能否定哲学问题要考察所有可能性。因此这样的回答既算不上一个解释方案，也没有一个哲学的理论自觉，与其说是回应不如说是表达一个人的态度或意见而已。

大卫·威金斯（David Wiggins）也提出一个类似的失败主义方案[3]，就是完全更换过的船 T_1 也没有资格同一于原初船 T 的，这个问题是"无法解决的悖论性的（irreclaimably paradoxical）"。威金斯论证的主要资源是在前文批判劳的解释方案时所使用的"空档论证"——不连续存在问题。威金斯认为，一些人想当然地认为，事物能够有个不连续的存在方式，这种违反了莱布尼茨同一律的情况是不可能发生的。钟表维修的案例提醒我们，支持不连续存在的人将会违反莱布尼茨律。最重要的一点就是后面恢复的东西与原初的东西之间有不同，至少在起源方面是这样的。

首先，同一个事物不可能有两个不同的起源或开始。因为洛克无可辩驳地论述说：一个事物不能有两个开始。虽然他的另外一个论述：一个事物不能在终止

① Theodore Scaltsas, *The Ship of Theseus*, *Analysis*, 1980, 40 (3), pp. 152 – 157.

② 这里会涉及对不同日常直觉进行一个分层考察：例如，哪些是要遵守的，哪些是要修改的，哪些是要抛弃的？这个也是讨论悖论的一个方法论上的任务，需要另文研究。

③ David Wiggins, *Sameness and Substance renewed*, Cambridge：Cambridge University Press 2003, (Virtual Publishing), P. 97.

存在之后再次开始存在。亦即，一个事物一旦开始存在，在其生命历程之中，它只能有一次诞生。而中间的中止存在不能是真正毁灭意义上的终止。即在一个时间序列上有空档区间，事物从诞生的一刻 t_1 开始存在了，到了 t_{100} 这个实体真正的消亡了。而在 t_1 到 t_{100} 的这段时间里，事物真正意义上的诞生只有一次，就是在 t_1 时刻，终止也只有一次，在 t_{100} 时刻，中间的空档状态都是不真正意义上的开始存在和终止。劳认为[①]，威金斯颠倒了因果关系：因为一个事物只能够诞生一次，因此它并不是从空档之后开始存在的，而且支持连续性存在的人要承担举证责任。这里要说明一点，威金斯认为人工物不能够连续性地存在，因为中间存在空档的情况，人工物只是组合物，并非实在实体。劳此处对威金斯的批评并不成立。

其次，这里提到莱布尼茨同一律的问题，无非是想借此考察特修斯之船问题。但是这一点估计不能实现，布鲁斯·昂（Bruce Aune）对此有独特的见解：

"在我看来，莱布尼兹律毫无疑问是有效的，但是对于我们所涉及的问题之解决是没有什么帮助的，原因即在于此。"[②]

布鲁斯·昂的讨论思路，就是特修斯之船问题 0 - 2（TP0 - 2）的情况：如果特修斯之船 T 上面的船板被拆卸之后，原有的木船板扔在地上，然后换一堆金属船板按照同样结构进行复原组装出一艘船 T - m，那么使用金属船板组成的船 T - m 是否同一于原来木船板组成的船 T 呢？大家会选择认为船 T - m 是和船 T 完全不同的，这里看不出我们在何种意义上使用莱布尼茨同一律。因为：

"如果我们能够回答这个问题，那么我们也就能够解决我们的难题了，但是事实上我们并没有办法解决掉这个问题，如果我们不知道我们在试图寻找的是什么的话。因此莱布尼兹律对于我们现在的问题没有帮助。"[③]

这里再次提醒我们一定要思考，考察"特修斯之船"系列问题究竟是要寻找什么——人工物之同一性的难题。

米歇尔·伯克（Michael Burke）举出一个桌子的案例[④]：桌子拆卸后组装成为椅子，然后将椅子拆卸，再次变回桌子，其目的在于，最后组装的桌子和原初的桌子仍然是同一个桌子（B - H - B2 的情境）。劳认为伯克的例子并不能回应一系列的反驳，其次也会引起更多的争论，而且劳并不相信这些例子的真实性，真正可以这样拆来拆去的只是那些多功能实现的模型。为了表示反对意见，劳提

① Edward Jonathan Lowe, *On the identity of artifacts*, *The Journal of Philosophy*, 1983, 80 (4), pp. 228 - 229.

②③ Bruce Aune, *Metaphysics*: *The Elements*, Minneapolis: University of Minnesota Press, 1985, P. 84.

④ Michael Burke, *Cohabitation*, *Stuff and Intermittent Existence*, *Mind*, 1980, 89 (355), pp. 391 - 405.

出了自己的案例①：模型桥被拆卸，然后被组装成样式相似的模型桥，在中间没有被设计成其他任何不同样式的东西。这将引出一个问题，模型桥既同一于原初的一个，而且它的存在也没有被打断。但是，事实上我们并不这么认为，因为拆卸后的原初零部件并不同一于新的零部件。劳认为②，被拆卸了的原初模型桥零部件总体上而言是太无名化（anonymous）了，以致其没有资格作为在拆卸条件下仍然能够继续存在模型桥的部分。在极其简单化的案例中，原初的模型桥和之后的模型桥是一个桥，事实上这些模型桥的案例是不同于修表的。因为小孩子第二次堆模型桥是完全重新来过，而表匠是按照具有原来的样式进行组装，所以使得组装的和原来一样。因此，桥模型是两个不同的桥模型，但是表是和原来一样的表。劳认为这里面的问题是这个人工物是多功能人工物，其中的一些拆卸环节并不是完全无名化的。它是一个专门的多功能人工物，它的部分是专门用来设计完成不同样式的。劳这里所表示的含义无非在于，即使面对人工物的拆卸和组装，其中不同的人工物之间大不相同：有的人工物可以拆来拆去，有的不可以拆来拆去。劳并没有批评到问题的关键，伯克顶多算作是举例不当，但是反应的形而上学问题需要仔细对待。

众多解释方案，虽各有不足，但对于详细地分辨问题仍然有意义。意欲解决特修斯之船问题 2 系列，必须将注意力收缩到问题 1 系列上。问题 1 系列的关节点就在于人工物能够经历住拆卸、替换和重建进而引发的人工物的同一性问题，而人工物的同一性问题又与当代形而上学中持存物之历时同一性密切相关。

第二节　人工类是实在类吗？

马西米兰诺·卡拉拉（Massimiliano Carrara）和达莉亚·明嘉多（Daria Mingardo）立足于讨论"人工物范畴化"的大量文献，高屋建瓴地指出，"关于人工物如何范畴化的问题主要表现在三种问题上：形而上学争论、知识论争论和语义学争论。而本体论问题就一个：一个人工物，缘何属于某个类。"③。在形而上学争论中，大卫·威金斯认为"人工类"这样一个概念是很难成立的，即人工类不是一个实在类。因为"一个单个的客体 O 是实在的实体，当且仅当存在一个实

---

①② Edward Jonathan Lowe, *On the identity of artifacts*, *The Journal of Philosophy*, 1983, 80（4）, P. 229.

③ Massimiliano Carrara & Daria Mingardo, *Artifact Categorization：Trends and Problems*, *Review of Philosophy & Psychology*, 2013, 4（3）, pp. 352 – 354.

在类 S，并且 O 属于 S。"① 人工物自身招致了悖难——"副本论证"问题和"空档论证"悖难，足以表明人工物不是一个实在实体，故而人工物所组成的人工类亦非实在类。

一、威金斯反人工类的形而上学论证

威金斯等人反对人工物与人工类在形而上学上的实在论地位，经过马尔齐亚·索菲（Marzia Soavi）的详细清理，被重构成为一个反人工类成为实在论的论证 AR - A，如下。

"（1）如果一个类 S 是实在类，那么就应该存在一个能将客体划属给 S 的清晰的原则；

（2）而不存在一个能将人工物划属给类 S 的清晰的原则；

（3）故而，人工类不是实在类。"②

论题（1）表明，清晰的划类原则是一个类成为实在类的必要条件。论题（2）是一个论据，没有任何一个清晰明确的原则可以将人工物划归到一起。简洁的否定后件式推理，因此，人工类不是实在类。那么，自然类是不是实在类呢？它的清晰划类原则是怎样的呢？威金斯认为：

"一个连续的个别 X 属于一个自然类，或者是一个自然物，当且仅当，X 具有一个基于似律性的描述和倾向性的活性原则，而活性原则是形成了涉及普通实体之资格的外延性基础，这个可以真正地回答 'X 是什么' 的问题。"③

活性原则是一个自然物的本体论基础，同样地依赖活性原则自然物是最有资格成为实在实体的事物。论证的另一个面向是，活性原则是将自然物清晰划类的似律性的描述，因此自然类是一个实在类（real kinds）。但是人工物不具有活性，人工类也不包含倾向性的活性原则，所以人工物与人工类不具有实在性地位。此即，人工物的本体论缺陷一。

此外，人工物的本体论缺陷二是人工物本身的同一性难题无法得到满意处理。威金斯认为，"人工物之所以不能成为实在实体主要是因为人工物本身具有

---

①② Marzia Soavi, *Antirealism and Artefact Kinds*, In：*Techné*：*Research in Philosophy and Technology*, at http：//scholar. lib. vt. edu/ejournals/SPT/v13n2/soavi. html, 2009.

③ David Wiggins, *Sameness and Substance renewed*, Cambridge：Cambridge University Press 2003, （Virtual Publishing）, P. 89.

的同一性问题"①，即事物的同一性是其作为一个实在实体的必要条件，而且类成员是实在实体又是该类成为实在类的必要条件。所以，人工类不是实在类。威金斯批判人工物的同一性，主要以霍布斯版本的特修斯之船问题（TP－H）。第三章第一节已经介绍，威金斯认为，"TP－H根本上就是一个无法解决的悖论性的问题：无论是船 T＝船 T_1，还是船 T＝船 T_2，都具有不可避免的漏洞。"②。索菲对威金斯论证进行了清理③，"人工物之同一性主要由零部件持存原则和功能持存原则构成"。若是这两个原则无法坚持，那么人工物本身的同一性就无法得到证明，故而人工物不是实在实体。威金斯否定两个持存原则的论证就是空档论证。

人工物 A 零部件持存原则，人工物 A 的零部件被连续地使用，即使经历了拆卸重组，仍然使用这些零部件。当人工物 A 被设计—制造完成后，开始拆卸成为了一堆零部件 A^，零部件一个个地被检查之后，再将所有的零部件按照原来的形式结构组装起来，形成了人工物 A^*。当询问人工物 A 和 A^以及 A^* 的同一性关系时，引发了人工物的"空档论证"困境④。所以人工物 A 的零部件持存原则不能坚持，那么人工物的同一性也就有问题了，故而人工物不是实在实体。

人工物 A 功能的持存原则，人工物 A 的功能，没有因为拆卸和重组而改变。据此原则，人工物 A 的功能没有变化，其同一性则可以坚持。但是，事实表明此原则也不能构成人工物的同一性条件。一如前述，据此原则，人工物 A 和重组的人工物 A^* 之间具有同一性。但是，无法判定零部件堆 A^与人工物 A 的同一性关系。因此，人工物 A 的功能持存原则也不能坚持⑤。总之，人工物不满足同一性条件，人工物不是实在实体，人工类也不是实在类。

"特修斯—副本论证"的分析，有助于理解两个持存原则：威金斯对人工物 A 的零部件批判主要基于空档论证，对功能持存批判参照了特修斯—副本论证的情形。但是，如果使用威金斯分析框架考察自然类和自然物，情况估计一样不容乐观。

---

① David Wiggins, *Sameness and Substance renewed*, Cambridge：Cambridge University Press 2003，（Virtual Publishing），P. 91.

② Ibid，P. 97.

③ Marzia Soavi, *Antirealism and Artefact Kinds*, In：*Techné：Research in Philosophy and Technology*, at http://scholar. lib. vt. edu/ejournals/SPT/v13n2/soavi. html，2009.

④ 刘振：《人工类是实在类吗?》，载于《哲学动态》2015 年第 1 期，第 98～99 页。

⑤ 同上，第 99 页。

二、对反人工类之形而上学论证的批评

威金斯反对人工物与人工类的实在性地位主要基于两个理由：人工物不具有活性，是其本体论缺陷所致；人工物本身的持存原则无法坚持，导致人工物具有无法摆脱的同一性难题，因此人工物不是实在实体。索菲认为，这样两个理由都很难坚持，如果贯彻到底会使自然物面临人工物一般的窘境。

首先，威金斯并未阐明什么是自然物的"活性"。威金斯认为[1]，自然物因其具有活性（activity），所以成为实在客体，自然类也多赖得活性原则（principle of activity）将众多自然物统摄其下，故而自然类是一个实在类。活性是事物可以经历变化而保持自身同一性，活性原则类同于自然类中各成员共同具有的似律性语句。但是人工物不具有活性，人工类的相关描述性语句也不能被解释为活性原则。究竟何谓"活性"？何谓"活性原则"？威金斯并未阐明。仅仅强调该原则很重要，类同于似律性语句，但又未将活性原则解释为自然定律。后文将会考察其他哲学家对"活性"的解释，此处仅仅说明威金斯留下了一个值得探究的形而上学问题。

其次，以"过程类"解释"活性"的努力，不成功。虽然威金斯并未告诉我们"究竟什么是自然物的活性"，但是索菲尝试提供了一个阐释：

> "如果我们使用过程类阐释'活性'是合适的，那么（对一个客体而言）'内在变化'概念具有核心地位。一个具有活性的客体能够维持其特有形式和同一性，即使自己构成部分被改变了。如果这是活性概念的可能含义，那么我们能够据此区分出自然物与人工物吗？"[2]

活性被解释为过程类，我们遵循索菲的思路来考察如此阐释的可能问题。火山、河流是自然物，也具有活性。因此，它们即使经历了变化也必然可以维持自身形式和同一性。根据威金斯批判人工物的持存原则论证，笔者构建了一个"河流论证"以考察自然物河流的活性。

> "河流 R 的活性通过其河道里流淌的河水得以体现；当天下大旱，河床干涸，并被风沙掩盖成为了 R^；数年后，天降大雨，雨水冲刷了河床，新的河水依然流淌原有河道中，河流获得重生 R^*。"[3]

---

[1] David Wiggins, *Sameness and Substance renewed*, Cambridge：Cambridge University Press 2003，（Virtual Publishing），P. 89.

[2] Marzia Soavi, *Antirealism and Artefact Kinds*, In：*Techné*：*Research in Philosophy and Technology*, at http：//scholar. lib. vt. edu/ejournals/SPT/v13n2/soavi. html，2009.

[3] 刘振：《人工类是实在类吗？》，载于《哲学动态》2015 年第 1 期，第 100 页。

根据"空档论证"的论辩思路，当考察 R 和 R^的同一性关系时，河流具有"活性"会使其招致悖难。不能否定河流是自然物，那么只能否定河流例示的"活性"。如果河流不具有活性，那么依靠什么来维持自身同一性。如果河流不具有同一性，那么也不能成为实在实体，势必威胁自然类的实在性地位。

最后，根据活性不能很好地区分人工物与自然物。这个批评经常见诸于当代技术哲学家的文章中，贝克（Baker）[1] 和普雷斯顿（Preston）[2] 正是基于"活性原则不能很好地区分人工物与自然物"从而提出划界取消说，索菲也持有此种主张。例如，人类用来酿酒的酵母菌，它们在很多情形中是被看作人工物。但是它们明显具有过程类性质的"活性"，因此"活性"不能作为自然物的充分条件。总之，"活性"也不能使自然物逃脱人工物要面对的难题。另外，值得一提的是索菲根据块茎的独特习性，构建了一个反对自然物具有活性的"土豆论证"：

> "设想，如果，有一土豆 T，埋在土里不久后生长出新植物 P。如果，同样的这块土豆 T，剪掉它的一部分扔掉，余下的部分 T_1 埋在土里不久后生成新植物 P_1。那么，我们能否有理由认为生长出的新植物 P 就是新植物 P_1？回答否，将导致土豆失去其部分不能继续存活，这不合事实。而回答是，将会隐藏一个无穷倒退的问题。故而，土豆问题成为反驳自然物具有活性，进而反驳自然物之同一性的令人头痛的问题，并且这问题和特修斯之船一样难以解决。因此，以活性作为区分标准并非好方法。"[3]

索菲的"土豆论证"尚不够严谨。当对方回答"否"（$P \neq P_1$）是如何导致"土豆失去其部分将不能继续存活"这种情况，索菲语焉不详。此处将其补充，即：

> "要么，回答是。新植物 P 和新植物 P_1 是一回事（$P = P_1$），意味着 P 和 P_1 的来源土豆 T 和 T_1 必是相同的实体，$T = T_1$。前提已交待，土豆 T_1 是土豆 T 削去一部分后余留下来的部分。至少 T 和 T_1 的体积和质量均不同，$T \neq T_1$。如果 $P = P_1$，那么 $T = T_1$；而，$T \neq T_1$，故，$P \neq P_1$。不能回答是。

> 要么，回答否。新植物 P 和新植物 P_1 不是一回事（$P \neq P_1$），看起来比较符合直观。但这意味着：土豆分出的部分能够生长出新植物，即土豆分出的部分也具有活性。如果活性可以分，那么活性可以被一分为二，还是一分为三、一分为四呢？土豆被一分为多少的时候不能成活了呢？此其一。其

---

[1] Lynne Rudder Baker, *The Shrinking Difference Between Artifacts and Natural Objects*, *American Philosophical Association Newsletter on Philosophy and Computers*, 2008, 07（2）, pp: 2 – 5.

[2] Beth Preston, *The Shrinkage Factor: Comment on Lynne Rudder Baker's "The Shrinking Difference between Artifacts and Natural Objects"*, *American Philosophical Association Newsletter on Philosophy and Computers*, 2008, 08（1）, pp. 27 – 28.

[3] Marzia Soavi, *Antirealism and Artefact Kinds*, In: *Techné: Research in Philosophy and Technology*, at http://scholar. lib. vt. edu/ejournals/SPT/v13n2/soavi. html, 2009.

二，若是认为，土豆可以一直分下去都可以成活，显然荒谬。若说土豆的活性压根就不可以被分，也就是土豆一旦被切分就不能成活了。此时，才导致索菲过早得出的结论"土豆失去其部分将不能继续存活"，这也不合事实。无论坚持土豆的活性可以分也好，不可以分也罢，都显然会导致荒谬的结论。"①

该如何阐释事物之中的"活性"？第一，不能过度缩窄对"活性"的阐释，要防止大量的非生命自然物被排除在外；第二，不能过度放宽对"活性"的阐释，仍然要注意区分人工物与自然物的不同。究竟是放宽还是缩窄，这是一个困难的形而上学问题。因此，索菲才认为"土豆问题"和"特修斯之船问题"一样难以解决，除非我们依靠习惯。

威金斯构建的贬低人工物与人工类的 AR－A 论证，并没有较好的证据运行支撑，而且其分析模式会将自然物驱赶出实在实体的范围之外。这也从反面给予技术人工物以实在性和自然类的支持。

第三节　技术人工物的系统模型

研究技术人工物，我们需要建立一个模型，进而从这一模型出发，展开更深入的研究。

一、结构与功能的概念

当代社会的一个重要基础是技术人工物。技术人工物（technical artifacts）不是自然物。技术人工物不是自然而然演化出来的，而是在一定材料或要素的基础上制造出来的人工物，它具有一定的功能。何为人工物？贝克认为："人工物是有意被制造（made）出来达到给定目的的客体（object）。"② 希乐·派伦（Thira Peiren）认为："人工物可以定义为被有意制造或生产（made or produced）出来达到一定目的的客体。"③ 托马森认为："人工物是人类意向的产品（prod-

① 刘振：《人工类是实在类吗？》，载于《哲学动态》2015 年第 1 期，第 102 页。
② L. R. Baker, *The ontology of artifacts. Philosophical Explorations*, 2004，7（2），P. 99.
③ *Artifact. Stanford Encyclopedia of Philosophy.* http：//plato. stanford. edu/entries/artifact/.

uct）。"① 可见，这些定义强调了人工物的一个共性，涉及人的目的或意向，而且是一个实实在在的客体或产品。比如，一把石斧、一处水坝等都是人工物，它是人的意向或目的作用后的产物。技术人工物强调人工物中有技术的渗透，特别是现代技术人工物往往是技术知识或科学知识的应用，它不是现有的自然物被人所使用形成的。比如，一部电话机、一个电饭锅、一部计算机等属于技术人工物。技术人工物可以定义为被制造出来实现一定目的的技术实体，它是人类有目的制造出来的具有一定技术含量的物理实体。技术人工物强调的是技术实体，而不是技术手段、技术经验、技术知识等。

如何研究技术人工物呢？克劳斯与梅耶斯提出用结构与功能描述技术人工物。他们认为："对于技术人工客体，这两种概念化都是不可缺少的：如果一个技术人工客体只用物理概念来描述，它具有什么样的功能一般是不清楚的，而如果一个人工客体只是功能地进行描述，则它具有什么样的物理性质一般是不清楚的。因此一个技术人工客体的描述是运用两种概念来进行描述的。在这个意义上技术人工客体具有（物理的和意向的）二重性（dual nature）。"②

在荷兰学派看来，技术人工物的二重性体现在技术人工物中，就是结构与功能两个因素。P. 克劳斯（P. Kroes）是如何看待结构与功能呢？他将技术人工物的物理性质、几何性质的描述，称之为结构描述，即把几何的、物理的、化学的性质称之为结构。比如，物质具有的质量、颜色、形状等，属于结构描述。而把技术人工物的功能性质的描述，称之为功能描述。③ 如吹风机的功能是吹干头发。霍克斯（Houkes）与梅耶斯也持同样的观点：技术人工物既是具有几何的、物理的、化学的物理实体（physical bodies），又是与精神状态和意向行动相关联的功能客体（functional objects）。④

可见，技术人工物二重性研究纲领将技术人工物这一实体分为结构与功能两个方面，这意味着凡是不能划为功能的东西，都必然划分到结构中，反之亦然。因此，克劳斯将技术人工物的"颜色"纳入结构范围就不足为奇了。然而物体的"颜色"不属于纯粹客观的范畴，而是属于主体与客体相互作用的范畴，并不属于结构范畴。不仅如此，技术人工物的物理性质、化学性质等都属于结构范畴吗？这也是有问题的。比如，机器的质量、氧气的燃烧性质等都不属于结构这一

① A. Thomasson, *Artifacts and human concepts.* In E. Margolis & S. Laurence （Eds.）, *Creations of the mind: Essays on artifacts and their representation.* Oxford: Oxford University Press, 2007, pp. 52 - 73.

② http://www. dualnature. tudelft. nl/#1.

③ P. Kroes, *Coherence of structural and functional descriptions of technical artifacts. Stud. Hist. Phil. Sci.* 2006, 37, P. 139.

④ W. Houkes, A. Meijers, *The Ontology of Artefacts: the Hard Problem, Studies In History Philosophy of Science.* 2006, 37 (1), P. 119.

范畴。可见，荷兰学派对于结构与功能概念的界定是不清楚的，其分析并不彻底。

荷兰代尔夫特理工大学的弗朗森（Franssen）认为，功能就足以描述技术人工物了，不需要结构这一性质。功能是比结构更为基础的性质。结构术语是功能术语的一部分。[①] 如果说结构描述都能够用功能描述来代替，那么，事实上，这仍然是一种技术哲学的外在研究，而不是内在研究，因为仍然没有搞清楚技术人工物的结构与要素是什么。

著名技术哲学家米切姆就对"技术人工物的二重性"提出疑问，他说：为什么技术人工物性质（nature）仅是两个，而不是三个或四个，或更多个？人工物呈现了物理的、化学的、结构的、动力学的特点，物理特点不是那么一回事，类似地，对非物理性质来说，就有意向性、功能、使用、适应等。[②] 因此，结构仅是技术人工物多种性质中的一个，不能将技术人工物仅仅归纳为结构与功能两种性质。

面对上述问题的诘难，能否在技术人工物的结构与功能的基础上，做出新的改进呢？在笔者看来，技术人工物就是一个系统，它不是一个自然系统，而是一个人工系统。于是，下面我们讨论从人工系统论的角度来回答上述问题。

第一，要素、结构与功能是描述技术人工物系统的三个相对独立的因素。著名科学家钱学森从技术科学层次给系统下了一个定义："所谓系统，是由相互制约的各个部分组成的具有一定功能的整体。"[③] 这一定义特别适合于技术科学层次，明确提出了"部分"即要素与功能概念，因为人们研究、设计、控制系统都是要通过要素去获得预定的功能。从系统论来看，功能仅是描述技术人工物的一个方面，更不能说功能比结构更基本。要素是构成技术人工物系统的基本单元。基本单元形成更大的高一级单元。基本单元的划分取决于工程技术实践的需要。

技术人工物的各个要素处于相互联系之中。这些要素之间具有物质、能量或信息的关联。这些关联有两类，一类联系是相对稳定的，另一类联系是较为偶然的。这些要素构成的相对稳定的物理关系，就是技术人工物的结构。这些相对稳定的关系的总和就形成了系统的结构。结构就是系统的各组成要素相互结合的方式。结构反映了技术人工物具有客观实在的几何性质，结构不是纯粹的数学结构，而是物理结构或化学结构等。比如，一台台式计算

① M. Franssen, Design, *use, and the physical and international aspects of technical artifacts*, in Vermaas, P. E. et al. (Eds.) *Philosophy and Design*. Springer, 2008, P. 25.

② C. Mitcham, *Do Artifacts Have Dual Natures？ Techné*. 2002, 6 (2), pp. 9 – 12.

③ 钱学森：《工程控制论》（修订版），科学出版社1983年版，序。

机由中央处理器 CPU、硬盘、主板、内存条、显卡、光驱、声卡、显示器、鼠标、键盘、电源等部件组成。这些部件处于机箱中的适当的位置，更重要的是用电源线、数据线等将各部件连接起来，形成一定的物理结构。如果不形成上述的物理结构，计算机就无法正常工作。可见，计算机的结构不是任意的，而是具有真正的物理联系，是通过插槽、数据线等的连接来实现的。之所以计算机有如此的结构，其根源在于计算机理论，更基本地来自物理学与数学等有关科学理论。

然而，荷兰学派没有重视"要素"或"构成"（constitution）这一问题，而仅是将要素纳入结构概念中，于是技术人工物仅剩下结构与功能两类概念。在工程技术中，其抽象的几何结构是一样的。但是，如果所采用的要素（材料、部件）是劣质材料，那么相应的工程技术就必然出问题，就无法说明技术的功能失灵现象。比如，一个机械录音机的按键，看起来没有问题，但就是按下录音键，无法录音。因此，要素形成的技术人工物的结构必须是稳定的、可靠的物理结构，从而要求其要素有良好的质量。

第二，作为一个系统的技术人工物具有多种性质。技术人工物是由不同层次的许多部件（要素或元素）构成的实实在在的物理实体，它的性质不能仅仅归结物理性质与意向（即功能）性质，还应当有其他性质，比如，动力学、整体、部分、质量、大小等等性质。从系统论的完备描述来看，除了技术人工物的结构与功能描述之外，还必须有要素与环境描述。即技术人工物总是处于一定的环境之中，各个要素的相互作用形成技术人工物的结构和功能。

恢复要素的独立地位之后，技术人工物的"质量"可以纳入要素描述。有的概念纳入系统与环境的相互作用。比如，"颜色"概念可以纳入技术人工物与环境（包括主体）相互作用的范围。技术人工物的动力学性质，可以从技术人工物系统的演化来审视。对于复杂的技术人工物，我们可以用复杂系统理论来展开研究。

第三，技术人工物渗透了意向性。不同于自然物，任何技术人工物总是受到人的意向的影响。在技术人工物的设计过程中，即使当功能确定之后，仍然有多种结构和要素可以实现，也需要人进行选择。在一定环境条件下，意向将影响结构、功能与要素的选择。因为在同样的功能或结构要求下，有多种技术手段可以满足，在多种选择中，人的意向要做出一个抉择。

按照荷兰学派技术人工物的结构与功能描述，考虑到技术人工物是人的意向与物质基础共同形成的物质产品。那么，技术人工物的结构、功能与意向会形成如下的三角关系，见图 6-1。在这里，实际上是把结构看作是物质基础，而功能是高阶对象，即结构与意向相互作用生成了高阶对象——功能。

图 6-1　技术人工物的三要素关系

在此基础上，将包含在结构中的要素独立出来，在笔者看来，技术人工物的要素、结构、意向与功能有如下的四面体关系，见图 6-2。要素、结构、意向与功能所构成的系统又处于一定的环境之中，这就是技术人工物的系统模型，见图 6-3。

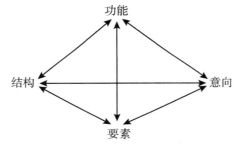

图 6-2　要素、结构、意向与功能的关系

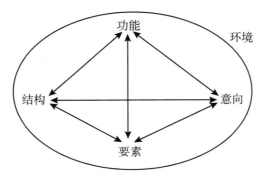

图 6-3　技术人工物的系统模型

在技术人工物的研究中，要素要作为一个独立的分析因素，结构是要素形成的稳定的物质、能量或信息联系。在形式上，结构表现为一定的物理几何形状或架构。技术人工物的要素是系统结构赖以形成的基础和物质承担者。组成要素的性质、种类、质量、可靠性与数量等规定了它们之间相互作用的性质，从而决定和制约着人工系统的结构。技术人工物是为实现某一目的、由各个部件（要素）按照一定的结构构成的客体。不应当把结构看作是独立于要素而单独存在的东西，但是结构对元素又具有相对的独立性。制造技术人工物的目的，是它的功能，而不是它的要素和结构。要素与结构是服务于功能这一目的。技术人工物的功能是它在与环境的相互联系中表现出来的系统对环境产生某种作用的能力，或对环境变化和作用做出响应或反应的能力，它是人工客体对外界显示出来的作用和影响能力。

二、结构与功能之间的关系

技术人工物的本体论早就受到了荷兰学派有关学者的重视。基于技术人工物的二重性，2000 年，梅耶斯（A. Meijers）提出了关系实体论，技术人工物是关系实体（relational entities）。关系实体不仅附随在它们的物理结构上，而且附随在更宽的工程和社会语境上。[①] 在此基础上，2006 年，霍克斯（W. Houkes）和梅耶斯从高阶对象（higher objects）和它们的物质基础（material basis）的关系的视角，讨论了技术人工物的本体论问题，其研究的起点是人工物的两重性。他们提出了一个技术人工物的适当本体论（adequate ontology）的两个标准，即技术人工物必须满足的本体标准。

①非充分决定（UD，underdetermination）标准（下称 UD 标准）。"它是指技术人工物本体论应当**容纳**（accomodate）功能与其物质基础之间双向的非充分决定性。一个功能类型可以被物质结构或系统多重实现；而一个给定的物质基础可以实现多种功能。"[②]（注：黑体字为引者所加）

②实现限制（RC，realization constraints）标准（下称 RC 标准）。"它是指技术人工物本体论应当**容纳**（accomodate）和**限制**（constrain）功能与其物质基础之间双向的非充分决定性。从功能陈述到结构陈述，或相反，存在多种实践推理（practical inference）。"[③]（注：黑体字为引者所加）

在霍克斯和梅耶斯看来，一个技术人工物的适当本体论要满足 UD、RC 两个标准，否则，就不是一个技术人工物的适当本体论。显然，这两个标准只是将技术人工物的本体状态进行显示，并没有将技术人工物的结构与功能之间的关系进行一个逻辑联结。现在我们审查一下结构与功能的本体论标准是否是适当的？

一般来说，技术人工物的本体论要回答技术人工物的实在性问题，技术人工物作为一个物理实体，究竟什么是实在的？以便为研究技术人工物的结构与功能

---

① A. Meijers, *The relational ontology of technical artifacts*, in *The Empirical Turn in the Philosophy of Technology*, P. Kroes and A. Meijers, Editors. Amsterdam: JPI Press, Elservier Science Ltd. 2000, pp. 81 – 96.

②③ W. Houkes, A. Meijers, *The Ontology of Artefacts: the Hard Problem*, *Studies In History Philosophy of Science*, 370 (1). 2006, P. 120.

的关系打下的一个本体论的基础，否则，就无法对认识论意义上的结构陈述与功能陈述建立一个推理关系。

UD 标准强调本体论要容纳结构与功能之间的双向非充分决定性，即结构与功能之间不是完全不决定的，也不是完全决定的，而是有一定程度的多值关系，是一个多对多的关系；而 RC 标准强调本体论要限制结构陈述与功能陈述之间的关系，使结构与功能之间有更大程度的确定性，能够在实践意义上从结构推出功能，或从功能推出结构。在本体论的两个标准中，一个讲的是结构与功能之间的关系，另一个讲的是结构陈述与功能陈述之间的关系，即涉及陈述之间的推理关系。这两个标准实质上是讲，结构与功能之间不是充分决定论的，是有一定程度的不确定性。①

在这两个标准中，UD 标准强调要"容纳"结构与功能之间的多对多的关系，这是适当的，即是任何一个关于要技术人工物的理论都要满足这一标准，否则就不是一个技术人工物的理论。而 RC 标准应当仅仅强调"限制"，而不应当包括"容纳"，因为 UD 标准已强调了"容纳"，否则，这两个标准就不是独立的。下面我们从"限制"的意义上理解 RC 标准。

那么，是否有相关技术人工物的理论满足这一标准呢？霍克斯和梅耶斯具体考察了金在权（Jaegwon Kim）的随附性理论与贝克（L. Baker）的构成理论（constitution View）是否满足 UD 和 UC 两个标准。比如，在贝克看来，构成是物理世界的结合剂，它就是一种关系，② 构成是一种本体论上的划分。研究表明，随附性理论与构成理论并不完全能满足 UD 和 UC 两个标准，还有许多限制，于是，在技术人工物的本体论中，结构与功能的关系成为形而上学的"难问题"。③

出现这样的情况，无非有两个原因，一个是技术人工物的本体论标准有问题，另一个是有关技术人工物的理论有问题。在笔者看来，既有标准的问题，也有技术人工物理论存在问题。

（1）我们考察技术人工物的两个标准。

UD 标准是适当的，而 RC 标准太宽泛，并没有使结构与功能之间有更大的确定性。已有学者发现了上述两个标准的不完备性。潘恩荣与克劳斯讨论了功能

---

① 注：这里的"确定性"是指结构与功能之间不是完全决定的，也不是完全非决定论的，它有一定程度的不确定性。在理论上，结构与功能并不是同时具有确定的值，总有一个先后问题。比如，在设计情境下，先有功能的选择，然后才是结构的选择。在制造情境下，先有确定的结构，然后才有功能的出现。这就是说，在设计或制造情境下，结构与功能并不是同时具有确定的值，这类似于量子力学的"不确定关系"。

② L. R. Baker, *The ontology of artifacts. Philosophical Explorations*, 2004, 7 (2), pp. 99 – 111.

③ W. Houkes, A. Meijers, *The Ontology of Artefacts: the Hard Problem*, *Studies In History Philosophy of Science.* 37 (1), 2006, pp. 118 – 131.

失灵问题。他们认为，功能失灵不能作为一种 RC 现象，而应当作为第三种标准。即关于技术人工物的双重属性及其关系理论不能解决功能失灵现象。所谓功能失灵，是指原本设计的结构是用来实现特定功能的，然而，现在该结构却不能实现这一特定功能。在我看来，功能失灵现象可以归结到技术人工物的要素（部件）问题（见下述的 EC 标准）上来。比如，手机的按键失灵，那是按键的接触不良，它没有能够成功连接相关的器件。计算机的耳机插孔失灵，那是该插孔的质量不良。

之所以这两个标准没有使得结构与功能之间有更大的确定性，其根源是技术人工物的二重性理论，进而在此基础上提出的关系实在论。

在梅耶斯看来，技术人工物不仅在于它是物质结构，而且还在于它的设计和使用的实践。他还将技术人工物的关系归结本体论中。技术人工物的关系性质不能还原到非关系性质。或者说，技术人工物具有一个不可还原的关系性质。

梅耶斯将技术人工物看作是关系实体，并将关系实体附随在物理结构上，显然，这样一种看法是有问题的。就以仪器为例，仪器总是要与对象发生相互作用，才显示出仪器的功能。虽然仪器总是让人们相信能达到一定的目的。但是，仪器之所以存在，根本上它自身具有内在的物理结构或性质，它能够与被测对象发生相互作用，从相互作用测得被测对象的某一方面的物理性质。因此，我们不能将测量仪器的本体仅仅归结到关系性质，而应当归结到测量仪器本身所具有的物质结构、性质以及测量仪器与被测对象的关系。

事实上，技术人工物所表达的关系必须依赖于技术人工物这一实体，没有实体就没有关系。因此，技术人工物的实在只能是其要素与关系相统一的实在。如果将技术人工物的本体仅仅归结到关系上，而不考虑构成关系的要素（或部分），那么，关系何以成为实在？而荷兰学派将要素包括在结构之中，结构与功能之间的推理关系不可避免地要产生问题。

为此，我们要将要素独立出来，成为一个独立的限制因素，并增加环境标准，从而增大了结构与功能之间的确定性，使得 RC 标准更加确定，限制其宽泛性。

①要素限制（CC，constitution constraints）标准（下称 CC 标准）。结构与功能之间是非充分决定的关系，其根源在于不适当的抽象建模，用结构代替了要素，即结构包括了要素。因此，在结构与功能之关系的研究中，要恢复要素的作用，通过要素（部件）来联系结构与功能，减少结构与功能之间的逻辑鸿沟。CC 标准表明结构与功能的关系要增加要素来形成更确定的实践推理关系。CC 标准，是技术哲学研究的内在进路。任何具体的技术人工物都包含了要素（部件），由此形成物理结构，因此，在技术人工物的生成过程中，要素与结构一起共同决

定了功能。

②环境限制（EC，environment constraints）标准（下称 EC 标准）。上述分析表明，UC、RD 和 CC 标准不足以为技术人工物的实在论提供限制，还应当增加新的环境限制。这里的"环境"不仅包括自然环境，也包括经济、政治、人文环境，人文历史等因素。在 UD、RC 和 EC 标准作用下，结构与功能之间仍然没有一一对应的逻辑关系，还具有相当程度的不确定性，因此，引入环境标准，在于说明现实的技术人工物，既受到自然环境的某种影响，还受到人文历史等因素，甚至设计者个人的人文素质等因素的影响。这里的环境实际上扩展到语境（context）范围。

RC 标准讲到了实践推理对于结构与功能关系的作用，但是，实践并不能唯一地选择结构与功能之间的关系。我们只能说，在一定的科学技术和文化语境条件下，结构与功能之间有一个现实的确定关系，其关系具有现实性。比如，在技术人工物的设计与制造过程中，文化与习惯传统对结构与功能的关系有很大影响。比如，美国、德国与日本所设计和生产的汽车与自身的文化有很大的关联。美国汽车注重车身坚硬和安全，但汽车油耗大；日本汽车也满足测试安全标准，但是结实性不足，其长处是油耗低；德国汽车也注重车身坚硬和安全，其油耗在美日之间。EC 标准，是技术哲学研究的外在进路，这可能为打通系统的内与外有重要作用，这也说明了技术具有实践特点。

CC、EC 标准实质上是对 RC 标准更加严格的限制，使得结构与功能之间有更大的确定性。尽管增加了 CC、EC 标准，但是，结构与功能仍然不是唯一的确定关系。

（2）我们考察技术人工物的理论。

随附性理论并不是专门针对技术人工物提出来的，贝克的构成理论则是技术人工物理论，但是，这两个理论都不完全适合技术人工物，因此，我们必须重新考察技术人工物。

基于上述讨论，在笔者看来，对于现代技术人工物来说，一个合理的人工系统模型是：物质基础与意向（intention）共同作用，突现（emergence）生成了技术人工物。技术人工物是由许多要素组成的，这些要素构成多个层次，低层次组成高层次。要素所构成的稳定关系就成为技术人工物的结构。任何技术人工物都处于一定环境中。在一定的环境条件下，要素、结构、意向与功能的共同作用，突现生成了技术人工物（图 6 - 3）。所谓突现，就是指由系统的各个要素相互作用所生成的原有单个要素所不具有的性质、行为、功能或结构。该模型表明，在一定环境下，要素、结构、意向的相互作用，突现出了功能。在人工物的制造情境下，当结构确定之后，不同的要素（零部件等）、环境仍然影响技术人工物的功能。在一定设计语境下，要素、功能、意向的相互作用，突现产生了结构。

按照技术人工物的系统模型，结构与功能之间具有多重关系，即从结构到功能，还是从功能到结构都是多重关系，满足 UD 标准。因为在不同的要素、环境和意向作用下，同一结构可以产生不同的功能；同样，同一功能，可以要求有不同的结构。

具体说来，图 6-3 的结构，说明了技术人工物的结构与功能的关系满足 UD 标准。以从结构到功能为例，结构与功能的关系是下述三条路径依赖关系的共同作用：一是直接从结构到功能；二是结构经过要素再到功能；三是结构经过意向再到功能，这就是说，从结构到功能有三条路径，而不是仅有一条路径，因此，结构并不能单因素地决定功能。

同样，功能也不能单因素地决定结构。除此之外，环境也会影响功能的发挥。系统的环境是系统功能存在和得以实现的条件，不是决定系统功能的内在根据。不同的人工物质系统之所以具有千差万别的功能，只能从系统内部的组成元素、结构和意向去分析，它们才是决定系统整体功能的内在根据。

结构到功能的关系，之所以不具有演绎的逻辑关系，一个根本原因就是意向性的影响，即技术人工物的功能、结构或要素的决定都受到了人的意向的影响，而人的意向与物质基础之间并不具有一个必然的演绎关系，而是一种随附性关系。

对于实现限制标准（RC 标准），技术人工物的系统模型中的结构与功能的关系也同样满足。以从结构到功能为例，当结构决定之后，当要素、意向和环境三个因素决定之后，功能就唯一地决定了，即从结构到功能的关系受到了限制；反之，当功能决定之后，当要素、意向和环境三个因素决定之后，结构也唯一地决定了。这里的"意向"不仅指意识所指向，而且还会发挥选择作用，因为当要素、环境确定之后，结构与功能之间的关系还不是唯一的，这就需要有意识的选择作用，即"意向"发挥作用了。

可见，技术人工物的系统模型，满足技术人工物的本体论的 UD、RC 标准，而且满足新增加的要素限制标准（CC）和环境限制标准（EC），这使得结构与功能之间有更大的确定性，这有利于我们在结构描述与功能描述之间建立推理关系。

第四节　再论技术人工物的自然类与实在性

自然界本身区分出许多不同的自然类（natural kind）。一种自然类是指一种自然的分组，它是一系列相同的事物分开的，它是客观的，而不是人为的。自然类的区别是内在的，而不是外在的。如物理学中的电子、质子等微观粒子；化学中碳、氢、氧等元素；生物学中有科、属、种等类。这些微观粒子、化学元素、生物物种等，一般都被看作是自然类。当然自然类是实在的。技术人工物不是由天然自然自动地产生出来的，它是实在的吗？它能够分为不同的类吗？这两个问题结合在一起就是：技术人工物或人工物是实在类吗？

亚里士多德明确区分了自然物与制作物。自然物（如树）是由自己的种子靠着自己的力量而生长出来的，它体现的是"内在性原则"；而制作物（如刀）不是靠着自己的力量生长出来的，它体现的是"外在性原则"。因瓦根（P. van Inwagen）坚持亚里士多德的基本信念：人工物不是自然物，人工物缺乏本体论意义，即人工物不是真正的实体（substance），人工物没有自己的本质和维持自己存在的形式，换言之，人工物不是实在的。但有的学者认为，人工物同自然物一样，它们有自己的类，都具有本体论意义，它们是真正的实体。比如，贝克（L. R. Baker）的构成（constitution）理论论证了人工物与其他自然物一样具有本体论地位。[①]

我们细致地考察一个坚持人工物的反实在论的证据是否合理。威金斯（D. Wiggins）提出了反人工类的论证：如果一个类 S 是实在类，那么就应该存在一个能将客体划属给 S 的清晰的原则。然而，不存在一个能将人工物划属给类 S 的清晰的原则；因此，人工类不是实在类。[②]

上述论证表明，实在类的同类客体有一个共同的属性，这共同的属性就是它们有一个清晰的原则，该原则能够将具有共同属性的客体集合到一起成为一个实在类。比如，水为一类，因为有共同的分子式 H_2O 和结构；水不同于有机物乙醇（酒精），因为乙醇有不同的分子式 C_2H_6O 和结构。然而，威金斯并没有说清楚这个清晰的原则是什么，比如是结构，还是自然规律等。这就是说，由于没有清晰的原则，因而，我们不能根据清晰的原则去判定人工类不是实在类。同样，亚里士多德所提出的自然物与人工物划分的内在性原则与外在性原则，也是相当直观和粗糙的，他也没有直接给出内在性原则的具体内容。

威金斯还提出了自然类的活性（activity）原则和持续性原则，用来判断是否是同一自然类。

所谓活性原则，是指自然物具有活性，它使得自然物可以被称作实在客体。在他看来，自然类有活性，因而是实在类（real kind）；而人工物没有活性，因

---

① L. R. Baker, *The ontology of artifacts. Philosophical Explorations*, 2004, 7 (2), P. 107.

② Marzia Soavi, *Antirealism and Artefact Kinds*, *Techné*, 2009, Vol. 13, No. 2. http://scholar. lib. vt. edu/ejournals/SPT/v13n2/soavi. html.

而不是实在类。在笔者看来，活性原则经不起反驳，因为人工物可以有活性。比如，白猪具有活性，因而它是自然物。但是经过饲养的白猪符合人类特定的目的，是人类驯养的人工物。可见，活性不能看作判断事物是否为自然物的充分条件。

所谓持续性原则，是指自然物在一定的存在时间内，不论它发生何种变化，它将持续地保持自身的同一性。在威金斯看来，如果人工物的同一性不存在，那么，人工类就不是实在类。为此，他研究了"特修斯船"（The Ship of Theseus）的同一性问题。

公元 75 年，古希腊哲学家普鲁塔克（Plutarch）提出了特修斯船的问题：一艘在海上航行几百年的船，归因于不间断地维修和更换零部件。当其中有一块木板烂掉了，它就会被一块新木板替换掉。如此类推，当船上所有的木板或零部件都完全更新一遍（此时得到的船，笔者称为"新船 1"），这时新船 1 上的任何东西与最初刚下水的船（笔者称为"旧船"）就不再一样了。现在问题是，新船 1 与旧船是不是同一艘船？如果新船 1 与旧船不是同一艘船，那么在什么时间，旧船变为新船 1？

17 世纪，T. 霍布斯（T. Hobbes）改进了该问题。① 他设想，特修斯之船航行了一段时间后，就开始更换船板。将旧船的船板取下来，就更换上一块新船板。被更换下来的旧船板先保存起来。当旧船上所有的船板更换完成一遍后，旧船变为新船 1。再把从旧船上取下来的旧船板拿出来，并重新建造一艘船（笔者称为"旧船 2"）②。

现在的问题是，更换完成的新船（笔者称为"新船 2"③）和使用老船板重新组装起来的船（"旧船 2"）中，哪一艘是真正的特修斯船呢？

特修斯船不是一个简单问题，而是非常复杂的，包括了对船的零部件的更换检修或重新组装等问题。只要愿意构造，会出现非常复杂的情况。劳（E. J. Lowe）讨论了特修斯船难题，并对问题进行重构，并从连续历史性角度分析了这些不同船的同一性问题。④ 经过对劳的分析的详细讨论，刘振认为，仅从连续历史性角度还不足以判断哪一艘是真正的特修斯船，但是他认为，符合特修斯船资格的只有一艘，并提出"寻找一种只有其中一艘船具有，而另一艘没有的特

---

① D. Wiggins. *Sameness and Substance Renewed.* Cambridge：Cambridge University Press（Virtual Publishing），2003，P. 93.

② 为严格，先将旧船板组装起来的船称为"旧船 2"，以区别于先前的旧船。

③ 为严格，这里的新船称为"新船 2"，因为普鲁塔克的特修斯船的情况是，船板更换时，是因为船板坏了；而霍布斯的特修斯船的情况是，船行驶一段时间后就开始更换了，船板还没有坏。

④ Edward Jonathan Lowe. On the identity of artifacts. The Journal of Philosophy，1983（80－4）：pp. 220－232.

征，或者说是特修斯之船的本质特征，乃是解决此问题的方向。"① 详见本章第一、第二节。

在我看来，特修斯船难题可以找到一个较为简单的解决方法。为讨论方便，将船的零部件都用船板来表达，即由船板构成了船。特修斯船是由船板（要素）组成的相应的结构，并显示出相应的功能，即是说，特修斯船由要素、结构和功能组成。

船之所以存在，是需要它具有在水中航行的功能。而特修斯船是在大海中航行。一艘在大海中航行的木船，当然要备足一定数量的木板，根据船板的损坏情况进行修补。在一艘木船中，即使都由船板组成，船板的作用也是不同的，有的船板起更大的作用或**核心作用**。比如，船底的船板，如果坏了，必须马上修补，否则船进水，船就沉入大海了。但有的船板（如船边的某些船板）的作用小一些，即使有些损坏或坏掉，暂时不修也问题不大，即船还是相同的。显然，决定这一艘船之所是，就是它的核心船板、相应的结构和专有功能。

因此，笔者认为，船的核心要素及其形成的核心结构和专有功能，构成了这一艘船的本质，或者说构成了船的**内在性质**。换言之，技术人工物的本质是由核心要素、核心结构和专有功能共同决定的。

可见，按照全同性假设，只要人工物的内在性质相同，人工物就具有同一性，而且说明了人工物类是实在类。按照上述见解，旧船、旧船 2、新船 1 与新船 2 都是相同的，因为它们的核心要素（船板）、核心结构和专有功能都是相同的。由此，笔者提出**技术人工物的全同性假设或全同性原理**（identity principle）：如果技术人工物的核心要素、核心结构与专有功能等内在性质是相同的，那么，技术人工物就具有全同性。② 然而，技术人工物又处在不同的时间、空间中，处在不同的运动学和动力学状态，因此，技术人工物的外在性质并不相同。技术人工物的性质是由内在性质与外在性质共同决定的，因而，即使是内在性质相同的技术人工物，由于外在性质的不同，技术人工物也不具有哲学上的全同性。③ 只有技术人工物的内在性质与外在性质都相同，才具有哲学上的同一性。

可见，威金斯的人工物的反实在论论证不仅将人工物从实在类赶走了，而且将自然类也赶走了。显然，威金斯的反实在论论证是有问题的。事实上，技术人工物具有实在性，而且是实在的人工类。

---

① 刘振：《论特修斯之船问题及其解决》，载于《自然辩证法研究》2016 年第 7 期。

② 技术人工物的全同性假设说明了，日常生活中相同技术人工物是由内在性质判定的，即由核心要素、核心结构与专有功能决定。

③ 内在性质与外在性质都相同的技术人工物，就具有哲学上的全同性。这与量子力学中微观粒子的全同性原理具有相似之处。参见吴国林，《量子信息哲学》，北京：中国社会科学出版社 2011 年版，第 116～128 页。

我们审视一下"土豆论证"。有一个土豆 P，在适当的土里会生长出植物 Q。现在将土豆 P 剪掉一部分，剩下的土豆 P1 在适当的土里生长出新植物 Q1。现在的问题是：植物 Q 与新植物 Q1 是同一类吗？无疑，植物 Q 与新植物 Q1 属于同一类，因为它们属于同一生物物种，或者说，它们的基因是相同的。马与牛是不同的类，一是马类，一是牛类，这在于它们的结构和基本的构件 DNA 的不同。DNA 是由核苷酸分子连接而成的。DNA 是物种的核心要素。DNA 本身还具有其功能。除此之外，生物物种还必须有适当大的数量才能保证其具有延续性或能够存活相当长的时间，这就是物种的持续性。在基本粒子物理学的研究中，寿命太短的粒子也不被认为是基本粒子的一个种类。可见，自然类的标准就是核心要素、核心结构与专有功能的统一性原则与持续性原则。

在技术人工物之中，即使更换其零部件，或者减少或者增多其零部件，也有一个核心的要素、结构与功能的统一体，因为在一个技术人工物这一系统中，总有某些核心部件具有支配和控制整个系统的能力。核心要素、核心结构与专有功能的统一构成了技术人工物的内在性质，决定了技术人工物的本质，因而决定了不同种类的技术人工物。因此，只要核心要素、核心结构与专有功能的统一体不变，那么这个技术人工物就属于同一类，这也符合前述笔者所提出的技术人工物的全同性假设。对于技术人工物来说，如果它存在的时间太短，而且缺乏一定数量，不能保证技术人工物的自主性，[①] 那么这样的技术人工物也不能算作一个人工类。这就是说，如果技术人工物能够作为一个人工类，也有持续性要求，或者该技术人工物有大量的成功性，称为持续性原则，这是存在时间的要求。

可见，核心要素、核心结构、专有功能的统一与持续性要求共同决定一个人工类。比如，计算机的核心要素是中央处理器 CPU。中央处理器、相应的计算机的核心结构与核心功能形成了计算机的统一体，构成了计算机的内在性质。当同一内在性质的计算机生产和使用了相当长的时间，那么这种计算机系列就形成为类。比如，计算机中 286、386、奔腾等系列，就成为计算机的不同的类。计算机的核心部件、核心结构、专有功能与该系列存在相当长的时间，构成计算机类。

上述分析表明，按照核心要素、核心结构、专有功能的统一性原则与持续性原则，就能够区分自然类，而且按此原则，技术人工物的人工类满足此原则，因此，技术人工物属于自然类。比如，刀、枪、车、计算机等都是不同的人工类，属于不同的自然类，这些都不是人为划分的。车还可以分为不同的人工类的子类，也属于自然类。自然类的研究，将为技术人工物的实在性提供一个奠基的支

---

① 技术人工物的自主性是指它在一个较长的时间内能够自主的演化，其演化的根本原因是技术自身的内在因素的相互作用。

持作用。

　　既然技术人工物属于自然类，也就是实在类，那么，技术人工物是何种形式的实在呢？

　　基于技术人工物的二重性，2000 年，荷兰学派的倡导者梅耶斯提出了关系实体论，技术人工物是关系实体（relational entities）。关系实体不仅附随在它们的物理结构上，而且附随在更宽的工程和社会语境上。他所主张的本体论是指人工物的结构性质与功能性质以及两者之间的关系。[①]

　　在笔者看来，关系实在论是有问题的。没有要素（关系者），哪里有关系。技术人工物的关系总是要素之间形成的关系，而稳定的关系就成为结构，而且这种关系受到功能的限制。技术人工物的本体既要考虑关系，又要考虑构成关系的要素（或部分），还要考虑它们共同实现的技术人工物的功能。无疑，技术必须是有功能的。没有功能的技术，是不能称为技术的。人们发明技术是为了获得功能。为此，正如肖峰认为："技术如果不发挥其特有的功能，就不具有技术的本质，就不能成其为真实的技术，甚至它不再是技术实在。"[②] 显然，在技术成其为技术的意义上，要素实在与结构实在都服务于功能实在，要素实在与结构实在并不具有独立的实在性。

　　从技术人工物系统模型来看，在技术人工物的设计过程中，意向直接作用于技术人工物的要素、结构与功能，而在其制造过程中，意向隐退了，物质性的要素、结构与功能被制造出来。只有当技术人工物被成功地制造出来，它才能称为技术人工物。一旦它被制造出来，它就进入使用过程，只剩下要素、结构和功能了，其中要素、结构与功能都是实在的，这里的要素实在与结构实在是受到功能实在制约的实在。

　　技术人工物总是要发生变化的，同一系列的技术人工物有什么是不变的？那就是它的核心要素、核心结构与专有功能的协调统一。以计算机为例，电子计算机从电子管、晶体管再到集成电路，实现了更高的运算速度、更强的运算能力，增加了新的计算功能，计算机的结构也发生了一些变化，但是，其核心要素、核心结构并没有根本变化，其专有功能也没有变。这就是说，在一个技术人工物中，应当从要素中区分出核心要素、从结构中区分中核心结构、从功能中区分出专有功能。核心要素形成核心结构、核心要素与核心结构形成专有功能。当然，随着技术的发展，一个技术人工物的专有功能可能会扩大，形成新的专有功能，但原有的专有功能将被包括其中。比如，智能手机的功能已经远远超出原有手机

---

　　① A. Meijers, *The relational ontology of technical artifacts*, in *The Empirical Turn in the Philosophy of Technology*, P. Kroes and A. Meijers, Editors. Amsterdam：JPI Press, Elservier Science Ltd. 2000, pp. 81 – 96.

　　② 肖峰：《哲学视域中的技术》，人民出版社 2007 年版，第 42 页。

的语音通话的专有功能，而且增加了文字、图片等通信功能以及更复杂的信息处理功能。可见，技术人工物的实在是核心要素、核心结构与专有功能相统一的实在，也就是说，技术人工物的实在是内在性质构成的实在。

在科学实在论的意义上，即使没有技术人工物的功能的正常发挥，它的要素与结构都是实在的。但是，从技术实在论来看，只有当技术的功能得以正常发挥，技术实在才是有意义的。因此，要素实在、结构实在是基础的实在，技术实在是高阶实在。

第七章

技术语言与技术陈述

研究技术推理就是要寻求技术推理的规则。由于推理是在命题之间进行的，因此在研究技术推理之前，必须要研究技术命题。科学命题是一个真假的二值逻辑问题，然而，技术命题不是一个真假问题，而是一个有效、无效以及在两者之间的多值问题，可见，技术命题不同于科学命题。既然技术命题不是真假问题，我们一般把技术命题称之为技术陈述（technological statement or description）。技术陈述在技术认识论中居于重要地位。正如贾维（I. C. Jarvie）把技术哲学分为三个主要的哲学问题："第一，技术知识是如何增长和进步的？第二，技术陈述的认识论地位是什么？第三，怎样划分技术陈述与科学陈述的界限？"[①] 技术陈述在分析技术哲学中占有重要地位，它是研究技术推理的基础。本章讨论技术语言的特点，然后研究技术陈述的性质，具体包括技术人工物的结构陈述与功能陈述，行动规则陈述，技术行动的目标陈述，技术行为陈述，技术运行原理陈述等。

第一节　技术语言的特点

人们在日常生活中，使用的是自然语言；在科学研究中，使用更为严格的、

[①] ［加］贾维著：《技术问题的社会特点——评斯柯列莫夫斯基的文章》，引自［德］拉普，《技术哲学的思维结构》，刘武等译，吉林人民出版社 1988 年版，第 106 页。

抽象的科学语言；在技术研究和开发中，更多的使用技术语言。在长期发展演化的过程中，自然语言形成了自身的规则和规律。自然语言是人们生活和生产的基本语言，是任何其他语言生存和发展的基础。自然语言的最基本要素是词汇与语法规则。词汇，是一种语言中所有词和词组的总和，是构成语言的基本要素；而语法规则是语言的结构法则，使词与词组能够构成具有意义的陈述或命题。基于共通的词汇和语法规则，自然语言成为公共语言，而不是私人语言，使人们的语言交流和思维沟通更为有效。

科学语言通过科学术语、科学符号和科学图表等表达出来。著名的现代物理学家玻恩（M. Born）曾经说过："为什么要用符号这种抽象的和形式主义的方法来探索自然界，理由何在？人们往往会表示这样的意见，即符号是一个方便的问题，是一种处理和掌握大量材料所需要的速记法。然而，我认为，这个问题还要更深刻一些。我仔细考虑过这个问题，并且确信，符号是深入到现象背后的自然实在里去的方法和必不可少的部分。"① 由于科学理论还包括科学实验，这就涉及到技术问题。具体来讲，科学语言的主要特征体现在：

（1）通用性。任何一门科学发展到较为成熟的阶段，都要形成必要的科学术语。科学语言的通用性和普遍性，使得科学语言更适合进行科学交流，促进科学的传播和科学创新。严谨而无歧义的科学语言能准确地传达科学研究的成果，并使科学成果成为人类社会的共同资源，成为创造科学新知识的起点。科学认识成果的通用性也意味着它是无国界的，反过来，科学成果的国际性又要求表达科学成果的语言具有国际通用性。

科学符号是自然科学形式化的基础。为了更简洁地表达概念、推理和运算过程，科学家们会根据一定的规则创造出科学符号。符号是概念的非文字表达形式。如化学的元素符号，物理学中的符号，m（质量）、F（力）、a（加速度）、E（能量）等。符号会使科学定律能够用公式非常简明地表达出来。科学语言是科学家在科学研究中创造的，并为科学共同体所认同的一种语言系统。科学语言更好地显示了自然界的本质，揭示了自然界的规律。用数学语言表达的牛顿第二定律，$F = ma$，形式更为简洁，传播更为有效。通过科学教育的方式来传播科学语言，科学语言成为国际共通的语言。

（2）抽象性。数学语言和逻辑语言使科学语言符号系统更加抽象和形式化，这种抽象的形式语言能够将各种复杂的关系转变为科学符号之间的变换，从而比原来的自然语言的逻辑性更强和更严格，具有更大的精确性和适应性。科学语言远远超越了自然语言的模糊性。随着科学向深度和广度拓展，数学语言和逻辑语

---

① ［德］玻恩：《我的一生和我的观点》，商务印书馆 1979 年版，第 84 页。

言这样的形式语言在科学理论的表达中发挥着越来越重要的作用。物理学家伽利略开创性地将运动学的研究奠定在精密实验的基础上，将实验方法同数学演绎方法结合起来，形成了现代科学研究的标准方法。

比如，在量子力学中，1926 年，薛定谔（Schrödinger）创造性地提出了量子力学的波动方程 $i\hbar\frac{\partial\psi}{\partial t} = -\frac{\hbar^2}{2\mu}\nabla^2\psi + U(\vec{r})\psi$，一个自由微观粒子的状态完全由一个波函数 $\psi(r, t) = Ae^{\frac{i}{\hbar}(p\cdot r - Et)}$ 来描述，而这个波函数是一个复数，而不是实数，波函数的绝对值的平方表达了一个微观粒子出现在某个时空点的概率 $p = |\psi|^2$，显然，复数比实数要抽象得多，人们无法形象地想象复数是一个什么东西。

（3）术语意义的不变性。科学语言的术语和词的意义保持稳定性和不变性。术语意义的相对不变，要求语言表述具有准确性和单义性。自然语言中每一个词大都具有多种意义。但是，科学术语应当只表达一个概念，科学的概念应当具有单一的指称和对象。科学语言的单义性更适于表达严格确定的科学概念和事物之间的客观关系和规律。科学词语的单义性，并不是完全固定不变的。随着科学的发展，一个词语的意义会发生变化。但是，该概念的演变过程构成了一个连续体，具有家族类似的特征，该家族显示出自身的重要特征，而不同于其他概念。当然，有的科学概念会以某一形式被吸收到新的科学概念之中。如经典力学中的质量和能量概念，在广义相对论中会以能量—动量张量的形式表达出来。

（4）中立性。科学概念和术语描述的是自然界，而自然界本身是客观、中立的，因此，用以反映和描述自然界的科学概念就必须是中立的，它必须不包含感情色彩。科学语言是一个理性的表达系统，各概念之间有着逻辑上的关联性，它们形成了逻辑的形式系统，它们共同接近经验的检验。卡尔纳普与石里克把科学知识看成语言系统。正如石里克所说："逻辑的就是纯粹形式的，但是并不真正明了纯粹形式的本质。弄清纯粹形式的本质，是从这一事实出发：任何认识都是一种表达，一种陈述。即是说，这种陈述表达着其中所认识到的实况，而这是可以随便用哪种方式、通过随便哪种语言、应用随便哪种任意制定的记号系统来实现的。所有这些可能的陈述方式，如果它们实际上表达了同样的知识，正因为如此，就必须有某种共同的东西，这种共同的东西，就是它们的逻辑形式。"所以，"一切知识只是凭借其形式而成为知识；知识通过它的形式来陈述所知的实况。……形式的本质只在于知识。其余一切都是非本质的。"①

（5）精确性。科学语言是精确语言。具体的科学学科都有着较为系统的语言描述。科学一般表现为各种文本，如科学论文、科学著作、科学实验报告等文本

---

① 洪谦主编：《逻辑经验主义》（上卷），商务印书馆 1989 年版，第 7～8 页。

形式，还有无字口头或声音表达上的显示。科学理论是科学语言的重要形式。科学理论包括科学概念、科学事实、科学定律、科学原理、科学方法和科学实验等。科学语言的重要特点是精确性，而且对精确的追求没有止境。

在量子力学领域，有一个海森堡不确定性原理：同一时间不能完全确定两个共轭的物理量（如位置与动量）。尽管对位置与动量不能同时确定，但是，对于其中一个变量的精确程度没有限制。

新近由 M. 贝塔（M. Berta）等对不确定原理做出了开拓性研究，给出了定量描述，[①] 在观测者拥有被测粒子"量子信息"的情况下，被测粒子测量结果的不确定度，依赖于被测粒子与观测者所拥有的另一个粒子（存储有量子信息）的纠缠度的大小。原来经典的海森堡不确定原理将不再成立，当两个粒子处于最大纠缠态时，两个不对易的力学量可以同时被准确确定，由此得到基于熵的不确定原理，此理论被称为新的海森堡不确定原理。具体表达式为：

$$H(R \mid B) + H(S \mid B) \geqslant \log_2 \frac{1}{c} + H(A \mid B)$$

其中，$H(R \mid B)$ 和 $H(S \mid B)$ 是条件冯·诺依曼熵，表示在 B 所存储的信息辅助下，分别测量两个力学量 R 和 S 所得到的结果的不确定度。$H(A \mid B)$ 是 A 与 B 之间的条件冯·诺依曼熵，c 是 R 和 S 的本征态的重叠量。

熵的不确定原理最近首次在光学系统中验证。[②] 可见，原有的不确定原理与量子信息没有联系，而量子信息的引入，特别是量子纠缠的引入，就可以同时确定一个粒子的位置和动量。当两个粒子处于最大纠缠态时，被测粒子的两个力学量可以同时被准确确定。

旧的不确定原理告诉我们，量子世界是不确定的，不可对易的力学量不可能同时具有确定值。但是基于熵的不确定原理则表明，利用量子纠缠可以将不可对易的力学量同时准确确定。由于量子纠缠的纠缠度可以通过量子技术进行调节，即通过控制纠缠度的大小，人们还可以控制不可对易的力学量被确定的准确度。这说明，量子世界的不确定是相对的，而不是绝对的。

（6）构词形式的特殊性。科学语言不要求华丽，它的一些专业词汇甚至还非常"丑陋"。英语的科学词汇许多是靠多种语言"嫁接"形成的，但是，它们都严格符合语言规范。科学语言中的物理语言、化学语言、生物语言、医学语言等，每一类专业词汇都有自己的习惯词汇特征和构词规律。比如，物理学中，测

---

① M. Berta，M. Christandl，R. Colbeck，et al. *The uncertainty principle in the presence of quantum memory. Nat. Phys.*，2010，6：pp. 659 – 662.

② Li C. F，Xu J. S，Xu X. Y. et al. *Experimental investigation of the entanglement assisted entropic uncertainty principle. Nat. Phys.*，2011，7：pp. 752 – 756.

量工具的结尾大都用"－meter"，如，"thermometer（温度计）""barometer（气压计）"等。化学元素以"－um"作为金属词汇的结尾，如"sodium（钠）""chromium（铬）"等。

与科学语言相比，技术语言总会构成技术陈述，构成技术知识。技术语言的特点如下：

（1）技术语言的具体性，其特点是形象、感性直观等。科学语言的抽象性和精确性很高，而技术语言和日常语言更加具体和形象，其精确性由当代的技术条件来决定。比如，技术语言用图表表示等，技术更加强调具体操作。

技术语言，就是技术活动中用来交流、表达和沟通的语言。常见的技术语言包括：图样、图表、模型、符号、标志、手语、书面文字语言、口头语言、计算机演示等。技术知识也属于技术语言。技术语言的表现有：技术发明、技术改造等技术活动中的设计说明书、技术标准和技术规范等语言描述。

当科学转化为技术时，高度抽象的科学语言必须转变为具体化的技术语言。如物理学上的麦克斯韦电磁场方程，这是一个十分抽象的方程，要实际用于具体的电磁器件或电磁波的调制，都必须根据物理边界条件和初始条件进行理论计算和具体的技术市场实验。

一般来说，技术语言强调"如何（how）"做、怎样做有效，如何具体地表达出来。在工业设计中，设计师除了具备一定的造型艺术基础知识之外，他还必须掌握工业设计的技术语言，即制图的知识和技巧。将设计思想有效地表达在设计图纸上，以便在产品投产之前就能够分析判断出产品的工艺特点、经济性和艺术性。设计的成套图纸，是进行工业生产、技术交流和审定设计方案的必要技术文本。工业设计制图这门技术语言，能够将设计师所想、心中的追求，顺利地表达出来。

工业设计包括所有工业产品的造型设计，比如日用工业品（包括五金、塑料、皮革、陶瓷、玻璃制品）、家用电器、家具、交通工具、玩具、包装用品、服装产品等。工业设计师不仅要学习机械制图，而且必须学好工业设计制图，才能达到综合表现产品的造型设计和适合它们制造特点。工业设计图不同于过去手工业生产所用的"图样"。工业产品的造型设计要达到"用图说话"和"按图施工"，即必须有符合视觉的产品直观形象，又有能够直接指导产品实际生产。工业设计制图既吸收了机械制图严谨缜密的优点和一些规定画法，又根据工业产品造型设计、生产和读图需要，形成了一套特定的作图方式。

工业设计图有严格的设计规范，工业设计方案的全套图纸包括：①产品外形三视图；②产品造型结构图（包括组装图及零件图）；③产品节点（或关键部位）以及拆、装位置的轴测投影图；④某些产品的表面展开图（产品的全部或部分的表面展开，如灯罩、包装盒等的表面展开图等）；⑤产品透视图（着色后为设计产品的效果图）。

技术语言不同于艺术语言。在海德格尔看来，艺术语言本质上是诗意的。如果全部艺术的本质是诗意的，那么，建筑、绘画、雕刻和音乐等艺术就必须回归于这种诗意。显见，艺术语言具有多义性、模糊性和超越性特征。

随着现代科学技术的发展，语言的形式化、符号化和数学化趋向使语言具有单义性、精确性与齐一性特征，技术语言也走向齐一性和通用性，即使建筑设计也有一套共通的建筑设计语言。

对于技术语言的形象性，这种形象表征是否反映了事物的状态与过程中的真实呢？

图 7-1 表示延迟选择实验，它是由著名物理学家（J. A. Wheeler）惠勒提出来的。设光源 S 发出光子射向半反镜 F_1，这时光被分为 2a 与 2b 两束，几乎各占 50%，在这反射与透射两条光路上分别放置反射镜 A 和 B，使两条光路能在 C 处相交。两个光子计数器置于 R_1，R_2 处。

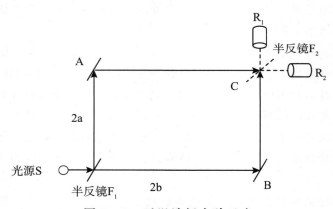

图 7-1　延迟选择实验示意

①当 C 处不放置其他装置（如半反镜，图中虚线所示），探测器 R_1，R_2 就能断定光子是从路径 B 来或是从 A 来。

②当 C 处放置半反镜（并调整好）时，探测器 R_1，R_2 的相对计数率将确定光路的相位差，是两光束相干的证明，它证明：一个光子同时在走两条路径 B 和 A。

我们可以在光子进入装置 A、B 而未到达 C 之前的某一时刻作出选择，在 C 处是否放入半反镜，从而产生"延迟选择"效应，这种延迟选择效应在宇观尺度上可达数亿光年。可见，光表现为粒子性或波动性取决于半反镜的移进移出。然而，在 C 处是否放置探测器 R_1，R_2，是由人来决定的。

于是，有这样一种观点：光源 S 发出光子射向半反镜 F_1，光所走的路径是清楚的；光子在探测器 R_1 或 R_2 也是清楚的。为此，惠勒曾用一条"巨大的烟龙"进行比喻，龙的嘴在咬探测器时是清楚的，龙的尾巴在发射的位置上也是清楚的，龙在上述二者之间就像烟雾一样是不清楚的，即其余部分则是"烟雾"。惠勒说，量子现象是这个奇异世界上最奇异的事。

客观地说，人们宏观地看，在延迟选择实验过程中，光从半反镜 F_1 经过 2a 到达反射镜 A，又到达空间 C 处是清楚的；光从半反镜 F_1 经过 2b 到达反射镜 B，又到达空间 C 处也是清楚的，光所走的这两条路，人们都可以直观看见。为什么从半反镜 F_1 到空间 C 之间是不清楚的呢？我们须知，在实验中，人们设计的半镜、反射镜的放置，也不是任意的，而且必须严格放置到恰当位置，才能达到实验效果。这只能给我们这样一个启示，在延迟选择实验的技术实施过程中，受到几何光学理论的指引。但是，宏观的几何光学所显示的光路，并没有揭示微观的光的量子效应。实际上，只有从光是波函数（几率幅）的角度才能进行正确理解。

现在 C 处半反镜的移进或移出，并没有决定过去光子的行为，因为光子过去的行为已经完成，光子的过去既不是粒子也不是波，就是一种量子式的存在，或量子实在。而当探测器 R_1、R_2 测量光子之后，光子的行为就转化为经典行为，不论光子是粒子或波，它们都是经典意义上的物理实在了，不可能再发生逆转了。[1]

在涉及微观的许多技术实验上，技术符号的直观显示并不一定代表了微观客体的真实物理本质。但是，延迟选择实验中的光源、半反镜、反射镜、探测器等测量仪器如果不按图中的方式进行放置，那么，探测器 R_1，R_2 中得到的结果就会发生差别，可见，技术符号在一定程度上又微观客体的物理本质进行了当场构造。

（2）目的性。几乎所有的技术语言都服从于人的目的，即技术语言是目的明确的语言。技术的目的性表达在技术的设计之中。能用的、使用成功的、有效的就是技术语言的语法。而不像科学语言那么追求普遍性、精确性、公理化和普适性。大多数技术语言是清楚明白的，但是还有很多经验、经验公式、不清楚的内在机理的工艺等，语言模糊，标准不够统一，特别是一些民间工艺、高度保密的技术秘密等。技术语言是一种有意义的语言，最终达到人类改造世界，为人所用的目的。

海德格尔甚至认为，语言本身就是根本意义上的诗。按海德格尔看来，技术是一种去蔽方式，它统治着现代技术，技术使艺术、语言失去了诗意，进而导致

---

① 本部分详见吴国林：《量子信息哲学》，中国社会科学出版社 2011 年版，第 41 ~ 50 页。

人的本性被侵害。在我看来，海德格尔的这一看法有些过分，试想一下：如果没有现代的医学技术、运输技术、通信技术、能源技术、生产技术等，人真能生活在过去的那种原始的"诗意"生活之中？

对技术的合理规导和使用，可以使人和人的生活充满审美情趣，使人变得更加自由。虽然人在很大程度上受到了技术的影响，甚至成为技术的作品。但是，技术的确是人的作品，因为没有人的创造和发明，何来有技术人工物？实际上，人与技术构成了一个双向的循环，人应当积极主动地决定技术的行为。当技术没有作用于对象时，技术是潜在的，只有在技术的现实实践中，技术才表现出具体的改变、改变世界和人本身的现实力量。

我认为，技术具有自主性。技术语言是中性的，它只是表达某种事物可能会有效或无效。说技术是主宰控制人的东西，实际上，人自身放任自己，人应当为自己的行为负责任，人应当成为技术的主人。

（3）系统性。技术语言同样构成知识体系。特别现代技术都是基于当代前沿的科学研究，具有相当程度的系统性。

技术语言较为具体和直观，但是，技术语言同样能完整地表达一件事物的性质，特别是外在性质，即技术语言具有系统性。技术语言与具体的技术是相互依存的。技术语言是具体技术的表达形式，没有先进的科学技术，就不可能有完整的技术语言。没有系统的技术语言，也不可能有先进的技术。

我国古代的技术是较为先进的，同样具有相应的技术语言。我国早在《周礼·考工记》中就用大量的文字记载了各种器具的结构设计、施工方式和技术要求。对于战争的兵器，在《周礼·考工记》上有所记载，如从功能出发对战车的轮辐的结构提出了要求。初步考查认为，在秦代建造的极其宏伟而复杂的工程时，参加工程的几十万各级官员，工师和工匠，不但有明确的分工，而且有极其紧密的联系和协作，因此，他们之间必然有技术交流的共同语言。《云梦竹简·均工》记载："……工师善教之，故工一岁而成，新工二岁而成。"考古工作者认为"工师"一词，系属一种职称。有学者认为，"工师"应该是工程的设计者，是工程技术语言的表达者，同时也是对新老工匠的教导者，工师很有可能比较熟悉地掌握了工程语言，具有绘图、识图和指导实际操作的技能，而工匠则只掌握识图技能和操作技能。

我国在两千多年前的秦代有相当发达的工程技术，必然具有与其相适应的较为系统的技术语言。秦代的几何图形已达到较高的水平，当时已经把几何图形反映在生活、艺术、工程等各个领域，如正方形、矩形、三角形、菱形、圆形、扁圆形和任意曲线等。秦代的工程技术中已成功地应用了长方体、圆柱体、圆锥体、梭柱体、梭锥体、圆球体、近似椭球体、圆环体等基本几何体。①

对于现代技术人工物来说，更需要有系统且更为复杂的技术语言来表现。如大型飞机、发动机、运载火箭、航空母舰等复杂的技术人工物，都要有一个系统设计的技术语言，否则，那就不可能成功的制造出这些技术人工物。

现代技术语言的系统性还来自当代科学的影响。现代技术都是基于现代科学的。没有哪一样现代技术，能够与现代科学无关。现代技术离不开现代材料。现代材料就需要现代材料科学的研究成果。比如，就以一把羽毛球拍为例，球拍所使用的材料已不再是木材、一般的钢铁，而是采用碳纤维、钛合金等新型材料，这使得球拍具有更好的攻击和防守性能。

一般来说，科学语言追求"是什么""为什么"，现代技术语言也大量出现"为什么"，出现科学推理，这就是由解决应用问题产生的基础研究，由此推动了科学的发展。西方发达国家的不少基础研究成果都是在一些大公司的研究机构做出的。

美国布鲁金斯学会于 1997 年出版了斯托克斯（D. E. Stokes）的学术著作《基础科学与技术创新——巴斯德象限》②，该书一出版就受到了高度关注，因为作者提出了一个新的科学研究模型——科学研究的象限模型。以平面直角坐标系的两坐标轴分别表示以追求知识为目标和以实际应用为目标，根据对这一问题的回答（是或否），就可以分为四个象限（见表 7-1）：

表 7-1　　　　　　　　　　　巴斯德象限

研究的起因		以实际应用为目标	
		否	是
以追求知识为目标	是	象限一：纯基础研究（玻尔模式）	象限二：应用引起的基础研究（巴斯德模式）
	否	象限四：技能训练与经验整理（皮特森象限）	象限三：纯应用研究（爱迪生模式）

象限一为玻尔象限，为研究类型象限，它代表好奇心驱动型纯基础研究；

象限二为巴斯德象限，表示由解决应用问题产生的基础研究。之所以称之为巴斯德象限，在于巴斯德在生物学上许多前沿性基础工作的动力是为了解决治病

---

① 郗命麒、吴京祥、程学华：《秦代工程技术语言初探》，载于《西北农业大学学报》，1995 年增刊，第 33 页。

② ［美］D. E. 斯托克斯：《基础科学与技术创新——巴斯德象限》，科学出版社 1999 年版，第 63~64 页。

救人的实际难题。巴斯德象限所代表以应用目标为导向，引发基础研究新的创新，从而实现了某种程度的统一。

象限三是爱迪生象限，纯应用研究象限，它代表为了实践目的纯应用研究。

象限四为皮特森象限，代表技能训练与经验整理。皮特森象限包含了只由应用目标以前的研究，它不寻求对科学现象或者理论的全面解释。

在这四个象限中，象限一属于科学语言，象限三与象限四属于技术语言，象限二属于技术语言与科学语言的交叉地带，即对技术语言的追问引起了科学语言的出现。巴斯德象限这种新的科学研究模式，在科研资源稀缺的条件下对科学研究、技术创新都具有重要的现实意义。

数学是一门重要的技术，数学语言也是一种技术语言。比如，数字电视需要数学上的小波理论进行分析。从华为公司的荣耀 6 Plus 智能手机来看，它采用了高斯模糊的算法来实现照相的虚化效果，一眼看上去还有单反相机的大光圈镜头的感觉，而且边缘过渡顺畅。这种模糊技术生成的图像，其视觉效果就像是经过一个半透明屏幕在观察图像。从数学来看，图像的高斯模糊过程就是图像与正态分布做卷积。正态分布又叫作高斯分布，所以这项技术叫作高斯模糊。高斯模糊也是我们在 Photoshop 中广泛使用的处理效果，通常用它来减少图像噪声以及降低细节层次。

（4）通用性。技术语言具有通用性。技术标准是技术语言的重要标志。随着国际间的知识、科学、技术和经济方面的交流和合作加强，世界范围内的标准化工作尤显重要，特别是技术标准的通用性。

国际标准化协会 ISA 成立于 1928 年，后因第二次世界大战的爆发，迫使 ISA 停止工作。第二次世界大战结束后，大环境为工业恢复提供了条件，1947 年 2 月正式成立了国际标准化组织 ISO。ISO 的主要任务是：制定国际标准，协调世界范围内的标准化工作，与其他国际性组织合作研究有关标准化问题。中国既是发起国又是首批成员国。ISO 的工作涉及除电工标准以外的各个技术领域的标准化活动。进入 20 世纪 90 年代以后，通信技术领域的标准化工作展现出快速的发展趋势。ISO 与国际电工委员会（IEC）和国际信联盟（ITU）加强合作，相互协调，三大组织联合形成了全世界范围标准化工作的核心。IEC 的宗旨是，促进电气、电子工程领域中标准化及有关问题的国际合作，增进国际间的相互了解。目前，IEC 常任理事国为中国、法国、德国、日本、英国、美国。技术标准是全球通用的技术语言，也是包括检验检测、合格评定在内的各种技术活动、管理活动的技术依据。IEC 标准已被 WTO 所接受。所有的 WTO 成员，都需要重视现行的国际标准，并将它作为国家标准的重要基础。中国加入 WTO 后，积极参与国际标准的制定修订工作，采用国际标准、国外先进标准也成为更多中国企业的自觉行为，这有力地促进了我国的工业经济、贸易和科学技术的发展和创造。

（5）显示性。对于技术的难以言传的意会知识，只能显示出来，才能传播。在技术语言中，存在着一种只能用熟练操作技巧表现出来，用技术人造物呈现出来的所谓"只能意会，不可言传"的语言，称之为意会（tacit）语言，它是使用者个体自己明白但暂时无法用清楚明白的语言表达出来。有的意会语言是可以显示出来的，即使用者或操作者在具体的使用或操作过程中显示给其他人直接感知（如看、嗅、触摸等）。比如，面团的软硬程度和筋道程度，只能由亲历者自己用手感知。

技术语言，并不像大多数人所理解的科学语言一样，完全可以用语言、图表、公式来表示。特别是技能，是不能仅仅用语言、图表、公式来进行完备的表述的。正如张华夏指出①，就设计来说，引导技术专家进行创造性思维的，很多时候不是语言，而是视觉的意象，将这些意象整合创造出新机器。

技术语言中的技能，同人的实践融为一体，有些技能是不能用明确的语言直接表达出来，还需要显示出来才行。这也是技术的重要秘密之一，除非你自己将这一秘密破解了，否则你无法得知该秘密。古代技术与现代技术都有这一类的技术秘密。

技术语言包括了编码语言和意会语言。在制造技术人工物时，即使给出了非常详细的设计图纸、说明书以及各种书本，然而技术人工物还是不一定能做出来，因为缺少了样机，缺少了熟悉这些机器的内行者。《庄子》中有"轮扁斫轮"，轮扁讲的是车轮各部件制作安装要不松不紧，恰到好处。至于如何恰到好处，全靠制造者的主体体验，而无法通过明确的语言来表达，正所谓"口不能言，有数存焉于其间"。随着科学技术的发展，意会语言有可能逐渐得到表达。

第二节　技术陈述的基本分类

我们要对技术或技术现象进行研究，首要的问题是要将它们用语言表达出来。对技术或技术现象的语言描述，就是技术陈述。比如，这把羽毛球拍的防守和击球的能力很强。它是对技术实体的一个描述，而且涉及人的经验感知，即该人有对其他羽毛球拍的比较，即这把羽毛球拍，既能防守又能攻击。有过打羽毛球经验的人，即可判断这一支拍子应该采用了新材料、新技术，它的拍圈不可能是木制的，或是一般的钢铁材料制造的。

一般来说，技术涉及技艺、经验、技术物、技术知识、技术设计、技术过程、技术行为、技术目的等多个方面，对其中任一方面进行描述，都可以构成技

---

①　张华夏、张志林:《技术解释研究》，科学出版社 2005 年版，第 19 页。

术陈述。我们将技术陈述分为技术客体的结构陈述、技术客体的功能陈述、技术规则陈述、技术客体的运行原理陈述、技术行动的目标陈述、作为达到技术目标的技术行为描述、技术过程描述、技术经验描述等。

一、技术客体的结构陈述与功能陈述

技术最终要表现为一定的人工物。如发动机、蒸汽机、工具、设备、机器、厂房、汽车等都是技术物，既是技术科学研究的对象，也是技术哲学的研究对象。任何技术物都是一个系统，都具有一定的结构和功能。

从系统科学来看，系统是由若干组成要素经相互作用而构成的具有特定的结构和功能的整体。系统是由若干组成元素组成的整体，单一元素不可能构成系统。组成的元素是构成系统的基本单元。在该系统中，这些基本单元具有不可再划分的性质。但是，离开这种系统，元素本身又可以成为由更小组元构成的系统。比如，一部汽车是由动力系统、底盘系统和车身系统三个组成部分构成。这是对汽车的结构描述。动力系统又包括发动机、驱动、动力传递等组成部分。发动机还可以再分，不同类型的发动机的组成有一些差别。

系统的各组成元素必定处于一定的相互关系之中，这些元素相互联系、相互作用形成相对稳定的结合方式，才构成系统。系统内部的各个要素之间形成的稳定联系称之为结构。系统的结构是决定系统的关键因素之一。自然物质系统和人工自然物质系统都具有十分丰富的结构。物质系统的组成元素是系统结构赖以形成的基础和物质承担者，组成元素的性质、种类和数量规定了它们之间相互作用的性质，从而决定着系统的结构。之所以把"稳定联系"称之为结构，因为这些稳定的联系具有一种"刚性"，它不是偶然的，而具有一种相对的确定性。就如一张床，它是由床脚、床板等组成为一定的结构，而且有一定的尺寸大小要求，太小了，就不能称之为床。这里有一个争论的问题是，结构是否包含要素。有的学者认为，结构不应当包含要素；有的学者认为，结构应包含要素。在我看来，这一问题要依赖于所要解决的问题。如果是对于数学问题，结构当然不包含要素。而对于技术问题、物理问题，结构必须包含要素。在工程技术中，其抽象的结构是一样的，但是由于所采用的要素（材质）是劣质材料，于是相应的工程技术就出问题了。

结构不能离开元素而单独存在，只有通过元素间相互作用才能体现其客观实在性。不应当把结构看作是独立于元素而单独存在的东西，但是结构对元素又具有相对的独立性。系统是元素和结构的统一，元素和结构既相独立又相依存的关系组成系统的内在本质。

结构是从系统内部来考查的，而系统的功能是从系统的外部与系统的关系来考查的。系统的功能揭示系统作为一个整体同环境相互关系的范畴。系统的功能可以理解为系统在与环境相互联系中表现出来的系统对环境产生某种作用的能力或系统对环境变化和作用做出响应或反应的能力。系统的功能是系统整体的性质，功能是在系统与环境的相互联系中，通过系统的一系列的行为表现出来的。比如，计算机具有对输入信息、数据进行存储、处理运算（包括逻辑判断等）、输出有用信息的功能。太阳有辐射阳光的功能，它还为生命提供能源，这也是它的功能。

任何技术物总是直接或间接地满足人的某种需要，哪怕是一些变态的需要。技术物的功能，是以人的目的来确定的。

就以投在日本广岛和长崎的两颗原子弹来说，原子弹具有极强的杀伤力，这是原子弹的基本功能。原子弹的杀伤破坏方式主要有光辐射、冲击波、早期核辐射、电磁脉冲及放射性污染等。1945 年 8 月 6 日，美国投于日本广岛的原子弹名为"小男孩"，它在广岛市中心偏西北处的外科医院上空 580 米处爆炸，顷刻间产生了 30 万度的高温和时速高达 60 千米的强烈冲击波。广岛市中心约 12 平方千米范围内几乎被夷为平地。全市 76 328 幢建筑物中，4.8 万幢全部被毁，22 178 幢半毁房屋损失达 92%。广岛瞬间变成了废墟。广岛有居民 33 万。原子弹造成死亡 7.1 万人，伤 6.8 万人。随后又有大量的人死于核子尘埃放射引起的癌症。据统计，截至 1999 年，死于"小男孩"原子弹的人数已上升至 20 万。目前广岛市依然将相生桥附近的地区列为放射污染区。1945 年 8 月 9 日在长崎投下一颗钚弹（代号"胖子"）。长崎地势多山，造成的损害比平坦的广岛较低。长崎有居民 20 万，约 4 万人直接死于代号为"胖子"的爆炸，约 6.4 万人受伤。①

从原子弹的功能来看，除了巨大的杀伤力之外，另一个功能是可以大量降低美军在太平洋战场上士兵的巨大伤亡。因为 1943 年后，美军在太平洋的硫磺岛战役和冲绳岛战役中伤亡惨重，按照这几场战争的伤亡比率推算，美军需要牺牲掉 100 万陆战队员才能占领日本本土，为此，军方极力要求对日本人使用原子弹。而当时的美国科学家包括爱因斯坦等在内都反对使用原子弹。

原子弹投掷到日本两个城市，促使日本投降。1945 年 8 月 15 日，裕仁天皇宣布日本投降，第二次世界大战结束。日本投降，中国人民迅速结束了抗日战争，极大的降低了中国军民的伤亡。从这里我们发现，技术物可以加快或减慢事物的进程。原子弹投掷到日本的两个城市，结束了第二次世界大战和中国人民的抗日战争，拯救了更多爱好和平的人们的生命。

原子弹之所以有这样巨大的破坏力量，关键在于其组成的要素与结构。

---

① 侯明东：《广岛长崎原子弹爆炸的回顾与反思》，载于《现代物理知识》2006 年第 1 期，第 58 页。

"小男孩"与"胖子"这两颗原子弹的结构不一样，具有不同的杀伤力。"小男孩"弹重 4 082 千克、弹径 0.711 米，装料为 50 千克、丰度为 89% 的铀 235 和 14 千克丰度为 50% 的铀 235。使用枪式设计，将一块 25.6 千克低于临界质量的铀 235 用炸药射向三个总重为 38.4 千克处于低临界的环形铀 235，造成整块超临界质量的铀，引发核子链式反应。"小男孩"装有的铀 235，只有约 1 千克在爆炸中进行了核裂变，释放的能量约相当于 1.25 万吨的 TNT 烈性炸药。"胖子"原子弹采用的是收聚式（内爆式）结构，它是用 6.2 千克钚 239 制作的，弹长 3.25 米、弹径 1.52 米、重 4 545 千克，释放的能量约相等于 2.2 万吨 TNT 烈性炸药。[①]

"枪式"原子弹的结构，将两块半球形的小于临界体积的裂变物质分开一定距离放置，中子源位于中间。在中子反射层的外面是高速炸药、传爆药和雷管，再将雷管与起爆控制器相连接。两个半球形裂变物质在炸药的轰击下迅速达到超临界状态，于是导致原子弹爆炸。"收聚式"原子弹的结构是球形，它将普通烈性炸药制成球形装置，把多个小于临界体积的核装药制成小球置于炸药球当中。引爆炸药，将核装药小球迅速压紧到超临界体积，于是引起原子弹爆炸。"收聚式"原子弹的结构复杂，但核装药利用率高。现代原子弹综合了这两种引发机构，具有更强大的破坏力。[②] 见图 7-2。

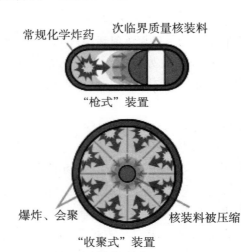

图 7-2　原子弹的两种结构[③]

① 侯明东：《广岛长崎原子弹爆炸的回顾与反思》，载于《现代物理知识》2006 年第 1 期，第 57 页。

② 原子弹分为"枪式"和"收聚式"两种类型，核武器以其特有的方式产生毁灭性的力量。http://www.caea.gov.cn/n16/n1253/47385.html

③ http://zh.wikipedia.org/wiki/File：Fission_bomb_assembly_methods_zh-hans.svg.

上述分析表明，原子弹具有巨大的杀伤功能，但是，投在日本广岛和长崎的两颗原子弹还具有其他重要功能：降低美军的巨大伤亡，降低中国军民的巨大伤亡，加速结束了第二次世界大战。

技术的功能描述与价值相联系。就一般来说，原子弹爆炸是不好的，将会杀伤许多无辜的人。但是，就投在广岛和长崎的那两颗原子弹来讲，特别是美国军方以及遭受日本侵略的中国军民来说，会认为应当投下这两个原子弹。当然有人会说，广岛和长崎的居民又没有到中国来侵略，那么，我们可以反过来问这样一个问题：广岛和长崎的居民又有多少反对过日本军国主义对中国等国家的侵略，特别是包括犯下灭绝人性的南京大屠杀等罪行。

对技术人工物的内部的物理性质、关系进行描述，就是技术客体的"结构陈述"。它基本上采用自然科学的语言和语词来进行描述。原子弹的"枪式"装置、"收聚式"装置就是对原子弹的结构描述。发动机由发动机机体、曲轴连杆机构、配气机构、燃料供给系、冷却系、润滑系、冷却系、点火系和启动系组成，这是对发动机的结构描述。

以大众的 SUV 途观车 1.8TSI 前驱风尚版 2013 款为例，考查其结构描述。比如，排量为 1.8L；发动机为 1.8T；变速箱为手自一体；车的长/宽/高为 4 506/1 809/1 685（mm）；车身形式为 5 门 5 座两厢；燃油为汽油；燃油箱容积为63L；供油方式为直喷；最大功率为 118kW；最大扭矩为 250Nm；进气型式涡轮增压；有行车电脑，有车身稳定控制 ESP；有胎压监测装置；前后轮胎规格为215/65 R16。[①]

这种技术的结构陈述是对技术客体的内部性质的客观评价，不依赖于主体的价值评价。技术客体的内部性质，有的是天然自然的性质，有的是人工自然的性质。因此，技术客体的结构描述属于事实描述或描述性陈述，即是技术事实。技术的结构陈述，可以是对技术客体的整体进行描述，也可以对其中的某一个部分或方面进行描述。

而功能描述不一样，它是对技术客体的外部作用的描述，它是从使用者的使用情境角度、手段或目的角度来进行评价的，往往与人的价值有关，于是，技术客体的功能描述，由于与价值判断相联系，难以具有中立性。比如，藏族男子常在腰带上挂一把腰刀，短的有七八寸左右，刀把上嵌有绿松石、珊瑚。腰刀既可用来防身，也是生活和生产的必需。一个最简单的用途就是切肉。因为藏族民间食用牛羊肉不用筷子，而是将大块肉放入盘内，用刀子割食。腰刀还具有一种功能，提升男子的阳刚之气。技术客体的功能描述，可以是对技术客体整体的功

---

① 2013 款 1.8TSI 自动两驱风尚版参数配置。http://newcar.xcar.com.cn/m18927/config.htm.

能，也可以是对技术客体的某个方面的功能的描述。一个技术客体除了专有功能（proper function）之外，往往还有一些辅助或次要功能，但次要功能并不等于不重要。所谓专有功能是人们在设计技术人工物时，设计者的意向所在。如一把菜刀的专有功能是切菜，菜刀还可以被坏人用来行凶。

由于技术人工物的结构与功能之间并没有一个简单的演绎逻辑关系，技术客体的结构陈述与功能陈述是不同性质的陈述。我们需要建立新的实践推理来联结二者。

一般来说，技术客体的结构陈述所涉及的变量是自然要素变量（包括天然自然与人工自然的要素变量，用 N_1，N_2，…表示）和要素变量之间形成的关系变量（用 R_1，R_2，…表示），因为这些关系变量反映了技术客体所形成的结构。结构描述记为：$S(N_1, N_2, \cdots; R_1, R_2, \cdots)$。

而技术客体的功能描述直接描述说明技术客体的作用，除了自然变量（N_1，N_2，…）之外，还包括人为变量（H_1，H_2，…）。功能描述记为 $F(N_1, N_2, \cdots; H_1, H_2, \cdots)$。

在一定条件下，技术客体的功能可以由自然变量及其自然变量形成的关系来决定，记为 $F(N_1, N_2, \cdots; R_1, R_2, \cdots)$。比如，当一个房间拥有自动温控系统，一旦人们设定了温度，房间就会控制在设定温度，尽管房间有人的进出等等。这表明房间的自动温控系统具有自我调节的反馈功能，自动温控系统就将人的影响控制到可以忽略程度。

功能可以用语词表达出来。比如，"手表显示时间。"这说明了手表的功能。于是手表的功能可以表达为语句。

手表　显示　时间。

主语　谓语　宾语

用谓词逻辑表达。设 P 表示（…，…），s 表示"手表"，t 表示"时间"，于是，"手表显示时间。"表达为：$P(s, t)$

可见，功能表达为谓词逻辑的一个语句或命题。显然，功能表达不是全称陈述，也不是特称陈述，而是单称陈述。它是针对一个具体的事态的表达。

技术客体的功能描述中的自然变量是对技术客体的功能的物理、化学等方面的作用的描述。比如，一台割草机的功能是割草，这里的"割草"是一种自然的物理性质的描述，没有价值判断。但是，这台割草机是否好用，这就与人有关。例如，这台割草机的割草速度快，而且操作方便。

一个技术客体的功能描述不同于结构描述，还在于：功能描述是一种"黑箱"描述。技术客体的功能可以表述为将一定的输入转变为一定的输出。比如，一台收音机就是将一定的电磁信号转变为声音信号，但是，功能描述并不描述收音机的具体物理结构和物理机制，对一般的使用者来说，关注的是收音机的功能，他们并不关心收音机的内部是由电子管、晶体管还是集成电路制成的。但是，对于结构描述来说，"黑箱"的内部结构和物理性质是清楚的，它就成为一个"白箱"。

从制造技术人工物的角度来看，功能描述与结构描述也是不对称的。设计总是按照一定的总功能要求，来精确地生产出能充分实现这一总功能的结构的描述。比如，要生产一部越野小汽车，"越野"是其总功能要求。在具体的汽车设计中，需要将总功能"越野"进行功能分解，得到许多子功能，这些子功能再分解为子功能等等。无论将子功能分解到何种程度，子功能描述都具有"黑箱"性质。汽车需要发动机，"越野"的总功能要求，并没有具体说明采用什么类型的发动机，比如是自然吸气还是"增压"方式，是大马力还是小马力，是大扭矩还是小扭矩等等。

功能描述与结构描述，在本体论的地位上也是不对称的。从物理学来看，技术客体没有功能。物理性质是客体内在固有的，它不依赖于其他事物。而功能总是客体相对于其他事物的，特别是相对于有意识的观察者。

对于事物的性质，英国哲学家洛克提出了第一性的质（primary quality）与第二性的质（secondary quality）。在他看来，无论物体处于何种状态，物体的体积、广延、形相、数目等，都是物体所固有的，不能与物体分开，真正反映了物体的客观性质，这是第一性的质。色、香、味、声等，这是第二性的质，在洛克看来，这些性质不是物体所固有的，仅仅是物体中的一些能力作用于人们的感官所形成的，它属于物体的外部性质。洛克还认为，物体第二性的质取决于第一性的质，即物体的外部性质由物体的内部结构来决定。按照洛克的看法，技术客体的结构描述属于第一性的质，而功能描述属于第二性的质。结构是技术客体固有的，而功能不是固有的，取决于人的感觉。当代的心灵哲学家塞尔（Searle）认为："现在要看到的最重要的东西就是，对于任何现象的物理学来说，功能都不是内在固有的，而是由有意识的观察者和使用者外在地赋予它的，简言之，功能绝不是内在固有的，而始终是同观察者相关的。"[①] 当然，这一说法也是有问题的。比如，计算机的计算和信息处理功能，它是由计算机的结构和软件决定的，当然，其计算与信息处理的意义需要人进行解释。

功能描述往往带有主观规范性特点，即"应该这样"；而结构描述往往是客观的，即"是这样"。于是，结构描述与功能描述之间也有一个"应该这样"与"是这样"的区别。这在理论推理上，也是不能由其中一个推出另一个。

---

① J. R. Searle，The Construction of Social Reality. London：Penguin Books. 1995.

二、技术的行动规则陈述

人的行为总是按一定的行动规则来做事的。任何技术人工物的实现，都必须通过相应的行动规则来实施。不同国家的吃饭有不同的礼仪，即使同一个地方的不同场合，如正式或非正式，吃饭的礼仪是不相同的。在中国，吃饭还要讲一个座次，比如主位是什么位置？买单的坐什么位置？不同的省往往有不同的规则。如果不遵守这些规则，被认为是不懂礼貌。当然，这些吃饭的礼仪会随着社会的进步和改革发生一些变化。各种工厂给工人规定了对相关工具或设备的操作规程，往往需要经过培训以让工人来掌握这些技术规则。在一台机器涉及高压开关与低压开关时，在机器开动时，往往是先开低压开关，然后是开高压开关。

人们在完成一件事情的过程中，所必须遵守的一个做事步骤或次序，这就是行动规则。任何一个行动规则，都有一个说明，即对这一行动规则的说明。比如，山东吃饭的主位不同于四川等地，他们会从山东文化或从儒家文化给予一个合理说明。一名篮球运动员要遵守篮球比赛的正式规则，如果是平时几个人之间的小比赛，也可是对正式规则的某种变形，否则，就是犯规，犯规就要被处罚。

技术的行动规则或者来自经验的总结，或者来自约定俗成，或者来自科学知识或技术知识的启发，或者来自社会的建构，也有可能来自本能。具体地讲，技术的行动规则的起源可以分为：

（1）来自经验的总结和概括。烤火时不要将手伸进火堆里去，这规则是从小孩时代的经验中概括出来的。

（2）来自一定的宗教或文化。一些原始部落在举行盛大的节日时，通常要跳一种舞蹈以敬奉神灵。中国的许多农村在修建房屋时，也要举行某种仪式。

（3）来自约定俗成和社会建构的规则。例如象棋规则、足球规则、各种社会活动的礼仪规则。我国的大型工程开工时，也要举行某种开工典礼；工程完工时，要举行盛大的竣工典礼。

（4）来自本能的行为规则。饥饿要觅食，疲倦要睡眠，口渴要饮水，遇危险要躲避。

（5）来自科学形成的规则。比如，医院里有一套严格的消毒规程，这来自法国医学家巴斯德对微生物病菌存在的科学分析。对于传染性非典型肺炎（又称严重急性呼吸综合征（Severe Acute Respiratory Syndromes，简称 SARS 或"非典"），情况有所不同。"非典"于 2002 年在中国广东顺德首发，并扩散至东南亚乃至全球。"非典"引起社会恐慌，包括医务人员在内的多名患者死亡。"非典"直至 2003 年中期，疫情才被逐渐消灭。"非典"是因感染 SARS 相关的冠状病毒而导致的一种新的呼吸道传染病，以发热、干咳、胸闷为主要症状，严重者出现快速的呼吸系统衰竭直至死亡。对于处于"非典"的医院区域，将会采用更加严格的消毒规程，以试探性确保医务人员和相关人员不受"非典"传染和生命安全。

（6）来自技术规则。自然规律是关于"是什么"的陈述，而技术规则是关于"如何做"的陈述。技术规则是人制定的，是规范陈述，但是通过按技术规则实施相关的操作，要保证操作的有效性，技术规则不能违背自然规律。技术规则本身可以来自经验总结、科学定律或技术原理。

在人们的实践中，人们是否必须按照行动规则严格执行呢？有的行动规则必须严格遵守，这就是决定性行动规则。比如，"给封闭在真空玻璃中的钨丝通电，那么钨丝就会发出光亮"，这是制造灯泡的技术规则。这一技术规则必须遵照执行。为了使钨丝能够发出光亮，就必须将钨丝封闭在真空玻璃中，并且通上适当的电压。有的行动规则，不是决定性的，而是概率性的行动规则。人们即使按照概率性的行为规则去执行，其结果也是或然性，而不是必然的。比如，"常洗手，不得病。"这是一个概率性的行动规则。即使你把手洗得非常干净，也不能保证你不得病。洗手只是防止了病从手入这一可能机会，而如果每天、每次都把手洗得非常非常的干净，否则就心理不安，显然，这种太爱干净的行为，属于"洁癖"。较严重的洁癖，也是一种心理疾病。还有的行为规则，属于调节性行为规则，比如工地的剪彩、吃饭的座次等。对于一个出征的军队来说，出征的壮行仪式，则是必要的，它有利于提升军队的战斗士气。这也说明了为什么一些国家要举行盛大的阅兵式，以显示自身的军事实力。

但是，对于技术规则，即使是概率性的，如果在没有新的技术规范出来，那是必须遵守的。不遵守技术规则，就相当可能发生技术问题。一位医生要做手术，就必须按照相关的消毒标准对器材和病人进行消毒，对于特定部位的手术，还需要将体毛除去。

可见，技术的行动规则陈述是很复杂的。行动规则没有真假之分，但是，它涉及有效无效的问题。但有的行动规则，没有任何效果，而是一种文明的礼仪或文化习惯。

技术的行动规则陈述，表达是为了达到预期的目的，人们应该怎样行动。它由一系列行动指令、律令构成，并成为一种行为的规范。行动规则陈述处理的人类的行动，而不是自然事件。它是目的定向，通过按行动规则做事，就能实现相应的目的。一个技术的行动规则陈述，有的涉及自然规律，同时还要涉及社会规范或文化礼仪等。见下面两个例子。

（1）如果想要飞机飞行安全，首先是确保飞机本身处于安全状况。其次是认真做好乘客的安全检查。前一句讲的是来自科学分析和技术分析的行动规则，这是飞机飞行安全的客观基础，这也是决定性的行动规则。后一句讲的是社会建构的行动规则，因为有的飞机失事来自危险行为（包括恐怖行为）。

（2）如果要建造一座坚固的房屋，就必须有结实的材料。如果要建造一座美丽的房屋，就必须有漂亮的美学设计。第一句是来自科学分析与技术分析的行动规则。第二句来自社会和文化的规范，因为一座房屋是否美观、漂亮，不同的民族，有不同的审美情趣。

技术的行动规则陈述，是规范的、命令的陈述而不是描述性的陈述，它不具有真假值，而是具有有效或无效值。要说明技术行动规则的有效性，还得依靠技术的因果规律、自然规律或技术规律对其进行解释。

三、技术行动的目的陈述与技术行为陈述

技术总是要达到一定的目的的，这是技术存在的重要理由。要对技术进行描述，必然包括技术行动的目的陈述，它表述行动的目的、意向、意图、企图等。技术陈述中往往包含"有……的目的""为了……缘故""为了……"等术语，这就是目的性陈述。技术行动的目的陈述，通过用意向的或规范的陈述表达。比如，

（a_1）1957 年中国想制造原子弹。

（b_1）我计划于 2014 年 3 月 28 日去北京参加 2014 年中国自然辩证法研究会七届三次理事会。

（c_1）王先生打算宰杀那只鸡。

（d_1）小张应当扶起那位倒地的老大爷。

以上表述是意向性陈述或规范性陈述，可以表达为事实陈述。

（a'_1）1957 年中国制造原子弹是中国战略目的的一部分。

（b'_1）去北京参加 2014 年中国自然辩证法研究会七届三次理事会是我今年计划的一部分。

（c'_1）那只鸡是王先生宰杀的目标。

（d'_1）扶起那位倒地的老大爷是小张的责任。

上述例子表明，对于人类的目的、意图、意向等主观的或心理的表述，我们可以采取描述性陈述。就伦理学来说，除规范的伦理学之外，还有描述伦理学，即把人类的伦理当成一个客观的事实。在经济学中，消费者的需求和偏好，做了客观的描述性分析。在概率的主观解释中，概率被定义为特定个体的信念度，具

有同样证据的不同个体被允许对同一假说赋予不同的概率。在信息不充分的条件下，概率的主观解释是比较适用的，这在于它拓展了概率论的应用范围，使得人们的意图、意见、判断、评价、信念等主观的东西可以通过信念度进行衡量。

按照上述的说法，意向性陈述或规范性陈述可以表达为描述性陈述，这是否表明可以填平"应"陈述与"是"陈述之间的逻辑鸿沟了呢？张华夏教授等认为，①这里的描述性陈述不是从内涵上陈述它的内容，而是从外延上说明它的存在与范围，不是从内部分析这些意向，而是将意向当作一个既定事实，用范畴与概念将它固定起来，包裹起来，只从外部考察它的起源与作用。②这里的描述性陈述不是关于目的、意向、计划的一阶陈述，而是关于目的、意向、计划的二阶陈述。① 简言之，（a_1）是意向性陈述，（a'_1）是一个二阶陈述，看起来是一个描述性陈述，但是，实质上，因为"目的"两字使得（a'_1）并不是一个单纯的描述性陈述，而是一个意向性陈述。但台湾学者盛庆琜提出了统合效用论，统合效用主义使用的基本方法是决策论。他认为，目的性陈述与理性决策，即是描述的，又是规范的。决策论的描述—规范的双重性使得跨越实然/应然之鸿沟成为可能。② 对此，张华夏给出了如下的推理链条进行反驳。

（1）贪污使社会平均效用下降（实然判断）；

（2）我们不应该使社会平均效用下降（应然判断）；

所以：（3）我们不应贪污（应然判断）。

上述推理是为"我们不应该贪污"这个应然判断进行辩护的，如果它的两个前提都是实然判断，那么这个辩护就可以满足休谟从实然推出应然的要求。由于实然判断陈述的是一个或一些事实，于是这样的道德辩护在道德哲学中就无须再追问了。然而，在上面这个推理中，除一个前提是实然判断外，它的另一个前提是应然判断，为此，还必须再为这一应然判断即"我们不应使社会平均效用下降"进行辩护。一种可能的推理链条可以构造为：

（1）社会效用下降违反了人类谋求总效用最大化的目的性（实然判断）；

（2）我们不应违反人类的目的性（应然判断）；

所以：（3）我们不应使社会平均效用下降（应然判断）。

这里还可以做进一步的追问。张华夏指出，这里也没有填平实然与应然之间的鸿沟，而是追索到一个更高的应然法则即"我们不应违反人类的目的性"。可见，我们并没有从"实然"推出"应然"，从而填平它们的鸿沟，我们只是从"实然"判断附加了一个更高层次的"应然"判断来推出低层次的"应然"判

---

① 张华夏、张志林：《技术解释研究》，科学出版社 2005 年版，第 33 页。

② 盛庆琜：《实然/应然鸿沟：自然主义与效用主义》，载于《华南师范大学学报》2002 年第 3 期，第 16～25 页。

断。张华夏教授也对盛庆琜的论证进行了相当的肯定，即论证大大缩小了实然与应然之间的距离，把它们缩成一句话：目的性本身是实然的又是应然的。理性决策既是描述性的又是规范性的。[①]

一般来说，规范陈述或意向陈述，就是行动者按这个目标或意向规范自己的行动，包含一种价值判断。描述陈述，就是描述了行动者的性质是什么，描述它的目的设定；描述陈述不作价值判断。因此，判断一个陈述是规范的、意向性，还是描述的，当然要看该陈述的表面形式，但是，更关键的是它的本质。这就是说，规范陈述与描述陈述的逻辑鸿沟仍然存在，但可以在一定条件下被缩小，比如我们在实践推理中做进一步讨论。

如果用符号来表示，在一阶逻辑语言中，目的性陈述 $Q(x)$ 可以定义为：

$$O(x) =_{df} \exists x(F(x) \wedge P(x))$$

其中，$F(x)$ 是 x 的事实陈述，说明什么 x 具有 F 性质；而 $P(x)$ 是规范陈述，表明 x "想要"具有 P 性质。上式的意思是，有的 x 既具有描述的 F 性质，又具有规范的 P 性质。上式这一目的性陈述，既包括"是"陈述，又包括"规范"陈述。上式的目的性陈述的一个例子：有的人是自私的，又追求自己利益的最大化。然而，上述的目的性陈述不能表达为全称陈述：

$$O(x) = \forall x(F(x) \rightarrow P(x))$$

上式表示，所有的 F 具有 P 性质。或者说，对于所有的 x 来说，如果 x 是自私的，那么，x 就是追求利益最大化。这显然，违背了人的自由意志。

为达到一定的目的，都需要通过某种手段来实现。大多数技术行为是理性的，技术行为是一种重要的手段。对技术行为的描述，有规范陈述和描述陈述。

（a_2）1964 年中国科学家和工程师应该提炼出足量的 ^{235}U 核材料。

（b_2）我应该于 2014 年 3 月 28 日去北京参加 2014 年中国自然辩证法研究会七届三次理事会。

（c_2）那位倒地的老大爷应当被扶起。

显然，上述语句都属于规范陈述，它们都预设了一个目的陈述的存在。为了将目的明确地表达出来，这些语句可改写为如下形式：

（a_2'）1964 年中国科学家和工程师，为了制造原子弹，他们应该提炼出足量的 ^{235}U 核材料。

（b_2'）为了及时参加 2014 年中国自然辩证法研究会七届三次理事会，我应该于 2014 年 3 月 28 日乘飞机从广州到北京。

[①] 张华夏：《统合效用主义的理论贡献及其问题——简评盛庆琜新功利主义》，载于《开放时代》2001 年第 1 期，第 123 页。

（c′₂）为了健康的目的，那位倒地的老大爷应当被扶起。

上述行为描述中，如果我们忽略行为目的，上述的技术行为就成为事实陈述。

（a′₃）1964 年中国科学家和工程师，提炼出了足量的^{235}U 核材料。

（b′₃）我于 2014 年 3 月 28 日乘飞机从广州到北京去参加 2014 年中国自然辩证法研究会七届三次理事会。

（c′₃）那位倒地的老大爷正在被扶起。

显然，上述的三个陈述，是一个事实描述，没有目的，没有意图，没有意向。只是对发生的事件做一个真实的描述。虽然技术行为可以是一个事实描述，但是，它仍然不同于科学事实的描述（详见第九章"技术事实"部分）。

四、技术客体的运行原理陈述

运行原理或运行规律在于说明人工装置或人工物是如何工作的。运行原理或运行规律不同于行为规则。行为规则是人对物的一种约束。运行原理或运行规律探讨的是技术人工物的内部，或技术人工物之间的有一种什么样的关系，遵从什么样的原理或规律，从而使技术人工物发挥其功能，实现人们的目的。

比如，空调自动控温的运行原理是反馈原理。汽车发动机的运行原理就是把热能转换成机械能，即通过油料（汽油或柴油等）燃烧，把热能转换成机械能。由于油料性质不同，发动机的工作原理和结构上将有所差异。汽车发动机的运行原理以热机理论为基础，包括发动机理论循环规律，实际循环的换气过程和燃烧过程的规律，性能参数的变化规律和调控原理（即发动机特性）等。

飞机运行原理是伯努利定律。18 世纪，物理学家伯努利发现，在一个流体系统中，流速越快流体产生的压力就越小，流速小的地方压力大，这就是伯努利定律。飞机的机翼就是根据这个定律设计的，飞机发动机的作用是给飞机提供向前的动力，空气流到机翼前缘，分成上、下气流，分别沿机翼上、下表面流过，在机翼后缘重新汇合向后流去。机翼上表面较为凸出，流管较细，表明流速加快，压力降低。而机翼下表面，较为平坦，流管变粗，流速减慢，压力增大。于是，机翼上、下表面就形成了一个向上的压力差，使得飞机能够克服自身的重力。

技术客体的运行原理或运行规律不同于科学原理或科学规律，它是利用科学原理或科学规律设计出技术人工物，以实现人们的目的。技术客体的运行原理或运行规律，都属于技术科学基本规律。自然科学（如物理学）并不告诉我们技术客体如何运作，而技术科学研究技术人工物是什么以及它是如何运作的。技术科学有自身的规律。

第三节　技术陈述的性质

一、技术陈述的基本特点

一般来说，技术陈述是对技术事件、技术过程、技术实体、技术知识等的描述。技术陈述可具体分为：要素陈述、结构陈述、功能陈述、行动—目标陈述、技术规则陈述、技术规律陈述、技术原理陈述等。这些陈述可以分为三类：描述性陈述、规范性陈述和因果关系陈述。

（1）描述性陈述。

描述性陈述是对事物、事件或过程的状态、结构、要素、客观性质、功能等进行真实的描述。要素陈述、结构陈述、功能陈述等是描述性陈述，也是事实陈述、"是"陈述。要素陈述是对技术人工物所采用的要素（部件）的描述。比如，智能手机的玻璃显示屏是手机的一个要素。显示屏的描述，既要说明其功能（是否有按压触控等）和结构（平面或弯曲），还需要描述玻璃材质本身，它是由什么制造的，它的尺寸。结构描述，是对技术人工物的要素之间形成的稳定关系的描述。这种稳定关系，可以是几何的、物理的、化学的关系，关键是形成物质、能量或信息在要素之间的稳定传递或流动。结构描述不对偶然关系（非稳定关系）进行描述。功能描述，是对技术人工物的功能性质的描述。一个典型的功能描述可表达为"x 是为了做…"，如"吹风机是为了吹干头发。"但是，克劳斯将技术人工物的物理性质、几何性质的描述，称之为结构描述，即把几何的、物理的、化学的性质称之为结构。他将物质具有的质量、颜色、形状等，归于结构描述。[①] 这是有问题的，因为物体的"质量""颜色"不属于结构范畴，"质量"是事物的内在属性，而"颜色"属于主体与客体相互作用的范畴。他之所以这样划分，关键在于技术人工物二重性研究纲领将技术人工物这一实体分为结构与功能两个方面，这意味着凡是不能划为功能的东西，都必然划分到结构中。

（2）规范性陈述。

技术行为或行动都是有目的的，它表达了行动的目的、意向、企图等。通常

---

① P. Kroes，*Coherence of structural and functional descriptions of technical artifacts. Stud. Hist. Phil. Sci.* 2006，37，P. 139.

它们用意向、规范陈述或"应"陈述表达。目标陈述，就是对技术的目标、行动的目的、意向的陈述。

对于技术的目标、行为等规范陈述，也可以在形式上用逻辑表达出来。从整体外在来看，目标、行为、意向、功能等都是规范的，但是，从它们的内在来看，目标、行为、意向、功能等都可以进行细致的分析，它们的内容、过程等都是用一些客观的概念、术语来描述的，表现为事实性陈述。正如张华夏和张志林认为，对于人类的目的、意向、企图等主观或心理的东西，我们认为可以采取描述性的陈述。[①] 判断一个陈述是规范的、意向性，还是描述的，当然要看该陈述的表面形式，但是，更关键的是它的本质，它是否包括与行动者相关的价值判断。

（3）因果关系陈述。

在技术陈述中，有一类陈述表达了广义或狭义因果关系。规律陈述、规则陈述、手段—目标陈述、运行原理陈述等属于因果关系陈述。手段—目标陈述，是对描述通过什么手段实现目标。运行原理是说明技术人工物是如何工作的。规律陈述、实用规则陈述、手段—目标陈述、运行原理陈述的结构都可以表达为"$A \to B$"。在规律陈述中，前件 A 是指一个客观事实，$A \to B$ 表示如果有事实 A，那么就有 B 这一规律。在规则陈述中，前件 A 指的是人们的操作，如果实施 A，就要达到 B。在手段—目标陈述中，前件 A 是指手段，B 是达到的目标。符号"$\to$"在不同的陈述和语境下，其含义不一样。比如，技术规律就是科学规律的另一种表达，那么，"$\to$"表示实质蕴涵。"$\to$"在大多数情况下表示一种广义的因果关系（如实践推理），而不是必然的演绎的因果关系，它表示如果有前件 A，那么在实践意义或概率意义上，就有（或）后件 B。

前述说明规范性陈述可以用描述性陈述来表达，但是，这并不意味着填平了"是"陈述与"应"陈述之间的逻辑鸿沟。那么，能否联结"是"陈述与"应"陈述之间的逻辑鸿沟呢？

在我们看来，在实际的技术和工程实践中，"是"陈述与"应"陈述之间发生着直接的联系。它们之间的逻辑鸿沟可以用因果关系描述来联系。因果关系描述体现了实践意义上的因果关系。

上述三类技术陈述，虽然有不同的特点，但是，它仍然有一些共通特点：

（1）技术陈述的真值或有效值问题。根据不同的技术陈述，有的技术陈述（如某些技术规律），就是一个真假的问题。不少的技术陈述与价值有关，一般来说，它就不能用真假进行判断，而是一个有效值的问题。

---

① 张华夏、张志林：《技术解释研究》，科学出版社 2005 年版，第 33 页。

看几个有关技术陈述的例子：

a. "你应该坐汽车去5号楼上课。"

b. "你应该在早餐中喝牛奶。"

c. "张三的病应该用CT进行检查。"

d. "我们不应该让汽车的速度太慢。"

上述技术陈述都是应然陈述。如何对其评价呢？

对于a，它意味着如果不坐汽车去，就会耗时很长，或因为天气太热，人会中暑。你坐汽车去5号楼上课，可以检验陈述a是否有实际效果，即有效性。

对于b，在早餐中喝牛奶可以有利于人的身体健康，使工作更加有效。陈述b也是检查其有效性。

对于c，如果张三的病不用CT扫描进行诊断，有可能对其病因不清楚，这就不利于找到生病的真正的原因。陈述c是检查其有效性。

对于d，如果汽车开得太慢，会耗油太多，或者会让正常行进的汽车行驶太慢，导致堵车。陈述d也可以通过检验，看其是否有效。

哲学家胡塞尔比较了分析理性（形式逻辑）与价值理性（实践推理）。对于排中律，逻辑理性和价值理性的显示了根本的分歧。胡塞尔说："理论真理领域和可以说是价值真理，价值有效性领域之间的主要区别……，主要是排中律在价值真理领域内没有类似物，而根据这个定律在肯定和否定之间并没有第三种可能；或者相反，在理论真理领域里不存在中立，而在价值论领域是存在中立的。"[①] 胡塞尔关于价值中立的理论是可以接受的。一个技术行为可能有效，可能无效，还可能是中立的。一台机器具有一定的专属功能，还有一些次要功能，但这台机器用得太久之后，其基本功能是有效的，有的次要功能有时有效有时无效，这时我们说这台机器还是基本正常，不影响基本功能的使用。技术陈述是一个有效、无效以及在有效无效之间可以取其他有效值的问题。按此看法，技术陈述可以采用三值逻辑。在笔者看来，对于技术陈述，其真值或有效值，需要根据具体的技术和工程实践领域进行分析。

（2）技术陈述都可以形式化。技术陈述的形式可能比科学陈述要复杂得多。对于要素描述、结构描述、功能陈述等事实性陈述，可以用自然科学的语言和语词进行描述，可以用谓词陈述表达。对于目标陈述可以用道义谓语陈述来表达。对手段—目标陈述及规律陈述等，可以用复合的"蕴涵"陈述来表达。

（3）基于技术陈述的技术推理主要是实践推理。技术具有实践形式，技术的有效性是技术和工程实践来保证的。因此，技术推理不是以科学推理是作为判断

---

① 胡塞尔：《伦理学与价值论的基本问题》，中国城市出版社2002年版，第103页。

标准，而是以实践的有效性为标准。行动者总是要达到一定的目标，这个目标属于规范陈述，而达到目标的手段属于事实陈述，可见，从手段到目标发生了一个从"事实/是"陈述到"规范/应"陈述的转变，这种转变只有通过实践逻辑来联结，其陈述为因果关系陈述。如果这个实践过程是一个演绎过程（有可能在量子层次的量子器件实现），那么从对象初态到末态的演化就是必然演化，其推理就是演绎推理。

二、技术陈述的有效值问题

对于技术描述，不论是事实描述还是规范描述，其描述都有意义，而且有其意谓。哲学家弗雷格（G. Frege）的著名论断是：句子的意义（sinn, meaning）是它的思想，句子的意谓（bedeutung, reference〈指称〉）是它的真值。在弗雷格看来，句子有意义（思想）与意谓（真值）的区分。在笔者看来，对于技术陈述来说，我们不关心这个技术陈述是不是真的（即真值如何），而是关注它是否具有实践意义（它的实际或实践意义），或者它对于自然或人工自然是否有效（这是一个有效值问题）。

为此，笔者将技术陈述的意义（sinn）定义为有效性，技术陈述的意谓（bedeutung）定义为有效值，而不是真值，因为技术陈述的真（比如，符合论意义上的"真"）并不能保证描述陈述具有改造现实世界的有效性。譬如，对于要素知识、结构知识、功能知识、材料知识构成的技术陈述等，它们属于事实性的陈述，对于技术人工物来说，技术陈述的真并不能说明在实践意义上是有效的，因此，技术陈述的核心是它的实践检验、实际效果。

技术规范陈述也是考察其实践效果。比如，"张三的病应该用 CT 进行检查。"如果张三的病不用 CT 扫描进行诊断，有可能对其病因不清楚，这就不利于找到生病的真正原因。该陈述是检查其有效性。技术的因果陈述也是一个有效性问题，而不是一个真假的问题。

于是，我们就能够把技术陈述的意义（有效的实践意义）与意谓（有效值）统一起来了，两者统一于有效性（effectiveness）。技术陈述的有效性，可具体表达为：有效、无效、不确定等有效值。基于此，技术陈述可以采用三值逻辑。

第八章

技术知识及其逻辑结构

技术知识是技术认识论的重要内容。本章讨论知识的含义、技术知识的定义、技术知识的特征、技术知识的分类与结构。柏拉图提出了信念、真和辩护三要素的知识定义，从有效性出发，我们可以将技术知识界定为得到辩护的有效信念。技术知识也涉及"葛梯尔问题"。我们认为，技术知识可以分为基本设计知识、理论工具和行动知识三类，进而形成技术知识的双三角形模型。

第一节　知识的含义

一般认为，知识是人们在实践中认识客观世界中获得的被确证的认识。从哲学角度对知识的研究，称为知识论，又称为认识论，它研究知识的性质、辩护、不同知识的区别、分类及其与对象的关系等。认识论对知识的定义至今仍然是一个非常具有争论性的问题。

在西方哲学中，古代与近代的哲学家们有关什么是知识的研究主要是从人的认识能力的角度进行考察的。诸多大哲学家都对知识的定义、知识的构成问题、辩护问题等等提出了自己的观点，其中古代有苏格拉底、柏拉图、亚里士多德等大哲学家，而近代也有孔德、穆勒、斯宾塞、罗素和维特根斯坦等人对知识问题的深入研究。

在知识论中，一个最为基本的问题就是："我们如何知道我们所认识的东西。"这就是一个知识问题。知识与无知是相对立的，单纯的意见也不能称之为知识。知识表达了认知主体与外在世界之间的认知关系。知识论主要关心命题知识的本质。命题知识的对象是一个命题。比如："雪是白的""运动有利健康"都是一个命题。在一个命题前面加上"知道"这个动词，它们就构成为一系列的知识主张。设 P 表示命题，我们就有"S 知道 P"的主张。一般来讲，绝大部分知识都可以表达为命题知识。在西方知识论的传统中，有一个经典的知识论定义，亦称柏拉图定义。知识被看作是一种被辩护的、真的信念（justified true be-lief），即知识是由信念、真与辩护三个要素构成的。

S 知道 P，当且仅当：

P 是真的。（成真条件）

S 相信 P。（信念条件）

S 在相信 P 上得到了辩护（justified）。（辩护条件）

当且仅当以上三个条件得到满足时，我们才能说"S 知道（know）P"。按照这一定义，知识首先必须是真的。"真"构成了知识的必要条件，但是，仅有"真"并不能保证它就是知识。[①] 如果某个东西事实上是假的，那么，你就不可能知道它是真的。一般来说，"真"最基本的要求，应当是逻辑一致的，或没有逻辑矛盾，或者与事物的真实相符合。从知识的三元标准来看，有逻辑矛盾的，或是假的，都不能称之为知识。

知识的第二个必要条件是"信念（belief）"。将信念作为知识的一个必要条件，持正统观点的哲学家给予同意，他们认为知识包括信念。也有哲学家把信念看作是比知识更高一级或更为根本的东西，知识仅是信念的一种形式而已，知识是有关真命题的信念。belief 这个词在中文兼有信念、相信之意。S 把 P 看作是知识，就意味着 S 相信 P 或持有对 P 的信念。例如奥古斯丁对信念给出了一个定义："信"就是赞同地"思"（to believe is to think with assent）。

也有一些哲学家持相反的观点，他们认为，知识与信念不同。比如，在柏拉图看来，知识与信念不同，知识是不可错的，而信念是可错的。康德也把信念看作在认识等级上次于知识的东西。罗素主张知识与信念的区别，真信念可以不是知识。比如，某人有一只手表，这只表已经不走了，但是，他并不知道，当他看表时，这个表当时恰好指在正确的时刻。可见，这个人获得了一个有关某日某时的真实信念，然而却不能说他具有知识。当然，这里有一个问题：这个人怎样知道他看到的就是正确的时刻？他还需要通过其他手段给予辩护。

---

① 当然，这里还有一个问题，什么叫作"真"？这也是一个非常复杂的问题，关于真的理论，此处不讨论。

　　于是，真与信念仅是构成知识的两个要素，还必须有第三个必要条件：知识还需要得到辩护。一个赌博者可以相信下一次的骰子为 2 点，一个导弹专家对一个外行说我们的导弹能打 15 000 公里，而且结果就如所说的那样准确，但是，赌博者与那个外行对自己相信的东西并不知道为何如此。因此，知识必须给出恰当的理由，必须对真信念给予证明。

　　是否满足了上述三个条件，就能保证知识呢？事实上，没有这么简单，还有许多问题需要解决。如知识的盖梯尔问题等等。

第二节　技术知识的含义与基本特征

　　西方哲学家一直有"求真"的传统，重在解释世界，回答世界是什么和为什么。哲学中的本体论和认识论，都是从不同领域对存在和知识展开研究，形成了各个流派。如柏拉图、黑格尔和狄德罗等人的本体论观点都是对世界的直接说明，而近代的经验主义、康德哲学等都是对知识的性质与可能展开研究。而近现代技术知识，这种最为重要的关于改变世界的知识较早是在西方形成、发展起来的。但是，关于技术知识的问题却是近几十年才引起重视，比如技术认识论中的技术知识的构成，技术知识的演化等问题。

　　技术哲学家卡尔·米切姆（C. Mitcham）从功能的角度把技术分为对象的技术、活动的技术、知识的技术和意志的技术四大类。柏拉图的三元论传统知识定义，知识的获得必须满足命题 P 要有恰当的理由或依据一定的认识规范对"S 相信 P"上给予辩护。换句话说，柏拉图提出的知识定义就是要寻求满足对真实信仰的确证。而米切姆教授在关于技术人工物的技术知识确证辩护上，提出了关于技术人工物的制作和使用的真实信仰可以通过对技能、格言、法则、规则或理论的诉求来得以验证，并产生了各种不同种类的作为知识的技术。康瓦哈斯将技术知识作如下界定："除了我们的社会的组织化的知识之外，有关怎样应用现成的事物，怎样生产有用的事物以及为了得到我们所需的功能，为了具有用于不同目的的工具，怎样设计人工制品的知识，也都是我们所要体验和收集的。我们称这些知识为技术知识。"①

　　从系统论来看，技术包括三种技术要素，即经验性要素、实体性要素和知识

---

① Klaus Kornwachs, *A Formal Theory of Technology*. http：//scholar. lib. vt. edu/ejournals/SPT/v4n1/KORNWAC. html，Techné，1998，（1），Fall，P. 47.

型要素，技术知识属于其中一种技术要素。技术知识主要来自人类在劳动过程中所掌握的技术规则、科学的技术应用和技术理论等方面。区别于意在解释世界为了求知求真的科学知识，技术知识属于改造事物的知识、是求用求善关于人的行为的知识。技术知识是认识事物的知识向实践转化的中间环节，是以认识事物的知识作基础的。技术知识作为关注技术本身，打开技术"黑箱"的题中应有之义，是关于技术人工物设计、改造或制作使用的知识体系。

广义地讲，技术知识可界定为：技术知识是关于技术的知识。它包括技术的经验、技术人工物、技术的实践等方面的知识，也包括技术规则、技术规律和技术原理等构成的知识。有的技术知识是隐性的，而不是可以编码的，只能通过其他方式予以表达。狭义地讲，技术知识是关于如何做事和如何获得人工物的知识，它是关于如何通过设计、操作和制造得到技术人工物的知识。[①]

技术的目的、研究对象和社会规范等都和科学不同。亚里士多德指出，技术是"关于生产的知识"，其目的在于自身之外。技术的对象是人工自然系统，即被人类加工过的、为人类的目的而制造出来的人工物理系统、人工化学系统和人工生物系统以及社会组织系统等。而在社会规范上，科学共同体的基本规范是默顿总结出来的四项基本原则，即普遍主义（世界主义）、知识公有、无私利与有条理的怀疑主义。而这四项基本原则对于技术社会共同体并不完全适用。科学是无国界的，科学知识是公有的、共享的，属于全人类的。可是技术是有国界的，未经公司或政府的许可是不能输出的。技术的知识，在一定时期里（即在它的专利限期里）是私有的，属于个人或雇主的。科学无专利，保密是不道德的，而技术有专利，有知识产权，泄露技术秘密、侵犯他人的专利与知识产权是不道德的，甚至是违法的。技术和科学之间存在着诸多相区别的特征，现代西方的技术哲学家们在谈到技术知识的特征时，也大多是把技术知识与自然科学知识加以区别的。

以技术认识论来考察技术知识之前，很长一段时间，技术总是被看作科学的应用，而技术知识也被简单地看作是科学知识的应用。例如，加拿大的技术哲学家邦格认为，"如果目的只是认识世界，这就是纯粹科学的事情；如果主要是为了实用，那就是应用科学的任务。"邦格在这里的应用科学是指技术知识。

科学知识的本质在于追求真理解释世界，而技术知识在于求用，追求实用性，其在于求真求知，强调对世界的解释，由于技术知识被看作科学知识的应用，这使得技术知识本身独特的特征没有得到充分的考察。对于科学知识的基本特征的研究已相当充分，可被简单地归纳出真理性、解释性、共享性、进步性等

---

① 吴国林：《论分析技术哲学的可能进路》，载于《中国社会科学》2016 年第 10 期，第 43 页。

特征。而技术知识的基本特征我们可以通过考察技术知识的分类进行归纳总结。

科学知识追求真，存在真假值。而相对于科学知识的真假值，技术知识在于求用，其判断标准则是有效与无效。美国工程师、技术哲学家文森蒂从五个航空史中的案例分析了技术人工物的常规设计知识，提出了基本设计概念、标准和规格、理论工具、定量数据、实践考虑和设计工具等技术知识类型。我们从文森蒂提出的技术知识六大类型的分析中可知技术知识必然具有与实践相关的特征，换句话说，技术知识需要通过实践的过程重新表达物化出来。我们也可以将技术知识的效用性称为实践性或行动性，将技术知识进行运用并能够使其运用达到改造或制作出意向、目的和计划中的技术人工物时，我们就可以说明技术知识是有效的。而哲学家德维斯通过以某一技术人工物的改造实践过程中涉及的技术知识，将其分为四大类技术知识，分别是物理性质的知识、功能性质的知识、手段—目的知识和行动知识。在这其中涉及的"手段—目的知识"也从直观上阐明了技术知识带有目的性、行动性，也恰好说明了技术知识的效用性。

而德维斯提出的四类技术知识中的"行动知识"是以人作为技术主体，带有人的目的性和意向性。技术主体对技术知识的运用目的在于求用，以期能够成功地改造或制作技术人工物。也可以说技术知识在技术主体改造或制作人工物的过程中得到分化或整合。技术知识可以认为是认知与意向的统一，技术主体的行为如设计、制造、使用工具和其他各种技术人工物等，都是带有目的性的行为。也就是说，技术主体在进行技术实践时是掺杂了意向性在其中的。

哲学家罗波尔提出了技术规律、功能规则、结构规则、技术诀窍和社会—技术规律等五类技术知识。其中的技术诀窍表明了技术知识具有难言性契合了文森蒂提到的实践考虑。迈克尔·波兰尼于1958年从哲学领域的角度提出了隐性知识的概念，认为未被表达的知识，像我们在做某事的行动中所拥有的知识，是另一种知识，即隐性知识。隐性知识一般无法清晰地表达和有效地转移，而不能明确绝对表达出来的技术知识，一般也称为隐性技术知识或是以实践经验的形式为主的技术知识，一般只能意会或通过不断的训练来获得。核心技术知识的传授一般都不是以书本文字的形式出现，正如卡彭特一开始提出的工匠技能一般，以实践经验为主的难言性技术知识是在技术实践中形成的，需要经过不断练习获得技能知识。

技术知识具有默会性，这种默会性一般体现在不可明言不能清晰表达的技术知识之中，如卡彭特在阐述技术知识类型的时候最早提出的描述性法则以及后来罗波尔提出的技术规律。默会技术知识通常被技术专家们启用为知识背景，且默会技术知识通常为技术专家自己所有，但技术专家在应用这种知识背景时却通常不能知道自己正在使用默会技术知识且技术专家占有的技术知识比自己能意识到的要多。这里要强调一点，默会的技术知识要与情境动态结合，这说明了应用该默会技术知识的技术行动要依赖于特定的情境，基于此特性哲学家罗波尔在前人的技术知识分类研究的基础上补充了"社会—技术理解"这一技术知识类型。

探讨技术知识的基本特征不可避免地要从哲学家们对技术知识的内涵阐述和分类研究进行分析，尤其是技术人工物的结构和功能二重性质进行考察。例如罗波尔对技术知识的分类指出有功能规则和结构规则两大类技术知识。莱德（Ridder）用功能分解和结构综合的方法分析技术人工物，把技术人工物的整体功能分解为低一阶的子功能的集合直至原子功能为止才停止这个分解过程。莱德提出分解到全部为最小单位原子功能时可以直接全部转为原子结构，原子结构能够综合为技术人工物的部件结构一直到整合为整体的结构。从这些方面都可以体现技术人工物具有可分解和可整合的特性，而技术知识不断地分化和整合于设计、改造和制作技术人工物的过程之中，这说明了技术知识也具有分解性和整合性。

通过对上述各位哲学家提出的技术知识分类进行考察并分析，我们能够将技术知识的基本特征与科学知识相区别，正如技术区别于科学一样。可将技术知识的基本特征概括为效用性、意向性、难言性、分解性和整合性五个方面。

第三节　技术知识分类的简要考察

一、国内外学者对技术知识分类的简述

从知识论角度看，知识的分类问题和不同知识的特征、区别及其与对象的关系问题等的研究，都不断丰富和发展传统认识论所研究的内容。对知识论的研究不仅是西方近代以来哲学的重要内容，也是中西方古代哲学的认识论内容之一。

从知识的种类看，人们可以从不同的角度对知识做出不同的分类。在知识的分类上，不同的知识观有不同的知识分类理论与知识分类标准，因而产生了形形色色的知识分类方式。古希腊的亚里士多德在《论诗术》中就对知识的构成问题做出过探讨，将知识分为"静观的知识""实践的知识"和"制作的知识"。亚里士多德抛弃了柏拉图的唯心主义理念论，改造并发展了柏拉图的知识分类法。他从人类的实践活动出发把知识分为理论知识、实践知识和创制知识三大类。理论知识是纯粹理性，包括数学、几何、代数、逻辑、物理学和形而上学；实践知识是关于人类行动的学问，包括伦理学、政治学等；创制知识是关于创作、艺

术、演进等学问。而康德继承了亚里士多德的这种划分法，并认为需要对理论能力和道德能力进行联线，使其哲学思想有了"纯粹理性批判""实践理性批判"和"判断力批判"三大部分。我国古代墨家也对知识的分类问题做出过系统的阐述，墨家根据获得知识的途径不同，把知识分为了"亲知""闻知"和"说知"。依据人的认识能力的类别，可将知识划分为感性知识和理性知识。还可据知识的来源划分为经验知识与先天知识，相关的还有分析性知识与综合性知识，据康德的界定，先天知识属于分析性的而经验知识属于综合性的。

当代分析哲学家德维斯（de Vries）把技术知识看成是包含在设计、制作和使用技术人工物且系统的知识，[①] 美国技术哲学家文森蒂（Vincenti）发现科学对工程师的知识起到一个有限的贡献，[②] 并赞成莱顿的观点"技术知识是关于如何做或制造东西的知识，反之基础科学具有一种比较普遍的知识形式。"[③] 德维斯据此提出："技术不能适当描述为应用科学。不同类型的技术知识是相互区别的。'得到辩护的真信念的'知识定义并不太适合于技术知识，它不能为各种类型的技术知识做出辩护。"[④] 对复杂的技术知识作出有内在逻辑联系的分析、归类及定义，也是技术知识认识论应解决的重要问题。[⑤] 技术知识的分类有助于认识论上的发展，能够帮助工程师分类和储存他们的知识，[⑥] 且对技术教育这一学科的主要知识选择构成能够起到有效的帮助。[⑦] 下面对当代几种有代表性的技术知识分类进行考察。

文森蒂特别注重研究工程师在日常的技术活动和技术经验中需要哪些知识，即工程知识，并非一般的技术知识，也不包括所有技术上所要求的知识。文森蒂着重分析了五个航空历史案例，提出设计知识主要是：基本设计概念（运作原理和常规型构）、标准和规格、理论工具（数学推理，自然法则）、定量数据（描

---

① Anthonie W. M. Meijers, Marc J. De Vries, *Technological Knowledge*. In: Jan Kyrre Berg Olsen, Stig Andur Pedersen, Vincent F. Hendricks. *A company to the philosophy of technology*. Blackwell Publishing Ltd, 2009, P. 70.

② Marc J. De Vries, *The Nature of Technological Knowledge: Extending Empirically Informed studies into what engineers know. Techné*, 6（3）, Spring, 2003.

③ 张华夏、张志林：《技术解释研究》，科学出版社 2005 年版，第 132 页。

④ Marc J. de Vries, T*he Nature of Technological Knowledge: Extending Empirically Informed Studies into What Engineers Know. Techné*, 6（3）, Spring, 2003, P. 1.

⑤ 张斌：《技术知识论》，中国人民大学出版社 1994 年版，第 94 页。

⑥ Wybo Houkes. *The Nature of Technological Knowledge*. In: Anthonie Meijers. *Philosophy of Technology and Engineering Sciences*. Elsevier B. V., Vol. 9, 2009, P. 321.

⑦ Günter Ropohl, *Knowledge Types in Technology. International Journal of Technology and Design Education*, 1997（7）, pp. 65 – 72.

述性和规定性）、实践考虑和设计工具（程序知识），① 也确定了这些类型知识的来源。

德国技术哲学家罗波尔（Ropohl）在《技术中的知识类型》中指出工程实践中的技术知识特征，注重从工程师解决实践难题需要哪些知识进行分析并提出技术知识五个类型，分别是技术规律、功能规则、结构规则、技术诀窍（technical know-how）和社会—技巧知识（socio-technological understanding）。②

分析哲学家德维斯从晶体管与集成电路的硅膜片的局部氧化工艺技术（LOCOS）这一案例出发，将技术知识划分为四类：物理性质知识，即人工物的结构的知识；功能性质知识，即关于人工客体的意向性知识；手段—目的知识；行动知识，即关于在功能化与制作方面的知识。③

另外一位对技术知识的分类也作出极大努力的国外学者福克纳（Faulkner，1994）通过学习研究工业创新，提出以下五种技术知识分类：自然世界有关的知识、设计实践有关的知识、研发试验有关的知识、最终产品有关的知识、找到新知识有关的知识。④

国内学者孙昌秋对技术知识的"微观结构"作出了若干层次的分析，认为技术知识可以分为三个层次。分别是：知识层（又称"知用"层），即操作使用方法、维修方法等；中间层（称"知奥"层），即设计制造知识；核心层（又称"知因层"），即基础科学理论的具体应用、设计公式、实验数据等。⑤

张斌提出要对技术知识，即技术"本身"的知识作出划分，它包括：使用技术产品（工具、设备、机器等）的知识，设计和制造技术产品的知识；设计和制造技术产品的技术理论和方法论。并将处于技术知识核心地位的设计和制造技术产品知识这一类分为，基础性技术知识、复合性技术知识、系统性技术知识三大亚类。⑥

国内学者高亮华认为技术知识就是有关技术制品的知识。他围绕技术制品而展开提出有关技术知识六个核心范畴的分类，它们分别是：技术制品的物理性知识；技术制品的功能性知识；设计、制造技术制品的知识；操作技术制品的知

---

①③　Marc J. de Vries, *The Nature of Technological Knowledge*：*Extending Empirically Informed Studies into What Engineers Know. Techné*, 6（3），Spring, 2003. pp. 15 – 17.

②　Günter Ropohl, *Knowledge Types in Technology. International Journal of Technology and Design Education*, 1997（7），P. 65 – 72.

④　W. Faulkner, *Conceptualizing knowledge used in innovation. Science*, *Technology and Human Values*, 1994, 19, pp. 425 – 458.

⑤　张斌：《技术知识论》，中国人民大学出版社 1994 年版，第 100 页。

⑥　同上，第 102 ~ 103 页。

识；理论工具；社会—技术的理解。①

二、主要技术知识分类的依据

文森蒂认为常规设计显现为全面的设计，设计存在等级层次。研究关注常规的低层次设计活动，有利于进一步发展工程知识的认识论地位。常规设计的基本概念主要包括运行原理与常规型构，让这些概念能转译为具体"装置"，工程师提出了设计标准和详细规格说明。从设计标准规格过渡到量化指标，设计者则需要借助建立在经过限定考虑改进的科学知识之上的理论工具。理论工具一旦上手运用，则需要各种描述性和规定性的数据资料。完成整个常规设计，还需注重实践考虑知识，这种知识来源于实践活动，大多为隐性知识。设计者要使自己的设计达到最优化，最重要还需在整个程序采用设计手段、方法和技巧的调整。

文森蒂认为产生技术知识的活动主要有七种，这些活动分别交叉促进六种技术知识类型形成。这七种活动分别是：从科学中转换、发明、理论工程研究、实验工程研究、设计实践、生产、直接尝试（日常操作）。② 有些作者会把理论工程研究和实验工程研究合并为一项活动来考虑。六种技术知识类型交叉对应的产生活动如下，①基本设计概念：发明、理论工程研究、实验工程研究、直接尝试；②标准和详细说明：理论工程研究、实验工程研究、设计实践、直接尝试；③理论工具：从科学中转换、理论工程研究、实验工程研究、直接尝试；④定量数据：从科学中转换、理论工程研究、实验工程研究、生产、直接尝试；⑤实践考虑：设计实践、生产、直接尝试；⑥设计工具：理论工程研究、实验工程研究、设计实践、生产、直接尝试。

然而罗波尔确定五种知识类型主要是源于技术（technics）系统理论。工程师为解决他们的设计难题需要包括一种技术规则的系统化知识而不是自然规则。其中的技术规律是一种或一些关于真正（real）技术过程的自然规则的转变，技术规律常常不来源于科学理论，而仅仅是一种经验总结。工程设计总趋向于将技术规律和经验总结转化为功能规则，即在给定的情况下获得一个确定的结果应该具体做什么。要得到某种功能，即要考虑到技术系统成分的组合和相互影响的结构规则，其是技术知识中特别重要的部分。考虑到功能和结构规则将会被明言地具体化，而设计图像总是包含一个隐性知识部分，这即被认为是技术诀窍的一部

---

① 朱葆伟、赵建军、高亮华主编：《技术的哲学追问》，中国社会科学出版社 2012 年版，第 176 页。

② W. G. Vincenti, *What Engineers Know and How They Know it: Analytical Studies from Aeronautical History.* Baltimore: Johns Hopkins University Press, 1990, P. 222.

分。技术诀窍通常包含着认知谋略，也是总不被明言注意到的人类意识，只能够通过彻底的实践来获得。社会—技术知识是一个关于技术客体、自然环境和社会实践的系统知识，其中包含知识的不同要素，这些要素一般也会进入一个跨学科合成。①

分析哲学学者德维斯从晶体管与集成电路的硅膜片的局部氧化工艺技术（LOCOS）这一案例中，反思技术知识的性质。在案件中，有部分知识与材料能实现的意向性功能（intentionality-bearing）有关。这种知识称之是"功能性质知识"，因为这与材料功能性质有关。案例中这类知识是源于对平面技术中膜的功能洞察。有部分知识与材料特性有关。这种知识涉及材料的物理性质。如：高温下杂质并不容易侵入氮化硅。这即为"物理性质知识"。然后就有一个判断材料特性是否适用于平面结构的知识。如：氮化硅保护下面的硅不被氧化的事实让其适合于在平面技术中作为一个膜的功用，这就是"手段—目的知识"。关于如何使用新发现的材料特性之间的结合去建立一个产生平面晶体管过程的知识。换句话说，关于什么行动会导向想要的结果的知识，即称为"行动知识"。②

福克纳通过学习研究工业创新，提出五种技术知识的分类。其技术知识分类主要是对文森蒂的技术知识分类进行合并改述。将技术知识分为五个方面。

第一，与自然世界有关的知识包含：①科学的和工程的理论；②材料属性。

第二，与设计实践有关的知识包含：①标准和详细说明；②工具（手段）；③基本设计概念；④能力（资格）；⑤实践经验。

第三，与研发实验有关的知识包含：①实践和测试程序；②研究工具；③研究能力；④实验与测验数据。

第四，与最终产品有关的知识包含：①新的产品想法；②操作表现；③生产能力。

第五，与知识有关的知识包含：①知识的定位；②装备、材料、设备或服务的有效性。

张斌认为技术知识的三种类型与工程设计或技术设计所遵循的共同的基本逻辑过程或程序、步骤密切相关。③ 工程设计所遵循的共同的基本逻辑过程或程序、步骤主要包括：明确技术目标—创造性技术构思—方案设计及描述—对设计的分析。④ 从确定技术目标到创造性技术构思，再到概略设计、详细设计、施工设计

---

① Günter Ropohl, *Knowledge Types in Technology. International Journal of Technology and Design Education*, 1997 (7), pp. 65 – 72.

② Marc J. de Vries, *The Nature of Technological Knowledge：Extending Empirically Informed Studies into What Engineers Know. Techné*, 6 (3), Spring, 2003, pp. 10 – 12.

③ 张斌：《技术知识论》，中国人民大学出版社 1994 年版，第 69 页。

④ 同上，第 92 页。

（工艺设计），再到设计方案的分析、论证、选择、决策，一种具体的技术知识就算是形成了。

高亮华认为技术知识就是有关技术制品的知识。[①] 根据克劳斯等学者提出的技术人工客体二重性质。因此高亮华提出有关技术制品的技术知识也有双重性，不仅包括技术制品的物理/几何结构的物理性知识，而且也包括技术制品的功能的功能性知识。通过典型的设计活动四个阶段强调设计知识除了文森蒂所说的一系列设计知识范畴以外，还包括设计过程的知识，它们是规则性的知识。我们不能只停留在设计上，技术制品最终需要物理性地建造出来。而关于这一类知识，最重要的是有关材料性质的知识与工艺流程的知识。这里，高亮华把设计知识和制造知识统称为设计、建造技术制品的知识。制造出技术人工物最终目的是技术制品的操作。操作技术制品的知识就是一种操作规则知识，即在一个特定的环境下要实现一个特定的目标，应该怎样操作与使用技术制品。而理论工具和社会—技术的理解这两类技术知识范畴的补充主要是借用于文森蒂和罗波尔。理论工具是包括有所帮助技术制品实现其功能的物理、化学规律与原理，但剔除了那些工程师直接使用的数学工具与科学理论。而认为社会—技术理解是关于技术的知识，而非关于技术制品的知识，即是二阶的技术知识，也就是一阶技术知识的拓展。

三、主要技术知识分类的优点与不足

文森蒂从历史事实的角度，对机翼设计、飞行质量说明问题、控制体积、推进器选择和铆接法革新等五个航空历史案例涉及的设计知识进行分析。罗波尔从技术者应当知道什么的角度在哲学上对技术知识进行分类。德维斯则从晶体管与集成电路的硅膜片的局部氧化工艺技术（LOCOS）这一案例进行分析，即要完成一个技术人工客体的制作改进需要哪些技术知识的角度进行分析。福克纳针对工业技术创新研究的角度进行分析提出五种技术知识分类，主要是对文森蒂的技术知识分类进行合并调整改述。张斌的分类主要是依据工程设计遵循的四个共同阶段顺序，分析讲述技术知识的具体形成过程。高亮华从技术制品的描述、设计制造、操作、涉及相关的物理化学规律与原理的知识、与自然社会关系的系统知识角度提出了技术知识六大范畴。

下面分别对相关学者的技术知识分类进行对比分析。相关分类见表 8 – 1。

---

① 朱葆伟、赵建军、高亮华主编：《技术的哲学追问》，中国社会科学出版社 2012 年版，第 187 页。

表 8－1 技术知识分类

学者	一	二	三	四	五	六
文森蒂 （1990）	基本设计概念 1. 操作原理 2. 常规型构	设计标准和规格 1. 总体定性目标 2. 具体定量目标 3. 目标—详细说明的转换	理论工具 1. 模型和理论 2. 智力概念	定量数据 1. 描述性 2. 规定性	实践考虑 1. 从生产操作事件中的经验 2. 简单而有效的设计经验	设计工具 1. 设计程序结构 2. 思考方式 3. 判断技能
罗波尔 （1997）	结构规则如：一个技术系统的组成成分及相互影响	技术规律如：技术过程中的自然规律转换	功能规则如：特定环境下获得某种结果应该做什么	技术诀窍如：隐性知识和技能	社会—技术知识如：关于人工物、自然环境和社会实践的关系之系统知识	
德维斯 （2003）	物理性质知识	功能性质知识	物理—功能相关性知识（又称：手段—目的知识）	过程知识（又称行动理论）		
福克纳 （1994）	1. 与自然世界有关的知识：（1）科学的和工程的理论（2）材料属性	2. 与设计实践有关的知识：（1）标准和详细说明（2）工具（手段）（3）基本设计概念（4）能力（资格）（5）实践经验	3. 与研发实验有关的知识：（1）实践和测试程序（2）研究工具（3）研究能力（4）实验与测验数据	4. 与最终产品有关的知识：（1）新的产品想法（2）操作表现（3）生产能力	5. 与知识有关的知识：（1）知识的定位（2）装备、材料、设备或服务的有效性	

215

续表

学者	一	二	三	四	五	六
张斌（1994）	使用技术产品（工具、机器、设备）的知识	设计和制造技术产品的知识	设计和制造技术产品的技术理论和方法论			
高亮华（2012）	技术制品的物理性知识	技术制品的功能性知识	设计、建造技术制品的知识	操作技术制品的知识	理论工具	社会—技术的理解

  文森蒂提出运行原理和常规型构的基本设计概念构成了区别于科学知识的技术知识核心内容，并在技术哲学上解决这样一个主要问题：技术行为和技术行为规则直接地或主要地是由这些技术行为制造的人工客体的结构、功能规律、运行原理及其型构布局所决定、影响和调控。[①] 然而，文森蒂的技术知识分类并没有清晰的引导原理，大部分是个人对一大堆案件研究反思的结果，其中只有一个设计导向原则，也即是航空工程。[②] 其分类系统也没有与行动理论建立连接，涉及的领域只是解决了工程中一个特殊领域，即航空设计知识的分类。

  罗波尔主要从技术哲学上来分析技术知识，并受系统哲学的引导，相对于文森蒂使用了更多的技术哲学术语，使得其技术知识分类看起来更加哲学。且只有罗波尔明言列出"社会—技术知识"作为一个分类，这个分类也正是德维斯和文森蒂的分类所缺失的。然而，罗波尔将功能与结构区分开来作为两个知识类型，人工物客体的功能概念还存在争议，如：贝尔德（Baird）认为功能应理解为输入与输出的关系，而克劳斯则认为是意向性与目的性的关系。[③]且如罗伯特·康明斯（Robert Cummins）指出将人工物的功能与结构区分开来是值得商榷的。[④]

  德维斯提到对晶体管与集成电路的硅膜片的局部氧化工艺技术（LOCOS）一案研究的目的是为了扩展文森蒂在技术领域的实证性研究。[⑤] 德维斯的过程知识

---

  ①③　张华夏、张志林：《技术解释研究》，科学出版社 2005 年，第 119 页。

  ②　Wybo Houkes, *The Nature of Technological Knowledge. In*：*Anthonie Meijers. Philosophy of Technology and Engineering Sciences.* Elsevier B. V. Vol. 9, 2009, P. 323.

  ④　R. Cummins, *Functional analysis. Journal of Philosophy.* 1975, 72, pp. 741 – 765.

  ⑤　Marc J. De Vries, *The Nature of Technological Knowledge*：*Extending Empirically Informed studies into what engineers know. Techné,* 6 (3) Spring, 2003.

（行动理论）其实对应的正是罗波尔的功能规则、文森蒂的理论工具（推理和数学使用有关）和设计工具手段，即特定环境下获得某种结果应该做什么（其他具体分类对应见表8－2）。德维斯在分类中并没有从理论上区别能力和技巧，且德维斯的分类也缺失罗波尔明言列出"社会—技术"知识。

表8－2 文森蒂与德维斯的技术知识对应分类

文森蒂	德维斯
理论工具（规律知识）和定量数据（描述性）	物理性质知识
基本设计概念和实践考虑	功能性质知识
设计标准和规格、规定性定量数据	手段—目的知识
理论工具（推理和数学使用有关）和设计工具手段	行动知识

福克纳合并了文森特的分类并进行改述，其技术知识分类处于"实践经验"和"工程理论"之间。相对于文森蒂而言，福克纳增加了"关于知识的知识"这一大类和"新产品想法"等亚分类；还删减了其他一些分类（如：定量数据）；又改组了其他一些分类（如：将文森蒂基本设计概念中操作原理和常规型构两个亚类，合成了"与设计实践有关的知识"下的一个亚类）。

高亮华提出了六大技术知识范畴是基于对"技术知识"定义为有关于技术制品的知识。其在提出技术知识分类时既有技术"本身"的知识，如"设计、建造技术制品的知识"，是从设计者工程师的角度进行分析；又有技术"外围"的知识，如在"操作技术制品知识"中高亮华从用户的角度来考虑技能和技巧等隐性知识。这就导致了一个技术知识分类系统却立足于多个角度分析。只和技术制品有关的知识就是技术知识，那么除了从用户角度考虑的操作使用知识类型，是否还可包括从销售者角度考虑技术制品的经济效益知识、社会环保者角度考虑技术制品的生态环境可持续发展知识呢？如这样看来，高亮华的技术知识分类又是不全面的。也可看出，从一个角度界定技术"本身"的知识和"外围"的知识对技术知识的分类是非常必要的。

其技术知识分类在逻辑上也有很大程度的交叉重叠。高亮华强调"设计、建造技术制品的知识"包含两部分：一是文森蒂所说的一系列设计知识范畴（其技术知识都是围绕设计知识分类的）；二是设计过程的规则性知识。然而文森蒂的设计知识分类中，基本设计原理、设计标准与规格、实践考虑已包括了规则性知识。且文森蒂的设计知识中"理论工具"已有关于物理化学等规律原理知识。而后提出的"理论工具知识"与"设计、建造技术制品的知识"内容上交叉重叠了。最后，高亮华将"社会—技术理解"单独作为一个分类并认同罗波尔对其的定义，然而却把"社会—技术理解"看作关于技术的知识，二阶的技术知识。①
在罗波尔看来，社会—技术知识是指工程师在设计、制造、生产过程中要考虑人
工物与自然环境、社会实践的关系，即要考虑工作的前提和后果。② 即是工程师
在行动过程中要具备的社会—技术知识。

第四节 对技术知识的再思考

　　知识的定义自柏拉图提出的传统三元定义以来，并且如同有的哲学家所言，
从 20 世纪早期直到 1963 年，对于这一定义哲学家们表现出少有的共识。自 1963
年葛梯尔（Edmund Gettier）在《分析》杂志上发表了一篇仅有两页篇幅的论文：
《得到辩护的真信念是不是知识？》以来，这一有关知识的传统看法被颠覆了。因
此，我们有必要重新审视技术知识进的定义，并回应技术知识也存在的"葛梯尔
问题"。

　　柏拉图提出"得到辩护的真信念"作为知识的定义，意图将各种类别的知识
归于一个统一的定义之下。即我们要认识一个给定的命题，需要必要和足够的条
件。构成知识的三个条件是：一个命题必须是真的，认识者 S 必须相信它，"S
相信它"这一信念必须是得到辩护的。葛梯尔通过两个范例提出两点进行反驳。
第一，S 在相信 P 上得到了辩护，而一个人在相信一个命题上得到辩护实际上可
能是错误的。第二，对于任何命题 P，如果 S 在相信 P 上得到了辩护，和 P 蕴含
Q，和 S 从 P 推出 Q 和得出 Q 作为这个推导的结果，那么 S 在相信 Q 上得到了辩
护。认识者 S 对于他的信念 P 具有某种证据，由此他演绎出 P∨Q。不过 S 并不
知道（～P）&Q。即使是真、信念、辩护三个条件都得到满足，仍不能说明 S 认
识 P∨Q。对传统知识论的三元标准，葛梯尔之所以提出反驳，是因为"P 是真
的"没有得到保证。也就是说，即使满足"柏拉图的定义"规定的三个条件，
认识者仍然可能得不到知识。

　　上文分析可知，知识的传统定义并不能恰当的用于并非求真假值的技术知
识，并不能为所有的技术知识类型作出辩护，且不符合技术知识的效用性、意向
性等性质。知识的柏拉图定义命题知识传统分析不适用技术知识，因为以真假值

---

　　① 朱葆伟、赵建军、高亮华主编：《技术的哲学追问》，中国社会科学出版社 2012 年版，第 190～
191 页。

　　② Günter Ropohl, *Knowledge Types in Technology. International Journal of Technology and Design Education*,
1997（7），P. 70.

来判断技术知识,"葛梯尔问题"将依然存在技术知识中。

例如一款新手机界面的发明本质上可能是依赖于相信一些错误的理论知识,才使得手机界面成功制作出来。虽然手机界面成功制作出来了,但是"技术主体在相信技术知识"上依然得不到辩护。援引赖尔(Ryle)关于 knowledge-that(事实知识)和 knowledge-how(技能知识)两种知识的说法,"葛梯尔问题"也经常出现在技术事实知识(technological knowledge-that)方面。即在认识获得的技术知识中,经常会出现不是建立在正确信念之上的技术事实知识之上。这就有一个重新定义技术知识的问题。

国内外学者对技术知识的内涵都做了丰富的阐释,也有许多学者从设计、哲学、认识论等角度对技术知识的类型进行不同划分。但是,技术知识的基本定义仍然是一个基本的追求目标。

技术知识追求有效性,有效性之于技术知识犹如真理之于科学知识。经验批判主义、实用主义所主张的"有用即是真理"等都是基于主观经验的角度去探讨知识的标准和性质的。技术讲求的是实用的知识,能够有效地解决设计、制造和使用人工物客体中实际问题的知识。

技术知识是属于改造事物的知识,人的行为的知识,其本性在于求用。技术知识不同于科学知识是为了追求真理认识世界,而是在于生产人工制品,用以设计和制造人工物,其次才是知识的增值。也可以说技术知识是一个关于怎么做的知识,是一个有效用、无效用的问题,只有有效值而没有真假值。技术知识是关于怎样做才能达到目的的知识,有效性是其检验的标准,是技术知识的重要特征,该特征使其区别于其他类型的知识。以技术知识的核心类型之一"技术规则"为例进行分析,技术规则不同于科学定律,它既不是真的也不是假的,而是有效的或是无效的。

技术是理性的实践能力,主要的目的是为了制造出现实可以使用的技术人工物。也就是说,技术知识是关于怎样做才能达到目的的知识,有效性是其检验的标准。技术知识如果能够经人的实践下达到成功改造或制作技术人工物的目的,则说明技术知识是有效的。

知识定义中存在的"葛梯尔问题"实质上是有关知识的充分条件问题。它揭示出传统知识三元定义(知识是真的、得到确证的信念)的不足。也就说,即使满足这一定义规定的三个条件,人们仍然可能得不到知识。因为定义中的核心部分"P是真的"没有得到保证,而是人们根据一些事件相信"P是真的"。而技术知识同样也有"葛梯尔问题",但我们可以通过提供充分的依据为其核心部分进行辩护。

虽然技术知识的应有之义很多,但我们不能穷尽所有含义。基于此我们提出将各类型的技术知识归于一个统一的技术知识定义之下，以"技术知识是有效的"为基本前提，并以能成功制作出能用的技术人工物为技术知识的有效性提供辩护。

我们可以将"技术知识P"作以下定义（b）：

（b）S 知道 P　　P 是有效的

　　　　　　　　S 相信 P

　　　　　　　　且 S 在相信 P 上得到了辩护

技术对技术命题的判断是有效、无效或不确定，且符合科学追求"真"，而技术追求"有效性"。"P 是有效的"是技术知识定义的核心部分，由"技术知识在人的实践作用下能够物化改造或造出技术人工物"为技术知识的有效性提供辩护依据，并且可以通过人类对技术人工物的使用对其进行检验。

由技术知识和在具体的实践活动作用下，形成了技术人工物客体，通过技术人工物的成功来对"技术知识是有效的"进行辩护。如果技术知识 P 是有效的，那么，运用它就可以改造或制作出技术人工物，而不是停留在知识层次，而且被造出的技术人工物是有用的，而技术人工物是否有用可以通过人们的使用来做进一步检验。即由技术知识所改造或制作的技术实体必须有用、能用，这就检验了技术知识的效果，并为其提供了辩护的证据和理由。这样，技术知识所包括的技术陈述或技术命题就与相应的实在相符合了。

如何成为知识，其中一个必要条件就是认识得到辩护，我们要明确什么样的依据能使一个理由成为正当的理由。对于知识论而言，主要的问题在于辩护，即我们如何使自己的信念成为知识，我们依据什么样的理由来相信某一命题和证明我们的信念是正当的。对于知识的传统分析，需要真、信念和辩护三个要素。也就是说，真的信念要成为知识，关键还在于辩护，也就是说，在满足什么样的条件下，或者说什么理由可以成为依据使信念成为知识。

在知识与实践的关系上，最常见地一般表现为将对于客观事物的理性认识用于指导改造客观事物，又在改造客观事物的获得中再一次发展理性认识。技术的核心在于"做"，其本质属性具有实践意义，技术是理性的实践能力。技术的目的在于求用，设计和发明自然界并不存在但却是人所需要的人工物客体装置和产品。在技术实践活动中，如果能将技术知识变为现实，也就说我们预定的设想、计划、方案等在技术实践中都能够实现制作技术人工物的目的，也就完成了一个具体的物化过程。

技术知识是关于设计、改造制作、使用技术人工物的观念模型，由上文可知，技术知识具有有效性的特征，且技术知识的判断标准不是真假值，而是有效与否。"技术知识是有效的"是技术知识三元定义的一个基本前提，那么，具备什么内容的技术或者什么类型的技术知识才是有效的？这要取决于技术知识是否能够指导技术实践活动并且能够制作出成功的技术人工物。不同类型的技术知识是相互区分的，不同的技术知识在技术主体人的作用下，经由技术实践活动，如果能够成功物化为相应地技术人工物，则说明技术知识是有效的。德维斯教授也曾对技术发展过程中整合知识作了不同方式的划分，且提出了评价知识整合成功与否是通过应用整合的知识而设计的产品成功或失败来检验的。

既然技术知识的有效性需要通过具体的技术实践活动将技术知识物化为技术实体来得到辩护，那么需要以技术实践活动为中介，说明技术知识转变为技术人工物则需要依赖一定的技术实践模式。技术知识从设想满足人的需要的"技术人工物"观念模型要转化为现实的技术人工物客体则需要一系列的步骤、阶段，且每一个实践活动阶段都有要达到的具体结果。技术知识所要实现的对象是人工自然，技术人工物是在技术知识的指导下创造出来的。技术知识是认识向实践转化的环节，对实践有着直接的指导作用实践者可以根据这些知识进行技术创造实践活动。根据米切姆对技术的综合概念，各种人工的制品也列入技术的范畴，我们将这种技术人工物制品可以被看作物化了的技术知识或技术知识的物质表达。

由于技术知识不是对客观事物的反映和说明，而是一种技术主体为了改造制作理想技术人工物的实践过程的观念模型。而技术知识是否有效，在于能否指导技术实践活动成功地制作出满足技术主体需要的技术人工物来。也就是说检验技术知识的有效性标准，需要直接把技术知识付诸实践，看其是否达到预期的结果，而技术知识经技术主体的作用物化为技术人工物需要经一定的技术实践模式，即应用技术知识的方法及正确地把握技术条件。因为有时候技术知识无法顺利物化为技术人工物，并不是作为观念模型的技术知识无效，而是应用技术知识的方法不对或者没有正确把握技术条件，而且应用技术知识的方法、条件也属于整个技术知识一个构成部分。所以，广义地说，技术知识的有效性不仅仅指可以物化为技术人工物中应用的知识，还包括物化为技术人工物实践过程中的应用技术知识的方法和正确把握相关的技术条件。

技术知识的有效性包括技术知识的观念模型、应用技术知识的方法和正确把握技术知识的条件三个方面的有效性，须由技术主体在具体的技术实践活动下，能成功物化成技术人工物客体，来为其有效性提供辩护的依据。而技术人工物是否成功有用，则需要人们通过进一步的使用来做检验。

第五节　技术知识的分类与结构

从技术陈述来看，并不是所有的技术陈述都是技术知识。只有满足一定条件的技术陈述，才成为技术知识。从认识论的角度来看，技术知识就是得到辩护的有效的信念。"P 是有效的"是技术知识定义的核心部分，由于技术知识在人的实践作用下能够物化（制造或生产）为技术人工物，这就为技术知识的有效性提供辩护依据，并且通过人类对技术人工物的使用进一步对有效性进行检验，即通过技术人工物的成功来对"技术知识是有效的"进行辩护。

技术知识是关于如何做事和如何获得人工物的知识。技术知识是有效的，有效的技术知识具有一定的结构。由于技术丰富多彩，技术知识的分类还存在不同的认识。以往学者对技术知识的研究主要从工程设计知识、技术者的知识视角、技术人工物的制造等三个角度来展开的，而没有对技术人工物的状态进行一个全面反映，因为技术知识应当是对技术人工物的内在和外在性质的反映。

我们认为，技术知识的分类要遵从四个原则：第一要满足技术知识的定义；第二要反映技术的分类；第三要反映技术实践和技术人工物的内在性质，使技术知识形成为一个有意义的知识系统；第四要反映做事，技术知识的分类要能够说明一个技术人工物从设计到制造出产品的全过程，要体现技术知识在技术实践的作用下转变为技术人工物。正如司马贺（H. A. Simon）认为，人工物的知识在于如何制造具备人们所想望性质的人工物。人工科学或设计关心的是事物应当如何，关心的是设计出人工物以达到目标。①

通过对上述国内外学者对技术知识分类的对比分析，我们认为技术知识的分类要能够说明一个技术人工物从设计到生产出产品的全过程。是对技术本身的知识分类，与技术的外围区别开来，不涉及技术的使用、消费等因素。我们提出技术知识可以分为三大类：基本设计知识（D）、理论工具（T）和行动知识（A），而每一类还可以再细分为技术知识子类（见表 8－3）。

表 8－3　　　　　　　　　　　技术知识的结构

基本设计知识 D	理论工具 T	行动知识 A
①功能知识	①技术规则	①工具—目的知识
②结构知识	②技术规律	②制造知识
③定量数据	③技术原理	③技术诀窍
④材料知识		
⑤社会—技术知识		
⑥意志知识		

---

① ［美］司马贺著，武夷山译：《人工科学——复杂性面面观》，上海科技教育出版社 2004 年版，第 103、第 106 页。

基本设计知识 D（design）、理论工具 T（theory）和行动知识 A（action）是相互联系的，它们构成三角形。D、T、A 在技术实践 P（practice）作用下生成技术人工物 E（entity），反映了技术知识、技术实践与技术人工物之间的关系。D、T、A、P 和 E 构成了具体技术的结构图（见图 8 – 1），笔者称为双三角形模型。

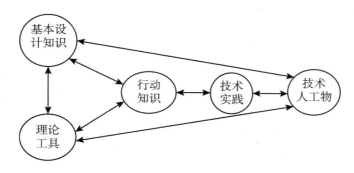

图 8 – 1　具体技术的关系

设计一般被认为是工程实践的核心。[①] 设计一般指一系列计划的内容和产生这些计划的过程，简单地说，就是计划或是一个技术人工物的表述。The ABET（工程与技术认证委员会）对工程设计的定义是：设计一个系统、组成部分或满足需要过程的过程。[②] 设计包括造型、结构与计划三个部分。基本设计只包括造型与计划两部分，而结构放在"实体知识"之中。这里的设计是直接与技术有关的狭义的设计，就是指产品的造型和形态的多样性。设计中已包含了结构，这是潜在的结构，仅当经过生产实践之后，结构才变为现实的。基本设计知识反映了设计一个技术系统所需要的基本知识，有的知识直接来自于技术实践和工程实践。比如，材料知识、定量知识描述了要素（如零部件）的基本物理、化学性质等，它们对设计者同样是必要的，没有它们，设计者很难设计出达到目标（包括可靠性、稳定性等）的技术产品。意志（volition）知识反映了主体在设计技术人工物的意愿、目的、决策等形成的知识。在复杂的技术人工物中，其决策更加复杂，科学的决策受到决策科学和决策技术的影响。这里的"意志"是基于技术理性的意志，它特别关注做事的有效性。意志知识不同于行动—目的知识。我们将定量数据和材料知识纳入到基本设计知识中，这表明一个好的设计师，必须了解

①　Paul Nightingale. *Tacit Knowledge and Engineering Design*. In：Anthonie Meijers, *Philosophy of Technology and Engineering Sciences*. Elsevier B. V. Vol. 9. 2009，P. 353.

②　Peter Kroes, *Engineering Design*. In：Jan Kyrre Berg Olsen, Stig Andur Pedersen, Vincent F. Hendricks, *A Company to the Philosophy of Technology*. Blackwell Publishing Ltd. 2009，P. 112.

材料的性质，材料能达到的何种定量的范围。仅了解结构知识与功能知识，看起来其设计好看，比如在计算机中，但是，在实践意义上是无效的。

功能知识还包含社会—技术知识、生态美学等功能要求。如在产品设计生产中，考虑技术人工物的社会生态影响，则要系统地考虑原材料选择的生态性、产品加工工艺的生态性等。如采用简化设计，减少原材料和能源的使用量；用对环境污染小的材料来替代对环境污染严重的材料，开发清洁的替代消费品等。而结构知识涉及要实现哪一种功能，知道哪种物质材料的特性，这就需要一个材料知识。如在电子手表的制作过程中，要实现手表防水的功能，这就需要在结构上加上一个细圈，细圈的材质则一般选择轻盈耐用的橡胶细圈。这里面就需要一个对材料性质认识的知识。功能本身可以划分多个层次结构，如果我们了解了各个子系统或元素的功能，就能帮助我们理解人工客体整体的功能，假设有一堆钟表零件堆放在我们面前，我们对于钟表的结构又几乎一无所知，但我们如果了解了各个零件的功能，就能帮助我们明白哪一个部分属于哪一个子系统，如何将这些零部件重新组装成一个能够运行的钟表。①

理论工具反映了现代技术不仅是经验的总结，而且建立在现代理性知识的基础之上，技术受到理性的制约。技术规律，有两个来源，一是来自科学规律的应用；二是来自技术自身形成的规律。一般来说，一个国家通过努力容易在科学知识的形成上取得成就，比如，在国际上权威的期刊发表有影响的论文。但是，来自技术自身形成的技术规律，称为内生技术规律，它不是来自科学规律的转化，而是在具体的技术实践中发现和创造的。来自科学规律转化形成的技术规律，称为外生技术规律。显然，要获得自生技术规律，没有基本的技术手段和相应的技术水平，你就无法发表技术规律。比如，高级的光学镜头，如果你的光学镜头的制造水平本来就差，显然，你无法知道如何制造高级光学镜头的数据和规律。广义的技术理论是由基本设计知识、行动知识与理论工具等构成。而狭义的技术理论就是指理论工具。

行动知识指技术制造的知识，包含技术诀窍、技术经验和技术规则。在工程师制造技术人工物的过程中，需要如技术诀窍和技术经验的隐性知识，也需要建立在技术规律或技术经验基础上的技术规则，技术规则属于明言知识。行动知识是技术实践的知识显示，它是对技术的实践行为的描述。具备了行动知识，制造者才能运用具体的工具、机器等完整地生产出技术人工物。再好的设计、再好的理论工具，不能通过具体的技术实践行动将其理论设计转变为现实的产品，其设计也是没有意义的。因此，发达国家对于先进的机床、先进的制造设备等，都是

---

① 张华夏、张志林：《技术解释研究》，科学出版社 2005 年版，第 66 页。

对发展中国家，特别是中国禁运的。技术实践能力是一个国家综合国力的直接显示。

与米切姆的四类技术作一比较。他的分类仍然是将技术客体作为一个整体，米切姆的技术客体包括器具、装置、工具、设备、公共设施、结构物（如房屋）机器、自动机等，他没有分析这些客体的内在的要素、结构和功能等。他仍然持有一种整体的技术观，从外部看技术。他所说的技术知识是指建筑学（和结构打交道）、机械学（和机器打交道）、民用工程学等其他种类的工程学，也包括技术物体的信息或数据。显然，他的技术知识的分类太粗。在笔者看来，米切姆关于作为意志的技术，包括意愿、动力、动机、意图和抉择，这也是从整体意义来考虑的，因为意志如何与技术人工物的内在的要素、结构与功能如何发生作用并没有清晰地阐释出来。而在笔者的技术人工物的四因素模型中，意向（意志）是与要素、结构与功能发生相互作用，即是说，意向将影响要素、结构与功能的选择。意志知识也会与理论工具、行动知识和技术人工物发生相互作用。要素、结构与功能的技术知识属于基本设计知识，而且基本设计知识还将间接影响技术人工物的选择，直接影响理论工具和行动知识的选择。

卡彭特、罗波尔、文森蒂和德维斯等哲学家分别从不同角度对技术知识进行归类，但各个分类的依据、逻辑和优劣不同。而随着技术不断进步，技术知识的内容框架也在不断演变。我们提出的技术知识的分类反映了技术人工物本体论的非充分决定论、实现限制、要素限制和环境限制四个标准，较为完整地阐明了一个技术人工物的本体论状况。

第九章

技术理论的结构

技术最终将表达为技术人工物。技术人工物是客观世界被创造出来的存在之物，并不自然而然地存在于世界之中。技术人工物具有实在性，成为实在的人工类。技术人工物作为一种客观实在的东西，或表现为技术现象或技术过程在一定的技术理论或技术语言中表现为技术事实。本章还将讨论与技术人工物相关的还有技术规则、技术规律、技术理论与技术真理等问题。

第一节　技术事实

事实是一个常见的概念。事实是单称陈述，规律往往是全称陈述。卡尔纳普说："事实是特定事件。"① 比如，"今天早晨在实验室中，一个没有磁性的铁心，我绕上通电的线圈后，铁心变成有磁性了。"这是一个事实，也是一个科学事实。所谓事实，就是对特定事件或过程的真实描述。"章鱼有八只爪。"这是事实，还是规律呢？"章鱼有八只爪。"是一个全称命题，它是指所有的章鱼有八只爪，这反映了一种规律性。通常，我们说"章鱼有八只爪。"是一个事实，但是，精确而言，"章鱼有八只爪。"这类陈述是规律。

事实，就是经验事实。经验事实，就是指人们用某种语言（如日常语言、科

---

① ［美］卡尔纳普：《科学哲学导论》，中山大学出版社 1987 年版，第 3 页。

学语言或技术语言等）对通过观察、实验而被感知的客观事物、客观事件的真实描述。经验事实属于认识论范畴，与人所设置的认识条件，如仪器设备的性能等有关，与人用来描述观察结果的概念系统有关，还与作为认识主体的人的主观因素有关。因此，经验事实也就同时存在着主观性和可错性。事实，因为通过观察得来，因而又称为观察事实。

经验事实可以区分为日常事实、科学事实和技术事实。日常事实就是用日常语言描述的事实。随着科学的普及和人民大众科学技术水平的提高，科学知识、技术知识都在向大众传播，日常语言中的科学技术成分越来越多，不少日常事实就是某种程度的科学事实或技术事实。科学事实是用科学语言（即科学理论等）描述的事实。技术事实就是用技术语言（技术理论等）描述的事实。

科学事实是人们对所观察到的客观事物或客观现象的感知、描述和记录，而且是真实的描述或记录，它是经过科学语言表述的事实。技术事实是人们对观察到的人工事物或人工事件的真实描述。科学事实与技术事实作为观察与实验的结果反映到人们的意识中，其内容是客观的。

科学事实与日常事实的区别主要在于：虽然科学事实也属于经验事实的范畴，但并非所有的日常事实都是科学事实，只有那些经过鉴定和辩护（justify），被认为是对客观事物的真实反映的日常事实，才称得上为科学事实。一般来说，日常事实总是对客观事物或客观事件的外在的描述，难以对客观事物或事件进行真实的描述，或者难以对客观事物或事件本身进行描述。

比如，"昨天的太阳从东边升起来。"这是一个用日常语言（或一般百姓所用语言）做出的一个描述，属于日常事实。实际上，"昨天的太阳从东边升起来。"这一表达属于地心说的认知框架，显然与太阳系的运动结构不相符合。从这里我们也可看出，习以为常的东西不一定是正确的，只能经过科学观察（实验）和科学理论的分析和确认，才能获得事物的正确知识。

技术事实是对人工事物来说的。为了说明技术事实，我们先看一下现象与技术现象这一概念。现象是事物的外部联系和表观联系。一般来说，现象表示感知表象，即可以感觉到的东西和事物看起来的样子。比如，我们看到一座山的外观，看到太阳的外观，看到一个苹果的外观，这些都是现象，而且是自然现象，不是人造的现象。太阳从东边升起来，也属于自然现象，而且也是一个日常的经验事实。我们看到一辆车的外观，一把刀的外观、一支枪的外观等，这些也是现象，但都是技术现象，因为自然界本身没有现存的一辆车、一把刀或一支枪，这些物体都是人造的，是人工物，也是技术人工物。技术人工物就是技术事物或技术客体。一个人的羽毛球吊球技术非常好，表明这个人有良好的打羽毛球吊球经验，这是技术经验，也是技术现象。一个人在日光下用一个玻璃做成的凸透镜，将阳光聚焦后，点燃了一张纸，这表明该人有一些光学知识或经验，这是一个技术事件。

所谓技术事物，就是人工事物，它本来不是自然界自在生成的，而是在人工的作用下产生的。即使一块石头被认定为石斧，那也至少有人的意图的选择和认定。人工事物就是技术人工物，总是技术的显现。技术过程，就是技术物的演化过程，也是技术物的显现。

由此，我们对技术事实作这样一个界定：技术事实是对特定技术事物、特定技术事件的真实描述。技术事物包括技术人工物，技术事件包括技术经验与技术过程等。技术事实是对特定技术人工物、技术经验的真实描述。技术知识不属于技术事实，而是属于理论层次，而技术事实属于经验层次。

由技术的相关概念、技术规则、技术规律和技术原理构成了技术理论。技术事实对技术理论起着一个奠基和检验的作用。技术事实就是一个技术证据。一个技术理论必须要得到技术事实的支持。如汽车理论有相应的汽车设计、生产与使用相联系。

技术事实与技术人工物的区别在于，技术事实是对后者的真实描述。技术人工物可以用技术语言进行描述，还可以用科学语言进行描述，甚至是日常语言的描述，从而获得技术事实、科学事实与日常事实。这三类事实，有时可能相互交叉或重叠。科学事实支持科学理论获得真，技术事实支持技术理论获得有效、有用和可靠。

事实、人为事物和商品乍看上去似乎并没有什么不同之处。"我门前有一辆汽车，它就停在那里，这便是一个事实。"① 显然，这是一个技术事实，这里的"汽车"是一个技术人工物，属于技术语言。如果汽车状态好的话，它就有价值，因为它可以卖掉，这里把它作为商品了。如果我不将汽车作为商品，而是作为一件表示身份高贵的象征，那就不具有商品意义上的价值，而是具有其他意义上的价值。可见，"所谓事实的选择已经影响到技术评估和技术评价的结果。"② "在海德格尔看来，即使把某种东西理解为事实就是一种解释，这要依我们看世界的方式而定，依我们对它的概念化而定，依我们对它的历史了解而定。所以，即使是所谓的事实也要从我们对世界的无限可能的选择中来确定。这种选择的依据本身是我们以前的知识，是我们以前的判断和兴趣，这些东西向我们指出了相关的因子。自然，这属于知识论的范围，但对技术评估而言，它是非常重要的。"③

由于技术人工物总是来自人的目的，因此，技术人工物的分析不能脱离价

---

①②③ ［德］波塞尔著，刘钢译：《人文因素与技术：事实、人造物及其解释》，载于《哲学译丛》1999 年第 2 期，第 73 页。

当代技术哲学的发展趋势研究

值，这就为技术的价值论提供了机遇。正如德国的波塞尔说："技术的人造物不可能脱离其目的导向而单独进行概念分析，也就是说，不能脱离亚里士多德的隐得来希，换言之，人为事物是由工程师制造出来。正是这种目的论的因素（teleological momentum），才是技术价值的根本所在，即技术的人造物应该工作正常。"①

正如我们在前面指出，科学事实与技术事实的区别在于用什么语言进行描述，前者是用科学语言，后者是用技术语言。正是科学语言与技术语言的有关概念方式、思维方式、标示方式等不同，科学事实与技术事实有较大的区别。科学事实与技术事实是从不同视角或层次对客观事物和客观事件的真实描述和记录，它们各自有不同的兴趣点。

获得科学事实的目的在于确证科学理论是否成立。获得技术事实在于确证技术理论是否成立。技术理论并不停留在理论形态，关键在于技术要进行实践，创造出人工物，或者对已有的人工物做出解释，并对新的人工物进行预见。技术理论创造出人工物就是技术预见。当然，技术预见还包括对已有技术人工物的发展趋势进行预见。技术理论对已有的技术人工物的进行解释，就是技术解释。技术解释还包括对技术人工物本身进行解释，比如，从技术人工物的结构如何解释技术功能，从技术人工物的功能如何解释人工物的结构。

技术事实有三个基本特点。

（1）技术事实具有定量性。人们对技术的预见，往往是从技术本身的发展趋势或规律进行预见，这些预见并不一定的具有必然性。技术预见还需要有科学理论和技术理论作为其根本基础。试想一想，没有定量的牛顿力学的研究，人造卫星能够上天吗？没有人造卫星，没有相关的无线电通信，没有相应的地理信息系统，就不可能有 GPS 全球定位系统。没有 GPS，人们就不能够按照 GPS 在复杂的公路上自由驾驶。原来以为生命很特殊，但是，当代分子生物学、基因组学、基因技术、纳米生物技术、干细胞工程、生物芯片等的研究，人们已能够对生命的构件如基因、DNA 等也可以进行相应的生物技术的操作。

（2）技术事实是可重现的，具有可重复性。技术事实是对技术现象或过程的真实描述，那么它所描述的事实就不应只有一个观察者能观察到和一个人能做到，别人在相同的技术条件下，也应能重现这种过程或现象。当然，出于技术保密的原因，有些技术的秘密不会公布。如果后来者没有掌握这一技术秘密，那么就不可能制造出相应的技术产品。比如，高性能的飞机发动机技术，仅有几个国家掌握了。是否真有那样的技术，可以通过其相关的技术产品来判断。比如，对于飞

---

① ［德］波塞尔著，刘钢译：《人文因素与技术：事实、人造物及其解释》，载于《哲学译丛》1999年第 2 期，第 73～74 页。

机发动机技术，我们可以通过军用和民用航空飞行器的技术来判定。可重复性既是技术事实的主要特征，又是判断某个观察事实是否是技术事实的重要标准。

（3）技术事实的选择性。要造一部分小汽车，会有不同的技术方案。比如，德国、美国和日本等是三种典型的汽车模式，因而它们生产出的汽车都能够满足一般安全性的要求，但是，在汽车的设计理念和理论上，还是有区别的。因此，很难用一种汽车理论对这三种汽车进行评价。对汽车的各零部件（如发动机、变速器、轮胎等）与汽车整体的描述，就会发生差别，这就表现为不同的技术事实。就汽车发动机来说，有自然吸气和增压发动机两大类。这两类发动机就有不同的结构，在推动汽车的功能上也有所区别，以汽车驾驶者所得到的驾驶体验也是不同的，然而不同驾驶员的文化素质、身体状况等也会对汽车有不同的选择标准。即是说，技术事实的描述中，还渗透了价值判断。

第二节　技术规则

如果说规律是科学的核心，那么，规则就是技术的核心。技术有多种形相，技术也是人类改造自然（包括人工自然）以达到某种目的行动规则。

什么是规则呢？邦格认为："规则是对行动的方式的规定，它说明要实现预定的目标应当如何做。更明确地说，规则就是一种要求按一定程序采取一系列行动以达到既定目标的说明。"[1] 技术规则就是人们在技术活动中，为达到一定的目标应当采取的规则，它是对人们如何行动的规范或指令。

技术规则是人们制定的，它是人的行动规则之一。道德准则、法律、宗教禁律等都是人的行动规则。这些行动规则与技术规则的共同之处是：它们都是为了某种目的，都是人制定的。不同之处在于，技术规则更具有有效性，更加符合客观事物（特别是人工事物）的规律；而其他的行动规则不一定具有有效性，也不一定符合客观事物的本来规律性。有的宗教禁律是相当违背人性的、违背事物的发展规律。技术规则的有效性与技术规律、科学规律相关联，这是技术规则有效性的根本保证。技术规则不是强制的，人们是否按照某个技术规则进行技术活动是行动者的自由，技术规则给人们提供了达到某个目的的有效手段。

对于技术规则，潘天群认为，它包含三方面内容：人对自然的操作方式和程序，被操作的（当然是经过选择的）自然中物以及所预设的操作结果，因此，对

①　邹珊刚：《技术与技术哲学》，知识出版社 1987 年版，第 58 页。

为达到某个目的的某项技术来说它有这样一个结构：

$$a_1 \cdot n_1 = c_1$$

$$a_2 \cdot n_2 = c_2$$

$$\cdots\cdots$$

$$a_m \cdot n_m = c_m$$

a_1，a_2，$\cdots$，a_m 是所设计一系列活动，n_1，n_2，$\cdots$，n_m 是被操作的自然材料或半成品，c_1，c_2，$\cdots$，c_m 是所预见的相应的操作结果，"·"表示"操作"或"作用"。$a_1 \cdot n_1 = c_1$ 表示 a_1 作用在 n_1 上产生了 c_1。上式的每一个"等式"都是一条技术规则，而且，每一个"等式"还可再分为次一级的"等式"，即每一条技术规则还可再分成为一系列次一级的技术规则。[①]

于是，上式还可以写为：

$$A \cdot N = C$$

A、N 和 C 分别表示行动序列、材料序列和结果序列。潘天群还将 A 称作为"技术算子"，他说，"对于不同的技术，有不同的'技术算子'，正如数学中有不同的算子一样。"[②] 对此，我认为，将行动序列称之为"技术算子"不太恰当，这在于技术规则仅是技术表现之一，除技术规则之外，还有其他的技术规律、技术经验、技术实体等，至多将 A 称为表达技术的行动。$A \cdot N = C$ 这一表达式，没有反映出技术推理的意味。潘天群关于技术规则的表达方式，还不能与技术推理联系起来。

技术规则是人们实现某个目标的有效手段，即技术规则是目的与手段之间的有效关联。技术规则主要与以下几个因素有关：

（1）目的性。技术规则总是预设了执行规则应达到的目的。比如安全、可靠或美观等。

（2）有效性。技术规则的实践上是有效的，在一定的科学技术水平上，违背技术规则就可能带来损失。有的技术规范可能是技术工作者约定的。比如，螺丝钉的规格大小，有一个技术标准。

（3）规范性。技术规则涉及技术研究、生产工艺、机器操作、生产管理、产品使用等技术活动的领域，用以规范、指导这些技术活动中人的行动。

（4）技术规则的主体。技术规则是由技术管理机构、技术专家等根据特定目的（包括文化传统）、技术规律、社会规律和自然规律等来制定的。一旦制定了技术规则，就必然要求参与技术活动的所有人都必须遵守和执行。随着人们认识

---

① 潘天群：《论技术规则》，载于《科学技术与辩证法》1995 年第 4 期，第 52~53 页。

② 同上，第 53 页。

科学技术的水平的提高，技术规则可以进行相应的修订，甚至完全否定，形成新的技术规则。规则是进行社会的技术活动所必须遵守的。但是，这并不意味着，不遵守技术规则，就无法生产出技术产品。比如，生产军用子弹有一标准。但是，猎人所用猎枪子弹就不是标准的，因为他可以根据自己的枪管的大小，自己来确定的子弹的大小与长度。

（5）技术手段。一个技术规则的实施，需要相应的手段才能实现。比如，为了将汽车轮子的螺丝固紧，既不能把螺丝拧得太紧，也不能拧得太松，为此，更加规范的做法是在扳手上要增加一个表达力的大小的标尺（可以在一定范围内调节力的大小），从而按照汽车厂方的规定用多大的力进行拧紧螺丝。

（6）科学规律。一个技术规则的实施，它不能违背科学规律。有的技术规范就是在科学理论的指导下制定的规范，特别是现代技术的规则基本上是在科学的指导下进行的。比如，核酸分子的提取技术的基本步骤是：第一，粉碎组织细胞；第二，将核酸溶解于缓冲液中，弃掉细胞碎片，将溶解于缓冲液中核酸用乙醇等沉淀出来；第三，用苯酚、氯仿等洗涤核酸，溶于溶液中，存放在低温待用。我们要制定核酸分子提取技术的规范操作，显然，我们必然理解分子生物学核酸分子的提取技术，要理解在提取技术的相关基本步骤中，存在何种不确定、不安全的可能性，通过技术规范使得操作更加有效和可靠。

简言之，技术规则就是人们进行技术活动的行动法则和规范。与技术相关的法律法规，如仪器设备的操作规程、安全生产守则、产品使用手册、专利法等等都是技术规则的具体表现。如果违背技术规则，有可能受到技术的报复。

在著名哲学家邦格看来，技术规则可表示为："为了实现目标 G 要采用手段 M"这种形式，而且认为，实际上与"如果 M，那么 G""M 和 G""M 或 G"以及无数多种形成的定律是相容的。[①]

在我看来，"为了实现目标 G 要采用手段 M"可以表达为推理的形式：

$$M \rightarrow G$$

当然这里的推理不是演绎推理，而是具有实践性，这是一种实践推理，因此我们用符号表达为"…→"，于是，上式表达为：

$$M \cdots \rightarrow G$$

即通过手段 M，达到目标 G。因为手段 M，才有目标 G 的实现，因此，M 是原因，G 就是结果，尽管 M 是手段。可见，M…→G 这一实践推理中，因果关系是核心。技术的因果关系比科学的因果推理要弱一些，原因可以是某个手段或事件，结果是事物的某种状态或事件。张三用刀杀死了一头活牛，其结果得到了一

---

① 邹珊刚主编：《技术与技术哲学》，知识出版社 1987 年版，第 61 页。

头死牛。这里，"死牛"是结果，"刀杀"是手段，也是牛死的根本原因。因此，技术的因果关系中，需要就事论事，具体问题具体分析。手段也是一种事件。任何手段的实施总是对对象的一个作用，其作用需要一定的时间。

在正规医院中，与手术有关的科室都可能配备了抢救车，医院的急救中心必然配备了抢救车。急救车内主要存放三大类物品：急救药品、无菌物品及一般医疗物品，要求摆放固定有序，标识清晰可见。万一病人的治疗或手术过程中出现意外，都需要立即进行抢救。抢救车是存放抢救药品、物品的专用车，以便在危重病人的抢救中具有及时、准确、方便、易取的特点。急救药品物品的放置，体现了医疗技术规则。

下面是国内某一医院一个急救科的抢救车内药品、物品的分层管理与分区分类放置。

抢救车设上下五层抽屉分别为：第一层放置针剂抢救药品区：每种药品为5支，各科室抢救药品的位置固定一致，第一、二排为全院统一药品，第三、四排为特殊用药。第二层为基础急救用物类：分输液用具区，放置于治疗盘内包括棉签、碘伏、砂轮、止血带、启瓶器、胶布等；一次性无菌物品区，包括输血器、翰液器、各种型号的注射器、吸痰器、吸氧管等，各科室一次性无菌物品数量统一等。第三层为无菌物品类：分无菌液体区；无菌治疗包及相关的一次无菌用品区。第四层为一般与专科急救用物类：分听诊器、血压计、手电筒区；专科用物区如颐托。第五层为急救器材类：吸氧装置、吸痰装置、气管插普用物、简易人工呼吸器；抢救登记本、抢救车效果示意图（规范卡）。① 当然，不同的医药会根据病种的多少的不同，有关医疗药品的准备会有所不同，但基本规则不会变。越是正规医院，抢救车内的药品的管理越规范。当然，有的小医院或乡村医院，连抢救车也没有，因而其抢救人的能力就相当差。

第三节　技术规律

在现代技术世界，除了技术规则之外，更有技术规律。技术的系统性，表明了技术具有不同的层次，技术有不同层次的技术规律。

达尔文《物种起源》出版不久，马克思就呼吁写一部以进化论学说为参照的

---

① 王青丽：《抢救车环节质量规范化管理策略》，医学发展中护理新理论、新技术研讨会暨全国急危重病护理学术交流会，2010年。

技术史评著。马克思认为，发明是一种建立在许多微小改进基础之上的技术累积的社会过程，而不是少数天才个人英雄主义的杰作。① 马克思高度评价人的智力对机械、设备的创造性作用。"自然并没有制造出任何机器、机车、铁路、电报、自动纺棉机等等。它们都是人类工业的产物；自然的物质转变为由人类意志驾御自然或人类的自然界里活动的器官。它们是由人类的手所创造的人类头脑的器官；都是物化的器官。"② 马克思在《1844 年经济学哲学手稿》中对产业与人的关系指出："工业是自然界对人，因而也是自然科学对人的现实的历史关系。因此，如果把工业看成是人的本质力量的公开的展示，那么自然界的人的本质，或者人的自然的本质，也就可以理解了。"③ 换言之，工业，当然也包括技术，是人的本质力量的显示，或者说，工业和技术体现了人的本质。

20 世纪 30 年代，美国的 S. C. 吉尔菲兰（S. C. Gilfillan）提出了技术连续发展的思想。他反对任何将发明归功于所谓发明英雄的技术演化理论，认为发明过程本质上是一个不可分割的连续统一体。④ 根植于多样性、延续性、创新和选择等四个宽泛的概念，G. 巴萨拉（G. Basalla）在 20 世纪 70 年代提出了技术进化理论。"技术进化理论承认意义较重大的技术变革——这类变革常常是与有名的发明家联系在一起的，也承认长期积累的小变化。"⑤

技术专家 G. 多西（G. Dosi）于 20 世纪 80 年代提出了与科学哲学家库恩相似的"技术范式"概念。技术范式就是指根据一定的物质技术、经验知识和自然科学原理（现代技术）所形成的解决一定技术问题的模式。在多西看来，技术发展是一个连续性与非连续性交替进行的过程。在连续性发展时期，技术通常沿着由某一技术范式所确定的技术轨道前进，而在不连续性时期，将出现新的技术范式。日本技术哲学家星野芳郎认为，技术呈阶段性发展。当技术在特定规范下进行局部改进发展时，它是渐进发展的；当技术以原理性形式发展时，它就是飞跃式发展，相应的技术规范将发生变革。⑥

基于 20 世纪 60 年代雷蒙德·弗农（Raymond Vernon）提出的产品生命周期理论，只野文武等提出了技术发展的 S 形曲线趋势，技术的发展"开始以指数函数的形式上升，后来改变了斜率，最后达到饱和状态，而得到一个 S 形曲线。任何技术都有大致相同的趋势。"⑦

---

① ［美］乔治·巴萨拉：《技术发展简史》，复旦大学出版社 2000 年版，第 23 页。
② 《马克思恩格斯列宁斯大林论科学技术》，人民出版社 1979 年版，第 31～32 页。
③ 马克思：《1844 经济学哲学手稿》，人民出版社 2000 年版，第 89 页。
④ ［美］乔治·巴萨拉：《技术发展简史》，复旦大学出版社 2000 年版，第 23～25 页。
⑤ 同上，第 27 页。
⑥ 许良：《技术哲学》，复旦大学出版社 2004 年版，第 195 页。
⑦ ［日］只野文武、岛史朗：《研究和开发》，国防工业出版社 1985 年版，第 44 页。

1957 年，格里里奇（Griliches）在对杂交玉米技术的扩散研究中，发现了技术转移规律的 S 形曲线。[①]

克朗兹伯格（Kranzberg）提出了 6 个技术规律：①技术既不好也不坏，也不是中立的；②发明是需要之母；③技术是以或大或小的集群的方式出现；④尽管技术是许多公共问题中的主要因素，但在技术政策的决策中非技术因素成为优先考虑的因素；⑤所有的历史都是相关的，而技术的历史是最相关的；⑥技术是一个完全的人类活动，技术史也如此。[②]

内斯诺夫（Nesnov）提出了 8 条技术规律：①每一个技术都是物理化智力（intellect）的复杂整体（complex）；②任何技术是一个系统；③每一项技术所包含了有限的人类智力；④任何技术都有一个生命周期；⑤技术质量是由创造性的智力潜能决定的；⑥管理系统的效率依赖于其中的创造性智力潜能的实现；⑦民主程度应该与技术质量相关联；⑧国家的智力征服是世界系统发展的需要。[③] 显然，这些技术规律所说的东西也是对的，但是，都是比较宽泛的，它反映了技术自身、技术与社会之间的某种关系，但这些技术规律还不是狭义的技术规律，比如，关于计算机的技术规律，摩尔定律就是描述集成电路技术的发展规律，这是典型的技术发展规律。内斯诺夫的讨论在于帮助人们理解技术和制定技术发展战略。

在量子技术世界中，有一个重要的技术规律，就是摩尔定律（moore's law）。英特尔（Intel）名誉董事长戈登·摩尔（Gordon Moore）经过长期观察发现，集成电路上可容纳的晶体管数目，约每隔 18 个月便会增加一倍，性能也将提升一倍。他于 1965 年提出这一技术发展趋势，而且他的预言与集成电路的发展是一致的，该定律揭示了信息技术进步的速度。见图 9-1。

虽然摩尔定律只是一个推测或者预测，而不是物理或自然法则，但是，这种趋势已经超过了半个世纪。由于集成电路的制造已接近极限，2010 年国际半导体技术发展路线图的更新增长已经放缓到 2013 年年底，这也就意味不再遵守摩尔定律了。这在英特尔 14 纳米工艺产品上就已经体现出来。据悉，Intel 将在 2016 年第二季度推出第三代 14 纳米工艺产品，为转换 10 纳米工艺做技术铺垫。2017 年下半年，Intel 将发布首个 10 纳米工艺产品。7 纳米、5 纳米工艺预计最早分别在 2020 年、2023 年实现。[④] 见图 9-2。

---

① 李传宝：《技术转移规律研究》，载于《航天技术与民品》1998 年第 11 期。

② Melvin Kranzberg. Technology and History："Kranzberg's Laws". Technology and Culture，1986，Vol. 27，No. 3，pp. 544-560.

③ Valentine Nesnov. The Technological Laws and Intellectual Conquest of the U. S. A. Lauriat Press. 2009，pp. 122-197.

④ 闪现撞墙，摩尔定律不准了？Intel 10nm 全家被曝光。http://notebook. pconline. com. cn/747/7474441. html.

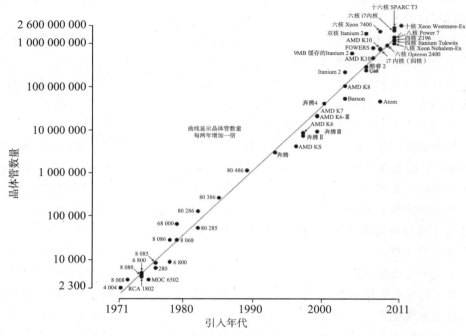

图 9 - 1　微处理器晶体管数目变化曲线

注：纵轴以对数表示，反映了指数增长。

资料来源：http://en.wikipedia.org/wiki/Moore's_law.

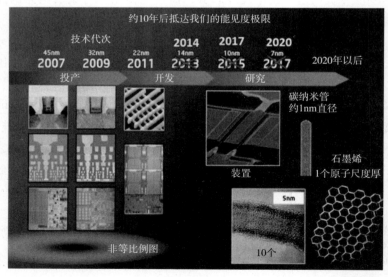

图 9 - 2　闪现撞墙，摩尔定律不准了？Intel 10 纳米全家被曝光

资料来源：http://notebook.pconline.com.cn/747/7474441.html.

当代技术哲学的发展趋势研究

当然，到了量子力学和量子信息理论发生作用之时，摩尔定律是否适用还有待观察。

国内学者也谈到了技术规律，有的谈得不直接。远德玉和陈昌曙探讨了技术发展的渐进模式和跃进模式。在他们看来，技术发展是以渐进和跃进两种模式交替前进的。在一种技术原理基本不变的情况下，不断的技术改进，将使技术功能达到极限，其技术功能与时间的关系为 S 形曲线；在人类需要和科学发展的推动下，人们又会提出更先进的技术原理，在新的技术原理的基础上，技术将得到不断改进和完善。同一技术原理下，技术发展是一个量变过程；从一个技术原理向新技术原理的转变是质变过程。[①]

陈昌曙在《技术哲学引论》中探讨了技术演化的特点：技术是在连续不断积累中发展，日趋完善和高级化的，技术功能的积累可作为技术发展的一个特点；历史和现实表明，技术功能确有近似几何级数或指数式的发展；每一种特定的技术都会有其功能界限；每一种特定技术的演化，都有一个从开始孕育→快速发展→成熟完善→稳定并趋于退化这四个阶段；技术发展中的新陈代谢和兴衰又有自己的特点：过时的、被淘汰的技术常会在另一种情况下以另一种形式再度兴起。[②]《国民经济管理辞典》对"技术规律"这样写道：技术规律"是技术现象内在的、本质的、必然的联系。分两类：①共有技术规律。在任何生产领域或几个生产领域都存在并发生作用的技术规律。如发展新技术要一切经过实验的规律。②特有技术规律。只在某一生产领域存在和发生作用的技术规律，如施工工艺技术，是施工领域特有的技术规律。技术规律具有客观性，是不以人们的意志为转移的。人们不能消灭或创造技术规律，但可以认识和利用技术规律为人类造福。"[③] 张苗认为："技术规律是技术发展的不同形态与不同阶段之间的稳定的必然的联系，它是以技术原理为依托不断发展完善的一个动态的过程概念。"[④]

上面有关技术规律的讨论都是从一个方面或从技术的外部来展开。在笔者看来，技术规律当然是指技术本身的，而不是指技术与科学、社会的关系。技术规律只在技术活动的范围内存在。没有离开人的技术，技术总是在人的意向作用之下才有可能产生。技术规律是在人的技术活动中生成的，它涉及人工物质的基础、人工物质的条件、人为建立的联系等因素，这些因素又相互交织，它们构成了技术规律的人工生成。尽管技术的生成有人的目的性等因素的影响，但是，一

① 远德玉、陈昌曙：《技术论》，辽宁科学技术出版社 1986 年版，第 194 页。

② 陈昌曙：《技术哲学引论》，科学出版社 1999 年版，第 155～157 页。

③ 冯子标：《国民经济管理辞典》，经济科学出版社 1989 年版，第 240 页。

④ 张苗：《技术规律与技术规则》，载于《淮阴师范学院学报》（哲学社会科学版）2005 年第 4 期，第 440 页。

且技术人工物生成之后，技术人工物就有自身的演化逻辑。

为此，我们可以对技术规律做这样一个界定：技术规律就是指技术自身发展的逻辑，是技术现象的稳定的、本质的、必然的联系。技术规律实质上反映了技术现象之间存在的因果关系。通过技术现象区别于自然现象与社会现象，来表现技术规律不同于自然规律和社会规律。技术中的因果关系也不同于科学中的因果关系，尽管技术现象离不开自然规律。

技术规律可以分为两个层次，一是宏观层次的技术规律；二是微观层次的技术规律，这是由于系统本身构成一个系统，系统还分为子系统。比如，计算机是由硬件和软件构成的。而硬件（主机）可以分为硬盘、CPU（中央处理器）、内存、显卡、声卡、电源、键盘、鼠标等组成。

从宏观层次来看，计算机自身的进化规律，如计算机从原来的电子管计算机、晶体管计算机进化到集成电路计算机，计算机的运算和处理能力得到了极大的提高，但是，计算机运行的物理规律还是经典物理学的规律，运算逻辑还是经典的二值逻辑（真与假），这类计算机是经典计算机。目前，正在显现的一个重大趋势是，计算机正在从经典计算机走向量子计算机，后者运行的物理规律是量子力学规律和量子信息规律，具有原来经典计算有不可比拟的优势，如巨大的存储能力、平行计算能力、整体计算能力、克服某些经典复杂性的能力等。[①] 计算机产品满足技术发展的 S 形曲线趋势、生态规律和智能规律。所谓生态规律，是指技术产品的整体与部分都向走向生态化，使得产品与环境更加友好，尽管不给环境带来污染。所谓智能规律，是指计算机产品走向更加智能化。

在微观层次，CPU 等集成电路中的晶体管数的增长满足摩尔定律，制约 CPU 等器件的规律也将从经典物理学走向量子力学和量子信息理论。

技术规律应分为两类：一类是经验规律；另一类是理论规律。技术的经验规律来自技术经验的总结和概括。技术的理论规律主要来自科学理论的应用。

下面我们讨论技术规律与自然规律的关系。

（1）技术规律与自然规律是相互联系的。技术规律的研究对象是技术人工物，是经过人加工的物体，是自然界本身不可能自然地演化出来的物体；而自然规律（如万有引力定律）的研究对象是自然物本身，或者说，即使在科学实验中，人们并没有破坏自然物的本性。技术规律与自然规律它们的关系有这样几种情况：一条或几条自然规律转化为一条技术规律。或者说，一条自然规律转化为多条技术规律。我们可以表达为这样的模式：

一条（或多条）自然规律 + 技术条件（或技术人工物）→

一条（或多条）技术规律

---

① 吴国林：《量子信息哲学》，中国社会科学出版社 2011 年版，第 186～202 页。

当然，技术规律也可能来自技术经验的总结。高亮华讨论了技术规律与自然规律的关系，他说："一个技术规律可能是一个或几个自然规律的转换的结果。""自然规律在技术的条件下不是被简单地应用，而是用来建立一个真实特征的技术规律。当然，在另一些情况下，可能是几条自然规律构成建立一个技术规律的背景知识。通常，技术规律并不只是来自科学理论，它也来自经验的概括。"① 总之，自然规律和技术规律统一在技术系统中，对技术系统起直接作用的是技术规律，而自然规律起间接或潜在的作用。

技术规律有时是利用自然规律，有时是利用技术来反抗自然规律。比如，在水力发电技术中，就是充分利用水的势能来发电，即由机械能转化为电能，这是利用水的自然规律，其实质是万有引力定律，水从而由高处走向低处。

在液体的虹吸现象中，可以不用泵而吸抽液体，让处于较高位置的液体经过一个倒 U 形的管状结构越过高地之后从更低的出口流出。其中，管子两端的势能差推动液体越过最高点。虹吸这一流体力学现象，本质上是利用自然规律——万有引力定律的结果。这一虹吸现象总结为虹吸原理。中国人早就懂得应用虹吸原理，并制造出虹吸管，并在古代称"注子""渴乌"或"过山龙"等。

在一条河上修建一座桥，很明显就是对抗万有引力规律，因为通过拱桥或其他方式来克服重力的作用。当然，如何使一座桥更加可靠和稳定，建一座桥还要利用其他的力学规律，于是，多个力学规律与万有引力规律一起，构成了多条桥梁的技术规律，而且形成了桥梁工程技术规程、桥梁施工技术规范、养护技术规范等多种技术规则。

（2）技术规律具有相对独立性。尽管技术规律可能来自自然规律，或者来自技术经验，也有可能受到社会规律的制约，但是，技术规律具有相对的独立性，其根本原因在于技术具有自主性，这也是因为技术与科学、社会不一样。正如林德宏说："技术的发展有其自身的逻辑，……但技术从来都不是孤立的东西，而是社会大系统中的一个因素。……社会的发展有其客观规律，这是社会的逻辑。技术的逻辑只是社会的逻辑的一部分。社会的逻辑决定技术的逻辑，技术的逻辑服从社会的逻辑。"② 但是，我们说，技术的逻辑对社会逻辑的服从是相对的，是在尊重技术规律的前提下才有可能。比如，晶体三极管是一个技术人工物，自然界不可能演化出来，晶体三极管的有关技术规律具有独立性，不可能是因为人造出来的，就受到人的目的性的影响。晶体三极管具有电流放大作用，即通过三

---

① 高亮华：《技术知识：定义与模型》，载朱葆伟、赵建军、高亮华主编：《技术的哲学追问》，中国社会科学出版社 2012 年版，第 184 页。

② 林德宏：《关于社会对技术的必要约束——评技术价值中立论与价值自主论》，载于《东南大学学报（哲社版）》2000 年第 3 期。

极管基极的电流的微小变化，就能控制集电极大得多的电流。

下面我们讨论技术规则与技术规律之间的关系。

（1）技术规律与技术规则有较大的区别。

第一，技术规律是技术人工物内在的、稳定的、本质的联系，具有客观性。技术规则是人们为了有效、安全地从事技术活动，而制定的行动法则或规范。比如，在一个具体桥梁设计中，为了增大桥梁的安全系数，设计者可以将桥梁的安全技术指标增大，如把桥墩设计更大一些等。

第二，技术规律是关于技术现象的"是"陈述，它是关于"是什么"的知识；技术规则则是关于技术活动中的"应"陈述，是应该如何行动的"规范"，它是关于"如何做"的知识。

第三，从两者的评价来看，评价技术规律的是真或假的真理性标准；而评价技术规则的标准是有效性、可靠性、经济性等。

（2）技术规则与技术规律是相互联系的。

第一，技术规则是技术规律在具体技术条件下的表现。技术规则必须符合和遵循技术规律和社会规律。技术规则是人们在技术活动中需要遵守的行动规则，而技术规律是自然规律、社会规律在技术人工物条件下的表现，因此，技术规则必然遵守技术规律，只有这样，技术规则才能使人们在技术活动中有效和安全。一条技术规律可以对应多条技术规则。但是，有了技术规则，并不意味着我们马上能找出技术规则所隐含的技术规律。关于规则与定律的关系，邦格认为："第一，规则与定律不同，它既不真也不假，但可以是有效或者无效的。第二，一条律可以与一条以上的规则相容。第三，定律正确并不能保证有关的规则有效；其实前者只适用于日常实践中碰不到理想状况。第四，虽然有了定律我们就可以制定出相应的规则，但是给定一条规则，我们却无法找出它蕴涵的定律。"[①]

第二，技术规则与技术规律在一定条件下可以相互转化。规律是对一类事物来说的，它在于寻找这一类事物中的共性，它可以来自经验总结。比如，铁是热胀冷缩的，铜是热胀冷缩的，这两条属于科学事实，由此，于是我们归纳得到这样一条科学规律：金属是热胀冷缩的。同样，对于技术人工物来说，也可以通过对具体技术人工物的技术事实的概括得到技术规律。比如，在广州，一个机械相机用了不到三年，因为自然放置，相机就不工作了，后来放在干燥箱中，相机又能够工作了。在广州，一台彩色 CRT 电视机，用不到一年，因为自然放置，电视机的真空管的电子枪出现打火现象，图象显示了缺少三基色的蓝色，后来换了一只真空管电视机就正常工作了。在广州，浴室中节能灯的电路，总是容易损

---

① 邹珊刚主编：《技术与技术哲学》，知识出版社 1987 年版，第 61 页。

坏。这是三个技术事实，由此，我们可以总结出一条技术规律：潮湿环境中的电器、机械产品容易发生故障。还可以通过增加一个措施来解决技术问题形成一条新技术规律：具有防潮功能的电器或机械产品可以在潮湿环境中使用。当然，这里还可以得到两条技术规则：①正向技术规则：电器、机械产品不要在太潮湿的环境中使用。②反向技术规则：在潮湿的环境中使用电器、机械设备需要有采取防潮装置或手段。比如，一般来说，相机是要防水防尘的，但是一些专业照相机就具有防水防尘功能，它能够在雨天等恶劣天气进行拍摄工作。

第四节　技术原理

在讨论技术原理之前，我们先看一看科学原理是什么。我们知道，在自然科学中，有科学事实、科学规律、科学原理等。热力学中玻意耳定律、牛顿三大定律、万有引力定律、生物学中的孟德尔定律等。我们现在看一下理想气体定律，它可以用公式表达为：

$$P = k \frac{T}{V} \tag{9.1}$$

其中，P 是压强，T 是温度，V 是容积，k 是常数。在这一定律中，P 将随着温度 T 和体积 V 的变化而变化。如果当温度 T 是恒定的，那么就有：

$$PV = C \tag{9.2}$$

式（9.2）中 C 为常数，于是，体积与压强成反比，这就是玻意耳定律：当一定质量气体的温度保持不变时，它的压强和体积的乘积是一个常数。这是一个经验定律，大量的实验结果表明，不论何种气体，只要它的压强不太高、温度不太低、都近似地遵从玻意耳定律；当气体的压强越低，玻意耳定律的准确程度越高。[1]

科学规律就是科学定律，往往来自于经验总结，在所在的范围有很高的正确性。但科学定律的普适性无法从自身得到。比如，能量守恒与转化定律是一个科学规律，而不是科学原理。科学原理比科学定律具有更高的普适性。如物理学中有一个非常重要的最小作用量原理，它可以表达为 $\delta s = 0$，其中 s 为作用量。通过选择不同的作用量，几乎可以建立全部的理论物理学。正如著名物理学家费曼（Feynman）指出："今天我们所了解的定律，实际上是二者的结合，换言之，我

---

① 李椿、章立源、钱尚武：《热学》，人民教育出版社 1978 年版，第 20 页。

们用最小作用量原理加上局域性定律。今天我们相信物理规律必须是局域的（local），也必须服从最小作用量原理，但我们并不确实知道。"[①] 最小作用量原理的形成是历史的。从逻辑上讲，最小作用量原理不可能逻辑地推导出来，它只能是一个公理。

按照自然科学的理论体系的启示，我们认为，技术原理比技术规律有更大的普适性。多个技术规律会形成一个技术原理，技术原理在一定的技术条件下会转变为一条技术规律。技术规律总是在一定的技术实体与技术经验的基础上形成的。从科学规律、科学原理与技术原理的关系来看，技术原理可以来自科学原理，也可能来自科学规律，或者说，技术原理是科学原理或科学规律在技术人工物的具体体现。

科学原理或科学规律 + 技术人工物 → 技术原理

对于技术原理的获取，远德玉教授提出了另一种观点："科学原理 + 目的性 → 技术原理"，他对科学原理转化为技术原理的分析是："如果说科学原理是人所认识的自然规律的话，则技术原理就是人得以改造自然的合目的的自然规律性。""把科学原理变为技术原理，核心是加入了人的改造自然的目的性。"[②] 无疑，远教授的分析是有道理的，但关键是能否概括出"科学原理 + 目的性 → 技术原理"，这意味着，科学原理与目的性相结合就形成了技术原理。但事实上，科学原理或科学定律作用于技术人工物，才形成了相应的一个或多个技术原理，因为技术原理在于反映出技术人工物所具有不同的具体运行机制，"目的性"仅体现了人的意向性，或技术人工物的功能知识，可见，技术人工物的结构知识没有显示出来。技术原理正是对技术人工物的结构的运动机制的表达。因此，"科学原理 + 目的性 → 技术原理"这一表达不太完整，而应当概括为"科学原理或科学规律 + 技术人工物 → 技术原理"。

又比如，发电机是将其他形式的能转换成电能的机械设备。发电机原理来自电磁感应现象：闭合电路的一部分导体在磁场里做切割磁力线的运动时，导体中就会产生电流，经过多年的实验，被概括为法拉第电磁感应定律。1845 年，法拉第的实验结果被诺依曼等写为严格的数学形式，可以表示为：$\varepsilon = k\dfrac{\mathrm{d}\Phi}{\mathrm{d}t}$，其中 ε 为感生电动势，Φ 为磁通量，k 为常数，t 为时间。可见，发电机原理是一个技术原理，它就是电磁感应定律用于导体回路的一个结果。这里的"导体回路"就是一个技术人工物。具体的发电机一般由定子、转子、端盖及轴承等部件构成

---

① R. P. Feynman, The Character of Physical Law. The MIT Press. 1965，P. 54.
② 远德玉：《科技转化为生产力的田字型模式与动力机制》，载于《自然辩证法研究》1995 年第 11 期，第 31 页。

当代技术哲学的发展趋势研究

的，其中定子与转子是关键。

下面我们考察发动机原理。

自瓦特改造获得了更高效率的蒸汽机之后，人们开始尝试发明蒸汽机驱动的汽车。1876 年奥托（Otto）提出了四冲程内燃机原理，1879 年德国工程师苯茨（Kart Benz）首次试验成功一台二冲程试验性发动机，并于 1885 年制成了世界上第一辆三轮车，1886 年 1 月获得发明专利，标志汽车正式诞生。1886 年德国人戴姆勒（Daimler）发明了四轮汽车，1894 年奔驰 Velo 最早开始量产，此后出现了德国大众汽车公司，美国通用也开始量产汽车。

福特 T 型车是 1908 年至 1927 年推出的一款汽车产品。在福特（Henery Ford）的 T 型车之前，汽车工业是手工作坊式的，每装配一辆汽车要 728 工时。通过简化设计和标准部件，福特发明了 T 型车，将装配汽车的时间缩短为 12.5 个小时，12 年后，汽车流水装配线的生产速度已达到每分钟组装一辆车的水平，5 年后又进一步缩短到每 10 秒钟一辆车。生产效率的大幅度提高带来了汽车价格的大幅下降，还通过提高员工的较高薪酬来拉动市场需求，在第二次世界大战之后，寻常百姓也可以买得起小汽车了。

尽管发动机的结构和复杂程度都有了较大变化，但是发动机原理并没有改变。发动机是把其他形成的能（如热能、化学能等）转化为动能。发动机最早诞生在英国。1816 年由苏格兰的 R. 斯特林所发明，又称斯特林发动机。经瓦特改良的蒸汽机是外燃机，通过煤燃烧产生热能把水加热成水蒸气时，产生高压，然后用这种高压水蒸气推动机械做功。常见的汽油机、柴油机是典型的内燃机，它与外燃机的最大不同在于它的燃料在其内部燃烧。还有燃气轮机，它通过燃烧产生高压燃气，由高压燃气推动燃气轮机的叶片旋转，从而输出动力。

我们以单缸四冲程汽油发动机为例，说明发动机原理。发动机由气缸、活塞、活塞销、连杆与曲轴组成。气缸内装有活塞，活塞通过活塞销、连杆与曲轴相连接。活塞在气缸内做往复运动，通过连杆推动曲轴转动。气缸设有进气门和排气门，进气门在于吸入新鲜气体和燃料，排气门在于排出废气。在气缸的顶部有一个燃烧室，通过燃料（如汽油）的燃烧，产生高压气体，推动活塞经过曲轴对外作功。四冲程发动机包括四个活塞行程：进气行程、压缩行程、膨胀行程（作功行程）和排气行程。

简言之，发动机原理就是通过燃料燃烧产生的热能形成高压的气体，借助高压气体对外产生动能（对外作功），可见，这里的科学规律是热力学的热膨胀理论。

对于喷气发动机，其技术原理稍有不同。通过燃料燃烧产生高速喷射的流体，借助高速流体而产生动力。喷气发动机的科学原理是牛顿力学，更严格讲，是动量守恒定律。

可见，发动机原理来自科学规律应用在具体的技术人工物上。

有了技术原理，能否将其应用于技术人工物，获得技术规律呢？事实上，由于技术人工物本身在生成之中，技术规律并不是容易获得的，也不是显而易见。还有一个问题是，有没有一个在先的技术原理？我们先看一下例子。

固定翼飞行不同于扑翼、旋转翼或浮力等飞行方式。固定翼飞行受到了风筝飞行的启示。辛格主编的《技术史》认为："早在公元前 1000 年左右，中国就有了风筝，这显然是最早的实用航空器。"① 1850～1900 年的发展，导致了固定翼飞机被人们所接受。1799 年，"航空之父"凯利（Sir G. Cayley）指出了滑翔机飞行的可能性，这才使实验家们走上了飞机的成功之路。早在 1804 年，凯利制作了一架模型滑翔机，具有类似风筝的单翼机机翼和一个十字型的尾翼。1809 年，凯利实现了滑翔机的稳定飞行。之后 40 年，他至少还试验了两种滑翔机。20 世纪之前，许多实验者进行多种飞行试验，成功飞机还必须解决两个关键问题：即"稳定性和操纵性，是滑翔机，从而也是动力飞机，在能够作为一种实用机出现之间一直需要解决的两个重要问题。"② 1903 年 12 月 17 日，莱特（Wright）兄弟的"飞行者号"（Flyer）飞机进行了首次持续的可操纵动力飞行获得成功。研究表明，一种成功飞机的基本要素有如下 16 个因素。

（1）固定翼的概念：凯利（1799 年）。

（2）用于主升力面的弓型翼型：凯利（1799 年）等。

（3）大展弦比的机翼。

（4）桁架式双翼机结构：哈格雷夫（1893 年）等；张线式单翼机结构：亨森（1841 年）等。

（5）具有纵向上反角的纵列水平翼（为了纵向稳定性）：凯利（1799 年）等。

（6）固定的垂直尾翼（为了航向稳定性）：凯利（1799 年）等。

（7）给主机翼设定一个上反角（为了横向稳定性）：凯利（1809 年）等。

（8）后升降舵（为了纵向操控性）：凯利（1799 年）等；前升降舵（为了纵向操控性）：马克西姆（1894 年）等。

（9）方向舵（为了航向操控性）：凯利（1799 年）等。

（10）机翼扭转（为了横向操控性）：莱特兄弟（1901 年）；副翼（为了横向操控性）：博尔顿（1868 年）等。

（11）旨在减少阻滞的流线型：凯利（1804 年）。

---

① ［英］辛格等主编：《技术史》（第Ⅴ卷），上海科技教育出版社 2004 年版，第 278 页。
② 同上，第 283 页。

（12）滑翔机的实际航行经验：利连塔尔（1891 年）和莱特兄弟（1901 年）。

（13）一台足够轻巧而功率巨大的发动机：兰利（1903 年）和莱特兄弟（1903 年）。

（14）用于推进的飞机螺旋桨：布朗夏尔（1784 年）等。

（15）一种用于起飞和着陆的起落架（或其他装置）：亨森（1841 年）等。

（16）动力飞机手实际航行经验：莱特兄弟（1903 年）。

所有这些步骤，除（13）之外，都唯一地与实现人类飞行有关。上述列表说明，"发明"飞机是做这样一件事：从实验室和理论家在前 100 年中积累下来的大量丰富的信息（其中有许多是多余的或引人误入歧途的）中选取正确的要素。然后得把这些要素成功地组合成一个轻巧但坚固的结构。[1]

可见，在上述 16 个要素中，除（1）固定翼的概念、（12）滑翔机的实际航行经验、（13）一台足够轻巧而功率巨大的发动机以及（16）动力飞机手实际航行经验这 4 个因素之外，都可以看成是固定翼飞机所特有的飞机技术规律。如果说从技术原理来看，飞机的技术原理与风筝的技术原理是相似的，那么，能否根据风筝的技术原理就能够成功地推出飞机的技术原理，并能够推出固定翼飞机所特有的技术规律呢？显然不能。实际上，即使技术原理是相似的，但是，具体的技术规律却是有很大的差异的。

罗天强在他的博士论文《技术规律论》对技术规律进行较为深入的研究，也提出了一些有价值的议题，其中一个问题我较为感兴趣。他说："许多机器的基本原理与手工技术的基本原理也是相同的，只不过机器改用了机械动力和控制而已。如中国的竹蜻蜓[2]、风筝里包含的技术原理与飞机的技术原理基本相同，不同的是飞机的动力来源于自身。因此，技术原理与技术规律包括自然规律可以在人的作用下相互转化。"[3] 显然，即使承认风筝与飞机的技术原理是基本相同的，两者的不同也不仅仅在动力因素，而且还有涉及：机翼、垂直尾翼、水平翼、方向舵、升降舵、螺旋桨、流线型、起落架等因素，目的使得固定翼飞机具有稳定性、操纵性、安全性等。动力仅仅是飞机的一个方面。即使飞机的动力足够，而相关的操纵性、稳定性与安全性不足，这样的飞机也无法真正成为人类的飞行器。

对于固定翼飞机，必然需要一台内燃机，于是有因素（13），要求有一台足够轻巧而功率巨大的发动机。我们知道，人类在 18 世纪就有蒸汽机，但是，最早的一台内燃机是 1860 年由法国人勒努瓦发明的燃气发动机。后来又出现了燃

---

① ［英］辛格等主编：《技术史》（第 V 卷），上海科技教育出版社 2004 年版，第 287 页。

② 竹蜻蜓是我国古代一大发明。玩时，双手一搓，然后手一松，竹蜻蜓就会飞上天空。旋转一会儿后，才会落下来。

③ 罗天强：《技术规律论》，华中科技大学博士论文，2012 年，第 80 页。

油发动机、柴油发动机、汽油发动机。一台既轻巧又功率巨大的发动机，直到
1903 年才实验成功，当然，这台发动机还必须具有高可靠性，因为在空中熄火，
飞机就只能坠毁了。

因此，对于飞机的技术原理，能否说它就是来自对风筝的技术原理呢？在我
看来，表面上，飞机的技术原理与风筝的技术原理是一致的，实质上两者有很大
的区别。至多可以说，飞机飞行的技术原理与风筝飞行的技术原理是相似的，而
不是相同。除了两者的动力因素之外，飞机还有操纵、稳定与可靠等多种要求，
而风筝就不一样了，风筝飞不了，就掉在地上即可，而飞机必须在人的操纵之
中，才能实现有效的飞行。

当然，技术原理可能来自对动物或植物等生物的模仿，也可以来自科学原理或
科学规律的应用，甚至来自多个技术规律的涌现。如果技术原理是科学原理的应
用，那么，技术原理就是清楚明白的。如果技术原理来自对生物或其他事物的模仿
或隐喻，那么，技术原理就不是清楚明白，技术发明就会有更长的路要走。

概括而言，技术原理的形成有如下方式：

（1）科学原理或科学规律 + 形成中的技术人工物→技术原理；

（2）生物或其他事物的模仿或隐喻→技术原理；

（3）科学规律或技术规律 + 形成中的技术人工物→技术原理。

如果技术原理来自科学原理或科学规律的转化，那么，技术原理就具有在先
性。如果技术原理来自具体的技术经验、技术规律等的概括或总结，那么，技术
原理并不具有在先性。

第五节　技术理论

在技术哲学发展史上，对技术的批判多，对技术的外部研究多，而对技术本
身这一"黑箱"研究不多，于是，有没有技术理论并不是一个显然的问题。为
此，我们简要考察一下有关技术理论的若干说法。

邦格将技术理论分为两类，实体性技术理论和操作性技术理论。①实体性技
术理论是关于行动对象的知识，比如关于机器、机械、设备等的知识。如飞行理
论。②操作性技术理论，即非实体性理论，是关于行动本身的知识。比如在制造
和使用机器之前和之中的决策活动的知识。而操作性技术理论从一开始就与接近
实际条件下的人和人机系统的操作问题有关。如航线管理理论并不涉及飞机，而
是讨论相关人员的某些操作问题。关于行动的科学理论，即行动理论，包括价值

理论、决策论、对策论和运筹学等，以便对行动做出最优或次优的选择。基于技术是科学的应用，邦格认为，实体性技术理论总是在科学理论之后产生的，而操作性技术理论产生于应用研究之中。①

操作性理论所运用的是并不是实体性科学的知识，而是科学的方法。邦格还提出了一个好的操作性理论至少具有科学理论的下列特征："（1）它们并不直接探讨大量实际问题，而是研究这些实际问题的多少理想化了的模型；（2）这样一来，它们就使用理论概念（如概率）；（3）它们能吸收经验材料，又能通过预测和追溯来丰富的经验知识；（4）所以，它们是可以用经验来检验的，不过不像科学理论的经验检验那样严格了。"②

在芬伯格看来，已有的技术理论可以概括为两种主要理论，他说："可以把这些已经建立的技术理论归为两种主要的形式：工具理论（instrumental theory）和实质理论③（substantive theory）。"④ 在此基础上，他提出了批判理论。即技术理论可以分为工具理论、实质理论和批判理论。

技术的工具理论认为，"技术是用来服务于使用者目的的'工具'"。技术的工具理论认为，技术是中立的，没有自身的价值内含。芬伯格认为，技术的中立性概念至少隐含了以下四点：①技术的中立性仅仅是一种工具手段的中立性的特殊情况，技术只是偶然地与它们所服务的实质（substantive）价值相关联。技术作为纯粹的工具，与它被用来实现各种目的没有关系。②技术似乎也与政治没有关系，至少在现代世界中是这样，特别是与资本主义和社会主义没有关系。比如，一个锤子就是一个锤子，这样的工具在任何社会中都是有用的。③技术的社会政治的中立性通常归因于它的"理性"特征，即技术所体现的真理的普遍性。技术所依赖的可证实的因果命题不仅与社会和政治无关，而且它们像科学观念一样，在任何能想象出来的社会情境中都能保持它们的认知状态。有效的技术在任何其他社会中都是有效的。④技术是中立的，在于技术在任何一种情境中都能在本质上保持同样的效率标准。⑤

埃吕尔和海德格尔的著作（特别是《存在与时间》《技术的追问》等）在一定程度上形成了技术的实质理论。技术的实质理论认为，"技术构成了一种新的

---

① ［德］拉普著，刘武译：《技术科学的思维结构》，吉林人民出版社 1988 年版，第 30～31 页。
② 同上，第 32 页。
③ 笔者建议将 substantive theory 译为实质理论，而不是书中的实体理论，这也方便与邦格关于技术的实体理论进行区分。substantive theory 讲的是技术不是工具理论所主张的常识性东西，而是有更深入的实质。
④ ［美］芬伯格著，韩连庆、曹观法译：《技术批判理论》，北京大学出版社 2005 年版，第 3 页。
⑤ 同上，第 4～5 页。

文化体系，这种新的文化体系将整体社会世界重新构造成一种控制的对象。"①
埃吕尔认为现代社会的明确特征是技术现象，技术已经成为自主的了。海德格尔
说："如果人为此而受促逼，被订造，那么人不也就比自然更原始地归属于持存
在么？流行的人力资源，某家医院的病人资源的说法，表示的就是这个意思。
……走在相同的林路上的护林人，在今天已为木材应用工业所订造。但是，恰恰
由于人比自然能量更原始地受到促逼，也即被促逼入订造中。"② 换言之，在技
术过程中，人本身被动员成为原材料。在技术的实质理论看来，"技术不是简单
的手段，而是已经变成了一种环境的生活方式。这是技术的'实质性'（substan-
tive）影响。"③

芬伯格对待技术采取了"接受或者放弃"的态度，他设计了一条处于听天由
命和乌托邦之间的艰难道路，提出了技术批判理论，他认为：技术"批判理论必
须比人文科学中的通常做法更直接地面对技术问题。"④ 技术批判理论有下述特
点：第一，与技术的工具理论一样，技术批判理论反对埃吕尔或海德格尔的宿命
论，寻找一条介于放弃和乌托邦之间的道路。它"必须跨越将激进知识阶层的遗
产与当代世界的技术专业知识分离开的文化障碍，并解释如何重新设计现代技
术，以便使它适应一种更自由的社会需要。"⑤ 第二，批判理论认为技术命令
（technical order）不仅是一种定量的工具，而是实质上以自主的模式构成这个世
界，这一点是与技术的实质理论一样的。第三，技术批判理论反对技术的中立
性，正如马尔库塞所说，技术合理性已经变成了政治合理性。"合理的工艺和机
器的设计在用于特定的目的之前，特殊社会体系的价值及其统治阶级的利益已经
融入其中了。"⑥

德国 K. 康瓦哈斯（K. Kornwachs）认为，技术哲学的基本问题是如何去分
析科学、技术与实践的相互关系。技术的核心必须包括目标、目的和愿望这样的
规范表达。他提出了技术形式理论，主要内容包括：

（1）"自然科学不是技术知识的核心，怎样做事才是技术知识的核心。"⑦ 技
术的理论核心，不是自然科学，不是系统论，而是行动理论（action theory）与
实践推理（pragmatic syllogism）。技术理论既要运用自由意志，又要运用自然
规律。

（2）康瓦哈斯运用道义逻辑改进了邦格的推理体系，他认为，技术行为和技

---

① ［美］芬伯格著，韩连庆、曹观法译：《技术批判理论》，北京大学出版社 2005 年版，第 6 页。

② 孙周兴选编：《海德格尔选集》（下），上海三联书店 1996 年版，第 936 页。

③ ［美］芬伯格著，韩连庆、曹观法译：《技术批判理论》，北京大学出版社 2005 年版，第 7 页。

④⑤ 同上，第 14 页。

⑥ 同上，第 16 页。

⑦ K. Kornwachs, *A Formal Theory of Technology. PHIl & TECH*, 4（1），Fall 1998，P. 54.

术规则的实践推理，可以用道义逻辑和责任算子来加以表达，由此提出了一套实践推理的形式系统。他将 $A{\rightarrow}B$ 这一描述规律的陈述实用诠释（pragmatic interpretation）为：

$$\text{Prag. Int. } (A{\rightarrow}B) = A \text{ produces } B.$$

其含义是，如果我们想要达到 B，而 A 产生 B，则试验经由 A 达到 B 或经由 $\neg A$ 达到 $\neg B$。对于"产生"（produce）的意义，可用规律似的实用诠释表达，这是一种实用陈述。

$$[(A{\rightarrow}B) \wedge O(\neg B)] {\rightarrow} O(\neg A)$$

$O(B)$ 表示期望 B，其中 O 作为算子。上式的实践推理表明，如果预防 B，而 A 是 B 的前提条件，那么，就必须阻止 A 的出现。这个推理有一个重要的结论：如 B 是所不想要的，以及 A 产生 B，则尝试经由 $\neg A$ 达到 $\neg B$。看来只有负的表达式才能成立。"都只有实用推理的负的表达式在包括了规范的或非描述的逻辑上能够成为真命题。"[1] 这就是说，人们只能通过预防和负面作用来控制世界，而不是直接干事情，这一结论具有技术批判主义的特点。

现在看来，从已提出的技术理论来看，它主要分为下述几类。

（1）技术的工具理论。其要点是将技术作为一种完成目的之"工具"，具有常识特点。

（2）技术的实质理论。它认为常识的技术工具理论并不正确，技术有更深的、更实质的东西，技术有自身的本质，技术有自主性，技术促逼人，将人本身也成为技术过程中的一个要素。

（3）技术的实体理论。它是关于机器、设备等对象的知识，即是关于行动的对象的知识。

（4）技术的行动理论。它是关于行动本身的知识，涉及如何做出决策、采取何种行动。

（5）技术的形式理论。它是从形式上寻找技术推理的知识，其中包括如何联接"是"陈述与"应"陈述的关系。

（6）技术的批判理论。实际上，有多种技术批判理论，包括法兰克福学派的技术批判理论。技术批判理论的要点是对技术持有一个批判的态度，技术给社会和人带来的许多问题，对于如何解决这一问题，有消极和积极等多种态度。

上述的 6 种技术理论，既有实践意义的技术的理论，也有哲学意义的技术理论。由于技术与价值的关联，必要的技术的哲学理论是需要的，以免技术的发展

---

[1] K. Kornwachs, *A Formal Theory of Technology. PHIl & TECH*, 4 (1), Fall 1998, P. 61.

走入歧途。

科学哲学家提出的科学理论的发展模式对技术理论有重要的启示作用，这在于科学与技术是相互联系的，同时又有区别。

针对波普尔的证伪主义和库恩的科学革命范式论的不足，科学哲学家拉卡托斯提出了科学研究纲领这一哲学理论。拉卡托斯的科学研究纲领包括以下四个相互联系的内容：①由最基本的理论、观点构成的"硬核"；它是科学理论系统的基础或核心，对整个理论系统具有决定作用。②由许多辅助性假设构成的保护带。③消极保护硬核的反面启示规则，即"反面启示法"，这是一种方法论上的反面的禁止性规定。④积极改善和发展理论结构模型的正面启示规则，即"正面启示法"。这是一种方法论上的积极性、鼓励性规定。

拉卡托斯的科学研究纲领对技术理论的构建具有启示意义。在我看来，技术理论可称之为技术研究纲领（research program of technology），技术理论可以构造为：

（1）由最基本的技术概念、技术范畴、技术规则、技术规律或技术原理等组成的"理论硬核"；它们是技术理论的核心和基础，对整个技术理论起决定作用。这些核心的技术概念、范畴、规则、规律或原理，可以来自技术实践经验的总结，或者来自科学理论的直接或间接应用。

（2）由许多辅助性假设构成的保护带。

（3）消极保护理论硬核的"反面启示法"。

（4）积极改善和发展理论结构的"正面启示法"。

在技术人工物的系统模型中，要素与结构构成了技术人工物的物质部分；意向与功能构成了技术人工物要达到的目的与意图，其中意向反映了在技术人工物的意识的创造作用，而功能反映了主体的意识与物质部分的相互构成。

在技术人工物中，都有一些最核心的要素和结构，它们是实现技术人工物的专有功能所必需的。

为了更清楚地认识具有实践可行、具体的技术理论，我们有必要考察一下汽车理论，而且是汽车是应用科学和发明技术的典型。

一般来说，汽车由发动机、底盘、车身和电气设备等四个基本部分组成。发动机提供整个汽车的动力。底盘是支撑、安装发动机及其各部件的总称。车身安装在底盘的车架上，用以驾驶员、旅客乘坐或装载货物。电气设备由电源和用电设备组成，其中电源包括蓄电池和发电机。底盘接受发动机的动力，使汽车产生运动，保证正常行驶。底盘由传动系、行驶系、转向系和制动系四部分组成。其中传动系主要离合器、变速器、万向节、传动轴和驱动桥等。离合器的作用是使发动机的动力与传动装置平稳地接合或暂时地分离，以便于驾驶员对汽车的起步、停车、换挡、前进、倒车等操作。电气设备包括发动机的起动系、汽油机的点火系和其他用电装置。

一辆汽车都必须具有汽车的四个部分。汽车理论将包括这四部分的理论与经验内容。清华大学余志生教授主编的《汽车理论》，该教材出版了 1~5 版。我们以《汽车理论》第 5 版为例（机械工业出版社，2009 年），考察汽车理论的结构。

全书共分为七章，其结构是：

第一章，汽车的动力性；

第二章，汽车的燃油经济性；

第三章，汽车动力装置参数的选定；

第四章，汽车的制动性；

第五章，汽车的操纵稳定性；

第六章，汽车的平顺性；

第七章，汽车的通过性。

可见，这七章，涉及汽车的多个方面，即作为一辆人使用的汽车应当具有的性质。其中，汽车的动力、制动、操纵稳定、通过性等是汽车的基本要求。如果汽车非常不稳定，人也无法坐下来。如果汽车的制动效果差，就会危及人的生命安全。汽车动力装置参数的选定、燃油经济性与平顺性，是汽车更高的性能要求。

更具体地考察一下，汽车的通过性研究的内容。汽车通过性，是指在一定的载重条件下，汽车能以足够高的平均速度通过各种坏路、无路地带和克服各种障碍的能力。松软土壤、沙漠、雪地、沼泽等属于松软地面。陡坡、侧坡、台阶、壕沟等属于障碍。一辆汽车能否具有良好的通过性（这是对越野车、SUV 等汽车的基本要求，不同于城市使用的小汽车）。一个经验的想法就是，车轮尽可能做大一些，显然，通过就越好。但是，车轮越大，对雪地、松软土壤等是否实用，而且汽车还要跑高速路面，如果车轮太大，在高速路上行驶，是否速度足够快？是否燃油具有经济性？但是，一部具有良好通过性的汽车需要进行理论与实践两个层次的研究。余志生的《汽车理论》的"第七章，汽车通过性"包括如下内容：

第一节　汽车通过性评价指标及几何参数

第二节　松软地面的物理性质

第三节　车辆的挂钩牵引力

第四节　牵引通过性计算

第五节　间隙失效的障碍条件

第六节　汽车越过台阶、壕沟的能力

第七节　汽车的通过性试验

在"第二节　松软地面的物理性质"中包括："一、土壤切应力与剪切变形的关系；二、土壤法向负荷与沉陷的关系；三、半流体泥浆及雪的密度对通过性的影响。"

应力是材料科学的一个基本概念，也是力学的一个基本概念。当物质在外力作用就会产生形变，其内部将产生大小相等但方向相反的反作用力，以抵抗外力。单位面积分布的内力称之为应力（stress）。这实质上是普通物理学的所谓压强。同截面相垂直的称为正应力或法向应力，同截面相切的称为剪应力或切应力。在材料科学中，楼房、桥梁、公路、汽车等物体的应力分布是一个重要参数。当物体在一对方向相反的横向外力的作用下，沿着横截面方向，物体会发生变形，这就是剪切变形。比如，螺栓、销钉等机械的连接件在传递力时就会发生剪切变形。研究汽车的通过性，也要研究路面的性质，其中包括土壤切应力与剪切变形的关系，当然，这里还涉及不同种类的土壤等。可见，在材料物理学中，有应力、切应力、剪切变形等物理概念，这些概念具体到与汽车有关的材料或路面，就会不同的物理条件或环境，有关测试的物理参数会发生变化，于是，汽车的设计也将根据相关参数进行调整。

耿彤编著的《德国汽车理论》（机械工业出版社，2012年），全书分为6章，共包括：

第1章　汽车的基本功能及其发展

第2章　汽车的基本理论和概念

第3章　车辆空气动力学

第4章　汽车声学和振动学

第5章　车辆热力学

第6章　车辆行驶特性和行驶动力学

其中"第4章，汽车声学和振动学"又包括8节，依次分别是：汽车声学概述、行驶噪声、发动机噪声、滚动噪声、风噪声、电子设备声、外部噪声和振动舒适性。在汽车设计中，近十年来非常重视降噪和减振。豪华车的噪声明显比经济型车的噪声小得多（如10分贝）。在汽车的声学设计中，要控制两种噪声：一种是仪表噪声，如打转向灯的噪声，这类仪表噪声最好是没有；另一种是行驶噪声，主要包括：风噪声、滚动噪声、发动机噪声和固体声的传播等。汽车内部的噪声来自空气声和固体声，要降低汽车内部的噪声，就要控制这两类声源。发动机的固体声的来源有：发动机轴承、变速器轴承、驱动器轴承、后轴的支撑轴承。发动机感应出的固体声还会通过车身传播、通过排气管的悬挂点向车身传播等。可见，汽车的声学理论不同于一般物理学的声学理论，它既有物理学声学理论的基础，又有结合汽车本身的声学特点。不同种类、不同结构、不同质量的汽车，它的声学特别会有所不同，在具体的降低噪声实践中，一定有相应的经验积累，包括采用什么材料可以降低噪声，与此相关的问题是，噪声低的材料，材料本身的可靠性、安全性又如何，都必须系统地加以平衡考虑，甚至汽车的豪华性或经济性因素的影响也要考虑。

上述两本关于汽车理论的著作，显然有不同的关注点。事实上，除了国际上的一些共同标准之外，不同国家的汽车设计，其理论依据和理念是有区别的。

当然，汽车早期的设计还没有这么复杂，最早仅有一理念，如何用机械动力来推动或拉汽车运动。汽车的发明，并不是一开始就很复杂，它是一个在实践上不断摸索的过程。人类早就有了马拉车、牛拉车，都是将马、牛等动物作为动力带动轮车。

约 1712 年，纽可门将蒸汽机变成了一个实用的机器。

1769 年，英国的瓦特发明了分离式凝汽器，这是蒸汽机发明史上最重大的创新。1775～1800 年，瓦特与博尔顿合作研制了蒸汽机。1787 年，这种蒸汽机在一定程度上得到了标准化。

1769 年，法国陆军工程师居纽（Nicolas – Joseph Cugnot）制造出第一辆蒸汽机驱动的汽车。由于试车时转向系统失灵，撞到般圣奴兵工厂的墙壁上粉身碎骨，这是世界上第一起机动车事故。

1842 年，美国固特异（Charles Goodyear）发明了硬橡胶轮胎。

1860 年，法国电器工程师莱诺制成了第一部用电火花点燃煤气的煤气机。1862 年，他研制出二冲程内燃机。

1867 年，德国工程师奥托（Nicolaus Otto）研制成功世界上第一台往复活塞式四冲程煤气发动机。1876 年，奥托制造出第一台单缸卧式四冲程内燃机。

1885 年，德国工程师奔驰（Karl Friedrich Benz）制造成一辆装有 0.85 马力汽油机的三轮车。这是一辆内燃动力机驱动的汽车，是世界上真正的第一辆汽车。1886 年，该三轮汽车专利获得批准。次年德国人戴姆勒制成世界上第一辆四轮汽车。1886 年 1 月 29 日，奔驰取得世界第一项汽车引擎专利。1886 年 7 月，世界第一部四轮汽车正式销售。

1908 年，福特生产 T 型车，以其低廉的价格使汽车走入了寻常百姓之家，美国自此成为了"车轮上的国度"。从第一辆 T 型车面世到它的停产，共计有 1 500 多万辆被销售。

1936 年，汽油喷射技术。

1950 年，带涡轮驱动。

1961 年，加利福尼亚排放法规。

1975 年，欧洲汽车噪声法规。

可见，在汽车发展过程中，发动机、点火装置、汽车喷射技术、噪声控制、排放法规等不断在设置、改进和创新。汽车是一个综合体，汽车技术涉及许多方面，有的是来自其他技术。并不是先有理论，而是在实践过程中不断地得益于其他技术和科学的发展，理论与实践都在发生相互作用，共同促进了汽车理论的形成。

即便我们说有一个汽车理论，但是，对于汽车零部件和结构的理解和认识还是有差别的，这在于不同的汽车使用者有不同的使用意向。

在我提出的技术人工物的系统模型中，就有一个意向因素，这就说明"意向"因素将会对技术人工物的生成产生重要影响。比如，对于汽车来说，选用什么类型的汽车、是节油、性能还是安全？还有审美因素、文化因素的影响等。

一般来说，由技术概念、技术规则、技术规律、技术原理等构成技术理论。不同的技术人工物，有不同的技术理论。比如，计算机理论不同于汽车理论。有许多种类的技术，技术理论也比科学理论要丰富得多。邦格说："从实践角度来看，技术理论比科学理论内容更丰富，因为它远远不是仅限于说明现在、过去和将来发生的事情或者可能发生的事情，却不考虑决策人做些什么，而是要寻求为了按预定方式引起、防止或仅仅改变操作发生的过程，应当做些什么。"[1]

汽车理论的主要内容为：

（1）汽车的动力、制动、操纵稳定、通过性等是汽车的基本要求，相关的概念与理论构成了汽车理论的"理论硬核"。

（2）在不同国家，不同的技术水平和人的不同认知，构成了不同的汽车理论模式的小的差别，这属于许多辅助性假设构成的保护带，用以阐明所选汽车模式的理由。比如，德国、美国、日本等国家就在基本的汽车理论上，形成不同国家的汽车风格。如汽车的空气动力学、发动机的设计要求、燃油的质量、汽车乘坐的舒适性等。日本的汽车较轻，较为节油，但是，其车头通过吸能的方式来保护车中乘坐人员。

（3）有相应的理论或假设来说明为什么采用某种原有汽车模式的理由，这属于"反面启示法"。比如，美国的吉普车以越野为目标，汽车设计舒适性较差，内饰较为粗糙，多为手动离合器配置，其理由是在野外任何情况都有可能发生。但是，越野吉普车的耗油量大。

（4）有积极改善和发展汽车理论结构的"正面启示法"，使得人与汽车更好地与环境和谐地统一。比如，现在的电动汽车，其动力不同于燃油驱动的汽车，电动汽车更加符合人类发展的环保目标，而且更加节省能源。现在增压发动机有更强的加速和节油性能，而且动力强劲。现在的燃油要求也更加环保。

---

[1] ［德］拉普著，刘武译：《技术科学的思维结构》，吉林人民出版社1988年版，第32页。

技术研究纲领是一个理论系统，包括信念、核心理论（硬核）、辅助假设与相关背景知识等，还包括形而上学规定或方法论原则。一个有竞争力的技术研究纲领应当是一个理论系列，或处于一个不断推进问题研究之系列中，它具有理论上的预见性，而且理论的预见得到技术检验。

下面我们讨论用于摄影的光学镜头的技术理论，它构成了镜头的技术理论的研究纲领。

（1）光学镜头的核心技术概念、技术规律和技术原理来自科学的光学理论（包括几何光学、波动光学等）以及其在镜头制造过程中所形成的特有的光学技术理论。

在光学理论中，波动光学是一个基础。在镜头设计中，波动光学涉及的一些基本的光学概念和理论有：光的最基础的理论是光的电磁理论。几何光学是镜头光学设计的基础，而且对光学仪器的镜筒设计具有重要的指导意义。在几何光学中，包括光的直线传播定律、光的独立传播定律、光的折射定律、光的反射定律等。还涉及近轴光路的成像规律的内容，如焦距、像面位置、放大率、光学系统组合（如透镜的组合）等。

（2）许多辅助性的科学假设或技术假设构成的保护带。在镜头光学成像过程中，仅有光的传播还不只以解决光的成像问题。这里还有一个衍射成像的理论。需要研究物面光振动在像面上产生的衍射效果。

光的衍射是几何光学所不能解释的物理现象。现在的衍射理论建立在17世纪惠更斯所提出的惠更斯原理之上，该原理是说：惠更斯定性地提出了次波假设来解释光的传播，来说明光的衍射现象。菲涅耳根据惠更斯的"次波"假设，补充了波的位相和振幅特征，定量地给出了波的位相和振幅了的表达式，这就是惠更斯—菲涅耳原理，它能够解释光束通过各种形状的障碍物所产生的衍射现象。光振动更准确的公式是由菲涅耳—基尔霍夫公式给出。菲涅耳—基尔霍夫公式可以根据麦克斯韦电磁场方程，引入单色波等有关近似，可以严格推导出来。被摄影像的清晰度都与光的衍射性质有直接关系。

如果我们仅讨论单色光的"空光学系统"（仅有光瞳而没有物镜的系统）的成像规律，这是理想情况。但是，在空光学系统中，加入实际成像元件，就成为实际光学系统。实际光学系统，还需要引进光程差和波像差。对于波动光学的物像关系，距离较近的衍射要用菲涅耳近似，而距离较远要用夫朗禾费近似。

实际光学系统不可能理想地成像，于是与理想光学成像就有差异，摄影镜头所形成的影像与理想像之间的差异，就是像差。依据摄影的光学理论，像差可以分为六种：球面像差、彗形像差、色彩像差、像散、像场弯曲和畸变。一个好的镜头将尽量克服这些像差。仅有球差和色差可以通过镜头来校正。

球面镜头将造成球面像差，这是由球面造成的，从而使得成像的焦点不一致。非球面镜头可以有效地校正球面像差（球差）。特别是大口径镜头、长焦镜头和广角镜头的像差更为明显。非球面镜片的设计、加工以及对其形状的精确测试都是非常复杂的事件，这在过去极为困难，而现在计算机技术的参与，情况变得好一些。但是，世界上现在优秀的镜头仍然不多。

在透镜中，离主光轴较近的光线，就称之为近轴光线。离主光轴较远的光线，称之为轴外光线。当光轴的光线斜射向镜头时，在像面上就无法聚集到一点，而是形成了一个拖着尾巴的光斑（形状好像彗星），称之为彗形像差（彗差）。即通过镜头边缘的光线与通过中心的光线，成像的形状不一样，出现失真。而球差是指光线相对于不同口径镜头的中心和边缘之间的成像差别。即使解决了球差，也不能矫正彗差。适当地缩小光圈可以降低彗差。

白光通过三棱镜后产生红、橙、黄、绿、青、蓝、紫等七色光，这是因为不同波长的光导致的。同样，光通过镜头之后也会发生这样的现象，使得不同波长的光通过镜头之后的焦点位置不同。通过镜头之后，红光聚焦的焦点就靠后（靠近底片一方），而蓝光的焦点就靠前（靠近镜头一方），这就是说，原来为白色的光，经过镜头之后，就不是白色了。实际的物体的色彩不是单色光，通过镜头成像后，就会出现色差。色差主要出现在长焦镜头上。不同厂商的镜头就有一个偏色的问题。普通消色差透镜是利用光学材料的搭配来实现对色差的校正，比如，冕石玻璃和火石玻璃。这些玻璃又逐步被人们研制的低色散玻璃、超低色散玻璃和萤石玻璃取代。比如，佳能公司生产的两种低色散玻璃，称为 UD 和超级 UD，都是由光学玻璃混以特殊氧化物制成的。而尼康公司的低色散镜片，称为 ED 镜片，公司认为，ED 镜片具有超凡锐利度和非常低的色差，而没有萤石镜片所产生的对焦等缺陷。

（3）消极保护镜头的技术理论硬核的"反面启示法"。在光学成像的计算中，包括对球面、抛物面、双曲面等理想化的透镜的成像的计算。还包括成像的光谱的分析、光的成像质量、放大率等分析。不同频率的光的成像质量等分析。这其中，不同中径的镜头的成像也有区别。在光学计算的基础上，实际的镜头的设计和镜面的镀膜技术都必须考虑已有的制造和使用经验。

我们不妨从大家常常容易获知的摄影光学镜头作一个比较。蔡司、莱卡、佳能、尼康的镜头，是人们日常摄影中常见的四种镜头。一个镜头是由多个凸透镜、凹透镜的镜片组成的，总的成像效果相当于一个凸透镜。由于凸透镜、凹透镜的镜片的多少不同、镜片的材料不同，构成凸透镜都不可能是一个理想的凸透镜，而是存在着像差、色差等等，甚至在高温或低温条件下，镜片是否会发生形变等。加上不同相机机身的不同设置与软件，于是，对同一景物，获得的照片的质量就有区别。

德国的蔡司镜头具有独有的高画质成像能力，分辨率高、色彩还原出色、几乎没有四角失真。德国的莱卡镜头具有独特的"莱味"，镜头在层次表现上、影调过渡上、反差再现上、色彩还原上、在分辨率上、锐度上，都堪称世界一流。日本的佳能镜头具有成像分辨率高、层次丰富、影调细腻、色彩真实的特点。日本的尼康镜头具有影像锐利、反差正常、色彩真实、饱和的特点。

（4）积极改善和发展技术理论结构的"正面启示法"。新技术、新材料使原来镜头的光学性质得到新的改进。比如，镜头的纳米技术等。比如，当镜头采用纳米材料，镜头会有更高的成像质量。一般的纳米材料是作在镜片的镀膜上，将改进镜头的成像质量。

一张照片越清晰，它的分辨率就越高，也可以说它明锐度越高，也即是照片的细节越多，照片拍得通透。

清晰度是评价一个镜头的基本指标。清晰度是由明锐度和分辨率进行综合评价的。明锐度又分明度（亮度或反差）和锐度。这里的反差是指一个镜头对影像的对比度的还原能力。锐度，是指影像的锋利程度，即是影像边缘的锐利程度。明锐度高的镜头，所形成的影像轮廓鲜明、边缘锐利、反差正常、层次丰富、纹理细腻、影调明朗、强烈、色彩过渡柔和、彩色还原真实。

分辨率，是指一个镜头能清晰地再现被摄景物的细节的能力，有的称之为解像力、分辨本领。一般地说，分辨率越高越好。一个镜头的分辨率与镜头的加工质量、像差校正有关，还与光的衍射性质有关。光的衍射性质最终限制了镜头的分辨率。

佳能公司在2000年宣布，成功研制了第一片用于摄影镜头的"多层衍射光学元件"，简称"DO镜头"，这意味着高品质的便携镜头取得了技术突破。这种"多层衍射光学元件"，就是一种环形的衍射光栅，它通过衍射改变光路。DO镜头不仅能矫正色差，还在一定程度上矫正球面像差。

最近美国东北大学电子材料研究所的研究人员研发出一种新型纳米镜头，打破了衍射极限，极大提高了分辨率。该纳米镜头是由超材料纳米线阵列制成的，它抓住了原来传统镜头所摒弃的光波中的物体的微小细节。这就是通过新技术将原来丢失的影像细节找回来了。

对于镜头的成像质量，不仅要求被摄景物在焦点上越清晰越好，而且还要求焦点之外的成像越模糊越好，而且模糊得柔和，这就是散景，或称为焦外成像。目前一些著名的镜头都把焦外成像作为设计镜头的重要因素。影响焦外成像的好坏，与镜头的焦距、口径大小有关，还与镜头的设计、镜片的多少、定焦或变焦等有关。

下面我们较为具体地比较两只标准变焦 24～70 毫米镜头，这是全幅单反相机中使用频率较高的镜头。既可进行广角拍摄，又可进行人像拍摄，还可进行风光拍摄及街拍。这是佳能与尼康公司的两只十分重要的镜头。一个是 2012 年 2 月佳能发布的 EF 24～70 毫米 F2.8 L II USM 镜头，另一个是 2015 年 8 月尼康发布的 AF－S 24～70 毫米 F2.8E ED VR 镜头。这两只镜头在摄影界都有很大的影响。

（1）佳能镜头的结构：由 13 组 18 片镜片组成，其中包括 3 片非球面镜片、1 片超级 UD 镜片、2 片 UD 镜片。见图 9－3。

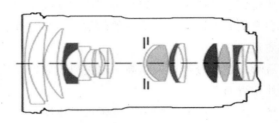

■红色为超级UD镜片　□UD镜片　■研磨非球面镜片　■玻璃模铸非球面镜片

图 9－3　佳能 EF 24～70 毫米 F2.8 L II USM 镜头的结构

使用了 1 片超级 UD 镜片、2 片 UD 镜片，其广角端与长焦端的色散控制不错。锐度方面，其广角、长焦端的各档光圈中央与边缘成像表现也很不错。3 片非球面镜片包括：1 片研磨非球面镜片和 2 片 GMo（玻璃模铸）非球面镜片，它们可以补偿广角端容易产生的像面弯曲和彗星像差。1 片超级 UD（超级超低色散）镜片和 2 片 UD（超低色散）镜片，可以良好补偿广角端画面边缘部分的色像差和远摄端的轴向色像差。镜头的滤镜提升至 82 毫米。EMD 电磁驱动光圈搭载 9 片叶片的圆形光圈，可以拍出符合大光圈镜头的柔和、大幅虚化效果。强化了镜身的结构，提高了耐振动、耐冲击性和耐用性。最前端和最后端镜片的外侧表面采用了防污氟镀膜，提高了抗油抗水性能。镜头布擦拭也可轻松将皮脂等污垢去除。采用了适合的镀膜，尽量防止镜头内部的乱反射，尽可能地抑制眩光和鬼影的产生。防水滴防尘结构，可应对严酷条件下的拍摄，实现出色的防水滴防尘性能。

（2）尼康镜头的结构：由 16 组 20 片组成，包括 2 个 ED（低色散）镜片，1 个非球面 ED 镜片，3 个非球面镜片和 1 个高折射率镜片。见图 9－4。

采用非球面超低色散镜片（ASP/ED），把非球面镜、ED 镜片和纳米结晶涂层的优势结合到一起，来有效抑制色差、鬼影和眩光，有助于改善边缘的横向色差、彗形眩光等多种镜头像差以及失真和球面像差得到有效校正。镜头的滤镜提升至 82 毫米。采用电磁光圈，取消了以往的光圈联动杆结构，因此光圈后组可

　■ 非球面镜片　　■ 非球面ED镜片　　■ ED玻璃镜片

图 9 – 4　尼康 AF – S 24 ~ 70 毫米 F2. 8E ED VR 镜头的结构

以设计得更大，有助于改善边缘成像。镜片带纳米结晶涂层或氟涂层，能拍摄出锐利、清晰、柔和、大幅虚化效果的照片。镜头的最前端和后表面采用了纳米结晶涂层，能有效排斥水滴和油污，即使镜头附着异物也可轻松去除。镜头加入防抖机构 VR，对镜筒和零件的冲击试验进行了重新设计，以实现更高的坚固性、耐冲击性和耐受性。防水滴防尘结构，可应对严酷条件下的拍摄。

　　不难发现，两只优秀的镜头在不违背光学规律的前提下，充分利用光学规律，利用新材料和新技术发明新的镜头技术，这些技术许多是相似的，从而使镜头的成像能力在变焦镜头上达到了新的高度。但是，两者的技术又稍有区别：比如，镜片的数量稍有不同，尼康公司使用了纳米结晶涂层技术，佳能公司使用了超级 UD（超级超低色散）镜片等等。这表明在同样的光学理论等科学理论等前提下，不同的厂家开发的新技术是不同的，但是，一只优秀的摄影镜头一定是要不断发明新的技术手段克服原有球面镜片的不足，以达到在焦点上的高清晰度和优秀的焦外成像。

　　上面我们讨论了技术理论，其基本特点可概括为：

　　（1）技术理论比科学理论显然要丰富一些和肤浅一些，有点"小家子气"，涉及具体的技术人工物问题。比如，电磁理论揭示了电磁波的存在，但是，电磁理论并没有直接提出和解决电磁通信问题。利用电磁波进行通信是人的目的，由此产生一批技术理论，如电磁波调制原理、再生振荡原理、负反馈原理、外差混频原理等。

　　（2）技术理论更加注重经验的实用性。比如，就设计光学仪器时，从理论上讲，波动光学比几何光学更正确。但是，实际上，应用物理学家设计光学仪器（如相机镜头）差不多只用到几何光学，因为波动光学非常难以求解，而几何光学能够说明与制造光学仪器相关的光学现象的主要特点。可见，技术理论并不一定要求理论有多少的前沿，而关键对于待解决的问题是否是足够准确的。

　　（3）先进的技术理论往往与前沿科学理论相联系，即在一定程度上讲，先进的技术理论就是科学理论的应用。

在笔者看来，技术理论就是关于技术的系统化知识，除此之外，一个好的技术理论应当满足以下条件。

（1）技术理论是逻辑一致的，即技术理论不应当有逻辑矛盾；技术理论与科学理论不相矛盾，虽然技术理论与科学理论不在同一个层次，但是，技术理论的根基总是科学理论。

（2）技术理论能够接受技术经验（技术事实）的检验。

（3）技术理论能够解释已知的技术现象（技术事实）。

（4）技术理论能够对未知的技术现象进行适当的预测。

（5）技术理论还是可错的，即技术理论为有其适用的范围。原有的技术理论可以被新的技术理论所突破。

第六节　技术的真理问题

科学做为一种系统化的理论，科学以追求真理为己任。传统真理观中，科学似乎具有独享至尊真理地位，而技术仅是一个实践工具、方式或方法，并不与科学同样的地位，技术追求有用性或有效性。现代技术本身的发展以及与科学的紧密关系，现代技术已经形成了不同于科学理论的技术理论。技术理论表现为理论形态，是系统的关于技术人工物的知识。技术理论也是技术知识的系统表达。技术有一个系统理论，它自然会面对这样一个问题：技术理论是正确的吗？如何判断它是正确的呢？用什么标准来判断呢？能否用逻辑标准进行判断？

传统真理观的代表是符合论真理观。亚里士多德在提出"符合论"真理观时，并没有涉及技术，至今真理观也没有直接涉及技术。这在于传统哲学忽视了技术，而且在亚里士多德那里，技术是作为与实践相联系的技艺、技能，而科学则是指知识。技术的复杂性，技术哲学的诞生也较晚，对技术的真理观的研究也没有受到重视，好似技术天然与真理无关。

然而随着科学技术的发展，技术已不仅仅是技能、技艺的形象，技术也表现为工具、机器、设备等，还表现为技术知识。技术知识是由基本设计知识、行动知识和理论知识构成的。理论知识是由技术概念、技术规则、技术规律、技术原理等构成，它就是技术理论。不同的技术人工物，有不同的技术理论。技术知识的理论知识构成了技术知识的理论部分，而技术知识的基本设计知识、行动知识构成了技术知识的实践部分。技术知识是由实践部分与理论部分组成的。

下面我们简要考察与技术可能有关系的真理观。

首先我们看一下实用主义的真理观。实用主义（Pragmatism）来源于希腊词 πραγμα，它意味着行动。在实用主义看来，每一概念的含义及其与其他概念的差别，要通过概念的实际差别来体现。正如詹姆斯说："实用主义方法就是试图通过追寻每个概念各自的实际后果来解释每个概念。"[①] 因为这些思想的差别都应当在实际的差别中找到。

实用主义从"有用的"（useful）来界定真理，而不是从观念内部的性质来界定。"于是你可以说'它是有用的因为它是真的'，也可以说'它是真的因为它是有用的'。这两个短句完全说的是一码事。"[②] 真观念就是那些我们能同化、能确认其有效、能证实、能核对的观念；而假观念则不可能做到这些。"观念的真理性并不是附着于观念内部的一种呆板的性质。一个观念偶然成为真理的，它是变成为真理的，是被一些事件造成为真的。它的可靠性事实上是一个事件、一个过程，即它证实自己的过程、它的证实状态。它的有效性就是它的有效的过程。"[③] "任何陈述要想被看作是真的，必须与某种这样的实在相符合。实用主义将'符合于'界定为指某些'工作'的方式，它们既可以是实际的，也可以是潜在的。"[④]

可见，在实用主义看来，概念或理论的含义，要从实践或实际的操作来理解。比如，你说"左边"，具体地说你的哪一边或我的哪一边是左边。同样，什么是原子或微观粒子？你通过具体的实验装置来显示什么是原子或微观粒子。有的微观客体还不能像原子那样在实验中直接地显示出来，但并不等于它不存在，而是通过其间接效应来表现。如果将实用主义从有用性来审查真理绝对化，这就有问题了，事实上，数学真理并不能从其实际效果来看，物理学理论的真理性也要先看其逻辑自洽性。

但是，对于技术理论来说，技术最终要以实际效果为准，因此，从有用性来判断技术理论的真理性是适当的。

西方哲学史上最为古老的真理观是符合论真理观，它与日常人们的思索最为接近。古希腊巴门尼德提出了"思维与存在是同一的"命题。柏拉图提出真理是人们获得的与事物的理念符合一致的认识。从现代科学的发展来看，符合论真理观也在一定程度上说明了主观与客观之间的关系，反映了主体与客体的认识程度。

马克思主义坚持理论与实践相统一的实践真理观。正如马克思在《关于费尔

---

① 万俊人、陈亚军编，万俊人、陈亚军译：《詹姆斯文选》，社会科学文献出版社 2007 年版，第 220 页。

② 同上，第 239 页。

③ 同上，第 238 页。

④ 同上，第 271 页。

巴哈的提纲》中指出："人的思维是否具有客观的真理性（gegenständliche wahr-
heit，objective truth），这并不是一个理论的问题，而是一个实践的（praktische，
practical）问题。人应该在实践中证明自己思维的真理性，即自己思维的现实性
（reality）和力量（power），亦即自己思维的此岸性。关于离开实践的思维是否具
有现实性的争论，是一个纯粹经院哲学的问题。"①（德文、英文为引者注）我们
可以理解为以下三点：第一，人的思维的真理性应该从人的实践方面来理解，因
为实践只能是人的实践，没有离开人的实践。第二，人的思维的真理性，要在现
实性和力量中得到证明。"思维的真理性"就是"思维的现实性和力量"，即是
说，思维的真理性是通过思维的现实性和力量来判断，思维不能体现为现实性和
力量，思维就不具有真理性。第三，马克思在这里谈到在实践中证明真理，但是
他绝不是把实践仅当作检验真理的手段，而是强调在实践（过程）中，真理本身
在形成和实现中，这正说明了思维的真理性的现实性和力量。或者说，在实践过
程中，思维的真理得到了形成和显现。实践的过程是真理的形成和显现的过程。

马克思在《关于费尔巴哈的提纲》中指出："从前的一切唯物主义——包括
费尔巴哈的唯物主义——的主要缺点是：对对象（gegenstand，things）、现实、
感性，只是从客体（objekts，objects）的或者直观的形式去理解，而不是把它们
当作人的感性活动，当作实践（praxis，practice）去理解，不是从主体方面去理
解。因此，结果竟是这样，和唯物主义相反，唯心主义却把能动的方面发展了，
但只是抽象地发展了，因为唯心主义当然是不知道现实的、感性的活动本身
的。"②（德文、英文为引者注）

"人的思维是否具有客观的真理性"中的"客观的"所使用的德文为
gegenständliche，英文使用的是 objective，而这个词可以译为"对象的"，事实上，
在马克思在《关于费尔巴哈的提纲》的第一段中的"gegenstand"就译为"对
象"而不是客观，而英文采用的是"things"，马克思首先是用德文表达的。

为此，笔者认为，在"人的思维是否具有客观的真理性"中，用"对象的"替
代"客观的"更好地反映了马克思的原意。因为人的思维（思想）是对对象的能动
反映，人的思维的真理性，当然是对对象的真理性。不能仅从"客体"去理解"对
象"。这意味着，真理不仅仅是一个认识论问题，而且还是一个存在论或本体论问题。

人的思维（思想）是否具有对象的真理性，是由实践来证明的。因为对象的
真理性并不是向人全然显示的，总是有遮蔽的，人们必须通过实践将对象的真理
显现出来，或者说，对象的真理正是在实践过程中不断显现出来，这样的真理就

---

① 《马克思恩格斯选集》（第 1 卷），人民出版社 1972 年版，第 16 页。
② 《马克思恩格斯文集》（第 1 卷），人民出版社 2009 年版，第 503 页。

是存在论，或本体论真理。如果没有实践，对象的真理就显现不出来。比如，微观粒子的真理，必须经过一个从量子到宏观的转换过程才能逐步显现出来。可见，真理，就是在人的实践活动中自我显现出来的真理。实践作为人的存在方式，作为人的实际生活、生产过程，是真理的源泉。当然，实践离不开理论的指导，没有盲目的实践。特别是，现代实践总是有理论的渗透。

正如我们在前面指出，技术具有知识和实践二重性。具体的机器、设备、工具等实体性技术具有强烈的实践本性，它们是直接作用于对象并改变对象；而技术规则、技术规律与技术原理等构成的技术理论显示了技术的知识本性，它们具有理论品格。技术的真理表现为两个方面，一方面，技术在实践过程中的显现，在实践过程中，技术的真理不断显现出来，这反映了技术的本体论真理。另一方面，技术理论的真理也要在实践过程受到检验。技术理论的真理性的程度取决于人类实践的高度和深度。没有离开实践的抽象的技术理论，技术理论的发达程度受到实践的限制。而实践当然包括技术，对技术理论进行检验的实践主要是技术实践、工程实践、产业实践和生产实践等。

把事物本来的面貌真实的显现出来，就是本体论真理。将理论形式（概念、陈述以及它们的联系）表达的观念性的真理，称为认识论真理。本体论真理在人们的实践过程自在地显现出来，而在实践中显现出来的真理为人们的观念所把握，就成为认识论真理。本体论真理与认识论真理共同形成实践真理。①

认识论的技术真理并不停留在理论形态，而是通过实践改造世界，在世界中显现出来。对于康德的不可知的"自在之物"，恩格斯认为最好的驳斥就是实践，而不是理论上的反驳。正如恩格斯说："对这些以及其他一切哲学上的怪论的最令人信服的驳斥是实践，即实验和工业。既然我们自己能够制造出某一自然过程，使它按照它的生产条件产生出来，并使它为我们的目的服务，从而证明我们对这一过程的理解是正确的，那么康德的不可捉摸的'自在之物'就完结了。"②这就是说，所谓不可知的"自在之物"，在技术实践的作用下仍然是可知的。列宁在《黑格尔〈逻辑学〉一书摘要》中指出："真理是过程。人从主观的观念，经过'实践'（和技术），走向客观真理。"③列宁所言客观真理是经过实践和技术检验之后的真理。没有脱离实践的真理。人的思维，既有科学思维，又有技术思维，还有其他种类的思维。技术思维的真理性，也是在实践过程得到证明的，是在实践中得到实现和显现的。

---

① 吴国林著：《超验与量子诠释》，载于《中国社会科学》2019 年第 2 期，第 38~48 页。
② 《马克思恩格斯选集》（第 4 卷），人民出版社 1972 年版，第 221 页。
③ 《列宁全集》（第 55 卷），人民出版社 1990 年版，第 170 页。

第十章

技术解释的基本模式

技术解释就是对技术的运行或故障的产生给出原因，给出理由。一个技术解释不仅要给出技术的正向解释，也要给出技术的负向解释。技术解释在于给出一个可以让人接受的理由，其理由并一定是充足的。本章首先讨论和评述克劳斯的技术解释和张华夏等提出的技术解释，然后，我们从结构与功能相协调的分解提出了技术原子，从而建立从结构到功能的解释。我们提出的技术解释是三值的，其推理也是三值推理。

第一节　技术解释的基本概念

什么叫作解释（explanation，或译为"说明"）呢？亚里士多德认为，只要把一个事物的四因（质料因、形成因、动力因与目的因）都搞清楚了，也就是认识了这件事物。他的"四因"中的每一个原因都是对为什么的回答，也就是一个解释。

亚里士多德还指出了"为什么"的含义："这就是要指出：①这个结果必然是那个原因引起的（或绝对地或通常由它引起的）；②如果这个是这样，必须先有那个是这样，例如有结论必有前提；③这就是某事物的本质；④因为这样比较善（不是绝对的善，而是每一事物的本质来说是善）。"① 亚里士多德的四因说提

---

① ［古希腊］亚里士多德著，张竹明译：《物理学》，商务印书馆 1982 年版，第 61 页。

出解释必须满足的四个条件：①前提必须是真的；②前提必须是无法证明的；③前提比结论更应被人所知；④前提必须是在结论中所归结的原因。① 亚里士多德的观点为技术解释的提出提供了理论基础。

著名科学哲学家亨普尔提出了具有重要影响的科学解释的 DN 模型和 IS 模型，被称之为标准解释模型。从逻辑经验主义出发，亨普尔认为科学哲学能够不借助形而上学而仅凭满足所规定的一些逻辑和经验条件就能达到精确说明科学解释的逻辑过程的目的。他在《自然科学的哲学》中写道，"科学的解释必须满足两个系统的要求，解释相关要求和可检验性要求。"② 解释相关要求只是一个适宜解释的必要条件，但不是充分条件，而可检验性才是一个适宜解释的充分条件。在《解释之逻辑研究》中，亨普尔给出了充分条件的四个标准：③

（1）被解释者必须是解释者的逻辑推论；

（2）解释者必须包含一般定律，这些定律必须能够推论出被解释者；

（3）解释者必须具有经验内容，即必须至少在原则上能被实验或观察检验；

（4）构成解释者的陈述必须为真。

前三条是恰当性的逻辑条件，最后一条是恰当性的经验条件。前面三个条件代表了亨普尔科学解释理论的核心思想。在这里，解释把被解释项归入普通律之中，换句话说，被解释项是由普遍律演绎的导出的，因而，解释就是论证。亨普尔把利用演绎解释的逻辑过程表述为以下形式：

$$
\left.
\begin{array}{l}
C_1,\ C_2,\ C_3,\ \cdots,\ C_k\ (\text{初始条件}) \\
\dfrac{L_1,\ L_2,\ L_3,\ \cdots,\ L_k}{E}\ (\text{普遍规律})
\end{array}
\right\}\ \text{解释项}\rightarrow\text{被解释项}
$$

这就是 DN 模型，也叫覆盖率模型。在亨普尔提出 DN 模型之后，他又提出了第二个解释模型，即 IS 模型，又叫作统计解释模型。在这里，可以引用亨普尔的一个非常著名的例子，亨利埃塔已经接触过亨利，亨利得了麻疹。儿童接触过麻疹病人得病的概率是 99%。在这里，定律表明从原因到结论是非常强的，而不是演绎有效。IS 解释模型满足几个要求，首先，数值归纳推理强度要高；其次，解释必须满足要求最大的特异性：不得已知前提，如果增加到解释，将会改变推论。例如，如果我们知道亨利埃塔已经给予了麻疹注射，那么归纳推理会改变。

---

① ［美］约翰·洛西著，邱仁宗等译：《科学哲学历史导论》，华中工学院出版社 1982 年版，第 10 页。

② ［美］亨普尔：《自然科学的哲学》，三联书店 1987 年，第 27 页。

③ C. G.. Hempel, *Aspects of Scientific Explanation and Other Essays in the Philosophy of Science*. New York: The Free Press, 1965, pp. 247–248.

这两个模型合称为解释的定律覆盖模型。从上述描述可以看出，解释的核心由包括一般法则领域之内的事实，形势等的表现决定，对事物的解释是伴随着某种普遍现象或与事物逻辑相关原因而出现的。科学解释的标准模型经过后来的发展形成的一个共同基础是：通过因果关系将要被解释的现象和已经得到证明的普遍陈述联系起来。DN 模型和 IS 模型还存在不足，科学解释又发展出一些新的科学解释模型。但是，DN 模型和 IS 模型成为后来研究科学解释与其他解释的基础。

如何理解技术解释呢？技术解释是否包括功能解释？

我们知道，在功能解释中，一个（生物的、物理的或技术的）系统的结构与行为是用它的目的或功能来解释：为什么人体有一个心脏？回答：要将血液泵向全身。这个功能解释了这个结构。显然，这一功能解释是一个外在的解释，并没有说到事物的本质上。实际上，心脏的功能不仅仅是将血液泵向全身，还有其他重要功能。正如克劳斯所说："为了避免误解，我们必须指出，技术解释这个词用在这里的意义不要与文献中所说的功能解释相混淆。""这里关于功能这个概念本身，有许多问题没有解决。技术解释与功能解释相反，它是用结构来解释技术功能。"①

在分析技术哲学中，皮特（Pitt）的实用主义分析技术哲学颇有特点。2000年他出版了《技术思考——技术哲学的基础》，在美国技术哲学界引起了很大反响。Technè 在 2000 年专门刊出了一期针对皮特《技术思考》进行评论。皮特对技术的讨论限定在人类技术上，于是，涉及两个因素，一个是人类活动；另一个是对工具的有目的的应用。据此，他将技术定义为："技术是人性在运作（humanity at work）。"② 他区分了工具与工具的应用，工具自身并非技术，而技术是人为了某种目的而进行的对工具的应用。

在皮特看来，科学解释的 DN 模型的核心涉及科学法则的作用，那么技术解释应当涉及技术法则的概念。他说："如果认同技术是'人性在运作'这个界定是正确的话，那么技术法则（technological laws）就是关于人以及他们之间的关系。"③ 皮特区分了技术解释与技能解释，因为技术解释与某一特定的技术人工物有关。他认为，"除了在技术解释（technological explanation）中应用社会法则这一方法之外，还有其他方法可以切入技术解释论题：这种方法就是通过对解释的说明来发展一种技术中的 DN 对应概念，而这种对解释的说明并不会利用 DN

① P. Kroes. *Technological explanations*: *The relation between structure and function of technological objects. Society for Philosophy and Technology*, 1998, 3（3），P. 24.

② J. C. Pitt, *Thinking about Technology.* New York：Seven Bridge Press, 2000, P. 11.

③ Ibid, P. 43.

法则。"①

技术解释的另一个重要概念是系统，技术解释中的一个重要部分是把人工物、结构、活动，功能与组成这个系统相关的其他部分的关系进行解释。通过对人工物中具体的问题来进行详细说明。例如：只有参考设计，功能或者结构在人工物里边的作用时，才能对其进行恰当的解释。②

他以哈勃望远镜制造的失败为例来说明，精确的科学方法论无法避免具体技术实践的失败，即是说，以普遍的科学解释法则无法解释具体的技术实践。

皮特接受科学解释的 DN 模型，但对于技能解释（technical explanation）要更多地求助于细节。他说："不像科学解释，由目标将各种特殊事件关联向一套更为一般总体的普通的真理，技能解释则寻求按照具体细节的特殊事件的理解。'是什么'和'为什么'的描述可能求助于科学确立的普通原则，但是在技术解释中的基本要求是关注细节。"③在皮特看来，对于技术解释来说，人们应当关心人工物的因果关系的细节，避免求助于普遍的关系，这一因果关系通过合理性的常识主义原则（commonsense principle of rationality，CPR）来获得。比如，桥塌了，不能从万有引力来解释，而应当对桥本身进行分析。"无论是技术的成功、失败，抑或是技术不可预测的后果，都无法用通用的术语去说明它的原因。"④塔克马大桥（Tocoma Bridge）的灾难，并不是某一个单纯的原因，可以的变数还包括气象、地质、材料应力、糟糕的设计、低劣的材料质量、不符合设计规范等等。

上述分析表明，技术概念包括技能概念，技术解释包括技能解释，但不应当把技能解释独立于技术解释。

技术人工物的结构—功能作为技术实体的内在组成，也是重要的技术现象。技术哲学当然需要对技术人工物内部的结构—功能关系进行解释分析，说明技术人工物的实现和发展演化何以可能。简单地说，如何从技术人工物的结构推出功能，反过来，如何从技术人工物的功能推出技术人工物的结构。

科学解释的 DN 模型、IS 模型中，都是正向解释，即通过解释者来推出被解释者。但是在技术解释中，既有正向解释，还有反向解释，即解释不成功的技术。

J. C. Pitt, *Thinking about Technology*. New York：Seven Bridge Press，2000，P. 45.

② J. C. Pitt, *Doing philosophy of Technology*. New York：Springer Press，2011，P. 11.

④ J. C. Pitt, *Thinking about Technology*. New York：Seven Bridge Press，2000，P. 46.

第二节　克劳斯的技术解释理论

　　克劳斯（P. Kroes）是荷兰代尔夫特理工大学哲学系教授，1998 年他在美国《哲学与技术》杂志春季刊发表了《技术解释：技术客体的结构与功能之间的关系》，最早提出了技术客体的二重性。[①] 2001 年 7 月在苏格兰阿伯丁大学召开的国际技术与哲学学会的年会上，克劳斯与梅耶斯（A. Meijers）共同提出了技术哲学的新研究纲领（new research programme）——技术人工客体的二重性，在 2002 年 Techne 杂志的第 6 期正式发表该论文。[②] 在这同一期上，专门以该研究纲领为主题发表了一些重要技术哲学家的赞成和反对意见的论文。这一期的客座主编、英国皇家哲学学会汉森（S. O. Hansson）教授指出，技术人工客体二重性的研究纲领的提出及其讨论是对技术哲学有着深远影响的事件。[③]

　　技术人工客体的二重性纲领是一种"技术认识论"的研究纲领。该纲领的基本要点包括：①技术人工客体具有结构与功能二重性质。技术客体是一个物理客体，具有一定的结构；技术客体的功能与设计过程的意向性相关。结构与功能揭示了技术客体最根本的东西。②技术客体的结构描述与功能描述之间具有重要的认识论和逻辑问题。技术客体的二重性反映在两种不同的描述模式上，结构描述与功能描述之间不能够相互推出。

　　克劳斯所在的荷兰代尔夫特理工大学哲学系，联合美国布法罗大学哲学系、美国麻省理工学院、美国维吉尼亚技术学院等，共同组织了 2002～2004 年关于技术人工客体二重性的国际研究纲领（*The international research program of The Dual Nature of Technical Artifacts*），以构建现代技术的哲学基础。该国际研究纲领的《宣言》（*The manifesto of the Dual Nature Program*）认为："对于技术人工客体，这两种概念化都是不可缺少的：如果一个技术人工客体只用物理概念来描

---

① P. Kroes. *Technological explanations*：*The relation between structure and function of technological objects. Society for Philosophy and Technology*，1998，3（3），pp. 18 – 34. http：//scholar. lib. vt. edu/ejournals/SPT/v3n3/kroes. html.

② P. Kroes and A. Meijers，*The Dual Nature of Technical Artifacts-presentation of a new research programme*，*Techné*，2002，Winter，6（2），pp. 4 – 8. http：//scholar. lib. vt. edu/ejournals/SPT/v6n2/kroes. html.

③ S. O. Hansson，*Understanding Technological Function*：*Introduction to the special issue on the Dual Nature programme*，*Techné*，2002，Winter，6（2）. pp. 1 – 3. http：//scholar. lib. vt. edu/ejournals/SPT/v6n2/hansson. html.

述，它具有什么样的功能一般的便是不清楚的，而如果一个人工客体只是功能地进行描述，则它具有什么样的物理性质也一般的是不清楚的。因此一个技术人工客体的描述是运用两种概念来进行描述的。在这个意义上技术人工客体具有（物理的和意向的）二重性。"其研究领域包括："①技术人工客体的结构与功能之间的特别的相互关系。这个领域也包含研究技术人工客体的设计问题：设计者怎样桥接结构与功能的鸿沟。②技术功能的意向性以及它们的非标准认识论（on-standard epistemology）这个领域也包括技术人工客体的应用以及功能的社会方面。"①

这个国际研究纲领所组成的技术小组（technè group）的研究范围包括：技术功能，功能与技术人工物的使用，技术功能的知识，人工物的本体论等。的确技术客体的结构—功能的二重性研究纲领取得了许多进展，但是，参加者众多，技术哲学研究纲领的大师级人物还显示不出来，其关键在于结构与功能之间的逻辑鸿沟问题并没有得到解决。

在技术解释中，克劳斯详细分析了纽可门蒸汽机案例。该型号的蒸汽机约1712年首次运用于矿井排水的实践。纽可门机的主要功能：它用于将水泵走。有时蒸汽机也用从矿井中提升煤和矿。蒸汽机的主要功能就是将水从低水池抽向高水池，由此水冲向水轮。即蒸汽机就是提水泵。纽可门蒸汽机用活塞在汽缸中上下移动来进行操作。以煤和木头为燃料作从蒸汽机的输入，它的输出就是水的提升或巨大拉杆的往复运动，后者主要用于驱动泵。

克劳斯没有直接引用蒸汽机的图，为理解方便，我们这里找了一幅纽可门蒸汽机图，见图10－1。

纽可门大气式蒸汽机的工作机制是这样的：锅炉与附属装置比一个大的酿造啤酒的容器大一点，产生的蒸汽仅为大气压力。当蒸汽进入汽缸的底部时，由于横梁另一端泵杆的重力作用，活塞会升到顶部，这一过程也将活塞中的空气和水推出汽缸。然后关闭汽缸与锅炉的连接，向汽缸中喷冷水，这使汽缸中的蒸汽冷凝下来，由此汽缸中成为真空，在外界大气的作用下，活塞回到汽缸底部，由此提升了泵杆（如将矿井中的水抽出）。蒸汽再次进入汽缸的底部，如此循环进行。需要注意的是，控制蒸汽机的冷水进入汽缸的阀门以及控制废水流出导管的龙头（旋塞），在这部纽可门蒸汽机中都是用手操纵的。

克劳斯讨论了蒸汽机技术解释的某些本质要素。②

---

① http：//www. dualnature. tudelft. nl/#1.

② P. Kroes. Technological explanations：The relation between structure and function of technological objects. Society for Philosophy and Technology，1998，3（3）：pp. 24－27.

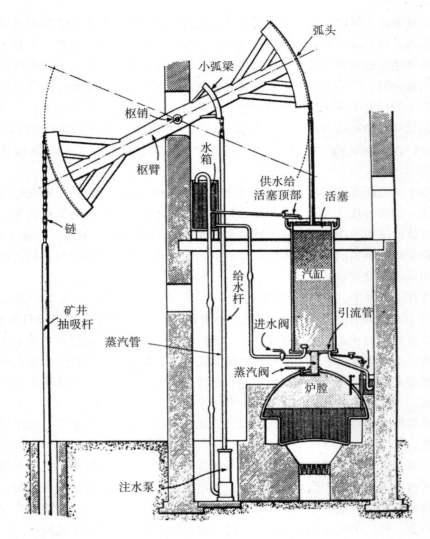

图 10 - 1　典型的纽可门大气式蒸汽机图（1712 年）

资料来源：［英］辛格等主编，辛元欧主译：《技术史》（第Ⅳ卷），上海科技教育出版社2004 年版，第 120 页。

（1）力具有使水变为蒸汽的能力，而蒸汽占有比水大得多的体积，这已是一个很好的确立的经验事实。从火力机的加热，引起空气膨胀，将蒸汽看作"湿气"，这被当成为蒸汽机的一般原理。人们还区分了两个主要原则：其一，加热的水产生高压的蒸汽，这解释了高压引擎的操作；其二，蒸汽的冷凝收缩，产生了一个真空，这是大气机器的操作基础。

（2）要解释如何将蒸汽机的输入转变为输出：即在蒸汽的帮助下产生部分真

空的问题。水变成蒸汽是在锅炉里产生的。当炉膛的蒸汽阀门打开时，蒸汽进入汽缸。由于蒸汽的压力和泵杆上水的重力，活塞向上运动直至达到气缸的顶点，这时蒸汽阀门关闭。然后冷水注入汽缸，这就引起蒸汽的收缩和创造一个部分的真空。

（3）当容器中产生真空，这就产生了一个加在容器壁上的大气压力，通过机械结构对外做功。在容器的外部大气压力作用下，迫使活塞下降。活塞连接到一个机械结构（巨大摇杆），摇杆连接到泵杆的末端。活塞下降将使泵杆的末端被举起而对外做功，如通过转动枢臂泵出矿井的水。

（4）随着活塞达到气缸的底部，蒸汽阀再次打开，按此，整个循环重复出现。

在克劳斯看来，"上述的推理链表明，早期的蒸汽机工程师对于纽可门机中，火产生力（驱动泵）的方式有一个很详细的理解。这种理解一方面建基在某种众所周知的物理现象中，即火对水的扩张作用，蒸汽冷缩产生真空和大气压力；另一方面纽可门机的设计以及一定的行动（打开和关上阀门）起到本质的作用。不求助于纽可门机的详细设计和建构以及它的操作模式，他们是不可能解释火怎样会产生机械运动以及纽可门机如何能够实现它的功能，即驱动泵"。[①]

由此，通过纽可门机案例的分析，克劳斯提出了技术解释的两个图式。其中图式Ⅰ为：

解释者：　物理现象的描述

　　　　　人工物的结构（设计）的描述

　　　　　一系列行动的描述

被解释者：人工物的功能的描述

在克劳斯看来，该图式Ⅰ表明，"被解释者是明显的是由解释者逻辑地推出了。解释者描述了一种详细的因果机制，它必然地导致泵杆的上下运动。看来，纽可门机的功能，即驱动水泵的功能，因此而被还原为它的结构了"。[②] 在笔者看来，克劳斯提出的图式Ⅰ较为简单，它是通过行动将结构与功能联系起来了，事实上，技术人工物作为一个系统，它有其要素与结构，正是通过一系列行动将结构与人工物的功能联结起来。当然，这一图式太简单了，但有较大的概括性。对于结构与功能的鸿沟，在图式Ⅰ中，是通过"一系列行动"来实现的，就是说，在图式Ⅰ中，结构与功能之间不存在联结的鸿沟。

---

①②　P. Kroes. Technological explanations：*The relation between structure and function of technological objects.* Society for Philosophy and Technology，1998，3（3）：P. 27.

克劳斯在图式 I 的基础上，提出了更详细的技术解释的模式——图式 II，即：

解释者（1）物理现象：

  ——将水转变成蒸汽增加体积许多倍

  ——在一密闭的容器中冷却水蒸汽而造成真空

  ——在每平方厘米上，大气施加 1 千克的力于其上。

  （2）机器的设计

  ——蒸汽机由锅炉、气缸、活塞、摇杆（枢臂）等组成

  ——活塞在汽缸中可上下移动

  ——活塞由一根链条连接到摇杆上。

  （3）一系列的行动

  ——打开蒸汽阀门，汽缸为蒸汽所充满；活塞向上推移

  ——关闭蒸汽阀门，注入冷水，在汽缸中产生真空；等等

被解释者：纽可门机是使泵杆上下移动的手段，它推动了泵（蒸汽机的功能）

显然，图式 II 更详细地说明了蒸汽机如何从结构到功能的转变。但是，这里的结构描述中，包含了许多功能的概念，即是说，机器的结构和行动离不开功能概念。正如克劳斯所说："解释者包含了所有种类的功能概念。像活塞、汽缸、蒸汽管、蒸汽阀门等概念都带有功能的性质。特别是机器设计的描述和操作机器的行动都为功能概念所污染。"[①] 正是这种结构与功能混合在一起，克劳斯认为，图式 II 不是一种技术解释，即不是根据结构来解释功能。

这里给我们一个启示，结构与功能在技术人工物中本来就是联结在一起的，或者说，在实际的工程技术实践中、在工程技术人员的设计那里，结构与功能并没有成为一个问题，而是哲学工作者并没有理解工程技术人员之所思，原有的科学解释的模型并不能直接用于技术解释。

从另外一个角度来看，可以将功能描述的人工物的元素用结构方式来描述。比如，活塞，它是以一种直线运动的方式，封闭一定体积的蒸汽的人工物或客体的。或将活塞用几何、物理的方式进行描述，比如，它是圆形的，有一定的厚度等。这就是说，用功能概念描述的解释者事件的因果链可以转变为用结构概念描述的事件的因果链。而被解释者——机器的功能，仍然不变，即驱动泵，使泵杆上下运动。这就是说，完全用结构的属性来描述蒸汽机的功能是可行的。

克劳斯提出了一个问题：在图式 I 中，这功能就是驱动泵，即是将泵杆上下移动。这个被解释者真的能从解释者推出吗？他认为："回答是否定的。"因为

---

① P. Kroes, *Technological explanations: The relation between structure and function of technological objects. Society for Philosophy and Technology*, 1998, 3（3）: P. 28.

当代技术哲学的发展趋势研究

解释者蕴涵着纽可门机的摇杆使泵杆上下移动，并不是蕴涵着纽可门机的功能是使泵杆上下移动。如果我们用泵杆上下移动的陈述替代图式Ⅱ的被解释者时，图式Ⅱ就成为一个因果解释的规范例子。他提出我们必须仔细地区分下面两个陈述：

陈述1：纽可门机将泵杆上下移动。

陈述2：纽可门机的功能是使泵杆上下移动。

显见，陈述1描述事实上的因果关系：纽可门机导致摇杆的运动，摇杆又使泵杆运动。陈述2是不同种类的陈述，它是说纽可门机的目的使泵杆上下移动，在这里，纽可门机成为一个达到目的的手段。在克劳斯看来，陈述2是不能从解释者中推出的。[①] 因为泵杆的移动是一种结构，而泵杆的移动可以联结多种功能。或者说，当人工物的结构确定时，它可能有多种不同的功能。"纽可门机的功能是使泵杆上下移动。"这一陈述将纽可门机的功能限制为使泵杆上下移动，因为纽可门机有多种功能。纽可门机可以驱动泵，还可以通过一定的机械结构驱动飞轮装置等等。

上述分析表明，从结构并没有逻辑的推出功能。正如克劳斯说："从技术客体的结构、某些物理原则以及一组行动出发，有可能因果地解释有一定性质的现象即摇杆的上下运动。但以逻辑演绎的方式，推出客体的功能是不可能的，因为同一物理现象，依不同情景，可以成为不同目的的手段，即可以有不同的功能。"[②]

上述从结构推出功能，并没有逻辑的演绎出来。而在设计过程中，则是从功能到结构。比如，纽可门蒸汽机的功能是驱动水泵，水泵是用来抽出矿井的水，为此，一个特定的上下的往复运动是必要的。纽可门机所输出的一系列要求可以用结构的方式来描述。在技术设计中，所要求的功能转换为系统的结构性质。

克劳斯将从功能到结构的转换表达如下。他假定这个转换具有逻辑演绎的特征。当 x 具有功能 F，则 $F(x)$ 逻辑地蕴涵了 x 具有一定的结构性质：

$$S_1(x)，\cdots，S_n(x)；$$

$$F(x) \rightarrow S_1(x)，\cdots，S_n(x)$$

现在假设有一个系统 y 具有 $S_1(y)，\cdots，S_n(y)$ 这些结构性质。那么，系统 y 是否具有功能 F 呢？逻辑表述如下：

① P. Kroes, *Technological explanations: The relation between structure and function of technological objects. Society for Philosophy and Technology*, 1998, 3 (3), P. 29.

② Ibid, 3 (3), P. 31.

$$F(x) \rightarrow S_1(x), \cdots, S_n(x)$$
$$S_1(y), \cdots, S_n(y)$$

$$F(y).$$

显然，这是被称为肯定后件的错误，即肯定逻辑后件，并不能必然地推出肯定前件。这就是说，如果承认功能蕴涵了结构，那么，在知道人工物的结构这一前提下，功能不可能被逻辑演绎地推出。

在笔者看来，我们可以这样假设：当 x 具有结构 S，则 $S(x)$ 逻辑地蕴涵了 x 具有一定的功能性质：

$$F_1(x), \cdots, F_n(x);$$
$$S(x) \rightarrow F_1(x), \cdots, F_n(x)$$

现在假设有一个系统 z 具有 $F_1(z), \cdots, F_n(z)$ 这些功能性质。那么，系统 z 是否具有结构 S 呢？逻辑表述如下：

$$S(x) \rightarrow F_1(x), \cdots, F_n(x)$$
$$F_1(z), \cdots, F_n(z)$$

$$S(z).$$

同样，这也是肯定后件的错误。即如何承认结构蕴涵了功能，但是，在知道技术人工物的功能的前提下，也不能逻辑演绎地推出它具有那样的结构 S。

克劳斯将从功能到结构的转变假定为具有逻辑演绎特点，事实上，这是有问题的。因为同一个功能，有多种结构能够实现。

正是因为结构与功能之间并没有一一对应的逻辑演绎关系，而是一个辩证统一的关系，才使得技术创新得以可能，因为同一种功能可以有多种结构来实现。比如，我们要制造一个人工物能够载着人快速运动，显然，就有许多方案，如汽车、火车、高铁、飞机等。如果一个功能只能对应一种结构，人的设计和创新将是那么地单调。

于是，基于纽可门蒸汽机的结构与功能相互关系的分析，克劳斯总结出技术解释的完整的论证链，即图式Ⅲ，见图 10 - 2。[①]

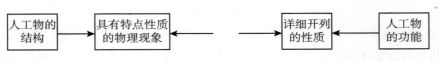

图 10 - 2　图式Ⅲ，结构与功能之间的关系

---

①　P. Kroes, *Technological explanations: The relation between structure and function of technological objects. Society for Philosophy and Technology*, 1998, 3（3），P. 32.

当代技术哲学的发展趋势研究

虽然人工物的结构与功能之间不能相互推出，但是，工程师在技术人工物之间建立强的联系，即一种实用意义上的因果链。在克劳斯看来，用于技术人工物的实践推理的重要特点是：手段—目的的推导方式与因果关系联系在一起，而且要求因果关系能够被经验地确立。正如克劳斯说："按照这个思想路线，因果关系就转变成实用准则（pragmatic maxims，这个转换并不具有逻辑演绎的形式），这个转换在技术的设计中桥接了结构与功能之间的鸿沟。因此，技术解释并不是演绎解释；它在因果关系以及基于因果关系的实用准则的基础上联结了结构与功能。"①

在笔者看来，图式Ⅱ较之于图式Ⅰ，更为详细。但是，第一，这三个图式并没有将结构与功能的联结用一般的模式展示出来，即这两个图式缺乏更大的解释力；第二，从结构推出功能也没有给予很好的解释。之所以会产生这样的情况，其根源在于克劳斯提出的技术人工物的二重性，即从结构与功能来把握技术人工物。事实上，当克劳斯与梅耶斯提出技术的二重性研究纲领时，美国著名技术哲学家米切姆就提出：为什么技术人工物性质（nature）仅是两个，而不是三个或四个，或更多个。人工物展现了物理的、化学的、结构的、动力学的特点，物理特点不是那么多一回事，类似地，对非物理性质来说，就有意向性、功能、使用、适应等。② 笔者认为，技术人工物是一个系统，应当从系统论的角度展开分析，能发掘出更有多价值的东西。

第三节　技术客体的功能解释

功能解释是生物学常用的一种解释方式。生物学家常用功能语言来说明器官的功能、生理过程以及物种与个体的行为与作用。比如，"肾脏的功能之一是排出蛋白质代谢的末产物"。"鸟类向温暖地区迁徙是为了逃避冬天的严寒和食物的短缺"。功能解释属于目的论解释。目的论解释常用的词汇有"功能""意向""目标""是为了"等。但是，逻辑学家、哲学家和物理学家对目的论的陈述和说明持怀疑态度，其理由有：

（1）使用目的论解释，就意味着在科学上承认无法证实的各种目的论的学说。这种解释可能会导致某种活力论、神秘主义或超自然主义，难以真正把事物

---

① P. Kroes, *Technological explanations*: *The relation between structure and function of technological objects. Society for Philosophy and Technology*, 1998, 3（3），P. 34.

② C. Mitcham, *Do Artifacts Have Dual Natures? Techné.* 2002, 6（2），pp. 9 – 12.

的真相揭示出来。

（2）在生物学中承认目的论解释，还意味着否定生物学中的物理化学解释。当然，这种看法，就将目的论解释与物理化学解释对立起来了，是否存在这样的可能：两种解释具有互补性？

（3）在科学解释中，因果联系是一个重要的基石。而目的论解释有这样的含义：将因果说明变成为"倒因为果"，未来目的是先行事态的原因。在正常的科学解释中，先是解释者构成的原因，然后借助从原因到结构的因果关系，从而说明被解释者（如科学现象）。而目的论解释则是先将目的作为原因呈现出来，然后再进行解释。比如，人为什么有心脏呢？心为什么要跳动呢？心脏的跳动是为了将血液泵向全身，通过血液的循环以营养所有的人体细胞等。显然，这一解释没有通过心脏的结构本身与动力学机制（如生物化学机制）来阐明心脏为什么会跳动，这是一种外部解释。

尽管目的论解释和陈述受到了多个方面的责难，但是，生物学家仍然坚持目的论的陈述和解释。

E. 内格尔（E. Nagel）承认目的论有其合理性。在他看来，一个陈述是否为目的论的陈述，区别只在于注意选择的角度。目的论陈述偏重于强调"结果"，因果陈述主要强调"原因"。目的论陈述并不要求"倒因为果"。目的论陈述与因果陈述之间可以看作是一种论述方式上的区别。① 但是，仅仅将目的论陈述与因果陈述之间看作是论述方式的区别，显然，这是一种简单化的处理。事实上，原因与结果之间的关系并不是唯一的，可以是多种关系。同一个原因，可以对应多种结果，同一结果可以来自多种原因。从目的论来看，功能与结果也不是一一对应的关系。

是否一定要用目的论来对生物进行解释呢？这里涉及目的论（teleology）与目的性（teleonomy）这两个概念。

目的论的最早提出者是古希腊的苏格拉底。他认为，人的各种器官如此完善，只能有一位神在设计，才有可能。这样，世上的万物，生物的个体、器官，各司其职，和谐协调，都是神的设计、神的安排，实现的是神的目的。后来，目的论有所变化，但是，其基本的含义没有变，万物的存在适合于一个处在的目的，这个目的可能来自神、万物的创造者、或者来自主体的意向和目的。亚里士多德提出了"目的因"，他认为，自然活动都具有一定的目的。他说："如果在技艺中有目的存在，那么在自然中也有目的存在。"② 在亚里士多德看来，自然

---

① 转引自桂起权等：《生物科学的哲学》，四川教育出版社 2003 年版，第 163 页。
② 北京大学哲学系外国哲学史教研室编译：《古希腊罗马哲学》，三联书店 1957 年版，第 258 页。

意味着质料与形式两种东西，形式就是目的。形式的实现就是目的的完成。

19世纪佩雷（Paley）在其《自然神学》给目的论以系统论述。他说，生物结构的完美、奇妙的适应，如何解释呢？不可能由自然力来解释，而只能由造物主的设计才可能解释。假如你穿越荒野并且发现了一只钟表，你打开表盖并观察它，发现它是复杂的，它的各个部分相互联系在一起，作为一个整体它适合计时的任务，你该如何去解释该客体的存在与特征呢？那么，如何解释呢？佩雷认为有两种可能方式：一种是由制造者按造物主的设计这种方式造成的；另一种是随机物理过程作用于金属物块造成了这只表，这两种方式，谁的可能性更大呢？佩雷认为，设计假设的可能性更大，因有观察的支持。

生物的复杂性与适应性同钟表的情况类似，在此情况下，设计假设似乎比随机物理假设更有理。现在有的生物学家感到用尽废退、获得性遗传、间断平衡、随机漂变等难以解释生物适应的复杂性，于是又求助于设计假设。比如，著名生物学家道金斯（Dawkins）在纪念达尔文逝世100周年的会议上说："我赞成佩雷，适应的复杂性要求非常不同的解释。或者像佩雷所想的一位设计者，或者像自然选择的某种东西从事某种设计工作。"[1] 在我看来，目前还不能很好地解释适应的复杂性，并不需要设计假设。事实上，自然科学的发展总是在不断远离上帝或灵魂，而不是反其道而行之。就以钟表来说，尽管人有很复杂的心脏或脉搏，可以提供一个计时的手段，但是，这种计时手段是相当粗糙的，它计算的精度不可能达到一般时钟的水平，更不用说达到原子钟的水平。

一般来说，目的论主要有如下三种用法：①主张有生物有机体内部有种活力指导有目的的活动，这是活力论的用法；②主张有一个目的的意识在负责指向目标的活动，这是意向性的用法；③终极目的的用法，即主张有上帝、创造者的行动决定客体的活动。显然这三种目的论的用法很难适应现代生物学的发展情形。于是，当代一些生物学家主张用新词来反映生物学中指向目标的活动，以克服原有目的性的混乱用法。目前，目的性的用法广义与狭义两种：狭义的目的性是事务由遗传程度所控制的指向目标的活动；广义的目的性，还包括发育与进化过程。我赞同这样的目的性观点：生物个体具有目的性——指向目标的活动，而整个生物界的发展、进化不存在目标性。目的性系统区别于非目的性系统的三个标志：①特定的偏爱状态；②具有反馈调节能力；③自身特定程序的存在。[2]

这种目的性系统能用到多大的范围呢？一般来说，天然的无机客体是不存在指向目的的活动。而人工客体，特别是当代的一些复杂的技术人工物，往往具备

---

① R. Dawkins, *Universal Darwinism.* in K. S. Bendall eds. *Evolution from Molecules to Men.* Cambridge：Cambridge University Press，1982，P. 404.

② 胡文耕：《生物学哲学》，中国社会科学出版社2002年版，第140页。

了指向目标的能力，如恒温箱、火炮系统、鱼雷、导弹、计算机的目标跟踪系统等，显然，这样的无机客体是有目的的。

总地看来，有三类目的性系统：一是人类活动；二是生物有机体的发育和进化；三是某些技术人工物。可见，对于技术人工物来看，有的技术人工物本身是没有目标指向的，如一把锤子，当人没有使用它，锤子就没有功能，也没有目标，但是，锤子的目标可以是人给予，比如让锤子砸坚果；有的技术人工物就是有目标指向的，一旦这类技术人工物被人制造出来后，它就能够相对独立于人的操作而按预设的指令进行指向目标的活动。比如空调器，我们可以将空调器调节到我们需要的适当温度上（如 26℃）。有的导弹，一旦设定目标，即使该目标是运动的，导弹也能够抗干扰进行自动跟踪并打击目标。

既然生物具有目的性，有的人工物也具有目的性，那么，目的论的陈述与解释是否具有科学性呢？

我们先看一个生物学的例子。"为什么植物含有叶绿素呢？"简单说，植物需要光合作用。因为通过光合作用，给植物提供养分。与动物不同，植物没有消化系统，它必须依靠其他方式来摄取营养。对于绿色植物来说，当阳光充足时，它就利用阳光的能量来进行光合作用，以获得生长发育所需的养分。所谓光合作用，是指植物、藻类等生产者和某些细菌，利用光能，将二氧化碳、水或硫化氢转化为碳水化合物。光合作用是地球上碳氧循环中最重要的一环，这个过程的关键参与者是内部的叶绿体。

"植物需要光合作用。"就是一个目的论解释，也是一个目的论陈述。这样的目的论陈述显然不是因果论陈述，因为它没有说明植物含有叶绿素的原因，而是提供一个外在的说明。比如，"人为什么有肝脏？"其目的论解释是：肝脏能够解毒，因为血液中总是有毒的。显然，这里肝脏为什么会解毒，没有从生化反应的角度进行解释，而是对肝脏的一个功能进行了一个说明。如果要对肝脏的作用进行一个解释，就需要更深入的因果解释，比如，肝脏的"解毒功能"是这样实现的：某些毒物经过生物转化，可以转变为无毒或毒性较小，易于排泄的物质。一般水溶性物质，通常以原形从尿和胆汁排出等等。肝脏中的生物化学反应主要有四种：①氧化作用。比如乙醇在肝内氧化为乙醛、乙酸，再氧化为二氧化碳和水。这种类型称之为氧化解毒。②还原作用。某些药物或毒物如氯霉素等可通过还原作用产生转化。③水解作用。肝细胞含有多种水解酶，可将多种药物或毒物进行水解。④结合作用。使药物或毒物与葡萄糖醛酸、甘氨酸等产生结合，这是肝脏生物转化的最重要方式。过度饮酒引起的以肝细胞损害，导致肝的功能不能正常发挥。可见，因果论解释比目的论解释更为深入和深刻，能够将被解释者进行深层次的分析，找出其原因。而目的论解释并不深究被解释者何以发生的原因，仅仅是一个外在的解释，或者是一个浅层次的解释。目的论解释是用功能、目标之类的术语所表达的一种陈述。那么，目的论解释是否是科学解释呢？

在科学解释中，有典型的覆盖律模型，其中因果关系是一个核心。如果我们将目的论解释与覆盖律模型进行比较，不难发现两者的不同。当然，我们可以将目的论解释转译成为覆盖律模型的解释形式。

比如，我们可以对"为什么植物含有叶绿素呢？"进行一个形式改动：

解释者：　（1）在植物中，一般来说叶绿素对光合作用是必要的；

　　　　　（2）光合作用对植物生长是必要的；

　　　　　（3）植物的确存在；

被解释者：（4）植物中存在叶绿素。

在前提（1）、（2）中都存在反例，比如寄生、腐生的植物就没有叶绿素，也不需要光合作用。将前提（1）、（2）扩大一点，动物的生长更不需要叶绿素，它通过自己的消化器官获得营养。

虽然，从形式上来看，目的论解释像覆盖律模型的科学解释，但实质上，覆盖律模型中有一个普通规律（决定论或概率的），这是一个关键。至于生物学中有没有规律，这是有争论的。在笔者看来，生物学中还是有规律的，但是它的规律形式不同于物理学规律。但生物学规律仍然保留了自然界因果关系的共性方面。生物学规律的特点主要有：定性多于定量，历史性，过程性和相互关联的网状性。[①]

目的论解释虽然不是一个因果论的解释，但是它的解释还是有一定意义的，它在一定程度阐述了解释者，尽管不是彻底的、给出了更深入的原因。目的论解释和陈述并不排除因果论解释和陈述在生物学说明中的重要性。在某些生物学情况下，目的论解释和陈述有其独特性。覆盖律模型的科学解释并不是充分的和唯一的。因为科学解释必须说明生物学的目的论系统的高度完整性和准稳定性，现实中的生物学系统总在不断地与环境进行物质、能量和信息的交换，但是在生物学系统的演化过程（如人从幼儿、到青少年、到中老年）中，它保持着高度的完整性和准稳定性，生物学系统的演化过程中就具有内在的目的性，这是一种程度目的性，它使生物学系统保持完整和准稳定。

生物学中的目的论陈述和解释能否用于技术人工物呢？前面的论述表明，技术人工物总是有目的的，技术人工物的目的是潜在的，都需要在使用过程中才显示出来。有的技术人工物的目的，需要人的使用。在技术人工物中，我们更加关心的是它的功能。

---

① 桂起权等：《生物科学的哲学》，四川教育出版社 2003 年版，第 132～140 页。

按照张华夏教授等的看法，在技术客体的功能解释中，通常有一个功能法则，或一组功能法则。比如，"为什么植物有叶绿素呢？"植物生理学给出的解释是：植物（S）中的叶绿素（C）在阳光、空气和水分的环境（E）中，能够进行光合作用（P），以便产生养分维持植物的生命（L）。这一功能法则可写为：

$$\forall y \forall x((S(x) \wedge C(x) \wedge E(x)) \rightarrow P(x) \& L(y))$$

上式表示：对于所有生命系统 y 和所有植物 x，如果 x 属于某个植物 S［用 $S(x)$ 表示］的一个叶绿素 C［用 $C(x)$ 表示］，则在环境条件下［用 $E(x)$ 表示］，x 就会发生光合作用 $P(x)$，它能够起到维持生命 $L(y)$ 的作用。显见，这一功能法则是一种经验的概括，是有关目的—手段、功能—功能实现者的似律性陈述（lawlike statements）。[1] 功能解释是从目标—手段、功能—功能角度来理解被解释者，它是从事物之间的关系来着手的。

功能解释并不对事物自身进行更深层次的解释，是一种外部解释。它也不是演绎解释。

我们将上面的推理过程简化。假设要实现某一具体功能 $P(a)$，按照功能法则，a 就是能实现 $P(a)$ 的组织，记作 $C(a)$。上述过程可表述为下述推理：

$$C(x) \rightarrow P(x) \wedge L(y)$$
$$P(a) \wedge L(y)$$
$$\overline{\qquad\qquad\qquad\qquad}$$
$$C(a)$$

这一推理就是一种功能解释。显然，作为演绎推理来说，就犯了肯定后件的逻辑错误。但是，从实际经验和实践来看，这是推理又有相当高的概率成立，这是一种高概率的归纳推理，或我们所说的实践推理（见本著作）。

我们以切菜的功能 $F(x)$ 来展开分析。我们知道，有各种形式和大小的菜刀，分别称之为 $A(x)$，$B(x)$，$C(x)$……现在，我们要切一南瓜（用 a 表示），记为 $F(a)$，我们选择菜刀 $B(x)$。这一推理过程可以表示为：

（1）$\forall x[F(x) \rightarrow O_1(x) \vee O_2(x) \vee O_3(x) \vee \cdots\cdots]$

（2）$F(a)$

……

（3）$O_2(a)$

显见，从（1）式和（2）式推出（3）式，不是演绎逻辑的，而是决策推理的。事实上，有多种菜刀可用于切南瓜，为何只选 $O_2(a)$ 这种菜刀呢？只能是一种决策选择的，比如，$O_2(a)$ 这种菜刀正好适合我手的大小，而且经常用，

---

[1] 张华夏、张志林：《技术解释研究》，科学出版社 2005 年版，第 67 页。

用起来非常顺手了。要实现一种功能，有许多技术客体可以实现。同样，一种客体，也有许多种功能。如现在的一部手机，不仅仅是通话的功能，而且还有照相、摄像、文字处理等多种功能。从功能到技术客体的选择上，还受到许多因素的制约，如环境因素 $E(x)$、选择标准（如审美、经济、文化等）$H_1(x)$，$H_2(x)$，…，$H_n(x)$ 等等。于是，更详细的功能解释模型的逻辑如下：[①]

（1）功能法则或目的

手段似律性陈述：$\forall x[F(x)\rightarrow O_1(x)\vee O_2(x)\vee\cdots O_i(x)\vee,\cdots,\vee O_m(x)]$

（2）功能要求：$F(a)$

（3）环境因素：$E(x)$

（4）评价与选择标准：$H_1(x)$，$H_2(x)$，…，$H_n(x)$

……

（5）选定技术客体：$O_i(a)$

在这个推理中，陈述（1）是功能法则的表达形式：为了实现某种类型的功能，我们可以采取什么种类的技术客体。陈述（2）是对要求事物的性能的具体描述。陈述（3）是环境要求，如文化环境、自然环境等。比如，雪天对汽车轮胎有特别的要求。陈述（4）是选择标准，它可以缩短从事实推理到规范判断之间的鸿沟，但不能消除鸿沟。陈述（5）式 $O_i(a)$ 一般是采取规范判断形式，比如"为了最适当地实现某种功能 F，我们应该设计、制造或使用技术客体 O_i"。从陈述（1）、陈述（2）、陈述（3）、陈述（4）推出陈述（5）并不是演绎推理，因为在这里从前提到结论之间介入了意志的决策选择因素，因此，技术客体的功能解释仍然是一个决策推理。当然，我们在技术客体的功能解释中，仅讨论到技术实体的总体层次，还没有深入到技术客体内部的结构层次。

第四节　技术客体的结构解释

技术客体的功能解释是一种外部解释，它不是因果解释，并没有对技术客体本身展开分析。工程技术人员在设计某种技术客体时，目的是要达到某种特定的功能，他们需要解释这种人工客体为什么能够实现特定的功能，这就是技术客体的结构解释，即是技术客体的结构解释它何以能实现功能。

一般来说，对技术客体的结构解释，就是运用该客体的元素和内部结构及其

---

① 张华夏、张志林：《技术解释研究》，科学出版社 2005 年版，第 71 页。

规律来解释系统的各种外部功能或性质。

比如，原子物理学以原子结构及其规律来解释不同物质发射不同光谱的功能；统计物理学用物质的微观结构和分子动力学规律来解释热力学系统的各种外部热现象；分子生物学用 DNA、基因结构来解释生物的各种遗传性状与功能等。金刚石与石墨都是由碳原子构成的，但是两者的功能差别很大。金刚石很硬，可用于刻划玻璃，而石墨较软，可用于铅笔的笔芯，两者的差别只能从它们的分子结构进行解释了。金刚石是一种无色透明晶体，硬度大，不导电，导热性能差。石墨硬度差，能导电，导热性能良好。金刚石是由碳原子之间近距和等距的空间结构以及牢固的相同的共价键相连的结构构成的，而且分子层次之间的分子有较强的相互作用。石墨的碳分子之间形成了层状分子结构，而分子层之间距离较远且以金属键相连，分子层次之间的分子的相互作用较弱，层次之间可以滑动，石墨的性质根源在于石墨是层状分子结构。1985 年发现的 C_{60}，是碳单质的第三种稳定的存在形式，它在光、电、磁及催化等方面具有许多奇异的性质。C_{60} 及以 C_{60} 为代表的富勒烯分子，具有奇特的空间和电子结构。已证明 C_{60} 是由 60 个碳原子所构成的球形 32 面体，即由 12 个五边形和 20 个六边形组成。其他的富勒烯分子的结构与 C_{60} 相似，都是由 12 个五边形和不同数目的六边形所组成的封闭的笼形结构。正是其奇特的结构决定了其特异的性质。见图 10-3。

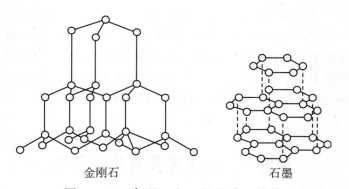

金刚石　　　　　　　　　　石墨

图 10-3　金刚石和石墨的分子结构

张华夏等提出，物理世界中自然客体功能的结构解释的逻辑模型：

解释者：	元素结构描述	C, S
	元素结构规律语句集	L
	环境描述	E
	对应规则	B
	……	
被解释者：	物理性状与功能描述	F

作如下几点说明：

（1）客体 x 的元素结构描述。我们必须描述 A 类物质 x 由那些元素组成。A_x 表示 x 具有 A 类物质的性质。假定自然客体 x 的元素为 b_1，b_2，$\cdots$，b_n，其中 b_i 属于 B_i 类，则元素描述的逻辑形式为 b_1，b_2，$\cdots$，$b_n \in x$，并且 $B_i(b_i)$，B 是事物谓词。$B_i(b_i)$ 表示 b_i 属于 B_i 类，这是谓词逻辑的表达方式。B_i 类与 B_j 类物质可能相同，也可能不同，与 A 类物质是不相同的。比如，原子核是由质子与中子构成的，原子核的物质性质不同于质子与中子的性质，而质子与中子的性质也不相同。

关系描述的逻辑形式为 $\phi(b_1$，b_2，$\cdots$，$b_n)$，这里 ϕ 是关系谓词。$\phi(b_1$，b_2，$\cdots$，$b_n)$ 表示 b_1，b_2，$\cdots$，b_n 构成了稳定关系 ϕ。比如，石墨中的碳原子的相互作用构成了石墨的分子结构。

于是，元素的结构描述的逻辑形式为：

$$A_x \leftrightarrow B_1(b_1) \cdot B_2(b_2) \cdots B_n(b_n) \& \phi(b_1，b_2，\cdots，b_n)。$$

上式的意思是元素及其关系构成了人工客体的结构，结构是由元素与关系共同构成的。

（2）自然客体 x 的元素结构规律。元素结构规律包括自然客体 x 的元素 b_i 自身的规律 $B_i(b_i) \leftrightarrow R_i(b_i)$，即如果 b_i 属于 B_i 类事物，则它必有关系或性质 R_i。比如，金刚石中的碳原子与石墨的碳原子具有的规律。

它还包括自然客体 x 的元素 b_i 在 $\phi(b_1$，b_2，$\cdots$，$b_n)$ 结构约束下的规律或其结构本身的存在与状态变化规律。比如，金刚石的碳原子在其结构的约束下具有的规律不同于石墨的碳原子在其结构的约束下具有的规律或性质。

自然客体 x 总是处于一定的环境 E 之中，于是，元素的结构规律可以表达为：

$$R_1(b_1) \cdot R_2(b_2) \cdots R_n(b_n) \& \phi(b_1，b_2，\cdots，b_n) \& E_x \rightarrow P_x。$$ 即如果 b_i 具有关系或性质 R_i 以及它们组成了结构 ϕ，则客体 x 在 E 环境下，具有性质 P。比如，金刚石在一定环境下具有刻划玻璃的功能或性质 P_x。

将上述二式结合起来，就得到元素结构规律的基本逻辑形式：

$$B_1(b_1) \cdot B_2(b_2) \cdots B_n(b_n) \& \phi(b_1，b_2，\cdots，b_n) \& E_x \rightarrow P_x$$

这种元素结构规律的表述，是以元素语言来表述的。其意思是：自然客体 x 具有一定的元素 b_1，b_2，$\cdots$，b_n，属于 B_1，B_2，$\cdots$，B_n，表达为逻辑形式 $B_1(b_1)$，$B_2(b_2)$，$\cdots$，$B_n(b_n)$；元素 b_1，b_2，$\cdots$，b_n 构成了稳定的关系 $\phi(b_1$，b_2，$\cdots$，$b_n)$，并处于一定的环境 E 中，自然客体 x 具有性质 P。用系统论的语言来讲，就是自然客体 x 这一系统具有元素和相应的结构，在一定的环境下，客体 x 具有性质 P。比如，石墨由碳原子和层状分子结构组成，在常见的自然环境下，形成了硬度差、导电好等物理性质。

（3）对应原则。从逻辑学的观点看，自然客体 x 的功能，是用整体功能语言来描述的。比如，金刚石具有极高的硬度 C_x 和具有刻划玻璃的功能 F_x，这里 C_x 与 F_x，是用整体功能语言描述。然而元素结构规律，是用元素和结构的语言表达的。张华夏与张志林认为，为了由元素与结构的规律推出客体的功能规律，就要有一种原理将元素结构的概念转换为整体功能的概念，这个转换，叫作对应原则，通常由下式表示：[①]

$$C_x \leftrightarrow A_x$$
$$F_x \leftrightarrow P_x$$

C_x 是从功能角度描述的技术客体；A_x 是从元素角度描述的技术客体，它由这些元素形成了某种结构。F_x 表示技术客体的功能；P_x 表示技术客体的性质。

经过上述分析，张华夏与张志林得到了自然客体功能的结构解释模型：[②]

$$C, S: A_x \leftrightarrow B_1(b_1) \cdot B_2(b_2) \cdots B_n(b_n) \& \phi(b_1, b_2, \cdots, b_n)$$
$$L: B_1(b_1) \cdot B_2(b_2) \cdots B_n(b_n) \& \phi(b_1, b_2, \cdots, b_n) \& E_x \rightarrow P_x$$
$$E: A_x \& E_x$$
$$B: C_x \leftrightarrow A_x$$
$$F_x \leftrightarrow P_x$$
$$\cdots\cdots$$
$$F: C_x \& E_x \leftrightarrow F_x$$

上式中，$C_x \& E_x \rightarrow F_x$ 表示用元素表达的自然客体的功能 C_x 需要在环境 E_x 的作用下，才成为现实的功能。张华夏与张志林认为，对于人工客体，稍作适当的调整，就可以应用上述的自然客体的结构解释模型进行技术解释了。

技术史中有一个典型的案例，就是纽可门蒸汽机。在克劳斯的技术解释基础上，张华夏与张志林从结构角度来解释纽可门机的泵水功能，具体解释如下：

解释者（1）元素结构与操作描述（C, S）

纽可门机由锅炉、汽缸、活塞、摇杆（枢臂）、蒸汽阀、进水阀等组成。

这些部件按图 10-1 的结构组装。

这些部件包含的自然材料的组成与结构。

打开蒸汽阀，当蒸汽进入汽缸至活塞达到上止点时，关闭蒸汽阀并打开进水阀，当活塞到达下止点时重复打开蒸汽阀关闭进水阀。

①② 张华夏、张志林：《技术解释研究》，科学出版社 2005 年版，第 72 页。

（2）元素结构规律与技术行为规则陈述（L）

热胀规律：水加热变为蒸汽体积膨胀

冷缩规律：热蒸汽受冷收缩形成部分真空

大气压力规律：由空气重力产生的标准大气压力为 $1\,kg/cm^2 =$ 101 325 帕

操作规则：操作者行为符合纽可门机操作规程

（3）环境描述（E）

蒸汽机在常温、常压以及标准的气象条件下工作。

蒸汽机的终端输出连接在矿井的泵杆上。

（4）对应原则（B）

开动纽可门机，泵杆上下运动对应于（或等价于）泵水是纽可门机的功能。

……

被解释者　（5）纽可门机的功能是驱动水泵。

由于（4）式的成立，不是以等价的形式成立。开动纽可门机，将导致泵杆上下运动，这是一个因果关系式，这是一个事实陈述。而纽可门机的功能用于驱动水泵，这是一种功能表达式，它是用目的—手段关系的形式表达的。事实上，前面我们已指出，纽可门机还可以带动飞轮运动，泵水只是纽可门机的功能之一。换言一，一种结构难以对应唯一的功能，一种功能也难以对应唯一的结构。可见，由泵杆的上下运动并不能唯一地推出纽可门机有泵水的功能。或者说，因果性陈述不能演绎地推出目的—手段陈述，因果关系的成立只能为这种目的—手段关系给以很高的概率成立。正如张华夏等指出，"上述解释模型就其在因果关系上能推出纽可门机驱动水泵泵杆上下运动来说是演绎解释模型，而就其能推出纽可门机具有泵水的功能来说，则是一种高概率的归纳推理形式。"[①]

在我们看来，"开动纽可门机，泵杆上下运动对应于（或等价于）泵水是纽可门机的功能。"这一对应原则，实质上是将纽可门机的功能限制到泵杆的上下运动。因为纽可门机有多种功能，可以泵水，还可以带动飞轮等等。

张华夏提出用对应原则将人工物的结构转变为功能，以解决结构与功能之间的矛盾。但是，在我看来，对应原则"$C_x \leftrightarrow A_x，F_x \leftrightarrow P_x$"需要再认识。以金刚石为例，金刚石物质，用元素语言表述为 A_x，它是由碳原子形成的某种分子结构；它又是世界上最硬的自然物质，用 C_x 表示金刚石具有最硬的功能性质；$C_x \leftrightarrow A_x$ 表示了最硬的功能性质等价于金刚石那样的分子结构。由于 F_x 表示金刚石刻划

---

① 张华夏、张志林：《技术解释研究》，科学出版社 2005 年版，第 76 页。

玻璃的整体功能，那么，金刚石的整体性质为 P_x，这里的整体性质又是什么呢？如果把金刚石的整体性质概括为天然物质中硬度最高，显然又与从结构角度对金刚石的描述，就有重复之嫌了。应当说，对应原则是一个好的想法，但"$C_x \leftrightarrow A_x$，$F_x \leftrightarrow P_x$"这一表述是有问题的，而且将对应原则用于哈勃望远镜的分析也难以展开分析。

"对应规则"的这种思考方式是一种理论推理的思考方式，因为在科学哲学中，逻辑经验主义就提出了理论命题与经验命题之间的对应规则，后来发现，对应规则并没有解决理论命题与经验命题之间的逻辑关系问题。同样，技术推理远复杂于科学推理，按我们的理解，对应规则并不能真正构建结构与功能之间的推理关系。

为了揭示结构与功能的关系，荷兰学者莱德（Ridder）以功能分解方法作为分析工具。通过分解，他将技术人工物的整体功能就转换为低一阶的子功能的集合。按此方法，不断对子功能进行分解，一直到原子功能出现时，功能分解才能停止。[①] 莱德意识到"结构的独立性"问题，即是说，功能分解独立于任何被设计的人工物的结构理念，他的案例分析表明，功能分解是不独立于结构的。[②] 但是，莱德的功能分解，主要考虑到纵向的功能分解，而没有考虑纵向的结构分解，更没有将要素做为"分解"时一个因素加以考虑。因而，莱德的功能分解并没有解决结构与功能的推理关系。

在吴国林看来，莱德的功能分解方法具有一定的启发意义，但仅考察功能分解还是一种不完整的设计方法。完整的人工系统的设计，既要考察功能分解，又要考察相应的结构的分解，即将纵向的功能分解与纵向的结构分解结合起来。若此，才能解决技术人工物的结构与功能之间的联结问题。依据前述的技术人工物的系统模型，采用纵向的分解与综合相结合的方法来构建结构与功能的关系。根据人工系统理论，技术人工物系统是由要素和结构组成的，结构是由要素的稳定联系形成的，并具有一定的功能。系统分为不同层次，每一层次都有要素和要素形成的结构。每一个要素本身又是一个子系统，它又可分为子要素及它们形成的子结构，并具有一定的子功能。按照这样的下向分解方法不断地分解下去。要素可以不断地分出下一层次的子要素、子结构和子功能，一直分到不能再分的要素为止，该要素所在的层次就是原子层次，该要素就是原子要素，也就是技术原子，技术原子是原子结构与原子功能的统一，原子结构等值于原子功能（简记为 SF_0）。

---

① J. d. Ridder，Reconstructing design，explaining artifacts：*Philosophical reflections on the design and explanation of technical artifacts.* Philosophy. Delft University of Technology. PhD. 2007，pp. 82 – 129.

② Ibid，P. 87.

为什么有技术原子存在呢？这源于技术实践的有限性，因为任何技术设计和制造都是基于有限的物质资源（包括技术人工物等）和有限的理性（包括技术知识等）做出的选择。技术原子是由设计人员的意向、研究方法、研究问题的领域、科学技术和工程实践的水平共同决定的。在人所活动的有限时空中，技术人工物只能分解到有限的层次，这最低层次就是原子层次。

在技术人工物中，最小零部件就是技术原子。由于技术人工物有不同的最小结构和最小功能，因而有许多不同的技术原子。比如，一个圆柱体具有圆形的几何结构，同时还具有滚动的功能，它就是结构与功能的统一。如果该圆柱体是技术人工物中最小的部件，它就是技术原子，其原子结构等值于原子功能。

然后，依据上向综合思路，原子结构和原子功能再综合成为更高阶的要素（零部件）、子结构和相应的子功能，最后综合成为技术人工物的总结构和总功能。技术人工物的结构与功能的分解示意如图 10 - 4 所示，其反过程为从原子结构和原子功能（即技术原子）综合为技术人工物整体的过程。在技术原子上，原子结构等值于原子功能（有效值），从而使结构与功能在最低层次上建立了两者之间的关系。即是说，技术原子就是原子结构与原子功能的统一体，其最基础结构 S_0 产生相应的基础功能 F_0，可将技术原子表达为 $S_0 \leftrightarrow F_0$，为方便，将技术原子记为 SF_0。技术原子也就是结构—功能子。[1]

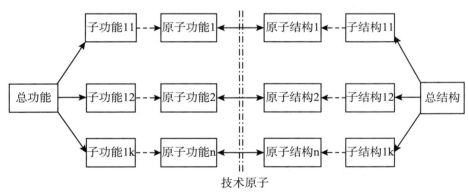

图 10 - 4　功能—结构分解示意

于是，逻辑上可以建立从技术人工物的总结构到总功能的推理关系。[2]

从 $S \cdots \rightarrow F$ 出发，依据原子结构—功能子和结构功能的相同分解形式，而结构功能的相同分解形式具体表达为，要素 C、技术规律 L 和环境 E 的联合作用，

---

[1]　需要说明的是，在笔者较早的研究论文中，技术原子取名为结构—功能子，实际上，这两种说法其实质是一致的。

[2]　吴国林：《论分析技术哲学的可能进路》，载于《中国社会科学》2016 年第 10 期，第 66～67 页。

于是，我们得到一个更合理的、从结构到功能的技术推理模式，我们称其为模式Ⅰ（Model Ⅰ）：

解释者：　要素描述 C 与结构描述 S

　　　　　要素与结构满足的技术规律或规则描述 L

　　　　　结构—功能子描述 SF_0

　　　　　环境描述 E

被解释者：技术人工物的功能描述 F

写成逻辑表达式为：C. S. L. E. $SF_0 \cdots \rightarrow$ F

其中，"."表合取，L 表示因果关系的技术规律，"$\cdots \rightarrow$"表示实践推理，即在工程技术实践中这一推理是合理的，具有工具合理性或技术合理性。这样的表达方式更符合工程技术人员的实践活动。[1] 对于模式Ⅰ来说，其技术人工物的本体论基础就是技术人工物的系统模式（见第六章），同时也满足本体论 UD、RC、CC、EC 标准的限制。

还需要说明的，由于技术人工物有许多层次，不同层次的因果关系不一样，因此，结构功能的相同分解函数反映了不同层次的因果关系的总体情形，用 L 表示。要素与结构满足的技术规律或规则描述 L 与结构—功能子描述 SF_0，共同描述了从结构到功能的因果关系。

在模式Ⅰ中，其技术人工物的"意向"如何体现呢？依据技术人工物的系统模式（见图 6-2），"意向"总在与要素、结构、功能和环境发生作用，"意向"作用并不是独立的，而是渗透在它们之中。

结构与功能的实践推理的模式Ⅰ，能否通过定义技术逻辑的逻辑规则和有效表将其推理形式化呢？笔者发现这是可能的。

我们知道，微观世界具有不确定性。量子命题不是一个简单的真假问题，而涉及不确定问题。著名科学哲学家赖欣巴哈提出了量子力学三值逻辑，[2] 用以回答量子力学的逻辑推理。他定义了三值逻辑的真值表，用真 T、不确定 I 和假 F 来表达真值，且定义了三种"否定"和三种"蕴涵"。在我们看来，对技术的评价不是二值逻辑，而是三值逻辑，它们是有效、不确定和无效，为方便，将技术的真值的"有效""不确定""无效"分别对应于量子三值逻辑真值的"真"T、"不确定"I、"假"F。

事实上，赖欣巴哈关于量子力学的三值逻辑描述的是从微观到宏观的逻辑过

---

① 在逻辑表达中，按结合力规则省掉括号。结合力规则为：结合力从最强到最弱依次为：－（非）.（合取）∨（析取）$\cdots \rightarrow$（实践推理或⊃标准蕴涵）↔（等值）。

② H. Reichenbach，*Philosophic Foundations of Quantum Mechanics*. Berkeley：University of California Press，1944，pp. 150－160.

程，这已经涉及量子技术的逻辑问题与经典技术的逻辑问题。我们认为，采用赖欣巴哈关于直接否定与标准蕴涵的三值逻辑，也是卢卡西维茨的三值逻辑系统，能够较好地符合工程技术的推理。直接否定与标准蕴涵构成的三值逻辑系统，我们称之为赖欣巴哈的技术逻辑，其相关的真值见表 10 - 1、表 10 - 2。

表 10 - 1　　　　　　　　　　直接否定的真值

A	直接否定 - A
T	F
I	I
F	T

表 10 - 2　　　　　析取、合取、标准蕴涵 A⊃B 的真值

A	B	析取 A∨B	合取 A.B	标准蕴涵 A⊃B
T	T	T	T	T
T	I	T	I	I
T	F	T	F	F
I	T	T	I	T
I	I	I	I	T
I	F	I	F	I
F	T	T	F	T
F	I	I	F	T
F	F	F	F	T

赖欣巴哈提出了蕴涵式的基本要求，即要使得推理成为可能，于是有这样的规则。

（1）如果 A 真，并且 A⊃B 为真，则 B 真。这一规则满足了实质蕴涵的"肯定必肯后"推理规则。

（2）如果 A 为真，而 B 为假，则蕴涵式为假，这一条件也为标准蕴涵式所满足。

（3）当 B 假，且 A⊃B 真，则必然推出 A 假，这实质上符合实质蕴涵的"否后必否前"推理规则，即（A⊃B）. - B⊃ - A。①

---

① H. Reichenbach, *Philosophic Foundations of Quantum Mechanics*. Berkeley：University of California Press，1944，pp. 152 - 153.

　　简言之，直接否定满足逻辑学的德·摩根定律，标准蕴涵满足逻辑学的"等值式之分解"[①]"肯定必肯后""否后必否前"等常见的推理规则，也满足技术推理的负向原则，即"否前必否后"。合取、析取、直接否定与标准蕴涵构成的三值逻辑系统，我们称之为赖欣巴哈的技术逻辑。由此，模式 I 重新表达为模式 II：

$$\text{C. S. L. E. } SF_0 \supset F$$

　　上式实现了技术推理的形式化，这也是一个较为简洁的形式。无疑，利用赖欣巴哈三值逻辑得到的关于技术人工物的结构的推理模式不是唯一的，但是，至少在形式上表明：结构与功能的实践推理可以用三值逻辑来表达。[②]

---

① 等值式之分解满足"充分必要条件之合取"，即 $(A \leftrightarrow B) \leftrightarrow (A \supset B).(B \supset A)$。
② 注：模式 I 与模式 II 的具体应用，请见第十一章第二节对哈勃望远镜的结构推理的分析。

当代技术哲学的发展趋势研究

第十一章

技术推理研究

$第$十章我们讨论了技术的功能解释和结构解释。技术解释的理由可能是充分的，也可能是不充分的。但是，技术推理则要求其前提与结论之间有更强的关系，能够在一定程度从前提推出结论。技术解释与技术推理既有相同之处，又有不同之处。研究技术推理是为了更好地理解技术是如何从原因到结果的。技术推理属于实践推理的形式，它不同于像科学那样的理论推理。技术推理的必然性没有科学推理那么强。尽管如此，有的技术推理仍然有一般表达形式。本章首先研究实践推理的一般形式和实质；其次，对哈勃空间望远镜发生的故障作技术推理的分析；最后，讨论技术的贝叶斯推理，并简要提出技术人工物的贝叶斯网络推理模型。

第一节　实践推理的含义与基本模式

实践推理是与人的实践活动紧密联系的一种重要思维方式。实践推理是意向性陈述或规范性陈述，它是由"应"陈述到"是"陈述的推理过程，从前提推出结论需要跨越"应"与"是"的逻辑鸿沟。康德为了实现道德的"应该"提出了道德律令。在实践推理中，为了实现实践推理的"必须"或"应该"，要求我们提出行动律令；只有行动律令才能帮助我们在实践推理中跨越逻辑鸿沟，实现从"应"陈述到"是"陈述的过渡。虽然实践推理不能像演绎推理那样具有逻辑必然性，但是，实践推理具有重要的现实和理论意义。本部分讨论实践推理（practical inference）的基本含义、模式以及实践推理与因果关系等重要问题，为技术推理的研究奠定一个基础。

一、实践推理的含义

实践推理是一种思维方式。对于这样一种思维方式，有学者认为源出于列宁，认为实践推理这一概念是列宁在《哲学笔记》中评价黑格尔思想时提出的，并认为实践推理是把人的主观活动和客观活动结合起来所组成的一个新的边缘概念，将实践推理看作行动推理。① 黑格尔曾指出："一切事物都是一推论。"② 当然，"目的的关系是一推论（或三段式的统一体）。在这推论或统一体内，主观的目的通过一个中项与一外在于它的客观性相结合。这中项就是两者的统一：一方面是合目的性的活动，一方面是被设定为直接从属于目的的客观性，即工具。"③ 这是黑格尔有关实践推理的思想，列宁对此给予了高度评价，认为"对黑格尔来说，行动、实践是逻辑的'推理'，逻辑的格。这是对的！"④ 据此，也有学者把实践推理首先指向黑格尔和列宁。⑤

多数学者则把实践推理追溯到亚里士多德，认为是亚里士多德首先区分了理论推理与实践推理，并且亚里士多德谈到实践推理导致或终结于行动，即其结论是行动。⑥⑦ 亚里士多德以"干燥的食物对所有的人都有益""甜的食物是令人愉悦的"⑧ 为例说明实践推理的结论是行动。在《尼各马可伦理学》中，亚里士多德讨论了人的意愿行为，并认为"……在船遭遇风暴时抛弃财务也属于这类情形。因为一般地说，没有人会自愿地抛弃个人的财务。但是，为了拯救自己和同伴，头脑健全的人就会这样做。"⑨ 将此案例写成实践推理的标准形式即（1）式：

---

① 刘周全：《实践推理初探》，载于《锦州师范学院学报》（哲学社会科学版）1992 年第 4 期，第 19 ~ 23 页。

② ［德］黑格尔：《小逻辑》，商务印书馆 1980 年版，第 356 页。

③ 同上，第 391 页。

④ ［苏］列宁：《哲学笔记》，人民出版社 1974 年版，第 233 页。

⑤ 林建成：《论实践推理》，载于《哲学动态》1996 年第 4 期，第 24 ~ 27 页。

⑥ G. H. von Wright. *Practice Inference. The Philosophical Review*, Vol. 72, No. 2（Apr., 1963），pp. 159 – 179.

⑦ James Hearne. *Deductivism and Practical Reasoning. Philosophical Studies：An International Journal for Philosophy in the Analytic Tradition*, Vol. 45, No. 2（Mar., 1984），pp. 205 – 208.

⑧ ［古希腊］亚里士多德：《尼各马可伦理学》，商务印书馆 2012 年版，第 198 ~ 199 页。

⑨ 同上，第 39 页。

（1a）想要拯救自己和同伴；

（1b）要拯救自己和同伴，在船遭遇风暴时就要自愿地抛弃财物；

（1c）头脑健全的人就会抛弃财物。

我们认为将实践推理追溯到亚里士多德更契合逻辑推理发展演化的真实轨迹。亚里士多德首先系统研究了人的思维方式，并建立了逻辑学这门理论学科；与此同时，他提出了实践推理的命题案例，指出了实践推理的基本形式和结论。刘周全认为，实践推理即行动推理，是在活动结构建构的指导下，活动的有序过程。① 张华夏则简明地认为"……由'应该'推出（尽管不是演绎地推出）'实然'的推理叫作实用推理或实践推理。"② 冯·赖特认为实践推理是一种思维模式，这种思维模式的小前提陈述主体达到某个结果的意向，大前提陈述主体认为为了达到目标必须做什么，结论陈述产生的效果，即主体继续做的必需的事情。③

我们看一下著名逻辑学家赖特给出了实践推理的经典例示，即（2）式：

（2a）一个人要想使棚屋能够居住；

（2b）除非棚屋是热的，否则它是不可居住的；

（2c）因此，棚屋必须被加热。

（2a）所陈述的主体欲实现的目标，是主体的一种精神状态，这是规范性陈述。由该前提推出最后的结论（2c）是采取行动的意图，亦为规范性陈述。这是由规范性陈述前提推出规范性陈述结论的推理。在（1）式中，（1a）是一种表达意图的规范性陈述，（1b）是一种表达意图或信念的规范性陈述，（1c）表达了行动的意图，也是规范性陈述。

就命题陈述而言，实践推理与理论推理的陈述方式不同。理论推理是"是"陈述，即使用描述性语言对对象进行客观的描述，是事实性陈述。理论推理由事实性陈述前提推出事实性陈述结论。所谓"实然"陈述是一种事实陈述，就是用一定语言对事物进行中立的描述。自然科学的事实陈述与非自然科学的事实陈述有所不同，比如，"铁是热胀冷缩的"是一个科学的事实陈述。"吴医生在做心脏手术"是一个经验陈述，它与目的、意图或企图无关，它所描述的是人与自然之间的物质、能量或信息的交换。"应然"陈述，表达的是意图、意向、欲想、信念、希望等，是对主体精神/思维状态或心理状态的描述，是规范性陈述。"给棚屋加热"是一个"应然"陈述，而不是一个"实然"陈述。"给棚屋加热"表

---

① 刘周全：《实践推理初探》，载于《锦州师范学院学报》（哲学社会科学版）1992年第4期，第19~21页。

② 张华夏、张志林：《技术解释研究》，科学出版社2005年版，第36页。

③ G. H. von Wright. *So - Called Practice. Acta Sociological*，1972，15（1），P. 39.

达了一个意图①，这个意图包含了"加热棚屋"的行动。因此，"应然"陈述实质上暗含着一个"实然"陈述。这样也就使得从"应然"向"实然"的跨越成为可能。在例示（1）与（2）中，其结论（1c）（2c）都是"实然"陈述。

由此，我们认为，实践推理可界定为：实践推理是从"应然"非演绎地推出"实然"的一种推理，它的结论为行动、行动意图或行动信念。有时实践推理的结论，看似"应然"陈述，实际上它是"实然"陈述。比照三段论的推理形成，实践推理的基本结构是：

小前提：陈述主体的意向目标。

大前提：实现意向目标的必需手段/方式。

结　论：（非演绎地得到）采取必须手段/方式的行动、行动意图或行动信念。

可见，与演绎逻辑和理论推理相比较，实践推理至少具有如下几个方面的特点：

第一，实践推理的前提并不蕴涵结论，由此使得实践推理的结论呈现出一种开放性；

第二，实践推理的结论是行动或行动的意向或行动的信念；

第三，实践推理是由（可能含有事实陈述）规范性陈述前提非演绎地推出规范性陈述结论的过程；

第四，实践推理是由"是"陈述过渡到"应"陈述，其推理过程需要跨越逻辑鸿沟；

第五，行动律令是实践推理跨越逻辑鸿沟的要求。

二、实践推理的模式

实践推理较为复杂，这是否意味着实践推理不存在某些基本模式呢？显然不是。我们将细致讨论实践推理的模式与结论。我们从赖特提出的经典例示（2）展开讨论。

对例（2）的前提和结论进行语义分析，我们发现，（2a）陈述的是主体的一个意向目标，主体想要使棚屋适宜居住；（2b）陈述主体为了实现小前提提到的意向性目标所需采取的必须手段/方式，即要想使棚屋适宜居住，必须采取的手段/方式是：对棚屋进行加热；（2c）则陈述主体采取必须的手段/方式的行动或行动意图，即必须给棚屋加热。

---

① "意图"与"意向"都是英文 intention，但在中文有区别："意图"包含一个其后的行动。而"意向"强调意识的指向，并不包括一个行动。

　　为了保证实践推理的正常进行，必须假定主体是理性人。所谓理性人即主体能够确认自己的意向目标并认同他们实施的行为和展开的行动，同时主体的行为/行动是有原因或动机的。[①] 在理性人假设前提下，我们再来看（2）式中主体的目标—手段—行动关系及其中存在的问题。既然主体是理性人，那么主体必定能够确认自己的意向目标，即要使棚屋能够居住；主体也能认知到，要使棚屋适宜居住，就必须给棚屋加热；于是主体做出决策，决定给棚屋加热。这样，我们就可以将（2）式加上（意向）目标—手段—行动（决策）而更完整地表述为（3）式：

　　（3a）一个人要想使棚屋能够居住 $G(B)$；

　　（3b）除非棚屋是热的（A 表示"棚屋是热的"），否则它是不可居住的（B 表示"它可居住"）；

　　（3c）因此，棚屋必须（must be）被加热 $D(A)$。

　　将（3）式用逻辑表达式来表示则为：$[(B{\rightarrow}A){\wedge}G(B)]\cdots{\rightarrow}D(A)$。在这一推理过程中，主联结词不是用实质蕴涵符"→"表示，而是用实践推理符号"…→"表示。"…→"表示"要求"。也就是说，在实践推理中，前提与结论之间不是逻辑蕴涵关系，而是要求，是行动律令。（意向）目标—行动（决策），这是实践推理的最基本的模式，即第一种模式。将这一模式图式化则为（4）式：

　　（4a）R 想要达到 x；

　　（4b）除非 R 采取行动 y，否则他不会达到 x；

　　（4c）因此 R 必须采取行动 y。

　　小前提陈述的是主体的意图（目标），也就是表达着主体的意图（intention）。在确认了这一意图（目标）之后，主体相信，要实现这一意图（目标），则必须采取一定的行动/手段/方式，因此，大前提表达了主体要实现意图（目标）必须采取一定行动/手段/方式的一种信念（belief）：主体相信，只有采取这样的手段/方式（means），其意图（目标）才能实现。因此，主体形成一个新的意图（目标），即采取/实施手段/方式的行动的意图。用 I 表示意图，B 表示信念，这样我们便可以将（2）式重新表述为如下（5）式：

　　I（5a）R 意图使棚屋能够居住；

　　B（5b）R 相信，除非棚屋是热的，否则它是不可居住的；

　　I（5c）因此，R 想要使棚屋被加热。

　　意图（目标）—（新的）意图，这就是实践推理的第二种模式。

---

　　① Christian Miller, *The Structure of Instrumental Practical Reasoning. Philosophy and Phenomenological Research.* 2007，75（1），P.1.

主体在确认自己的意图目标后，相信要实现目标则必须采取合适的手段/方式，在确认这一手段/方式后，主体也可以形成这样一种信念：即必须采取行动实施手段/方式。对于这样一种思维方式及其过程，我们可以表述为（6）式：

I（6a）R 意图使棚屋能够居住；

B（6b）R 相信，除非棚屋是热的，否则它是不可居住的；

B（6c）因此，R 相信，棚屋必须被加热。

因此，实践推理的第三种模式即是意图—信念模式。

关于小前提的陈述我们也可以这样来看，即主体可以产生或拥有这样一个信念：使棚屋能够居住。要使这一信念得到辩护，主体又形成了大前提陈述的信念，即要使棚屋适宜居住，则必须给棚屋加热；由此主体形成了作为结论的信念：给棚屋加热。将这样一个思维方式及思维过程模式化则为（7）式：

B（7a）R 有一个信念，要使棚屋能够居住；

B（7b）R 相信，除非棚屋是热的，否则它是不可居住的；

B（7c）因此，R 相信，棚屋必须被加热。

信念—信念，这就是实践推理的第四种模式。

信念就是一种坚定的意图，也就是说，信念是意图的一种强化形式，这种强化的意图即信念形成之后，主体当然可以推动自身形成一个意图。这样实践推理的过程又可以表述为（8）式：

B（8a）R 有一个信念，要使棚屋能够居住；

B（8b）R 相信，除非棚屋是热的，否则它是不可居住的；

I（8c）因此，R 想要使棚屋被加热。

于是，信念—意图模式就成为了实践推理的第五种模式。

这样，从推理过程来看，实践推理就有目标—行动、意图—意图、意图—信念、信念—信念、信念—意图等五种基本模式。

第一种模式即目标—行动模式的实践推理得出的结论是行动。实践推理的结论是行动，这是实践推理最可能的结论，也是实践推理区别于理论推理和演绎逻辑的根本特征。

亚里士多德认为，实践是道德的或政治的，他说，"人的每种实践与选择，都以某种善为目的。"① 他也把实践看作是道德实践，并提出了他的道德律令。既然道德实践有道德律令，那么，实践推理的行动结论也可以有行动律令。如（9）式：

（9a）要使棚屋能够居住；

① ［古希腊］亚里士多德：《尼各马可伦理学》，商务印书馆 2012 年版，第 3 页。

（9b）要使棚屋能够居住就必须给棚屋加热；

（9c）给棚屋加热。

在这个实践推理中，前提和结论使用的都是祈使句，这种祈使语气是康德的假言命令，在实践推理中就是行动律令。也就是说，给棚屋加热！这就是要使棚屋能够居住的行动律令。

第二种实践推理模式即意图—意图模式，其结论是不同于小前提的意图的一个新的意图。如果用第一人称来表述，（5）式则可以写作如下（10）式：

I（10a）我要使棚屋能够居住；

B（10b）我相信，除非棚屋是热的，否则它是不可居住的；

I（10c）因此，我要使棚屋被加热。

"我要……"所宣示的正是主体的意图，是主体自由意志的表达。作为意图，"我要使棚屋加热"是一个行动的意图（intention），也就是说，这个意图包含了"加热棚屋"的行动。哈曼认为，意图是自我指认的，即意图做某事包含了打算做某事的意图。[①] 意图不能展开为行动就不成其为意图，不能展开为行动的意图就成了愿望/希望（hope/wish）。愿望/希望可以是罔顾现实天马行空，因此可能无法实现，也就可以无须展开为行动。若此，则实践推理成为了一种纯粹的心理活动。实践推理形成的意图总是要解决主体具体的实践问题，也就必然会展开为行动。因此，在实践推理中，意图总是作为行动的意图，于是，意图推理就是行动推理。

信念—意图模式的实践推理从其结论上看也如意图—意图模式的实践推理，其形成的结论的意图总是要展开为行动的意图。因此，实践推理的结论可以是意图，但是作为行动的意图。

意图—信念、信念—信念模式的实践推理得出的结论均为信念。如同意图，在思维过程中，主体形成的信念也必然促使主体为自身的信念展开为行动。用第一人称来表述则为：当我形成了要给棚屋加热的信念后，这一信念必然促使我展开给棚屋加热的行动。由此，则信念也就是行动的信念。

布鲁姆也认为，实践推理的结论既可以是意图，也可以是信念。结论是意图的推理即为意图推理；结论是信念的推理即为信念推理。意图推理和信念推理的区别不是推理内容的差别，而是对待内容的态度的差别。在信念推理中我们是认其为真（take it as true or truth-taking），在意图推理中我们是使其为真（make it true or truth-making）。[②]

① Gilbert Harman, *Practical Reasoning. The Review of Metaphysics.* 1976, 29（3）, pp. 440 – 441.

② John Broome, *Practical Reasoning. Reason and Nature：Essays in the Theory of Rationality*, edited by Jose Bermudez and Alan Miller, Oxford University Press, 2002, P. 3.

基于上述分析，按其结论为行动、意图和信念的不同分类，我们可以将实践推理分别界定为行动推理、意图推理、信念推理三种类型。三种实践推理的类型，其实质是从应然到行动的推理。

三、实践推理的实质

下面我们对实践推理做进一步讨论。

（1）实践推理是一个"目的—手段"的决策过程。

无论从推理过程来看的五种基本模式还是从推理结论来看的三种基本类型，实践推理总是从一个表达为意图或信念目标/目的的小前提出发，由小前提给定的目标/目的过渡到达到或实现目标/目的的手段/方式的大前提，最后得出采取实现目标/目的的手段/方式的行动（行动的意图或信念）。这是实践推理的最一般的图式，是表达意愿/信念的行为解释模型，简称为 DB 模型。冯·赖特将这一图式写作（11）式:[①]

（11a）某人想要达到目标 x；

（11b）除非采取行动 y，否则不会达到目标 x；

（11c）因此必须采取行动 y。

可以将这种推理模型记作 $[DB]_w$。实际生产生活中的实践推理是在生产生活情景中展开的，由于受到各种环境因素的影响，推理过程要远比这个理想化、标准化了的图式更为复杂。如例（2），主体在确认了自己要使棚屋能够居住的目标并且也知道要使棚屋能够居住就必须给棚屋加热后，仍然有许多环境因素不能使主体立刻得出给棚屋加热的结论。为了解决实践推理过程中的环境因素问题，A. 罗森堡（Alexander Rosenberg）为 DB 模型做了一个简化表达式 $[DB]_s$ 和一个完备表达式 $[DB]_c$。[②]

简单表达式 $[DB]_s$：

①主体 A 想要达到目标 G；

②并且 A 相信 K 是在环境 E 中达到目标 G 的手段；

③则 A 采取 K 的行动。

张华夏教授认为，与 $[DB]_w$ 模型相比，$[DB]_s$ 的改进之处是引入了环境因素 E：目的—手段链总是在一定环境下实现的，从而有可能对意愿与信念作某种客观的分析。但是 $[DB]_s$ 模型并未指出 K 是实现目标 G 的充分条件还是必要条

---

① G. H. von Wright, *Practice Inference. The Philosophical Review*. 1963，Vol. 72，No. 2，P. 161.

② 张华夏、张志林：《技术解释研究》，科学出版社 2005 年版，第 49 页。

件，也未说明 K 是否只是有助于 G 实现的促进条件。在实际的生产生活中，我们可以采取不同的手段实现同一个目的，而究竟会采取哪一种手段有一个选择与决策的问题。A. 罗森堡的完备表达式［DB］。模型：

对于任意主体 A，如果

①意愿达到目标 G，

②A 相信 K 是在环境 E 中达到 G 的手段，

③不存在 A 更加偏好的在环境 E 中达到目的 G 的其他手段，

④不存在压倒或取代 G 的其他目标，

⑤A 知道怎样实现 K 以及 A 能够实现 K，

⑥假定其他情况保持不变，

则有：A 采取行动 K。①

沃尔顿（D. Walton）提出包括十一个特征的实践推理，并将实践推理的基本模型结构化见图 11 − 1。②

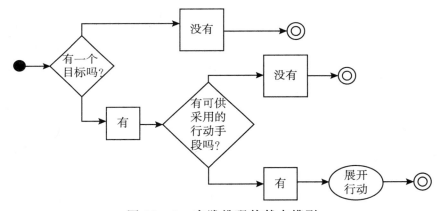

图 11 − 1　实践推理的基本模型

图 11 − 1 所示实践推理实际上也是考虑了环境因素后的一个决策。决策理论的一个目的是考虑不确定性，不确定性总是干扰行动及其结果，使我们不知道行动后的确切结果会是什么，因此必须对诸种手段进行权衡和选择，使结果最优化。但是 J. 布鲁姆（J. Broome）却认为，决策理论是目的论的，采取最好的手段是目的本身的规范要求。他认为真正正确的实践推理（意图推理）不应依赖于诸如目的论这样具体的规范的理论。决策理论也不能给实践推理提供一个说明或理由，它是在意图的约束下如何达到善，而不是如何去完成（实现）意图。求善

---

① 张华夏、张志林：《技术解释研究》，科学出版社 2005 年版，第 50 页。

② Douglas Walton, *Evaluating Practical Reasoning. Synthese.* 2007（157），P. 205.

可能意味着放弃目标，因此，决策理论不是实践推理。[1]

M. 邦格（M. Bunge）认为，实践推理不是演绎的科学逻辑那样具有真或假、对或错这样的确定真值。实践推理是三值逻辑，其逻辑真值不是真或假、对或错，而是有效、无效和不确定三个真值。B. 昂勒（B. Aune）也认为，实践推理的逻辑真值不是真或假，主体的意图只有能否实现，因此实践推理的逻辑真值是实现（R）或是没有实现（U）。实现了就是真，没有实现就是假。[2] 只有决策后的行动结果才是导致决策的有效或无效、实现或未实现。这种有效无效、实现或未实现固然关系着主体的价值判断或预测，但是求善不是价值蕴涵的唯一目标。价值判断可以是权衡选择后的一种折中或妥协，它是一博弈过程，也是一决策过程。作为理性人的实践推理过程，就是采取有效手段去实现目的，这就是合理性，也是主体行为的合目的性。实践推理就是通过决策（而非无意识地、盲目地）采取有效手段以达目的的过程。由于实践推理涉及主体行为的特殊性和复杂性，目的—手段链关系又是未来指向的，环境因素的影响、未来的不确定性，这都使得主体在推论过程中必须对手段做出权衡和选择，甚至对目标做出适当的调整，需要主体做出决策。沃尔顿的十一条实践推理要素即目标、行为、相关知识、反馈、复杂的行为序列、等级行为描述、条件预测、可塑性（行为的可选择性线路）、知识（记忆）、持之以恒、批判精神，[3] 真正说来也就是实践推理过程的目标、决策和行动。因此，实践推理的过程就是"目的—手段"的一个决策过程。

（2）实践推理的实质是什么？

实践推理就是一个决策的过程，这个决策的核心就是在目标预设的前提下采取必须的手段。在实践推理中，第二个前提即大前提是实践推理的核心。在这个实践推理的真正内核中实际上包含了两个陈述：表达意图/信念的目标陈述以及表达手段/方式的陈述。关于实践推理的研究与争论基本上围绕着这个核心而展开。如张华夏、张志林教授曾讨论的四个命题，[4] 它是实践推理过程标准图式中的第二个前提，我们这里罗列其中的一个命题：

1943 年美国核科学家和工程师们，为了要制造原子弹，他们应该提炼出几十磅^{235}U 材料。

如果将这种表述还原为包括小前提、大前提、结论的实践推理，其基本图示

[1] John Broome, *Practical Reasoning. Reason and Nature：Essays in the Theory of Rationality*, edited by Jose Bermudez and Alan Miller, Oxford University Press, 2002, P. 15.

[2] Bruce Aune, *Formal Logic and Practical Reasoning. Theory and Decision*. 1986（20），P. 310.

[3] Douglas Walton, *Evaluating Practical Reasoning. Synthese*. 2007（157）：pp. 205，204 – 205.

[4] 张华夏、张志林：《技术解释研究》，科学出版社 2005 年版，第 35 页。

则为（12）式：

（12a）1943 年美国核科学家和工程师们想要造原子弹；

（12b）美国核科学家和工程师们相信，为了要制造原子弹，就必须提炼出几十磅^{235}U 材料；

（12c）因此，他们应该提炼出几十磅^{235}U 材料。

他们紧紧抓住实践推理的核心，将命题分解为包含意图陈述和事实陈述两个命题的技术行为—规则解释，展开了实践推理的目的—手段分析。

前已述及，实践推理的第二个前提实际陈述着两个命题，兹以（12b）为例试分析这两个命题。这两个命题是：（i）1943 年美国核科学家和工程师们想要造原子弹；（ii）1943 年美国核科学家和工程师们必须提炼出几十磅^{235}U 材料。

初看上去，似乎（i）命题及（ii）命题均是表达意图目标的规范陈述，张教授即将（ii）命题看作规范陈述。[25]若单独看这两个命题，它们当然均是表达主体意图的规范陈述。但若从作为实践推理大前提的整个命题来看，则其第一部分即命题（i）陈述主体的目的，这是一个意图命题，也即是"应"陈述，表达着"应然"。而命题（ii）陈述实现主体目的的手段，这是一个事实陈述（描述性陈述），也即"是"陈述，表达着"实然"。我们可以将命题（ii）这一"是"陈述表述为（ii）'：

（ii）'制造原子弹的必需手段是提炼出几十磅^{235}U 材料。这一表述就将达到目的的手段清楚地显明为一个"是"陈述。

两位张教授认为，这一陈述是暗含了一个目的的"应"陈述，即"提炼出几十磅^{235}U 材料"的目的是为了"制造原子弹"，"是"陈述蕴含着一个作为二阶陈述的"应"陈述，正因为这一"是"陈述本身就蕴含着"应"陈述，这就使得我们在实践推理的过程中能够得出"必须提炼出几十磅^{235}U 材料"的"应"陈述的结论。①

我们不完全赞同两位张教授的观点。但同意他们提出"在应然的结论之上，必须有一个应然的前提。"② 并且，人类的理性行为（实践）不同于动物的本能行为就在于：人的行为具有目的性，即人的理性行为总是合目的性的行为。由此，"提炼出几十磅^{235}U 材料"的人类行为必定暗含着一个目的——为了制造原子弹。同样，制造原子弹的行为也有它的目的——为了轰炸日本本土……如此必然限于目的的无限性之中。因此，在特定实践推理的目的—手段链中，目的命题是"应"陈述，手段命题是"是"陈述。手段命题的"是"陈述暗含了一个二

---

① 张华夏、张志林：《技术解释研究》，科学出版社 2005 年版，第 33～34 页。
② 同上，第 34 页。

阶的"应"陈述,但它本身不是"应"陈述。

由于在实践推理的第二个前提中,陈述手段的命题暗含了一个二阶的"应"陈述,这使得在实践推理中得出"应然"的结论成为可能。

从第一个前提表达意向目标的"应"陈述,到第二个前提表达实现目标的手段的"是"陈述,再到结论表达的采取手段的"应"陈述,即由"应然"非演绎地推出"实然",由"实然"又过渡到"应然",这就是实践推理的实质。这一实质反映了实践推理对逻辑鸿沟的两次跨越:从"应然"到"实然",再从"实然"到"应然"。按照前面的分析,这里的第二个"应然",必然包含着一个"实然"的行动。

简言之,在更加复杂的实践推理中,可以会发生多次从"应然"陈述与"实然"陈述之间的跨越。实践推理强调的是人们的实践中能够成立的推理,当然它不具有逻辑必然性,但具有事实上的合理性,体现出来的是实践智慧。

(3)实践推理与因果关系。

作为实践推理的核心,第二个前提表达着"应"陈述到"是"陈述的过渡。"应"陈述何以能够过渡到"是"陈述?即表达意向目标的"应"陈述与表达手段的"是"陈述之间是什么关系,从而使得"应"陈述能够过渡到"是"陈述?

实践推理是人的一种思维方式,为了使这种思维方式得到合理表达,C. 米勒(C. Miller)提出了理性人假设。[①] 根据理性人假设,主体的行为/行动总是有原因的。即是说,目的—手段链实际上暗含着一种因果关系,即引起与被引起的关系。正是这种蕴涵着的因果关系使得从表达目的的"应"陈述过渡到表达手段的"是"陈述成为可能。冯·赖特就特别指出,"特定的目标是行动的动力,离开它就不会有行动;因此关于有关(因果)关系的知识就以一种特殊的方式决定了活动的具体进行。"[②] 但是,实践推理中的因果关系并不一定要深入到科学层次的因果性,或决定论(或统计概率)的因果关系,而是在原因与结果有一种事实性的因果关系,或者文化传统的拟因果关系,或者是人们相信有一种因果关系。因此,在实践推理过程中,第二个前提从目标过渡到手段暗含着这几种因果关系。

第一,科学规律的因果关系。如例(12),从要制造原子弹的意向目标到提炼出几十磅^{235}U 材料的手段方式,它们之间是一种科学规律性的因果关系。没有对原子理论的理论和实践研究,就不可能提出要提炼几十磅^{235}U 材料。

第二,经验性的因果关系。例(9):要使棚屋适宜居住就必须给棚屋加热,

---

① Christian Miller, *The Structure of Instrumental Practical Reasoning. Philosophy and Phenomenological Research.* 2007, 75 (1), P. 4.

② [德] F. 拉普著,刘武等译:《技术哲学导论》,辽宁科学技术出版社 1986 年版,第 51 页。

要使棚屋能够居住和给棚屋加热之间是一种经验性的因果关系。当然，还可以从热力学或统计力学角度进行解释。

第三，文化传统的拟因果关系。这是文化传统使然，也可能历史上曾经有个别相关的事件发生。让我们考察（13）式：

（13a）因久旱未雨，某部族的农民渴望天降喜雨；

（13b）要天降喜雨，就必须举行隆重的求雨活动；

（13c）于是部族农民举行隆重的求雨活动。

从想要天降喜雨到举行隆重的求雨活动，这之间是一种文化传统的拟因果关系。文化传统的拟因果关系，并不真的是一种因果关系，而是处于那种文化中的人们相信那样的因果关系是可能的，而且是一种坚定信念。对于部族农民而言，文化传统告诉他们，久旱未雨可能是冒犯了天神或没有及时给天神进贡祭祀，因此要举行隆重的求雨仪式以感动天神降下甘霖。

如果某一地天出现大旱了，于是山民通过做法事来求雨。在山民的求雨过程中，通过做法事，有可能求下雨来，这实际上是一个偶然机会，因为干旱太久，大多数情况下天会下雨。在假设每年的下雨量不变的条件下，即使不做法事，同样要下雨。当然，也有可能出现某一年很少下雨，那山民通过仪式求雨就无法达到。

从因果关系的分析来看，如果改变前一现象，使得后一现象发生了改变，那么，前一现象就是原因，后一现象就是结果。从这一意义上，山民通过年长老人的口口传授：通过做求雨法事，可能天会下雨。历史上，的确也有这样的现象发生。于是，山民就将做法事看成是原因，下雨看法是结果。这也是行动—目标的因果关系，这是实践意义上的因果关系。这种文化现象的因果关系，更是一种现象上的偶然联系，而不像休谟关于因果关系所说的"恒常联系"。

四、技术的实践推理模式

实践推理是一种思维方式，也是一个目的—手段链的决策过程，在这一思维决策过程中，实现了两次逻辑鸿沟的跨越，成为从肯定到否定到否定之否定的辩证发展过程。这一过程是人的智慧的体现，其本身也是一种智慧：实践智慧。

朱葆伟教授认为，实践智慧与善相通，并考察了古希腊与古代中国的实践智慧及现代实践智慧的式微。[1] 在朱教授看来，实践推理是包含着类推、选择、权衡、经验的运用等等的复杂过程，需要处理多种冲突的关系（义务冲突、价值冲

---

[1] 朱葆伟：《实践智慧与实践推理》，载于《马克思主义与现实》2013 年第 3 期，第 79～93 页。

突、利益冲突等）的能力，[①] 需要人的实践智慧以面对并解决这些冲突。我们认同朱教授对实践推理是一种实践智慧并需要实践智慧的观点。

实践推理是在主体面对复杂的生活世界为实现意向目的而对手段进行权衡选择的过程，在这个过程中主体自身需要具备相应的科学知识、实践经验、文化信仰、社会习俗、生活习惯等要素，基于自身具备的这些要素对手段的选择进行判断，从而使实践推理能够顺利推进，意向目标能够实现。尤其在技术人工物的制造活动中，主体甚至需要具备上述全部要素智慧地展开实践，以促成技术人工物的制作生成。潘恩荣在其博士论文中讨论了日本丸山茂树工程师制作一其各个方向上的直径与标准圆周的直径之间的误差不超过 0.05 毫米圆筒状铜环的案例。[②] 这一案例显示，丸山在实现这一目标的过程中，充分调动主体自身的科学知识、技术经验，依托自身的文化背景、信仰，发扬日本技术制造精工细作的优良传统，对技术手段几经试验、权衡、选择、决策，终于实现技术目标。在这一技术人工物的目的—手段的推理决策过程中，充分反映了实践推理是一种实践智慧。只有实践智慧的展现与运用，理性人的实践推理才能顺利进行，推理目标才能实现。

如果说实践智慧是一种善，丸山先生的此种实践智慧则是实践推理过程的手段的善。实践推理是目的—手段链的决策过程，除却手段的善，作为理性人，我们也应追求目标的善。既然我们已经提出实践推理的理性人假设，我们相信，意向目标的提出必是基于人类主体的善的目标，此种目标应能增进人类共同体的利益，并最终促进人的自由。这也是我们对反对布鲁姆关于决策理论不是实践推理的一个辩护。

当前学界关于实践推理主要停留在模式、类型、目的—手段链的决策过程等的研究上。厘定实践推理的基本概念、正确区分实践推理与理论推理或演绎逻辑的异同、概括实践推理的模式类型、讨论实践推理的目的—手段链关系、探究实践推理的实质及实践推理何以可能，等等，这些问题是实践推理研究的一些基础性问题，其研究固然重要，但实践推理的重要意义和作用更在于能够应用于实践活动（生产生活实践），使人的主体性活动取得成功，意向性目标得以实现。在这方面，国内学者张华夏、张志林做出了开创性的工作。在他们合著的《技术解释研究》中，将实践推理运用到技术解释中去，尝试解决在人类技术实践活动中，技术行为—规则、技术人工物的结构—功能关系之间存在着的实践推理问题，并且取得了很大成功。

---

① 朱葆伟：《实践智慧与实践推理》，载于《马克思主义与现实》2013 年第 3 期，第 79～93 页。
② 潘恩荣：《技术人工物的结构与功能之间的关系》，浙江大学博士论文，2009 年，第 140 页。

技术人工物的结构—功能关系完全可以理解为实践推理过程中的目的—手段链关系。人类的快速发展就是通过各种技术手段来满足和催生人的种种需求，人类也在这种快速发展中呼唤满足人类更高、更快、更强的各种技术功能。技术功能逻辑地成为了生活世界的意向性目标，实现这样复杂而众多的意向性目标，需要频繁地、科学地、谨慎地和满足善的要求地对手段进行评价、权衡、选择、决策，我们需要实践推理，我们需要实践智慧。

将前述的实践推理模式改进，我们可以将技术的实践推理模式表达为：

（14a）想要有一个技术人工物 x；

（14b）除非实施行动 y，否则就不可能有一个技术人工物 x；

（14c）因此，必须采取行动 y。

在（14）式中，（14a）陈述的是意向性目标。（14b）陈述了实现意向目标所必须的手段/方式，意向目标和手段之间体现的是一种实践性（或科学性）的因果关系。关于技术的因果性问题参见本书相关章节。（14c）是得出的行动（行动意向、行动信念）。当然，这里的"采取行动"，也可能是去买、借或采取相似的行为，或者这个东西根本就没有，那就要制造了。模式（14）是一个非常基本的技术推理的模式。技术的实践推理是一个手段—目标的实践推理，其核心是有一个手段—目标的实践性因果关系或因果规律，当然，这个因果关系还可能是必然的决定论因果规律。比如，在量子态的演化推理中，薛定谔波动方程就是一个决定论的因果关系的。

考虑到环境 E 对行动的影响，技术的实践推理模式（14）可改进为模式（15）：

（15a）主体 A 想要有一个技术人工物；

（15b）主体 A 相信在环境 E 中，有一个技术人工物 x 的行动是 y；

（15c）因此，主体 A 采取行动 y。

我们将模式（14）用于技术人工物的制造，并用结构—功能语言来表达，就得到了关于技术人工物的结构—功能的实践推理模式（16）：

（16a）主体 A 想要有一个具有功能 F 的技术人工物 x；

（16b）主体 A 相信，要制造一个具有功能 F 的技术人工客物 x，就必须用零部件 c 制造成结构 S；

（16c）因此，主体 A 必须用零部件 c 制造成结构 S。

（16b）为何能成立？根据制造经验，这是一种归纳的因果关系，因为在具体的技术人工物的制造过程中，总是用一定的零部件构制成一定的结构，就形成为具有某种功能的技术人工物。

从系统论来看，要素、结构、功能与环境构成为一个系统，其中要素之间的稳定关系构成了结构。这就是说，要素同结构与功能之间形成一个双向互动的因果关系，即要素与结构在一定的环境下形成功能，同样，功能在一定环境条件下要求有相应的结构与要素。

技术人工物的结构—功能关系，即要实现技术功能应采取何种技术结构之间的这种推理是一标准的实践推理。现实生产活动中技术人工物的制造是一非线性系统复杂的过程，这个过程需要一系列的实践推理才能够完成，这一系列实践推理构成了一个实践推理链，使技术功能（目标）的实现成为可能。具体分析见技术解释部分。

如我们想要制造一辆环保节能的汽车，在提出了技术人工物的这一技术功能后，我们需要采取一定的技术手段即制作相应的技术构件以满足或实现这一技术功能，这种功能—结构关系的推理就是一种实践推理。提出制造环保节能的汽车这一意向性目标后，我们认为一方面通过使用纤维钢车身，车的整体重量减小，耗油减少，从而达到环保节能的目标；我们还可以通过改造发动机的结构提高发动机的燃烧效率，改进原油炼化技术提高汽油的标号，使得发动机产生较少的环境污染，从而实现节能环保的目标。将这技术推理模式（16）改写成为一个具体的实践推理模式（17）：

（17a）我们要制造一辆节能环保的汽车；

（17b）我们相信，要制造一辆节能环保的汽车，就必须使用纤维钢车身或（和）改进发动机的结构提高发动机的燃烧效率或（和）改进原油炼化技术提高汽油标号；

（17c）我们必须使用纤维钢车身或（和）改进发动机的结构提高发动机的燃烧效率或（和）改进原油炼化技术提高汽油标号。

其中，（17b）仍然展示了一种因果关系。

第二节　技术的结构推理

一、哈勃望远镜的结构与故障

大气层中的湍流、散射与臭氧层，都会限定地基望远镜做的高精度观测。比如，地面望远镜由于大气湍流造成的光线抖动，星光闪烁和地面背景干扰较强等因素，很难做到可观测 28 等暗星和分辨率达 0″1 以上的理想望远镜。因此，将望远镜放在地球之外进行观察，就会有许多优点，这就是空间望远镜的最初想法。

空间望远镜的概念最早出现 20 世纪 40 年代。1971 年美国宇航局（NASA）受理了制造和发射哈勃空间望远镜的计划，1977 年得到美国国会批准。1979 年开始设计，历时 11 年，1990 年 4 月 24 日在肯尼迪航天中心，由"发现"号航天飞机发射升空。

哈勃望远镜（Hubble Space Telescope，HST）是以天文学家爱德温·哈勃为名、位于地球轨道上的望远镜。它是被送入地球轨道上的口径最大的望远镜。它长 13.2 米，直径 4.3 米，总重 12 吨。圆柱型，前端是望远镜部分，后半是辅助器械。该望远镜的有效口径为 2.4 米，焦距 57.6 米，定轨高度 610 公里，轨道周期 96 分钟。见图 11 – 1。[1]

哈勃望远镜的影像可以不受大气湍流的干扰，视相度很好，没有大气散射造成的背景光，能观测被臭氧层吸收的紫外线，达到了地面任何望远镜也达不到的高灵敏度和高分辨能力。可看到 150 亿光年的河外星系，可观测 1 150 ~ 11 000Å 从红外到紫外的所有波段内的各种天体。哈勃太空望远镜是当时世界上最先进的太空观测仪器，其原设计的观测能力为 150 亿光年，相当于从华盛顿可以看到 16 000公里之外悉尼的一只萤火虫，也相当于从地球上可以看清月球上两节电池的手电筒的闪光。能够单个观测到星群中的任一颗星，能研究和确定宇宙的大小和起源，以及宇宙的年龄、距离和标度；还可以分析河外星系，确定行星部、星系间的距离，它能对行星、黑洞、类星体和太阳系进行研究，并画出宇宙图和太阳系内各行星的气象图。

哈勃望远镜的造价高昂、运输和修理困难，它的设计与制造提出一系列严格的要求：如主镜加工面形精度很高，精度优于 $\lambda/50$，望远镜重量要轻。机架要选择强度高和膨胀系数小的轻质材料，镜面采用微晶玻璃蜂窝结构，使其有足够的刚度和强度，能经受航天发射时的超重和振动。机架各个部分镀高反射率材料（如金、银等），以降低望远镜本身的热辐射。还要有高精度姿态控制和导星系统。采用喷气技术来控制望远镜筒的指向等。

哈勃空间望远镜属于美国航空航天局（NASA）与欧洲航天局（ESA）的合作项目。哈勃望远镜传送来的数据必须要经过一系列处理才能为天文学家所用。研究所开发了一套软件，能够自动地对数据进行校正。

哈勃空间望远镜由光学望远镜组件、科学仪器舱、航天保障系统三大部分组成，见图 11 – 2。哈勃望远镜的组成部分具体包括：

---

① 参见谷歌图片"哈勃望远镜"。https：//www.google.com.hk/search? newwindow = 1&safe = strict&biw = 1366&bih = 635&tbm = isch&sa = 1&q = % E5 % 93 % 88 % E5 % 8B % 83 % E6 % 9C % .

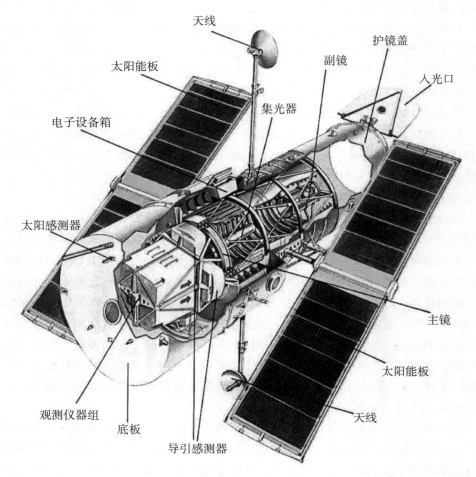

天线

太阳能板

副镜

护镜盖

入光口

集光器

电子设备箱

太阳感测器

主镜

太阳能板

观测仪器组

底板

导引感测器

天线

图 11 - 2　哈勃望远镜①

资料来源：谷歌图片。

（1）光学系统（为后文分析方便，本书称之为 C_1）：它是整个仪器的心脏，采用卡塞格林式反射系统组成，其中一个是口径 2.4 米的主镜，另一个是口径 0.3 米的副镜，目的是在主镜的焦面上形成高质量的图像，以供其他科学仪器进行处理，处理之后的数据通过中继卫星传回地面。反射零位校正器（RNC）是光学设备里一个很重要的检测仪器，这是由制造商帕金—艾尔曼（Pekin - Elmer）

---

① https：//www. google. com. hk/search? newwindow = 1&safe = strict&hl = zh - CN&biw = 1366&bih = 638&site = webhp&tbm = isch&sa = 1&q = 哈勃望远镜 + 结构图 &oq = 哈勃望远镜 + 结构图 &gs _ l = img. 3. . . 12672. 16276. 0. 16573. 6. 5. 1. 0. 0. 0. 156. 579. 0j4. 4. 0. . . . 0. . . 1c. 1j4. 64. img. . 3. 3. 312. ZblaRadN3UA #imgrc = B945YQ8k9mjG8M%3A.

308

当代技术哲学的发展趋势研究

公司制造的。它由一个双反射镜和一个透镜的集合组装而成，可以让一束激光从所有弯曲的镜子表面的各个部分弹射出来，光线然后汇焦，用于检测表面曲率的一致程度。反转零位校正器（INC）是反射零位校正器的一部分，模拟主镜的反射功能，其作用是检查反射零位校正器的校准和稳定情况，检测其是否有重大缺陷以及测量它的稳定性。

（2）广域行星照相机（Wide Field/Planetary Camera，WFPC，称之为 C_2）。它是一个独立的系统，由两架照相机——广域和行星照相机组成，每架都包括四片德州仪器的 800×800 像素 CCD，形成了相互联接的光学视野。其中广域照相机视野广，但解像力有所损失，可以对光度微弱的天体进行全景观测。而行星照相机的解像力高，用于高分辨率的观测。广域照相机与行星照相机正好互补。

（3）戈达德高解析摄谱仪（称之为 C_3）。它是用于紫外线波段的摄谱仪。后被太空望远镜影像摄谱仪替代。

（4）高速光度计（称之为 C_4）。它能够快速的测量天体的光度变化和偏极性。因为主镜的光学问题，自升空以来一直未能成功使用。后来用于矫正其他仪器的光学问题。

（5）暗天体照相机（称之为 C_5）。用于某一波段的暗天体的观察，后被更先进的巡天照相机代替。

（6）暗天体摄谱仪（称之为 C_6）。用于观测另一波段的暗天体的摄谱仪，后被太空望远镜影像摄谱仪代替。

（7）其他仪器（称之为 C_7）。除此之外，哈勃望远镜还包括一些其他科学仪器用于天体观测和信息处理。

这里将 C_2、C_3、C_4、C_5、C_6、C_7 统称为其他科学仪器 C_n，并将哈勃望远镜的辅助部分忽略，并不影响对本文问题的研究。

光学系统是哈勃望远镜的核心结构，它采用的是组合望远镜设计。光学系统 C_1 包括主镜（C_{11}）、副镜（C_{12}）和矫正光学设备（C_{13}）。光线从筒口进入望远镜，然后从主镜反射到副镜，副镜再把光线从主镜中心的一个小洞反射到主镜后面的焦点，形成清晰的图像。焦点处有一些更小的半反光半透明的镜子，将光线分散到各个科学仪器，供各种科学仪器进行精密处理，得出的数据通过中继卫星系统发回地面。望远镜的镜片由玻璃制成，表面镀上纯铝和镁氟化物，可以反射可见光、红外线和紫外光。哈勃望远镜通过观测天体光线的不同波长或光谱，可以检测到该天体的特征。

镜片的抛光过程进展缓慢，这使得哈勃望远镜发射升空的时间比预定计划晚了很多。在镜片抛光上，出现了技术问题，抛光进度落后并且超过了预算。帕金—艾尔曼公司能否胜任后续工作受到了质疑，美国国家航空航天局（NASA）

将哈勃望远镜发射的日期延期至 1985 年的 4 月，但是，帕金—艾尔曼公司的进度仍然在延迟。NASA 被迫多次延后发射日期，先延至 1986 年 3 月，然后又延至 1986 年 9 月。这时整个计划的总花费已经高达 11.75 亿美元。其次，挑战者号的灾难使哈勃望远镜的发射又延迟了四年。1990 年 4 月 24 日哈勃望远镜正式发射升空。

望远镜发射数星期后，传回来的图片表明没有达到最佳的聚集状态。虽然第一张图像看起来比地基望远镜还明锐，但是，哈勃望远镜有更高的设计标准，其图像质量没有达到原有的设计期望。事实上，点源的影像被扩散成超过 1 弧秒半径的圆，而不是在设计准则中的标准：集中在直径 0.1 弧秒之内，有同心圆的点弥漫函数图像。

1990 年 6 月 14 日，美国航宇局为使哈勃空间望远镜的聚焦达到最佳状态，于是发出指令调整望远镜的副镜 C_2，可是不管怎样调整，也无法使聚焦调到最佳。马歇尔中心和戈达德中心的技术人员花了两个星期的时间，全面检测哈勃望远镜的聚焦功能，发现主镜 C_1 和副镜中，可能有一个镜片存在着球面像差的质量问题。按设计要求，哈勃望远镜的主镜和副镜须把入射的目标光线的 70% 聚焦在 0.2 弧秒范围内。而现在只能把 10%～25% 的光线聚焦在这个范围内，其余光线分散在 1.5 弧秒范围内。

1990 年 6 月 21 日哈勃管理局宣称 HST 拍摄照片失败，从广域行星照相机发回来的照片显示，照片失真，存在球状像差。造成这一问题的原因在于 HST 的光学系统有严重问题，即主镜、副镜或者二者都存在问题。为此，NASA 成立了 HST 调查委员会。调查对象包括制造商和测试人员，重新查看了相关的文献记载，分析和检测了 HST 制造中用到的镜子。

调查报告显示，存在的第一个问题是镜片的问题，镜片在加工磨制、抛光和实验测试时并不能精密成型。HST 的制造商们忽视了对技术监管的检测和重视。在 HST 的关键时期，当时更担心的是资金、发射计划的推迟，而忽视了单独的检测。[①]

二、皮特对哈勃望远镜故障的解释

一般把技术哲学研究分为两大类，一是工程派的技术哲学；二是人文派的技术哲学。工程派技术哲学对技术一般持一种积极肯定的态度，对技术采取实证的方法，强调对技术的经验分析，以及基于经验基础上的对技术的解释。认为技术是独立于社会文化的要素，技术在社会的发展中起核心的作用。但是，这一研究

① NASA. *The Hubble Space Telescope Optical System Failure Report.* November 1990.

传统的研究不彻底，往往会超越技术本身的认识而走向技术的社会涵盖与技术统治论，容易导致技术乐观主义的形成。

人文派技术哲学认为技术并非是价值中立的，技术具有伦理和政治的内涵，从社会的外在视角出发对技术进行分析和批判。近代人文主义思潮，可以追溯到文艺复兴时期，后来随着工业的发展出现了浪漫人文主义代表人物卢梭，到现代公认的人文主义技术哲学家海德格尔、埃吕尔等。人文派技术哲学从语言—符号体系上，意识形态层面对技术展开社会批判。

面对这两种传统的争论及其各自的缺陷，拉普在《技术哲学导论》中指出，"只注重成功的技术主义与喜好沉思的人文主义，往往造成科学与人文'两种文化'之间的对峙。两者之间实际上有着必不可少的互补关系。"① 皮特（Pitt）认为，不管是技术的批判还是社会批判对技术进行意识形态的分析都没有抓住技术的本质。只有对技术的本质有一个清晰的认识，才能对技术进行深入研究。

在皮特看来，我们要面向具体技术的客观事实，而不是像海德格尔等人那样先进行形而上学的分析。他从实用主义的哲学立场出发，去阐述技术与社会的关联，他提出了"技术行动论"。

皮特从认识论的角度指出了科学与技术的区别。他认为技术不是科学的应用，科学与技术之间的关系比这个复杂得多。皮特通过对科学的研究关注社会和实践的因素，提出技术应该具有社会向度。毕竟，技术与人是分不开的。同时，技术也是具有实际目的的，即技术是工具的应用，结合两者，皮特给技术定义为：技术是"人性在运作"。② 科学和技术的关系问题是技术哲学里最重要的问题之一，同时也是皮特的关注重点。皮特从逻辑实证主义者关于科学的论题开始，尝试发现是否存在相应合理的技术对应概念。"科学和技术"这一表达方式如此普遍，以至似乎要取消这两个词语之间的距离而代之以"科学技术"来表达，或者更简单化为"科学/技术（S/T）"。③ 但是，皮特通过研究发现，在哲学论述中科学与技术问题之间有一种令人吃惊的对称性的缺乏。为此，他认为，只有我们对技术的认识论层面有一个更深刻的理解之后，技术的社会批判才有存在的空间。同时，皮特还认为只有把科学和技术放在具体的社会历史背景当中来看待，科学和技术才能具有自己独有的特征。他讨论了科学知识的两个因素：①科学知识是受理论约束的；②提出和发展科学知识是为了解释世界运作的方式。④

---

① ［德］F. 拉普著，刘武等译：《技术哲学导论》，辽宁科学技术出版社 1986 年版，第 3 页。

② J. C. Pitt, *Thinking about Technology: Foundations of the Philosophy of Technology*. New York: Seven Bridges Press, 2000, P. 11.

③ ［美］皮特著，马会端、陈凡译：《技术思考》，辽宁人民出版社 2008 年版，第 32 页。

④ 同上，第 43 页。

皮特赞同科学知识与工程知识和技术知识的区分。E. 莱顿（E. Layton）和文森蒂都认为，工程知识和一般的技术知识，组成了一种不同于科学知识普遍性的离散的知识形式。① 莱顿后来又认识到："技术知识是关于如何去做的知识、是制造事物的知识，而基础科学则有一种更为普遍的知识形式。"② 于是，皮特认为，科学探究的目的在于解释，而技术和工程则致力于创造人工物，因此，它们组成了两种完全不同的知识形式。技术可以包含一种自主的知识形式，并用这种知识形成说明和解释独立于科学的技术成就。③ 工程是解决问题的活动。大部分工程都是"食谱工程"。工程知识是工程师在解决问题过程中形成的具有特殊类别的知识（而不具备普适性）。科学知识并不像工程知识那样可以跨越不同领域而具有"可传递性"。科学知识自身有一个不可通约性问题。④ 在皮特看来，技术知识也具有可转移性。在不同的文化中的技术转移问题，是一实践问题，而不是一个认识论问题。⑤

皮特认为，对技术进行的社会批判想要有说服力，除了理解技术之外，还需要应用可靠和值得信赖的方法来决定"反对还是支持使用该技术"的事实陈述的准确。由此，必须进行方法论的思考。⑥ 在此基础上，皮特提出了自己的认识论模型——MT。这是一个输入输出相结合的二阶技术转化模型。技术决策是一阶转化，转化的结果可能导致另一个一阶转化，也可能导致二阶转化，可以进行某种工具的决策。二阶转化是一阶转化的结果，完成了一阶决策的运用装置是一个二阶转化。

皮特的技术解释不同于科学解释，他的基本策略是实用主义的技术解释。

他的技术解释包括技术规则、系统等概念。在他看来，如果科学规则是关于宇宙结构以及宇宙内部各相关部分之间关系的规则，并且技术是"人性在运作"的定义是准确的话，技术规则应该是人以及技术与人之间相互关系的规则，同时由于技术规则是以这一关系为主导的，那么技术规则就应该是社会科学研究的结果。⑦ "人性在运作"概念的使用使得用来达成我们目标的工具这一概念尽可能包含所有的人工物，使得政府、法律体系、官僚系统等社会机构都可以算作技

---

① 同上，第 43 页。

② E. Layton, *Through the Looking Glass of News from Lake Mirror Image. Technology and Cultrue*, 1987, 28, P. 603.

③ ［美］皮特著，马会端、陈凡译：《技术思考》，辽宁人民出版社 2008 年版，第 44 页。

④ 同上，第 48～49 页。

⑤ 同上，第 52 页。

⑥ 同上，第 66 页。

⑦ J. C. Pitt, *Thinking about Technology: Foundations of the Philosophy of Technology.* New York: Seven Bridges Press, 2000, P. 43.

术。技术解释中另一个重要概念是系统，技术解释中的一个重要部分是把人工物、结构、功能与组成这个系统相关的其他部分的关系进行解释。通过对人工物中具体问题来进行详细说明。例如：只有参考设计、功能或者结构在人工物里边的作用时，才能对其进行恰当的解释。①

皮特在技术解释之外，专门讨论了技能解释，即对技能细节进行解释，技能解释恰恰是从具体事件中寻求对某一特殊事件的理解。技能解释一般会对以下三种情形进行说明：

（1）人工物没有实现最初预想的目标；

（2）人工物是如何发挥作用以及如何产生不同的结果；

（3）人工物带来的不可预测的结果。②

技能解释通常会说明"为什么它起作用（不起作用）"等关于"为什么"诸如此类的问题，如果按照科学解释的法则去解释，就不会得到令人满意的答案。

就 HST 的成像不清来说，皮特引用了 NASA 总督察员向国会提交的报告，HST 关键部分即主镜出现了问题。具体表现在以下方面：①没有经过校对的反射零位器垫圈；②没有预料到反转零位校正器的结果；③折射零位测试与反射零位测试不一致；④总体错误测试没有进行。③ 按照实用主义的分析策略，除了引用调查报告中说明的原因之外，皮特更加强调 HST 设计的决策相关的其他因素，包括道德、经济等其他因素：

（1）牵涉的人和利益集团的范围很广，从政治家到制造商，从科学家到官僚主义者，都包括在里面；

（2）科学的、技能的、政治的、金融的等因素也包括在内；

（3）建造一个轨道观测台是非常复杂的，它要比建造一个望远镜涉及的问题多得多。

皮特结合他的技术行动认识论模型，从政治、挑战者号航天飞机发射的延迟、资金等因素分析了其对哈勃望远镜的影响。在其技术解释模型中，认为主要应该关注的是参与项目工作的人，技术解释是一种"决策因果关系之上"的解释，在这里，决策扮演着至关重要的作用。④

---

① J. C. Pitt, *Doing philosophy of Technology*. New York：Springer Press，2011，P. 111.

② J. C. Pitt, *Thinking about Technology：Foundations of the Philosophy of Technology*. New York：Seven Bridges Press，2000，P. 45.

③ J. C. Pitt, *Doing philosophy of Technology*. New York：Springer Press，2011，P. 184.

④ J. C. Pitt, *Thinking about Technology：Foundations of the Philosophy of Technology*. New York：Seven Bridges Press，2000，P. 51.

三、技术的结构推理

皮特的技术解释是有一定道理的，但是，他从实用主义出发，将技术定义为"人性在运作"，显然，这一个定义太宽泛。他并没有完全认清技术的本质，技术必然有自身的特质，而不能将技术失效的原因任意拓展到技术之外。反过来讲，即使那些参与 HST 的设计、制造和测试等的技术人员、管理人员、公司等都具有良好的道德和经济水平，而且真正有心想把事办好，但是，技术水平不高，显然也是不可能成功制造出 HST。HST 成像不清从根本上讲是技术本身的问题，过多的政治、金融等方面的分析并不利于技术解释，政治与金融等因素并不直接影响技术人工物的制造，而必须直接寻找技术本身的原因。事实上，这些制造哈勃望远镜的公司本身具有相当高的信誉和非常先进的技术水平，因为它们都是高技术企业，HST 的制造任务也是国际上许多其他高技术企业根本无法完成的高难度制造工作。因此，应当从技术本身来展开分析，特别是需要运用分析哲学方法对 HST 进行技术解释。

技术解释就是技术推理或技术逻辑的一种方式。技术解释一直是一个难题，并没有演绎推理地解决。P. 克劳斯（P. Kroes）通过分析了纽可门蒸汽机案例，提出了技术解释的图式，但没有给出具体的推理模式。张华夏、张志林改进了技术客体的结构解释，通过结构来解释技术的功能，问题是他们提出的对应原则有问题。下面将采用我们提出的三值逻辑的技术推理模式（详见第十章第四节相关内容）来分析哈勃望远镜的结构与功能的推理关系。

我们先从物理光学角度入手。

我们按照光学规律 L 将有关镜子（即要素）C 组成一个光学望远观测的关系 R，即制造成光学望远镜系统 S，就具有望远的功能 F 了。

由于要将这一光学望远镜 S 经过航天发射送入到预定离地 600 千米的轨道，而且不容易检修，因此，这一光学系统当然要经受得住航天发射的振动和高低温的变化，以及在轨道上有关固定光学镜面的机架不变形、镜面不变形等高科技要求。事实上，天文镜面不变形等要求，比地面上民用专业相机的光学要求要高难得多。哈勃望远镜是当时最先进的天空观察仪器。因此，哈勃望远镜除了光学观察的光学系统之外，还必须有用于检修的辅助系统，即光学系统出了一点毛病，它能够自我判断故障发生在什么地方，以便地球上的天文工作人员能够发送指令给辅助系统，进行必要的自我调节有关镜面的角度等等。

简言之，从物理光学角度来看，哈勃望远镜 HST 从结构到功能的技术推理的结构是：

前提：（1）HST 的镜子分析：HST 是由 C_1、C_2、C_3、C_4、C_5、C_6、C_7 组成，简称为 C_1、C_n，即 HST 由光学系统 C_1 与其他科学仪器 C_n 组成。

（2）HST 的镜子（要素）构成的特定的光学关系 R 与辅助设备分析。HST 是按照光学原理或光学规律 L 将 C_1、C_n 组成特定的望远光学关系 R。光学系统 C_1 包括主镜（C_{11}）、副镜（C_{12}）和矫正光学设备（C_{13}）。

光线从筒口进入望远镜，然后从主镜反射到副镜，副镜再把光线从主镜中心的一个小洞反射到主镜后面的焦点。焦点处有一些更小的半反光半透明的镜子，将光线分散到各个科学仪器，供各种科学仪器进行精密处理，得出的数据通过中继卫星系统发回地面，当 C_1、C_n 都正常工作时，就会产生清晰的图像。

（3）由结构到功能的规律：光学成像规律。

结论：（4）HST 将得到清晰的图像。

但是，事实上，HST 并没有得到清晰的图像，而是模糊的图像。这表明，前面的元素或结构有问题。因此，技术推理要分析出"问题"出在何处。

我们这里借鉴张华夏、张志林的模型，并改进这一模型对哈勃望远镜进行结构到功能的技术解释：

（1a）HST 的元素为 C_1、C_2、C_3、C_4、C_5、C_6、C_7，简称为 C_1、C_n，并构成为稳定的关系 R，元素与关系构成结构 S。即 HST 是由光学系统 C_1 与其他科学仪器 C_n 组成。HST 具有恰当的光学结构，即 HST 是按照光学原理将 C_1、C_n 组成特定的光学结构，这里的光学结构受到光学成像规律 L 的支配。光学系统 C_1 包括主镜（C_{11}）、副镜（C_{12}）和矫正光学设备（C_{13}）。

（1b）元素满足技术规律或规则。这里光学成像规律转变为技术规律 L，如透镜成像的光学规律、光学镜面的打磨和镀膜技术的规律或规则等。技术规律或规则使元素构成为完成某种功能的结构。

（1c）HST 处于太空环境中。

（1d）结论：HST 有清晰的成像功能 F。

上述各陈述（1a）、（1b）、（1c）是用结构语言表达的，陈述（1d）是用功能语言表达的，显然，缺乏一个从结构到功能的联接。张华夏、张志林教授认为，用对应原则来实现结构与功能之间的关系，然而，这对 HST 来说是有问题的。我们认为，应当用技术原子来实现结构与功能之间的桥接，于是更换对应原则：

（1e）HST 具有原子结构与功能统一体，即技术原子：光学规律能够使主镜、副镜等光学元件组成的最基础结构 S_0 产生相应的基础功能 F_0。

可见，只要上述各光学仪器（元素）都是正常的，构成了正确的结构，并使结构与功能之间有正确的耦合，HST 将得到清晰的图像。但是，从 HST 传回来的图片表明，并没有得到清晰的图像，而是模糊的图像。这说明，前面的结构或要素是有问题的。上述从结构到功能的技术解释，用符号表示为：

解释者：（2a）结构描述。要素描述 C，要素构成关系描述 R，C 与 R 组成结构描述 S，$S = <C, R>$。

（2b）要素满足的技术规律或规则描述 L。

（2c）环境描述 E。

（2d）结构—功能子描述 $S_0 \leftrightarrow F_0$。

被解释者：（2e）技术人工物的功能描述 F。

按技术推理模式 II 可写成逻辑推理式为：

$$S. L. E. SF_0 \supset F$$

当有合格的 C、合理的 R 和正确的结构与功能的基本联系 SF_0，就能产生正常功能 F。但是，对于 HST 来说，其成像不清楚，就是成像有毛病，表示为"$-F$"，于是有如下技术推理：

$$((S. L. E. SF_0 \supset F). -F) \supset -(S. L. E. SF_0)$$

而赖欣巴哈的三值逻辑的"直接否定"满足德·摩根定律，考虑到 $S \leftrightarrow C. R$，于是有：

$$-(S. L. E. SF_0) \leftrightarrow -C \vee -R \vee -L \vee -E \vee -SF_0$$

由于技术规律或规则 L 和要素的关系 R、环境 E 与结构—功能子 SF_0 不存在问题，上式是析取关系，因此，$-C$，即要素 C 有问题。

而 C 由 C_1、C_n 组成，即 $C \leftrightarrow C_1. C_n$。技术人员和科学家发现，$C_n$ 没有毛病，因此只有 C_1 出毛病了。C_1 包括主镜（C_{11}）、副镜（C_{12}）和矫正光学设备（C_{13}）。即 $C_1 \leftrightarrow C_{11}. C_{12}. C_{13}$。

1990 年 6 月 14 日，美国航宇局为使哈勃空间望远镜的聚焦达到最佳状态，经分析得知，C_1 部分存在问题，即 C_{11}，C_{12}，C_{13} 部分或者全部存在问题，经调查发现正是 C_{11} 和 C_{13}（主镜和校正设备—反射零位校正器）存在问题。

（1）存在的第一个问题是镜片的问题，镜片在加工磨制、抛光和实验测试时并不能精密成型。调查委员会对镜片的制造调查发现，镜片的制造并不规范，镜片的中心过于扁平，这个误差已经十倍大于可容忍的范围。主镜表面涂上了一层很薄的铝片，当镜子抛光后，一小部分材料消耗，镜片不同的部分选择不同的光束，镜片的形状被改变了。当所有的镜片表面经光束反射测试后，镜片表面呈现出许多重复的光环，这是由于在这个项目里光学测试没有被很好地设定，这也是镜片没有抛光好的缘故。

（2）反射零位校正器存在问题。反射零位校正器用来检测主镜的形状。只有当测量的光学元件和空间距离准确的时候，反射零位校正器才能被确保是准确的。事实上，主镜在抛光阶段就没有抛光准确，镜片的形状偏离了预定的标准。对反射零位校正器的物镜检测发现安置距离有问题，需要安装一个间隔器来增加两个物镜之间的距离，但是保护物镜的螺栓帽没有固定好，这里表明发射零位校正器存在问题，同时也说明缺乏技术监管。这些异常情况应该让材料审查委员会进行记录并且考虑问题的原因，但事实上调查委员会调查时并没有找到相关记录。

（3）反转零位校正器对反射零位校正器检测发现，出现了球状相差，当其测量主镜的时候，其显示的都是环形波状图，与预期的干涉模型相差很远，这里显示了很明显的错误。第二个零位校正器仅由透镜组成，当它测试主镜的球面直径时，它也很清晰的显示了主镜的错误。当这两个错误出现的时候并没有受到重视。帕金—艾尔曼公司的光学操作人员认为是反转零位校正器出现了问题，事实上，反转零位校正器能够足够精确的发现错误。

（4）由折射零位校正器对顶点半径的检测发现存在球状相差，这个信息被忽略了。这是由于折射零位校正器的精确度比反射零位校正器差，因而是不可靠的。事实上，折射零位校正器更容易准确地发现存在的球状相差。

（5）针对主镜的检测计划没有实施。科学家们很好地设计和测试了哈勃望远镜的仪器。然而，哈勃望远镜的制造商们忽视了对技术监管的检测和重视。从帕金—艾尔曼公司的科学家们、管理者到技术决策队伍和 NASA 的管理者和活动者们，都没有对制造程序相当关注，没有意识到有差异的数据的存在。尽管这些数据会让帕金—艾尔曼公司的部分光学操作人员担忧，依靠一个单独的测试方法对一个程序来说是很脆弱的，即使是一个很简单的错误的出现。这些简单的错误在其他望远镜项目中也曾出现，然而仍然没有独立的检测计划来避免发生大的错误。在哈勃望远镜的关键时期，当时更担心的是资金、发射计划的推迟，而忽视了单独的检测。[1]

下面我们给出从结构推出功能的技术解释的一般模式：

设技术人工物 x 有 n 个要素，记为 x_1，$\cdots$，x_n，即 x_1，$\cdots$，x_n 分别属于 C_1，$\cdots$，C_n。$C_i(x_i)$ 表示 x_i 属于 C_i 类，C_i 为事物谓词。由这些要素形成稳定的关系 $R(x_1, x_2, \cdots, x_n)$，其中 R 为关系谓词，人工物的要素与关系共同构成为技术人工物的结构 $S(x_1, x_2, \cdots, x_n)$，这里 S 为结构谓词。

结构—功能子可以表达为：$S_0(x_1, \cdots, x_n) \leftrightarrow F_0(x_1, \cdots, x_n)$，简记为 $SF_0(x_1, \cdots, x_n)$。

人工物的结构描述的逻辑形式为：

---

[1] NASA. *The Hubble Space Telescope Optical System Failure Report.* November 1990, P. 55.

$$S(x_1, \cdots, x_n) \leftrightarrow C_1(x_1). C_2(x_2). \cdots. C_n(x_n). R(x_1, \cdots, x_n)$$

并将 $C_1(x_1)\cdots. C_n(x_n)$ 简记为 $C(x_1, \cdots, x_n)$，C 为事物谓词。

于是有 $S(x_1, \cdots, x_n) \leftrightarrow C(x_1, \cdots, x_n). R(x_1, \cdots, x_n)$。

技术人工物的关系或结构的形成，既可以来自科学规律、技术规律，还可能来自技术规则、技术经验，或者不可言说的知识，用 $L(x_1, \cdots, x_n)$ 表示，其意思是元素 $x_1, \cdots, x_n$ 满足规律 L，L 就是规律谓词或规则谓词。一个技术人工物是否具有那样的功能 F，也需要有相应的环境 $E(x_1, \cdots, x_n)$，如果没有那样的环境，技术人工物的功能就无法实现。严格讲，这里所说的技术功能还是一种潜在的功能，只有当技术人工物作用于作用对象 O，并正常运行时，现实的功能才能表现出来。于是，一般的技术解释用符号表示为：

$$S(x_1, \cdots, x_n). L(x_1, \cdots, x_n). E(x_1, \cdots, x_n). SF_0(x_1, \cdots, x_n) \supset F(x_1, \cdots, x_n)$$

上式即式（11-4）的谓词语句表达式。在技术人工物的结构与功能的转变过程中，其中有一个原子结构—功能子 SF_0。这个原子结构—功能子，可以是物理实体（如在纽可门蒸汽机中，有一个枢臂等器件来完成从活塞到泵水这一功能的实现），也可以是人的意向使然（如一把菜刀有锋利的物理性质，当其作用于菜时，刀用来切菜；由于刀有硬度和重量，人又可用它拍坚果，这里刀发挥的是锤子的功能）。

上述关于 HST 与技术解释的分析方式，是分析哲学的分析方式，正是工程技术人员的思考方式，而不是皮特的实用主义的分析方式。一个好的技术解释在于能够预见技术的发展，或者是对技术的问题进行透彻的分析，有利于改进或解决技术的问题，而不是将问题扩展到更大的范围。

上式的技术的结构推理用于技术解释，并写成竖式为：

解释者：（3a）结构描述。要素描述 C，要素构成关系描述 R，C 与 R 组成结构描述 $S(x_1, \cdots, x_n)$。

（3b）要素满足的技术规律或规则描述 $L(x_1, \cdots, x_n)$。

（3c）环境描述 $E(x_1, \cdots, x_n)$。

（3d）结构—功能子描述 $SF_0(x_1, \cdots, x_n)$。

被解释者：（3e）技术人工物的功能描述 $F(x_1, \cdots, x_n)$。

这里从解释者到被解释者之间不是实践推理的形式，而是用赖欣巴哈的三值逻辑的标准蕴涵 $\supset$，可见，技术推理或技术解释是能够进行演绎推理的，只不过这里的技术逻辑是三值的。

四、对技术解释的几点讨论

技术解释实质上就是技术推理的模型，技术解释是对技术推理或技术逻辑的具体应用。下面展开几点讨论。

（1）张华夏、张志林提出了技术客体的结构解释模型，在该逻辑模型中包括了对应规则 B。他们将对应规则解释为：为了由元素与结构的规律推出客体的功能规律，就要有一种原理将元素结构的概念转化为整体功能的概念，这个转换，叫作对应规则。[①]

张华夏等提出用对应原则将人工物的结构转变为功能，以解决结构与功能之间的矛盾。但是，在我看来，对应原则"$C_x \leftrightarrow A_x, F_x \leftrightarrow P_x$"需要再认识。对于纽可门蒸汽机来说，对应原则的概括还是可用的。但是，对于 HST 来说，用对应原则来说明从结构到功能的转变，似乎难以解释。

在对人工物进行技术解释的过程中，不是一定需要有一个对应规则。我们认为，应通过一个技术原子来联结，这更加符合技术实践和工程实践。

将技术客体的功能 F 逐级分解，根据工程技术的需要，可以分解到一个足够基础的功能，我们称之为原子功能 F_0，与这一最小功能相对应还有一个最小的结构，称之为原子结构 S_0，原子功能与原子结构是统一在一起的，它表达了人工客体 x 的两个重要特征，即：$S_0(x) \leftrightarrow F_0(x)$，它表示人工客体的原子功能与原子结构是等价的。判断是否属于原子功能，依赖于具有的工程技术科学和设计情境的要求。

在一些学者看来，技术设计应当仅考虑功能的分解，不应该考虑结构的分解，显然这一设计思路是片面的，其效率十分低下，而发达国家设计优良的设计师，在具体的设计实践过程中，既要考虑功能设计，又要考察结构设计，而不是片面像有的设计教材所说，仅从功能来展开设计。有的技术哲学家在分析设计时，仅考虑功能的分解，而不协调地考虑结构的分解，这样的设计是不符合技术工程实践的，而且这样的哲学抽象是有害的，而不是对技术的进步有益的。

HST 的核心是通过主镜和副镜形成清晰的图像，然后再供其他科学仪器进行处理。主镜与副镜按光学成像要求组成的结构，与主镜后面的焦点形成清晰的图像是统一在一起的，这就是结构—功能子，清晰的图像是 HST 的基础功能，其他功能都是建立在这一基础之上。

技术规律或技术规则是否包括了结构—功能子？反过来问，有了技术规律或规则，是否就能唯一形成技术人工物的结构与功能。显然，答案为否。有的技术规则是在人工物形成和使用之中逐渐形成的。同一个技术规律或规则会对应多个技术人工物。因此，每一类技术人工物都有其结构—功能子，它是技术人工物的最基础构件。比如，汽车有其共同的或家族类似的结构—功能子，它不同于枪的

---

① 张华夏、张志林：《技术解释研究》，科学出版社 2005 年版，第 72 页。

结构—功能子。

皮特认为，技术规则是人以及与人之间相互关系的规则。我们认为，技术规则是人在工程技术实践过程中，必须遵守技术人工物正常运行的规则，而不是人与人之间相互关系的规则。技术规则从根本上讲，来自科学规律、技术规律或技术经验。对于高技术产品来说，技术规则主要来自科学规律转化成为的技术规律或技术规则。技术规则是保证技术人工物正常运行的规则。

（2）技术是什么？皮特对技术的讨论限定在人类技术上。于是，涉及两个因素，一个是人类活动；另一个是对工具的有目的的应用。据此，他将技术定义为：技术是"人性在运作"。显然这是一个宽泛的定义。一般来说，人性就是人的本性。人性由理性和感性等因素构成。像 HST 这样的高科技产品，更加注重理性，而不是感性等因素。显然，"人性在运作"这一技术的定义无法阐明现代技术所包括的理性。而运作（work）这一词也是宽泛，没有将技术的改造、实践特征表达出来。而本文作者之一对技术的定义是：技术是理性的实践能力。这说明了技术具有实践特点，需要不断给予检验。技术也是一种理性的实现，HST 的聚焦功能有很高的科学要求，也是许多发达国家难以达到的科学技术精度，这就是说，技术人工物本身是前沿的科学和技术的产物，即高科技，它本身就具有不确定性和风险性，有的检验也必须在实践和使用过程中，才能受到检验。通过对技术产品的使用来检验技术是否存在问题，越发显得具有重要性，如 HST 等这些高端技术产品，如果制造该产品的公司一开始就没有检查出技术问题，而在现实中通过对该产品的使用发现了问题，这说明了对高技术人工物的检验还要在使用中进行，通过使用来发现问题和改进技术人工物。即是说，使用就是对技术人工物的检验。技术解释中应当引入时间因素，因为技术解释不仅是解释有一个技术人工物，还应当解释它具有何种稳定和可靠的功能，而这些因素的都必须在技术的使用中来检验。

（3）技术推理应当关注什么？是关注技术自身，还是与技术相关的管理等方面的因素？

事实上，一般而言，推理的核心是因果关系，即前提与因果关系的结合，推论出结论。推理的一般模式为：

（a）前提；

（b）因果关系；

（c）结论。

技术推理之所以能够进行，实质上在于前提与结论之间有一个因果关系存在。技术的因果关系比科学推理的因果关系要复杂得多。技术因果关系分为事实上的技术因果关系和社会生活的技术因果关系。事实上的因果关系用从技术本身角度分析技术的因果关系，这是一个客观的分析，有利于改进技术，推动技术进步。社会生活上的技术因果关系是从社会生活角度分析技术的因果关系，它以事实技术因果关系为基础，但必须得到社会生活有关权力部门的确认。对于哈勃望远镜来说，其建造与寻找故障的方法，正是工程技术人员的研究方法，这就是寻找事实上的技术因果关系，其推理方式就是事实上的技术推理方式。而从管理、政治的、金融的等方面去思考和寻找故障的方法，这是一个国家的社会生活的思考方式，属于寻找社会上的因果关系，其推理方式是社会生活上技术推理方式。实际上，有的学者将技术推广到社会技术。

第三节　贝叶斯推理的基本概念

在科学哲学领域，贝叶斯方法正被运用到科学推理与科学解释中。贝叶斯网络作为形象化的图形结构，有助于建立有效的科学推理以及科学解释模型，而且贝叶斯网络在因果推理、诊断推理与解释推理方面也有着较为突出的作用。在本章我们将探讨贝叶斯方法是否可以用于技术推理之中，首先简要介绍有关概率运算的一些基本概念。

一、概率的基本含义

如何理解概率，并不是一个简单的问题。正如吉利斯（Gillies）指出，"概率论包含两方面的内容：既有数学方面的，也有基础方面或哲学方面的。这两个方面形成了鲜明的对比。人们在数学方面存在着几乎一致的共识，而在哲学方面却有着相当大的意见分歧。"[①] 这些分歧主要体现在不同学者对于概率的解释不同，综合而言，主要有四种较为重要的概率解释理论：逻辑理论（the logical theory）、主观理论（the subjective theory）、频率理论（the frequency theory）、倾向理论（the propensity theory）。

（1）概率的逻辑解释。

概率的逻辑解释即逻辑理论将概率等同于合理置信度（degree of rational belief），这类概率也就是古典概率。该理论假定，对于相同的证据，所有有理性的

---

① ［英］吉利斯著，张健丰、陈晓平译：《概率的哲学理论》，中山大学出版社 2012 年版，第 1 页。

人都会对某一假说或预测怀有相同的置信度。①

吉利斯在阐述概率的逻辑理论时主要是考察凯恩斯的观点。在凯恩斯看来，如果根据演绎逻辑推理形式，那么结论一定可以从前提中肯定地得出，也就意味着这一结论是确定的。然而如果是根据归纳逻辑的推理形式，由于归纳推理的合理性得不到有效的辩护，因而归纳推理的结论往往不能由前提肯定的推出。于是，就有这样的一个问题：归纳推理中前提是否能够部分的推衍出某一假说或者某一预测呢？对于这一问题的解决尝试，就是试图建立一种关于部分推衍（partial entailment）的逻辑理论，概率就是部分推衍度（degree of a partial entailment），② 这就意味着有了某个前提则可以以一定概率的形式推导出某种结论。部分推衍度描述的实际上是证据对于某一假说或某一科学预测的推衍程度，如凯恩斯所言"同一称述的概率随着所提供的证据的变化而变化，证据可以说是谈论概率的前提"。③ 那么如何从"部分推衍度"过渡到"合理置信度"呢？凯恩斯作了一个假定：如果 h 在 a 的程度上部分地推衍 a，那么相对于 h，在 a 的程度上相信 a，就是合理的，也就是意味着"部分推衍度"等同于"合理置信度"。④ 凯恩斯所说的合理置信度强调的是所有有理性的人在面对相同证据时对某一事件所持的信念度相同，也就意味着在同样的知识背景下不同的信念主体之间是无差别的，即合理置信度遵循的是某种"无差别原则"。然而波普尔注意到合理置信度与推衍度的不同，前者是一种合理信念程度，后者是逻辑推理程度，当部分推衍度为零时可以有一个不为零的合理置信度。

卡尔纳普是概率的逻辑解释理论的代表人物，他将概率定义为"确证度"，用 C 表示，公式 C(h, e) 表示"假说 h 相对于给定的证据 e 的确证度"。⑤ 卡尔纳普以形式逻辑作为基础，于是，陈述 h 与陈述 e 之间的关系仅需要从逻辑形式上考察。卡尔纳普将不同的语句之间的关系置于人工语言系统之中，这一人工语言系统实质上就是命题的集合。各种不同的语句构成了对一切可能的状态空间的描述，即命题与命题之间的各种联结关系构成了对整个世界的可能性状态的描述，如果用概率形式描述这一可能性，那么任意的两个状态空间描述之间是相互独立、互不相容的，即命题之间是互斥的，且所有命题的概率和为 1。语句或命题的概率是采用无差别原则进行赋值得到的。无差别原则意味着如果没有证据证明两个语句或命题指代的事件中某一事件发生的可能性高于另一事件，则两个语句或命题应该无差别的对待即应该赋予相同的概率，这两个事件也是等可能事件。

---

① ［英］吉利斯著，张健丰、陈晓平译：《概率的哲学理论》，中山大学出版社 2012 年版，第 1 页。
②③④ 同上，第 33 页。
⑤ 孙思：《概率解释理论的合理性》，载于《洛阳大学学报》1995 年第 3 期，第 3 页。

当代技术哲学的发展趋势研究

卡尔纳普的"确证度"实际上与凯恩斯的"部分推衍度"是等价的。卡尔纳普同样也提出了"置信度"的概念，置信度被用来表示信念主体对某一给定的命题 h 的信念程度，一般用置信度函数来描述，该函数至少包括两个变量，即相信命题 h 为真的置信度以及相信命题 h 为假的置信度。作为主观信念，置信度实际上是一个心理学概念。与凯恩斯不同的是，卡尔纳普是通过引入了几条合理性原则从而使得置信度作为心理学概念向作为逻辑学概念的合理过渡。这些原则包括"一贯性原则""严格一贯性"以及"对称性原则"。"一贯性原则"是指当某人对命题 h 以某个置信度函数接受一组打赌时，该置信度函数必须是一贯的，当且仅当函数满足概率计算的基本公理①。"严格一贯性"则是要求置信度函数在满足一贯性要求的基础上还必须保证置信度函数的变量是正实数。简单来说，"一贯性原则"和"严格一贯性"保证的是 $P(h) + P(\neg h) = 1$，且 $P(h) > 0$、$P(\neg h) > 0$。"对称性原则"则是要求当两个命题的全部个体知识等价时，人们对于两个命题的可靠性函项（指某人在全部观察知识或证据的合取命题下，对命题 h 的置信度）必须相等。② 在这一原则中全部个体知识包括什么？包不包括主体的背景知识？有没有认知偏好？凯恩斯所提出的合理的置信度，是不是普遍的倾向与认知？显然，卡尔纳普与凯恩斯并没有详细地解释清楚这些问题。

卡尔纳普的概率的逻辑解释面临着一系列的挑战。首先是先验概率的分配问题，依据无差别原则的概率的平均分配并不合理，就算考虑 $P(h) + P(\neg h) = 1$，满足条件的 $P(h)$ 与 $P(\neg h)$ 显然有多种可能；其次是在卡尔纳普的解释系统中，其置信度函数在变量为无限全称命题的值恒等于零，这与实际上的科学研究中的无限全称命题相矛盾；最后卡尔纳普将置信度的合理性来源诉诸"归纳直觉"，显然是不能得到合理辩护的。

（2）概率的主观解释。

在概率的主观解释中，概率是等同于某一个人的主观信念程度，即某人在给定证据 e 时对命题 h 为真的置信度（degree of belief），这一概率就是条件概率，本章所关注的贝叶斯概率主要是指条件概率。与概率的逻辑解释不同，个人的主观信念度意味着不同的信念主体在面对相同的证据时可以持有不同的意见。它侧重的是信念主体在一定的不确定条件下采取某种行为的可能性，概率就是这种可能性的衡量标准。正如波普尔说："主观理论能够给如何判定概率陈述的问题提供一个前后一致的解决办法，并且一般地说，它面临的逻辑困难比客观理论

①② 孙思：《概率解释理论的合理性》，载于《洛阳大学学报》1995 年第 3 期，第 4 页。

要少。"①

概率的主观理论分别由剑桥的拉姆齐（Frank Ramsey）和意大利的德·菲耐蒂（Bruno de Finetti）大约在同一时期独立地发现，② 拉姆齐认为测定一个人信念的传统方法是提议打赌，看他愿意接受的赌注与付款的最低赔率（the lowest odds）是什么，③ 而德·菲耐蒂则认为一个人给予一个特定事件的似然性程度是由他倾向于为那个事件打赌的条件所揭示的。④

假设两个主体 X、Y，他们对一个事件 A 打赌，X、Y 都必然对事件 A 持有某种信念度，分别设为 P_X、P_Y，那么在打赌中，信念度 P 则 P_X、P_Y 表现为赌商（bet quotient），当 P_X 与 P_Y 是 X 与 Y 不加拒绝的赌商的上限，则 P_X 与 P_Y 是公平赌商，实际上应该是 X 或 Y 的主观公平赌商（subjectively fair odds）⑤。公平赌商并没有预设实际上所有的赌商都是公平的，且实际上的公平赌商并不是人们所认为的公平赌商，因为考虑到是否会采取打赌这种行为时，只有人们认为赌商对其有利时才会进行打赌。

概率作为主观信念度时，一个需要考虑的问题是这种概率或信念度能否保持一致从而符合概率公理？按照豪森的观点，主观信念度应该遵循概率演算的公理与定理。若主体 X 对于事件 A 发生与否的信念度是一致的，也就意味着 $P(A) + P(\neg A) = 1$，此时信念度是符合概率演算的公理的，也是能保证主体 X 不会失利的公平赌商；如果 X 对于 A 发生与否的信念度是不一致的，也就是说 $P(A) + P(\neg A) \neq 1$，那就不符合融贯性（coherence），X 在这一打赌中一定会处于失利状态。

当概率的主观解释应用于科学理论的选择与确证时，其本身是存在缺陷的。主观解释看重的是主体依据一定信念度来做出决策采取行动，显然赌商能够提供主体所需要的概率计算方式，而其合理性能够根据某一行动的结果来辨认。但面对科学理论的评价与验证时，某一实际事件的发生或预测结果根本不能确定究竟是何种假说或理论的推衍，简单说来就是根据结果不能推知已知某事件的原因出现的概率，肯定后件无法得出确定结果，也就意味着主观信念度的合理性得不到有效的确认以及辩护。因此，概率的主观解释遭受的批评与指责主要在于主观标准的随意性，这种随意性显然是不合理的。

---

① 汤本顺：《论波普概率的倾向解释》，载于《华南师范大学学报》（社会科学版）2005 年第 2 期，第 40 页。

② ［英］吉利斯著，张健丰、陈晓平译：《概率的哲学理论》，中山大学出版社 2012 年版，第 54 页。

③ 江天骥主编：《科学哲学名著选读》，湖北人民出版社 1988 年版，第 53 页。

④ 同上，第 84 页。

⑤ Colin Howson and Peter Urbach. *Scientific Reasoning：the Bayesian Approach.* Open Court Publishing Company. 1989，P. 56.

概率的主观解释与概率的逻辑解释关注的都是将某种置信度等同于概率，但是它们对于置信度有不同的理解。当面对相同的证据时，有理性的人所持的置信度是相同还是不同？置信度是个人主观置信度还是某一社会群体共同的置信度？是否会出现主体的主观概率或置信度在先，证据带来的置信度的变化在后的现象？将置信度等同于概率的解释方式存在着许多未能解决的问题，但是也必须承认在一定条件下发生的事情离不开人的条件，包括人的知识、人的认知、人的意向以及人的信念等，这是置信度解释的意义所在。在科学哲学中，置信度发展成为主体根据获得的证据来确证理论的程度，它能够在一定程度上合理地解释科学理论的确证以及理论的选择，这也是作为主观概率的贝叶斯概率能够被广泛使用的原因。

（3）概率的频率解释。

概率的频率解释将概率定义为在相似事件的长系列（a long series）中的极限频率（the limiting frequency）。这一定义中包含三个基本部分："相似事件""长系列"与"极限频率"。这一概率定义就是指统计概率，即在重复试验中某事件发生的概率。"极限频率"指的是统计事件 A 发生的数次足够大以至无穷的时候，事件 A 发生的频率，这一频率显然就是多次重复试验中事件 A 发生的概率。

概率的频率解释也限定了它的适用范围，包括需要大量重复的可观察试验、观察结果值是一个以计算极限的序列等。正如吉利斯所言："在频率理论中，所有概率都是有条件的，但它们不是以证据或信念的集合为条件，而是以某个聚合为条件的，正在被讨论的那个特定的属性被看作出现在该聚合中的结果之一。"[1] 概率的频率解释其实是一种对概率的极限频率定义，这种定义"被认为是一种依据可观察概念（频率）对理论概念（概率）所下的操作定义。"[2]

概率的频率解释面临的一个重大难题就是如何计算一个大量重复试验中出现的结果序列的概率值，其中频率解释的代表人物赖欣巴哈给出了一个被称为"渐近认定法"（也就是枚举归纳法）的方法，即从最初的有限数列中得到某一频率 f_n，随后认定当这个序列延伸下去时将会收敛于极限 f_n，[3] 在依据观察得到的证据经过多次的修改再认定，最终实现极限的认定，得到频率的极限值。显然，赖欣巴哈的这一方法是需要长期的操作过程才能完成的，而实际中的科学检验并不是都要经过长期的实验过程才能得到检验，如果一旦有判决性实验的存在，那么一次检验结果就能得到有效验证，且面对一些理论命题，一旦有观察试验结果就能得到验证，也就意味着概率的频率解释在多种场合是不适用的。面对赖欣巴哈的方法中存在的问题，萨尔蒙（Salmon）则认为赖欣巴哈仅仅依靠频率的收敛性要求来支持其"渐近认定法"是不合理的。为此，萨尔蒙提出了其他两条要求：标准化条件和语言不变标准，这三条标准足以证明渐近方法作为最佳方法。萨尔蒙的观点也遭到了哈肯（Ian Hacking）等学者的批判。

有些学者更强调了概率的频率解释在说明单个事件的概率上的不适用性，原因在于"无限个同种假说的相对频率对于判定单个假说的概率值几乎是无用的信息，当引进单个事件的权重时，也无法得到合理的辩护，因为个别事件可以属于许多不同的序列，不同的序列可以给同一个别事件以非常不同的权重值"。① 例如李四是个作家，80%的作家是富人，因此李四是富人的权重为 0.8，但李四又是个老师，只有 10%的老师才是富人，因此李四是个富人的权重是 0.1，于是，就出现了一个问题：李四是富人的概率究竟是多少？是 0.8 还是 0.1？还是这两者都不是？这两重情况显然是矛盾的。单一事件的概率和概率的频率解释显然是相互矛盾、互不相容的。因此，波普尔认为，概率的频率解释不能为单一的事件提供客观的概率解释，而量子力学恰恰需要对单一事件发生的概率进行解释，也就意味着概率的频率解释不能解决量子力学中的概率问题，波普尔在试图解决这一问题的过程中引入了一种倾向性的概率。

（4）概率的倾向解释。

概率的倾向理论将概率看作可重复条件集（a set of repeatable conditions）所固有的一种倾向。说某一特定结果概率是 P，即是那些可重复的条件具有这样的一种倾向（propensity）：如果它们大数次地重复出现，它们会使得该结果的频率趋近于 P。

作为倾向概率的引入者，在波普尔看来，"倾向"实际上是蕴含着某种情形的趋向行为，而这种趋向是可以被认识的。如何认识这一趋向呢？一是根据事件发展产生所需要的条件，条件所包含的性质就是趋向性，而这类趋向性使得该事件的可能性生成；二是科学研究系统或科学研究环境的趋向性，这类趋向性实际上是客观存在的物理世界的某种倾向性，而伴随着物理世界的发现，某种趋向自然地体现出来；三是考虑对单一事件而言，该事件本身与该事件发生的各种限制条件所形成的序列就是该事件可能发生的趋向。② 综合来说，波普尔的倾向性概率是将经验世界中的概率作为事件本身的一种性质、一种趋势，或者是一种物理

---

① 汤本顺：《论波普概率的倾向解释》，载于《华南师范大学学报》（社会科学版）2005 年第 2 期，第 43 页。

② K. R. Popper, *the Propensity Interpretation of Probability*, *British Journal of the Philosophy of Science*, 1959，（10），pp. 25 – 42.

倾向性，这种倾向性与事件本身以及事件所处的相关优先条件序列也就是定义中的可重复条件集有关。

对于波普尔关于概率的倾向解释，吉利斯认为，需要探讨的是单一事件是否能够拥有客观概率，倾向理论有其语境限制，即有一系列可重复的条件集，单一事件的概率会根据这一条件集的变化而变化，也就意味着单一事件的概率可能没有客观性。豪森（Colin Howson）与乌尔巴赫（Peter Urbach）认为"单一概率是与信息的正确分类相关联的主观的概率"，[1] 单一概率是主观的，并没有客观性，并且概率是取决于如何对相关事件进行归类，而不是取决于事件本身。[2] 借用前述李四的例子，李四既是个作家又是个老师，而在作家中有 80% 概率是富人，但在老师中只有 10% 概率是富人。在考察李四是个富人的概率时就需要依据对于李四的分类，当把李四归于作家这一类时，李四是个富人的概率就倾向于 80%，当把李四归于老师这一类时，李四是个富人的概率就倾向于 10%，当把李四归为其他类别时，可能李四是个富人的概率还会倾向于某个值，这个例子应该能够充分说明单一事件的概率更可能是主观的。波普尔的为单一事件确定概率的企图似乎并没有实现，但是概率的倾向解释可以在一个更宽泛的含义上来理解，大致意谓"一种客观的但非频率的理论。"[3]

关于倾向性，波普尔认为可以把倾向等同于原因，在对因果关系的理解中，原因与结果有时间上的方向性与延续性，但是概率却可以是无方向性的，某事件关于另一事件发生条件下的概率与该事件发生条件下另一事件发生的概率是并存的。当把倾向性作为因果关系的一种形式将会导致"汉弗莱斯悖论"，即倾向在一个概率主义的因果理论的语境中可以成为有用的因果概率，但是，如果它是以那种方式被使用的话，它似乎承袭了因果关系在时间上的不对称。[4] 这一悖论引发了很多对于概率的倾向解释的讨论，并引出了关于倾向概率的不同解释。

上述四种概率解释都各有自己的优势与缺陷，它们分别适合解决不同方面的问题。在面对技术人工物的问题时，与人工物相关的设计者、制造者以及使用者都包含着人的主观因素，特别是功能性质作为技术人工物的一种基本性质，更是包含着意图、心智等因素，因此，在解决技术人工物的概率问题时主要考虑的是概率的主观解释，特别是贝叶斯概率，除此之外，概率的逻辑解释也能为技术人工物中的概率问题提供一定的帮助。

---

① Colin Howson and Peter Urbach, *Scientific Reasoning：the Bayesian Approach*. Open Court Publishing Company. 1989，P. 228.

② ［英］吉利斯著，张健丰、陈晓平译：《概率的哲学理论》，中山大学出版社 2012 年版，第 130 页。

③ 同上，第 135 页。

④ W. C. Salmon, *Propensities：a Discussion Review of D. H. Melior, The Matter of Chance, Erkenntnis.* 1979（14），pp. 213 – 214.

二、贝叶斯定理

贝叶斯概率与贝叶斯定理是英国数学家托马斯·贝叶斯（Thomas Bayes）于1763年提出并以他自己的名字来命名的，托马斯·贝叶斯主要致力于概率论的研究，创立了贝叶斯统计理论，贝叶斯概率与贝叶斯定理是其中的重要部分。但是当时的贝叶斯概率只是贝叶斯定理中的一个特例情况，还不足以作为一种新的概率理论。随着贝叶斯定理的普遍性得到证明，贝叶斯概率的基本形式也得到合理的解释与应用，贝叶斯概率才逐渐成为概率统计学中的典型概率，与频率概率各分天下。

在概率论中，有几个基本的概率表示：

事件 A 与事件 B 同时发生，记为：$A \wedge B$，有时直接记为：AB

事件 A 或事件 B 发生，记为：$A \vee B$。

$P(A)$ 表示 A 发生的概率。一事件发生的可能性的大小是一个客观的、不以人的意志为转移的，称之为事件 A 的概率，记为 $P(A)$。

$P(A \mid B)$ 表示 B 为真时 A 的概率，或者说，在条件 B 下 A 发生的概率。条件概率公式是贝叶斯定理的基础形式，由条件概率引出的一个问题是条件概率与非条件概率之间的比较。

条件概率的定义。在事件 B 发生的条件下，事件 A 发生的条件概率为：$P(A \mid B)$ 或 $P(A/B)$，且有定义：

$$P(A \mid B) = \frac{P(A \wedge B)}{P(B)}$$

当 $P(B) = 0$ 时，规定 $P(A \wedge B) = 0$。

由条件概率公式可得：

$$P(A \wedge B) = P(B)P(A \mid B) = P(A)P(B \mid A)$$

如果 $P(A \mid B) = P(A)$，则称 A 与 B 是相互独立的。

$P(A \wedge B) = P(B) \ P(A \mid B)$ 表示：事件 A 和事件 B 联合发生的概率等于事件 A 的条件概率乘以事件 B 的概率。

两个命题的独立不同于互斥。两个独立的命题，可以不互斥，因为它们可以同时为真。两个互斥的命题，并不独立。

所谓互斥的两个命题，是指两个命题不能同时为真。只能是相中一个为真，另一个为假。一般来说，两个命题互斥，它们就不独立；如果两者独立，它们就不互斥。

概率的一些基本性质：

（1）对于任意的 A、B，且 $\neg A$ 存在，则有 $P(B) = P(B \mid A) + P(B \mid \neg A)$。

（2）假设 A_1、A_2、A_3、$\cdots$、A_n 都互不相容（incompatible），则有 $P(A_1 \vee A_2 \vee \cdots \vee A_n) = P(A_1) + P(A_2) + \cdots + P(A_n)$。

（3）全概率公式。如果事件 A 与 B_1，B_2，$\cdots$，B_n 个事件有关，B_1，B_2，$\cdots$，B_n 个事件为完备事件组，则有：

$$P(A) = \sum_{i=1}^{n} P(A \mid B_i) P(B_i)$$

在该公式中，$P(B \mid A_1) P(A_1) = P(B \wedge A_1)$、$P(B \mid A_2) P(A_2) = P(B \wedge A_2)$、$\cdots$、$P(B \mid A_n) P(A_n) = P(B \wedge A_n)$。

（4）乘法公式。

$$P(A_1 A_2 A_3) = P(A_1) P(A_2 \mid A_1) P(A_3 \mid A_2 A_1)$$

这也可以将 A_2 放在开始，如：$P(A_1 A_2 A_3) = P(A_2) P(A_1 \mid A_2) P(A_3 \mid A_1 A_2)$；其余类推。也称为链式公式或法则。

联合概率：$P(A_1 A_2 A_3)$ 在贝叶斯网络中，也写为：$P(A_1, A_2, A_3)$。

（5）贝叶斯公式。如果事件 A 与 B_1，B_2，$\cdots$，B_n 个事件有关，B_1，B_2，$\cdots$，B_n 个事件为完备事件组，则有：

$$P(B_i \mid A) = \frac{P(B_i) P(A \mid B_i)}{P(A)}$$

$$P(B_i \mid A) = \frac{P(B_i) P(A \mid B_i)}{\sum_{i=1}^{n} P(A \mid B_i) P(B_i)}$$

在数学上，贝叶斯推理实际是借助于新的信息修正先验概率的推理方法。当然，这样的方法如果运用得当，可以使我们在依据概率作出决断时，不必一次收集一个长期过程的大量资料，而可以根据事物发展的情况，不断利用新的信息来修正前面的概率，作出正确决策。只不过在贝叶斯公式中，$B_i (i = 1, 2, \cdots, n)$ 构成了一个完备的集，以使相应的总的概率之和为 1。

对条件概率公式进行变形，可以得到如下形式：

$$P(B_i \mid A) = P(B_i) \cdot \frac{P(A \mid B_i)}{P(A)}$$

我们把 $P(B_i)$ 称为"先验概率"或"验前概率"（prior probability），即在 B 事件发生之前，我们对 B_i 事件概率的一个判断。$P(B_i \mid A)$ 称为"验后概率"（posterior probability），即在 A 事件发生之后，我们对 B_i 事件概率的重新评估。

$\dfrac{P(A \mid B_i)}{P(A)}$ 称为"可能性函数"（"似然"）（likelyhood）

验后概率 = 验前概率 × 似然。

这就是贝叶斯推断的基本含义。我们先预估一个"验前概率"，然后加入实验结果，看这个实验到底是增强还是削弱了"验前概率"，由此得到更接近事实的"验后概率"。

在上述贝叶斯定理的运用中遇到的最大问题是如何获取验前概率（prior probability），验前概率一般是在不考虑其他条件基础上根据主体所掌握的历史资料或者是主体的主观判断来确定各类随机事件的概率。一般来说，验前概率可以通过两种方式来确定：一是主体的主观判断，这种主观判断是根据个人的实际经验、主观意向以及对事件发生的背景信息的分析综合，来对事件的各种可能状态进行预估和判断，最后得出某一事件可能发生的概率；二是历史资料的综合分析，也就是根据过去发生的试验结果来对某一事件的可能发生做出某种预估和假设。一旦获得验前概率的分布，就能够根据贝叶斯定理计算出各种条件概率。

（6）贝叶斯定理。它是关于条件概率亦即命题成立的概率的定理，这些概率取决于影响那些命题的证据（因此称之为条件）。贝叶斯定理将说明如何根据新的证据来描述概率的变化。根据证据来赋予假说或理论以概率。

用 $P(h/e)$ 表示抉择证据 e 一个假说 h 所具有的概率，用 $P(e/h)$ 表示在假设假说 h 正确时赋予证据 e 的概率，用 $P(h)$ 表示在缺乏 e 的知识情况下赋予 h 的概率，用 $P(e)$ 表示在没有任何关于 h 正确的假设的情况赋予的 e 概率，也可称之为无条件的置信度。于是有贝叶斯定理：

$$P(h/e) = P(h) \cdot \frac{P(e/h)}{P(e)}$$

请注意，这里的贝叶斯定理与数学上的贝叶斯公式是一致的，关键在于对贝叶斯公式中的各项进行重新解释。$P(h)$ 被称为先验概率（有人称为验前概率），因为它是在考虑证据 e 之前赋予假说的概率，$P(h/e)$ 被称之为后验概率（有人称为验后概率），它是在考虑证据 e 之后的概率。我以为，用验前概率和验后概率来表达更好的一些，更符合条件概率的含义，而与哲学的先验与后验没有关系。

贝叶斯定理告诉我们，如何用证据来改变假说的概率。

比例因子 $\frac{P(e/h)}{P(e)}$ 说明了，证据 e 如何修正先验概率 $P(h)$。

如果 e 是 h 的必然结果，那么该比例因子将获得最大值1；如果非 e 是 h 的必然结果，那么该比例因子将获得最小值0。一般来说，该因子在0与1之间取值。

由于 $P(e)$ 是在没有假设 h 正确时，对考虑证据 e 是否可能的度量。

证据的作用：①如果无论我们是否考虑某一假说，证据的某个部分都被认为是极有可能的，那么，当证据被确证时，它就不会给假说提供有效的支持。比如，假设有一个新的万有引力理论，显然，它不会通过观察一块石头的下落而获得有效的证据，即是说，石头下落这一证据不会为新的万有引力理论提供证据；

②如果证据只有在假设了假说的情况下才会被认为是非常可能的，那么，当证据被确证时，假说就会得到高度确证。

贝叶斯定理的严格表达：

在 $P(e) > 0$ 和 $P(h_i) > 0$ 的条件下，如果 h_1，h_2，$\cdots$，h_n 是互斥的且穷举的，那么，

$$P(h_i \mid e) = \frac{P(h_i) P(e \mid h_i)}{\sum\limits_{i=1}^{n} P(e \mid h_i) P(h_i)}$$

这里 h_1，h_2，$\cdots$，h_n 代表 n 个竞争的假说。贝叶斯定理要求这 n 个假说是相互排斥的，而且是穷举的，即是说，它们之间仅有一个假说是真的。e 表示检验结果的证据。

$P(e \mid h_i)$ 是条件概率，表示在假设 h 为真条件下，证据 e 的概率。有的文献将之称为 h_i 相对于 e 的似然性程度（degree of likelihood）。也有学者将其称为 h_i 对 e 的 "预测度"，这更符合认知或科学预见的需要。

假设 h 有两种表示：

（1）h_i 是多个竞争假说中的一个；

（2）h_i 代表一个特定的假设，即那个被检验的假设，因而是一个常量。

三、贝叶斯网络及其构建

贝叶斯网络（bayesian network）作为贝叶斯方法的扩展，它也被称为信念网络（belief network），它是由人工智能专家配尔（Judea Pearl）于 1986 年首先提出的，它的提出最初是为了处理人工智能研究中的不确定性问题。随后配尔于 1988 年出版了第一部关于贝叶斯网络的专著《智能系统中的概率推理：合情推理的网络》，他在该专著中将贝叶斯网络描述成一种用概率形式表达的适用于不确定性推理的结构网络，在人工智能系统中它能够模拟人类在进行推理的过程中对于某些不确定的因果关系的处理。[①] 在一般情况下，关于多个事件或命题之间的相关关系的知识一般会利用联合概率的分布情况来描述，但是在配尔看来，这样的处理显然会使得问题变得更加复杂，因为联合概率分布涉及每个变量与其他变量之间的关系，使用联合概率进行概率演算与推理的复杂程度会随着变量的个数的增多而成指数倍增长，一旦处理较多变量问题时，使用联合概率显然是困难

---

① J. Pearl, *Probabilistic Reasoning in Intelligent Systems：Networks of Plausible Inference.* San Mateo, CA：Morgan Kaufmann, 1988.

的，而且在人类推理的实际过程中，知识并不是以联合概率的形式分布的，而是以变量之间的相关性和条件相关性表现的，即可以用条件概率表示，[1] 而网络图形恰好能够形象的表达变量间的各种条件关系，且它能够将涉及较多变量的联合概率分解成不同的结构模块，使得联合概率得到了简化的表达，从而能够解决包括人工智能在内的领域中的一些大型问题。

贝叶斯网络的结构包括三个要素：节点、有向弧、条件概率表，也可以表述为两个部分：贝叶斯网络结构（有向无环图）、贝叶斯网络参数（条件概率分布表）。

节点一般是表示一个随机变量，节点与节点之间有两种关系：相连与不相连。节点之间的不相连表示变量之间是相互独立的，节点之间的相连则表示变量之间有一定联结关系，相连一般是用有向弧表示。

有向弧是带箭头的线段，用来表示变量之间的因果关系或者是条件依赖关系，即两个变量间不具有条件独立性，而没有用有向弧连接的两个节点所代表的随机变量彼此间是相互独立的。有向弧的连接使得节点之间出现父节点、子节点的区分，一般而言，有向弧是从父节点引向子节点，它表示父节点代表的随机变量引起、导致（因果关系）或者部分决定（条件依赖关系）子节点代表的随机变量。对于没有父节点的节点而言，它的可能情况只需要用验前概率（边缘概率）就能够表示。对于每个子节点，它所表示的随机变量都有一个条件概率表（conditional probability table，CPT）。

条件概率表一般是一个矩阵，假设用 $P(x_i \mid y_i)$ 表示矩阵中每一个位置的概率，则条件概率表的每一行表示所有可能发生的 y_i，每一列则表示所有可能发生的 x_i，任一行的概率总和必定等于 1。[2]

在分析多个变量之间的关系问题时，利用上述三个要素，按照一定的方法就可以构建一个贝叶斯网络。

假设有一组随机变量 $S = \{X_1, X_2, \cdots, X_n\}$，用随机变量的联合分布可以表示为：$P(X_1 X_2 \cdots X_n)$，贝叶斯网络的构建可以依据下面几个步骤：

（1）确定第一个节点表示随机变量 X_1，找出与 X_1 有着因果关系或条件依赖关系的所有 X_i，其中 $i \in [2, n]$；

（2）以 X_1 作为父节点，用有向弧分别构建所有从 X_1 到 X_i 的连接，其中 $i \in [2, n]$；

（3）按照（1）与（2）的步骤，依次构建 X_2、$\cdots$、X_n 的所有因果关系或条

---

① http：//blog. itpub. net/12993749/viewspace - 439090/.

② http：//zh. wikipedia. org/wiki/.

件依赖关系的联结，最后得到一个有向无环图；

（4）根据所给信息确定所有节点的验前概率，即初始概率或边缘概率；

（5）利用节点与有向弧依次构造所有节点代表的随机变量的联合概率，没有父节点的随机变量用其验前概率或边缘概率表示，即可得到 $P(X_1)$、$P(X_i \mid X_j)$ 或 $P(X_i \mid X_j,\ X_k \cdots)$ 等，再根据这些概率构建各节点的条件概率表；

（6）通过上述步骤，成功构造出贝叶斯网络结构以及贝叶斯网络参数即条件概率表，两者的结合即为一个完整的贝叶斯网络。

上述步骤是一般贝叶斯网络的构建过程，在实际例子中也可以简单地依据联合分布的描述来进行贝叶斯网络结构的构建。

比如（见图 11 - 2），有联合概率分布 $P(A,\ B,\ C,\ D,\ E) = P(A)\ P(C \mid A)$ $P(D \mid B,\ C)\ P(E \mid D)$，则贝叶斯网络结构可以按照图 11 - 3 从（1）到（5）依次构建：

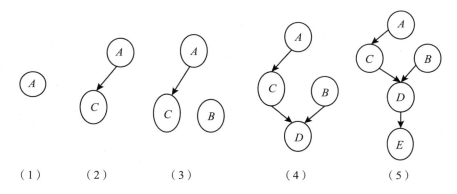

（1）　　（2）　　　（3）　　　　　（4）　　　　　（5）

图 11 - 3　贝叶斯网络构建次序

上述过程解释如下：

（1）联合概率中 $P(A)$ 表示有变量 A；

（2）联合概率中 $P(C \mid A)$ 表示有新变量 C，变量 C 与变量 A 之间有直接的父子关系；

（3）（4）联合概率中 $P(D \mid B,\ C)$ 表示有新变量 B、D，变量 B 与变量 A、C 无关，变量 B、C 与变量 D 有直接父子关系；

（5）联合概率 $P(E \mid D)$ 表示有新变量 E，且变量 D 与变量 E 有直接父子关系。

在某些大型概率的推理与计算中，利用贝叶斯网络能够简化计算，这要归功于贝叶斯网络中的一个核心概念，即条件独立（conditional independence）。一般说来贝叶斯网络中的独立性有三类。

第一类是条件独立，也就是阻塞与 d - 分隔（d - Separation）。假设 X、Y、Z 是一个有向无环图中三个两两不相交的节点集，如果 X 和 Y 中所有节点间的所有路径都被 Z 所阻塞，则称 X 和 Y 被 Z 有向分隔（即 d - 分隔），如果 Z 中的变量全部被观测到时，信息就不能在 X 和 Y 之间传递，因此 X 和 Y 在给定 Z 时条件独立。[①]

第二类是环境独立，即某些条件概率值之间有些不受环境影响的情况。

第三类是因果独立，即不同的原因（父节点）对于结果（子节点）是相互独立的。

这三类独立性中条件独立是较为常见的情况，条件独立性一般是概率模式中的表达，反映到与图形模式中体现的就是 d - Separation 性。[②]

d - Separation 检验方法可以根据节点之间的对应关系来判断变量是否条件独立。从图形论上看，有三种主要形式——C 作为一个共同的子节点、作为一个共同的父节点或者是分别作为一个子节点和一个父节点，见图 11 - 4。

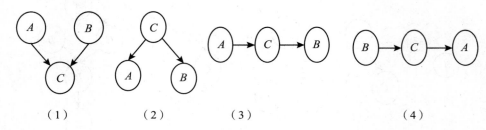

（1）　　　　　（2）　　　　　（3）　　　　　　　（4）

图 11 - 4　条件独立的贝叶斯网络

图 11 - 4 中（1）中 C 是作为 A 与 B 共同的子节点；（2）中 C 是作为 A 与 B 共同的父节点；（3）中 C 是 A 的子节点以及 B 的父节点；（4）中 C 是 B 的子节点以及 A 的父节点。

贝叶斯网络依靠概率以及相互之间的因果关系或相互依赖关系来建立各节点之间的联系，这样的贝叶斯网络所表达的是一种不确定知识。但是由于贝叶斯网络依托于贝叶斯方法，它有着严格的概率论基础，且贝叶斯网络的条件概率表示了各随机变量之间的相互影响程度，因而贝叶斯网络非常适用于解决不确定推理以及在不确定推理中的知识表达。

利用条件独立进行分解，联合概率可简化表示为如下形式：

$$P(X_1, X_2, \cdots, X_n) = \prod_{i=1}^{n} P(X_i \mid P_a(X_i))$$

---

①②　周曙：《基于贝叶斯网的电力系统故障诊断方法研究》，西南交通大学博士论文，2010 年。

这里 X_i 表示每个节点及其所代表的变量，P_a 表示 X_i 节点的父节点集（即对 X_i 施加影响作用的那些节点，是用有向弧表示施加影响及其方向的）。

四、贝叶斯网络推理与适用情境

利用贝叶斯网络进行推理一般有三种主要形式：

1. 因果推理

因果推理一般是根据已知的某种原因，推导出未知的可能的某种结果。在贝叶斯网络图中则是根据父节点的相关信息来推断出子节点相对于父节点的条件概率，表现为自上而下的推理（top-down inference）。

例如，给定患者是一个酗酒者 X，计算他患胃病 W 的概率 $P(W \mid X)$。根据题意可以构建出两种类型的贝叶斯网络，见图 11 - 5。

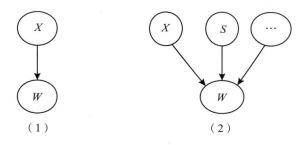

（1）　　　　　　　　　　（2）

图 11 - 5　酗酒者患胃病的概率的贝叶斯网络

其中（1）是只考虑 X 作为 W 唯一的父节点，则 $P(W \mid X)$ 可以直接根据贝叶斯定理中条件概率的表达得出；（2）是考虑到 W 可能还有其他的父节点 $S\cdots$，那么就需要排除 $S\cdots$ 对于 W 的影响，则可能要利用联合概率分布来求得 $P(W \mid X)$ 的值。

因果推理需要遵循一定的步骤：

第一，根据已知条件构建出贝叶斯网络结构图以及条件概率表；

第二，根据图示寻找出所求节点的所有的父节点以及子节点；

第三，利用所求节点的所有的父节点以及子节点对所求节点的条件概率用联合概率分布式进行表达；

第四，根据所有的父节点与子节点之间的条件独立关系对联合概率表达式进行化简变形；

第五，根据条件概率表对化简后的联合概率表达式进行赋值；

第六，计算出所求节点的条件概率。

2. 诊断推理

诊断推理与因果推理相反，它是由已知结果来推断引起这一结果的可能原因，或者更准确说是推断某些可能原因的概率大小，并根据不同的概率对结果进行合理的解释。在贝叶斯网络图中则是根据子节点的相关信息来推断出它的所有的父节点或某一个父节点的条件概率，表现为自下而下的推理（down-top inference）。

例如给定一个胃病患者 W，计算他可能是酗酒者 X 的概率；给定一个感冒患者 G，计算他有可能是淋了雨 L 或者是吹了冷风 F 的概率。

即诊断推理主要是由一个给定的结果去推测出某个导致这一结果的可能性概率。这种方法可引申推断导致某个结果的多个可能性原因的概率大小，找出最可能的原因，当然这个原因是概率论意义上的原因。

3. 解释推理

解释推理也称为支持推理，它涉及证据对于结果的某种解释或支持，即证据如何解释或支持一定现象结果的出现，它也可以用来说明多个证据对于结果的解释或支持程度，从而选择恰当的证据对某一现象结果提供合理的解释或支持。在贝叶斯网络图中，其做法是根据子节点的相关信息来推断出它的所有的父节点条件概率，并对条件概率作比较，进而给出一定解释。

对于解释推理需要考虑的一种情况是，如果一对父子节点（$B \rightarrow A$）所代表的随机事件同时发生，那么该子节点的其他父节点（C、D……）发生的概率是否会产生变化？实际结果表明，初始条件中与 B 共同作用于 A 的父节点 C、D……的概率会特别小，甚至会小于这些父节点的验前概率，即 $P(C \mid A, B) < P(C)$，$P(D \mid A, B) < P(D)$ 等。对该结果的解释是作为事件 A 的共同原因 B、C、D……，事件 A 与事件 B 同时发生则意味着事件 B 对于事件 A 提供了很好的解释或支持，显然在这种情况下其他原因发生的可能性变小，不确定性增加。[①]

解释推理的重点在于对证据的合理分析，它在科学哲学中的科学解释与科学推理方面的应用较为广泛，在本章后面部分将会有对技术哲学的讨论。

上述三种贝叶斯网络的推理形式都有各自的适用范围，对于本论文中对技术人工物的分析而言，这三种推理可能都会用到。

根据贝叶斯方法自身的特点与应用来看，贝叶斯方法比较适宜解决下面两种类型的问题。

1. 不确定性推理问题

推理从前提到结果受到多个因素的影响。比如，对于科学哲学来说，科学解

---

① 程献礼：《贝叶斯推理的逻辑哲学研究》，南开大学博士论文，2013年，第126页。

释中的解释项与被解释项之间存在着多种关系，从解释项到被解释项的推理过程不是简单的归纳逻辑的过程，也不是演绎逻辑的过程，即这种推理并不存在必然性，解释项与被解释项之间只存在一定条件下的某种可能联系，只能通过概率的方式推算出从解释项推理出被解释项的可能性，这一类型的推理称之为不确定性推理。

不确定性推理意味着推理的不确定，这种不确定性既来源于认识，又来源于客观世界本身具有不确定性。现实世界是充斥着不确定性以及不精确性的。比如，量子世界就是一个具有不确定性的世界。当人们通过自然语言来描述物质世界时，由于语言中存在的模糊性以及不确定性，这些描述物质世界的命题是否具有真实性是不能确定的，只能用概率的形式描述其为真的可能性。对某一命题为真的可能性进行推理的过程就是不确定性推理的过程，而贝叶斯方法就是解决不确定性推理的一种主要的概率方法。在科学解释中，不确定性主要表现在两个方面：一是解释者对于与被解释项有关的解释项的考虑具有不确定性与不完全性；二是解释者对于每一个解释项的认识具有不确定性。

2. 复杂性问题

贝叶斯方法适合于处理复杂性问题。所谓复杂性，一是指事物本身所具有的复杂性，如要素、结构或功能的复杂性、系统环境的复杂性等；二是指认识的复杂性，不同的主体可能会由于不同的兴趣、不同的知识背景等而对于客体产生不同的复杂认识。贝叶斯网络就是在解决复杂性问题的过程中发展起来的。贝叶斯网络涉及层级结构，即事物本身所具有的相互关系的组成要素；贝叶斯网络还涉及条件概率，即认识主体处于不同背景条件下对事物产生的不同的认识。比如，科学解释中涉及的是经验观察事实与理论假说之间的复杂关系，经验观察事实蕴涵着人类认识的理性与非理性的复杂性以及不确定性的复杂性。

贝叶斯方法能够解决不确定性推理问题以及复杂性问题。技术是一个非常复杂的事物，技术比科学更加复杂。如果说科学命题可以用真假的二值来表达，那么，技术命题（陈述）不能用真假的二值来描述，只能用多值来描述；而且技术命题的性质比科学命题的性质更复杂。技术逻辑将会涉及更多的因素。技术人工物作为一个复杂系统，从结构到功能的推理也具有不确定性。用贝叶斯方法来探讨技术推理与技术解释，是一个非常有挑战的重大课题。

五、技术人工物的贝叶斯网络模型

假设技术人工物具有功能 F，我们现在要考察其有效性，即对其有效性进行评估，事实上，任何技术人工物的功能并不总是能够正常起作用，总会发生毛

337

病，为此，需要用概率对其功能进行测度。与技术人工物的功能有效性有关的因素有：构成技术人工物的要素（记为 C）与这些要素组成的结构（记为 S）。但是，技术人工物还会有不合格的情况，我们分为两种情况，一是由技术因素引起的不合格情况（记为 G），一个由非技术因素引起的不合格情况（记为 J），并且假设非技术因素由使用者或操作者的不当等因素（记为 U）引起。通过上述因素的数据，就可以建立一个数据库，进行更深入的研究。由此我们构建贝叶斯网络结构，见图 11-6。

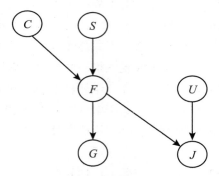

图 11-6　6 个节点的贝叶斯网络结构

各因素的联合概率为：

$$p(f,\ c,\ s,\ g,\ u,\ j) = p(f)p(c\,|\,f)p(s\,|\,f,\ c)p(g\,|\,f,\ c,\ s) \tag{11.1}$$
$$p(u\,|\,f,\ c,\ s,\ g)p(j\,|\,f,\ c,\ s,\ g,\ u)$$

根据图 11-5 的数据变量之间因果关系的条件独立性，可以进行化简：

$$p(s\,|\,f,\ c) = p(s\,|\,f)$$
$$p(g\,|\,f,\ c,\ s) = p(g\,|\,f)$$
$$p(u\,|\,f,\ c,\ s,\ g) = p(u\,|\,j)$$
$$p(j\,|\,f,\ c,\ s,\ g,\ u) = p(j\,|\,f,\ u)$$

于是，$p(f,\ c,\ s,\ g,\ u,\ j) = p(f)p(c\,|\,f)p(s\,|\,f)p(g\,|\,f)p(u\,|\,j)p(j\,|\,f,\ u)$

我们计算在 C、S、G、U、J 的影响下的功能 F 的有效性的概率：

$$p(f\,|\,c,\ s,\ g,\ u,\ j) = \frac{p(f,\ c,\ s,\ g,\ u,\ j)}{\int p(f',\ c,\ s,\ g,\ u,\ j)\mathrm{d}f'}$$

$$= \frac{p(f)p(c\,|\,f)p(s\,|\,f)p(g\,|\,f)p(u\,|\,j)p(j\,|\,f,\ u)}{\int p(f')p(c\,|\,f')p(s\,|\,f')p(g\,|\,f')p(u\,|\,j)p(j\,|\,f',\ u)\mathrm{d}f'}$$

$$= \frac{p(f)p(c\,|\,f)p(s\,|\,f)p(g\,|\,f)p(j\,|\,f,\ u)}{\int p(f')p(c\,|\,f')p(s\,|\,f')p(g\,|\,f')p(j\,|\,f',\ u)\mathrm{d}f'}$$

我们可以根据数据库中的有关数据计算出技术人工物功能有效的概率值。

上式简写为：

$$p(f\,|\,c,\,s,\,g,\,u,\,j) = \frac{p(f)p(c\,|\,f)p(s\,|\,f)p(g\,|\,f)p(j\,|\,f,\,u)}{\int p(f')p(c\,|\,f')p(s\,|\,f')p(g\,|\,f')p(j\,|\,f',\,u)\mathrm{d}f'}$$

(11.2)

下面我们将上述的条件进行适当简化，去掉由非技术因素引起的不合格情况（J），和非技术因素由使用者或操作者的不当等因素（U）这两个节点，图 11-6 改变为图 11-7，这里考虑了由技术因素引起的不合格情况（见图 11-7）。

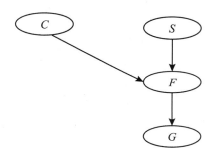

图 11-7　4 个节点的贝叶斯网络结构

各因素的联合概率变为：

$$p(f,\,c,\,s,\,g) = p(f)p(c\,|\,f)p(s\,|\,f,\,c)p(g\,|\,f,\,c,\,s)$$ (11.3)

技术人工物功能有效的概率值为：

$$p(f\,|\,c,\,s,\,g) = \frac{p(f)p(c\,|\,f)p(s\,|\,f)p(g\,|\,f)}{\int p(f')p(c\,|\,f')p(s\,|\,f')p(g\,|\,f')\mathrm{d}f'}$$ (11.4)

我们将上述的条件进行适当简化，再去掉由技术因素引起的不合格情况（G）这个节点，图 11-7 改变为图 11-8。该贝叶斯网络表明了技术人工物的要素、结构与功能之间的关系，说明如何从要素 C 与结构 S 形成功能 F。

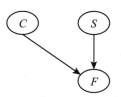

图 11-8　3 个节点的贝叶斯网络结构

各因素的联合概率变为：

339

$$p(f, c, s) = p(f)p(c \mid f)p(s \mid f, c) \tag{11.5}$$

技术人工物功能有效的概率值为：

$$p(f \mid c, s) = \frac{p(f)p(c \mid f)p(s \mid f)}{\int p(f')p(c \mid f')p(s \mid f') \mathrm{d}f'} \tag{11.6}$$

按贝叶斯定理，式（11.6）还可以写为：

$$p(f \mid c, s) = p(f) \cdot \frac{p(c, s \mid f)}{p(c, s)} \tag{11.7}$$

事实上，在图 11-7 的网络结构图中，C 与 S 是条件反独立的，因此，

$$p(c, s \mid f) = p(c \mid f)p(s \mid f)$$

$$\int p(f')p(c \mid f') \, p(s \mid f') \mathrm{d}f' = \int p(f')p(c, s \mid f') \mathrm{d}f' = p(c, s)$$

下面我们对式（11.7）进行讨论：

（1）如果 $p(f \mid c, s) > p(f)$，那么，要素 C 与结构 S 的确影响了技术人工物的功能的有效性，即要素 c 与结构 s 使功能的有效性提高了，概率超过了验前概率 $p(f)$。而验前概率 $p(f)$ 可以通过对该技术人工物的历史、使用等信息（包括所生产它的公司情况）来估计。

（2）如果 $p(f \mid c, s) < p(f)$，要素 c 与结构 s 使技术人工物的功能的有效性降低了，这样的要素与结构要需要重新审查了。

如果有两组要素与结构构成了相同的功能，比如，实现汽车的运输功能，有许多不同的汽车零部件和结构去完成，但是，汽车的功能是有区别的。

（1）如果 $p(f \mid c_2, s_2) > p(f \mid c_1, s_1)$，这就是说，第 2 组的要素 c_2 与结构 s_2 比第 1 组的要素 c_1 与结构 s_1 的实现的功能的有效性要好一些。要素 c_2 与结构 s_2 所对应的功能 f 更容易出现（比如 99%），相当于功能 f 更加有效、更加可靠、更加稳定地出现。

（2）如果 $p(f \mid c_2, s_2) > p(f \mid c_1, s_1)$，这就是说，第 2 组的要素 c_2 与结构 s_2 比第 1 组的要素 c_1 与结构 s_1 的实现的功能的有效性要差一些。

（3）如果 $p(f \mid c_2, s_0) > p(f \mid c_1, s_0)$，这就是说，第 2 组的要素 c_2 与结构 s_0 比第 1 组的要素 c_1 与结构 s_0 相比，结构不变，但要素发生了变化。显然，第二组的要素 c_2 较之于第 1 组的要素 c_1 实现的功能的有效性要好一些。比如，大多的家用小车的结构是一致的，但其零部件的质量不一致，其车的质量就不一致。用优质零部件装配的小汽车的质量自然具有优秀的性能。在军用的飞机上，飞机的发动机性能在很大程度上制约了飞机的整体性能，因为飞机发动机不行，飞机就有可能从空中掉下来，更不用说进行高速的空中战斗了。

（4）如果 $p(f \mid c_0, s_2) > p(f \mid c_0, s_1)$，这就是说，第 2 组的要素 c_0 与结构

s_2 比第 1 组的要素 c_0 与结构 s_1 相比，要素不变，但结构发生了变化。显然，第二组的结构 s_2 较之于第 1 组的结构 s_1 实现的功能的有效性要好一些。这就是说，用同样的零部件，不同的组装，其技术人工物的性能是不一样的，这里有一个优化结构的主题。

更现实的情况是，技术人工物的功能并不是单一的，而是有多个功能，其中一个是专有功能，还有一些次要功能。比如，电学中的万用表，就具有多种测量电的功能，如测量（交、直）电压、电流、电阻等。一辆家用小汽车，除了载人的功能之外，也有许多评价的指标，如舒适性、通过性、稳定性、节油性、动力性、加速性、越野性、安全性等，有的指标是相互矛盾的。小汽车的通过性好（离地高），其稳定性就差一些；动力越大、加速性能好，节油性就差一些；舒适性好（如平稳），其越野性就差一些。但是，通过发明新的技术，提升技术水平，原来矛盾的因素就可以得到解决。采用增压发动机技术，汽车的动力增大，加速性能好，而且又节油。

为此，不妨假设技术人工物有一个基本功能 f_0，另有一个其他功能 f_1 和 f_2。在对技术人工物的功能进行评价时，就会有所选择。除了基本功能 f_0 之外，功能 f_1 和 f_2 往往是不能兼得的，即 f_1 和 f_2 是有些冲突的。

下面我们要讨论概率 $p(f_0, f_1, f_2 \mid c, s)$ 的意义。现实的考虑是，在具有基本功能 f_0 之后，如何比较 f_1 与 f_2 两个功能。

$$p(f_1 \mid c, s) = p(f_1) \cdot \frac{p(c, s \mid f_1)}{p(c, s)}$$

$$p(f_2 \mid c, s) = p(f_2) \cdot \frac{p(c, s \mid f_2)}{p(c, s)}$$

（1）如果 $p(f_2 \mid c, s) > p(f_1 \mid c, s)$，则在相同的要素 c 与结构 s 条件下，功能 f_2 比 f_1 出现的概率更大，或者说，在这样的要素和结构条件下，功能 f_2 更容易发生。比如，在越野小汽车中，其车轮和悬挂不同于一般城市的小汽车，由于它偏向越野，其越野特点的汽车的配置使得越野小汽车即使行驶在高速路上，其舒适性也差一些。

（2）如果 $p(f_2 \mid c_2, s_2) > p(f_1 \mid c_1, s_1)$，这就是说，第 2 组的要素 c_2 与结构 s_2 产生的功能 f_2 比第 1 组的要素 c_1 与结构 s_1 产生的功能 f_2 相比，第 2 组的要素和结构的配置使功能 f_2 更容易发生。或者说，第 2 组的要素 c_2 与结构 s_2 更有利于产生功能 f_2 而不是功能 f_1，f_2 更加有效可靠。

（3）根据已有的经验设定一个概率值 K，即当要素 c 与结构 s 产生的功能 f 的概率值低于 K，那么，这样的技术人工物就不是有效或可靠的。

$$p(f \mid c, s) \geqslant K$$

K 的取值在 0 与 1 之间。如果技术人工物的有效性和可靠性越高，K 就越大。当 K 值越接近 1，人工物的有效性和可靠性越高。

第十二章

技术进步的哲学分析

技术进步已成为当代社会的一个重要概念。然而关于技术进步的含义还存在较多争议，并没有得到清晰的分析。众所周知，技术有"双刃剑"之争，这种争论意味着技术导致的技术进步是在于人、社会的伦理和价值的规约。这种看法的不足在于，虽然技术的外在因素（如人的观念、社会和文化的价值、伦理观念等）对技术有一定的引导作用，但另一个重要方面是，技术自身就具有进步的指向性。正是技术自身的进步才是导致社会进步的直接因素。为此，本章将尝试从哲学视角梳理技术进步的概念，围绕技术自身，从相对而言的外部和内部两个方面对技术进步展开哲学分析。

第一节　技术进步的概念

现实中人们对技术进步概念的使用，常常是基于经济学的角度。技术进步已成为现代经济学中非常重要的课题。早在二百年前，古典经济学的代表人物亚当·斯密就提出，提高劳动生产率的根本因素是分工，而且也包括技术进步，因为分工之所以有助于经济增长，其重要原因在于分工有助于技术进步。20 世纪 20 年代以来，经济学领域开始研究技术进步，强调技术进步是增加知识以及促进经济增长。"它指的是可以用来提高人均实际收入、增加产品和服务种类、增加人的闲暇时间的知识进步。例如新产品、新工艺、新管理方法、技术教育和训练、甚至促进经济增长的新政策等都是经济学讨论的技术进步。所有未实际使用或不能实际使用的科学和技术的发现、发明、革新等都不属于经济学所讨论的技术进步范畴，因为它们没有或不能对经济产生影响。"① 经济学家将技术进步简单定义为投入资本或劳动相等或更小的情况下，产出增加，这意味着，在没有资金或劳务的新增的投入情况下，因更高的士气或通过改善组织而导致的产出的增加可以算作技术进步。这显然不能称为正确意义上的技术进步。H. 伦克（H. Lenk）等技术哲学家就曾对此表示质疑。②

虽然也有学者尝试从技术的本质角度来解释技术进步概念，但只是浅尝辄止，大多最终又回到了经济学角度的老路上，并未形成较为清晰的技术进步概念。为此，笔者将尝试只基于技术进步概念本身对其本质内涵进行分析。

"技术进步"是由"技术"与"进步"两个词所构成，明确这两个词的含义是探讨"技术进步"概念的基础。

"技术"一词的含义决定着技术进步的范畴和内容。在希腊文中，技术一词最早用"téchnē"表示，它来自古希腊文 τέχνη，最初是指技能、技巧。亚里士多德把技术界定为人类在生产活动中的技能（skill）。他的这一技术定义满足了从古希腊至 17 ~ 18 世纪的社会经济发展现状。

17 ~ 18 世纪以来，机器的工业应用占据统治地位，技能逐渐演变为制造和利用机器的过程，以至人们认为技术的定义就是工具、机器和设备。正是机器的工业应用，改变了人们对技能、技艺的看法。到 18 世纪，技术（téchnē）在德文中变成"technik"，所表达的是各种生产技能相联系的过程和活动领域。法国著名哲学家狄德罗就认为，技术是为某一目的共同协作组成的各种方法、工具和规则的体系。这一时期的"技术"，已经从原来的"技能"转向到技术方式、技术方法或技术体系。

正处于机器大工业蓬勃发展时代的马克思则把技术作为劳动过程的要素，认为技术是人和自然的中介，因而，把它们归结为工具、机器和容器这些机械性的劳动资料。马克思还提到技术中有理性因素。

随着机器的发展，制作和操作机器对知识水平的要求越来越高。1777 年，德国哥廷根大学的经济学家 J. 贝克曼（J. Beckmann）最早将技术定义为"指导物质生产过程的科学或工艺知识"。现代西方技术哲学家一般接受贝克曼的思想，如著名技术哲学家 F. 拉普、米切姆等都坚持此观点。拉普认为，技术就是技能、工程科学、生产过程和手段。C. 米切姆（C. Mitcham）提出作为对象的技术、作

① 许成钢：《技术进步度量方法的概况和问题》，载于《数量经济技术经济研究》1984 年第 6 期，第 48 ~ 55 页。

② Hans Lenk, *Progress*, *Values and Responsibility. Techne.* 1997（2），pp. 3 - 4.

为知识的技术、作为活动的技术和作为意志的技术。加拿大哲学家 M. 邦格（M. Bunge）认为，技术就是科学的应用，是知识体系。

20 世纪 40 年代以来，随着计算机的出现，有了硬件与软件。形成软件的技术组成要素更多的是科学理论知识、相关的程序规则、技术和方法，软件将技术概念扩展到非物质的生产领域，其中知识性技术要素具有重要作用。

因此，从古希腊到近代和现代，技术概念从原来的生产实践过程中的技能含义，扩展到工具、机器、设备和技术知识。

与技术进步相关的另一个概念是"进步"。英文的"进步"一词（progress）来自拉丁文 progressu。据古典学家布克特（Burkert）的考证，西塞罗首先使用 progressu。progressu 有两个相关的希腊词源，一个是 epdoseis；另一个是 prokope。它们大体表示个人能力的长进。① 可见，这里隐含了"进步"的基本含义：长进。

实际上，进步（progress）这一观念的形成是经历了漫长而曲折的历史过程的。英国学者伯瑞在《进步的观念》中以翔实的史料考证了进步观念的形成过程。伯瑞认为，进步观念最早萌芽于 16 世纪，然而直至文艺复兴后期，由法国哲学家伯丁从知识的角度辨识出过去时代里的整体上的进步，以及英国哲学家培根解释了各种进步观念之后，进步观念才得以正式诞生。在此后的三百多年间，进步观念在各个时代时隐时没，并应对了退步论和历史循环论的挑战，直至 17 世纪末和 18 世纪上半叶，随着理性主义进入社会领域，知识进步观才逐渐拓展为人类普遍进步观。到了 19 世纪，进步观念由达尔文和斯宾塞的进化论思想得以在社会大众中获得认同。

在思想文化史上，进步观念主要是用来指人类处境的改善，即社会进步。它是指人们能够通过发展经济，运用科学技术使生活品质变得更好，是基于人类对自身理智的信任，相信人类通过理智的指引和自身的努力能够创造一个更加光明美好的未来。正如希腊哲学家芬尼斯说的，上帝并没有在一开始就向人类揭示所有的事情，但是人们可以通过自己的探究，来发现什么是更好的。② 进步观念是以理性主义为其保驾护航的。理性主义是有关这样的一种信念，即一切活动都应由理性来指导，只有理性才是至高和权威的。③ 现如今，社会的进步总是与人类的自由、政治的民主及经济社会的现代化相联系。

---

① 汪堂家：《对"进步"概念的哲学重审——兼评建构主义的"进步"》，载于《复旦学报（社会科学版）》2010 年第 1 期，第 103～113 页。

② https：//en. wikipedia. org/wiki/Idea_of_progress.

③ 孙亮：《为历史唯物主义的"进步观"辩护——"进步主义"与历史唯物主义"进步"观的异质性勘定》，载于《人文杂志》2012 年第 4 期，第 1～7 页。

虽然从 20 世纪 20 年代开始，由于从两次世界大战中人们看到了现代技术能够给人类带来可怕的消极影响，使得进步思想招致了很多的批评，但是不可否认，它仍然是我们目前社会中占据主导地位的重要思想。同时，对社会进步观念存在的疑虑并不影响"进步"这一概念的一般含义的形成。

国内对进步观念的哲学研究并不太多，相对比较深入的有复旦大学的汪堂家教授。汪堂家认为，"进步"是人为自己和自己的生活世界所确立的价值标准，传统的进步观念是以线性的时间观为基础，意味着"已经、正在并将继续朝有利的方向前进"。① 也就是说，进步既体现为结果，也体现为过程，既是一种事实存在，也是一种价值选择。简而言之，进步意味着现在比过去好或者未来比现在好。"好"总是与规范有关。凡是符合规范的，就是进步的，也就是好的。哲学上"好"的观念意味着事物在自然界秩序中的三个特质：存在、目的和道德。②

上述分析可见，技术进步体现在技能、工具、机器、设备和技术知识的"更好"中。这种更好应包括两方面的内容，一是作为事实基础的存在，即技术进步的表现形式，其中包括技术知识的增加、技术人工物的数量和种类的增长以及由知识和技术人工物构成的技术系统效能的提升；二是基于其表现形式的价值选择，即技术进步的伦理取向。

第二节　技术进步的外在分析

技术的进步，总是与技术的目的有关，人类为了实现社会的需求，达成更美好幸福生活的目的，总是通过提升知识和经验、制造、发明和创新出更高效的技术系统，以实现对自然更广泛的、和谐的控制。围绕技术自身对技术进步的表现形式和伦取向进行审查，相对而言是一种外在的分析形式。

一、技术进步的外在表现

通过对技术进步含义的分析可见，技术系统内任何要素的长足发展，都是技术进步的体现。包括经验、技能、应用于以及能应用于技术的技术规则、技术理

---

① 汪堂家：《对"进步"概念的哲学重审——兼评建构主义的"进步"观念》，载于《复旦学报（社会科学版）》2010 年第 1 期，第 103～113 页。

② Alex Tiempo，*Social Philosophy*：*foundations of Values Education*. Manila：REX Book Store，2005，Inc.

论和科学知识等技术知识的增加，工具、机器、设备等技术人工物的改进和创新以及技术系统效能的提升。

其一是技术知识的增加。金塔尼亚（Quintanilla）提出，技术是以科学为基础的实用知识，使我们能够设计出高效的人工物以解决实际问题的一种形式。技术变革的产生主要是通过应用科学研究和技术知识的提高。从这一角度出发，技术进步在于技术知识的增加和在很大程度上，依赖科学的进步。只要人们具有关于可以应用的定律的知识，就有可能采取适用于所设想的目标状态的措施。与传统的主要凭借经验为基础的手工技艺不同，在现代技术系统中，对技术知识的掌握几乎是人们从事技术活动的必要前提，比如人们只有了解了相应的科学原理以后，才能制造出收音机、电视机和核电站。正因为如此，F. 拉普认为"除了考虑直接的实际效益之外，只要技术知识增长了也可以说这是一种技术进步"。"一切革新和发明不论其直接应用性如何在原则上都增加了可能有用的技术储备"。① 因为从技术诀窍的角度来说，它为制造产品以增加产量或提高效率奠定了基础。20 世纪 40 年代以来，随着计算机的出现，软件与计算机这一技术人工物相结合成为一种新的人工系统，软件技术几乎以纯粹的理论知识为基础，突出体现了知识性技术要素具有的重要作用。

其二是技术人工物的数量和种类的增长。从技术人工物的角度来说，技术是有意设计和生产的具有特定功能、能够满足人类某些需要的人工物的集成。技术进步被定义为能够由现有的技术设备来满足人类需求的功能，体现为必需品的数量和各种各样的性能，比如，在交通方面，从古至今人们发明了马车、自行车、汽车、火车、飞机等交通工具。从人工物的某一方面的功能来看，从马车到飞机，人们通过创新，首先大大提升了交通工具的速度，能够满足人们对速度的更高要求，诸如此类的还有，现代公路和高速路与古罗马和 19 世纪的道路相比，就耐久性来说标志着一种技术进步。现代的桥梁比前几个世纪（除了其他优点以外）要可靠得多。人造卫星上装的照相机（除了更可靠更耐久以外）比苏联第一颗人造卫星上天以前使用的照相机灵敏度高得多。喷气式飞机比莱特兄弟制造的第一架飞机速度快得多。这些通过改进变得更好的技术人工物无疑是技术进步的体现。正如 H. 斯科列莫夫斯基认为的，技术进步的特点是除了生产新产品以外，它还为生产"更好"的同类产品提供手段。所谓"更好"可以包括许多特性，比如（a）更耐久、（b）更可靠、（c）更灵敏（如果灵敏度是产品的重要特性的话）、（d）运行速度更快（如果运行与速度有关的话）、（e）以上各点的结合。从技术人工物具有的功能的总体来看，技术人工物具有多种多样不同的性

---

① ［德］F. 拉普：《技术哲学导论》，辽宁科学技术出版社 1986 年版，第 55 页。

能，可供人们在同一时期依据不同的需要作出选择，同时满足人们多种多样的需要的能力得到显著增强。比如，从马车至飞机等一系列交通工具，飞机最能体现人们对高速度的要求，对于不那么遥远的距离，也许汽车和火车是更为方便经济的选择，对于更短途的距离或者健身娱乐来说，也许自行车更符合需要，甚至马车也依然在某些道路交通不便利又不方便建机场的特殊地域具有某种优势。正如我们现在依据自身经验所看到的，为了使人们的多种多样的、不同层次的需求都能得到更进一步的满足，人们不断地改进和发明新的人工物，人工物的数量和种类因此得到不断的增加，人们无论有什么需要解决的问题，都能依据自身的需要来选择不同功能的合适的技术产品。广泛的、多种多样的、多层次的需求和选择都能得到实现，无疑体现了技术的进步。

其三是技术系统效能的提升。技术是人类为了满足自身的需要，达到改造客观物质世界的目的，而从事社会实践活动的，由实践性技术、实体性技术和知识性技术构成的具有内在联系的动态系统。在现实的技术活动中，技术系统总是表征为获得有价值的结果，以有效的方式转化具体对象的行动系统。技术变化在于新的技术系统的设计和生产，和技术效率的提高，对技术变化可以通过技术系统的效能来评价。正如伦克指出，"技术进步"的概念有一个规范性，它始终是对某种状态的一个比较，指某个技术系统能够实现更好的状态，或者能激励更好的技术方案或操作的实现。评估标准包括：质量的提高；产品安全性的提高；不利因素的解决；更大的精度；可行性；更好的控制；更快的速度；更简单的可计算性；经济效益，尤其是涉及包含在投入产出比中的生产或维修的费用部分。[①]

事实上，对于技术系统的效能来说，我们常常用两个有关的基本概念来评价技术进步，一个是有效性的概念；另一个是效率的概念。

有效性是评价技术系统效能的关键，指技术的预定目标和结果之间的相符度。进步意味着至少在某一方面提高有效性。技术进步就是在一定种类物品的生产中追求有效性。由于技术的有效性可被理解为其中预定目标集合 O 被包括在实际上得到的结果的集合 R 的程度。因此有效性的程度，可以通过测量预定目标的实际达成的比率来获得，即：$F = |OR| / |O|$。

由于一个动作可能是极其有效的，但不是非常有效率。比如这样的例子——"杀苍蝇用大锤。"其他诸如此类的例子还有，DDT 对抗瘟疫，使用原子弹赢得战争，或者建核电站生产电能等。因此，评价技术进步还必须考虑效率的问题。

效率是评价技术进步的另一重要概念。通常对效率的理解是通过热力学的或者是经济方面的情况。发动机的热效率被定义为转化成有用功的能量相对于能量

---

① Hans Lenk, *Progress*, *Values and Responsibility. Techne.* 1997, Vol. 2, No. 3 – 4.

消耗的总量的比率。效率的这种概念，不能直接推广到任何技术系统，一个系统的效率并不总是通过能量转换的测量来体现。经济效率的观点似乎可以解决这个问题。确定行动的经济效率可通过计算所产生的成果价值与投入生产的成本的比值获得。在这种情况下，必须排除技术影响之外的经济因素，例如，生产要素和生产的货物的市场价格造成的影响，这方面一般的不依赖于技术而是取决于社会或经济性质的主观评价或外部条件。

因此，作为技术进步的表现，系统的效率增加时其效能将增加，同样，如果技术系统产生的结果与预定目标之间符合程度更严格，并且如果多余的或不需要的结果降低，效能也将增加。技术进步表现为以更低的成本或努力实现目标或产出，或者当我们以相同的输入或努力成功实现较高的输出或更好的成就。拉普也有相同的看法，"如果可以用更小的投入做同样的工作，或者以同样的投入做更多的工作都是技术进步。"并认为，"人们可以把技术系统的效能看作是技术进步的指示器。这种进步可以采取延长使用寿命、提高可靠性、灵敏度、精确度、运行速度以及更快更省地进行生产而建造全新的系统或改进现有系统等形式。"[1]

汤德尔特别强调了技术"改造客观世界"的目的以及技术"是增进人类活动效率的全部资源之总和"。[2]并指出"技术的一般功能就是由人组织的物质、能量和信息的交换"。因此，汤德尔总结技术进步的基本趋势：①材料：发现已知材料的新属性和取得关于这些属性的更确切的知识，包括研制全新的材料以及合成性质更符合新技术要求的人工材料；②能量：包括提高现有能量转换方式效率，利用更有效的新能源；③信息：使用算法语言和给完成这些工作的技术装置编制程序，通过技术模拟使各种任务的解决经济化、最优化等。[3]

综上所述，我们可以认为，技术进步通常表现为技术知识的增加，技术工具、机械、设备具有更全面更良好的性能，技术结果的更有效达成和技术过程的更便捷的实现，概括地说，表现为人类改造自然的能力和潜在能力的增强。

二、技术进步的价值取向

在给定的技术背景下，技术系统效能的增加，可以很容易被解释为人的能力的增加，以确保以该系统所施加的实际的行为与人的目标一致。由此，技术系统的效能的测量可以被解释为一种客观的、价值中立（尽管是局部的、特定环境

---

① ［德］F. 拉普：《技术哲学导论》，辽宁科学技术出版社 1986 年版，第 55 页。

② ［德］F. 拉普著，刘武等译：《技术科学的思维结构》，吉林人民出版社 1988 年版，第 14 页。

③ 同上，第 20 页。

的）测量。这种解释似乎表明，在任何技术环境，技术进步总是能够得到越来越好的结果。

然而，这样的技术进步标准，在现实中却存在着许多悖论。正如人们所看到的，一方面由于技术的飞速发展，给人类的生活带来了各种便利；另一方面，各种对环境的化学污染和恶化的生态系统，给人类的生活带来了巨大的风险，并对人类的生活造成了危害。比如：现代工业的发展带来了之前没有预见到的对环境的污染、资源的损耗，一项原本认为很先进的技术可能具有人们还未预见的副作用；或者人们在科学和技术领域的辉煌成就具有被以否定的甚至破坏性的方式来应用的可能，像某些技术哲学家所说的掠夺性开发的"妖术"，其消耗是如此之大，会使技术的发展误入歧途。另外，利用技术导致非正常的人工刺激成瘾、沉溺、不能自拔，从而陷入"非人"的生存状态，也会使人越来越远离真实的世界。由原子核裂变获得的可用能量的增加，不仅未能创造出文明的更进步发达的形式，而且至少是对现存社会和文化成就的一个威胁。

以上事实进一步体现了对技术进步的考量不仅包含"事实因素"，更包含"价值因素"，技术进步还必须受到价值的规约。对技术进步价值因素的考量，正是技术评价性要素的体现。"进步要以增进人的自由、尊严与幸福为目标"。① 马尔库塞也说过，"进步"并不是一个中立的术语，它是有特定前进目标的，这些目标是根据改善人类处境的种种可能性来确定的。② 与科学理论相比，技术更多的是实践性的，实践就会有价值的评判。因而，技术进步除了体现在其结构功能某一方面的效率和有效性的增强之外，还应体现人类的一般价值维度。这些价值维度包括以下方面。

其一是责任。技术活动中的责任就是技术本身所应承担的某种义不容辞的义务，而技术伦理中的责任就是要技术主体自觉的担当来实现技术活动的趋善避恶，也就是要从结果、效果、后果上保证技术给人带来的是幸福而不是痛苦。③ 技术伦理学家伦克曾倡议，要明智地对待科学技术力量，理性地调节技术的进步，承担扩展的责任，或者说，要仔细谋划发明和使用什么样的技术以及如何去使用技术，尤其要小心使用那些替代人做决定、负责任的技术，那些躲进虚拟世界与逃避现实责任的技术。日本学者丸山认为，无论何种情况，技术的基本责任都是要实现"为了人类"，对"利用自然"实施控制。技术伦理的基本责任有：

---

① 汪堂家：《对"进步"概念的哲学重审——兼评建构主义的"进步"观念》，载于《复旦学报（社会科学版）》2010 年第 1 期，第 103～113 页。

② ［美］H. 马尔库塞：《单向度的人——发达工业社会意识形态研究》，刘继译：上海译文出版社 2008 年版，第 4 页。

③ 杨德荣：《科学技术论研究》，西南交通大学出版社 2004 年版，第 210～214 页。

①作为人类的基准的第一次责任，包括保障生命、减轻劳苦；②作为存在的基准的第二次责任，包括保障自由、保障平等；③作为经济基准的第三次责任，包括消除贫困，确保富裕；④作为社会基准的第四次责任，包括保护环境、保障和平。① 邦格曾提出如下的"技术律令"：你应该只设计和帮助完成不会危害公众幸福的工程，应该警告公众反对任何不能满足这些条件的工程。在"可持续发展"的语境中，也表明了技术不仅要对当代人负责，而且要对后代人负责。

其二是公正。公正可以理解为"各得其所或得其所应得"。技术的公正问题，表现为选题、发明、设计、建造等研发中技术活动内容与服务对象的公正，如一些国家在建设信息基础设施时，反复强调"要让每一个人从中得到好处"，特别是那些处于弱势地位的人们，力求使技术成果达到一视同仁地普遍为善的公正效果。如 1832 年美国学者沃克在他的"机器哲学"思想中就认为，技术是一种使人人平等的手段，能使人们获得在奴隶制社会中只有少数人才享有的自由。

其三是自由。自由是人类内在的本质属性，这一本质属性在外部的现实生活中表现为自由权利主体和权利形式的普遍性。从人的主观方面来说，自由表现为人们身心两方面的拓展的可能。自由的实现意味着人类可以"完全自觉地自己创造自己的历史"。② 增进自由显然就是应该有助于这样的"个人"的存在和发展。"节约人力、赚钱、获得能量、节省空间、制造商品的这些设备是否也在实质上扩充并丰富了生命？""当技术对'个人'存在方面作出贡献，并提高其价值，而不是以力量为中心的观点限制和弄窄人的生活时，技术将得到进步。"③

其四是生态。技术进步必须有助于实现人与自然的和谐一致。技术本质上是一种人对自然和社会的能动关系。主要体现为对客观物质世界的改造，对自然的控制，以满足人类生活的需要。人类本身是自然生态系统中的一分子。人类正是通过在技术上操纵、适应自然环境而形成自己的历史的。人类的美好生活从根本上说依赖于其居住的生态系统的平衡与稳定，只有适应自然，才能生存和发展。正如莱易斯在《满足的极限》一书中所说，自然并不是一个任人摆布的客体，它并不服从社会的意志，人类要生活就必须尊重自然的界限。

无论如何，技术进步在价值取向上必须与人类一般的价值维度相一致，否则便会无益于人类生存状态的进一步发展和完善。以上对技术进步价值方面的考量，只不过是基于一种对现实情况和人类理性的理想状况作出的简单设想。事实上，对技术进步的价值判断是一个十分复杂的课题，需要进一步的深入研究。

这要求，人类一方面应该探索如何对自然力进行更好的控制，增强人类运用

---

① 杨德荣：《科学技术论研究》，西南交通大学出版社 2004 年版，第 210 页。
② 《马克思恩格斯选集》（第 3 卷），人民出版社 1972 年版，第 323 页。
③ ［美］刘易斯·芒福德：《技术与文明》，中国建筑工业出版社 2009 年版，第 172 页。

自然力的可能；另一方面，在对技术的使用中，应该更加慎重，尽可能多地考虑到人类长远的未来。

第三节　技术进步的内在分析

对技术的分析必须联系技术的目的和过程。正如波普尔所认为的，技术的目的是控制和掌握世界，技术过程是人类的意志向世界转移的过程。相对而言，从技术的目的角度可视为一种外在的分析，而过程角度可视为一种内在的分析。

一、技术进步有其内在视域

技术同进步观有着天然的、密切的联系。技术在人的视域和人的世界中存在，被人所理解，为人所创造，凝结着人的目的性，并包含有人的意志和价值选择。比尔德认为，"与进步的观念密切相关，也与对过去二百年中所发生的一切和世界正在发生的一切进行阐释密切相关的所有观念，其中最具相关性的莫过于技术"。①

这是因为，虽然社会进步的根据是人，但是，人是通过技术这一实践手段来实现社会进步的。技术中不仅蕴含着关于自然的哲学和一种方法，也因其内在的属性而不容置疑地巩固了进步的观念。

技术自身有其内在的进步性。虽然技术是人创造的，但是，人不能违背自然规律和技术规律来创造技术。许多的技术哲学家注意到了这一点，认为技术具有自我增长的特性。哲学家们将技术具有的进步性比拟为达尔文的生物进化现象，认为技术进步是一个自我生成的过程，在这一过程中，"人类并不像是参与者，而更像是选择性的环境那样发挥作用"。② 把人的作用看作是相对技术来说的外在因素。埃吕尔是对技术自主性进行分析的最具代表性的哲学家，认为"所有与技术相关的事物都有一种自动增长（即不是出于计划、期望和选择的增长）的现象"。③ "技术'实体'——它有其自身的本质、独特的存在方式以及一个不受我们的决定力量控制的生命。"④ 不少学者从生物进化的角度讨论技术的自主性问题

---

① ［英］约翰·伯瑞著，范祥涛译：《进步的观念》，上海三联书店 2005 年版，第 9 页。
② ［美］L. 温纳著，杨海燕译：《自主性技术》，北京大学出版社 2014 年版，第 49 页。
③ J. Elull. *The Technological Society*, trans. John Wilkinson, New York：Alfred A. Knopf, 1964, P. 87.
④ Ibid, P. 93.

时，甚至认为技术处于一种"失控"的疯狂增长的状态，人类对技术的增长无能为力。虽然我们也许无须如此悲观，然而，技术进步有其自主性却是不争的事实。

技术进步的自主性，意味着技术进步的主导力量是技术的内在逻辑。技术进步的运动的方向是固有的，由每一阶段具有的技术结构和本性所决定，复杂的、独立的技术系统是由技术本身形成的，而不是由社会形成的。任何新技术的产生必须是产生新技术的基础已然存在，当一项特定技术出现时，它几乎总是必然地遵循着某些其他技术的指引，总是建立在已有技术的基础之上的对已有技术的推进。"当一个新的技术形式出现时，它会使许多其他技术成为可能，并成为其产生所需要的条件。"① 比如发动机的出现为飞机、汽车、潜艇等的产生"提供了条件"。此外，一项技术的出现也常常对某些其他技术的产生提出了要求。每一个技术问题在被解决的同时，总会造成或产生出一些新的问题，不断产生的新问题的解决使得技术持续的扩展，并使相关的技术形成一个有机联系的技术系统。比如，飞机的出现，对建造机场、铺设飞机跑道、维修以及驾驶飞机等技术提出了要求，同时这些设施和服务与飞机技术形成一种相互依赖和促进的关系。技术进步的自主性主要表现在技术具有一定的独立性、自在性与自我扩展，以至有哲学家认为，任何掌握了足够多的最新技术的人都能做出有效的发现，此发现合理地遵循他之前一些发现的指引，并且合乎逻辑地预示接下来将是什么。②

技术进步的自主性并非指技术进步与社会生活其他方面不具有相关性，而是指技术是决定自身发展的重要因素，技术自身各要素之间有其互相促进的内在逻辑。

二、技术自身的构成分析

对技术进步进行内在的哲学分析，必须建立在对技术自身要素及其结构的分析的基础上。

从古希腊到现代，技术概念从原来的技能、技巧含义，扩展到工具、机器、自动装置、制作、制造、操作和技术知识。在诸多对技术概念的定义中，现今较有代表性的定义认为技术（technology）是"人类为了满足社会需要而依靠自然规律和自然界的物质、能量和信息，来创造、控制、应用和改进人工自然系统的手段和方法。"③ 这一定义中包含了技术的主要因素：人类的社会需要，自然规律，自然界的物质、能量和信息，对人工自然的创造、控制、应用和改进。人类

---

① J. Elull. *The Technological Society*, trans. John Wilkinson, New York: Alfred A. Knopf, 1964, P. 87.

② Ibid, P. 90.

③ 于光远等：《自然辩证法百科全书》，中国大百科全书出版社 1995 年版。

的社会需要是技术由以产生的外在原因；自然规律，自然界的物质、能量和信息，对人工自然的创造、控制、应用和改进却是技术得以实现的内在因素。技术的要素关乎对技术本质的理解。在哲学家们对技术系统的要素进行的分析中，比较有代表性的有陈昌曙教授和国外著名哲学家 C. 米切姆 （C. Mitcham） 教授的分析。陈昌曙教授认为技术包括三类要素：工具、机器、设备等物质实体要素，知识、经验、技能等智能要素和表征物质实体要素和智能要素的结合方式和运作状态的工艺要素。① 米切姆教授从功能的角度提出技术由以下四类要素互动整合而成：①作为实体的技术，包括装置、工具、机器、人工制品等要素；②作为活动的技术，包括制作、发明、设计、制造、操作、维护、使用等要素；③作为知识的技术，包括技艺、规则、技术理论等要素；④作为意志的技术，包括意愿、倾向、动机、欲望、意向和选择等要素。②

笔者认为，陈昌曙教授提出技术的主要因素应包括工艺性要素，用工艺性要素表征实体性要素和智能性要素的结合方式和运作状态，这也就是说，工艺性要素是包括在经验性要素、知识性要素与实体性要素的相互作用之中的。既然如此，在一定意义上讲，我们可以把工艺定义为技术的一种特定表现或特定的实践行为。因此，工艺性要素并不能作为技术的要素。米切姆教授对技术要素的分析的独特之处在于提出技术的要素应包含意志，意志性技术是指的：作为技术需要、作为技术动机或行动和对技术的同意。米切姆教授认为 "技术已经与不同种类的意愿、动力、动机、渴望、意图和抉择相联系"。意向性无疑在技术中发生了重要的作用，它左右着人们在技术过程中的每一步选择，但是当我们仔细考察意向性，就会发现意向性因素在技术中具有特殊性，即它仅显在地存在于技术人工物的设计与制造过程中，一旦技术人工物的设计和制造的过程完成之后，意向性因素便反映在技术系统的各要素所形成的结构或各要素相互作用的内在机制中，其自身不复存在。实际上，技术过程中表现为意向性的选择往往是建立在人们对科学规律和技术原理等的掌握之上的，反映了建立在理性基础之上的技术选择，可以作为意志知识归结为技术知识的一部分。

因而，从技术的内在来看，技术要素包括经验性要素、实体性要素和知识性要素。其中，经验形态的技术要素，主要是经验、技能这些主观性的技术要素；实体形态的技术要素，主要以生产工具为主要标志的客观性技术要素；知识形态的技术要素，主要是以技术知识为象征的主体化技术要素。③ 但以上关于技术要

---

① 陈昌曙：《技术哲学引论》，科学出版社 2012 年版，第 78～82 页。

② ［美］C. 米切姆著，陈凡等译：《通过技术思考》，辽宁人民出版社 2008 年版，第 212～213 页。

③ 吴国林：《论技术本身的要素、复杂性与本质》，载于《河北师范大学学报（哲学社会科学版）》2005 年第 4 期，第 91～96 页。

素的分类主要是从技术这一系统本身的存在论意义角度审视的。其不足在于，它没有从过程角度来审视技术自身。因为技术不仅仅是一个静态的系统，其本身更是存在于过程之中，在过程中显示出技术的特质。技术的系统与过程是统一的。为此，从过程角度考查技术是非常必要的。

从技术的过程来看，技术有一个从设计、制造到制成品的过程。设计是指人"为了达到一定的预期目标，为了实现自己的愿望、计划等等，这样，人首先要在思维中创造出行动的最终结果，这表现为他的创造物的形象，表现为目标和计划等。"① 设计通常始于人头脑中的一个创意，这一创意在不断地修改、检验和改变中形成人关于技术的构想，通常表现为对人工物依照心中的想象进行构图。设计和发明常常是交织在一起的同一过程。发明通常也是源于发明者的想象力，可能是通过试错来开发一个新创造，也可能是建立在对已有技术基础上的新设想，发明者通常会通过收集信息、进行试验、绘制草图、精心思考来进行，建立在设计的基础之上，结合物质的因素不断地调整设计，将构想的人工物变成可能实现的存在。在技术的产生和进步的每一步中，意志知识作为理性的基因，结合自然规律、技术原理和技术规律，作为"最适合（fittest）""正确（right）"与"最好（best）"的选择意向，在技术的设计、制作和制成品中体现，并使技术人工物达到尽可能完善的状态。

制作是将设计发明结合物质条件（原材料、工具、机器），将构想的人工物通过人的活动变成成品。在这个过程中，涉及运用适当的材料，运用制作的经验和技能，遵循相关的自然规律、技术原理和技术规则，其中，制作和使用技术人工物都是技术活动；技术规则、技术规律和技术原理是技术知识最核心的内容，是关于如何通过设计、操作和制造得到技术人工物的知识。可见，技术的过程涉及技术实践活动、技术人工物和技术知识的运用，其实质是技术知识与技术实践相互作用通过工具、机器、设备一起将技术材料制作成技术人工物。

技术人工物作为制成品是技术的一种实体存在，是技术得以实现的最终形式。任何技术最终总是表现为技术人工物。技术人工物反映各要素之间形成的关系，而稳定的关系就成为结构，它们共同实现技术人工物的功能。同时技术人工物又处于一定的环境之中，因而，从技术的内在构成来看，技术人工物形成可以用要素、结构、功能、意向和环境进行完整的描述的技术人工物系统模型（见图 6 - 3）。

从技术人工物系统模型来看，技术人工物的要素、结构和功能都是实在的，这里的要素实在与结构实在是受到功能实在制约的实在。技术必须是有功能的，因为技术人工物之所以有意义，是因为它具有一定的功能，它能够完成人所交给

---

① ［德］F. 拉普著，刘武等译：《技术科学的思维结构》，吉林人民出版社 1988 年版，第 13 页。

的任务——实现功能。没有功能的技术，是不能称为技术的。人们发明技术是为了获得功能。"技术如果不发挥其特有的功能，就不具有技术的本质，就不成其为真实的技术"。①

三、技术进步的内在表现

从技术自身构成来看，技术进步体现了的各要素之间相互促进的内在逻辑。

在技术活动中，无论是发明、设计、制作等技术行为还是生产、操作、维修等技术工序，都是在技术知识的指导下以人工物为对象的活动。在技术实践的过程中，技术总是追求更有效的结合和组合方式，更有效的运作秩序，以达到对人工物的更好的制作和使用。已有的经验和技能，会在人们对操作方式进行选择和运用中逐渐得到改进。比如无论是弹钢琴还是驾驶汽车，人们在长期的实践中总是能做得越来越好。在技术实践获得进步的过程中，人们也会在技术的实践中获得新的经验和认识，并且其中有一部分会转化为技术知识，促进技术知识的增长。

技术本身的最终目的就是为了制造出更好的技术人工物。技术总是会对人工物的性能有所要求和期待，技术知识的更新和技术实践的进步往往为人们创新或改进技术人工物提供设想，并为设想的实现提供必要的条件。其结果要么是原有人工物得到改进，要么是制作出新的技术人工物。同时，技术人工物的进步能够为人类的实践活动拓展新的空间，并为获得新的经验和认识提供可能。

技术知识在现代技术中承担着日益重要的角色，没有相应的技术知识，现代技术不可能实现。新的技术知识的掌握，往往带来跨越式的技术进步。一方面，技术原理的发现常常会带来基于原理性的技术发明，例如美国的约瑟夫逊博士在1962 年提出的"约瑟夫逊效应"，即用电磁场控制在极低温度下产生的超传导现象，就是一种技术的发现。根据这个原理制作的"约瑟夫逊元件"，可以使它保持通常状态或处于超导状态，从而起到像晶体管一样的作用。像约瑟夫逊效应及元件这样的技术发现和发明对技术进步具有放大效应，会引发出该领域乃至其他领域的技术变革。另一方面，技术知识扩展了原有的知识领域，能解决原来科学知识所不能回答的新问题，比如：认知技术提升了人的认知能力，如延展认知；量子算法可以解决原来的经典计算的复杂性等。②

由上述可知，技术进步是实践性技术、实体性技术和知识性技术相互促进的内在统一。

---

① 肖峰：《哲学视域中的技术》，人民出版社 2007 年版，第 42 页。
② 吴国林、孙显曜：《物理学哲学导论》，人民出版社 2007 年版，第 307～324 页。

　　技术人工物是技术进步的集中体现。科学的进步由更好的理论（知识的增长证明），技术的进步由更好的人工物或更好的人工物制作过程（效益或效率的提高）证明。① 技术人工物是技术的核心标志，对于技术自身来说，最终的目的都是为了制作出更好的技术人工物。

　　除了基于新的技术原理创造出全新的技术人工物之外，由于技术拓展实践空间和追求效率的本质属性，已有的技术永远不会停留在某一固定的水平上，而是会不断变化发展。因而技术人工物总是要发生变化的。但是对同一系列的技术人工物来说，相对来说保持稳定的是它的核心要素、核心结构与专有功能的协调统一。围绕核心要素、核心结构和专有功能，技术人工物的要素、结构和功能不断的改进和完善，技术系统内任何要素（物质要素和非物质要素）的长足发展，都可以使整个技术提高到新的水平，即技术进步。核心要素、核心结构与专有功能的统一决定技术进步水平的高低。

　　首先是技术人工物材料的改进。要素与结构构成了技术人工物的物质基础，而功能是由之形成的高阶对象。功能的变化总是与要素和结构的变化相对应。由于要素总是由合适的材料以一定的结构显现出来，因而原有材料性能的开发以及新材料的出现，都会有助于技术人工物功能的提升。例如航天器上普遍使用的泡沫陶瓷，是把炭系、硅系和硼系的一些耐高温陶瓷做成疏松多孔的泡沫结构，通过材料本身的耐高温性能和结构上的隔热功能，使得里面的温度高达上千度时，外面还处于室温状态。除了泡沫陶瓷之外，航天器中用的隔热材料通常还与涂料搭配使用，在最大轻量化的情况下，最大满足隔热效果和机械、力学强度。

　　技术人工物结构的改进也是技术进步的体现。技术的要素、结构、功能是具有层次性、复杂性的。根据人工系统理论，技术人工物系统可以分为不同的层次，每一层次都有要素和要素形成的结构，每一要素又可分为各子要素及其形成的结构，并具有一定的子功能，据此一直分到不能再分的技术原子，技术原子是原子结构与原子功能的统一，原子结构等值于原子功能。② 相应地，在最优化理论指导下，总是采用实现技术人工物的最合理结构，最合理结构的层级越多、组合的方式越多，则越复杂，因而也越进步。比如神州十一号宇宙飞船与天宫二号空间站对接技术，科学家尽可能采用最优化的设计，仍然涉及多种多样复杂的层级和结构，运用的技术知识、采取的技术活动也是前所未有的复杂和多样。而对已实现技术人工物来说，在其核心功能得以维持或改进的情况下，最合理的结构的层级越少、组合的方式越精简，则越进步。比如世界上第一台计算机由1 500

---

① ［美］C. 米切姆著，陈凡等译：《通过技术思考》，辽宁人民出版社2008年版，第309页。
② 吴国林：《论分析技术哲学的可能进路》，载于《中国社会科学》2016年第10期，第29～51页。

个继电器，18 800 个电子管构成，占地 170 立方米，重量达到 30 多吨，只能完成每秒 5 000 次加法运算，400 次乘法运算。而现在集成电路计算机由一个集成芯片和相对十分简单的结构构成，实现了互联网、云计算。这种情况下，结构的层级的减少往往与新的技术知识的突破和运用相联系。

技术人工物的功能是技术要素和结构构成的高阶。要素和结构的改进最终会体现为技术人工物更良好的性能。某一系列技术的进步重要的表现通常是技术人工物的专有功能扩大，或者形成新的专有功能，但原有的专有功能将被包括其中。比如，计算机除了原来的运算功能之外，还增加了视频播放，数据处理、记忆和存储，键盘和鼠标等功能。此外，还可以接入一些外围设备，如打印机、扫描仪和复印机等，使计算机增加多种其他的功能。另外也可以是形成新的系列技术人工物，开发出不一样的新功能。比如，有了普通的铁路运输技术之后，人们又开发出了完备的高铁技术。

技术进步也可能表现为对环境的适应性更强。环境将影响技术功能的实现。比如，一台数码相机在日常环境中，其电池和有关操作都是正常的。但是，当我们携带这台数码相机到零下 30 摄氏度的野外，该数码相机的电量很快耗尽，相机的快门等无法正常使用。技术人工物的环境将影响技术人工物的结构与功能的关系，影响功能的实现。因此，技术的进步表现为对环境的更好适应，抗震、抗压、抗折、耐热、耐寒、生态……

技术人工物的要素、结构、功能与环境协调统一之间具有复杂的逻辑关系。先进的技术人工物，通常是在最优化的技术知识指导下，基于丰富的经验和技能，进行发明、设计、制作的要素、结构、功能的完美统一。

技术进步首先体现在技术自身的进步，然后才有技术的外在进步，即技术对科学、社会和文化发展的推动作用。从外在来看，技术进步指生产"更好的""更合乎人类需要"的物品，从内在来看，则是指能够生产出改造客观世界和主观世界更为有效的物品，技术进步的外在和内在的反映的现实并不总是一致。

本 篇 小 结

面对"技术是什么"这一问题，就必须深入到技术内部，才能洞见技术自身。首先需要把技术自身搞清楚了，然后才是对技术展开价值研究、社会学研究。实质而言，技术表现为技术人工物。认识技术，就是认识技术人工物自身以及由此所带来的经济、社会与文化等影响。本篇是本书的核心部分，这部分将对技术人工物展开细致研究，展现分析技术哲学的系统性研究纲领，这是对原有技术人工物的二重性研究纲领的重要推进。

由于技术是一个复杂的现象，对技术自身展开研究是分析技术哲学研究的基本出发点。本篇首先探讨技术的含义和划界，以划清技术与科学的关系。技术也并不是完全后天的，技术需要先验分析，由此形成关于技术先验性的新认识。技术人工物总是凝结了人的意向性，不同于自然物，技术人工物的本体论研究有自身的特点，包括技术人工物的人工类、自然类与实在性问题。从特修斯船出发，讨论技术人工物的同一性问题，我们提出了技术人工物的同一性原理。技术人工物的同一性原理是技术人工物的个体性存在的理论前提，同时也为技术人工物从结构到功能推理的三值逻辑提供了依据，相似地，量子力学中有微观粒子的全同性（同一性）原理，量子力学可以采用三值逻辑给予量子现象以说明。

在技术人工物的本体论研究中，其核心是引入要素与环境，从而形成了意向、要素、结构与功能的系统，系统又处于环境之中，这就是技术人工物的系统模型。要素是构成技术人工物的物质基础，物质就是材料，当代材料科学技术正在飞速发展，材料成为关键因素，如超材料、材料基因组计划就在于通过材料的设计和优化，创造出新的材料，揭示材料的组成—结构—性能之间的内在规律，实现人与自然、人工自然的友好相处。

世界是可以用语言描述的。人工世界同样是可以用语言描述的。探讨技术语言与技术陈述、寻求技术推理的规则是分析技术哲学的基本路向。技术命题不是一个真假问题，而是一个有效、无效以及在两者之间的多值问题。在技术陈述的基础上，探讨技术知识及其逻辑结构。技术知识不同于一般的科学知识，得到辩护的有效信念构成技术知识。技术知识在于追求有效性。在一定的技术原则之下，我们进行新的技术知识的分类，构造了技术知识的双三角型模型。

技术推理的必然性虽没有科学推理那么强，技术推理仍然有一般逻辑表达形式，以便更好地理解技术陈述是如何从原因到结果的。技术推理还可以采取更为复杂的贝叶斯推理形式。

技术研究必须研究技术事实，探讨技术规则、技术规律和技术原理，进而理解技术理论的结构，因为它们都不完全是科学的应用，技术具有自主性。只有把握了技术理论，我们才能更好地认识核心技术。

技术解释是对技术的运行或故障的产生给出原因，给出理由。一个技术解释不仅要给出技术的正向解释，也要给出负向解释。技术进步也相应地成为当代社会的一个重要概念。但是，技术进步是内在的，还是外在的以及是否需要什么条件，这并不是一个显然的问题。

第三篇

分支技术哲学研究

技术哲学的当代发展趋势之一，就是分支技术哲学的兴起。特别是以信息技术、生物技术、纳米技术、认知技术和量子技术为代表的高技术发展强劲，形成了一个高技术群，形成新的技术革命，呈现出不同于过去技术革命的新特征。它们的哲学研究对原有技术哲学的研究带来了新的挑战。

信息技术哲学主要探讨信息技术哲学的兴起、主要论域和若干前沿。生物技术的哲学研究，探讨生物技术的概念、基本哲学问题以及当代生物技术中实践推理与理论推理的一体性。纳米技术哲学展示目前纳米技术伦理学、纳米技术现象学和纳米技术本体论研究情况与发展趋势。认知技术哲学研究主要探讨认知技术的基本含义及其引起的若干哲学问题。量子技术哲学讨论量子技术的基本含义，比较量子技术与经典技术的异同，并对量子技术的若干哲学问题展开讨论。这些不同分支技术的哲学研究，展示了技术哲学的强劲的发展趋势，呈现出前沿技术的不同特点。

第十三章

信息技术哲学

信息技术引导人类进入了信息时代，进入一个新的文明形态，并且它迄今仍是最具活力、最具前沿性和引领性的技术，也是最能启发新的哲学思考从而具有哲学探索意义的技术。正因为如此，信息技术哲学的兴起并构成当代技术哲学发展的重要趋势就成为一种必然。

第一节　信息技术哲学的兴起

一、信息技术哲学是信息时代的必然产物

信息技术哲学的产生有其历史必然性，它是对人类信息革命的哲学反思，也是对信息时代的一种哲学呼唤。迄今已有不少学者将信息技术纳入哲学的视野并形成了较为丰富的理论成果，使得正在形成中的信息技术哲学也正在成为技术哲学发展的新形态。

作为信息时代的必然产物，信息技术哲学无疑是技术哲学的当代形态。信息技术哲学研究的重点对象是当代信息技术，尤其是要把握它的哲学特征。这就需要技术哲学将自己的重点对象从一般技术或传统技术推进到当代信息技术，在这个过程中使自己进入到当代形态。信息技术哲学主要是关于当代信息技术的哲

学，这使得信息技术哲学的"本义"就具有当代性；它也表明，技术转型催生技术哲学的转型，信息技术哲学就是这种转型的产物，并标志着哲学发生了信息技术的转向，走向信息技术哲学成为一种顺应时代潮流的大趋势。

目前技术哲学界中谈论着各种当代"转向"如技术哲学的"经验转向""生活世界转向""实践转向""认识论转向""信息转向""后现代转向"……而信息技术哲学可以说集合了这些转向，体现了所有这些当代特征——集合性的当代特征①，使得信息技术哲学成为技术哲学的"当之无愧"的主导性的新形态，成为从哲学上进行时代性聚焦的重要载体。

二、信息技术哲学的意义

信息技术革命造就了哲学的信息技术转向，催生了信息技术哲学这一新的哲学分支，引导我们发现了更多新哲学问题，从而为哲学的发展提供新的机遇，也为我们解释世界和改变世界提供了新的视角与路径。

信息技术哲学的意义，一是可以促进技术哲学研究的繁荣。借鉴科学哲学的发展历程可以看到，其兴盛一时的重要原因之一就是各门分支科学哲学②的兴起和繁荣。因此技术哲学要走向兴盛，也离不开分支技术哲学的形成和兴旺，特别是对那些造就当前时代特征的新兴技术的哲学研究所形成的分支技术哲学，信息技术哲学就是首当其冲的这类分支。可以说，当信息技术哲学走向前台后，技术哲学中从技术视角对人、社会乃至世界的说明和解释，就可以进一步具体化为从信息技术的更为丰富和具体的说明和解释；由此一来，我们的技术哲学就可以使信息技术这个"焦点物"将我们对技术的哲学研究引向深入。在这个意义上，没有像信息技术哲学这样的分支研究，就没有技术哲学的繁荣。

二是可以将我们的视野导向具体的信息技术，从而进入"微观技术"的领域，诸如计算机、互联网、人工智能、新媒体等等，形成相应的"计算机哲学""互联网哲学""人工智能哲学""新媒体哲学"等，由此构成更微观的或更下一级分支的信息技术哲学。

三是有助于我们进一步探讨人的发展问题，从而具有重要的人学意义。信息

---

① 这是因为，信息技术中有着比一般技术更具体的内容，所以它具有了更丰富的"经验"和"生活"的元素，从而成为一种更加趋向参与现实、进入日常生活的"技术实践哲学"；同时，信息技术从直接性上就是充当人的认识手段、延长人的感官和大脑，帮助人处理和传播信息，因此信息技术本身就是"认识论"转向和"信息转向"的技术载体；此外，由信息技术导致的"信息社会"是与"工业社会"相对照的，常常也是"后工业社会"或"后现代社会"的同义语，因此谈论技术哲学的"后现代转向"实际上就是指技术层面上由现代性的工业技术向后现代性的信息技术的转向。

② 如数学哲学、物理学哲学、化学哲学、生物学哲学、天文学哲学等。

技术被誉为是促进人解放的技术，它不仅建构了我们的社会，也建构了我们人自己；人将在计算机和互联网的不断解构和建构中获得许多新的特征，"信息人""计算人""网络人""赛博人"就是已经出现的描述，由此必然引发种种人学问题，如人的自由与本质的问题、人的数字化发展新方式问题、人的情感的技术性增强问题、人在网络空间中的价值和异化问题等，于是信息技术对人的本质、人的价值乃至人的未来等根本性的问题必然形成重要的影响。

第二节　信息技术哲学的主要论域

一、信息技术本体论

信息技术的本体论问题包括信息技术的本质论、存在论和实在论问题。信息技术本质论解决的是信息技术的哲学含义问题。在我们的哲学理解中，"本体论"的基本含义之一就是"本质论"，即关于"世界是什么"即"世界的本质问题"。据此理解，信息技术本体论就是信息技术本质论。

"信息技术"作为由"信息"和"技术"组成的一个复合词，其直接的含义应该涵盖所有涉及信息的收集、识别、提取、变换、存储、传递、处理、检索、检测、分析和利用等的技术。为了将一定语境中把计算机和互联网与 IT 相等同的约定俗成与"信息技术"的构词本身所涵盖的语义内容相区别，可以将前者称为"狭义信息技术"，而将后者称为"广义信息技术"。后者是扩展人的信息功能的手段的总和，是"信息技术"从日常用法过渡到哲学用法后的所指。如果将信息技术与"非信息技术"，即"物质性的生产技术"相对比来理解的话，那么可以将其界定为"行使信息处理或符号转换功能并服务于人的精神需求的技术"。

信息技术存在论主要是从哲学"存在论"的视界来分析信息技术。信息技术的存在论揭明信息技术本身作为一种物质性的存在，其使命是创造一种不同于物质存在的信息存在，这两种存在之间形成了复杂丰富的哲学关系，体现出信息技术的特征和信息的本质：如果承认信息的属人性和建构性，那么一切信息都是人工信息，都是与人的信息技术相关的存在，从而是信息技术造就了信息的存在，使信息成为一种显在的"有"，成为区别于物质存在的另一种存在。或者说，信息是一种技术性的存在，是一种依赖信息技术的存在。如果说信息技术也是一种存在的话，那么信息就是信息技术这种存在所创造出来的一种新型的存在，是一种"第二性"的存在。信息的显现和传播技术还进一步展现了信息的"为人而存在"，并通过"气态信息"（人和人面对面直接交流时形成的信息形态）"固态信息"（纸质显示的文本信息）和"电态信息"（电子信息技术显示和传递的信息）而走向越来越丰富的存在，进而改变了人自身的存在（生存）状况，这进一步展现了关于信息技术的本体论思考与进行这种思考的主体即人无法分离，或者说关于信息技术的存在论问题与去思考信息技术存在问题的"我们"密切联系在一起。

信息技术实在论探讨作为信息硬载体的器具和作为信息软载体的符号的实在性问题以及作为控制硬件系统运行的软件系统的实在性问题。这些探讨对实在性注入了新的含义，改变了我们对实在性的看法，或者使实在性获得了新的形式，实现了实在性在信息技术时代的语义扩张，尤其是摆脱了旧唯物主义的那种"实在观"。也就是说，信息技术使得实在和非实在的界限趋于模糊，不再是非此即彼。这尤其还体现在虚拟技术为我们带来的虚拟实在、虚拟生活、网际交往等等上面；信息技术还使得实在性具有了人学的意味，使我们看到脱离开人的实在性对人是无意义的，由此将我们带到了更具层次性和语境性的实在性问题之中，从中拓展出实在性的更多哲学含义。

二、信息技术认识论

现代信息技术介入到人类的认识更多的是以"问题"的方式呈现出来的，它带来了许多新的认识论的问题。

如认识对象上，虚拟技术带来了虚拟对象。虚拟对象可以说是由技术所创造出来的一种"实在"，其中最主要的情形就是由信息技术所显现出来的具有实在性或实在感的现象。如果把技术作为器具、人工制品的实在称为"第一种技术实在"，那么我们可以把由信息技术所显现出来的实在称为"第二种技术实在"。虚拟实在某种意义上也是一种仪器显示，但不是抽象的显示，而是形象的显示，并且也是一种具有认识功能的显示：它是由一种物（人造系统中声光电的刺激）替代另一种物（实际的对象）来"引起"人的相应感觉。可见，虚拟对象既不是真实的物理世界，也不是虚无；它既不完全等同于实在，也不完全等同于虚幻，是虚幻与实在的交界面，是"半虚半实"的一种负载着信息的物质性存在。其中的刺激是真实的，在脑中的印象是主观性生成的，是一种模拟刺激造就出来的人脑中的一种信息状态。所以也可以视其为一种"新型的实在"。当我们的认识越来越多地面对的是虚拟客体、第二种技术实在这类的人工信息对象或符号信息环境时，也必须关注它们背后的真实所指，并且要明确意识到人工的信息世界与实在的物质世界的真实关系，清醒地把握住这些对间接的或虚拟对象的认识，还是要以对直接对象的认识为依托，在这个意义上，不能把我们认识的对象过多地甚至完全局限在电子屏幕上。

再如认识主体上，越来越高智能化的计算机，与人作为认识主体之间的界限越来越模糊；人和智能机器正在或将要不断地双向趋近，如在人脑或人体中植入更多的智能技术，而智能机器人则更加拟人化。而对于可以帮助人甚至替代人完成某些认知任务的"智能体"（agent），我们是否可称之为"第二认识主体""半认识主体"或"虚拟认识主体"？此时，即使我们仍然认为认知主体是人，但"人"由于受到信息技术实质性的介入和影响，使得信息技术时代人必须经受信息技术的建构才能成为马克思所说的"现实的人"而不再是"抽象的人"，因为信息社会的现实就是由信息技术所建造的。此时的人不仅因信息技术而获得了新的认识能力，而且如果没有信息技术的融入，他甚至不再具备一些重要的认识能力，因此信息技术就作为一种必备的认识素养而日渐成为认识主体的必要组成部分。

另一个重要问题就是对认识本质及其机制的新解释。认知主义的信息加工理论可视为这种新解释的典型。这种理论将"认识"归结为"认知"，它认为人在认识中的信息加工过程，类似于计算机的符号处理活动，人的认知过程就是一系列的物理符号的运算过程，人是用符号表征对象世界，而符号依据一定的规则储存、提取和变换；从认知加工的结构来看，认知主义认为整个系统是由若干个模块组成，各模块之间有一定的层次结构，信息是在一个类似于计算机中央控制器的控制下，在各模块之间流动，并被系列加工。这一研究范式建立起了完善的研究手段、概念体系和应用技术。在 20 世纪 70 年代，这一研究范式构成为认知科学本身。[①] 从信息加工来解释认识的本质这一进路的积极意义在于，将以前对认识本质的抽象说明推向具体解释，使得实验的方法应用于对认识（认知）的研究，使得心智状态成为了科学探究的对象，开辟了理解认识（包括意识、反映、思维等）究竟是什么的新途径。当然，更多的诸如情感的、意识的、外部世界的、身体的、社会的、动力系统的和量子计算的视角也需要加入对认知机制的说明，在这个过程中不断增加我们对认识理解的新内涵。

---

① 高华：《认知主义与联结主义之比较》，载于《心理学探索》2004 年第 3 期，第 3～5＋9 页。

三、信息技术人本论和价值论

信息技术在当代的发展正在形成对"人是什么"的传统理解的冲击,从而"影响了我们对于人的定义"①,其中最典型的就是有关 Cyborg 的探讨。Cyborg 一般被定义为:一个人体能经由机械而得到拓展与延伸进而超越人体(能力)的限制,或一个人由机械或是电子装置辅助或控制某种程度的生理过程,② 因此它的汉译所对应的意译有"电子人""半机械人""仿生体"等,音译则为"赛博格"或"赛博人",在其中人类和技术发生了融合,包括越来越多的设备植入人的身体,甚至电子设备植入人的大脑;人类和电脑的界线将变得不再明显;它作为机械和人的结合体,部分是有机的,部分是无机的。从中可思索的人学问题有:信息技术在赛博人的存在中是否已经延伸和协同建构了人性?如果赛博人成为一种更普遍的存在,那么先前的人是否反而应该称之为"自然出生的赛博人"?人向赛博人方向的变化是好的和值得的吗?对这个问题有两种对立的观点,持正面看法的"超人主义"(transhumanism)③ 和持反对意见的"生命保守主义"(bioconservatism)④。如果把我们已经习惯的对人界定的标准称为一种"人文认同"的话,那么当代信息技术对人的"改造"均是对这种人文认同的一种冲击。过于坚守已经习惯的人文认同有可能阻碍对人的科学认识和技术改进,就如同历史上曾经发生过的阻碍那样;但同时,用技术操作的手段对人改造时所形成的对传统人文认同的每一种突破都必须谨慎,因为并非每一次突破都是积极的或具有人文价值的,尤其是当这种改造关系或涉及"人是什么"这样的"大是大非"问题之时,关系或涉及动摇人类对自身认同的标准问题时,就更是如此。

人在信息技术介入下所发生的特征甚至本质改变,也就是人借助信息技术所实现的发展,可称其为"人的数字化发展"。它是自从电子计算机被发明出来之后就客观存在并且不断扩展的事实,它可分为人的体外数字化发展与体内数字化发展。如果实现了人的数字化发展,随之就会带来十分尖锐的人学问题。其中最突出的就是人的身心发展之间的关系问题。从信息技术哲学的角度,人的身心发展也就是人的信息形态和载体形态的发展,人的身体是人作为信息形态的记忆

① [英]弗洛里迪:《计算与信息哲学导论》,商务印书馆 2010 年版,第 540 页。
② [英]乔治·迈尔逊著,李建会等译:《哈拉维与基因改良食品》,北京大学出版社 2005 年版,第 7 页。
③ 认为赛博人技术的目的是通过人的增强来增加人的自治和幸福,消除人的苦难和疼痛(可能的话也包括死亡),由此达到一种超人类或后人类的状态,其中身体的和认知的能力靠现代技术而增强。
④ 认为人性不应该通过技术来改变,人的增强是非自然的,它会损害人的尊严和平等,并且是身体上和物理上有害的。

（包括自我意识、知识、经验等）的载体，信息技术介入和帮助人的发展，也无非是人的这两个方面的发展。对于这两个方面，似乎信息技术都能提供独特的方案和路径，例如记忆移植就是直接引向人的信息形态的发展，而将人的记忆移植到超级计算机上，就是载体形态的发展。由此引起的问题是，新的载体是否仍然可视为"人身"，而移植后以及增强后的记忆信息还属于"人心"的范畴吗？这无疑还有待更多的探讨，尤其是结合人工智能发展中的哲学问题进行探讨。

由此还进一步延伸出人本价值问题，即假如上述的一切都可能实现，人也会向自己提出一个根本性的价值论问题：人自己愿意被数字化吗？人愿意使技术向这个方向发展吗？人愿意彻底消除既让自己享受种种"现世"快乐和幸福、又给自己造成种种痛苦和限制的作为现实实在的"肉身"吗？"去肉体化"是一种有价值的选择吗？也就是说，在信息技术与人生意义问题上，我们无疑会面临价值困境。如果我们因为人的尊严神圣不可侵犯而终止一切通过信息技术改进人的设想，则有可能失去一种可能使人变得更加幸福的路径；而如果对这类技术设想毫不设限、任其"自由"开展，又确实潜藏着我们难以预期的风险尤其是"人文风险"。所以，包括信息技术伦理在内的信息技术哲学，无疑需要在这类具有尖锐的对抗但又包含着无限可能性的问题上，加大探索的力度。

第三节　信息技术哲学的若干前沿

现代信息技术是造就当今社会特征和面貌的技术，是整个技术系统中的先导技术，也是发展最为迅速的技术，它不断拓展出新的前沿领域，显示出富含魅力的未来趋势，由此也带来了更新的哲学问题，促进着我们对此进行新的哲学思考。这里选取物联网、人工情感、人工经验、知行接口等四种信息技术前沿或相关领域，来探索其最新发展及其走向中所蕴含的哲学问题，也是为了从这些"案例性"的领域和问题来展现信息技术哲学是一个开发的系统，是一种基于信息技术发展创新而不断追踪前沿的哲学探究。

一、物联网与网络哲学的新探索

物联网是互联网功能和领域上的又一种大发展，它甚至被视为继计算机和互联网之后的"第三代信息技术"，也被称为"第三次信息技术革命"或信息化的"第三波潮流"，它的出现和使用带来了新的哲学问题，例如物联网中的人是获得

367

新的解放还是陷入新的异化？在物联网中，人既是主体和目的，也是对象和工具。人在掌控物的过程中，通过物联网达到了无所不在的感知和监控，成为自由度更高的主体；但同时人自身也被当作物的一个类型，被置于这种无所不在的感知和监视之中，从原则上就会更为彻底地失去自由。当人和物一起被物联网所束缚后，就导致一个海德格尔式的技术哲学问题：人和物是否又被增加了一层"座架"？人和物都成为更彻底的"持存物"、成为被物联网所"强逼"出来的东西，成为监控者可掌控的"资源"。

在物联网的未来高级阶段，当人能实现对一切物（包括他人）的无所不在的感知、监控和"调遣"之后，我们所面对的世界就成为一个完全被我们所掌控了的世界；它失去了所有的"神秘性"，被彻底地"祛魅"，不仅在认识论意义上，而且在实践论意义上也是如此。这样一个"物以网聚"和"物由网控"的世界，显然不再具有任何"不以人的意志为转移"的"自然"的特点了。

换句话说，当一切都纳入作为技术形式的物联网之中后，当一切物都概莫能外地从自然网中之物变为技术网中之物之后，当每一粒沙子都有自己的 IP 后，地就变成了 i-LAND，天也变成了 i-SKY，天地万物完全失去了自己的"自在性"，全部成为一种"人为性""人工性""电子化""数字化"或"技术性"的存在；此时"网络"的本质被扩展到极致，它犹如"黑洞"一般，吸进一切，"席卷"万物，使任何物在任何时候任何地点都摆脱不了被网络技术"座架化"的命运。这是否意味着物的自然性的彻底丧失？此时，何处寻觅一块未被物联网囊括的地方，使人可以"诗意地栖居"？或许"原始性""自然性"这些词汇将在物联网时代彻底消失、人由此进入到所谓"自然的终结"时代。

不仅如此，假如人果真具有这种"联物"的能力：将一切物体——从每一粒沙子直到我们头上的太阳、从每一个量子直到整个宇宙——都纳入我们建造中的物联网，那将会是什么情形？或者说这样的物联网发展趋势可以使我们在根基上获得什么呢？一种观点认为：我们便可以不再恐惧于世界的不确定性，将一切掌控于自己的理性之中。[①] 例如，假设太阳也纳入物联网中，夏天我们让其烧得弱一点或离开我们远一点，冬天让其烧得强一点或离开我们近一点；而当每一个基本粒子都被赋予智能时，我们还或许造就出"智慧量子"，使其按我们的需求去发生"量子纠缠"、制造出现实版的时间隧道或空间穿越。然而，即使存在着这些技术可能性，我们大概也不会按"泰勒律令"去"尽其所能"。于是，物联网中"物联"的范围或程度大概不可能任其技术的可能性去无限制地发挥，人总会

---

① 单美贤等：《技术哲学视野中物联网的社会功能探析》，载于《南京邮电大学学报》（社会科学版）2012 年第 2 期，第 7~15 页。

为其设立限度。这种限度既有政治考量，也有人文因素，还有经济限制等。当然，这个限度具体设定在哪里，无疑是个更会引起争论和探索的问题，也可视为一个"未来信息技术哲学"的问题。

二、人工情感与信息技术的人文向度

人工情感起源于情感计算机的研究，它是"情感计算"（affective compu-ting）[1] 的自然延伸，意指用人工的方法和技术模仿、延伸和扩展人的情感，使机器能理解人的喜怒哀乐并见机行事。目前已经问世的"社交机器人"就初步具备了这类功能。与此关联，人工情感还要研究抑制不良情绪的机器算法，探讨情感在决策中的作用模式的机器实现，主要是模拟人脑的控制模式，建立感觉、知觉、情感决定行为（人脑控制模式）的数学模型，情感培养的机器算法，甚至还包括灵感（顿悟）产生的机器实现策略。[2]

"人工情感"不仅具有上述的始源含义，还应该具有"扩展含义"，这就是从赋予计算机以人的情感，扩展到赋予人以人工情感，它可能是从超级计算机中产生出来的情感，将其"植入"到人脑中。这就是将人在体外创造的人工情感反馈回人自身，成为补充、丰富和提高人的情感内容和情感能力的一种新途径：我们可视其为"人工情感"的一种哲学预见或技术"升级版"。这种技术变得便捷后，就可以使一个人在自然状态下难以生成的情感随自己的需要油然而生，无论是诗人的激情，还是政治家的亢奋、或是道德家的悲天悯人，以及寻常百姓的恬静，我们需要什么时人工情感技术就可以给我们提供并在我们的身上产生出这种情感。

人工情感技术的积极意义在于克服个人的情感匮乏，解决社会的人文困境，开拓人的全面发展的新天地。人工情感技术使新的情感特征、类型和表现方式不断被人开掘出来，从而不断丰富人的情感生活，满足人类不断增长的情感需要。这样，"情感创新"就如同"知识创新"一样是人的生存和发展所必须的精神条件，为人类渴求的新情感提供新的服务。从哲学上看，人工情感是以一种科学技术的方式或手段来实现一种更高的人文状态，即一种可以更彻底地实现自己人文境界的一种需求，一种更具幸福感的情感状态，是人在又一个领域所实现的真正意义上的"解放"，从而是人的自由和全面发展的一个不可缺少的组成部分。

---

① 指在开发一个系统时，使其能够对人类的情感进行侦测、分类、组织和回应，表现如计算机在与人互动过程中具有情感信息的识别和加工能力，并能针对人的情感做出智能、灵敏、友好的反应。

② 王志良：《人工心理》，机械工业出版社 2007 年版，第 9~10 页。

三、经验的技术性生成与信息技术在心灵世界的扩展

经验的来源可区分为"常规来源"（亲历、学习、反映、行为、实践……）与"非常规来源"（记忆物质的植入或脑中相关神经的人工建构），由此还形成了对经验的新分类：先验论的经验、反映论的经验、技术论或制造论的经验。技术为经验所开辟的这一新来源表明，信息技术在认识论中的作用更加凸显，成为影响认识（经验）的重要因素。这种新型的经验极大地扩展了经验的功能，也使"反映论"获得了新的含义。这也表明，如果以前人的经验仅仅是心灵状态与实践状态的统一，那么现在它也可以是心灵状态与技术状态的统一，从而进一步表明技术状态与实践状态可以走向实质性的交融。

通过技术来生成经验可以极大地扩张人的体验世界，克服因种种条件限制而无法或难以通过直接经历而形成的经验，可使"我们在其中生活的世界延伸到我们的直接经验之外，甚至延伸到可能的经验世界之外：我们也知觉到我们永远不能亲身到达的太空领域……"① 从而使人的经验更加丰富，或使更多的人成为经验丰富的人，由此帮助经历有限的人形成更多的"实在的"人生经验并产生相应的发展效果。这也意味着，技术性生成经验可以改变传统的学习和认知过程，例如技能经验就可以不再只是通过漫长而艰苦的模仿过程而习得，而是可在短时间内就成为"专家"。

总之，技术性生成的经验作为经验的另一种来源，它是对我们经验世界的"创新"，也是人类经验世界更丰富化的发展，从而是信息技术哲学必须认真思考的一种新的现象。我们知道，在认识论所涉及的现象和范畴中，心灵最重要的问题是其本质问题，认知的最重要问题是其过程或机制问题，经验的最重要问题是其来源问题。而这里的技术性生成经验，可以说囊括了这些重要问题，并对回答和解决这些问题展示了某种"未来的可能性"。技术性生成经验使经验获得了新的哲学含义，使得传统的"直接经验"和"间接经验"可以在一种新型的经验中得到整合，甚至使得心灵哲学也获得了新的问题和新的启示，对此可促进信息技术哲学与认识论、认知科学和心智哲学在未来的交叉融合研究。

四、脑机接口与知行合一

脑机接口就是在人脑或动物脑（或者脑细胞的培养物）与外部设备间建立的

---

① ［美］索科拉夫斯基著，高秉江等译：《现象学导论》，武汉大学出版社 2009 年版，第 43 页。

直接连接通路，使得脑内活动的某种物理呈现（如脑电波）被计算机或相应的技术设备所获取，从而可以在一定程度上理解和应用这些脑内活动的内容。脑机接口发展到一定阶段，人就可以实现利用自己的"思维"（严格意义上是脑电波）来控制计算机及其与之互联的其他设备，形成类似"行动"或"行为"的效果。当然，在建构具有导向行动的脑机接口时，如何从脑电波中分离出动作的意念是最困难、也是最关键的部分，它需要用各种信号处理技术去侦测动作意念，然后把侦测出的原始动作意念转换成机器能了解的指令。

一旦脑机接口将脑中的行为意向和指令能够有效地传输给信息施动技术系统从而引起对对象的实际操作和改变，那么就起到了"行为"的效果，此时人脑和对象之间的技术系统就可统称为"知行接口系统"，它是一种不须依靠人的肢体的人机接口或脑机接口，突破了先前"知—知接口"的限度，人机接口不再只是转化信息存在的形式，而且成为信息世界和物质世界互联的工具。

从关联性上看，知行接口无非是脑机接口的发展和延伸，是人机接口技术从信息领域向物质或行为领域的延伸，甚至也可视为心智与物质领域的技术性结缘。这个接口装置只要能将人"心"所想或人"知"的意向读懂，就能造就人体之外的"人造行动"或"人工行动"。此时，被人脑通过知行接口技术所驱使的那些体外装置，就如同是人的"神经假肢"。或许可以说，信息技术的最重大成就之一，就是在知行接口技术化的方向上不断取得进展，它预示着人的"行"可以跨越人的身体，也预示着外在于人的功能装置的拟人行动与人脑活动的一体化，预示着人机合一意义上的"知"和"行"可以融为一体，从而使传统的"以手行事"（"亲手"做事）和"以言行事"（指使别人做事或"告诉机器做事"）有可能发展到"以想行事"，这就是通过脑机接口而支配智能机器为我们去做我们想做的事，即所谓"心想事成"。

脑机接口是人机接口的高级形式，而知行接口是脑机接口的一种功能描述，具体说，知行接口是脑机接口的一种认识论延伸。就人的活动来说，"知"就是一种信息运动，"行"就是一种物质运动；知行接口就是将这两种运动连接起来，并在前一种运动的控制下进行后一种运动，使得头脑中的思维活动（即使是实践观念的活动）无须动用"肢体"就能变成外在的现实活动；此时，先前由"肢体"所充当的知行接口，转移到了体外的技术装置之上，也就是通常在身体中发生的部分过程转移到技术系统中，这就是知行接口的"外移"；这种外移也使得我们可以从外部反过来进一步认识知和行是怎样连接和转换的。尽管由知行接口所驱动的技术系统的物理运动是不是人本身的"行"是会有争议的，但从效果上那绝不是意念本身能做到的，从而至少可以认为那是延长了的人的"行"，或延展的实践。在这种限定性的理解下，人可以只行使知的活动，人只要有知，知行接口就会将其传输给效应装置，使这种装置在信息化或数字化了的"知"（即被知行接口转化为机器可以执行的"指令"的那种"知"）的控制下去"行"，去造物或使物产生相应的运动。于是，"知"与"行"也可谓达到了一种特殊状态的"合一"，即人机合一意义上的知行合一，这种"知行合一"不是"消行以归知"，而是"由知而技术性地自动延伸为行"。

这种具有新型"知行合一"功能的知行接口如果成为一般的现实，就意味着我们正在走向"心想事成"的人机协作状态，甚至"一念发动处便是行"也有了信息技术哲学的新解读，那就是消除了知与行之间的传统区隔。从中也可以看到，人总是在不断创造新的接口，新的界面，他区分出不同的领域，然后又想法将它们通过接口贯通起来。知行接口就是这样一种技术，它使关于认识世界和改造世界的分别，在新的工具手段的统摄下实现了新的统一。

总之，将现代信息技术的前沿作为新的哲学对象，我们会不断生发新的哲思，使得信息技术哲学获得新的生长点。

第十四章

生物技术哲学

自 20 世纪 80 年代以来，越来越多的人认为，生物技术将主导 21 世纪的技术发展浪潮。目前生物技术哲学中的热点问题包括：①概念的界定；②合理性的辩护，即伦理问题；③它对传统科学结构的冲击；④技术与科学的关系问题；⑤它自己独特的语言和逻辑结构；⑥生物技术中的实践推理和理论推理之间的关系问题；⑦它所引发的还原论和整体论的关系问题；⑧大数据时代，海量数据所引发的生物技术自身的发展问题。总体上，生物技术哲学研究既涉及了传统的技术哲学和工程哲学问题，又涌现出生物技术（或工程）特有的哲学问题。

第一节　生物技术的基本特征

生物技术的概念界定，属于生物技术哲学最为关键的问题之一。通过我们的梳理，发现目前关于生物技术的概念界定呈现出如下的几个基本特征。由这些基本特征，可以引出"系统生物技术"的概念。

第一，生物技术范畴的广泛性。生物技术涉及面极其广泛，从普通的农作物嫁接技术、动物饲养技术到基因修改、转基因作物、基因工程、DNA 重组技术，从纯粹的生物技术到生物化学、生物物理、生物电子和生物环保等技术；从古代的发酵技术到现代的生物高科技；从人体医学到动物医学；从生物技术流程到生物技术产品。其范畴的广泛性使其在概念的界定上极其复杂。

第二，生物技术中科学性与技术性的有机整合性。在关于生物技术的界定上，核心的争议是：它究竟是"发明"的还是"发现"的？一种观点认为，生物技术和寻常的技术具有类同性，它只是众多技术的一种而已。另一种观点则认为，生物技术不同于其他人类所创造的技术，它具有独特的属性。

第三，生物技术设计中的多因素协同性。"基因芯片"是生物技术中的前沿技术之一，它可以使用不同序列的 DNA 探针去探测活性蛋白产生的机制。目前最新的单芯片可以拥有 40 万个不同探针，它能使传统的劳动量大幅降低，并且可以在一个细胞中协调检测设计多个基因或蛋白质的同步活动模式。显然，这种技术设计在数量庞大的探针之间内含有"自治"的协同性。

最近，在计算机模拟药物设计和生物技术工程设计菌株当中，人们通过研究分子间相互作用的属性，构建关于反应网络的精细动力学模型（"硅细胞"），在通过计算机模拟预测该模型的涌现性质之后，对比系统水平上的实验观察数据，便可建构逐渐趋向细致准确的模型。在这种技术设计中，繁杂而潜在的因素被有效地协同起来。而"硅细胞"模型为我们在生物技术的设计中提供了一种多因素协同得以有效实现的机制，在这种技术机制中，超越人类分析能力的庞杂因果序列和因果网络被悬置了起来，非线性成为一个最为基本的特征。

本质上，在生物技术的设计过程中，我们一方面要依靠高通量技术（各种组学、生物信息技术）去分析微观层面上的单个分子或基因片段的机理；另一方面也要考虑技术设计之后所呈现的整体性的功能性行为，这些功能性行为往往是许多分子同时发生相互作用的整体结果。这两方面的考虑必然要求我们提出一种系统生物技术的概念。其实，对于"系统生物技术"，率先提出"系统生物学"概念的波格德等人早就有过提示，他们认为生物技术本身就是一种自上而下的系统生物学，因为它"展现了工程的实用性"[1]，这种自上而下指的是由分子水平的实验数据开始，并将生命系统中的相关分子视为整体。其中，功能基因组学就是此类技术。

基于生物技术范畴的拓展性、生物技术与生物学的纠缠性、生物技术设计中的多因素协同性，我们有理由提出系统生物技术这个概念，以系统科学去诠释生物技术，不仅能很好地描述历史上已经存在的生物技术的本质，而且还为下一步进行生物技术设计和创新提供了方法论上的指引。

---

[1] 布杰德等著，孙之荣等译：《系统生物学哲学基础》，北京：科学出版社 2008 年版，第 6 页。

第二节　当代生物技术中实践推理与理论推理的一体性

　　当代生物技术呈现出了一系列新的特征，这些新特征证实了在生物技术推理中，实践推理和理论推理是一体性的关系、是共生的关系。生物技术的科学化意味着一个生物技术陈述包含或蕴含了某些描述性命题；生物技术的符号化意味着在符号运算（对应着理论推理）和生物技术过程（对应着实践推理）之间存在着紧密的关联；生物技术的智能化意味着"生物技术的技术"是可能的，而强人工智能观更是主张生物技术客体同时具备理论推理和实践推理的能力；生物技术的每一个层面都可为生物技术实践推理和理论推理的一体性提供强有力的辩护。而从概念的纯粹哲学分析来看，作为两种相区别的推理模式，实践推理和理论推理本身又呈现出相似之处。生物技术中实践推理和理论推理的一体性直接导致了人类在生物技术认知和生物技术行为上始终保持着连续性，而这种连续性正好是生物技术创新不可或缺的前提条件。

　　当代生物技术却呈现出一系列新的特点，如科学化、符号化、智能化、整体性等等，这些新特征揭示了在生物技术命题属性的界定上具有复杂性，即它既有规范性，也内含有描述性。由此，在生物技术推理中，也就对应着实践推理与理论推理的一体性。在笔者看来，生物技术实践推理与理论推理的一体性既是当代生物技术的新特征的必然产物，也是实践推理与理论推理本身作为两个有争议的哲学概念相互纠缠的内在体现。

一、关于生物技术实践推理与理论推理的界定

　　第一，生物技术的实践推理，其目的是功利性的，即借助生物技术，让世界符合我们愿望。借助生物技术实践理性，我们可以评价我们生物技术行动的理由，并对这些理由集合里的理由给出重要性的排序和真假理由的甄别。相反，理论推理的目的是让我们的信念和真实的世界相吻合，它关注解释和预言的问题，旨在厘清世界何以如此。就生物技术领域而言，理论推理涉及的是生物技术认知问题。

　　第二，生物技术实践推理的起始点是生物技术活动里的技术主体"我（或我们）"，它涉及的是作为生物技术主体的我（或我们）应该做出什么技术决定。理论推理一般被认为是客观的、非价值性的，尽管理论推理不可能达及绝对的客

375

观，但是至少它在起始点是欲求获得某种客观上的结论。因而，在推理活动中，理论推理对每个人都是一致的，每个人都可以重复理论推理模式而获得一致性的生物技术认知结论。

第三，生物技术实践推理的结果是一个或一组生物技术行动理由的出现，这种理由亦可称作生物技术设计或发明的动因。据此，我们之所以这么做，而不那么做。而理论推理的结果是一个人信念的改变，或者一个人获得了一种新的认识。但是事实上，信念的改变并不必然导致一种生物技术行为，而动因才是解释某一生物技术行动的根本要素。

第四，生物技术内含有实践推理，生物技术活动内含有实践推理行为，这一点应该是大家所公认的。同时，理论推理是生物技术的前提条件，这一点应该也没有异议，因为"科学—技术—产业"链、或者"基础研究—应用研究—开发研究—生产技术研究"链就是为之辩护的最好理由。然而，生物技术本身是否内含有理论推理呢？或者，理论推理是否是生物技术内在的一部分呢？在此问题上，笔者的立场是肯定的，后面所论述的就是我们肯定的理由。

二、生物技术的科学化与实践/理论推理的一体性

相对其他技术，生物技术是技术科学化的典型代表。2011 年，巴巴瑞斯认为："生物技术并不是由人所发明的，而是人们在研究生命现象时被发现的。"[①] 如此，生物技术的创建是一个发现的过程，那么它自然也就包含着理论推理。然而，需要明确的是，生物技术包含了两个技术阶段：一是从自然"发现"生物技术，是描述性的；二是使用生物技术来制造对人类有用的产品，是规范性的。

"生物技术的科学化"也可以在"生物科学的技术化"那里得到对称性的支撑。生命科学领域的最新代表是以实验技术为前提的系统生物学，它"继承了分子生物学和基因组学，同时它还延续了数学生物学和生物物理学。它的这种交叉融合性，展示了当代科学本身就是规范性的技术陈述和描述性的科学陈述的整合体。从二阶层面来看，系统生物学在应用别的学科来发展自身的同时也在拓展延伸它们，这本身就是一种拓展科学的技术。此外，在系统生物学这里，理论推理和实践推理的一体性也可以通过系统生物学存在两种互补的研究方法得到。

生物技术的科学化所导致的实践推理与理论推理的一体性，可以细分为如下四种形态：一是以一个生物学陈述为前提条件的生物技术陈述；二是完整的生物

---

① A. Barbarisi, *The Philosophy of Biotechnology*, InA. Barbarisi（eds.）*Biotechnology in Surgery*, Springer Milan, 2001, P. 1.

当代技术哲学的发展趋势研究

技术陈述，内含实践推理和理论推理两个方面；或者同时内含了（一个或多个）规范性的子命题和（一个或多个）描述性的子命题，而且，这种规范性、描述性子命题是可分辨的，并在时间维度处于不同位置；三是生物技术陈述本身的生物学陈述以及规范性陈述本身的描述性陈述，这里既涉及生物科学与生物技术的划界问题，也涉及休谟所提出的"是"陈述和"应"陈述的区别和联系的问题；四是有一种情况是可能的，即站在二阶的角度，从一种生物技术（知识）理论性地推导出另一种生物技术（知识），假如这种推导没有附加任何价值判断，即作为生物技术推导第一人称的我并没有希望依靠前、后的生物技术来满足我的任何愿望，那么此时二阶上所发生的事情就是理论推理、"是"陈述，然而这种推理的前件和后件都是实践推理、"应"陈述。

三、生物技术的符号化与实践／理论推理的一体性

与以往不同的是，如今我们的一项生物技术设计，往往是为了使其完成更为综合、更为复杂和更为知识密集型的任务，亦即让一种生物技术产品能作为我们的代理人，能够自主处理自然界中的偶发事件。要完成这样的任务，在生物技术构造上需要满足一个必备条件，那就是存储和处理符号的能力。在现代基因技术中，各种不同的基因有专门的符号，遗传密码也是用符号表征的，运用这些符号和遗传规则，可以推导出生物遗传的各种性状特征。

一个能指称技术过程的复杂的表达式，事实上，可以通过原子符号加上逻辑规则来构造，这里的逻辑规则就是指特定的句法规则。符号本身往往是无意义的，形式推理的原本目标就是剔除意义。当我们用 $|\psi\rangle = a|0\rangle + b|1\rangle$ 来表达任何的一个量子比特时，我们没必要纠缠于 ψ、a 等符号自身作为符号的意义。我们只要根据一套量子逻辑门的逻辑规则，比如说 "AND 定义、OR 定义、$NOT^{(n)}$ 定义、$\sqrt{NOT}^{(n)}$ 定义以及一套量子计算语义学（包含量子计算定理、辅助定理）"制造出量子计算机即可。与物理技术设计广泛使用符号一样，在生物技术领域，符号的使用更是十分普遍。基因和蛋白质在国际上都有规范性的符号表达，在蛋白质编码基因的比对中，我们也可以使用具有线性复杂度的 SPA 符号算法。

这样一种技术的符号化，又能说明生物技术的实践推理与理论推理存在着怎样的关系呢？最新出现了一门新的学科，即量子生物物理学（简称量子生物学），该学科是运用量子力学的理论、概念和方法研究生命物质和生命过程的一门学科，主要研究生物分子间的相互作用力和作用方式、生物分子的电子结构与反应活性以及它的空间结构与功能等。其中，在这门学科里，就涉及了量子生物控制

技术问题。量子控制技术就是力求对每一个量子生物系统进行控制以及对量子态进行有效操控的技术，它是当前众多高科技的交汇点。我们以这样的一种前沿技术进行理论推理和实践推理关系的哲学分析，很有代表性。

总体上，生物技术的符号化必然带来了"符号运算—技术过程"之间的一体化。符号运算是理论性的，技术过程是实践性的，而从符号运算转化为技术过程既有解释（理论推理），也有指称（实践推理）；既有我们相信（或不相信）某些事情的判断，也有我们做（或不做）某些事情的判断。

四、生物技术的智能化与实践/理论推理的一体性

生物技术的智能化包含两层含义：一是指生物技术自身的创造性，或者说"技术的技术""机器的机器"这样的命题是为真的；二是指人工智能实体之类生物技术的出现，让技术产品具有了人类大脑才具有的某些功能，例如，人的思维能力。

当代生物技术中的人工智能实体能模拟人类的认知能力。在强人工智能 AI 的观点看来，智能化技术所带来的计算机带有的正确运算程序，"确实可被认为具有理解和其他认知状态"[1]。从这个意义上来说，具有恰当编程的智能化机器其实就是一个心灵，由于它具有认识状态，因而它除了"是我们可用来检验心理解释的工具，而且本身就是一种解释"[2]。在"强的 AI"这一观点下，必然存在着这样的一种技术产品，即那些与人的大脑具有相同因果能力的生物技术"机器"，这样的一种技术"机器"，具有意向性。在当代生物技术发展中，这样的技术产品是否存在呢？对于这一问题，笔者认为是不可置疑的。相比机器人，生物技术的技术产品更多是有生命的，它们一旦被研制出来，它们自身便具有学习和控制的能力。

塞尔等人赞成的是一种"弱的 AI"观，这种观点认为，技术的智能化在心灵研究上的价值就是为我们提供了一个强有力的工具。这类高智能化的工具能使我们以更加严格、更精确的方式对一些假设进行系统阐述和检验。在这样的一种立场下，技术只是我们实践推理过程中的一个工具，其目的是凭借这样的技术，可以让世界的样子符合我们的愿望，由此技术也就是我们完成规范性目标的不可或缺的一个环节。然而，在这样的一个实践推理中，内含了我们对技术的认知，假如将技术（或技术产品）也看作是世界的一部分的话，也必然存在着这一追

---

①② ［英］玛格丽特·博登著，刘西瑞等译：《人工智能哲学》，上海译文出版社 2001 年版，第 92 页。

求，即我们的信念要与这一人工世界（技术）的样子相符合。例如，对一个专门设计智能靶向药物的设计师而言，其设计目的（获得智能靶向药物颗粒）必然是通过他的一套细致的设计方案和设计流程这一实践推理而来的。当部件应用于靶向药物设计的整体框架之内时，该工程师便需要弄清这个芯片的运行机制。此时该工程师的理解就属于理论推理中的解释和预言问题。由此看来，在生物技术设计中，实践推理和理性推理是融合在一起的，是一体化的。

五、生物技术的整体性与实践／理论推理的一体性

在大技术时代，生物技术的整体性，包含了三个层面：第一，它自身是一个由各种技术要素所组成的系统；第二，生物技术与生物技术之间具有整体性，通过对它们的整合可以推导出一种新的生物技术；第三，生物技术与非生物技术、非技术（比如科学、宗教、艺术等）之间具有整体性。从这三个层次的技术整体性，都可以推导出技术实践推理与理论推理的一体性结论。

单个的生物技术，它有自身的整体结构，自身是一个有机系统，这种整体结构里的要素包括：技术行为、技术规则、技术客体、技术主体、技术解释。在单个的技术系统里，实际上包含了诸多的陈述或命题，这些陈述或命题组成了一个有机的结构。这些陈述当中，并不是纯粹的实然陈述或纯粹的应然陈述，而是二者的混合体。正如张华夏所言，在技术推理中，"通常都不是从'是'陈述单独推出'是'陈述，也不是从'应'陈述单独推出'应'陈述，而是从一组'应'陈述加上一组'是'陈述推出某一'是'陈述或某一'应'陈述"[①]。由此看来，对于单个的技术，其实践推理和理论推理是相互交融的，是一个合并在一起的有机系统。

关于生物技术与生物技术之间的整体性，所言及的是一个生物技术同另一个生物技术的相互关系。在这种关系中，最典型的特征是两种基础性的生物技术通过整合可以凸显出一种新的生物技术，这在我们以交叉学科寻求技术突破的研发活动中经常出现。在这种情况下，从两种不同的基础性生物技术推导出一项新的生物技术，本身就不得不依靠理论推理来获得。在这里，存在着一种这样的关系：$\left.\begin{array}{l}\text{实践推理 } A \\ \text{实践推理 } B\end{array}\right\}\xrightarrow{\text{理论推理}}$实践推理 C。

至于生物技术与非生物技术、非技术之间的整体性，是将生物技术放在人类的全部知识论域里进行讨论的。作为人类知识的一种，毫无疑问，它与科学、宗

---

① 张华夏、张志林：《技术解释研究》，科学出版社 2005 年版，第 93 页。

教、艺术始终保持着紧密的关系，我们的很多生物技术设计，可能都来自宗教和艺术上的灵感，也可能是科学的应用而已。由此看来，生物技术命题作为人类繁多的命题之一，也必然与生物科学命题、宗教命题和艺术命题衔接在一起。这样的一种生物技术整体观，必然也很容易推导出生物技术实践推理与理论推理的一体性。

总而言之，通过生物技术作为案例，我们发现，理论推理与实践推理存在着相似之处，它们是一体性的。在这里，程炼教授从分析哲学的高度，有过细致分析①。他认为，理论理性也关心规范问题，因为"在理论推理中，人们也评价和权衡支持不同信念的不同理由"②，而这些正是规范性的。因此，在他看来，理论理性与实践理性之间的差别只不过是两个规范领域之间的差别。事实上，程炼的这种理解是与当前科学哲学里关于科学本质的争论是一致的。因为关于科学，究竟是描述性的还是规范性的？是事实性的还是价值性的？是客观的还是主观的？这些问题本身就还没有一个定论。从这个意义上来讲，①理论推理涉及技术认知，是指理论推理涉及技术认知的规范问题，管理人们的技术信念；实践推理涉及技术行动，是指实践推理涉及技术行动规范，管理人们的技术意图和行为。②实践推理涉及技术行动，是指实践推理涉及有关技术行动是否可行的理论理解；理论推理涉及技术认知，是指理论推理涉及技术认知上的理论理解。正是这两点，恰好保证了人类在技术认知和技术行为上的连续性。而这种连续性，在笔者看来，正好是我们生物技术创新的前提条件和不竭之源。

第三节　生物技术哲学的若干前沿

一、生物技术的合理性分析

关于生物技术的合理性问题，我们所持有的立场是：现有的任何一种生物技术，都存在一个合理的可接受性标准。拒绝有任何合理性标准的怀疑论必然使得我们不会获得现有的各种生物技术。而合理性标准是什么呢？不同的生物技术有不同的合理性标准，而且这些标准往往又是依照情境而定的，有着语境的相对

---

① 程炼：《伦理学导论》，北京大学出版社 2013 年版，第 113～114 页。
② 同上，第 113 页。

性。笔者认为，系统生物技术这一概念，在解决生物技术的合理性标准上会大有作为。

首先，对涉及生物技术上的各种伦理学主张要有一个系统性的权衡，只有用系统思维去分析各种伦理学诉求，才不至于在发展生物技术的过程中误入歧途。2012 年，雅拉尔（Jalal）等在《生物技术中的伦理学》[①] 一文中认为，人类对生物科学的应用在几千年之前就已经开始，并不是什么新鲜事，因此，对生物技术的争论要区别两种类别：一种是传统的和熟悉的；另一种是相对比较新的。只有区分这两种不同的类别，分别考虑其相应的伦理和社会问题，才会使得许多无法回答的生物技术伦理问题变得清晰，才会使得许多难以把控的生物技术决策变得一目了然。

其次，要充分利用系统科学中的负反馈机制去解决生物技术所引发的环境伦理问题。现代生物技术需要一个自然转向，即把技术从实验室中带到外在自然界中，大力发展真正的自然技术，以此在生物技术和外在环境之间保持一种整体协调性，这种系统性发展生物技术的方式，可以最低限度地减少对外在环境原有发展模式的破坏。这样的生物技术系统整体观，本质上不仅可以使我们尽可能设计出对环境影响较小的生物技术，而且还可以通过技术的负反馈机制（根据环境的受影响情况）去调整、修改、甚至彻底拒绝原有的生物技术。

当然，在现实中，我们往往很难看出环境的些微变化，或者说很多时候，环境的变化要通过一个漫长的演化过程才可能被识别出来。可是，作为一种方法论，这样的一种配备有负反馈机制的自然化的生物技术，在某种程度上就使得技术具有一定的"活性"，它自身能及时而有效地协调好自身与环境的关系，并将单个自己的主体性考虑弱化至"技术—环境"的整体性考虑之下。

二、生物技术的社会建构论分析

在生物技术中，社会因素究竟是如何发挥作用的？首先，生物技术的研究目标是基于社会因素之上的。社会政策的导向，以及公众压力都会促使我们研制或拒绝研发某种生物技术。其次，在设置具体的生物技术程序和标准时，社会压力会对技术程序、技术标准以及研究方法施加影响。比如，某些生物技术由于涉及社会舆论的压力，可能在法律上被完全禁止。可以说，社会因素具有最终的技术哲学关怀，这些关怀主要是政治哲学和道德哲学的关怀。从更为深层的意义上来说，社会因素影响着我们有关生物技术的信念。我们的生物技术信念源自我们的

---

① K. C. A. Jalal, I. Jaswir, *Ethics in Biotechnology. Medical Ethics*, 2012.

社会情境的各种兴趣，或者说源自社会的需要。

生物技术的发展与实施技术的组织结构存在直接的关联。生物技术的功利性源自这种组织结构内蕴的经济学逻辑，这种经济学逻辑往往是多重的，这种多重价值观决定了一种生物技术如何被研制、被调整、被革新。简言之，生物技术的多重价值观来自实施技术的组织或机构。

三、生物技术的逻辑构造观

在生物技术的技术设计中，我们能否通过控制一个元素，便能依照逻辑衔接关系自然导出某一种技术效果呢？事实上，生物技术中的逻辑导出是与传统的非生物技术不同的，一种机械的、简单的技术，例如汽车的动力传动装置所涉及的逻辑与生物技术通过控制某一个基因所带来的逻辑效应是完全不同的，后者涉及了复杂性和非线性问题。因而，在生物技术的研制中，模糊逻辑[①]甚至量子逻辑似乎更管用。模糊逻辑善于表达界限不清晰的定性知识与经验，它借助于隶属度函数概念，区分模糊集合，处理模糊关系，模拟人脑实施规则型推理，解决因"排中律"的逻辑破缺产生的种种不确定问题，而且，它已经显示出是一个处理模糊和不完善信息的有价值的工具，并且也是将人类专业知识融入流程模型的一个有价值的工具。2012 年，莫里斯（Morris）等提出，提出了一种称为"查询定量逻辑模型"（Q2LM）框架，以建构和询问受约模糊逻辑（CFL）的问题。[②]

生物技术内蕴的技术逻辑问题表明，新的逻辑工具在一种新的生物技术研发中有着重要的作用。该逻辑既与传统技术设计逻辑相区别，在操作上又是实践可行的。在我们看来，与经典逻辑不同的量子逻辑算法，对我们理解生命现象和进行生物技术产品的设计将具有积极的作用。

四、生物技术中的合成生物学问题

合成生物学是 21 世纪刚刚发展起来的一门新兴交叉学科，它是基于生物学知识，利用工程化的思想，通过人工方式设计、制造或改造 DNA 等生物分子，

---

① 所谓模糊逻辑就是指，模仿人脑的不确定性概念判断、推理思维方式，对于模型未知或不能确定的描述系统以及强非线性、大滞后的控制对象，应用模糊集合和模糊规则进行推理，表达过渡性界限或定性知识经验，模拟人脑方式，实行模糊综合判断，推理解决常规方法难于对付的规则型模糊信息问题。

② Melody K Morris, Zachary Shriver, Ram Sasisekharan and Douglas A Lauffenburger: *Querying quantitative logic models（Q2LM）to study intracellular signaling networks and cell-cytokine interactions. Biotechnology Journal*, 2012, 7（3）, pp. 374 – 386.

来构建和优化生物系统，使其能够处理信息、制造材料、生产能源、提供食物、改善人类健康和环境的一种技术。

合成生物学与计算生物学和生物化学共同构成了生物技术的方法论基础。"合成生物学的核心思想是重塑生命"，其目的是建立人工生物系统，所谓合成，就是由生物技术专家从最基本的要素去一步步制成零部件。一般认为，它是将现代工程学原理应用于细胞工程和遗传工程等生物技术领域，通常它又被称为"建构生物学"。在原理上，它依靠的是自组织系统结构理论，尤其是依靠了计算机技术的系统科学理论和遗传工程的系统科学方法。合成生物学的一些研究实践和认识论思想革新了传统的科学方法概念。它激发通过技术方法去催生复杂性的可控产生，这些方法就是将一些可用的理论和工具并入到一种技术化的科学设计过程之中。合成生物学这样的一种特性蕴涵了一种主体的主动建构或主体性因素的介入，这就使得人们不得不去思考为了达及获得技术控制之目的而去理解生物系统，从而使理解、理性和功利设计纠缠在一起。

五、生物技术之大数据时代

2005 年，J. 纳塔元安（J. Natarajan）等率先提出了大数据在发展生物技术方面的重大作用。他们认为，有关生物技术的最为丰富的知识是来源于自然语言文件，[①] 涉及了广泛的知识基础的探究。为了完成这种知识发现的任务，目前发展起来了 KDT 技术，从而能在生物技术文本里去发现新的生物技术知识。

雷纳里（Leonelli）在 2012 年发表的《数据密集科学下的分类理论：开放的生物医学本体论案例》一文中指出，生物学里的知识生产的实践，正在强烈受到以一种前所未有的尺度而来的可用数据的影响，这使得我们极力主张系统方法并越来越依赖生物信息学和数字设备。他还提出了开放的生物医学本体论，认为数字分类工具已经成为分享生物和生物医学里的研究背景的结论的关键。他主张它们组成了一个分类理论，用来指导实验，并揭示了潜藏于在线数据的分析和解释之中的知识。

2013 年 6 月，费雯丽·马克斯（Vivien Marx）在《自然》杂志上发表了《生物学：大数据下的大挑战》。他认为：生物学家正在加入大数据俱乐部。相比物理学，生物数据更加种类繁多。基因测序、蛋白质相互作用、寻找医学记录，

---

① J. Natarajan, D. Berrar, C. J. Hack and W. Dubitzky: *Knowledge discovery in biology and biotechnology texts: a review of techniques, evaluation strategies, and applications. Critical Reviews in Biotechnology*, 2005, 25 (1 – 2), pp. 31 – 52.

这带来了大量的数据。数据的复杂性使得当前的生物学家产生畏惧，为了解释这些数据，也就是为了从这些数据中获取更多的东西，除了使用超强计算能力的计算机，提升数据分析工具的分析能力之外，在笔者看来，还需要采用一种全新的数据处理和分析策略，那就是将系统思维、系统方法论引入其中。

R. 马修·瓦德（R. Matthew Ward）等在 2013 年发表的《高通量测序视野下的大数据挑战和机遇》一文中指出，高通量测序的到来，结合计算方法的最新发展，利用核苷酸解析，使得遗传学、进化和疾病的基因组切割成为可能。他们还考察了基因组学里的大数据的角色，并分析了它对用于基因组学的合作分析的工具发展的冲击，同时也分析了大数据的复制中所带来的挑战。

第十五章

纳米技术哲学

对纳米技术的哲学思考，目前还无法确定它从何时开始。但有两条线索可以帮助人们厘清纳米技术哲学的发展情况：一是纳米技术概念形成，它源于美国物理学家 R. 费曼（R. Feynman）于 1959 年提出的原子水平上的物质操作思想，后经美国未来学家德莱克·斯勒（Eric Drexler）于 1986 年正式提出并开始进入公众视野。此后随着纳米技术的不断发展，超人类主义围绕纳米技术，在哲学上对人类的未来给予了极大的伦理承诺。二是美国于 2000 年实施《国家纳米技术计划》之后，迅速引起人们对纳米技术的伦理反思。纳米技术哲学研究考虑前一历史线索有 20 多年历史，考虑后一线索也有 10 多年历史。从哲学上思考纳米技术首先是从伦理学开始的，然后才逐步进入现象学考察。纳米技术从根本上说属于制造、筑造和生产范畴，所以技术哲学自然成为人们思考纳米技术问题的首要进路。但由于纳米技术目前毕竟既是"技术的"又是"科学的"，所以随着人们通过技术哲学对纳米技术思考越来越从其外部问题思考转向内部问题思考，从而逐步集中到纳米技术的认识论地位问题上来，在本体论层面上日益形成技术哲学与科学哲学合流之势。鉴于这种理路，本章将首先对纳米技术的定义和特点给予适当概括，然后展示目前纳米技术伦理学、纳米技术现象学和纳米技术本体论研究情况，最后展望纳米技术哲学发展趋势。

第一节 纳米技术的基本特点

沿着从科学到技术和工程的"三元论"线路，有"纳米科学""纳米技术"和"纳米工程"这些常见说法。"纳米科学"表明了该领域的基础性和前沿性。"纳米工程"概念目前仅仅限于纳米材料等少部分领域，远远没有达到"工程"应该有的建设规模。当然，我国多数学者沿着"科学技术"这一概念，笼统地称之为"纳米科学技术"（简称"纳米科技"）。但这一概念由于过于宏观，并不能揭示纳米研究开发的本来意义。鉴于此，与其一般地使用"纳米科学"或"纳米科学技术"，毋宁使用大写的"纳米技术"（NanoTechnology）这一概念来称谓目前与纳米领域有关的一切工作。由此来观察纳米技术，概括地说，它主要有如下三个特点。

1. 新奇性和综合性

美国于 2000 年制订的纳米技术计划，赋予纳米技术的权威定义是："在大约 1～100 纳米（nm）维度理解和控制物质，在这一维度上独特的现象能够产生新奇的应用"。按照这一定义，纳米技术是在 1～100 纳米的原子、分子和超分子尺度上的物质操作，或者说是设计、制备和生产出 1～100 纳米的纳米微粒。纳米微粒处在原子簇和宏观物理交界的过渡区域，是一种典型的"介观系统"（meso-system），显示出许多新奇效应。从表面效应看，由于纳米微粒表面原子数增多，导致表面原子配位数不足和高表面能，所以这些原子易与其他原子相结合而稳定下来，故具有很高的化学活性。从体积效应看，在纳米微粒中处于分立的量子化能级中，电子波动性为纳米微粒带来一系列特性，如高光学非线性、特异催化和光催化性质等。当纳米微粒尺寸与光波波长、德布罗意波长、超导态相干长度或与磁场穿透深度相当或更小时，晶体周期性边界条件将被破坏，非晶态纳米微粒表面层附近的原子密度减小，导致声、光、电、磁、热力学等特性异常。纳米技术之所以成为当今一个新兴领域，正是通过研发和生产利用这些纳米尺度的新奇效应，促进经济增长和改善人们生活水平。

纳米技术作为一个新兴科技领域，以纳米材料、纳米器件、纳米尺度检测为基础，特别是纳米材料的制备和研究更是整个纳米技术基础。而且，纳米技术涉及领域也非常广泛。例如，1993 年在美国召开的第一届国际纳米技术大会，把纳米技术划分为纳米物理学、纳米生物学、纳米化学、纳米电子学、纳米加工技术和纳米计量学六大分支。2015 年在中国召开的第五届国际纳米技术大会，更是涉及纳米材料、纳米电子学、纳米医药、纳米生物技术、纳米能源和环境保护等领域。这些相关领域各自相对独立又相互渗透，具有较强的交叉性和综合性。由于纳米技术的新奇效应和广泛应用性，吸引了世界各国的许多优秀科学家纷纷加入，也使世界各国纷纷将纳米技术作为战略技术给予发展。

2. 复杂性和汇聚性

纳米技术在学科意义上是一个复杂的无边疆域，以纳米技术来统摄纳米研究领域，目标是处理物理学、化学、分子生物学和工程科学之间复杂的跨学科边界。纳米技术虽然还处于襁褓时期，但它面临着跨学科边界处理的复杂性问题。马克·德维斯（Marc J. de Vries）曾对纳米技术的复杂性进行过分析，力图要"在探索这种复杂性时从可能的混乱中创造某种秩序"①。概括地说，这种秩序主要包括如下三个方面：一是在物理特性方面，物质操作的纳米尺度限定仍需进一步研究，对纳米尺度的新奇物理现象还所知甚少，纳米产品与生命体相互作用是否会引起健康问题存在各种争论；二是在功能方面，纳米技术作为一种无形操作，打破了科学与技术以及生物与非生物之间原本清晰的界限，它的潜在的复杂社会效应尚不可知；三是在物理特性与功能结合方面，不同领域的科学家们仍然停留于各自层面对纳米技术进行探索和研究，即使使用跨学科方法，也未能从整体上给予把握。

德维斯的上述复杂性分析表明，在科学、技术、社会和政治融合的"终极化"意义上，纳米技术达到了一个新的顶峰，加速着技术融合发展趋势。2001年12月，在一次由美国科学家、政府官员等各界精英参加的圆桌会议，以"提升人类技能的汇聚技术"为主题进行研讨，首次提出"NBIC 汇聚技术"（纳米—生物—信息—认知汇聚技术），并成为世界各国科技发展的重要政策概念。美国国家科学基金会在其报告中指出，纳米技术、生物技术、信息技术和认知科学不仅属于"关键技术"或"前沿领域"，而且具有"汇聚"特征。这种所谓"统一科学和汇聚技术"的神话性叙事，显然来自自然一统的传统形而上学命题，在自然和技术领域显现出一种超越柏拉图理想国的强自然主义。这种强自然主义，极大地发挥自然因果连续的传统自然主义观点，通过因果关系解释，把自然科学、社会科学和人文学科整合起来，突出认识和技术及其统一的可能性和重要意义。如果超越"汇聚技术"的对称性，人们往往会将焦点聚集于纳米技术。也就是说，纳米技术似乎或多或少成为各种技术汇聚的根本技术，因为纳米尺度恰恰成为四种重要技术的汇聚所在。

3. 不确定性和不可预测性

纳米微粒的不确定性并不是指海森堡测不准原理，而是纳米微粒的认知盲区

---

① See Marc J. De Vries, *Analyzing the Complexity of Nanotechnology*, in J. Schummer, D. Baird（eds.）, *Nanotechnology Challenges: Implications for Philosophy, Ethics and Society*, London: World Scientific, 2006, pp. 165 – 179, P. 64.

导致的不确定性。对于纳米微粒，可以把它区分为自然性纳米微粒和人工性纳米微粒。这种区分表明，自然能够制造自身的纳米微粒，人能制备出自然史上"前所未有的纳米微粒"。人工性纳米微粒与传统人工产品的不同，就在于它所具有的物质运动具有自然的积极属性（自然物的力量制约），而这种属性并非人力所能为。按照当代技术观念，可以用科学方法确定一种客体的存在状态是否属于人类行动的产物。这是一种认识标准，该标准仅当其不受人类行动影响时，才不会挑战一个客体的自然属性。按照这一标准，纳米尺度下操作的原子并未失去其自然属性，因为被操作原子只是以不同方式先被分离出来然后重新得到安装而已。因此，这一标准运用于所有纳米技术情形，就会使自然物与人工物之间的区分显得异常复杂或困难。在这种意义上，自然与技术、自然性纳米微粒与人工性纳米微粒之间便表现为一种模糊关系。

在实践层面，纳米微粒以其不同于自然性质的新奇效应服务于人类目的而非自然目的，它虽然符合自然规律，但却带有自身特有的人工痕迹，纳米技术过程与自然自组织过程之间存在明显差异。如果着眼于纳米技术应用把纳米微粒从其原有的自然背景中抽取出来时，那么更是有可能附加了较之原先期望的更多未知的人工性质。纳米世界的诸多领域还有待探索，特别是在可能的纳米技术实践之前需要揭示出包括纳米微粒毒性在内的大量现象。尽管科学家已经在纳米微粒毒理学方面进行了大量探索，但对于工程师们来说，目前已经有 5 万多种碳纳米管，至于其他纳米材料数量更是无法说清楚，对这些材料目前人们几乎不可能一一进行毒理学研究或获得详细的毒理学数据。针对纳米技术不可预测的未来发展，西蒙·布朗（Simon Brown）认为人们虽然在理想上可以希望积累纳米微粒毒性的系统数据，但就新兴的纳米技术来说并不是所有"知识赤字"均能获得矫正[①]。

第二节　纳米技术哲学的若干前沿

一、纳米技术伦理学关注

纳米技术在哲学上首先涉及人的存在和发展问题，围绕纳米技术发展的伦理和社会意义已经出现大量研究。这种研究颇为庞杂，在内容上涉及道德、社会、

---

① See Simon Brown, *The New Deficit Model*, *Nature Nanotechnology*, 2009, 4 (10), pp. 609 – 611.

法律和政治等各个方面，且冠以纳米科学伦理学、纳米技术伦理学、纳米科技伦理学、纳米伦理学等各种说法。我们更愿意接受"纳米伦理学"（nanoethics）这一称谓，由此结合其思想来源、特点和关系，分为三个层次加以评述。

1. 后人类主义的纳米伦理承诺

英国尼克·博斯特罗姆（Nick Bostrom）认为，所谓"后人类"是这样一种"存在"，即它拥有一种"大大超越目前任何人种并不再需要诉诸新技术手段所能获得的最高力量限度"的"后人类能力"[①]。他作为后人类主义者是如此相信当前的新技术前景，以致最近与其两位同事决定付钱给美国亚利桑那州的奥尔科生命延续基金会，让基金会在他们死后冷冻保存其尸体，等待"技术奇点"出现后足以使他们复活。

美国后人类主义者雷库奇威尔（Ray Kurzweil）认为，以上"技术奇点"其实并不遥远，在2045年，届时它"将使我们超越自身的生物体和大脑极限，获得控制人类命运的力量"，因此"只要需要，我们就可以不休"[②]。基于这种预测，后人类主义做出的一种伦理承诺是提升自由放任的"进化意志"。当然纳米技术并不会单一地发挥其后人类主义效应，所以美国国家科学基金会的《提升人类性能的汇聚技术》报告认为，在纳米量级上的"NBIC汇聚技术"将大大强化"人类性能"[③]：在人类身体外部，纳米—信息技术促成"二进制和数字环境"，认知—社会学"改变思维、文化基因和社会环境"；在身体内部，纳米—生物技术创造"细菌、基因和生物环境"，纳米—认知科学"改善批量原子、设计人工器官和身体环境"。这里的伦理学悖论在于，如果认为纳米技术及其相关的人工智能进步将帮助人类克服自身既有的生物学限制，那么后人类主义就会倾向于消除社会达尔文主义伦理原则，以思维自律的"神经伦理"取代自私基因控制的"遗传伦理"，从生命本质上实现从生存斗争到善行社会的伦理飞跃，产生利他主义的普遍伦理承诺。

2. 结果主义的反纳米技术思潮

后人类主义的适者生存和利他主义伦理承诺，看上去近乎矛盾或存在悖论，但两者却享有相同的道德判断：纳米技术是善的，因为它允许人类改善自身能力。这种道德判断基于具有长远历史的美德伦理学传统，同时又是一种结果主义（consequentialism）。但结果主义并不必然使纳米技术导向善，因为按照其结果来

---

① Nick Bostrom, *Why I Want to be a Posthuman When I Grow Up*, in Bert Gordijn and Ruth Chadwick（eds.）, *Medical Enhancement and Posthumanity*, New York：Springer, 2008, P. 108.

② Ray Kurzweil, *The Singularity is Near：When Humans Transcend Biology*, New York：Penguin, 2005, P. 9.

③ See Mikail Roco, and William Sims Bainbridge（eds.）, *Converging Technologies for Improving Human Performance*, 2002. http：//www. wtec. org/ConvergingTechnologies/Report/nbic-complete-screen. pdf.

判断，纳米技术在道德上既可能是善的又可能是恶的。后人类主义只是在最大多数人的最大收益意义上预测或设定了纳米技术潜在的积极影响，但在结果主义的广泛意义上，纳米技术也存在着对人类的健康、自由和环境的潜在消极风险。德莱克斯勒担心，纳米机器人可能会失去控制，进行疯狂复制，在很短的时间内把地球资源变成一大团完全由纳米机器人组成的"灰色粘稠物"（grey goo）。不过这种担心并未受到后人类主义者的特别重视，只是美国太阳微系统公司创始人比尔·乔伊（Bill Joy）才将这种物质看作一种人类灾难，认为"基因工程、纳米技术和机器人"（GNR）知识的一个与生俱来的威胁，就在于其毁灭性的自我复制威力极有可能使人类发展戛然而止[1]。正是基于乔伊的这一推测，国际社会开始出现一种反纳米技术思潮。加拿大激进环保组织——ETC 技术监督组织是反转基因食品先锋，该组织不仅说服绿色和平组织等激进环保组织，还吸引英国查尔斯王子，号召在全世界范围内暂停所有纳米技术研究。这种反纳米技术思潮观点表明，我们即使不能选择未来，也应该谨慎对待纳米技术并对未来给予引导。

3. 相对主义的纳米伦理学评估

无论是后人类主义的纳米伦理承诺，还是结果主义在伦理方面的反纳米技术态度，都是未来主义的。目前纳米伦理学逐步从未来主义转向一种对纳米微粒毒性和环境安全的现实伦理关注。其中，瑞普采用"建设性技术评估"（CTA）方法，提出"纳米技术与社会的反思性共同进化"评估框架[2]。按照这一智力框架，CTA 无须也不可能对纳米技术尚未发生的社会冲击进行评估，而是借助新兴科技治理安排，要求评估者介入纳米共同体，推动 ELSA 制度化，通过内部实时评估、内外行桥接、公众参与、第三方（如保险公司等）引入、战略游戏、创新竞赛等，为负责的创新提供支持，从而推动纳米技术与社会的反思性共同进化。

上述 CTA 方法与传统 TA（技术评估）方法的不同在于，它围绕技术提出的不确定性伦理和社会问题，以评估反馈适时影响技术设计实践，不再限于思辨，而是采取一种道德相对主义进行早期的经验评估和反馈影响。这里的问题在于，纳米伦理学是否不再需要思辨？也许柯林格里奇困境被夸大了，纳米伦理学不论早期预防还是后期控制，不论是远景预期还是事后呐喊，其不同仅仅取决于它服务于什么目的。在这种意义上，瑞普的 CTA 方法显然属于应用伦理学。思辨性纳米伦理学虽然不属于应用伦理学范畴，但却涉及纳米技术—人类—自然关系的重大哲学主题。就这一哲学主题来说，格鲁恩瓦尔德（Amin Grunwald）超越思

---

① See Bill Joy, *Why the Future Doesn't Need Us*, *Wired*, Vol. 8, No. 4, 2000, pp. 285 – 301.

② See Arie Rip, *Technology Assessment as Part of the Co – Evolution of Nanotechnology and Society: the Thrust of the TA Program in NanoNed*, a paper contributed to the Conference on Nanotechnology in Science, Economy and Society, Marburg, 13 – 15 January 2005.

辨范畴，把纳米伦理学的目前进一步发展展示为一种"探索性纳米技术哲学"①。

二、纳米技术现象学解释

纳米技术哲学面临的首要的认识论任务是从直观上把握纳米世界。纳米技术兴起意味着在原子水平上人工建构微细的纳米空间，它倾向于脱离人的直观范畴，因此可以被称为"隐象技术"（noumenal technology）。纳米技术作为隐象技术涉及的纳米世界是尚未被人类理解、经验和控制的"自在之物"，其伦理学悖论在于它打破了"表征与控制之间的联系"②，造成伦理控制与现象表征之间的不可通约。因此如果纳米世界没有构成人类的经验对象，那么探索性纳米技术哲学的认识论任务就需要诉诸现象学—解释学方法来完成。

1. 超越直观的纳米世界

尽管对纳米科学家和纳米工程师来说，想象纳米的长度并不是一个重要问题，但纳米世界尺度的确超越了人类的直观想象。在 2004 年 12 月 7 日荷兰阿姆斯特丹召开的"科学影像"大会上，艾戈勒围绕纳米空间的直观想像指出："如果你能够想象得到十亿分之一的任何别的事物的话，那么你就会胜出我的水平"。这里进一步可以追问的是：借助扫描隧道电子显微镜获得的纳米结构图像，究竟在多大程度上反映了纳米世界的精确表征呢？就其与人类经验的关系来说，纳米世界显然存在三个层次：一是作为自在之物的纳米世界，包括纳米量级的技术人工产品，它构成了对人类经验的超验限制；二是可以进入人类经验视野的纳米世界，包括数据表、技术图像等；三是能从理性上把握的纳米世界，如纳米微粒的数学模型等。显然，前者较后两者更加远离人类的经验直观范围。所以人既然并不能直接接近其意欲表征的第一层次的纳米世界，便只能尽力通过第二、第三层次的纳米世界，特别是技术图像来理解其传达的现象内容。

2. 纳米世界的视觉转换

纳米技术就其无形化趋势来说，其认识论挑战是推动第一次层次的纳米世界视觉化战略发展，以便科学家、工程师、政策制定者和伦理学家乃至公众，能在直观世界中提出与讨论纳米技术的社会伦理问题。

---

① See Armin Grunwald, *From Speculative Nanoethics to Explorative Philosophy of Nanotechnology*, *Nanoethics*, No. 4, 2010, pp. 91 – 101.

② Alfred Nordmann, *Noumenal Technology*：*Reflections on the Incredible Tininess of Nano*, *Techne*, Vol. 8, No. 3, Spring 2005, P. 4.

斯塔莱（Thomas Staley）指出，纳米技术视觉化发展实际上存在三种选择①：一是坚持人接近纳米世界存在限制，纳米世界与中观世界差距太大以致不可能桥接起来；二是将对纳米世界的较少功能性经验同颇富创造力的现象学想象结合起来，建立适当的纳米空间模型，力争做到对纳米世界的客观描述；三是从现象上接近纳米世界是可能的，只是包含了与常规经验不同的信息内容，从而造成两者不可通约或不对称。这里第一种选择只能是无所作为，剩下只有后两个选择。

例如，围绕"量子围栏"（在金属铜表面使用铁原子围一个圆圈）构造，艾戈勒和布罗本特（Brodbent）分别以"橙色围栏"和"蓝色围栏"展示不同的技术图像构造能力。这两幅技术图像几乎相同，但它们有着超越技术本身的意向。"橙色围栏"是针对显而易见的图像观念，配以自己的选择、个人交往欲望和主体接触经验，试图描述与 IBM 字样一样的单向视觉图像。但是，这一技术图像如同"拉普拉斯妖"或"麦克斯韦妖"一样，更接近于一种决定论的科学假设或技术解释，而非实体的纳米世界现象接触。相比之下，"蓝色围栏"更契合虚拟现实图像，其编码的色彩程序有助于人眼的方向定位，达到了色彩强调的原初图像效果。

这里艾戈勒即使强调以观察者身份亲身接触纳米世界（也即第二种选择），那也不是直接对原子现象的具体观察，而是一种经验地参与纳米世界。因此斯塔莱强调与其过于宣传亲身接触纳米世界，毋宁说是如布罗本特那样对纳米世界的现实虚拟（第三种选择）。

3. 纳米技术的哲学解释

目前所有纳米技术图像化处理，虽然与第一层次的纳米世界存在着不可通约性或不对称性，但它们却能将纳米技术纳入人类经验范畴，展示对纳米技术可解释的选择弹性。一旦进入到解释学范畴，哲学家便可以在更加广泛的意义上对纳米技术路线给予构造，麦耶尔（Martin Meyer）等人正是这样。它们按照时间（现在与未来）和技术（具体技术与目标），把纳米技术的未来发展愿景分为六种进路：①从现实技术到未来技术；②从现实技术到未来目标；③从未来目标到未来技术；④从未来技术到未来目标；⑤从现实目标到未来技术；⑥从现实目标到未来目标。② 最后一个进路实现源于用户的需求解释，目前还缺乏技术基础，其余五种进路作为纳米技术的具体展开，基本上反映了纳米技术发展进程。前三

---

① Thomas W. Staley, *The Coding of Technical Images of Nanospace*: *Analogy*, *Disanalogy*, *and the Asymmetry of Worlds*, *Techné*, Vol. 12, No. 1, 2008, P. 16.

② Martin Meyer & Osmo Kuusi, *Nanotechnology*: *Generalizations in an Interdesciplinary Field of Science and Technology*, *HYLE*, Vol. 10, No. 2, 2004, P. 157.

者均有良好的技术基础，属于现世主义范畴，特别是第二进路更是成为瞻望和诟病纳米技术的现实基础。后两者（第四、第五进路）显然属于非现世主义范畴，两者的不同在于，第五进路可以通过对现有技术做出解释并设定未来技术目标，第四进路则基本上属于科学幻想。从德莱克斯勒—斯墨莱之争看，第四、五进路实际上是两种可选择的纳米技术范式。

在科学意义上，德莱克斯勒的纳米机器设想和斯墨莱（Smalley）的生物模拟方法是两种根本不同的分子装配方法，具有不可通约性。前者虽然是以工程原型为基础，但却从机械论观点和纯粹理论上探索分子装配器的可能方式，其本质是建构一种不违背相关物理原理的理论模型，采取的方法是自底向上方法。相比之下，斯墨莱的生物模拟方法则是基于可探测或可控制效应，强调实际的化学结构细节，采取的是自顶向下方法。两者之间的不可通约性，表明了无法以其中一种方法设定的标准去评判另一方法的适当性或充分性，但这并不意味着不能比较双方涉及的理论、概念和方法乃至工具要求。如果由此进入到纳米技术实践中来，那么就可以将这一争论置于第一或第二进路所蕴含的工具关系中加以看待。在工具意义上，两者可以达成一种"最小化通约"或"最小化视域融合"，这就是纳米现象的产生、稳定和控制必须要诉诸工具。对于德莱克斯勒来说，如果在其纯粹理论方法中不考虑工具要求，就等于忽略掉分子机器适应纳米空间的关键问题；对于斯墨莱来说，坚持制备可控制和可探测设备实际上就是强调适当工具要求。

布埃诺（Otávio Bueno）正是以这种工具关系为基础，围绕德莱克斯勒—斯墨莱之争指出："双方毕竟拥有共同的承诺，即适当的工具对控制纳米现象的不可或缺"，但斯墨莱引入一个工具要求，就是确定分子机器是否可能"至少在原理上，取决于是否能够获得可探测结果"，所以"较德莱克斯勒，斯墨莱主张的整个建议似乎更有胜算"[1]。当然，这并不意味着斯墨莱的整体方案是完全可行的，但强调工具要求毕竟需要将有关纳米技术的各种争论纳入到现世主义中加以解释，以便展示各种方法在建构纳米技术过程中的作用及其选择。

如果不能在实证论、客观论、还原论、机械论和决定论上强调认识和控制纳米世界，那么就只能在认识论意义上把纳米技术看作一种解释学活动，以便整体地把握纳米世界的结构—功能及其涉及的广泛社会伦理意义，避免以单一的微型机械化决定论决定人类的未来前景。

---

[1]　Otávio Bueno，*The Drexler – Smalley Debate on Nanotechnology：Incommensurability at Work*，*HYLE*，Vol. 10，No. 2，2004，P. 95.

三、纳米技术本体论整合

纳米技术哲学在认识论上并不限于现象学—解释学活动，它的发展必然要进一步在科学理解上突出纳米技术独特的认识论地位。目前这一领域越来越倾向于使用"纳米技科学"（nanotechnoscience）概念称谓与纳米技术相关的研究领域或学科，与此相应的纳米技术哲学探索则被称为"纳米技科学哲学"。在这方面，纳米技科学被看作一种包含技术目标的研发能力，主要涉及纳米量级、学科边界和本体整合三个问题的学术探讨，其基本倾向是走向一种纳米技术本体论考察。

1. 纳米量级问题

在纳米科学家那里，纳米技术被看作是在纳米量级（nanoscale）——10^{-9}米上对物质的理解和控制。前面涉及的伦理学关注和现象学解释，都是着眼于这种量级的技术操作进行预测和反思的。在这种意义上，纳米量级自然成为理解纳米技术的核心议题。如果不把纳米技术简单地看作一个未知领域，那么从科学理论上理解纳米量级问题就成为纳米技科学哲学的一项重要认识论任务。诺德曼为此提出以"封闭型理论"认识纳米量级问题。

诺德曼认为纳米量级研究包含如下三个特征[1]：一是量子力学与经典力学之间存在根本不同，经典理论无法描述量子现象，量子理论也不适合描述经典现象；二是纳米量级现象包括知识和技术旨趣，无论对量子水平以上的经典物性（如颜色、导电性等）还是对量子水平以下的量子化现象（如量子化电导）来说都是一种"异域"；三是纳米量级研究者只能诉诸来自量子和经典力学的大型理论包，完成对纳米微粒的新颖性质、行为或过程的科学解释。这意味着使纳米技术成为具有科学意味的方面并不能从任一封闭型理论视角加以描述，而使纳米技术成为可能的方面则只能同时启用两个封闭型理论视角加以解释。

现在人们把纳米世界描述为一种复杂的、自组织的、充满新奇的化学—生物世界，强调主动性纳米机器制造。但目前所谓第一代纳米技术的成就仅仅限于新型纳米材料（被动性纳米结构）制造，只有待第二代纳米技术诞生后才能将分子活动并入纳米技术系统，制造出主动性纳米结构或系统。从与纳米量级相关的封闭型理论看，除相应的理论规划和形式化之外，人们至今未看到任何神奇的主动性纳米结构的诞生。诸如"选择性表面""自清洁表面""精致材料""自助运

---

① Afred Nordmann, *Philosophy of Nanotechnoscience*, in G. Schmid, H. Krug, R. Waser, V. Vogel, H. Fuchs, M. Grätzel, K. Kalyanasundaram, L. Chi（eds.）, Nanotechnology, vol. 1, G. Schmid（ed.）, *Principles and Fundamentals*, Weinheim：Wiley, 2008, P. 221.

动"等这类纳米量级现象的描述性或纲领性术语,虽然都具有各自的特殊意义,但在理论上不过是来自纳米世界之外的隐喻,而非现实的主动性纳米结构或系统。也就是说,人们并不能从与纳米量级相关的封闭型理论观点看到纳米量级现象的特别的复杂性,相反却发现"理解和控制纳米量级现象的困难无法获得适当表达"①。这既表明科学理论对纳米技术的认识盲区,也表明必须启动更多的学科来深化对纳米技术的理解和控制。

2. 学科边界问题

我们并不能以一种还原论的哲学观点来看待纳米量级问题,却可以将它看作一种跨学科或边疆学科。纳米技术使许多学科边界模糊起来,这不仅表现为纳米科学与纳米技术难以区分,其研究目标无论是实践的还是认知的,原子、分子和大分子这些基本物质单元都被看作器件、发动机或机械一类的功能单位;而且也表现为力图消除人与机器、自然与人工物界限的 NBIC 汇聚技术纲领,似乎"生物的就是纳米的",生物工程师可以"跨越生命产品与人工技术产品之界限",甚至"为了技术目的可以将生命物质工具化"②。正因如此,才有了诸如纳米生物技术、纳米化学技术等诸多学科名称出现。

与以上微观上的跨学科边界问题探讨不同,高洛克霍夫(Vitaly G. Gorokhov)在宏观上将"纳米技科学"界定为"自然科学与工程科学的结合"③。纳米技科学一方面类似于经典自然科学,表现为基于数学和实验数据对自然现象的解释谋划和对自然事件进程的程式预测;另一方面如同工程科学一样表现为新实验情境的方案设计和自然界或技术中未知的新纳米系统结构谋划。从纳米理论运算到纳米系统结构谋划,对这一过程既涉及参数计算和数学建模,又必须要进行工程功能谋划。也就是说,工程问题必须要转化为科学问题,进而转化为通过演绎法解决的数学问题。

目前纳米量级研究不外乎自底向上(微观层次的分子装配)和自顶向下(宏观层次的化学合称或生物模拟)两种方法,前者代表了纳米理论谋划分析,后者代表着工程谋划综合。纳米技科学作为自然科学与工程科学的结合,显然类似于系统工程,既是大规模的、复杂的人—机系统分析和设计,又是微观的纳米系统分析和设计。高洛克霍夫在方法论上显然涉及纳米技术的结构—功能二元特

---

① Afred Nordmann, *Philosophy of Nanotechnoscience*, in G. Schmid, H. Krug, R. Waser, V. Vogel, H. Fuchs, M. Grätzel, K. Kalyanasundaram, L. Chi(eds.), *Nanotechnology*, Vol. 1, G. Schmid(ed.), *Principles and Fundamentals*, Weinheim: Wiley, 2008, P. 223.

② Bernadette Bensaude - Vincent, *Boundary Issues in Bionanotechnology: Editorial Introduction*, HYLE, Vol. 15 No. 1, 2009, P. 2.

③ See Vitaly G. Gorokhov, *Nanotechnoscience as Combination of the Natural and Engineering Sciences*, Philosophy Study, Vol. 2, No. 4, April 2012, pp. 257 – 266.

性，与此相一致弗雷斯使用结构—功能方法在更广泛的意义上讨论纳米量级研究的学科边界问题①。弗雷斯分析了大量与纳米研究相关的因素，这些因素涉及各个学科呈现出纳米技术的多学科在场。正是这种多学科在场特征，允许纳米技科学哲学综合纳米工程与纳米科学、纳米现象操作与控制各个方面，使纳米共同体更好地理解和控制纳米技术实践。

3. 本体统摄问题

无论是纳米量级问题还是学科边界问题，都表明了纳米技术的异质性。正如前面指出，即使诉诸技术范式概念，也存在着多样化的纳米技术进路类型。面对这种异质性，纳米技科学哲学总是要力图在本体论上达到对纳米技术的总体性理解甚至控制。麦耶尔等人为此把纳米技术看作一种"范式系统"，由此来统摄各种纳米量级研究进路，其内部各种进路的差异可以诉诸"认知功效"②（epistemic utility）加以区分。与此同时，目前有不少学者诉诸"知识图""学科群""主题网络"这类概念，赋予纳米技术以"超级本体论"的学科地位，因为纳米技术在涉及人类各个智力领域方面，确实达到了一个顶峰。

尽管人们在系统论意义上强调相关学科的相互关系，部分涵盖了整体论含义，但如果发挥弗雷斯的结构—功能二元论方法，则可以将纳米技科学学科群分为两大类：一是非意向的"主题网络"，既有基础研究方面的生物学、化学、物理学、数学、工程、计算和工业应用等，又有具体技术层面的纳米结构、纳米设备、纳米电子学等；二是意义相关的"意向网络"，包括毒理学、环境学、心理学、政策学、经济学、社会学、文化学、伦理学等。这种二分法的问题在于，人们在纳米技科学意义上总是倾向于将前者看作本体论学科群，把后者看作附属学科群，这样就必然导向非意向的学科优先性。

田中（Michiko Tanaka）利用目前盛行的自顶向下方法，为纳米量级研究提供了一种"元本体论"（meta – level ontology）统摄，即把纳米科学和纳米技术作为顶层元级概念，把纳米物理学、纳米化学、纳米材料科学、纳米生物医药科学和纳米技术工程五个学科作为底层元级概念③。这与其说是适应学科分类或文献学的本体论统摄需求，毋宁说是把非意向学科作为本体论的优先性追求。

---

① See Marc J. De Vries, *Analyzing the Complexity of Nanotechnology*, in J. Schummer, D. Baird（eds.），*Nanotechnology Challenges：Implications for Philosophy, Ethics and Society*, London：World Scientific, 2006, pp. 165 – 179.

② 这里所谓认知功效，是指各种技术范式或进路的预测性影响、利益相关者针对这些不同影响所赋予的积极或负面价值、适应不同技术进路实现的技术手段以及相关评估的有效性［Martin Meyer & Osmo Kuusi，"*Nanotechnology：Generalizations in an Interdesciplinary Field of Science and Technology*"，HYLE, Vol. 10, No. 2, 2004, P. 165.］

③ 参见 http：//www. cais-acsi. ca/proceedings/2005/tanaka_2005. pdf。

以上意向与非意向的本体论纠结，基本上还在于纳米技术究竟是基础科学还是应用科学。其实，纳米研究者既是纳米科学家，又是纳米技术家。辩证地说，纳米技术既不是基础科学，又不是应用科学。以往曾把基础科学和应用科学看作对自然的描述、认识和改造，也即推动"自然物的人工化"，但现在纳米技术已经远远超越了这种界定，扩大到追求"人工物的自然化"（如德莱克斯勒的纳米装配器设计正是为了实现这一目标），成为所谓"真正的技术"。

古切特（Xavier Guchet）为此认为纳米技术传递出来的是一种"自然操作观"（operational view of nature），因此应该把纳米技术看作一种"操作科学"（science of operations）[1]。就这种操作科学而言，对自然物与人工物加以区分已经没有意义，因为纳米技术的终极形式在于，它按照人工物的自然化方向消除任何原有的自然结构。这里不仅自然与人、人与机器不再有区别，而且结构与功能、手段与目的区别也不再有意义，所有这些都不能决定什么存在什么不存在和何为本源何为衍生的存在问题。加里森（Peter Galison）把这称为纳米技科学的"本体论无差异"（ontological indifference）[2]。纳米量级研究者不是通过相关技术手段对自然之物的客观还原，而是在实验室中造就对自然的"驯养之物"或"替代品"。纳米技科学的这种本体论无差异，在纳米研究者那里被理解为表征的"无私利性"，但就哲学来说纳米研究者的纳米世界描述不仅是一种工具性的理性解释，而且还包含其他意义的解释学弹性。在这种意义上，所谓本体论无差异应该被理解为多重意义的解释学参与。诺德曼由此认为，对纳米技术的理解和控制应着眼于纳米世界图像的巨大潜力，从追求"认知确定性"过渡到实现多学科群的"系统稳健性"。这既有科学和工程的纳米世界建构，又容纳"自然的社会科学"的设计参与，由此来推动纳米技科学发展成为"社会健康的技术"[3]。

四、纳米技术哲学未来取向

以上考察表明，由于目前对纳米世界的整体认知缺乏，纳米技术革命应该说是一场"认知革命"。在这场革命中，纳米技术共同体的整个研究纲领与后人类主义享有同样的观点，那就是围绕纳米尺度的物质认识和操作，会达到各种学科

---

① Xavier Guchet, *Nature and Artifact in Nanotechnologies*, HYLE, Vol. 15, No. 1, 2009, P. 13.

② See Peter Galison, *The Pyramid and the Ring The Rise of Ontological Indifference*, a presentation at the conference of the Gesellschaft für analytische Philosophie（GAP）, Berlin, 2006.

③ Afred Nordmann, *Philosophy of Nanotechnoscience*, in G. Schmid, H. Krug, R. Waser, V. Vogel, H. Fuchs, M. Grätzel, K. Kalyanasundaram, L. Chi（eds.）, *Nanotechnology*, vol. 1: G. Schmid（ed.）, *Principles and Fundamentals*, Weinheim: Wiley, 2008, pp. 16 – 20.

或技术的高度汇聚，并能赋予个人和社会以改善生活和脱离自然限制的美好承诺。这一美好承诺背后反映出科技界对纳米技术建构的基本哲学态度，仍然是那种传统的实证主义态度①。这一态度或信仰奉行的显然是理性主义的确定论，相信纳米世界无论有多复杂，都能为人类所认识。但是基于纳米技术的新奇性和综合性、复杂性和汇聚性以及不确定性和不可预测性特点，纳米技术哲学从伦理学、现象学到本体论的基本进展已经表明，纳米技术领域从一开始就存在着各种积极的或消极的可能性。围绕这些可能性，针对纳米技术共同体的传统实证主义态度，纳米技术哲学还将继续获得发展，其总的趋势表现为纳米技术哲学的更深刻思考和实际应用。

1. 进一步探索人与纳米技术的关系

按照前面纳米技术哲学考察，纳米技术共同体的实证主义态度至少没有注意到如下三方面的意义问题：一是纳米技术的发展在于它直接针对人工产品本身，它是作为人工自然存在，它的建构过程的起点和终点关系已经转向人自身，完全不同于无人参与的自在自然的进化过程；二是纳米技术本身将打破生物和非生物之间的界限，它是一种类人或类生物，其新陈代谢和繁殖能力等生物标准，不再仅仅限于生物本身，也适合于人工物；三是纳米技术与克隆技术的基因复制不同，它能够进行人体整体复制，这样复制的人与原形人之间的生物界限也被打破，人的意识发展、传统伦理道德、社会意识的进一步发展将受到巨大挑战。因此哲学之于纳米技术并不是如实证主义哲学那样，简单的是指人认识纳米世界，而是涉及人、技术与世界之间的广泛复杂关系的认识论问题。

在认识论上，纳米技术至少存在如下三个认识论问题：一是理论不充分性问题，科学家在理解纳米量级现象存在理论盲区；二是尺度不可观察性问题，纳米尺度的物质操作无法达到人类的直观经验水平；三是边界不确定性问题，对纳米世界的性质及其影响（包括毒性）存在知识赤字。这些问题既是科学问题和技术问题，又是哲学问题。它们对人类现有的科学观和世界观或认识论提出了前所未有的哲学挑战，意味着我们对纳米技术的哲学理解和伦理评价"不在于要断言和

---

① 这种实证主义至少包括如下四个方面：一是还原论，纳米技术作为"通配符"或"通用技术"终将汇聚人类一切科学和技术领域，纳米技术革命即是人类科技整体革命；二是实体论，纳米世界介乎微观世界与宏观世界之间，是挑战微观物理极限的"唯一希望"，它的"唯一特性"是"客观实在"，虽然非常复杂，但它终究能被人们深入研究、不断认识并被利用和造福人类；三是普遍论，依照认识进化主义观点，相信物质实体变化经过量的积累必然达到某种临界，因此只要坚持基础研究从特殊性到普遍性的必然认识过程，就一定能达到通过摆置原子或分子空间位置任意制造所需产品这一纳米技术的普遍本质要求；四是进步论，即通过对纳米世界的不断控制，实现纳米制品的整体功能，并希望由此来解决人类一切问题。

重申我们对科学的已有观点，而是要追问变革现有科学观的新问题和新答案"①。

　　未来 20 年将成为纳米技术的发展黄金期，世界各国政府都认识到纳米技术领域充满了各种机遇。纳米技术的未来收益或积极价值，往往会遮蔽其人类健康和环境影响方面的潜在负面效应。我们也许会说，纳米技术有着伟大的未来，但正如穆尔（Douglas Mulhall）指出的，"纳米技术，仅当我们能避开它的陷阱时，才可能拥有广阔的未来"②。这里如果说纳米技术本身不能表明其不出现负面效应的话，那么意味着纳米技术哲学之于纳米技术治理的意义在于，必须要以纳米技术负价值最小化承诺其正价值最大化实现。

　　正如前面已经表明，鉴于人类对纳米技术之潜在影响的认知盲点，我们不可能被动地热情拥抱一个充满不确定性的纳米技术时代的到来。伴随着纳米技术发展及其应用，纳米技术哲学需要与时俱进地思考纳米技术究竟能够为未来带来什么，需要立足各个学科领域进行深入探索，强化人们对人—纳米技术关系的深刻认识。

2. 围绕纳米技术开展广泛哲学对话

　　纳米技术作为一个新兴领域，是一个涉及人类未来的现代性事业。我们不能等到纳米技术成熟之后，才来充当对它进行审视的事后诸葛亮角色，而是围绕人—纳米世界关系，从一开始就需要进入一种技术认知的意义范畴。正如金采夫斯基（Jim Gimzewski）和维斯纳（Victoria Vesna）指出："在哲学和视觉这两种意义上讲，'眼见为信'并不适合纳米技术。较之其他任何科学，（纳米技术）叙事的视觉化创作变得非常必要，用来描述敏感的但无法看得到的东西。"③ 这意味着纳米技术作为新兴领域的建构过程并不必然参照其负面的效应或意义，而是着眼于一种将技术与文化相连的潜在意义。因此必须要按照其象征性的文化规范，把纳米技术看作一种意义建构。

　　纳米科学家的最初设想和象征系统，在交流中与公众价值相互作用并获得修正，成为技术符码，影响整个技术行动。科学家最初围绕纳米技术提出诸多特殊问题，这些特殊问题还停留在认知科学意义上，从而难以获得表征意义，不过其最初的技术隐喻（如纳米操作、纳米机器等）仍然成为意义制造的概念思维前提或基础。同时，人们尽管尚未经历激烈的纳米技术革命，但纳米技术基于不同的市场分割，越来越显现出定制纳米产品的便利性增长趋势。这种趋势表明，由于

---

　　① Chris Toumey, *From Two Cultures to New Cultures*, *Nature Nanotechnology*, Vol. 4, Juanuary 2009, P. 6.

　　② 转引自 L. Goldman & C. Coussens, *Implications of Nanotechnology for Environmental Health Research*. Washington：The National Academies Press, 2005, P. 11.

　　③ J. Gimzewski and V. Vesna, *The Nanomeme Syndrome：Blurring of Fact and Fiction in the Construction of New Science*, *Technoetic Arts Journal*, No. 1, 2003, P. 7.

我们已经习惯于参照独立于人的客观实在来思考科学方法和技术发展，以致只好迁就于技术的单向度发展。面对这种被动接受的决定论文化情形，纳米技术哲学的实践议题应该是：发挥哲学批判功能，对目前主流的纳米技术研究纲领进行思考，重塑纳米技术的可选择性，促进公众参与纳米技术治理，推动纳米技术的意义建构。

目前人们之所以对纳米技术给予热情关注，不仅是因为纳米技术为自身设定了许多积极的价值或意义，而且对它潜在的负面效应或意义，也得到哲学和伦理审视。这里我们必须要明确如下两个命题：一是纳米技术是一种潜在的力量甚至在未来可能发生巨大影响，因此必须要在现实意义上进行哲学理解和伦理评价；二是必须要把纳米技术看作一种强社会相关技术，进而表明其对哲学理解和伦理评价的实践依赖。第一个命题与"自底向上"方法相关，这种方法虽然目前近乎科学幻想性质，但它在公共宣传上呈现出了巨大的文化力量，"纳米革命"和"纳米恐惧症"均由此而来，使我们进入纳米技术的意义世界，不可小视。第二个命题与"自顶向下"方法相关，这种方法特别是化学方法或生物模拟方法兴起，使哲学理解和伦理评价有了现实的技术基础。因此围绕纳米技术的社会、法律和伦理问题，作为纳米技术哲学应用，促进一种健康的社会互动和哲学对话，既是纳米技术共同体为自己提供辩护之所必需，又是吸引公众理解和参与纳米技术的民主程序所必需。

第十六章

认知技术哲学

人类早就开始了对心智（mind）的探索，直到 20 世纪后半叶认知科学的创立，标志着心智研究进入到一个新阶段。认知科学涵盖了哲学、心理学、计算科学、神经科学、人类学等众多学科，极大地促进了人类对心智及其本质的认识。认知科学不仅仅涉及自然科学，而且涉及技术，特别是认知技术。认知技术给我们提出了新的哲学问题。

第一节　认知技术概要

一、认知技术的基本含义

认知科学起源于 20 世纪中后期，形成于 70 年代后期。其标志是 1977 年《认知科学》（*Cognitive Science*）杂志的创刊和 1979 年认知科学学会（Cognitive Science Society）的建立。米勒（Miller）认为，认知科学至少是由哲学、心理学、计算机科学、神经科学、人类学和语言学这 6 个传统学科交叉联合形成的。这 6 个学科按反时针方向，并取第一个字母就构成为：PPCNAL。C 表示计算机科学。这 6 个学科相互交叉又产生出许多新兴的分支学科。见图 16 - 1。

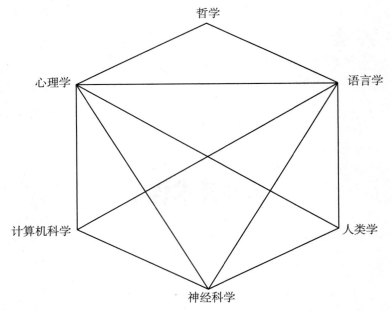

图 16 – 1　认知科学六角形

资料来源：George A. Miller, *The Cognitive Revolution：a Historical Perspective*, *TRENDS in Cognitive Sciences*, 2003, 7 (3), pp. 141 – 144.

　　从构成认知科学的 6 个学科来看，认知科学是一个统称，既包括人文学科、社会科学、自然科学，还包括技术。认知科学的 6 个支撑学科经相互作用后，在一定条件下可以形成技术，这就成为认知技术。当然，认知科学的其中某些部分也属于认知技术。

　　因此，认知技术一部分直接来自认知科学，另一部分来自认知科学的转化，即间接来自认知科学。我们将认知技术界定为：为了理解、评价、改变认知和实现认知目的的技术，包括与认知相联系的技能、手段、方式、方法和特定的知识体系。认知技术为了实现认知目的，包含了认知的状态或者认知过程。它也有广义与狭义之分。广义上，它就是指改善或提高人的认知状态、过程或能力的技术。狭义上，它是指直接参与、评价、改善或提高人的认知状态、过程或能力的技术。比如，认知增强技术就是一种认知技术。

　　直接用于评价和提高人的认知状态的技术，就是认知技术，而不是延展认知在扩展中所包括的技术人工物等。认知科学家为了获得大脑的结构和功能的信息，理解相应的认知活动，需要一些专门的认知科学的仪器才能进行测定。一些用于认知科学研究的仪器，如正电子发射层析摄影术（PET）技术、磁共振成像（MRI）技术、单细胞记录技术、脑磁图（MEG）技术灯光，它们属于认知技术。

二、认知增强技术

认知增强是扩展和提升认知正常者的认知能力的认知技术。N. 玻士壮（N. Bostrom）和 A. 森德堡（A. Sandberg）从信息系统角度来考察认知能力的增强，把"认知增强"定义为"通过改善或放大内部或外部的信息处理系统来扩大或延展智力的核心能力"，在他们看来，在一个有机体用来组织信息的过程中，其智力的核心能力包括"获取信息的能力（感知力），选择信息的能力（注意力）、描述信息的能力（理解力）和保存信息的能力（记忆力）以及用信息来指导行为的能力（运动输出的推理和协调能力），改善认知功能的干预可在这些核心能力的任一方面进行。"[①] 对于有认知缺陷的人，认知增强技术可以改进和提高人的认知水平，使那些处于认知劣势的人获得更多的认知优势。因此，冯烨把"认知增强"定义为"旨在改善和提高人的生活状况、有利于人过好的生活而利用技术手段变更人脑的结构和功能，以提高或增加认知正常者的认知能力的一种医学干预手段。"[②] 显见，这一定义强调了认知增强的医学干预能力，使不正常的认知能力获得改善。

认知增强技术最初是用来治疗一些如精神分裂症和脑痴呆等严重的精神疾病，后来也用于治疗轻度认知损伤。可见，这些认知增强技术可以改变患有认知功能缺陷的人所遭受的天生不公的厄运，提高他们的认知能力，使他们有机会获得智力上的平等，给认知障碍者更多的机会，有助于实现社会机会平等。

一般来说，认知增强技术主要分为三大类：认知增强药物（聪明药）、大脑刺激与神经技术和遗传基因选择技术。生物电子学领域的"生物电子学移入和植入装置"，如果这些装置能够获得成功，生物电子学系统就有可能增强人的记忆，改进人的认知能力。基于遗传基因选择技术，通过对基因组的筛选和选择，有可能培育具有高智力特征的基因组，提高人的智力。

三、人工智能技术

人工智能（artificial intelligence，AI）是由机器表达的智能，而不是由人和其他动物表达的智能，它是相对于自然智能（natural intelligence）而言的。人工

[①] Nick Bostrom, Sanders Sandberg. *Cognitive Enhancement*：*Methods*，*Ethics*，*Regulatory Challenges*. *Science and Engineering Ethics*，2009，15：pp. 311 – 341.

[②] 冯烨：《认知增强及其伦理社会问题探析》，载于《自然辩证法研究》2013 年第 3 期，第 63 页。

智能属于认知技术，但它本身又形成了独立的特点。人工智能就是研究人的智能，并用机器和软件实现模拟、扩展、甚至超越人类智能的一门学科。

目前，人工智能技术已经发展成了一个比较庞大的学科，它是科学与技术的交叉与融合的领域。比如，人工智能技术主要有：代替人类实现对问题的求解、效仿人类进行推理和证明、对人类自然语言进行解读、计算机专家系统、机器自主学习、人工神经网络、各种模式识别、机器视觉感知、智能控制、智能决策、智能指挥系统、大数据挖掘、新知识发现、人工生命。人工智能有广泛的用途，比如人工智能与自动驾驶、新的工业革命（如德国工业 4.0，中国制造 2025 等）将发生很大的关联。

计算机博弈是人工智能领域的重要分支，阿尔法围棋（AlphaGo）是人工智能的典型代表。围棋涉及逻辑推理、形象思维以及优化选择等多种人类智能，是公认的人工智能领域的重大挑战。围棋是衡量人工智能进步的重要标志。

阿尔法围棋（AlphaGo）是由谷歌（Google）旗下 DeepMind 公司的 AlphaGo 团队研究开发的人工智能程序。AlphaGo 的人工智能发现了棋感直觉与搜索验证两个方法，从而解决了围棋的复杂性问题。深度学习已成为人工智能的关键技术，深度学习技术是基于神经网络的再升级。阿尔法围棋首先通过深度学习技术学习大量的已有的高水平的围棋对局；其次，通过与自己对弈，强化学习更多的棋局；再次，用价值网络评估每一个格局的胜负率；最后，通过蒙特卡洛树搜索技术决定最优落子。阿尔法围棋的一个重要特征是不断地自我学习和探索验证改变有关的参量，获得更为可靠的结果。

目前，阿尔法围棋作为一个人工智能的计算机程序，它能够根据已有的数据进行学习，并与自身对弈进行强化学习，再通过蒙特卡罗树搜索来验证和作出判断，从而提高了计算机的决策的正确性。这里关键是计算机应当作出何种决定，计算机的编程人员也无法作出预测，这在某种意义上讲，计算机能够自己做出决策，具有相对的独立性。

第二节　认知技术哲学的若干前沿

无论是古希腊哲学，还是中国古代哲学里，都有有关认知问题的哲学讨论，认知成为哲学思辨的重要课题。在哲学中，有专门的认识论研究。无疑，传统的哲学认识论并不能够完满地解释认识现象，其根本原因在于：传统的哲学认识论，还缺乏确切的科学基础。随着认知科学的发展，原属哲学探索的认识论课题，将有一部分交由认知科学和认知技术去探索。当然，认知科学和认知技术并不是不需要哲学，而是将哲学作为自己的同盟军，共同探索、理解认知，实现认知目的。

一、技术对认知的影响

一般把认知（cognition）理解为认识过程，即与情感、动机、意志等相对的理智活动或认识活动。或者说，一般把认知理解为认识。至今，人们无法对"认知"取得一个共识的理解。当代认知技术正在扩展人的身心和感觉器官。虚拟实在、虚拟复原、现实增强等虚拟技术，能够在一定程度上对认知对象和认知环境和进行模仿和建构，从而给予人以新的感知觉经验，正在改变着人的身体图式。

通过认知技术手段，人的主体能接受到层次更加丰富的信息。一些以前无法被人直接感知的信息变为可直接感知、直接体验等经验形式。在虚拟现实（VR）技术中，人们获得沉浸感和代入感，使人正在感觉与"真实"的世界发生交互作用。当主体借助认知技术去实实在在地感受外在对象时，却不会思考外在对象的具体存在，而是将外在对象"遗忘"，当下的主体处于一种海德格尔所称的"上手状态"。外在对象的确存在，却意识不到它的存在，但是，当外在对象出现问题，主体马上就意识到外在对象的存在。比如，当我们非常熟练地打羽毛球时，我们就没有意识到羽毛球拍和线的存在，但是，当羽毛球拍上的线断了或拍断了，我们立即意识到羽毛球拍与线的存在。在某种情形下，人与认知技术之间的关系，就会成为"上手状态"，人与认知技术结合在一起并没有意识到认知技术的存在。

可见，认知技术能改变人的身体图式和认知图式。认知技术正在将外在经验转化为内在经验、将外部技术内化到人的身体，技术成为人的认知的一部分。更不用说，现实增强技术和感知觉技术将增强人的运动能力和感知觉能力。

二、技术对认知对象的影响

虚拟现实技术的出现，自然会提出一个问题：虚拟世界能够发生的东西，是不是真实的？虚拟世界的"物"是技术人工物吗？一个真实的技术人工物具有现实的结构与功能，而且具有相应的要素，这些是虚拟对象所不具有的，但虚拟对象能够提供认知主体的感知性。比如，通过虚拟现实技术，微观世界的原子、电子，宇宙中的各种星系，都能以直观的形式再现于虚拟显示屏中，供给于主体认知者。于是，对象世界仿佛成为了一个可把控的、可操作的电子沙盘。认知技术加强了受控的对象与认知主体之间的互动关系。

描述主体对对象的知觉用什么概念来表达呢？J. J. 吉布森（J. J. Gibson）的生态心理学有一个重要的可供性（affordance）概念，他认为，人知觉到的内容是事物提供的行为或功能可能，而不是事物的性质。在人机交互领域中，有的学者更加强调一定情境下可以被知觉到的可供性。这是人在和环境的交互中直接知觉到的。对对象或环境直接感知的可供性，既不属于客观的物理属性，也不是属于主观臆测。可供性超越了主客观的二分的界限，它既是物理的又是心理的。

从生态心理学来看，认知主体对感知对象的认知，可以由感知对象的可供性程度来反映，即可供性反映了环境与认知主体互动适应性的程度。经过认知技术的作用，将会增加感知对象与人交互的功能可供性。

目前，虚拟现实技术已不再是模仿再现。虚拟世界可以实现在真实世界中不能违反的物理定律、逻辑公理。它能够进行时光倒流或快进，使时间不连续、冻结和割裂。

三、认知技术：心灵的仪器

2001 年在英国召开的第四届认知技术国际会议，将主题确定为"认知技术——大脑的仪器"。学者们第一次提出了"认知技术是心灵的仪器"（instruments of mind）的思想，改变了传统的技术仅是一种工具的含义。在他们看来，工具和仪器的区分在于：①工具仅是作为一个物理实体，作为被使用的对象，而仪器强调使用者的需要和使用者的技能。②两者区别在实施的操作上。工具本质上是为了建构、修理或修改，而仪器是为了指引或引导一个过程。工具直接扩展或放大使用者的技能，而仪器控制和帮助管理这些技能。[1]

但是，随着现代技术的发展，有的原来属于工具的东西，也成为仪器。而许多原来被认为是工具的人工物，现在已经成为思维的仪器。作为仪器的认知技术不仅促进思维的工作，更重要的是影响着大脑的活动方式。人脑的特定部分甚至可以定义为程序单元，作为独立的物理部分、像计算机元器件那样，即是说，人的大脑可以与技术结合在一起，进行具有更高效率和创造力的人机交互产品。认

---

[1]　Barbara Gorayska, Jonathon P. Marsh, and Jacob L. Mey. *Cognitive Technology：Tool or Instrument*? in M. Beynon C. L. Nehaniv, K. Dautenhahn（Eds.）*Cognitive Technology：Instrument of Mind.* Berlin：Spinger – Verlag. 2001, pp. 1 – 3.

知技术作为心灵的仪器，意味着它更加紧密地与人的心灵结合在一起了，这里的技术成为心灵的一部分。问题是，它们的结合需要什么条件？

工具作为认知人工物意味着人们在认知操作过程中能够使用它。比如书，就是一个认知人工物。正如罗曼（Norman）认为："认知人工物是工具、认知工具。但是，它们如何与心相互作用和它们所传递的结果依赖于它们如何被使用。更进一步，它是什么种类的工具依赖于读者如何使用它。"① 一切技术，无论是否有意指向认知，都是由知识的技术体现构成的。内在的认知活动就外化在技术之中。可见，认知技术也是人类自然认知的某种投影和外在体现，它改进了人的自然认识。

四、身体、自我与身份问题

人与机器的关系总是受到人们的关注。人体内植入器械是赛博格的一种方式。赛博格是"控制论"（cybernetic）与"有机生物体"（organism）两个词语的组合，即是"自动调整的有机生物体"，是自动控制的机器与生物体的结合。这个词将无机体机器与生物体结合起来，形成了人与技术的新的存在方式。

当代认知技术正在改变我们的身体图式，我们正在变得越来越像是半机器人、半电子人时，带给人的自我认同感正在弱化。这里有一个身份认同的问题，被认知增强之后，你还是原来的你吗？赛博格身体打破了"自我"与"他者"的静态边界，那么，身份如何得到认同呢？也就是说，认知技术与人结合在一起后，人还是其自身？人有没有改变？人还有没有人自身？

在我看来，人的身份认同要从身体的历史和现实的统一来审查。比如从身体、记忆（历史）和认知的综合角度来审查。

从赛博格角度，哈拉维质疑了亚里士多德的实体论身体观，提出了一种联结性、伴生性的身体观念。事实上，基因科技出现之后，科技改变了生物体线性的遗传模式，强力干预生物体基因的遗传与表达、生长与繁殖特性，生物体是自然与科技力量混合建构的结果。

身体已经跨越了人工与自然的界限。笛卡尔所建立的主体自我与客体的清晰区分已发生变化，人类与动物、有机体与机器、物质与非物质的界限已经模糊。正如哈拉维说："女人不是仅仅与她的产品相异（alienated from her product），从

---

① Barbara Gorayska, Jonathon P. Marsh, and Jacob L. Mey. *Cognitive Technology*：*Tool or Instrument*? in M. Beynon C. L. Nehaniv, K. Dautenhahn（Eds.）*Cognitive Technology*：*Instrument of Mind.* Berlin：Spinger － Verlag. 2001，P. 3.

更深层的意义来说并不是作为主体而存在的，哪怕是潜在的主体。"① 随着主客体二分的消失，原本完整自足的主体身份被打破，主体与客体已经联结在一起。

科学技术让人与网络世界联结起来，主体在改变自身，主体自我与网络关系也在发生变化。"超媒体自我（hypermediated self）是一个不断变化的联盟关系的网络……这一网络自我（networked self）连续地制造联系并使之破裂，宣布联合及利益，然后再放弃它。"②

就记忆来看，通过认知技术手段有望实现记忆移植、重组、清除等，这无疑否定了记忆作为自我认同依据的合理性。如果在认知技术的帮助下，大脑是可以被完全理解的，而且我们可以将大脑的知识、人格、性格特征、习惯等运行机制和数据结构都可以复制下来，甚至将其下载到新的硬件上，即可以做人的大脑的一个完整的备份，当然，这是大脑的一个表征，如果能实现的话，那么，大脑是否可以摆脱肉体的束缚？显然，这里有一个假设，大脑可以被完全理解，而且其运行机制与特征数据可以被复制。这里还有一个问题，大脑的表征是什么？当心灵也被技术化，心灵何在？

那么，人的认知能力能否承担身份认同的重任呢？认知科学研究表明，理性并不是与身体无关的，而是产生于我们的大脑、身体和身体经验的本性。心智的边界延展到身体之外，物质环境和社会环境成为其不可分割的构成部分。技术人工物或技术制品将提升人的认知能力。可见，想通过认知能力是否具有不变性来判断人的身份同一性，看来是有问题的。当然，从一个自然人的 DNA 来看，DNA 可以决定一个人的身份。但是，当技术人工物与人体相结合，DNA 是否能作为同一个人的标准就会有问题了。这就意味着人的认知对人的身份的认同有重要意义。

人工智能技术正在模糊机器和人的分割界限。从延展认知来看，技术将改变物理和社会环境，因而，技术将改变心智。认知主体到底是具有心智的"我"，还是与技术联姻后的赛博格（cyborg），或者是具有编码解码能力的智能程序体？看来认知主体正在发生变化，正从亚里士多德与笛卡尔所构想的独一无二"自我"性质，转向关系性、动态性与生成性的，但是，在关系之中，主体仍然有"自我"，它不同于"他者"，即主体具有内在特性，它是意识的根本性质所决定的，而不同于由技术、文化等环境所延展的认知特性。事实上，在所有动物中，只有人和高级灵长类动物如大猩猩才具有认知自身的能力，即自我意识。除此之

---

① D. Haraway, *A Cyborg Manifesto: Science, Technology, and Socialist—Feminism in the Late* 20*th Century*// *The International Handbook of Virtual Learning Environments*. J. Weirs et al. Netherlands: Springer, 2006, P. 126.

② J. Bolter, & G. R. Remediation, *Understanding New Media*. Cambridge, MA: The MIT Press, 1999, P. 34.

外，人还具有并且创造能够反映这种自我意识的、能够自指的语言。自我意识和自指的语言，是人类区别于其他动物的根本标志之一。

五、认知增强技术带来的伦理问题

认知增强技术有利于增强人的认知能力，人为地干预了人的原有自然状态。其引对的伦理问题仍然需要讨论。

1. 人性是天赋的，还是后天的

对于认知增强技术提高个体的认知能力，有两种相对立的观点，一是"支持增强派"（pro-enhancement，简称支持派），另一个是"生物保守派"（bioconservatives，简称保守派）。支持派完全赞成认知增强技术的使用。而保守派则反对使用各种认知增强技术。"保守派"的观点基于宗教，认为人性是天赋的，任何增强都是对上帝智慧的亵渎。对于基因增强，桑代尔（Sandel）说："将孩子作为天赋的礼物就是接受孩子到来时的样子，不要将他们作为我们设计的物体，我们意志的产品或是实现我们野心的工具。"① 无疑，从天赋给予这一"事实"就推理出伦理学上的"应当"，显然，这里有一个逻辑鸿沟，并不具有逻辑必然性。认知增强的支持派认为，不断追求自我完善和提高，这是人类的核心价值。他们相信，用生物医学方法提高认知能力不过是传统方法的延伸。玻士壮等认为："教育和培训被看作为增强认知的传统方式。与此形成对照的是，通过非传统的方式提高认知在目前几乎都被看作是试验性质的，然而从长远来看他们可能对社会或对整个人类的未来有重要的影响。"② 实际上，桑代尔的天赋人性观点还隐含着，如果孩子有先天缺陷或疾病，也是上帝赋予的，不需要进行医学干预。显然，这是有问题的，因为人的生命权和健康必须得到维护，人不仅来自先天身体的演化，而且还来自后天技术、文化、社会环境的塑造。

对于认知增强技术，不能简单地采用反对或赞成的方式，而应当根据具体的认知增强技术类型和使用情境进行研判。因为不同的预设前提和文化背景，对同一个认知增强技术的判断往往会有不同的判断，我们应当采取理性态度，关键是考察认知增强技术的使用情境和医学干预的目的，有多大程度上提高了认知水平，它的效用有多长时间，有多大程度的副作用，健康人和病人使用相比效果有多大的差异？对每一种认知增强技术都应当有一个综合的评价，并给出使用认知

---

① M. Sandel, *The Case against Perfection*：*Ethics in the Age of Genetic Engineering*. Belknap，Cambridge，MA：Harvard University Press，2007，P. 45.

② N. Bostrom and A. Sandberg，*Cognitive Enhancement*：*Methods*，*Ethics*，*Regulatory Challenges*. *Science and Engineering Ethics*，2009，15（3），P. 312.

增强技术的条件和限制。

2. 社会公正问题

认知增强技术不仅可以改善有认知损伤的人、治疗认知功能障碍者，使他们与正常人之间有更小的认知差距，从而获得平等的竞争机会参与正常生活。还可以提高正常人的注意力、记忆力等认知功能，即用于非治疗目的。这会导致两个方面的问题。

第一，会造成富人与穷人之间的不平等。认知增强技术的获得与贫富有密切的关系。认知增强技术在其没有普及之前，常常较为昂贵，它就不可能够公平地分配给每个社会成员，于是，只有经济地位高的人才能享受，这会加剧了穷人和富人间的不平等不公正现象，使穷人在卫生保健中处于不利的地位。第二，认知增强技术可以使正常人获得更强的认知能力，这会扩大认知功能正常者与认知功能障碍者在认知能力方面的差距。认知正常的健康人获得这些认知增强药物，就会使认知能力正常者占用的认知技术资源越多，认知功能障碍者占用的资源就会越少，造成公共健康资源在医疗卫生领域内的分配不公。

认知增强技术还可能造成代际的不公正，包括三个方面的涵义：一是父辈使用认知增强技术的不平等，可能导致后代具有不同认知能力；二是父母根据自己的意愿使用认知增强技术，这可能导致对后代自主权的侵犯；三是穷人缺乏获得认知增强技术的财富能力，就无法为后代的出生使用这用这项技术。富人更有能力获得认知增强技术，使自己的后代更加聪明，具有更强的竞争力。当然，认知能力的公平只能是机会平等，而不是绝对平等。任何一个国家或社会只能向其公民提供一个基本的教育和认知公平。不同的受教育者，由于其财产能力或智力差别，进入著名大学或公司只能是少数，而大多数的受教育者都是做为社会的一个普通一员，为社会做贡献，不可能一个社会每个人都是天才，而没有一般能力的劳动者。

3. 安全与风险问题

"不伤害"是生命伦理的基本要求。"不伤害"可以理解为避免身体和精神上的伤害，即是说，要保证安全。在现阶段，认知增强技术还不成熟，虽然某些认知增强技术已经取得了比较明显效果，但是，它还有安全上的隐患，主要包括技术风险和可能引发的副作用。比如，颅磁刺激技术能提高学习效果，但有触发癫痫病发作的风险。

智力的遗传研究表明，大量的基因变异将影响个体智力，但是，每种只能说明个体差异非常小的部分（<1%）。[①] 如果直接插入一些有益的等位基因的智力

---

① I. Craig, & R. Plomin, *Quantitative Trait Loci for IQ And Other Complex Traits：Single-nucleotide polymorphism genotyping using pooled DNA and microarrays. Genes Brain and Behavior*, 2006 (5)：pp. 32 – 37.

增强，其增强效果就不可能太大。还存在这样一种风险：通过基因干预增强个体的认知，该个体是否会发生自我变化？是否会产生一个新特征的个体？如果有一个新的特征的个体，那么，该个体是不是"同一个人"？

4. 自主选择与强制问题

认知增强技术涉及个人的自主性问题。自主性是人的一个基本性质，它肯定了人是自己的主人，要求人们对生命有很强的责任意识。正如香农认为，自主选择是个人行为自由的一种方式，人们按其来确定符合自己选择计划的行为过程。[①]但是，在现实生活中，人不可能完全按照自己的意愿来实现，总是有违背自主性的情况出现：一种是直接强制；另一种是间接强制。为完成工作任务，必须使用某种认知增强技术，属于直接强制情形。对于一些特殊领域的从业人员，为了更好完成维护社会安全和社会利益，他们被迫接受认知增强技术，比如宇航员、军队特种作战人员等。为了提升竞争优势，并不是工作所必需而所用认知增强技术，这属于间接强制情形。比如，服用某种药物，以获得更好的考试或比赛成绩。是否可以服用这些认知增强的药物呢？我们需要考察认知增强技术所处的社会环境和文化环境，关键是不能破坏社会的公平合理的竞争氛围。也有学者建议普遍使用认知增强技术，并认为这可以有效地避免不公平问题。

六、深度学习人工智能的方法论意义

当 AlphaGo 战胜了各个围棋高手之后，这是围棋遭受的决定性打击。原以来围棋很复杂，计算机难以有所作为。AlphaGo 中，神经网络发挥了重要作用。神经网络由一个输入层、一个或多个隐含层（多到 10 多层）和一个输出层构成。每一层由一定数量的神经元构成。在各隐含层之间，神经元之间的联系还有一定的参数，这些参数也可以通过学习不断改变。

简言之，神经网络就如"黑箱"，仅知道输入和输出，而黑箱内部的机制人们并不清楚。神经网络是大量的节点（或称神经元）相互联结构成一种运算模型，其关键特点是具有自学习功能。只有将有关数据输入到神经网络，网络就会自学习。深度学习模型是一个包含多个隐藏层的神经网络，目前主要有卷积神经网络，深度置信神经网络，循环神经网络等。

在控制论中，黑箱方法的目标在于通过输入与输出的关系分析，最终是要探索黑箱的结构，让黑箱变得白一些。然而，深度学习人工智能的出现，使得我们对黑箱的认识产生新的意义。

---

① ［美］托马斯·A. 香农著，肖巍译：《生命伦理学导论》，黑龙江人民出版社 2004 年版，第 12 页。

　　在人工智能时代，利用深度学习，人们可以不用追求黑箱的内部结构，而是人工智能的深度学习，对大量已有示例（数据与信息）进行学习和自我学习，深度学习基本上可以承担黑箱所具有的功能，即输入某种信息，深度学习将在很大可靠的程度下输出黑箱应该输出的信息。这就是说，深度学习能够可靠地承担黑箱的功能，且不用知道黑箱的结构。可见，只要尽可能多地获得黑箱的输入信息与输出信息，并让深度学习进行强化学习，那么，深度学习就可以相当可靠地实现黑箱的功能。

　　深度学习人工智能的出现，是否就意味着人们就没有必然研究黑箱的内部结构呢？显然不是。事实上，深度学习算法的建立，是基于神经网络系统的研究。大脑就是由神经元相互作用形成的神经网络，其中有大约 10^{12} 个神经元，不同的联结方式至少有 6×10^{13} 种以上。人工智能的神经网络，即人工神经网络，它是对人和动物神经网络（生物神经网络）的某种结构和功能模拟。正是对生物神经网络机制的学习和模仿，才创造了神经网络算法。没有神经网络算法，又何来人工智能的深度学习？

第十七章

量子技术哲学

人类最早接触、使用和创造的技术是经典技术，具有较强的经验性和一定程度的科学性。自 20 世纪诞生量子力学以来，特别是 20 世纪后半期量子计算、量子密钥分配算法和量子纠错编码等 3 种基本量子信息技术的出现，标志着以量子力学为基础的量子信息理论的基本形成，促进了当代量子技术的发展。本章将讨论量子技术的基本含义，比较量子技术与经典技术的异同，最后对量子技术的若干哲学问题展开讨论。

第一节　量子技术的含义

量子力学与信息科学的结合产生了量子信息论，也产生了直接的量子信息技术。量子信息技术为量子技术的应用开辟了广阔的前景。量子信息技术以量子纠缠作为其基本标志，它将量子纠缠作为一个基本的物理性质或物理事实来看待，这就是说，量子纠缠从概念或佯谬到科学事实是量子技术发生突变的分界判据。

量子纠缠从概念到科学事实的确认，是量子技术成立的重要基础。正如著名物理学家阿斯派克特认为："不夸大地说，纠缠的重要性与单体描述被澄清已经成为第二次量子革命之根。"① 量子技术正在形成一个高技术群。道林（Dowling）和密尔本（Milburn）在《量子技术：第二次量子革命》中，将量子技术分为五大类：①量子信息技术；②量子电机系统；③相干量子电动学；④量子光学；⑤相干物质技术。② 这里的分类中，也有交叉，比如，量子隐形传态不仅可以用光子偏振等实现，也可以利用原子等微观粒子的性质来实现，量子隐形传态可以归入量子信息技术之中。比如，戴葵等将隐形传态归入量子信息技术。③

如果以普朗克为代表的起始于 20 世纪初的第一次量子革命，主要是检验量子力学是否正确和完备，仅有少量的基于量子力学的量子技术产品的问世，那么，第二次量子革命起始于 20 世纪末，通过利用量子力学的有关规律和原理，发展出新的量子技术。量子技术在于利用量子力学和量子信息论等量子科学技术的规律来组织和控制微观复杂系统的组成。

可见，量子技术就是建立在量子力学和量子信息论基础之上的新型技术。没有量子理论就不可能有量子技术，也不可能凭宏观的技术经验发明出量子技术人工物。量子技术必定是量子理论的应用。

量子技术作为一种新型技术，具有不同于经典技术的新特点，具有下述的一个或几个量子性质：①量子叠加性。如果量子操作满足量子力学的态叠加原理，那么，一个量子事件能够用两个或更多可分离的方式来实现，则系统的态就是每一可能方式的同时叠加。②量子相干性。微观事物都具有波动性，它们可以用量子态来描述。这些量子态之间可以发生相互干涉，这就是量子相干性。③量子隧道效应。在经典力学被排除存在粒子的区域，微观粒子可能在此区域被发现。在经典力学中可以存在粒子的区域，量子粒子可能在此区域不被发现。④量子纠缠性。量子纠缠是指两个（或多个）量子系统的态之间具有超距的关联性，也是一种超空间的相关性，就是一种非定域的关联。量子纠缠是存在于多子系统的量子系统中的一种非常奇妙的现象，即对一个子系统的测量结果无法独立于对其他子系统的测量参数。

量子技术并不独立于经典技术，它们之间的联系主要表现在：量子技术与经典技术都是描述技术的不同层面，是相互联系的。量子技术与经典技术是相互补充、相互统一的。量子技术的处理都不能离开经典技术，量子技术必须要有经典技术作为辅助手段。从操作层面来看，量子技术都必须转换为经典技术，才能对经典世界产生作用。量子技术最终要转变成为经典技术，即量子技术中总有从微

① A. Aspect, *John Bell and the second quantum revolution*. In J. S. Bell, *Speakable and Unspeakable in Quantum Mechanics*. Cambridge：Cambridge University Press, 1988, pp. xix.

② Jonathan P. Dowling, Gerard J. Milburn. *Quantum technology：the second quantum revolution*, *Philosophical Transactions：Mathematical, Physical and Engineering Sciences*, 2003, Vol. 361, No. 1809, pp. 1655 – 1674.

③ 戴葵等：《量子信息技术引论》，国防科技大学出版社 2001 年版，第 60～69 页。

观到经典的转换过程。从信息的传送通道来看，经典技术处理经典信息，而量子技术处理量子信息，但是，经典信息与量子信息都必须有经典信道才能完成经典或量子信息的传递。

量子技术与经典技术更有本质的区别，主要表现为：①两者依据的科学理论不一样。量子技术一定依赖于量子理论的指导，而经典技术不一定依赖于科学理论的指导。②从信息的传递来看，经典技术处理的是经典信息，量子技术一定要处理量子信息。量子信息具有相干性和纠缠性；经典信息可以完全克隆，而量子信息不可克隆（no-cloning）；经典信息可以完全删除，而量子信息不可以完全删除；经典信息在四维时空中进行，速度不快于光速，而量子信息则在内部空间中进行，量子信息的变换可大大快于经典信息。① ③控制的方式不一样。经典控制的对象是经典系统，量子控制的对象是量子系统。从反馈的方式看，经典的方式与量子的方式有相同的一些方式，但量子控制有自己特有的相干控制等。相干控制利用了微观粒子波函数的叠加性和相干性，它是量子系统所特有的。

第二节　量子技术哲学的若干前沿

量子技术作为一种新的技术，它本质上不同于经典技术，量子技术必将对技术哲学的一些基本问题带来新的思考。

一、量子控制要控制的是什么？

量子控制是量子技术最为重要的技术。最简单的量子系统就是一个量子位（即量子比特）的两个态（0 或 1）的控制及其物理实现。早在 20 世纪 70 年代就有物理学者在做大量的理论以及物理操作，实现有关量子逻辑门操作的研究。经典控制理论或现代控制理论只适用于宏观系统的控制，而当被控系统具有量子尺度时，现有的控制理论必需修改为量子理论的形式，重建一种基于量子理论和量子信息理论的控制理论。量子控制主要研究量子力学系统的状态通过主动控制达到期望目标。根据控制的目的的不同，量子控制可以分为状态控制、最优控制、跟踪控制等。量子控制中特有的量子纠缠、量子相干等量子现象，将为控制论的发展注入新鲜血液，适当的量子方法引入到经典系统，有可能解决复杂的经典系

---

① 吴国林：《量子信息的本质探究》，载于《科学技术与辩证法》2005 年第 6 期，第 32 ~ 35 页。

统的控制问题。

量子控制的主要目标是，在预先选定的时间 t 内，控制系统从观测的初始量子态 $|\psi(0)>$ 达到目标态 $|\psi(t)>$。量子控制的被控对象主要是微观领域的量子系统，遵循量子力学的规律和量子信息理论。简单讲，量子控制就是控制量子态。在一个有限的时间内，如果能够将一个系统从一个状态转变为另一个状态，就称该系统是可控的，这是指态的可控性。除了量子态的可控性之外，还有算符可控性、密度可控等。

若干量子系统可控性概念的提出，至少为进一步认识量子系统的可控性打下了良好的基础。也充分表明，量子系统是可以被控制的，尽管量子系统的内部有海森堡不确定性原理。这说明，不确定的系统也可以被控制，只是控制的方式有区别而已。量子系统的物理控制过程就是：通过对薛定谔方程求解，可以得到解的一般形式 $|\psi(t)> = U(t)|\psi(0)>$，当初始状态 $|\psi(0)>$ 和终态 $|\psi(t_f)>$ 已知时，就可以对所获得的演化矩阵 $U(t)$ 进行分解，使其成为一组可以物理操作的脉冲序列。

控制是技术哲学的一个重要概念。苏联学者茹科夫认为："被控制客体的合乎目的的变化，把它引向需要的状态的过程，就是控制。"[①] 这里说的控制是经典控制，这也适合于量子控制。量子控制比经典控制复杂得多。量子控制包括开环控制与闭环控制两大类。在开环控制条件下，外部的经典信息（如外场）可以控制量子系统的状态的演化。在闭环控制中，控制装置本质上是量子控制装置，表现为量子反馈控制，它要将输出信号反馈到输入端，输入信号与输出信号产生的偏差信号对被控系统产生控制作用。量子控制系统包括控制量子控制装置与被控量子系统。在量子控制中，往往需要有经典信息的辅助。量子控制系统的结构，见图 17-1。

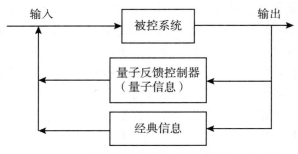

图 17-1　量子控制系统的结构示意

① ［苏］茹可夫：《控制论的哲学原理》，上海译文出版社 1981 年版，第 111 页。

　　既然波函数是可控的，那么，它如何与量子力学的不确定性原理相协调呢？不确定性原理是说，两个不对易的力学量（如坐标与动量），不可能同时具有确定值。在量子力学水平上，波函数遵从严格的因果决定论，但是，波函数的表达式之中也不能同时出现不对易的坐标与动量，因为这是与不确定性原理相协调的。波函数的控制在量子水平上是严格决定论的，但是，最终在宏观层次反映出来的力学量的观测可控是概率的或是平均值可控的，这又是统计决定论的。量子力学的可控性不同于经典力学的可控性，因为经典力学的可控，原则上，是严格的决定论的可控性，至多出现技术层次上的误差而已。

　　既然波函数是可控的，量子力学的测量能够被控制吗？著名物理学家玻尔曾认为："按照量子理论，正是忽略体系和测量器械的相互作用的不可能性，就意味着每一次观察都将引入一个新的不可控制的要素。"[①] 这就是说，在测量过程中，有不可控制的因素导致了波包扁缩。这一假说认为，在仪器和粒子相互作用时，会"不可控制"地在相应的本征态上产生某个任意的相角。正是这种任意的相角导致干涉项的消失。[②] 这意味着量子力学的测量是不可控制的。

　　由于波函数是可控的，通过控制波函数可以控制量子系统期望的测量值。1997年，格罗夫（Grover）发现了量子搜寻算法，它能够从大量的数据中很快搜索到希望找到的记录。研究表明，当格罗夫算符经过足够多的次数，就可以得到需要的记录。对于一个量子态，经过格罗夫算符的适当多次的迭代作用之后，就能将需要找的量子态出现的概率放大到接近 1。可见，在量子测量过程中，进行足够多次的量子算法的幺正变换（由于幺正变换并不改变量子系统的测量性质），将量子系统调整到我们所期望的量子态上，即以接近 1 的概率出现我们需要的力学量的经典值。

　　因此，通过格罗夫量子算法的迭代作用，量子测量成为可以控制的测量。量子算法就是一种量子技术。基于此，量子测量过程可以改写为：

　　　　被测量子系统＋适合的量子技术→显现期望的某经典测量值。[③]

　　接下来的问题是，既然量子测量过程是可控的，那么，量子系统本身可以被控制吗？

　　在系统论的研究中，更多的是关注系统，包括要素、结构、功能与环境，并没有注意到系统的"状态"这一问题。但是伴随量子技术，特别是量子控制的出现，使人们更为关注系统与状态的关系。系统可以用一定的状态量来描述。系统

---

　　① ［丹麦］N. 玻尔：《尼耳斯·玻尔哲学文选》，商务印书馆 1999 年版，第 56 页。

　　② 何祚庥：《量子力学中的测量过程是否必须有"主观介入"？（上）》，载于《自然辩证法研究》1989 年第 1 期，第 12 页。

　　③ 吴国林：《格罗夫算法、量子控制及其对量子测量的意义》，载于《自然辩证法研究》2011 年第 1 期，第 13～18 页。

的状态量可以发生变化，取不同的数值，称之为状态变量。例如在经典力学中，质点机械运动的状态由质点的位置和动量来确定。

系统与状态是一个什么关系呢？系统在演化过程中将会呈现出不同的状态，状态是系统的外部显现。系统的状态是不是可以直接测量呢？在经典系统中，大多数系统的状态是可以直接测量的，如经典力学的坐标与动量，热力学中的体积、压强与温度等状态变量。但在量子系统中，描述系统状态的波函数并不是一个直接的可观察量。

系统概念所关注的是系统本身，是使系统成其为系统的东西，是系统的统一的东西，即系统的本质。而系统的状态关注于当下系统是如何的，以什么方式显现自身。系统的状态就是系统的显现。控制了系统的状态，是否控制了系统？是否控制了微观客体？从一定意义上讲，现象就是本质，这是指现象与本质是同一的，这里的"同一"，只能理解为现象与本质的内在同一，而不具有外在同一性，因为现象有多种显现，这些显现中的共同不变的统一的东西，就是本质。量子系统朝向人们的东西就是它的状态，波函数描述的是现象。因此，控制了波函数，就控制了现象，就在一定程度上或在某一层次控制了量子系统的本质、控制了微观客体本身。如果我们不把波函数看作一种实在的东西，那么，对波函数的各种复杂的量子控制就成为一个永远无法理解的事情了，从这一意义讲，把波函数看作一种实在的东西，符合思维的简单性原则——奥卡姆剃刀。

二、量子黑盒的认识论意义

量子黑盒不同于经典黑箱。对于量子黑盒，针对不同的具体问题，我们采用了不同的量子算法。量子黑盒有不同的具体的计算函数。也就是说，量子黑盒所处理的问题 Q 是清楚的，有相应的表达式，如 Deustch 问题、数据库等，从经典计算来看，这些问题 Q 是消耗更多的计算资源、难以计算或不可能计算，而由于量子黑盒可以获得指数加速，并能够克服一些不可计算的问题。如 Simon 问题，就是一个指数复杂性问题，经典计算没有办法解决。可见，量子黑盒并不同于经典控制论中的黑箱——经典黑箱的含义。

经典控制论中的黑箱的内部结构是不知道的，或非常不清楚，但通过输入与输出的比较来获得黑箱的内部结构。

而量子黑盒是量子控制论的概念，量子黑盒本身是知道的，它是一种量子工具，它是由一段量子算法所构成的程序。给量子黑盒以输入，就会得到输出。它处理的对象是已知的经典问题，可以从量子计算的角度来处理。量子黑盒本身所代表的程序的运行机制也是清楚的，并且它一定服从量子力学的规律。量子黑盒所包含的程序就具有控制性，它将输入经过运算之后转换为输出。

当我们对黑箱建立了模型，就成为一个待解问题。假设对此问题，既可以采用经典算法也可以采用量子算法，即是说，对它可以进行经典控制或是量子控制。

对经典问题，经典输入 + 经典算法，得到经典结果；

对量子问题，量子输入 + 量子算法 + 量子测量，得到经典结果。

事实上，在量子力学测量中，测量之前的微观客体是什么并不是清楚的，而我们只知道它的状态可以被波函数描述，即波函数所描述的是微观系统的状态，而状态并不是系统的内部结构。在量子控制中，量子控制的主要目标是在预先选定的时间 t 内，将被控的量子系统从观测的初始量子态 $|\psi(0)>$ 达到目标态 $|\psi(t)>$。换言之，如果在一个有限的时间内，能够将一个量子系统从一个状态转变为另一个状态，就称该系统是可控的。

有了上面的准备，我们可以得出：

在经典控制中，通过输入信号与输出信号的比较，可以判断出黑箱可能具有的性质或结构。

而在量子控制中，并不关心被测量子系统的结构，而是关注量子系统的状态——量子态。对于封闭的量子系统来说，量子力学系统的演化方程由 $|\psi(t)> = U(t)|\psi_0>$ 来决定，即是说，知道了量子系统的状态 $|\psi_0>$ 与 $|\psi(t)>$，原则上就可以求出演化矩阵 $U(t)$。在量子控制中，根据量子系统的输出态与输入态的变化，可以推知量子系统的演化算符 U。这里的演化矩阵 $U(t)$ 就相当于经典控制中黑箱的结构或性质，这里的演化矩阵 U 还是一个幺正算符。经典控制与量子控制的过程可以图解为：

（1）经典控制的过程：

$$\text{经典输入} \xrightarrow{\text{黑箱的结构或功能}} \text{经典输出}$$

（2）量子控制的过程：

$$\text{输入的量子态} \xrightarrow{\text{演化矩阵 } U(t)} \text{输出的量子态}$$

显见，经典控制的黑箱的结构与量子控制的演化矩阵是相似的，它们都起类似的作用：即将输入量转变为输出量。两者的区别是：在经典控制中，黑箱的结构是不知道或部分不清楚的，但认为经典系统有内在的结构。而在量子控制中，并不关注量子系统是否有结构，而是关注该量子系统受到什么样的演化算符的作用。而对于波函数是否能描述或反映量子系统的结构，也是有争论的。而我们正在做的一个课题表明，微观粒子可能具有一定的空间结构，[①] 或者说，微观粒子

----

① 详见波函数的曲率波解释。参见论文：刘建城、赵国求、吴国林：《论引入现象实体之可能性与必要性》，载于《江汉论坛》2009 年第 12 期。

可能形成双四维复空间。[①]

虽然通过量子系统的状态$|\psi_0>$与$|\psi(t)>$，原则上就可以求出演化矩阵$U(t)$，但事实上，由于波函数本身不是可观测量，因此，不能够通过此法来确定演化矩阵U，而应通过其他方法来确定演化矩阵。

与此相比较，牛顿第二定律是$F=ma$，它揭示的是，外力F改变的是物体的运动状态。也没有说明，外力将改变物体的结构。可见，量子系统的演化矩阵U也在于改变量子系统的状态，而不是改变量子系统的结构。

在经典控制中，被控的经典系统具有内部结构，只是不清楚或部分不清楚，而在量子控制中，量子力学的前提只假设量子系统的状态，而不对量子系统的内部结构作出假定。这里的其中一个原因，即认为波函数只能描述量子系统的状态，而对量子系统是否具有内部结构不做假设。

可见，在量子控制中，关键在于获得演化矩阵U，由此控制量子系统的演化；而在经典控制中，在于获得经典系统的结构或性质，并由此控制经典系统的演化。差别在于经典系统有内在的结构，而量子系统的内部结构不做假定。

从等价意义上讲，经典控制将输入转变为输出，可以知道经典系统的结构，而量子控制将量子输入转变为量子输出，并不关注量子系统的结构。事实上，从被控系统的输出状态而言，我们只需要了解是什么作用将输入转变为输出，并不需要知道被控系统的结构，可见，量子控制是"面现实事本身"，是一种现象学式的处理方式，它不去追究量子系统有什么样的结构，而经典控制则要深究系统有什么样的结构。

三、量子技术的本质是什么？

从系统论来看，量子技术有多种表现：如作为实体的量子技术、作为知识的量子技术以及作为经验的量子技术（没有相应的量子力学的知识、量子技术的知识，量子技术的设计是不可想象的），量子技术涉及量子操作或量子控制，出现了与原来量子力学理论范围不一样的东西，如量子隐形传态、扫描隧道显微镜等。不论如何，量子技术总是表现为一定的器物——量子技术人工物，简称量子人工物。它具体可以分为两种情况，一种具有量子特性的经典人工物；另一种是具有量子特性的微观人工物（如纳米尺度的量子人工物）。前一种量子人工物看起来象经典人工物，但是它具有不同于经典人工物的物理特性。后一种量子人工

---

① 赵国求、李康、吴国林：《量子力学曲率诠释论纲》，载于《武汉理工大学学报》（社会科学版）2013年第1期，第60~67页。

物是具有纳米或更小尺度的人工物。

我们已从现象学角度探讨了量子技术的本质，它是人的意向与量子科学的相互构成。[①] 在此定义中，包含了人的意向。从技术人工物系统模型来看，在技术人工物的设计过程中，意向直接作用于技术人工物的要素、结构与功能，而在其制造过程中，意向隐退了，物质性的要素、结构与功能被制造出来。只有当技术人工物被成功地制造出来，它才能称为技术人工物。一旦它被制造出来，它就进入使用过程，只剩下要素、结构和功能了，其中要素、结构与功能都是实在的，这里的要素实在与结构实在是受到功能实在制约的实在。

这里有一个问题，技术人工物成功制造之前与被制造出来之后，两者的本质是相同的吗？换言之，在技术人工物从设计、制造或制成品的过程中，技术人工物的本质有没有发生变化？无疑，当技术人工物没有被成功制造出来，它就不是技术人工物，只有当被成功制造，而且进入了使用环节，它才完全真正成为技术人工物。可见，从设计、制造、制成品到使用品的过程中，其本质发生了变化，其本质是一个从无到有、从潜在到显在的过程。只有当技术人工物成为使用品之后，它才是成为具有完整的本质。

就扫描隧道显微镜（STM）来说，它主要包括三维扫描机构、探针、试件、电子控制系统、测试显示系统和图象处理系统等（见图 17 - 2）。在测试中，探针与试件表面的间距都非常小。如果探针与试件表面之间的距离为 1 纳米（10Å）左右时，在探针与试件表面之间施加一微弱电压，此时探针与试件表面之间将产生量子隧道效应。在扫描隧道显微镜技术的基础上，形成了原子技术。扫描隧道显微镜技术可以对一个原子进行观测，还可以在物质表面上将原子一个一个地移动，形成了原子级的搬迁技术。

扫描隧道显微镜之所以具有这样的功能，在于它的探针与试件以及它们之间必须要达到产生量子隧道效应的距离，这里的距离反映了由探针与试件之间构成的部分量子结构。正是这样的要素、量子结构与相应的辅助器件（量子的或经典的器件）才形成了扫描隧道显微镜的专有功能——量子显微器件。在设计扫描隧道显微镜时，首先要有相应的量子力学的量子隧道效应知识作为指导。其次，人们才会设计当探针与试件的距离很近时可能出现量子效应。量子人工物的要素往往具有不同于经典要素的性质，如量子要素可能是满足态叠加原理、相干性或量子纠缠等量子力学效应。在扫描隧道显微镜的基础上，形成的原子技术，可以进行原子级的观测与原子级的技术制造。美国、日本等国家，正在将此项技术用于超大规模集成电路的制造技术上。

---

① 吴国林：《量子技术哲学》，华南理工大学出版社 2016 年版，第 101 页。

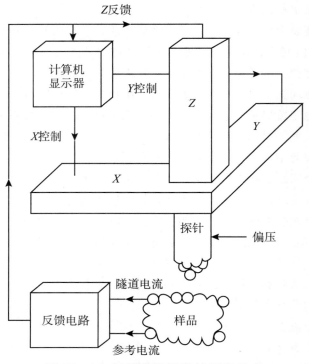

图 17 – 2 扫描隧道显微镜原理示意

资料来源：白春礼《扫描探针显微镜技术》，载于《物理通报》1995 年第 10 期，第 10 页。

就扫描隧道显微镜的探针来说，它通常是用 0.1～0.3 毫米铂—铱或钨丝电化学腐蚀制作的，通过适当处理，可得到具有单原子锋的针尖。探针的尖端形状要求由测试对象来决定。表面性状测试要求尖端半径在 0.1 微米以下。要观察原子的像，理论要求尖端由一个原子构成。目前通常采用的方法是：先进行精细的机械研磨，然后再作电解研磨。可见，材料仍然是构造量子人工物的一个重要因素。就质料（材料）本身来说，没有离开结构的材料，也没有离开材料的人工物的结构，结构与材料总是结合在一起。扫描隧道显微镜，就是利用这种量子效应或量子力学规律设计和制造的量子物理结构。质料影响量子人工物的稳定性与可靠性，也就影响技术的实在性和本质。对于一个产生激光的量子技术装置来说，并不是所有的微观材料都可以产生稳定和可靠的激光。根据工作物质的物态，常见激光器可分为气体激光器、固体激光器、半导体激光器、染料激光器、自由电子激光器等。

材料在到达原子层次之前，会经过一个纳米层次。1 纳米（nm）$= 10^{-9}$ 米（m），1nm $= 10$Å（埃），1 纳米相当于 10 个氢原子一个挨一个排起来的长度。一个原子的直径在 0.1～0.3 纳米，DNA 的直径小于 3 纳米。小于 10^{-10} 米以下的原子内部结构属于原子核物理、粒子物理学和量子力学的研究领域。纳米除了空间尺度之外，更重要的是，研究问题的方式要从原子、分子级层次进行思考。纳米尺寸的材料往往会具有量子效应或纳米尺度所特有的物理效应。材料尺度达到纳米时，其物理性质会发生突变。具有量子特性的质料也会改变经典技术人工物的特性。对于羽毛球拍来说，加入纳米技术之后，其拍子的性能（功能）有很大的区别。对于一个光学镜头来说，加入纳米镀膜之后，镜头的成像质量也会有明显提高。

原子再向下分，就是原子核与核外电子，原子核还可以分为质子、中子，质子与中子可以分为夸克等。原子核、质子、中子与夸克等都是微观之物（量子场），而且是质料，并且具有结构，同时还具有客观实在性。即是说，质料往下分，还是由结构与质料构成的。

就量子技术人工物来说，它可以追根到光子、原子或原子的能级等。比如在激光中，光子是形成激光的基本要素。对于两个能级形成的一个量子比特来说，原子的两个能级是基本要素。这里的光子与原子的能级都是微观事物的量子态，可以用波函数进行描述。量子态本身就是微观物质的状态，具有客观实在性。[1]量子态就是一种重要的量子资源，它能够被量子控制。量子态在一定条件下表现为量子信息。光子与原子这样的微观粒子又是不同的实体，它们各自对应的质料是不一样的，具有不同的物质性。如果我们愿意，还可以向下追根，就到了场或势，它们都既具有一定的物理结构，又具有微观实在性。

上述分析可见，量子技术是量子理论的应用。人的意向性在设计量子技术人工物中居于重要地位，但是，一旦量子人工物被制造出来，人的意向就隐退了。人的意向主要反映在量子人工物的功能之中，也部分地反映在量子人工物的量子要素和量子结构之中。

之所以用"量子结构"，在于量子结构是微观物质的要素（量子要素）的稳定联系，它们不同于经典物质的联系。量子结构的要素之间的联系是量子力学的联系方式，它可能具有非定域性、整体性等。当然，量子结构不仅包括由量子要素形成的纯量子结构，也包括由一部分经典要素形成的经典结构，因为没有必要的经典结构（如经典网络），无法实现量子结构希望达成的功能。既然需要必要的经典结构，也自然需要有构成经典结构的经典要素。这里的经典要素与量子要素共同构成了形成了量子人工物的核心要素，进而形成核心的量子结构。量子结构必定是量子人工物的核心结构，否则，量子人工物就不可能具有专有的量子

---

① 吴国林：《波函数的实在性分析》，载于《哲学研究》2012 年第 7 期。

功能。

可见，从量子人工物来看，量子技术的本质是量子要素、量子结构与专有功能的统一。而一般技术人工物的本质是由核心要素、核心结构和专有功能的统一。上述量子技术的本质也显示出不同于经典技术的本质。

四、世界的复杂性是客观的还是主观的？

世界的复杂性究竟是本体论上，还是认识论的？或者说，世界的复杂性是客观的，还是主观的？技术能否改变事物的复杂性？我们考察一下计算复杂性。

目前有关计算复杂性的定义是操作性和现象性的，并没有揭示计算复杂性的本质。因为从经典计算理论来看，只有多项式时间算法是可计算的，而指数时间算法是不可能克服的。复杂程度与算法有关。[①]

经典计算复杂性分类对于量子力学失去绝对性，量子计算机有可能把 NP 问题转化为易解的 P 类问题。但目前，仍不能肯定这种推论的正确性。量子计算理论表明，某些经典的指数时间算法是可以转化为量子多项式时间算法，即经典时间复杂性得到克服。比如，肖尔算法就是这样的量子算法。已发现一些量子算法（如 Grover 算法）比经典算法可以更快地求解问题。但这种加速不是把指数算法变成多项式算法，而是把一个需要 N 步的算法变成需要 $\sqrt{N}$ 步的算法。虽然这种算法不是指数加速，但是，加速效果仍然相当可观。[②]

为什么量子算法（也就是一种量子技术）能克服经典算法所不能克服某些经典复杂性呢？我们可以从两个不同的途径来认识。

途径一：量子计算机是一个复杂系统，量子计算所具有的复杂程度不低于求解问题的复杂程度，即以复杂性克服复杂性。比如，肖尔找到的分解大数质因子的快速算法，使得量子计算机把一个 NP 类问题转化为 P 类问题，尽管还没有证明分解大数质因子是 NP 类问题，但是，很多人相信它是 NP 类的。

从定性来看，经典算法具有有限性和离散性，经典计算机的计算是逐次计算和部分性计算，而计算问题具有无限性和整体性，因此，必然存在经典计算机无法完成的计算问题。而作为一个复杂系统的量子计算机，其计算具有并行性与整体性，因而，量子计算机就可能克服经典计算复杂性。

途径二：计算复杂性表现为花费巨大的计算时间和计算空间，这里的计算时间和计算空间都是经典的，而不是量子时间和量子空间。这里提出了一个问题：

---

① 赵瑞清、孙宗智：《计算复杂性概论》，气象出版社 1989 年版，引言，第 2 页。
② 吴国林：《量子技术哲学》，华南理工大学出版社 2016 年版，第 101 页。

时间和空间是什么？

在经典物理或计算看来，计算所需要一定的时间或空间，但在量子力学或量子计算看来，其经典时间或经典空间并不具有量子意义，原来的经典时间或经典空间在量子力学或量子计算看来，其量子时间或量子空间可能变为很小或很大，这取决于在量子计算过程中所进行的是何种性质的量子测量。

量子力学中有一个非常重要的不确定关系，就以位置与动量的不确定关系来说，当微观粒子的动量是确定的，那么，其位置就不确定，即是说，其位置的变化很大，或其空间就有一个很大的变化。从能量与时间的不确定关系来看，当微观粒子的能量是确定的，那么，其时间就不确定，就是说，其时间有一个很大的变化。上述两个情况表明，当微观粒子的动量确定时，其空间是不确定的，变化很大；当其能量确定时，其时间是不确定的，变化很大。

定性地讲，依据不确定关系，原来经典意义上的很大的时间和空间，都可以由于量子力学的不确定关系，在不同的性质的量子测量条件下，经典的时间和空间在微观粒子的运动面前就可以变得非常地小了，这是由于时间或空间的不确定。换言之，由于量子力学的不确定关系，微观粒子可以很快（甚至超光速地）穿越经典的空间或花费极少的经典时间。

下面要讨论的是世界的复杂性是客观的，还是主观的？上述研究表明，经典计算的某些指数复杂性可以转变为量子计算的多项式复杂性，从而原来的经典复杂性得到了克服。经典复杂性和量子复杂性都属于数学的复杂性，这里的问题是，数学的复杂性就是先天的（a priori）、固有的、客观的，是不可改变的吗？

一般认为，数学世界是一个具有高度自主性、客观性的世界。一个问题是否有解，是由数学的客观性决定的。原来有的计算问题没有经典算法解，而现在却有量子算法解，这说明该计算问题是认识复杂性，而不是客观复杂性。经典计算的指数复杂性，是一个认识复杂性问题，而不是客观复杂性，其解取决于人的认识能力和人创造的工具的水平。

这里会产生这样一个问题：有没有离开认识条件的客观对象？如果客观对象是固定的、不变的、刚硬的，那么，人们是无法认识客观对象的，因为客观对象在各种技术手段的作用下都没有任何变化，客观对象就是不可知的。

我们可以这样看，世界是客观存在的，这是不以人的意志为转移的，但是，这个"客观存在是什么"，却依赖于人们的理论和实践的认识，或者依赖认识条件。即是说，客观世界是存在的，但是，当人们说客观世界时，就已经渗透了理论或语言，或者说是认识条件。这里的认识条件包括科学理论和技术水平，即说客观世界总是与理论和技术有关的。

425

五、能否消除量子世界的不确定性?

按照海森堡不确定原理,量子世界本身应该是不确定的,真是这样吗?

我们知道,通常的不确定关系是 1929 年罗伯逊 (Robertson) 获得的:[①]

$$\Delta_\psi A \Delta_\psi B \geqslant \frac{1}{2} \left| < [A, B] >_\psi \right|$$

是依赖于量子态 ψ 的。

依据 p,q 的分布,1983 年,多依奇 (Deutsch) 已提出了熵的关系:[②]

$$H(p) + H(q) \geqslant 2\ln \frac{1}{2}(1 + c)$$

其中 $c = \max_{j,k} \left| < a_j | b_k > \right|$,这里的 $\{ | a_i > \}$ 和 $\{ | b_j > \}$ $(i, j = 1, \cdots, N)$ 分别表示 p,q 归一化的本征矢的完备集。

20 世纪末,克劳斯 (Kraus) 已猜想,[③] 该关系又被改进到关于两个量的熵的不确定关系:[④]

$$H(R) + H(S) \geqslant \log_2 \frac{1}{c}$$

上式的优点是上式的右边是独立于系统的量子态。这里的 $H(R)$ 表示,当力学量 R 被测量时,其结果的概率分布的申农熵。$H(S)$ 也表示力学量 S 被测量时其结果分布的申农熵。$\frac{1}{c}$ 定量表示了观测量之间的互补性。

21 世纪初,由贝塔 (M. Berta) 等人对不确定原理做出了开拓性研究,给出了定量描述,[⑤] 在观测者拥有被测粒子"量子信息"的情况下,被测粒子测量结果的不确定度,依赖于被测粒子与观测者所拥有的另一个粒子(存储有量子信息)的纠缠度的大小。原来的海森堡不确定原理将不再成立,当两个粒子处于最大纠缠态时,两个不对易的力学量可以同时被准确确定,由此得到基于熵的不确定原理,此理论被称为新的海森堡不确定原理。具体表达式为:

---

① H. P. Robertson, *The Uncertainty Principle*, *Phys. Rev.* 1929,34,pp. 163 – 164.

② D. Deutsch. *Uncertainty in quantum measurements*. *Phys. Rev. Lett.* 1983,50,pp. 631 – 633.

③ Kraus,K. *Complementary observables and uncertainty relations*,*Phys. Rev. D.* 1987,35,pp. 3070 – 3075.

④ H. Maassen,& J. B. Uffink,*Generalized entropic uncertainty relations. Physical Review Lett.* 1988,60,pp. 1103 – 1106.

⑤ M. Berta,M. Christandl,R. Colbeck,et al. *The uncertainty principle in the presence of quantum memory. Nat. Phys.* ,2010,6:pp. 659 – 662.

$$H(R \mid B) + H(S \mid B) \geqslant \log_2 \frac{1}{c} + H(A \mid B)$$

其中 $H(R \mid B)$ 和 $H(S \mid B)$ 是条件冯·诺依曼熵，表示在 B 所存储的信息辅助下，分别测量两个力学量 R 和 S 所得到的结果的不确定度。$H(A \mid B)$ 是 A 与 B 之间的条件冯·诺依曼熵，它表示了在粒子 A 和量子记忆 B 之间的纠缠量（the amount of entanglement），c 是 R 和 S 的本征态的重叠量。请注意，R 和 S 都是同一个微观粒子 A 的两个力学量（如一个粒子的位置与动量，或一个粒子两个不同自旋方向等）。

见图 17 - 3，将测量分为如下三步：①Bob 发送一个粒子 A 给 Alice，通常，这个粒子 A 与另一粒子 B（存储有量子信息）有量子纠缠；②Alice 测量力学量 R 或 S，并记录其结果；③Alice 将其测量的选择告诉 Bob。

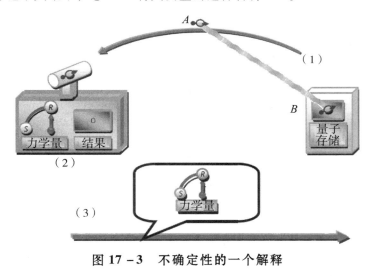

图 17 - 3　不确定性的一个解释

注：M. Berta，M. Christandl，R. Colbeck，et al. *The uncertainty principle in the presence of quantum memory. Nat. Phys.*，2010，6：p. 660.

熵的不确定原理已经得在光学系统中得到验证。[1] 原有的不确定原理（称为旧不确定原理）与量子纠缠没有联系，但是，当量子纠缠引入后，就可以同时在一定程度上确定一个粒子的不对易的力学量。当两个粒子处于最大纠缠度时，被测粒子的两个力学量可以同时被准确确定。

在经典力学中，一个力学系统是由坐标与动量（或广义坐标与广义动量，两者统称为正则变量，或称之为状态参量）来描述的。然而在量子力学中，坐标与

---

① Li C. F, Xu J. S, Xu X. Y. et al. *Experimental investigation of the entanglement assisted entropic uncertainty principle. Nat. Phys.*，2011，7：pp. 752 - 756.

动量之间是不对易的，或者它们之间有不确定关系，它们不可能同时由坐标与动量来描述。可见，由旧不确定关系描述的量子世界就是一个不确定的世界，不可对易的力学量不可能同时具有确定值。但是基于熵的不确定原理则表明，利用量子纠缠可以将不对易的力学量同时准确确定。由于量子纠缠的纠缠度可以通过量子技术进行调节，即通过控制纠缠度的大小，人们还可以控制不可对易的力学量被确定的准确度。这说明，量子世界的不确定是相对的，而不是绝对的。

量子世界的确定性可来自量子技术的控制。量子控制理论告诉我们，描述微观粒子状态的波函数，也可以受到算法的控制。量子控制就是要在有限时间内，使被控制的物理系统达到某种期望的量子状态。而在量子力学研究范围内，量子系统的量子态并不是被控制的物理对象，甚至被看作是一种数学态。由于量子技术，特别是量子控制，量子态已经可以被量子技术控制了。[1] 基于量子纠缠的量子技术还具有远程或类空控制特点。在爱因斯坦的狭义相对论看来，信息的传递是不能超过光速的，即不是类空的。由于量子纠缠中的两个微观粒子可以处于类空距离，因此，借助量子纠缠可以实现经典控制所不能达到的远程控制或类空控制。比如，基于量子隐形传态的特点，陈宗海等学者提出了利用量子隐形传态实现的量子反馈控制方案。[2]

因此，量子世界是确定性与不确定性的统一。量子世界的不确定性可以受到量子技术的控制。实际上，薛定谔波动方程揭示，波函数的演化是因果决定论的，这种因果决定性也就是一种确定性。而且，量子世界的各种力学量都可以用数学）给予严格定义，这也是一种确定性。

本 篇 小 结

第一篇对当技术哲学的现状和现象学技术哲学的趋势展开研究，为第二、三篇的研究奠定一个基础。第二篇着重于对技术（特别是技术人工物）展开分析哲学的研究，构建了分析技术哲学的系统性模型，呈现了分析技术哲学的发展趋势。

第一篇第二章是从现象学视角、第二篇第四至十二章是从分析哲学角度，从一般技术的视角来揭示技术哲学的发展趋势，这反映了当代技术哲学发展的一般

① 吴国林：《波函数的实在性分析》，载于《哲学研究》2012 年第 7 期。

② 陈宗海、董道毅、张陈斌：《基于量子信息的量子控制》，载于《第 25 届中国控制会议论文集》，2006 年 8 月，第 2121～2126 页。

趋势，但是，技术除了普遍性之外，还有技术的特殊性，这就是当代分支技术哲学的兴起。这在于当代科学技术日新月异，产生了许多具有不同特点的重要的分支技术。

2000 年，美国国家科学基金等完成的《NBIC 报告》提出了引领 21 世纪人类的四大聚合技术，即纳米技术（N）、生物技术（B）、信息技术（I）和认知科学（C）。经过 10 多年的发展，量子技术（QT）和人工智能技术（AI）更加凸显，笔者暂时将人工智能技术纳入到认知技术之中。而认知科学与认知技术又有很大关联性与一体性。为此，本著作确定当代重要的分支技术就是，纳米技术（N）、生物技术（B）、信息技术（I）、认知科学（I）和量子技术（Q），它们构成当代技术群，形成为一个整体，展示了技术的会聚性。NBICQ 技术构成了当代技术群，正在产生新的技术革命，展示出不同过去技术革命的新特点。

本篇主要展示信息技术、生物技术、纳米技术、认知技术和量子技术的哲学研究现状与趋势，由于这五种技术的发展特点和开发程度不一样，所反映的技术哲学问题有所不同，反过来讲，如果它们的技术哲学问题都相同，那么，也就没有分支的技术哲学，而只有一般的技术哲学。

信息技术在 20 世纪下半叶得到了前所未有的大发展，它已经从根本上改变了我们的生产、生活、思想和行为方式。信息技术哲学也呈现出新的哲学问题，如对物联网与网络哲学的新探索、对人工情感与信息技术的人文向度反思、对经验的技术性生成与信息技术在心灵世界的扩展的哲学思考以及脑机接口与知行合一等。

生物技术将是主导 21 世纪的技术发展浪潮。生物技术的哲学反思中主要包括：生物技术的合理性、生物技术的社会建构论、生物技术的逻辑构造观、生物技术的合成生物学、大数据时代的生物技术等哲学问题。在生物技术哲学中，也表现出实践推理与理论推理的一体性。生物技术的科学化、符号化、智能化和整体化等导致了生物技术实践推理与理论推理的一体性。

纳米位于量子与宏观之间，纳米技术具有新奇性和综合性、复杂性和汇聚性、不确定性和不可预测性等特点。纳米技术使得后人类主义倾向于消除社会达尔文主义伦理原则，但也存在着对人类的健康、自由和环境的潜在消极风险。纳米技术与其毒性无法分离开来，纳米伦理学逐步从未来主义转向一种对纳米微粒毒性和环境安全的相对主义的现实伦理关注。纳米技术哲学不仅包含纳米技术的现象学—解释学，同时包括对于纳米量级、学科边界和本体整合三个问题。

认知技术哲学也随着 20 世纪后半叶认知科学的创立和发展被日益关注。认知技术一部分直接来自认知科学，另一部分来自认知科学的转化，即间接来自认知科学。随着人类发展对人的认知能力提升的要求，扩展和提升认知正常者的认知能力的认知增强技术也得到了发展。认知科学和技术的发展引发的人们对认知技术的哲学反思，包括技术对认知的影响，技术对认知对象的影响，认知技术对身体、自我与身份的影响，认知增强技术带来的伦理问题等。

20世纪后半期诞生了当代量子技术。量子技术就是建立在量子力学和量子信息论基础之上的新型技术，它涉及量子控制要控制的对象是什么？对象是实在的吗？世界的复杂性是客观与主观的统一。从量子技术哲学的视角看，世界是客观存在的，这是不以人的意志为转移的，但是，这个"客观存在是什么"，却依赖于人们的理论和实践的认识，或者依赖认识条件。从量子人工物来看，量子技术的本质是量子要素、量子结构与专有功能的统一。量子世界是确定性与不确定性的统一。量子世界的不确定性可以受到量子技术的控制。

当代技术哲学的发展趋势研究

参 考 文 献

一、中文部分

（一）马克思主义经典著作

［1］《马克思恩格斯全集》（第 22 卷），人民出版社 1976 年版。

［2］《马克思恩格斯文集》（第 1 卷），人民出版社 2009 年版。

［3］《马克思恩格斯选集》（第 2 卷），人民出版社 2012 年版。

［4］《马克思恩格斯选集》（第 3 卷），人民出版社 2012 年版。

［5］《马克思恩格斯选集》（第 4 卷），人民出版社 2012 年版。

［6］马克思：《1844 经济学哲学手稿》，人民出版社 2000 年版。

［7］马克思：《资本论》（第 1 卷），人民出版社 2004 年第 2 版。

［8］马克思：《资本论》（第 2 卷），人民出版社 2004 年第 2 版。

［9］马克思：《资本论》（第 3 卷），人民出版社 2004 年第 2 版。

［10］《列宁全集》（第 55 卷），人民出版社 1990 年版。

［11］列宁：《哲学笔记》，人民出版社 1974 年版。

（二）中文著作

［1］杜石然等著：《中国科学技术史稿》（修订版），北京大学出版社 2012 年版。

［2］［丹麦］N. 玻尔著：《尼耳斯·玻尔哲学文选》，商务印书馆 1999 年版。

［3］［德］F. 拉普著，刘武等译：《技术科学的思维结构》，吉林人民出版社 1988 年版。

［4］［德］F. 拉普著，刘武等译：《技术哲学导论》，辽宁科学技术出版社 1986 年版。

［5］［德］H. 赖欣巴哈：《概率的逻辑基础》，洪谦主编，《逻辑经验主义》（上卷），商务印书馆 1982 年版。

［6］［德］H. 赖欣巴哈著，侯德彭译：《量子力学的哲学基础》，商务印书馆 1965 年版。

［7］［德］埃德蒙德·胡塞尔著：《伦理学与价值论的基本问题》，中国城市出版社 2002 年版。

［8］［德］玻恩著：《我的一生和我的观点》，商务印书馆 1979 年版。

[9] [德] 冈特·绍伊博尔德著，宋祖良译：《海德格尔分析新时代的技术》，北京：中国社会科学出版社 1993 年版。

[10] [德] 海德格尔著，陈嘉映等译：《存在与时间》，三联书店 2006 年版。

[11] [德] 海德格尔著，《海德格尔选集》（上、下），上海三联书店 1996 年版。

[12] [德] 海德格尔著，孙周兴译：《演讲与论文集》，上海三联书店 2005 年版。

[13] [德] 黑格尔：《小逻辑》，商务印书馆 1980 年版。

[14] [德] 亨普尔：《自然科学的哲学》，三联书店 1987 年版。

[15] [德] 胡塞尔：《伦理学与价值论的基本问题》，中国城市出版社 2002 年版。

[16] [德] 康德：《康德著作全集》（第 3 卷），中国人民大学出版社 2003 年版。

[17] [法] 舍普著，刘莉译：《技术帝国》，三联书店 1999 年版。

[18] [法] 斯蒂格勒著，方尔平译：《技术与时间：3. 电影的时间与存在之痛的问题》，译林出版社 2012 年版。

[19] [法] 斯蒂格勒著，裴程译：《技术与时间：爱比米修斯的过失》，译林出版社 2012 年版。

[20] [法] 维利里奥著，张新木等译：《视觉机器》，南京大学出版社 2014 年版。

[21] [法] 伊夫·戈菲：《技术哲学》，商务印书馆 2000 年版。

[22] [荷] 布杰德著，孙之荣等译：《系统生物学哲学基础》，科学出版社 2008 年版。

[23] [荷] 彼得·保罗·维贝克著，闫宏秀、杨庆峰译：《将技术道德化》，上海交通大学出版社 2016 年版。

[24] [荷] 路易斯·L. 布西亚瑞利著，安维复等译：《工程哲学》，辽宁人民出版社 2012 年版。

[25] [加] 罗伯特·J. 斯坦顿著，杨小爱译：《认知科学中的当代争论》，科学出版社 2015 年版。

[26] [美] 刘易斯·芒福德著，陈允明等译：《技术与文明》，中国建筑工业出版社 2009 年版。

[27] [美] 乔治·巴萨拉：《技术发展简史》，复旦大学出版社 2000 年版。

[28] [美] C. 米切姆著，陈凡译：《通过技术思考》，辽宁人民出版社 2008 年版。

当代技术哲学的发展趋势研究

［29］［美］C. 米切姆著，殷登祥、曹南燕等译：《技术哲学概论》，天津科学技术出版社 1999 年版。

［30］［美］J. A. 福多著，李丽译：《心理的模块性》，华东师范大学出版社 2002 年版。

［31］［美］L. 温纳著，杨海燕译：《自主性技术》，北京大学出版社 2014 年版。

［32］［美］阿瑟：《技术的本质》，浙江人民出版社 2014 年版。

［33］［美］保罗·莱文森著，何道宽译：《思想无羁——技术时代的认识论》，南京大学出版社 2004 年版。

［34］［美］芬伯格著，韩连庆、曹观法译：《技术批判理论》，北京大学出版社 2005 年版。

［35］［美］贾撒诺夫等著，盛晓明等译：《科学技术论手册》，北京理工大学出版社 2004 年版。

［36］［美］卡尔纳普：《科学哲学导论》，中山大学出版社 1987 年版。

［37］［美］马克·波斯特著，范静哗译：《信息方式》，商务印书馆 2001 年版。

［38］［美］迈克尔·海姆著，金吾伦等译：《从界面到网络空间虚拟实在的形而上学》，上海科技教育出版社 2001 年版。

［39］［美］索科拉夫斯基著，高秉江等译：《现象学导论》，武汉大学出版社 2009 年版。

［40］［美］托马斯·A. 香农著，肖巍译：《生命伦理学导论》，黑龙江人民出版社 2004 年版。

［41］［美］伊德著，韩连庆译：《技术与生活世界》，北京大学出版社 2012 年版。

［42］［美］伊德著，韩连庆译：《让事物"说话"——后现象学与技术科学》，北京大学出版社 2008 年版。

［43］［美］约翰·洛西著，邱仁宗等译：《科学哲学历史导论》，华中工学院出版社 1982 年版。

［44］［苏］Г. И. 舍梅涅夫著，张斌译：《哲学与技术科学》，中国人民大学出版社 1989 年版。

［45］［苏］茹可夫著：《控制论的哲学原理》，上海译文出版社 1981 年版。

［46］［希腊］普鲁塔克著，陆永庭、吴彭鹏等译：《希腊罗马名人传》，商务印书馆 1990 年版。

［47］［希腊］亚里士多德著，陈晓旭译：《尼各马可伦理学》，商务印书馆 2012 年版。

［48］［希腊］亚里士多德著，张竹明译：《物理学》，商务印书馆 1982 年版。

［49］［希腊］亚里士多德著，苗力田译：《形而上学》，中国人民大学出版社 2003 年版。

［50］［意］弗洛里迪：《计算与信息哲学导论》，商务印书馆 2010 年版。

［51］［英］A. 卡米洛夫—史密斯著，缪小春译：《超越模块性——认知科学的发展观》，华东师范大学出版社 2001 年版。

［52］［英］丹皮尔：《科学史及其和宗教的关系》（上册），商务印书馆 1975 年版。

［53］冯有兰：《中国哲学史新编》（上、中、下卷），人民出版社 1998 年版、1999 年版。

［54］［英］哈瑞著，魏屹东译：《认知科学哲学导论》，上海科技教育出版社 2006 年版。

［55］［英］吉利斯著，张健丰、陈晓平译：《概率的哲学理论》，中山大学出版社 2012 年版。

［56］［以］道·加比、［加］保罗·撒加德等著，张培富等译：《爱思唯尔科学哲学手册——技术与工程科学哲学》（上、中、下），北京师范大学出版社 2015 年版。

［57］［英］卡尔·波普尔著，舒伟光等译：《客观的知识》，中国美术学院出版社 2003 年版。

［58］［英］拉卡托斯：《科学研究纲领方法论》，上海译文出版社 2005 年版。

［59］［英］罗姆·哈瑞著，魏屹东译：《认知科学哲学导论》，上海科技教育出版社 2006 年版。

［60］［英］玛格丽特·博登著，刘西瑞译：《人工智能哲学》，上海译文出版社 2001 年版。

［61］［英］牛顿—史密斯：《科学哲学指南》，上海科技教育出版社 2006 年版。

［62］［英］培根：《新工具》，商务印书馆 1984 年版。

［63］［英］齐曼著，孙喜杰等译：《技术创新进化论》，上海科技教育出版社 2002 年版。

［64］［英］乔治·迈尔逊著，李建会译：《哈拉维与基因改良食品》，北京大学出版社 2005 年版。

［65］［英］辛格等著，王前、孙希忠主译：《技术史》（第Ⅰ卷），上海科技教育出版社 2004 年版。

［66］［英］辛格等著，辛元欧主译：《技术史》（第Ⅳ卷），上海科技教育出版社 2004 年版。

［67］［英］辛格等著，远德玉、丁龙云主译：《技术史》（第Ⅴ卷），上海

科技教育出版社 2004 年版。

[68] [英] 约翰·伯瑞著，范祥涛译：《进步的观念》，上海三联书店 2005 年版。

[69] [英] 约翰·迪金森：《现代社会的科学和科学研究者》，农村读物出版社 1989 年版。

[70] 北京大学哲学系外国哲学史教研室：《16～18 世纪西欧各国哲学》，商务印书馆 1975 年版。

[71] 北京大学哲学系外国哲学史教研室编译：《古希腊罗马哲学》，三联书店 1957 年版。

[72] 陈昌曙：《技术哲学文集》，东北大学出版社 2002 年版。

[73] 陈昌曙：《技术哲学引论》，科学出版社 1999 年版。

[74] 陈凡：《中国技术哲学第九届年会论文集》，东北大学出版社 2003 年版。

[75] 陈宗海：《量子控制导论》，中国科学技术大学出版社 2005 年版。

[76] 程炼：《伦理学导论》，北京大学出版社 2013 年版。

[77] 戴葵等：《量子信息技术引论》，国际科技大学出版社 2001 年。

[78] 高亮华：《人文主义视野中的技术》，中国社会科学出版社 1996 年。

[79] 桂起权：《生物科学的哲学》，四川教育出版社 2003 年。

[80] 郭贵春、成素梅：《科学哲学的新进展》，科学出版社 2008 年。

[81] 韩水法：《康德物自身学说研究》，商务印书馆 2007 年版。

[82] 洪谦：《逻辑经验主义》（上卷），商务印书馆 1989 年版。

[83] 胡文耕：《生物学哲学》，中国社会科学出版社 2002 年版。

[84] 黄顺基：《科学技术哲学引论》，中国人民大学出版社 1991 年版。

[85] 江天骥：《科学哲学名著选读》，湖北人民出版社 1988 年版。

[86] 姜振寰：《技术哲学概论》，人民出版社 2009 年版。

[87] 李伯聪：《工程哲学引论——我造物故我在》，大象出版社 2002 年版。

[88] 李承祖等：《量子通信和量子计算》，国防科技大学出版社 2000 年版。

[89] 李三虎：《重申传统：一种整体论的比较技术哲学研究》，中国社会科学出版社 2008 年版。

[90] 李文潮、刘则渊等：《德国技术哲学研究》，辽宁人民出版社 2005 年版。

[91] 刘大椿：《科学技术哲学导论》，中国人民大学出版社 2000 年版。

[92] 罗天强：《技术规律论》，华中科技大学博士论文，2012 年版。

[93] 牟焕森：《马克思技术哲学思想的国际反响》，东北大学出版社 2003 年版。

[94] 潘恩荣：《工程设计哲学》，中国社会科学出版社 2011 年版。

[95] 彭聃龄：《认知心理学》，黑龙江教育出版社 1990 年版。

［96］钱学森：《工程控制论》（修订版），科学出版社 1983 年版。

［97］乔瑞金：《技术哲学教程》，科学出版社 2006 年版。

［98］任晓明、桂起权：《计算机科学哲学研究》，人民出版社 2010 年版。

［99］史忠植：《认知科学》，中国科学技术大学出版社 2008 年版。

［100］司马贺：《人工科学——复杂性面面观》，武夷山译，上海科技教育出版社 2004 年版。

［101］万俊人、陈亚军编：《詹姆斯文选》，社会科学文献出版社 2007 年版。

［102］汪子嵩等：《希腊哲学史》（第 1 卷），人民出版社 1997 年版。

［103］王伯鲁：《技术究竟是什么》，科学出版社 2006 年版。

［104］王飞、刘则渊：《德韶尔的技术王国思想》，人民出版社 2007 年版。

［105］王路：《走进分析哲学》，中国人民大学出版社 2009 年版。

［106］王前：《"道""技"之间——中国文化背景的技术哲学》，人民出版社 2009 年版。

［107］王守华、卞崇道：《日本哲学史教程》，山东大学出版社 1989 年版。

［108］王志良：《人工心理》，机械工业出版社 2007 年版。

［109］吴国林、孙显曜：《物理学哲学导论》，人民出版社 2007 年版。

［110］吴国林：《产业哲学导论》，人民出版社 2014 年版。

［111］吴国林：《量子技术哲学》，华南理工大学出版社 2016 年版。

［112］吴国林：《量子信息哲学》，中国社会科学出版社 2011 年版。

［113］吴国林：《探索知识经济》，华南理工大学出版社 2001 年版。

［114］吴国林主编：《自然辩证法概论》（修订版），清华大学出版社 2018 年版。

［115］吴国盛：《技术哲学讲演录》，中国人民大学出版社 2009 年版。

［116］吴国盛：《技术哲学经典读本》，上海交通大学出版社 2008 年版。

［117］吴岸城：《神经网络与深度学习》，电子工业出版社 2016 年版。

［118］肖峰：《信息技术哲学》，华南理工大学出版社 2016 年版。

［119］肖峰：《哲学视域中的技术》，人民出版社 2007 年版。

［120］许良：《技术哲学》，复旦大学出版社 2004 年版。

［121］杨耀武：《技术预见学概要》，上海科学普及出版社 2006 年版。

［122］远德玉、陈昌曙：《技术论》，辽宁科学技术出版社 1986 年版。

［123］严世芸主编：《中医医家学说及学术思想史》，中国中医药出版社 2015 年版。

［124］张斌：《技术知识论》，中国人民大学出版社 1994 年版。

［125］张华夏、张志林：《技术解释研究》，科学出版社 2005 年版。

［126］张志伟：《西方哲学史》，中国人民大学出版社 2002 年版。

[127] 赵乐静:《技术解释学》,科学出版社 2009 年版。

[128] 赵瑞清、孙宗智:《计算复杂性概论》,气象出版社 1989 年版。

[129] 周曙:《基于贝叶斯网的电力系统故障诊断方法研究》,西南交通大学出版社 2010 年版。

[130] 周燕、闫坤如等译:《工程师知道什么以及他们是如何知道的》,浙江大学出版社 2015 年版。

[131] 朱葆伟:《技术的哲学追问》,中国社会科学出版社 2012 年版。

[132] 邹珊刚:《技术与技术哲学》,知识出版社 1987 年版。

（三）中文论文

[1] [荷] 菲利普·布瑞,闫宏秀译:《经验转向之后的技术哲学》,载于《洛阳师范学院学报》2013 年第 4 期。

[2] 别尔嘉耶夫:《人和机器——技术的社会学和形而上学问题》,载于《世界哲学》2002 年第 6 期。

[3] 曹观法:《杜威的生产性实用主义技术哲学》,载于《北京理工大学学报》（社会科学版）2002 年第 2 期。

[4] 陈昌曙、远德玉:《也谈技术哲学的研究纲领——兼与张华夏、张志林教授商谈"》,载于《自然辩证法研究》2001 年第 7 期。

[5] 陈凡、陈佳:《中国当代技术哲学的回顾与展望》,载于《自然辩证法研究》2009 年第 10 期。

[6] 陈凡等:《技术知识:国外技术认识论研究的新进展》,载于《自然辩证法通讯》2002 年第 5 期。

[7] 陈红兵、陈昌曙:《关于"技术是什么"的对话》,载于《自然辩证法研究》2001 年第 4 期。

[8] 陈文化:《关于技术哲学研究的再思考》,载于《哲学研究》2001 年第 8 期。

[9] 丛杭青、戚陈炯:《集体意向性:个体主义与整体主义之争论》,载于《哲学研究》2007 年第 6 期。

[10] 甘绍平:《科技伦理:一个有争议的课题》,载于《哲学动态》2000 年第 10 期。

[11] 高亮华:《"技术转向"与技术哲学》,载于《哲学研究》2001 年第 1 期。

[12] 高亮华:《论当代技术哲学的经验转向——简论分析技术哲学的兴起》,载于《哲学研究》2009 年第 2 期。

[13] 李三虎:《纳米伦理学的三个维度》,载于《社会科学战线》2015 年第 2 期。

［14］李三虎：《纳米现象学微细空间建构的图像解释与意向伦理》，载于《哲学研究》2009 年第 7 期。

［15］李文潮、刘则渊：《德国技术哲学发展历史的中德对话》，载于《哲学动态》2005 年第 6 期。

［16］林慧岳、夏凡：《经验转向后的荷兰技术哲学》，载于《自然辩证法研究》2011 年第 10 期。

［17］林建成：《论实践推理》，载于《哲学动态》1996 年第 4 期。

［18］林润燕、吴国林：《技术知识的认识论追问》，载于《科技管理研究》2016 年第 23 期。

［19］林润燕、吴国林：《论技术知识的分类与逻辑结构》，载于《科学技术哲学研究》2017 年第 1 期。

［20］林润燕：《论技术知识再分类的可能进路》，载于《自然辩证法通讯》2017 年第 3 期。

［21］刘大椿：《关于技术哲学的两个传统》，载于《教学与研究》2007 年第 1 期。

［22］刘大椿：《虚拟技术的现代性问题》，载于《自然辩证法研究》2004 年第 12 期。

［23］刘放桐：《美国哲学发展的特殊性及其近代变更——关于美国哲学近现代转型的思考》，载于《北京大学学报》（哲学社会科学版）2008 年第 1 期。

［24］刘文海：《技术负荷政治吗？》，载于《自然辩证法研究》1996 年第 1 期。

［25］刘晓力：《延展认知与延展心灵论辨析》，载于《中国社会科学》2010 年第 1 期。

［26］刘振：《人工类是实在类吗？》，载于《哲学动态》2015 年第 1 期。

［27］潘恩荣：《当代分析的技术哲学之"难问题"研究》，载于《哲学研究》2010 年第 1 期。

［28］潘天群：《论技术规则》，载于《科学技术与辩证法》1995 年第 4 期。

［29］乔瑞金等：《技术设计：技术哲学研究的新论域》，载于《哲学动态》2008 年第 8 期。

［30］盛国荣：《杜威实用主义技术思想之要义》，载于《哈尔滨工业大学学报》（哲学社会科学版）2009 年第 2 期。

［31］舒红跃：《现象学技术哲学及其发展趋势》，载于《自然辩证法研究》2008 年第 1 期。

［32］孙亮：《为历史唯物主义的"进步观"辩护》，载于《人文杂志》2012 年第 4 期。

［33］汪堂家：《对"进步"概念的哲学重审》，载于《复旦学报（社会科学版）》2010 年第 1 期。

［34］王大洲：《走向技术认识论研究》，载于《自然辩证法研究》2003 年第 2 期。

［35］王国豫：《德国技术哲学的伦理转向》，载于《哲学研究》2005 年第 5 期。

［36］王楠：《德国技术哲学的历史与现状》，载于《哲学动态》2003 年第 10 期。

［37］吴国林、李君亮：《生态技术的哲学分析》，载于《科学技术哲学研究》2014 年第 2 期。

［38］吴国林、陈福：《技术解释研究——兼评皮特对哈勃望远镜的分析》，载于《东北大学学报》（社科版）2015 年第 5 期。

［39］吴国林、李君亮：《试论实践推理》，载于《自然辩证法研究》2015 年第 1 期。

［40］吴国林、李小平、李君亮：《技术哲学的内在逻辑分析》，载于《东北大学学报（社会科学版）》2014 年第 4 期。

［41］吴国林、刘建城：《量子隐形传态过程的因果关系分析》，载于《自然辩证法研究》2009 年第 6 期。

［42］吴国林：《波函数的实在性分析》，载于《哲学研究》2012 年第 7 期。

［43］吴国林：《格罗夫算法、量子控制及其对量子测量的意义》，载于《自然辩证法研究》2011 年第 1 期。

［44］吴国林：《计算复杂性、量子计算及其哲学意义》，载于《自然辩证法研究》2007 年第 1 期。

［45］吴国林：《量子非定域性及其哲学意义》，载于《哲学研究》2006 年第 9 期。

［46］吴国林：《量子技术的哲学意蕴》，载于《哲学动态》2013 年第 8 期。

［47］吴国林：《量子纠缠及其哲学意义》，载于《自然辩证法研究》2005 年第 7 期。

［48］吴国林：《量子信息的本质探究》，载于《科学技术与辩证法》2005 年第 6 期。

［49］吴国林：《量子信息的哲学追问》，载于《哲学研究》2014 年第 8 期。

［50］吴国林：《量子信息哲学正在兴起》，载于《哲学动态》2006 年第 10 期。

［51］吴国林：《论分析技术哲学的可能进路》，载于《中国社会科学》2016 年第 10 期。

［52］吴国林、叶汉钧：《量子诠释学论纲》，载于《学术研究》2018 年第

3 期。

[53] 吴国林：《论技术本身的要素、复杂性与本质》，载于《河北师范大学学报（哲学社会科学版）》2005 年第 4 期。

[54] 吴国林：《论技术人工物的结构描述与功能描述的推理关系》，载于《哲学研究》2016 年第 1 期。

[55] 吴国林：《论技术哲学的研究纲领——兼评"张文"与"陈文"之争》，载于《自然辩证法研究》2013 年第 6 期。

[56] 吴国林、程文：《技术进步的哲学审视》，载于《科学技术哲学研究》2018 年第 2 期。

[57] 吴国林、叶汉钧：《量子诠释学论纲》，载于《学术研究》2018 年第 3 期。

[58] 吴国林：《分析技术哲学的现状、探索与展望》，载于《哲学年鉴》，2018 年。

[59] 吴国林：《现象学的现象与量子现象的相遇》，载于《自然辩证法研究》2008 年第 5 期。

[60] 夏保华：《杜威关于技术的思想》，载于《自然辩证法研究》2009 年第 5 期。

[61] 肖峰：《论身体信息技术》，载于《科学技术哲学研究》2013 年第 1 期。

[62] 肖峰：《论作为一种理论范式的信息主义》，载于《中国社会科学》2007 年第 2 期。

[63] 肖峰：《信息、文化与文化信息主义》，载于《自然辩证法通讯》2010 年第 2 期。

[64] 肖峰：《信息的实在性与非实在性》，载于《哲学研究》2010 年第 2 期。

[65] 肖峰：《信息主义的多种含义》，载于《哲学动态》2009 年第 12 期。

[66] 肖峰：《虚拟实在的本体论问题》，载于《中国社会科学》2003 年第 2 期。

[67] 肖峰：《重勘信息的哲学含义》，载于《中国社会科学》2010 年第 4 期。

[68] 杨又、吴国林：《技术人工物的意向性分析》，载于《自然辩证法研究》2018 年第 2 期。

[69] 叶路扬、吴国林：《技术人工物的自然类分析》，载于《华南理工大学学报（社会科学版）》2017 年第 4 期。

[70] 张华夏、陈向：《论解释的结构及结构解释》，载于《自然辩证法通讯》1986 年第 4 期。

[71] 张华夏、张志林：《从科学与技术的划界来看技术哲学的研究纲领》，

载于《自然辩证法研究》2001 年第 2 期。

［72］朱葆伟：《关于技术与价值关系的两个问题》，载于《哲学研究》1995年第 7 期。

［73］曾丹凤、吴国林：《技术人工物之物自体的再认识》，载于《科学技术哲学研究》2016 年第 5 期。

［74］曾丹凤：《德绍尔技术思想的结构性逻辑与争论》，载于《自然辩证法通讯》2016 年第 1 期。

二、外文部分

［1］Alfred Nordmann，"Noumenal Technology：Reflections on the Incredible Tininess of Nano"，Techné，Vol. 8，No. 3，Spring 2005.

［2］Andrew Feeberg，"*Questioning Technology*"，London and New York，1999.

［3］Andy Clark. Minds，"*Brains and Tools*（with a response by Daniel Dennett，）in Hugh Clapin（ed）"，Philosophy of Mental Representation（Clarendon Press，Oxford，2002）.

［4］Anthonie Meijers，"Philosophy of Technology and Engineering Sciences"Elsevier B. V. Vol. 9，2009.

［5］Arendt，"The Human Condition"，Chicago：The University of Chicago Press，1958.

［6］Armin Grunwald，From Speculative Nanoethics to Explorative Philosophy of Nanotechnology，Nanoethics，No. 4，2010.

［7］Ashcraft，Mark H.，"*Fundamentals of Cognition*"，New York：Addison Wesley Longman，Inc，1998.

［8］Baillie，"Contemporary Analytic Philosophy"，New Jersey：Prentice Hall，1997.

［9］Barbarisi，"The Philosophy of Biotechnology"，In A. Barbarisi（eds.）Biotechnology in Surgery，Springer Milan，2001.

［10］Basalla，"The Evolution of Technology"Cambridge University Press，1988.

［11］Bernadette Bensaude – Vincent，"Boundary Issues in Bionanotechnology：Editorial Introduction"，HYLE，Vol. 15，No. 1，2009.

［12］Berta，M. Christandl，R. Colbeck，et al.，"The uncertainty principle in the presence of quantum memory"，*Nat. Phys.*，No. 6，2010.

［13］Beth Preston，"The Shrinkage Factor：Comment on Lynne Rudder Baker's

参考文献

The Shrinking Difference between Artifacts and Natural Objects", American Philosophical Association Newsletter on Philosophy and Computers, No. 1, 2008.

［14］Beynon C. L. Nehaniv, K. Dautenhahn (Eds.) "Cognitive Technology: Instrument of Mind". Berlin, Spinger – Verlag, 2001.

［15］Beynon C. L. Nehaniv, K. Dautenhahn (Eds.), "Cognitive Technology: Instrument of Mind", Berlin: Spinger – Verlag. 2001.

［16］Bigelow., R. Pargetter, "Functions", The journal of philosophy, volume LXXXIV. 1987.

［17］Bijker, Wiebe, Hughes, Thomas & Pinch, Trevor (eds.), "The Social Construction of Technological Systems: New Directions in the Sociology and History of Technology", Cambridge MA/London: MIT Press, 1987.

［18］Bill Joy, "Why the Future Doesn't Need Us", Wired, Vol. 8, No. 4, 2000.

［19］Bollier. "The Promise and Peril of Big Data", Washington DC, The Aspen Institute, 2010.

［20］Bostrom, "Sandberg Cognitive Enhancement: Methods, Ethics, Regulatory Challenges", Science and Engineering Ethics, 2009, 15 (3).

［21］Bouwmeester, et al., "The Physics of Quantum Information", Springer – Verlag, 2000.

［22］Brey, "Technology and Everything of Value", in Inaugural Speech Delivered on the of the Acceptance of the Position of Full Professor of Philosophy of Technology. Faculty of Behavioral Sciences of the University of Twente, 2008.

［23］Brey, "Theories of technology as extension of the human body", Research in Philosophy and Technology 19. New York: JAI Press, 2000.

［24］Brian Smart, "How to Reidentify the Ship of Theseus", Analysis, 1972, 45 (4).

［25］Bruce Aune, "Formal Logic and Practical Reasoning", Theory and Decision. 1986 (20).

［26］Bruce Aune, "Metaphysics: The Elements", Minneapolis: University of Minnesota Press, 1985.

［27］C. Gooding, A. Kincannon (eds.), *Scientific and technological thinking*", Mahwah, NJ: Erlbaum. 2005.

［28］C. Mitcham, R. Mackey (eds.), "Philosophy and Technology: *Readings in the Philosophical Problems of Technology*", New York: Free Press, 1972.

［29］ C. Mitcham，"Do Artifacts Have Dual Natures?"，Techné. 2002，6 （2）.

［30］ C. Mitcham，"Notes toward A Philosophy of Meta – Technology"，Techné. Society for Philosophy & Technology，Vol. 1，No. 1 – 2. Fall 1995.

［31］ C. Mitcham，"Philosophy of Information Technology；by Luciano Floridi，The Blackwell Guide to the Philosophy of Computing and Information ，Blackwell Philosophy Guides"，Blackwell Publishing Ltd，2004.

［32］ C. Mitcham，"Thinking Through Technology"，Chicago：The University of Chicago Press，1994.

［33］ C. Rogers，"The Nature of Engineering：A Philosophy of Technology"，London：The Macmillan Press，1983.

［34］ C. Schmidt，"Unbounded Technologies：Working Through Technological Reductionism of Nanotechnology"，in D. Baird，A. Nordmann，J. Schummer （eds. ），*Discovering the Nanoscale*，Amsterdam：ISO Press，2004.

［35］ Carlson，M. E. Gorman，"Understanding invention as a cognitive process：The case of Thomas Edison and early motion pictures"，*Social Studies of Science*，1990，20.

［36］ Chalmers，A. Clark，"The extended mind"，Analysis. 1998，58.

［37］ Chomsky，"Reflections on Language"，New York：Pantheon，1975.

［38］ Christian Miller，"The Structure of Instrumental Practical Reasoning"，Philosophy and Phenomenological Research. 2007，75 （1）.

［39］ Clive，Lawson，"An Ontology of Technology：Artefacts，Relations and Functions"，Techné：Research in Philosophy and Technology，Vol. 11，no. 1 （Fall 2007）.

［40］ Colin Howson，Peter Urbach，"Scientific Reasoning：the Bayesian approach" Open Court Publishing Company. 1989.

［41］ D. Gabbay，P. Thagard and J. Woods，eds. ，"Handbook of the Philosophy of Science"，Amsterdam：Elsevier，2009.

［42］ D. Hales，"Analytic Philosophy：Classic Readings"，Wadsworth Group，2002.

［43］ D. Klahr，"A framework for cognitive studies of science and technology"，In M. E. Gorman，R. D. Tweney，D. C. Gooding & A. Kincannon （eds. ），*Scientific and technological thinking*. Mahwah，NJ：Erlbaum，2005.

［44］ D. Langenegger，" Gesamtdeutungen moderner Technik "，Würzburg：Königshausen und Neumann. 1990.

［45］D. M. Weiss, A. D. Propen, C. M. Reid （eds.）, "*Design, Mediation, and the Posthuman*", Lexington Books, 2014.

［46］D. Pye, "The Nature of Design", In R. Roy and D. Wield, eds., Product Design and Technological Innovation. Milton Keynes and Philadelphia: Open University Press. 1993.

［47］D. Ridder, "Reconstructing design, explaining artifacts: Philosophical reflections on the design and explanation of technical artifacts", Philosophy. Delft University of Technology. PhD. 2007.

［48］D. Schick. Kathy, "*Human Evolution And The Dawn Of Technology*", New York: Simon and Schuster, 1993.

［49］D. Wiggins, "*Sameness and Substance Renewed*", Cambridge: Cambridge University Press（Virtual Publishing）, 2003.

［50］David Collingridge, "*The Social Control of Technology*", New York: St. Martin's Press, 1980.

［51］David, "*Philosophy of Language*", The Bobbs – Merrill Company, Inc. 1976.

［52］Don Ihde, "*Bodies in Technology*", London: University of Minnesota Press. 2002.

［53］Don Ihde, "*Instrumental Realism: The Interface between Philosophy of Science and Philosophy of Technology*" Bloomington and Indianapolis: Indiana University Press, 1991.

［54］Don Ihde, "Philosophy of Technology", Techné, Society for Philosophy & Tech-nology, Vol. 1, No. 1 – 2, Fall 1995.

［55］Don. Ihde, "*Technics and Praxis: A Philosophy of Technology*", Dordrecht: Reidel, 1979.

［56］Don. Ihde, "*Technology and the Life World—From Garden to Earth*", Bloomington. Indiana University Press. 1990.

［57］Donald MacKenzie, Judy Wajcman（2nd ed.）, "*The Social Shaping of Technology*", Open University Press. 1999.

［58］Donald, Landes, "*Phenomenology of Perception*", London: Taylor & Francis Group, 2012.

［59］Douglas Walton, "Evaluating Practical Reasoning", *Synthese*. 2007, 157.

［60］Dusek, Val. "*Philosophy of Technology: An Introduction*", Malden Mass: Blackwell. 2006.

［61］E. Vermaas，"Technology and the Conditions on Interpretations of Quantum Mechanics"，*The British Journal for the Philosophy of Science*，No. 4，2005.

［62］E. Vermaas，"The physical connection：Engineering function ascription to technical artifacts and their components"，*Studies in History and Philosophy of Science：Part A*. 2006，37（1）.

［63］Edward Jonathan Lowe，"On the identity of artifacts"，The Journal of Philosophy，1983，80（4）.

［64］Eerikäinen，P. Linko，S. Linko，T. Siimes，Y － H. Zhu，"Fuzzy logic and neural network applications in food science and technology"，*Trends in Food Science & Technology*，1993，4（8）.

［65］Einstein，B. Podolsky and N. Rosen，"Can Quantum － Mechanical Description of Physical Reality Be Considered Complete?"，*Phys. Rev.* 1935，47.

［66］Ellul，J.，"*The Technological Society*. trans. John Wilkinson"，New York：Knopf，1964.

［67］Erlach，"*Die technologische Konstruktion der Wirklichkeit*. Dissertation abstract"，Stuttgart. 1997.

［68］F. C. Rogers，"Ulrich Scmoch（eds），*Organization of Science and Technology at the Watershed*"，New York：Physica － Verlag，1996.

［69］F. Dessauer，"*Philosophie der Technik：Das Problem der Realisierung*"，Bonn. 1927.

［70］F. Dessauer，"*Streit um die Technik*"，Frankfurt：Verlag Josef Knecht，1956.

［71］F. Rapp，"*Analytische Technikphilosophie*"，Freiburg：Alber. 1978.

［72］F. Rapp，"*Contributions to a Philosophy of Technology*"，Dordrecht and Boston：Reidel. 1974.

［73］F. Rapp，"*Die Dynamik der modernen Welt：Eine Einführung in die Technikphilosophie*"，Hamburg. 1994.

［74］F. Rapp，"*Fortschritt：Entwicklung und Sinngehalt einer philosophischen Idee*"，Darmstadt. 1992.

［75］F. Rapp，"*Philosophy of Technology after Twenty Years*"，A German Perspective. Techné，Society for Philosophy & Technology，Vol. 1，No. 1 － 2，Fall 1995.

［76］F. Rapp，"Technik als Mythos"，In H. Poser，ed.，*Philosophie und Mythos*. Berlin. 1979.

［77］Faulkner，"Conceptualizing knowledge used in innovation"，Science，

Technology and Human Values, 1994, 19.

[78] Feenberg, B. Wynne Callon, M. Between, "Reason and Experience: Essays in Technology and Modernity", MIT Press. 2010.

[79] Feenberg, "A Critical Theory of Technology", New York, Oxford: Oxford University Press, 1991.

[80] Ferré, "Philosophy of technology" Athens and London: The university of Georgia Press, 1995.

[81] Freundlich, "Zur Begründung einer formalen Normenlogik", In W. Krawietz, H. Schelsky, et al., eds., Theorie der Normen. Berlin: Duncker und Humboldt, 1984.

[82] G. H. von Wright, "Practice Inference", The Philosophical Review, Vol. 72, No. 2, 1963.

[83] G. H. von Wright, "So – Called Practice" Acta Sociological, 1972, 15 (1).

[84] G. Harman, "Technology, Objects and Things in Heidegger", *Camb. J. Econ.*: bep021. 2009.

[85] G. Hempel, "*Aspects of Scientific Explanation and Other Essays in the Philosophy of Science*", New York: The Free Press, 1965.

[86] G. Ropohl, "*Eine Theorie der Technik*", Munich: Hanser. 1979.

[87] G. Ropohl, "Knowledge types in technology", International Journal of Technology and Design Education, 1997, 7 (1–2).

[88] G. Vincenti, "The Air-propeller Tests of WF Durand and EP Lesley: A Case Study in Technological Methodology", *Technology and Culture*, Vol. 20, No. 4. 1979.

[89] G. Vincenti, "The Experimental Assessment of Engineering Theory as a Tool Design" Techné, 5:3 spring 2001.

[90] G. Vincenti, "What Engineers know and How They know It", Analytical studies from Aeronautical History, Baltimore: Johns Hopkins University Press, 1990.

[91] Gehlen "Die Seele im technischen Weltalter: Sozialpsychologische Probleme in der industriellen Gesellschaft", Hamburg. 1957.

[92] Giere, "Scientific cognition as distributed cognition", In P. Carruthers, S. P. Stich & M. Siegal (Eds.), The cognitive basis of science. Cambridge, U. K. : Cambridge University Press. 2002.

[93] Gilbert Harman, "Practical Reasoning", The Review of Metaphysics,

当代技术哲学的发展趋势研究

1976，29（3）．

［94］Goldman，C. Coussens，"Implications of Nanotechnology for Environmental Health Research"，Washington：The National Academies Press，2005.

［95］Gorman Michael，"Scientific and Technological Thinking"，Review of General Psychology. 2006.

［96］Günter Ropohl，"Knowledge Types in Technology"，International Journal of Technology and Design Education. 1997，（7）．

［97］H. Reichenbach，"Philosophic Foundations of Quantum Mechanics"，Berkeley：University of California Press，1944.

［98］H. von Wright．"Practice Inference"，The Philosophical Review，Vol. 72，No. 2，1963.

［99］Hans Achterhuis（ed.），"American Philosophy of Technology：*The Empirical Turn*"，trans，by Robert Crease，Bloomington and In dianapolis：Indiana University Press，2001.

［100］Hans Jonas，"The Imperative of Responsibility：In Search of Ethics for the Technological Age"，Chicago：University of Chicago Press，1984.

［101］Hans Lenk，"Advances in the Philosophy of Technology，New Structural Characteristics of Technologies"，Techné，Society for Philosophy & Technology，V. 4，No. 2，Fall 1998.

［102］Hans Lenk，"Progress，Values and Responsibility"，Techné. 1997（2）．（Spring – Summer）．

［103］Hansson，"Understanding Technological Function：Introduction to the special issue on the Dual Nature programme"，Techné，2002，6（2）．

［104］Harré Rom，"*Cognitive Science：a philosophical introduction*"，SAGE Publications Inc. 2002.

［105］Heege Äquilibration，Lernprozess，In K. Kornwachs，ed.，"Offenheit – Zeitlichkeit – Komplexitt：Zur Theorie der Offenen Systeme" New York and Frankfurt：Campus，1984.

［106］Heidegger，"Overcoming Metaphysics"，Richard Wollin. The Heidegger Controversy，a cirtical reader，tran. By Joan Stambaugh. The MIT Press，1993.

［107］Heidegger，"*The Question Concerning Technology*"，New York：Harper and Row，1977.

［108］Houkes，A. Meijers，"The Ontology of Artefacts：the Hard Problem"，*Studies In History Philosophy of Science*，2006，37（1）．

［109］J. C. Pitt（ed），"New Direction in the Philosophy of Technology"，Dordrecht. 1995.

［110］J. C. Pitt，"Doing philosophy of Technology" New York：Springer Press，2011.

［111］J. C. Pitt，"Thinking About Technology：Foundations of the Philosophy of Technology"，New York，London：Seven Bridges Press. 2000.

［112］J. C. Pitt，"When is an Image not an Image"，Techné，Vol. 8，No. 3，2005.

［113］J. Gimzewski，V. Vesna，"The Nanomeme Syndrome：Blurring of Fact and Fiction in the Construction of New Science"，Technoetic Arts Journal，No. 1，2003.

［114］J. J. Gibson，"The ecological approach to visual perception"，Boston：Houghton – Mifflin，1979.

［115］J. Natarajan，D. Berrar，C. J. Hack and W. Dubitzky "Knowledge discovery in biology and biotechnology texts：a review of techniques"，evaluation strategies，and applications，Critical Reviews in Biotechnology，2005，25（1 – 2）.

［116］J. Nersessian，"Interpreting scientific and engineering practices：Integrating the cognitive，social and cultural dimensions"，In M. E. Gorman，R. D. Tweney，D. C. Gooding & A. Kincannon（Eds. ）. Scientific and technological thinking. Mahwah，NJ：Erlbaum. 2005.

［117］J. Pearl，"Probabilistic Reasoning in Intelligent Systems：Networks of Plausible Inference"，San Mateo，CA：Morgan Kaufmann. 1988.

［118］J. R. Searle，"The Construction of Social Reality"，London：Penguin Books. 1995.

［119］J. S. Bell，"Speakable and Unspeakable in Quantum Mechanics"，Cambridge：Cambridge University Press. 1988.

［120］J. S. Searle，"Philosophy of Language"，Oxford University Press，1971.

［121］James Hearne. Deductivism and Practical Reasoning. "Philosophical Studies：An International Journal for Philosophy in the Analytic Tradition"，Vol. 45，No. 2，1984.

［122］Jan Kyrre Berg Olsen，Stig Andur Pedersen，Vincent F. Hendricks. "A company to the philosophy of technology"，Blackwell Publishing Ltd. 2009.

［123］John Broome，"Practical Reasoning，"Reason and Nature：Essays in the Theory of Rationality"，edited by Jose Bermudez and Alan Miller，Oxford University

Press.

［124］John Locke，"An Essay concerning Human Understanding"，edited with a forword by Peter H. Nidditch，Oxford/New York：Oxford University Press，1975.

［125］Jonas，"Das Prinzip Verantwortung"，Frankfurt：Suhrkamp，1979.

［126］Jonathan P. Dowling，Gerard J. Milburn，"Quantum technology：the second quantum revolution"，Philosophical Transactions：Mathematical，Physical and Engineering Sciences，2003，Vol. 361，No. 1809，pp. 1655 – 1674.

［127］Jone Street，"Politics and Technology"，New York：Guilford Press，1992.

［128］K. R. Popper，"Evolutionary Epistemology"，in D. Miller（ed.）Popper Selections，Princetion University Press. 1995.

［129］K. R. Popper，"the Propensity Interpretation of Probability"，British Journal of the Philosophy of Science. 1959，（10）.

［130］Kapp，"Grundlinien einer Philosophie der Technik：Zur Entstehungsgeschichte der Cultur aus neuen Gesichtspunkten"，Westermann：Braunschweig，1877，Reprint. Düsseldorf：Stern Verlag. 1978.

［131］Kornwachs，"A Formal Theory of Technology?"，*PHIl & TECH*，4：1，Fall 1998.

［132］Kornwachs，Zum Status von Systemtheorien in der Technikforschung. In H. Böhm，H. Gebauer，B. Irrgang，eds.，"Nachhaltigkeit als Leitbild der Technikgestaltung"，Forum für Interdisziplinäre Forschung，1995，2.

［133］L. R. Baker，"The ontology of artifacts"，Philosophical Explaorations. 2004，7（2）.

［134］Langdon Winner，"Autonomous Technology：Technic – Out – of – Control as a Theme in Political Thought"，The MIT Press，1977.

［135］Langdon Winner，"The Enduring Dilemmas of Autonomous Technology. Bull，*Science*，*Technology and Society*，1995，15.

［136］Larry A. Hieckman，"John Dewey's Pragmatic Technology"，Bloomington and Indianapolis：Indiana University Press，1990.

［137］Lawrence H. Davis，"Smart on Conditions of Identity"，Analysis，1973，33（3）.

［138］Layton，"Science and Engineering Design" Annals of the New York Academy of Sciences，1984，424.

［139］Layton，"Technology as Knowledge"，Technology and Culture，1974，

15.

［140］Layton，"Through the Looking Glass of News from Lake Mirror Image"，Technology and Cultrue，1987，28.

［141］Lewis Mumford，"Technics and Civilization"，New York. 1934.

［142］Lynne Rudder Baker，"The Shrinking Difference Between Artifacts and Natural Objects"，American Philosophical Association Newsletter on Philosophy and Computers，2008，7（2）.

［143］M. Bunge，"Philosophy of Science and Technology"，Dordrecht – Boston：Reidel，1985，Part Ⅱ.

［144］M. Bunge，"The Five Buds of Technophilosophy"，Technology and Society. 1979，1.

［145］M. Bunge，"Treatise on Basis Philosophy"，Vol. 7，Philosophy of Science and Technology，Part Ⅱ，D. Reidel Publishing Company. 1985.

［146］M. Dascal and E. Dror，"The impact of cognitive technologies Towards a pragmatic approach"，*Pragmatics & Cognition*，2005，13（3）.

［147］M. Franssen，P. Kroes，T. A. C. Reydon，P. E. Vermaas（eds），"*Artefact Kinds：Ontology and Human – Made World*"，Springer International Publishing Switzerland，2014.

［148］M. Heidegger，"*Question Concerning Technology and other Essays*"，New York：Harper & Row，1977.

［149］M. J. De Vries，"The nature of technological knowledge：Extending empirically informed studies into what engineers know" Techné，2003，6（3）.

［150］M. Sandel，"The Case against Perfection：Ethics in the Age of Genetic Engineering"，Belknap，Cambridge，MA：Harvard University Press，2007.

［151］M. Triewald，"Short Description of the Atmospheric Engine"，Cambridge：Heffer，1928.

［152］M. Wheeler，"Reconstructing the Cognitive World"，Cambridge：MIT Press，2005.

［153］M. Franssen，P. E. Vermaas，P. Kroes，"*Philosophy of Technology after the Empirical Turn*"，Switzerland：Springer International Publishing，2016.

［154］Marc J. de Vries，"The Nature of Technological Knowledge：Extending Empirically Informed Studies into What Engineers Know"，Techné，6：3 Spring 2003.

［155］Mark Rowlands，"Extended Cognition and the Mark of the Cognitive"，Philosophical Psychology，2009，22（1）.

［156］ Mark Rowlands, "The Body in Mind: Understanding Cognitive Processes", New York: Cambridge, 1999.

［157］ Martin Meyer, Osmo Kuusi, "Nanotechnology: Generalizations in an Interdesciplinary Field of Science and Technology", HYLE, Vol. 10, No. 2, 2004.

［158］ Marzia Soavi, "Antirealism and Artefact Kinds", Techné, 2009, Vol. 13, No. 2.

［159］ Massimiliano Carrara, Daria Mingardo, "Artifact Categorization: Trends and Problems", Review of Philosophy & Psychology, 2013, 4 (3).

［160］ Melvin Kranzberg, "Technology and History: Kranzberg's Laws", Technology and Culture, Vol. 27, No. 3, 1986.

［161］ Michael Burke, "Cohabitation, Stuff and Intermittent Existence", Mind, 1980, 89 (355).

［162］ Michalos, Technology Assessment, "Fact and Values", In Paul T. Durbin (ed.) Philosophy and Technology. Reidel Publishing Company. 1983.

［163］ Mihail C., Roco, William S., Bainbridge (ed.), Converging Technologies for Improving Human Performance: Nanotechnology, Biotechnology, Information Technology and the Cognitive Science", Arlington, VA: National Science Foundation, 2002.

［164］ Miller, "Artefacts and Collective Intentionality", Techné, Society for Philosophy & Technology, 2005.

［165］ Miller, George A., "The cognitive revolution: a historical perspective", Trends in Cognitive Sciences, 2003, 7.

［166］ Mumford, "The Myth of Machine: Technics and Human Development", Harcourt Brace Jovanovich, Publishers. 1970.

［167］ P. E. Vermaas, et al. (Eds.) "Philosophy and Design", Springer, 2008.

［168］ P. Kitcher, W. Salmon, "Scientific Explanation", Minneapolis: University of Minnesota Press, 1989.

［169］ P. Kroes, A. Meijers, *Philosophy of technical artifacts*", Delft: TUD and TU/e, 2005.

［170］ P. Kroes, A. Meijers, "The Dual Nature of Technical Artifacts – presentation of a new research programme", Techné, 2002, 6 (2).

［171］ P. Kroes, A. Meijers, "The Empirical Turn in the Philosophy of Technology", Amsterdam: JAI 2000.

［172］P. Kroes，"Coherence of Structural and Functional Descriptions of Technical Artefacts"，Studies in the History and Philosophy of Science. 2006，37.

［173］P. Kroes，"Coherence of structural and functional descriptions of technical artifacts"，*Stud. Hist. Phil. Sci.* 2006，37.

［174］P. Kroes，"Design methodology and the nature of technical artifacts"，Design Studies，2002，23（3）.

［175］P. Kroes, M. Bakker（eds）. "Technological Development and Science in the Industrial Age"，Kluwer Academic Publishers，1992.

［176］P. Kroes，"Screwdriver Philosophy：Searle's analysis of technical functions"，Techné，Society for Philosophy & Technology，Spring 2003.

［177］P. Kroes，"Technical Functions as Dispositions：a Critical Assessment" Techné，Society for Philosophy & Technology，Spring 2001.

［178］P. Kroes，"Technological Explanations：The Relation Between Structure and Function of Technological Objects"，*PHIL & TECH*，3：3，Spring，1998.

［179］P. P. Verbeek，Cyborg，"Intentionality：Rethinking the Phenomenology of Human－Technology Relations"，Phenomenology and the Cognitive Sciences，2008，7（3）.

［180］P. P. Verbeek，"What Things Do：Philosophical Reflections on Technology，Agency，and Design"，Penn State Press. 2010.

［181］P. T. Durbin，"Philosophy of Technology：Practical，Historical and Other Dimensions"，Dordrecht：Kluwer Academic. 1978.

［182］P. Durbin，"Philosophy of Technology：In Search of Discourse Synthesis"，Techné：Research in Philosophy and Technology，2006，10（2）.

［183］Paul，Durbin，"Advances in Philosophy of Technology？Comparative Perspectives"，Techné，Society for Philosophy & Technology，Vol. 4，No. 2，Fall 1998.

［184］Paul，Durbin，SPT at the End of A Quarter Century：What Have We Accomplished？. Techné，Society for Philosophy & Technology，Vol. 5，No. 2，2000.

［185］Peter Galison，"The Pyramid and the Ring The Rise of Ontological Indifference"，a presentation at the conference of the Gesellschaft für analytische Philosophie（GAP），Berlin，2006.

［186］Philip Brey，"Philosophy of Technology after the Empirical Turn"，Techné，winter 2010，14（1）.

［187］Poser H.，"On Structural Differences Between Science and Engineering"，PHIL & TECH，4：2 Winter. 1998.

［188］Ray Kurzweil，"The Singularity is Near：When Humans Transcend Biology"，New York：Penguin，2005.

［189］Robert Bud，"Biotechnology in the Twentieth Century" Social Studies of Science. Vol. 21，No. 3，Aug.，1991.

［190］Roderick Milton Chisholm，1973，"Parts as Essential to Their Wholes"，The Review of Metaphysics，1973，26（4）.

［191］Rosenberger，Robert and Verbeek，Peter – Paul（eds.），"Postphenomeno – logical Investigations：Essays on Human – Technology Relations"，Lexington Books，2015.

［192］Rosenberger，Robert，"Embodied Technology and the Dangers of Using the Phone while Driving"，Phenomenology and the Cognitive Sciences，2012，11.

［193］Sacha Loeve，X. Guchet，B. B. Vincent，"French Philosophy of Technology"，Springer，2018.

［194］Sarah Kaplan，Fiona Murray，"Entrepreneurship and the construction of value in biotechnology"，Social Science Electronic Publishing，2010，29.

［195］Simon Brown，"The New Deficit Model"，Nature Nanotechnology，Volume 4，Issue 10，2009.

［196］Simondon G.，"On the Mode of Existence of Technical Objects"，Online Translations，http：//en. Wikipedia. Org/wiki/Gilbert – Simondon.

［197］Theodore Scaltsas，"The Ship of Theseus"，Analysis，1980，40（3）.

［198］Thomas W. Staley，"The Coding of Technical Images of Nanospace：Analogy"，Disanalogy，and the Asymmetry of Worlds，*Techné*，Vol. 12，No. 1，2008.

［199］Thomasson A. L.，"Artifacts and human concepts"，In E. Margolis & S. Laurence（eds.），"Creations of the mind：Essays on artifacts and their representation"，Oxford：Oxford University Press，2007.

［200］Valentine Nesnov，"The Technological Laws and Intellectual Conquest of the U. S. A"，Lauriat Press，2009.

［201］Vitaly G. Gorokhov，"Nanotechnoscience as Combination of the Natural and Engineering Sciences"，Philosophy Study，Vol. 2，No. 4，April 2012.

后 记

本著作是广东省社会科学研究基地华南理工大学哲学与科技高等研究所、华南理工大学科学技术哲学研究中心吴国林教授主持的 2011 年教育部哲学社会科学研究重大课题攻关项目《当代技术哲学的发展趋势研究》的最终成果，它是 6 年来集体智慧的结晶，它体现了集体攻关的优势，也是国内外专家与同行长期支持的结果。

本著作的主要研究人员：吴国林、肖峰、吴国盛、张志林、李三虎、陈凡、曾丹凤、林润燕、李君亮、刘振、沈健、吴宁宁、朱春艳、叶路扬、程文、陈福、胡绵等。

本著作各章的撰写情况如下：

前言、绪论、各篇小结、后记：吴国林教授

第一章：陈凡教授、朱春艳教授；

第二章：吴宁宁副教授、吴国盛教授；

第三章：李三虎教授；

第四章：吴国林教授；

第五章：吴国林教授、曾丹凤博士；

第六章：第一、第二节，刘振博士、张志林教授；第三节，吴国林教授；第四节，吴国林教授，叶路扬博士生；

第七章：吴国林教授；

第八章：吴国林教授、林润燕博士；

第九章：吴国林教授；

第十章：吴国林教授；

第十一章：吴国林教授、李君亮副教授、陈福硕士、胡绵硕士；

第十二章：吴国林教授、程文博士生；

第十三章：肖峰教授；

第十四章：沈健教授；

第十五章：李三虎教授；

第十六章：吴国林教授；

第十七章：吴国林教授。

首先，要感谢课题的评审专家、开题论证会、中期检查和终期通信评审的专家所提出的中肯的建议，这给课题组完成任务提供了基本的前提。其次，感谢肖峰、张志林、吴国盛、张华夏、李三虎、陈凡、沈健等教授对本课题的积极参与；感谢刘大椿、任定成、金吾伦、柯锦华、朱葆伟、刘晓力、吴彤、盛小明、桂起权、李平、朱菁等教授对本课题的支持。最后，感谢华南理工大学社会科学处、马克思主义学院的大力支持，感谢哲学与科技高等研究所、科学技术哲学研究中心周燕、陶建文、闫坤如、齐磊磊等老师的大力支持。感谢陶韶菁、马卫华、李石勇、叶汉钧、盛国荣等同志的支持！还要感谢华南理工大学图书馆王丽华女士对本课题所做的许多具体而繁杂的工作。

我的博士生曾丹凤、林润燕、李君亮、叶路扬、程文，硕士生陈福、胡绵参与了有关研究工作。曾丹凤、林润燕、李君亮参与了部分章节内容的修订工作，并请原作者对修订稿再次确认。曾丹凤参与了初步统稿工作。

在此基础上，吴国林对全书进行了统稿和定稿。

对于这样一样重大课题，往往是几个人无法完成的，有许多学者直接参与了本课题的研究，尽管我们做了很大的努力以统一写作风格，然而在行文风格方向仍然有差别，但是，转念一想，行文有差别正反映了不同作者的思维方式，正是：一花独放不是春，百花齐放春满园。在统一的纲领下，展开有不同表达方式的研究，这预示着中国技术哲学将走向一个新的发展平台，彰显出技术哲学研究的中国进路。

我们不希望面面俱到，而是有特点，突出分析技术哲学这一核心。打开技术的黑箱，探析技术本身，它构成了本专著的核心——分析技术哲学，构建了技术人工物的系统性研究纲领。本部分的内容基本上都是先通过各种学术研讨或读书报告会，或举办各层次的学术研讨会，然后撰写相关的学术论文，在此基础上，再撰写相关的章节，通过同行评价来反观我们的研究水平。国际技术哲学家米切姆、克劳斯等对我们的工作也给予了高度支持。在此，非常感谢《中国社会科学》《哲学研究》《哲学动态》《自然辩证法研究》《自然辩证法通讯》《科学技术哲学研究》等杂志对本课题组的大力支持！

尽管花了很大功夫展开相关的研究，但是，本专著难免会有许多不足，因此，希望各位专家和读者不吝提出宝贵意见和建议，以便改进和完善本课题的研究，推进技术哲学的研究。

原计划按 70 万字（Word 统计）的规模来完成本课题，后因出版社要求，只能在 40 万字左右，因而著作中有的内容无法得到充分展开，特别是对国外和国内有关技术哲学研究的评述上，取舍是一个非常困难之事，难以全面顾及。我们计划在后续的工作中继续展开有关研究。

通过本课题的实施，华南理工大学科学技术哲学研究团队在全国的学术影响力急剧上升，学术交流频繁，技术哲学研究实际上成为中国的南方研究重镇。同时，在科学哲学方面，作为子课题负责人参与 2016 年国家社科重大项目《当代量子论与新科学哲学的兴起》，吴国林教授提出了核心理念：新科学哲学是超验（trans-empirical）科学哲学，得到了有关专家的认同。同时，我们还会在马克思主义哲学、中国哲学上有所作为，希望对中国的哲学研究有所贡献，呈现出一条有世界学术品格的中国道路！

最后，我们特别感谢经济科学出版社两位责任编辑孙丽丽与赵岩女士的认真负责，尽最大努力降低本书的一些笔误与差错之处。

吴国林

2018 年 6 月 8 日于华南理工大学
2019 年 7 月 28 日于华南理工大学修订

457

索　引

教育部哲学社会科学研究重大课题攻关项目
成果出版列表

序号	书　名	首席专家
1	《马克思主义基础理论若干重大问题研究》	陈先达
2	《马克思主义理论学科体系建构与建设研究》	张雷声
3	《马克思主义整体性研究》	逄锦聚
4	《改革开放以来马克思主义在中国的发展》	顾钰民
5	《新时期　新探索　新征程 ——当代资本主义国家共产党的理论与实践研究》	聂运麟
6	《坚持马克思主义在意识形态领域指导地位研究》	陈先达
7	《当代资本主义新变化的批判性解读》	唐正东
8	《当代中国人精神生活研究》	童世骏
9	《弘扬与培育民族精神研究》	杨叔子
10	《当代科学哲学的发展趋势》	郭贵春
11	《服务型政府建设规律研究》	朱光磊
12	《地方政府改革与深化行政管理体制改革研究》	沈荣华
13	《面向知识表示与推理的自然语言逻辑》	鞠实儿
14	《当代宗教冲突与对话研究》	张志刚
15	《马克思主义文艺理论中国化研究》	朱立元
16	《历史题材文学创作重大问题研究》	童庆炳
17	《现代中西高校公共艺术教育比较研究》	曾繁仁
18	《西方文论中国化与中国文论建设》	王一川
19	《中华民族音乐文化的国际传播与推广》	王耀华
20	《楚地出土戰國簡册［十四種］》	陈　伟
21	《近代中国的知识与制度转型》	桑　兵
22	《中国抗战在世界反法西斯战争中的历史地位》	胡德坤
23	《近代以来日本对华认识及其行动选择研究》	杨栋梁
24	《京津冀都市圈的崛起与中国经济发展》	周立群
25	《金融市场全球化下的中国监管体系研究》	曹凤岐
26	《中国市场经济发展研究》	刘　伟
27	《全球经济调整中的中国经济增长与宏观调控体系研究》	黄　达
28	《中国特大都市圈与世界制造业中心研究》	李廉水

序号	书 名	首席专家
29	《中国产业竞争力研究》	赵彦云
30	《东北老工业基地资源型城市发展可持续产业问题研究》	宋冬林
31	《转型时期消费需求升级与产业发展研究》	臧旭恒
32	《中国金融国际化中的风险防范与金融安全研究》	刘锡良
33	《全球新型金融危机与中国的外汇储备战略》	陈雨露
34	《全球金融危机与新常态下的中国产业发展》	段文斌
35	《中国民营经济制度创新与发展》	李维安
36	《中国现代服务经济理论与发展战略研究》	陈 宪
37	《中国转型期的社会风险及公共危机管理研究》	丁烈云
38	《人文社会科学研究成果评价体系研究》	刘大椿
39	《中国工业化、城镇化进程中的农村土地问题研究》	曲福田
40	《中国农村社区建设研究》	项继权
41	《东北老工业基地改造与振兴研究》	程 伟
42	《全面建设小康社会进程中的我国就业发展战略研究》	曾湘泉
43	《自主创新战略与国际竞争力研究》	吴贵生
44	《转轨经济中的反行政性垄断与促进竞争政策研究》	于良春
45	《面向公共服务的电子政务管理体系研究》	孙宝文
46	《产权理论比较与中国产权制度变革》	黄少安
47	《中国企业集团成长与重组研究》	蓝海林
48	《我国资源、环境、人口与经济承载能力研究》	邱 东
49	《"病有所医"——目标、路径与战略选择》	高建民
50	《税收对国民收入分配调控作用研究》	郭庆旺
51	《多党合作与中国共产党执政能力建设研究》	周淑真
52	《规范收入分配秩序研究》	杨灿明
53	《中国社会转型中的政府治理模式研究》	娄成武
54	《中国加入区域经济一体化研究》	黄卫平
55	《金融体制改革和货币问题研究》	王广谦
56	《人民币均衡汇率问题研究》	姜波克
57	《我国土地制度与社会经济协调发展研究》	黄祖辉
58	《南水北调工程与中部地区经济社会可持续发展研究》	杨云彦
59	《产业集聚与区域经济协调发展研究》	王 珺

序号	书　名	首席专家
91	《城市新移民问题及其对策研究》	周大鸣
92	《新农村建设与城镇化推进中农村教育布局调整研究》	史宁中
93	《农村公共产品供给与农村和谐社会建设》	王国华
94	《中国大城市户籍制度改革研究》	彭希哲
95	《国家惠农政策的成效评价与完善研究》	邓大才
96	《以民主促进和谐——和谐社会构建中的基层民主政治建设研究》	徐　勇
97	《城市文化与国家治理——当代中国城市建设理论内涵与发展模式建构》	皇甫晓涛
98	《中国边疆治理研究》	周　平
99	《边疆多民族地区构建社会主义和谐社会研究》	张先亮
100	《新疆民族文化、民族心理与社会长治久安》	高静文
101	《中国大众媒介的传播效果与公信力研究》	喻国明
102	《媒介素养：理念、认知、参与》	陆　晔
103	《创新型国家的知识信息服务体系研究》	胡昌平
104	《数字信息资源规划、管理与利用研究》	马费成
105	《新闻传媒发展与建构和谐社会关系研究》	罗以澄
106	《数字传播技术与媒体产业发展研究》	黄升民
107	《互联网等新媒体对社会舆论影响与利用研究》	谢新洲
108	《网络舆论监测与安全研究》	黄永林
109	《中国文化产业发展战略论》	胡惠林
110	《20 世纪中国古代文化经典在域外的传播与影响研究》	张西平
111	《国际传播的理论、现状和发展趋势研究》	吴　飞
112	《教育投入、资源配置与人力资本收益》	闵维方
113	《创新人才与教育创新研究》	林崇德
114	《中国农村教育发展指标体系研究》	袁桂林
115	《高校思想政治理论课程建设研究》	顾海良
116	《网络思想政治教育研究》	张再兴
117	《高校招生考试制度改革研究》	刘海峰
118	《基础教育改革与中国教育学理论重建研究》	叶　澜
119	《我国研究生教育结构调整问题研究》	袁本涛 王传毅
120	《公共财政框架下公共教育财政制度研究》	王善迈

序号	书　名	首席专家
121	《农民工子女问题研究》	袁振国
122	《当代大学生诚信制度建设及加强大学生思想政治工作研究》	黄蓉生
123	《从失衡走向平衡：素质教育课程评价体系研究》	钟启泉 崔允漷
124	《构建城乡一体化的教育体制机制研究》	李　玲
125	《高校思想政治理论课教育教学质量监测体系研究》	张耀灿
126	《处境不利儿童的心理发展现状与教育对策研究》	申继亮
127	《学习过程与机制研究》	莫　雷
128	《青少年心理健康素质调查研究》	沈德立
129	《灾后中小学生心理疏导研究》	林崇德
130	《民族地区教育优先发展研究》	张诗亚
131	《WTO主要成员贸易政策体系与对策研究》	张汉林
132	《中国和平发展的国际环境分析》	叶自成
133	《冷战时期美国重大外交政策案例研究》	沈志华
134	《新时期中非合作关系研究》	刘鸿武
135	《我国的地缘政治及其战略研究》	倪世雄
136	《中国海洋发展战略研究》	徐祥民
137	《深化医药卫生体制改革研究》	孟庆跃
138	《华侨华人在中国软实力建设中的作用研究》	黄　平
139	《我国地方法制建设理论与实践研究》	葛洪义
140	《城市化理论重构与城市化战略研究》	张鸿雁
141	《境外宗教渗透论》	段德智
142	《中部崛起过程中的新型工业化研究》	陈晓红
143	《农村社会保障制度研究》	赵　曼
144	《中国艺术学学科体系建设研究》	黄会林
145	《人工耳蜗术后儿童康复教育的原理与方法》	黄昭鸣
146	《我国少数民族音乐资源的保护与开发研究》	樊祖荫
147	《中国道德文化的传统理念与现代践行研究》	李建华
148	《低碳经济转型下的中国排放权交易体系》	齐绍洲
149	《中国东北亚战略与政策研究》	刘清才
150	《促进经济发展方式转变的地方财税体制改革研究》	钟晓敏
151	《中国—东盟区域经济一体化》	范祚军